普通高等教育“十一五”国家级规划教材

水工建筑物

主　编　王英华　陈晓东

副主编　叶　兴　刘儒博　王海兴

内 容 提 要

本教材是普通高等教育“十一五”国家级规划教材。本教材结合高职高专教育教学改革和专业建设的需要编写而成，全书内容包括：绪论、重力坝、拱坝、土石坝、河岸溢洪道、水工隧洞与坝下埋管、水闸、水利枢纽、渠系建筑物、水工建筑物抗冰冻设计等。

本书可作为高职高专水利类相关专业的教材，也可供其他相关专业师生和工程技术人员参考。

图书在版编目（CIP）数据

水工建筑物/王英华，陈晓东主编．—北京：中国水利水电出版社，2010.8（2016.8 重印）
普通高等教育“十一五”国家级规划教材
ISBN 978-7-5084-7812-8

Ⅰ.①水… Ⅱ.①王…②陈… Ⅲ.①水工建筑物-高等学校-教材 Ⅳ.①TV6

中国版本图书馆 CIP 数据核字（2010）第 166433 号

书　　名	普通高等教育“十一五”国家级规划教材 **水工建筑物**
作　　者	主编　王英华　陈晓东　副主编　叶兴　刘儒博　王海兴
出版发行	中国水利水电出版社 （北京市海淀区玉渊潭南路 1 号 D 座　100038） 网址：www.waterpub.com.cn E-mail：sales@waterpub.com.cn 电话：（010）68367658（营销中心）
经　　售	北京科水图书销售中心（零售） 电话：（010）88383994、63202643、68545874 全国各地新华书店和相关出版物销售网点
排　　版	中国水利水电出版社微机排版中心
印　　刷	北京瑞斯通印务发展有限公司
规　　格	184mm×260mm　16 开本　29 印张　688 千字
版　　次	2010 年 8 月第 1 版　2016 年 8 月第 5 次印刷
印　　数	13001—16000 册
定　　价	**58.00** 元

凡购买我社图书，如有缺页、倒页、脱页的，本社营销中心负责调换

版权所有·侵权必究

前　言

本教材是在普通高等教育“十五”国家级规划教材的基础上，根据普通高等教育“十一五”国家级规划教材的编写要求，遵循《教育部关于全面提高高等职业教育教学质量的若干意见》（教高［2006］16号）等有关高职高专教学改革及专业建设的文件精神和要求编写的。在编写过程中，针对高职高专水利类专业的特点和毕业生就业岗位实际应用情况，在“十五”规划教材的基础上对有关内容进行了进一步修改和完善，突出了针对性、适应性和通用性。采用了最新的行业规范，新增了土石坝及堤防的养护维修章节，各章还增加了学习指导与小结、计算示例等内容。根据各院校对“十五”规划教材的使用反馈意见和建议，将水工建筑物荷载进行拆分，进一步突出了教材的先进性、实用性和行业特色。

本教材的编写大纲经全体参编人员进行多次讨论和修改。全书由王英华、陈晓东任主编，叶兴、刘儒博、王海兴任副主编。具体分工如下：第一章、第三章、第六章由王英华编写，第二章由王海兴编写，第四章由叶兴、张日俊共同编写，第五章由秦鹏编写。第七章由陈晓东编写，第八章、第十章由叶兴编写，第九章由刘儒博编写。全书由王英华、陈晓东统稿并共同定稿，由河北工程大学水电学院李彦军教授任主审。

本书在编写过程中，参考借鉴了有关教材、专业书籍、科技文献资料，编者在此一并表示感谢。

由于编者水平所限，难免有一些不足和疏漏，恳请各位同仁和广大读者批评指正。

编　者

2010年5月

目　录

第一章　绪　论

第一节　水利工程建设

一、我国的水资源及开发

水是生命之源，地球上一切生物的产生和成长都离不开水，水也是人类赖以生存和发展的最基本的条件之一。因此，水是一种不可缺少、不可替代的宝贵资源，而且是一种可循环再生的有限自然资源。一般来讲，可供利用或可能被利用，且有一定数量和可用质量，并在某一地区能够长期满足某种用途的水源，称之为水资源。水资源是人类社会进步和经济发展的生命线，是实现社会与经济可持续发展的重要的物质基础。

1. 我国的水资源及其特征

我国地域辽阔，河流、湖泊众多，水资源总量比较丰富。多年平均水资源总量约为 28124 亿 m^3，其中多年平均河川径流总量 27115 亿 m^3，居世界第六位。水能资源蕴藏量达 6.76 亿 kW，其中可开发利用的约 3.79 亿 kW，均居世界首位，这是一个巨大的洁净能源宝库。但是，受我国的地理、气象、地形等自然条件和人口众多的影响，我国的水资源具有如下特征：

(1) 由于我国人口众多，占世界人口的 22%，人均水资源占有量仅为 2163m^3，是世界人均水资源占有量的 1/4，居世界第 121 位，是严重的贫水国家。若按耕地面积计算，我国的耕地面积 9600 万 hm^2，每公顷年占有的水资源量为 28300m^3，约为世界平均水平的 80%。

(2) 水资源时空分布严重不均，从空间分布上，我国幅源辽阔，南北气候悬殊，东南沿海地区雨水充沛，水资源丰富。而西北部地区干旱少雨，水资源严重缺乏；在时间分布上，降水多集中在汛期的几个月，一般其降雨量占全年的 70%～80%，往往是汛期抗洪、非汛期抗旱。同时，年际变化很大，丰水年洪水泛滥，而枯水年则干旱成灾。

(3) 水资源分布与耕地人口的布局严重失调，长江以南地区水资源总量占全国的 82%，人口占全国的 54%，人均水量 4170m^3，亩均水资源量为 4134m^3，是全国平均值的 2.3 倍；而淮河以北广大地区人口占全国的 43.2%，水资源总量占全国的 14.4%，人均水量仅为全国平均值的 1/3，亩均水资源量为全国平均值的 1/4。这种水土资源与人口的分布不合理，更加剧了水资源短缺的程度，特别是西北、华北的广大地区，已形成严重的水危机。

2. 我国水资源的开发利用

几千年来，我国广大劳动人民曾为开发水利资源、治理水患灾害进行了艰苦卓绝的斗争，取得了光辉的业绩，积累了宝贵的经验，建设了很多成功的水利工程。如从公元前 485 年开始兴建，历经数代至公元 1292 年贯通南北方，长达 1794km 的京杭大运河；公元前200多年秦代李冰父子在四川岷江上修建的都江堰分洪灌溉工程；以及引泾水的郑国渠、引黄河水的秦渠、汉渠等。这些水利工程都取得了良好的社会效益和巨大的经济效益，有些工程至今仍在发挥其作用。

在水能利用方面，自汉晋时期开始，劳动人民就已利用水力为动力，来带动水车、水碾、水碓、水磨等，用以浇灌农田、碾米、磨面。

上述一些典型的水利工程，是我国古代广大劳动人民智慧的结晶。但是，由于我国长期处于封建社会，特别是18世纪以来，遭受帝国主义、封建主义、官僚资本主义的剥削和压迫，使得社会生产力严重低下。水资源不但没有得到较好的开发利用，而且水旱灾害时常威胁着广大劳动人民的生命与财产安全。如黄河1933年大洪水，造成1.8万人死亡，364万人无家可归。1877～1879年的大旱灾，使黄河流域广大劳动人民因饥饿而死亡高达1300万人。1931年长江大洪水，宜昌站最大洪峰达63600m^3/s，长江沿岸城市悉数被淹，2855万人受灾，14.5万人死亡。海河流域1939年大洪水，淹没农田5000万亩，受灾人口800万人，天津市成为一片汪洋。

自新中国成立以来，在中国共产党的领导下，我国的水利事业才得到了空前的发展。在"统一规划、蓄泄结合、统筹兼顾、综合治理"的方针指导下，全国的水资源得到了合理有序的开发利用，经过50多年的艰苦奋斗，取得了巨大的成就：建成了一批骨干防洪兴利工程，使长江、黄河的洪水灾害基本上得以控制，并根治了海河、淮河流域的洪水灾害；农田灌溉面积大大提高，实现了粮食的自给自足；黄河、淮河、辽河、海河四大流域水资源利用率高达40%；到2000年底，全国可供水量达6678亿m^3，比1980年增加1943亿m^3，保证了我国工业发展和城镇人民生活水平提高的需求。近年来在水电开发方面，建成投产了黄河小浪底、长江三峡、龙滩、小湾、二滩等为代表的一批大型水电站。截至2009年7月底，全国水电装机容量达到1.82亿kW，为1979年的8.9倍。当前，还有溪洛渡、向家坝、锦屏一级、白鹤滩等一大批大型水电站正在建设之中。

二、我国水利工程建设

在新中国成立后的几十年里，我国的水利工程建设得到了前所未有的巨大发展。修建了一大批山区水库和蓄滞洪工程，并加固了黄河大堤，保证了黄河"伏秋大汛不决口，大河上下保安澜"。使淮河流域"大雨大灾、小雨小灾、无雨旱灾"的局面得到彻底的改变。在1963年海河流域大洪水后，开始了对海河流域的治理，上游修水库，中游建防洪除涝系统，下游疏畅和新增入海通道，彻底根治了海河流域的洪水涝灾。

在治理大江大河的同时，在全国各地建设了大量的控制性水利工程。到1991年，共修建水库近8.61万座，总库容4677.5亿m^3；加固和新修江河堤防、海塘22万km；修建水闸2.9万座；建设安全蓄滞洪区100多处，总面积约3万km^2。

另外，完成了引滦入津、引黄济青，万家寨引黄、东深引水及正在建设中的南水北调等重大引水工程。所有这些工程的建成并发挥效益，有效地减轻了大江大河的洪水灾害程度，大大缓解了一些大中城市的供水矛盾，为我国工农业生产的发展、保障人民群众生命及财产安全和提高人民群众的生活水平做出了巨大的贡献。

但是，1998年长江流域、东北三江特大洪水的经验教训也表明，我国大江大河的防洪标准仍偏低，洪涝灾害仍是中华民族的心腹大患；而同时西北、华北地区干旱及供水矛

盾突出，水资源短缺问题十分严重；水环境恶化的趋势尚未得到有效控制，干旱缺水、洪水灾害和水污染严重制约着经济的发展。因此，在新世纪必须加快大型水利工程建设的步伐，坚持全面规划、统筹兼顾、标本兼治、综合治理的原则，需建设一批关键性控制工程，以利防洪减灾、调蓄水量、提供能源；必须对宝贵的水资源进行合理开发、高效利用、优化配置并要有效保护。

随着水利工程建设的发展及科技水平的提高，水利工程建设的设计理论和施工技术等方面也有了迅速发展和提高。

在坝工方面，由于土石坝设计理论和施工技术的不断发展，大功率土石振动碾压机械的研制成功，高土石坝发展迅速，特别是混凝土面板堆石坝技术发展成熟，建成了湖南水布垭等一批大型混凝土面板堆石坝，水布垭面板堆石坝，最大坝高233m，是目前世界上最高的面板堆石坝；在混凝土坝方面，建成了小湾、龙滩等一批200m以上的高混凝土坝。碾压混凝土筑坝技术的日益完善，使其不仅在重力坝中被广泛采用，而且已运用在拱坝施工中，我国广西的龙滩水电站工程，最大坝高216m，是当今世界第一碾压混凝土重力坝。还建成了当时世界最高的（最大坝高75m）贵州普定碾压混凝土非对称双曲拱坝。

在泄水建筑物建设方面，泄水建筑物的类型多样化，单个泄水建筑物的尺寸不断增大，泄水单宽流量不断提高。我国贵州乌江渡水电站溢洪道单宽泄量为210m^3/s，而泄洪中孔则达到240m^3/s。湖南凤滩水电站总泄量为32600m^3/s，是世界上拱坝中泄量最大的工程。湖北葛洲坝水利枢纽的总泄量达110000m^3/s，为全国大坝泄量之首位。

在渠系建筑物方面，在建成大量的渠系建筑物和大型引水工程的同时，利用现代的设计、施工技术，建设了一批结构新颖、技术先进的渠系建筑物，如双曲拱渡槽、斜拉渡槽、U形薄壳预应力大型槽身、高压预应力钢筋混凝土倒虹吸管、轻型结构的水闸等。

在堤防工程建设方面，在过去几千年治理黄河的经验基础上，从20世纪80年代开始利用土工膜止水，利用土工织物加固大堤和防汛抢险。为大堤除险加固及堤防工程建设提供了先进经验。

在施工技术管理方面，以网络技术、大型计算机应用技术、现代化大型施工机械等为依托，采用了现代化的高效项目管理技术和经验，大大加快了水利工程建设的步伐。

三、我国水利事业的发展

1. 我国的水电建设发展前景广阔

随着我国现代化建设进程的加快和社会经济实力的不断提高，在新世纪，我国的水利水电建设将达到一个更好、更快的发展阶段。西部大开发战略的实施，西南地区的水电能源将得以加快开发。充足的电力资源将满足不断扩大发展的需求，并通过西电东送，使我国的能源结构更趋合理。

为了更有效地控制大江大河的洪水，减轻洪涝灾害，并开发水利水电资源，将建设一批大型水利水电枢纽工程。可以预见，在当前高拱坝、面板堆石坝、碾压混凝土坝等建坝经验基础上，在建设三峡、小浪底等世界大型水利水电工程经验的基础上，将建设一批更高、更好的大坝。把我国的水利水电建设推向新的时代。

2. 现代水利、民生水利大有可为

(1) 在总结国内外治水经验、深入分析当前社会经济发展需求的基础上，从工程水利向资源水利转变，从传统水利向现代水利转变，树立可持续发展观念，以水资源的可持续利用保障社会经济可持续发展。

(2) 需坚持人与自然的和谐，转变对水及大自然的认识。从人定胜天、对大自然无节制地索取转向按自然规律办事。人与自然、人与水和谐共处，在防止水对人类侵害的同时，特别注意人对水的侵害。要提高水资源的承载能力，统筹规划解决水问题。水利发展目标要与社会发展和国民经济的总体目标结合，水利建设的规模和速度要与国民经济发展相适应，为经济和社会发展提供支撑和保障条件。应客观地根据水资源状况确定产业结构和发展规模，并通过调整产业结构和推进节约用水，来提高水资源的承载能力。使水资源的开发利用既满足生产、生活用水，也充分考虑环境用水、生态用水，真正做到计划用水、节约用水、科学用水。

(3) 需提高水资源的利用效率，进行水资源统一管理，促进水资源优化配置。不论是农业、工业，还是生活用水，都要坚持节约用水，高效用水。真正提高水资源的利用水平，要大力发展节水灌溉，发展节水型工业，建立节水型社会。逐步做到水资源的统一规划、统一调度、统一管理。统筹考虑城乡防洪、排涝灌溉、蓄水供水、用水节水、污水处理、回用回灌等涉水问题，真正做到水资源的高效综合利用。

(4) 需确立合理的水价形成机制，利用价格杠杆作用，遵循经济发展规律，形成水权交易，实行水权有偿占有和转让。促进水资源向高效率、高效益方面流动，使水资源达到最大限度的优化配置。

3. 我国防洪抗旱及水污染防治工作任重而道远

虽然我国水利建设取得了很大的成绩，但在防汛抗旱、水污染防治及水土保持等方面仍需做大量工作。

(1) 继续加强大江大河大湖治理，逐步推进重点中小河流治理。加快大中型水利枢纽工程建设，加快水库除险加固工作，搞好蓄滞洪区建设和山洪灾害防治。认真做好防汛、防台和抗旱救灾工作，切实保障人民群众生命财产安全。

(2) 以农田水利为重点，加强农业水利工程设施建设，加快大中型灌区的配套改造，扩大节水灌溉面积，夯实水利基础，提高农业抗旱能力。

(3) 加大水污染防治力度，开展河流生态修复技术，加大封育保护力度，抓好水土流失重点防治。进一步提升水利保障能力；全面落实最严格的水资源管理制度，确保水资源可持续利用。

第二节　水工建筑物及水利枢纽

一、水利枢纽

为改变水资源在时间、空间上分布不均的自然状况，综合利用水资源以达到防洪、灌溉、发电、引水、航运等目的，需修建水利工程。水利工程中常采用单个或若干个不同作用、不同类型的建筑物来调控水流，以满足不同部门对水资源的需求。这些为兴水利、除水害而修建的建筑物称水工建筑物。而由不同类型的水工建筑物组成、集中兴建、协同运行的综合水工建筑物群体称水利枢纽。

图1-1是甘肃白龙江上的碧口水电站枢纽布置图。它是以发电为主，兼有防洪、灌溉、养殖等综合作用的大型水利水电工程。工程中的主要水工建筑物包括：

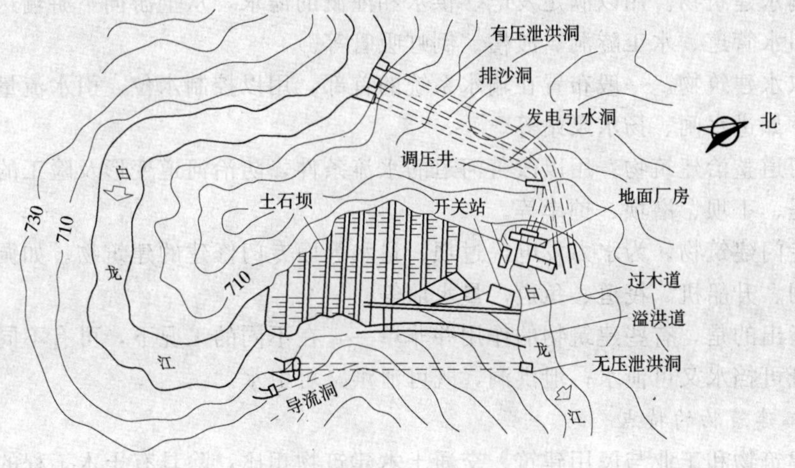

图1-1　碧口水电站工程布置示意图

(1) 黏土心墙土石坝。其作用是截断水流，挡住来水，蓄水形成水库。

(2) 水力发电站。包括发电引水洞、调压室、电站厂房等。作用是利用大坝形成的上下游水位差，将水能变成电能。

(3) 河岸式溢洪道。其作用是宣泄水库中的多余洪水，保证大坝安全。

(4) 导流洞（无压泄洪洞）。作用是导引施工期来水和泄放洪水。

(5) 排沙洞。是为排放库内部分淤积泥沙，减少水库淤积。

(6) 过木设施。其作用是向水库下游运送原木。

水利枢纽常按其主要作用可分为蓄水枢纽、发电枢纽、引水枢纽等。

蓄水枢纽是在河道来水年际、年内变化较大，不能满足下游防洪、灌溉、引水等用水要求时，通过大坝挡水，形成水库，利用水库的库容拦洪蓄水，用于枯水期灌溉、城镇引水等。

发电枢纽是以发电为水库的主要任务，利用河道中丰富的水量和水库形成的落差，安装水力发电机组，将水能转变为电能。

引水枢纽是在天然河道来水量或河水位较低不能满足引水需要时，在河道上修建较低的拦河闸（坝）等水工建筑物，来调节水位和流量，以保证引水的质量和数量的要求。

二、水工建筑物的分类及其特点

1. 水工建筑物的分类

在各种水利枢纽中，都建有不同类型的水工建筑物。这些水工建筑物按其作用可分为以下几种：

(1) 挡水、壅水建筑物。用以拦截江河水流，抬高上游水位以形成水库。如各种坝、闸等。

(2) 泄水建筑物。用以宣泄洪水期河道入库洪量超过水库调蓄能力的多余洪水。以保证大坝及有关建筑物的安全。如河岸溢洪道、泄洪洞、重力坝的溢流坝段、坝身泄水孔等。

(3) 输水建筑物。用以满足发电、供水和灌溉的需求，从上游向下游输送水量。如输水渠道、引水管道、水工隧洞、渡槽、倒虹吸管等。

(4) 取水建筑物。一般布置在输水系统的首部，用以控制水位、引水流量或人为提高水的势能。如进水闸、扬水泵站等。

(5) 河道整治建筑物。用以改善河道的水流条件，防治河道变形及险工的治理。如顺坝、导流堤、丁坝、潜坝、护岸等。

(6) 专门建筑物。为水力发电、过坝、量水等而专门修建的建筑物。如调压室、电站厂房、船闸、升船机、筏道、鱼道、量水堰等。

需要指出的是，有些建筑物的作用并非单一，在不同的工况下，可有不同的功能。如拦河闸，既可挡水又可泄水；泄洪洞，既可泄洪又可引水。

2. 水工建筑物的特点

水工建筑物和工业与民用建筑、交通土木建筑物相比，除具有土木工程的一般属性外还具有以下特点：

(1) 工作条件的复杂性。水工建筑物在水中工作而受水的特殊作用。首先其受到静水压力、风浪压力、冰压力、地震动水压力等推力作用，会对建筑物的稳定产生不利影响；其次，在水头作用下，水会通过建筑物及地基的孔隙向下游渗透，产生一定的渗透压力，使由松散颗粒构成的土石坝，有可能产生渗透破坏而导致工程失事；第三，对泄水建筑物，下泄水流集中且流速高，而高速水流的冲刷及空蚀作用，可能会使溢流表面破坏，也极易造成对河床及河岸的冲刷。此外，水库大量蓄水产生对地壳的压力作用，在特定的地质条件下，也可能诱发地震，而将使建筑物的正常工作条件进一步恶化。

(2) 施工的艰巨性。水工建筑物比其他土建工程的修建要困难和复杂得多。首先需解决好河床的来水导流问题，在保证工程正常、安全施工的条件下，使河道来水通畅下泄，并满足必要的通航、过木等方面的要求。如施工导流处理不当，可能增加工程投资、延误工期。其次，由于工程规模较大，施工技术复杂，工程量巨大，施工工期长，且受截流、度汛的影响，工程进度紧迫，必须和大自然争时间、抢速度。第三，施工受气候、水文地质、工程地质等方面的影响较大，如冬雨季施工困难大、地下水排水量多且时间长等都会增加施工的难度。

(3) 建筑物的独特性。水工建筑物的形式、构造及尺寸与其所在地的地形、地质、水文等条件密切相关。特别是地质条件的差异对建筑物的形式及尺寸影响更大。而且，科技发展水平和工程技术条件对建筑物的结构形式、尺寸也会产生一定影响。因此，由于各地区自然情况的千差万别，必然形成水工建筑物的独特性。除一些小型建筑物外，一般都应根据地形、地质、水文等条件进行单独设计，而不能采用定型设计。

(4) 与周围环境的相关性。水利工程的修建能防止洪水灾害，并能发电、灌溉、供水等。但同时对周围自然环境和社会环境也会产生一定影响。工程的建设和运用将改变河道的水文和小区气候，对河中水生生物和两岸植物的繁殖和生长产生一定影响，即对沿河的生态环境产生影响。另外，由于占用土地、开山破土、库区淹没等而必须迁移村镇及人

口，会对人群健康、文物古迹、矿产资源等产生不利影响。因此，为了合理地利用水土资源，保护环境、保持生态平衡，实行可持续发展，在规划设计、施工时，必须充分考虑工程建成运行后对自然环境和社会环境的影响，研究提出相关对策和方案，使其在对国民经济最有利的前提下，尽量减小对环境的不利影响。

(5) 对国民经济的影响巨大。水利工程建设项目，一般都是规模大、综合性强、组成建筑物多，其本身的投资巨大。尤其是大型水库工程，一般是大坝高、库容大，担负着重要的防洪、发电、供水等任务，一旦出现堤坝决溃现象，将对下游工农业生产造成极大损失，对人民群众的生命财产带来灾难性乃至毁灭性后果，这在国内外的教训是惨痛的。因此，在水利工程的设计、施工和管理过程中，一定要以对国家对人民高度负责的精神，严肃认真、一丝不苟、实事求是，在确保安全的情况下尽量降低造价，追求更大的工程经济效益。

三、水利水电工程及水工建筑物的等级

为了使水利工程建设既安全又经济，遵循水利工程建设的自然规律和经济规律，应在一定的经济发展水平的基础上，对规模、效益不同的水利水电工程进行区别对待。在工程实践中，首先根据工程项目的规模、效益及其在国民经济中的重要性将其分等；然后，再根据枢纽中各水工建筑物的作用大小及重要性，对建筑物进行分级。在设计和施工中，对不同级别的水工建筑物在安全系数、洪水标准、安全超高等技术方面则区别对待。根据水利部发布的《水利水电工程等级划分及洪水标准》(SL 252—2000)，水利水电工程按其工程规模、效益及在国民经济中的重要性划分为5个等级，具体分划指标见表1-1。

表1-1　　水利水电工程分等指标

工程等别	工程规模	水库总库容 ($\times10^8m^3$)	防洪		治涝	灌溉	供水	发电
			保护城镇及工矿企业的重要性	保护农田 ($\times10^4$亩)	治涝面积 ($\times10^4$亩)	灌溉面积 ($\times10^4$亩)	供水对象重要性	装机容量 ($\times10^4$kW)
Ⅰ	大(1)型	≥10	特别重要	≥500	≥200	≥150	特别重要	≥120
Ⅱ	大(2)型	10～1	重要	500～100	200～60	150～50	重要	120～30
Ⅲ	中型	1.0～0.10	中等	100～30	60～15	50～5	中等	30～5
Ⅳ	小(1)型	0.10～0.01	一般	30～5	15～3	5～0.5	一般	5～1
Ⅴ	小(2)型	0.01～0.001		<5	<3	<0.5		<1

注　1. 总库容指水库最高水位以下的静库容。
2. 治涝面积和灌溉面积均为设计面积。

对综合利用工程，其等别按各项综合利用项目中的最高等别确定。

一般情况下，将枢纽工程运用期间长期使用的各建筑物称为永久性建筑物；枢纽工程施工及维修期间使用的建筑物称临时性建筑物；在永久性建筑物中，起主要作用及失事后影响极大的建筑物称主要建筑物，否则称次要建筑物。水利水电工程的永久性水工建筑物的级别应根据工程的等别及重要性，按表1-2确定。

表 1-2　永久性水工建筑物级别

工程等别	主要建筑物	次要建筑物
Ⅰ	1	3
Ⅱ	2	3
Ⅲ	3	4
Ⅳ	4	5
Ⅴ	5	5

表 1-3　水库大坝提级指标

级别	坝　型	坝高(m)
2	土石坝	90
	混凝土坝、浆砌石坝	130
3	土石坝	70
	混凝土坝、浆砌石坝	100

对失事后损失巨大或影响十分严重的（2～4）级主要永久性水工建筑物，经过论证并报主管部门批准后，其标准可提高一级；失事后损失较轻的主要永久性建筑物，经论证并报主管部门批准后，可降低一级标准。

对 2、3 级的水库大坝，如坝高超过表 1-3 规定的指标时，可提高一级设计，但洪水标准不予提高；当建筑物基础的工程地质条件复杂或采用新型结构的 2～5 级永久性建筑物，可提高一级设计，但其洪水标准不予提高。

临时性挡水和泄水水工建筑物的级别，应根据其规模和保护对象、失事后果、使用年限，按表 1-4 确定其级别。

表 1-4　临时性水工建筑物级别

级别	保护对象	失　事　后　果	使用年限（年）	临时性水工建筑物规模	
				高度（m）	库容（$\times 10^8 m^3$）
3	有特殊要求的 1 级永久性水工建筑物	淹没重要城镇、工矿企业、交通干线或推迟总工期及第一台（批）机组发电，造成重大灾害和损失	>3	>50	>1.0
4	1、2 级永久性水工建筑物	淹没一般城镇、工矿企业、或影响工程总工期及第一台（批）机组发电而造成较大经济损失	3～1.5	50～15	1.0～0.1
5	3、4 级永久性水工建筑物	淹没基坑，但对总工期及第一台（批）机组发电影响不大，经济损失较小	<1.5	<15	<0.1

当根据表 1-4 指标分属不同级别时，其级别按最高级别确定。但对 3 级临时性水工建筑物，符合该级别规定的指标不得少于两项。如利用临时性水工建筑物挡水发电、通航时，经技术经济论证，3 级以下临时性水工建筑物的级别可提高一级。

在规划和设计中，为了达到安全、经济、合理的目的，不同级别的水工建筑物在以下几个方面的要求不同：

(1) 抗御洪水能力。如建筑物的设计洪水标准、坝（闸）顶安全超高等。

(2) 稳定性及控制强度。如建筑物的抗滑稳定强度安全系数，混凝土材料的变形及裂缝的控制要求等。

(3) 建筑材料的选用。如不同级别的水工建筑物中选用材料的品种、质量、标号及耐久性等。

四、水利水电工程的设计洪水标准及堤坝安全加高

1. 永久性水工建筑物设计洪水标准

水利水电工程永久性水工建筑物的设计洪水标准与工程所在地区的类型、坝体结构型式、运用情况等因素有关，一般分山区和平原两种情况，其具体标准应按我国水利部颁发的《水利水电工程等级划分及洪水标准》(SL 252—2000) 的相应规定确定。

山区、丘陵区永久性水工建筑物的洪水标准见表 1-5。对平原及滨海地区的水利水电工程的永久建筑物的洪水标准应按表 1-6 确定。

表 1-5　　山区、丘陵区水利水电工程水工建筑物洪水标准

项目			水工建筑物级别				
			1	2	3	4	5
洪水重现期（年）	设计情况		1000～500	500～100	100～50	50～30	30～20
	校核情况	土石坝	可能最大洪水（PME）或 10000～5000	5000～2000	2000～1000	1000～300	300～200
		混凝土坝、浆砌石坝	5000～2000	2000～1000	1000～500	500～200	200～100

表 1-6　　平原地区水利水电工程永久性建筑物洪水标准

项目		永久性水工建筑物级别				
		1	2	3	4	5
		洪水重现期（年）				
设计情况	水库工程	300～100	100～50	50～20	20～10	10
	拦河水闸	100～50	50～30	30～20	20～10	10
校核情况	水库工程	2000～1000	1000～300	300～100	100～50	50～20
	拦河水闸	300～200	200～100	100～50	50～30	30～20

当山区永久性水工建筑物的挡水高度低于 15m，且上下游最大水头差小于 10m 时，其洪水标准按平原区确定；而平原区的永久性水工建筑物的挡水高度大于 15m，且上下游最大水头差大于 10m 时，其洪水标准按山区标准确定。

失事后对下游将造成特别重大灾害的土石坝和洪水漫顶后将造成极严重损失的混凝土（砌石）坝，1 级建筑物的校核洪水标准，经专门论证并报主管部门批准，可取可能最大洪水（PMF）或 10000 年一遇标准。对土石坝中的 2～4 级建筑物的校核洪水标准，可提高一级。

2. 临时性水工建筑物

临时性水工建筑物的洪水标准，根据其结构类型、级别，结合风险度综合分析，按表 1-7 合理选用。对失事后果严重的，应考虑遇超标准洪水的应急措施。

3. 水工建筑物的安全加高

对永久性的挡水建筑物、堤防工程和不允许过水的临时性挡水建筑物，确定其顶高程时，在各种运用情况静水位上加波浪高后，还须考虑安全加高，以确保其自身安全。永久性水工建筑物的安全加高值应不小于表 1-8 中的规定值。

表 1-7　　临时性水工建筑物洪水标准［重现期（年）］

临时性建筑物类型	临时性水工建筑物级别		
	3	4	5
土石结构	50～20	20～10	10～5
混凝土、浆砌石结构	20～10	10～5	5～3

表 1-8　　永久性挡水建筑物安全加高　　单位：m

建筑物类型及运用情况			永久性挡水建筑物级别			
			1	2	3	4、5
土石坝	设　计		1.5	1.0	0.7	0.5
	校核	山区、丘陵区	0.7	0.5	0.4	0.3
		平原、滨海区	1.0	0.7	0.5	0.3
混凝土及浆砌石闸坝	设　计		0.7	0.5	0.4	0.3
	校　核		0.5	0.4	0.3	0.2

当永久性挡水建筑物顶部设有稳定、竖固不透水且与建筑物防渗体紧密结合的防浪墙时，防浪墙顶可作为坝顶高程，但坝顶高程不能低于水库正常蓄水位。

堤防工程的安全加高，根据其级别及运行条件按表 1-9 中的规定确定。对不允许过水的临时挡水建筑物，其安全加高应按表 1-10 的规定确定。过水的临时挡水建筑物，其顶高程为设计洪水位加波浪高度，不计安全加高。

表 1-9　　堤防工程顶部安全加高　　单位：m

防浪条件	堤防级别				
	1	2	3	4	5
不允许越浪	1.0	0.8	0.7	0.6	0.5
允许越浪	0.5	0.4	0.4	0.3	0.3

表 1-10　　临时性挡水建筑物安全加高　　单位：m

临时性挡水建筑物类型	建筑物级别	
	3	4、5
土石坝结构	0.7	0.5
混凝土、浆砌石结构	0.4	0.3

第三节　本课程的内容及学习方法

1. 本课程的性质、内容

水工建筑物是水利水电类专业的一门主要专业课。其内容涉及面很广，是一门集理论性、实验性、实践性、综合性于一体的课程。

该课程的主要内容包括：各种水工建筑物上的主要荷载及相应的计算方法；几种典型水工建筑物的结构类型、构造和特点；各水工建筑物的基本尺寸确定和一般性工程布置；建筑物工作条件和设计控制条件的选择；建筑物的过水能力计算及渗流分析原理和方法；结构的强度及稳定性分析等。

2. 本课程的学习方法

由于水工建筑物种类繁多，工作条件复杂，影响因素多变，因此只能通过几种较典型的建筑物的分析，了解其规律性，进而学会和掌握其设计、施工、管理的原则和方法。并能举一反三，逐步锻炼和提高分析和解决工程实际问题的能力。在本课程的学习中应注意以下几个方面。

(1) 结合已学课程，弄懂基本理论。水工建筑物是在学完建筑材料、材料力学、结构力学、水力学、土力学与地基基础、水工钢筋混凝土结构、水文与水利计算等课程的基础上开设的专业课。因此，首先应复习并适当开拓上述有关已学课程的基本理论和基本计算方法。然后，通过课上讲授内容认真思考，彻底弄清楚各种水工建筑物的基础理论和一些基本计算公式，掌握公式推导的基本条件和要求。只有这样，才能灵活运用，解决复杂多变的实际工程问题。绝不能不求甚解、生搬硬套。

(2) 做好习题、设计，掌握方法、步骤。水工建筑物的习题及大作业是培养学生理解基本理论和运用基本公式的一种方式，课程设计、毕业设计则是锻炼学生综合运用所学的知识，根据基础资料，解决工程问题，提高工程设计能力的有效途径。通过作业及工程设计，可进一步熟悉、巩固设计理论和设计方法、步骤，掌握技术参数选择的技巧，同时也可培养工程制图、编制设计文件及计算机操作应用的能力。因此，要认真地做好大作业和设计，要独立思考和动手操作。通过这些学习途径，深刻理解基本理论，掌握设计方法和步骤，锻炼独立思考和动手的技能，培养解决实际工程问题的能力。

(3) 认真实习、实训，理论联系实际。由于该课程实验性、实践性较强，在学好基本理论的前提下，要认真进行有关的实验、实习实训等实践环节的学习。通过实验掌握实验基本方法，培养工程实验能力。通过实习实训，了解已建和在建实际工程的整体布置和结构、构造，培养“工程”概念，掌握基本设计理论与实际地质、地形、水流等情况相结合的要领，了解工程在设计、建设、运行管理中出现的问题及相应的处理方法，以积累工程设计和施工、管理经验。

(4) 加强工程顶岗实践，锻炼工程应用能力。在实际工程设计过程中，需大量地参考有关设计规范、施工规范及验收规程，参阅已建工程的设计报告、设计图纸等。阅读与本工程有关的科研、设计、施工、运用管理方面的文献资料。了解本专业科技发展的新技术、新工艺及新材料的应用，吸取工程的经验教训。因此，为更好地提高工程设计、施工能力，还需要到设计、施工的一线基层，参加水利工程设计、施工等实际生产。了解、掌握设计、施工技能和经验，提高工程设计和施工等实际动手能力，提高水工建筑物课程在实际工程中的技术应用水平。

学　习　指　导

本章重点是水利枢纽和水工建筑物的特点、等级划分及要求。本章难点是等级划分的

原则、标准等。

第一节掌握水资源、水资源开发、水利工程建设等概念。

第二节掌握水利枢纽、水工建筑物的概念和水工建筑物等级划分的具体标准。

第三节掌握水工建筑物的课程特点及相应的学习方法。

小 结

绪论是要求必须掌握的内容。对于水资源、水资源开发利用、水利枢纽和水工建筑物的分等分级等问题，要了解透彻，概念清晰。水利枢纽建成后，对周围环境的影响有利有弊，要全面分析，力争扩大有利的影响，缩小不利的影响。

本课程是一门综合性和实践性很强的专业课，它与基础课和基础技术课相比，学习方法也有所不同，要注意掌握“由表及里、加强理解、勤于实践、温故知新”的学习方法。

思 考 题

1-1 什么叫水资源？我国水资源的特点是什么？

1-2 何谓水工建筑物？简述其类型。

1-3 水工建筑物的特点是什么？

1-4 水工建筑物等级划分的目的是什么？

1-5 水利水电工程如何分等？水工建筑物如何分级？

1-6 如何确定永久性水工建筑物设计洪水的标准？

1-7 当前我国水利水电建设的基本原则是什么？

第二章　重　力　坝

第一节　概　述

重力坝是一种古老而迄今应用很广的坝型，因主要依靠自重维持稳定而得名。早在公元前 2900 年埃及便在尼罗河上修建了一座高 15m、顶长 240m 的浆砌石重力坝。19 世纪以前，重力坝基本上都采用毛石砌体修建，19 世纪后期由于新材料出现才逐渐采用混凝土筑坝。随着筑坝技术、设计理论的提高，高坝不断增多，1962 年瑞士建成了世界上最高的大狄克逊重力坝，最大坝高为 285m。20 世纪 80 年代后，碾压混凝土技术开始应用于重力坝，使重力坝发展步伐加快。

自新中国成立以后，已建 30m 以上的混凝土坝中，重力坝占 50%左右。20 世纪 50 年代我国首先建成了高 105m 的新安江和高 71m 的古田一级两座宽缝重力坝；20 世纪 60 年代，建成了高 97m 的丹江口宽缝重力坝和高 147m 的刘家峡、高 106m 的三门峡两座实体重力坝；20 世纪 70 年代，建成了高 107m 的黄龙滩、高 85m 的龚嘴实体重力坝；20 世纪 80 年代，建成了高 165m 的乌江渡拱形重力坝和高 107.5m 的潘家口宽缝重力坝等。以后又开工建设水口、隔河岩、岩滩、三峡、龙滩、向家坝、金安桥等一批高混凝土重力坝，如现已完工的长江三峡工程，最大坝高 181m，龙滩碾压混凝土重力坝，坝高 216.5m。

一、重力坝的特点

重力坝的工作原理可以概括为两点：①重力坝在水压力及其他荷载作用下，主要依靠坝体自重产生的抗滑力来满足稳定的要求；②利用坝体自重在水平截面上产生的压应力来抵消由于水压力所引起的拉应力，以满足强度要求。因此，重力坝的剖面较大，一般做成上游坝面近于垂直的三角形剖面，且垂直坝轴线方向常设永久伸缩缝，将坝体沿坝轴线分成若干个独立的坝段，如图 2－1 所示。

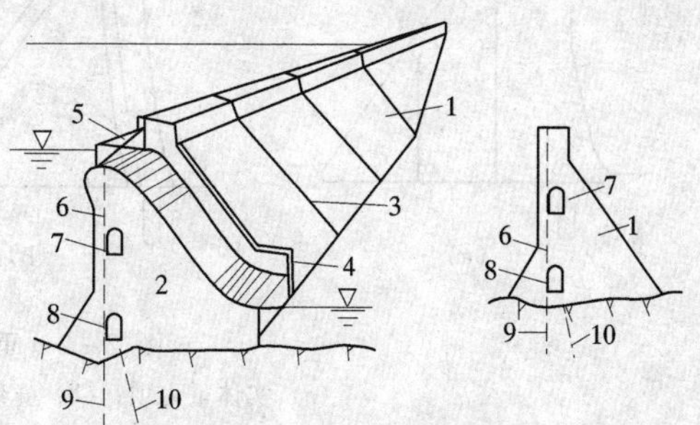

图 2－1　重力坝示意图

1—非溢流重力坝；2—溢流重力坝；3—横缝；4—导墙；5—闸门；6—坝内排水管；7—检修、排水廊道；8—基础灌浆廊道；9—防渗帷幕；10—坝基排水孔

重力坝与其他坝型相比，具有以下主要特点：

（1）便于泄洪和施工导流。重力坝所用的材料抗冲能力强，剖面尺寸较大，适于坝顶溢流和在坝身设置泄水孔，施工期可以利用坝体分期导流。

（2）混凝土重力坝需要温控散热措施。重力坝体积较大，水泥用量多，水泥水化

热量大，需要温控散热措施，否则会产生温度裂缝，影响坝体的整体性、耐久性及外观等。

(3) 材料的强度不能充分发挥。重力坝材料的允许压应力相对较大，而坝体内部和上部的实际应力较小，因此坝体不同区域应采用不同强度等级和耐久性要求的材料。

(4) 受扬压力的影响大。重力坝的坝体和坝基有一定的透水性，在较大的水头差作用下，产生渗透压力。渗透压力和浮托力合称扬压力，它会减轻坝体的有效重量，对坝体的稳定不利，因此要采取有效措施减小扬压力。

(5) 对地形、地质条件适应性好。几乎任何形状的河谷断面都可修建重力坝。重力坝对地基地质条件的要求虽然比土石坝高，但由于横缝的存在，能很好地适应各种非均质的地基，无重大缺陷的一般强度的岩基均能满足建坝要求。

二、重力坝的类型

(1) 按坝体的高度分类。坝高指坝基最低面（不包括局部深槽、深井等）至坝顶路面的高度。坝高大于 70m 的为高坝，小于 30m 的为低坝，介于两者之间的为中坝。

(2) 按筑坝材料分类。按筑坝材料可分为常态混凝土重力坝、碾压混凝土重力坝和浆砌石重力坝。重力坝大都使用混凝土建造，从世界混凝土重力坝的建设角度看，常态混凝土重力坝在数量上占绝大多数；而从技术、经济效益和发展趋势看，碾压混凝土重力坝有较大的发展空间；中低坝可用浆砌块石砌筑。

(3) 按泄水条件分类 。按顶部是否可以泄水可分为溢流重力坝和非溢流重力坝。坝体内设有泄水孔的坝段和溢流坝段统称为泄水坝段；完全不能泄水的坝段称为非溢流坝段，也称为挡水坝段。

(4) 按坝体的结构分类。可分为实体重力坝、宽缝重力坝、空腹重力坝，如图 2-2 所示。

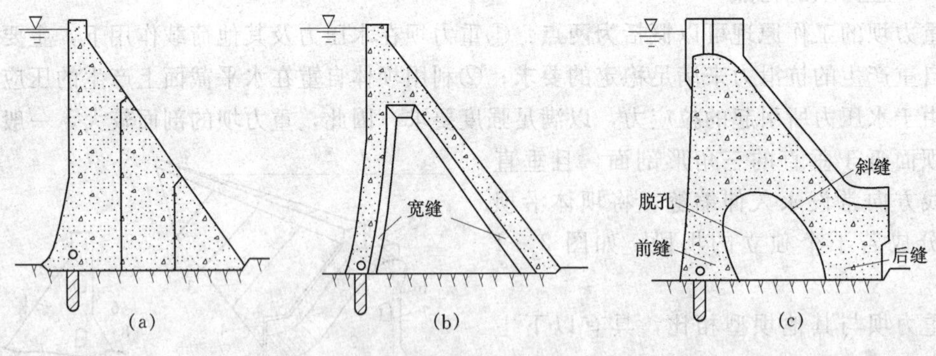

图 2-2 重力坝的型式

(a) 实体重力坝；(b) 宽缝重力坝；(c) 空腹重力坝

实体重力坝是最简单的型式，缺点是扬压力大，材料的强度不能充分发挥，工程量较大。而宽缝重力坝和空腹重力坝等坝型可以有效地降低扬压力，较好利用材料强度，节省工程量；缺点是施工较为复杂，模板用量较多。例如，新安江宽缝重力坝高 105m，潘家口宽缝重力高 107.5m。装配式重力坝是采用预制混凝土块安装筑成的坝，可改善混凝土

施工质量和降低坝体的温度升高，但要求施工工艺精确，以使接缝有足够的强度和防水性能。湖北省陆水工程就采用此种坝型，坝高为49m。

第二节　重力坝的荷载及荷载组合

一、作用与荷载

水工建筑物在各种工作状态下，受到各种作用，这些作用通常称为荷载。重力坝的荷载主要有自重、静水压力、动水压力、扬压力、波浪压力、淤沙压力、冰压力、土压力、地震荷载等。取坝单宽坝长（1m）计算。

（一）自重（包括永久设备自重）

重力坝自重 W 可按结构设计尺寸及材料重度按下式计算

$$W = A\gamma_c \tag{2-1}$$

式中　A——坝体横断面面积，m^2。常将坝体断面分成简单的矩形、三角型计算；

γ_c——坝体材料重度，kN/m^3。一般混凝土取 23.5～24kN/m^3，钢筋混凝土取 24.5～25kN/m^3，浆砌石取 21.5～23kN/m^3。

计算自重时，坝上永久固定设备，如闸门、启闭机等重量也应计算在内，坝内较大的孔洞应扣除。

（二）水压力

(1) 静水压力。水体静止状态下对结构表面的作用力称为静水压力。可按静水力学原理进行计算。为方便起见，作用在坝面的总静水压力分解为水平水压力 P_H 和垂直水压力 P_V 两部分，如图 2-3 所示。其大小可按下式计算

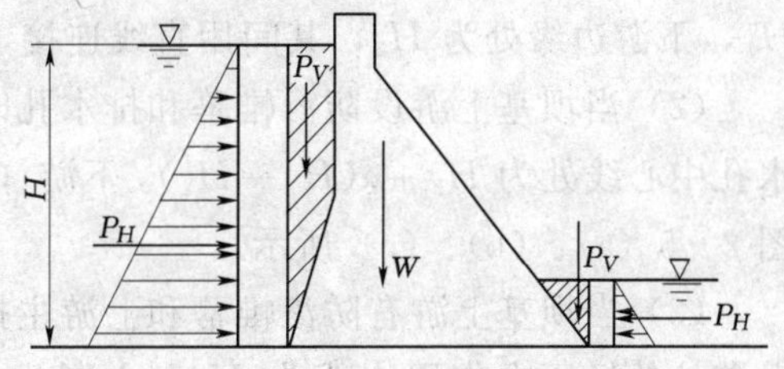

图 2-3　静水压力计算示意图

$$P_H = \frac{1}{2}\gamma_w H^2 \tag{2-2}$$

$$P_V = A_w\gamma_w \tag{2-3}$$

式中　γ_w——水的重度，可采用 9.81kN/m^3，对多泥沙河流可根据实际情况确定；

H——计算点以上的水深，m；

A_w——结构表面以上水的面积，m^2。

(2) 动水压力。溢流坝段坝顶闸门关闭挡水时，静水压力计算与挡水坝段完全相同。在泄水时水流经曲面（如溢流坝面或泄水孔洞的反弧段），由于流向的改变，在该处产生动水压力，如图 2-4 所示。由动量方程可求得单宽反弧段上的动水压力。

$$P_{xr} = q\rho_w v(\cos\varphi_2 - \cos\varphi_1) \tag{2-4}$$

$$P_{yr} = q\rho_w v(\sin\varphi_2 + \sin\varphi_1) \tag{2-5}$$

式中　q——相应设计状况下反弧段上的单宽流量，$m^3/(s \cdot m)$；

ρ_w——水的密度，kg/m^3；

v——反弧段最低处的断面平均流速，m/s；

φ_1、φ_2——如图 2-4 所示，分别为反弧段圆心竖线左、右的中心角。

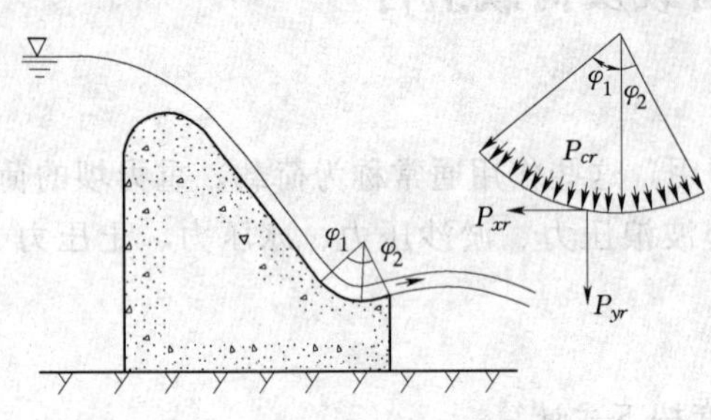

图 2-4 动水压力计算图

（三）扬压力

扬压力包括浮托力和渗透压力。大坝挡水后，在上下游水头差的作用下，水将通过坝体、地基等的孔隙向下游渗透，由渗透引起的水压力称渗透压力，由下游水深而引起的水压力称浮托力，渗透压力和浮托力之和称为扬压力。

扬压力的大小可按扬压力分布图形计算，影响分布及数值的因素较多，设计时要根据地基地质条件、防渗排水措施、坝的结构形式等情况，分别选用扬压力计算图形。

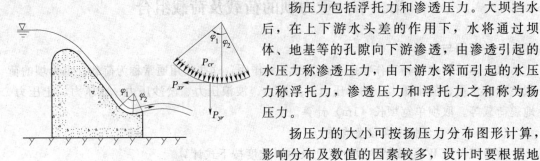

1. 坝基面扬压力计算

坝基面扬压力分布按以下三种情况确定：

(1) 坝基未设防渗帷幕和排水孔幕时，作用于坝底面上游边缘处的扬压力作用水头为 H_1，下游边缘处为 H_2，其间用直线连接，如图 2-5 (e) 所示。

(2) 当坝基上游设防渗帷幕和排水孔时，坝底面上游处的扬压力作用水头为 H_1，排水孔中心线处为 $H_2+\alpha(H_1-H_2)$，下游（坝趾）处为 H_2，其间各段依次以直线连接，如图 2-5 (a)、(b)、(c) 所示。

(3) 当坝基上游有防渗帷幕和上游主排水孔并设下游副排水孔及抽排系统时，坝基面上游处的扬压力作用水头为 H_1，主副排水孔中心处的扬压力作用水头分别为 $\alpha_1 H_1$ 和 $\alpha_2 H_2$，下游处为 H_2，其间各段依次以直线连接，如图 2-5 (d) 所示。

以上各种情况中，渗透压力强度系数 α，扬压力强度系数 α_1 及残余扬压力系数 α_2 的选用见表 2-1。

表 2-1　坝底面的渗透压力和扬压力系数

坝型及部位		地基处理情况		
		设置防渗帷幕及排水孔	设置防渗帷幕及主、副排水孔并抽排	
部位	坝型	渗透压力强度系数 α	扬压力强度系数 α_1	残余扬压力系数 α_2
河床坝段	实体重力坝	0.25	0.20	0.50
	宽缝重力坝	0.20	0.15	0.50
	大头支墩坝	0.20	0.15	0.50
	空腹重力坝	0.25	—	—
岸坡坝段	实体重力坝	0.35	—	—
	宽缝重力坝	0.30	—	—
	大头支墩坝	0.30	—	—
	空腹重力坝	0.35	—	—

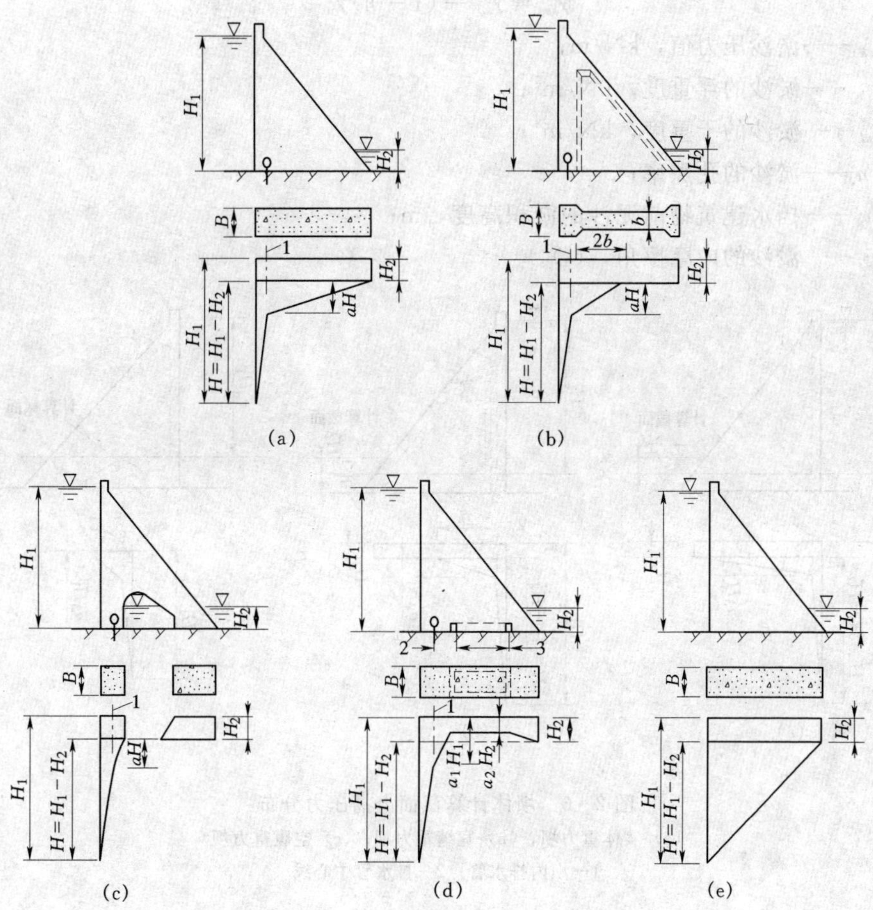

图 2-5　坝底面扬压力分布

(a) 实体重力坝；(b) 宽缝重力坝及大头支墩坝；(c) 空腹重力坝；(d) 坝基设有抽排系统；(e) 未设帷幕及排水孔

1—排水孔中心线；2—主排水孔；3—副排水孔

2. 坝体内部扬压力

坝体内部混凝土也具有一定的渗透性，渗流会产生渗透压力。常在坝体上游面附近 3～5m 范围浇注抗渗混凝土，并在紧靠该防渗层的下游面设排水管，降低坝体内部的扬压力。当不设坝体排水管时，其上游处为 H_1'，下游处为 H_2'，其间直线连接；当坝体上游面设有坝体排水管时的，排水管中心线处为 $\alpha_3 H_1'$。如图 2-6 所示。

坝体内部扬压力系数 α_3，对实体重力坝及空腹重力坝的实体部位采用 0.2；宽缝坝、大头支墩的无宽缝部位采用 0.2，有宽缝部位采用 0.15。

（四）淤沙压力

水库蓄水后，流速减缓。水流夹带的泥沙将淤积在水库的尾部，对坝上游面产生淤沙压力。一般情况下，作用在坝面单位长度上的水平淤沙压力在垂直方向上呈三角形分布，其合力可按下式计算

$$P_{sk}=\frac{1}{2}\gamma_{sb}h_s^2\tan^2\left(45°-\frac{\varphi_s}{2}\right) \tag{2-6}$$

$$\gamma_{sb}=\gamma_{sd}-(1-n)\gamma_w \tag{2-7}$$

式中　P_{sk}——淤沙压力值，kN/m；

γ_{sb}——淤沙的浮重度，kN/m³；

γ_{sd}——淤沙的干重度，kN/m³；

n——淤沙的孔隙率；

h_s——挡水建筑物前泥沙的淤积高度，m；

φ_s——淤沙的内摩擦角，(°)。

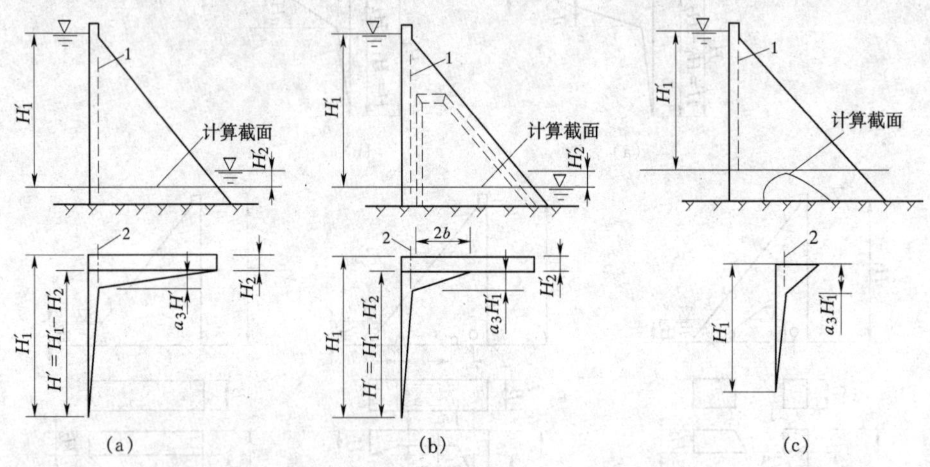

图 2-6　坝体计算截面上扬压力分布

(a) 实体重力坝；(b) 宽缝重力坝；(c) 空腹重力坝

1—坝内排水管；2—排水管中心线

对淤沙高度，应根据河流的水文泥沙特性和枢纽布置情况经计算确定。淤沙的浮重度和内摩擦角，一般可参照类似工程的实测资料分析确定；对淤积严重的工程，宜通过物理模型试验后确定。

当上游坝面倾斜时，除计算水平淤沙压力外应计算竖向淤沙压力，其值应按淤沙浮重度与淤沙体积的乘积求得。

（五）浪压力

由于风的作用，在水库内形成波浪，它不但给闸坝等挡水建筑物直接施加浪压力，而且波峰所及高程也是决定坝高的重要依据。浪压力与波浪要素和坝前水深等有关。

1. 波浪要素计算

波浪的几何要素如图 2-7 所示，主要包括波高（h_m）、波长（L_m）、波浪中心线高于静水面的高度（h_z）。其值的大小与水面的宽阔程度、水域形状、风力、风向、库区的地形等条件有关。SL 319—2005《混凝土重力坝设计规范》规定，波浪要素宜根据拟建水库的具体条件，按下述三种情况计算。

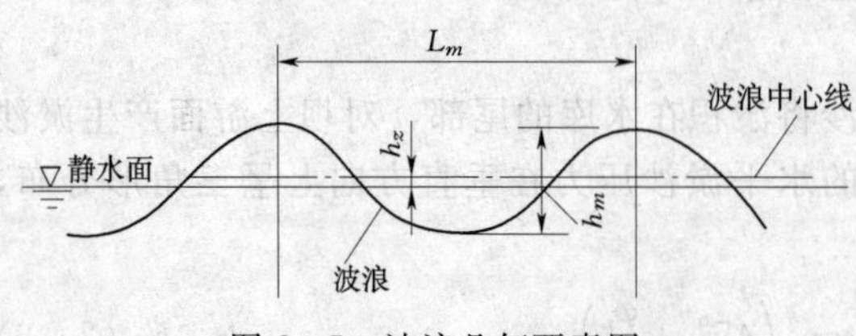

图 2-7　波浪几何要素图

（1）对平原、滨海地区的水库，宜按

莆田试验站公式计算

$$\frac{gh_m}{v_0^2}=0.13\text{th}\left[0.7\left(\frac{gH_m}{v_0^2}\right)^{0.7}\right]\text{th}\left\{\frac{0.0018(gD/v_0^2)^{0.45}}{0.13\text{th}[0.7(gH_m/v_0^2)]^{0.7}}\right\} \tag{2-8}$$

$$\frac{gT_m}{v_0}=13.9\left(\frac{gh_m}{v_0^2}\right)^{0.5} \tag{2-9}$$

式中　h_m——平均波高，m；

T_m——平均波周期，s；

H_m——水域平均水深，m；

v_0——计算风速，m/s；

D——风区长度（有效吹程），m。

计算风速 v_0，在正常运用条件下，采用相应季节 50 年重现期的最大风速；在非常运用条件下，采用相应洪水期多年平均最大风速。风区长度 D，亦称有效吹程，系指风作用于水域的直线最大长度。一般可按以下情况确定：当沿风向两侧的水域较宽广时，可采用计算点至对岸的直线最大距离；当沿风向有局部缩窄且缩窄处的宽度 B 小于 12 倍计算波长时，可采用 $5B$，同时不小于计算点至对岸的直线距离（图 2-8）。

（2）对丘陵、平原地区水库，其风浪要素值宜按鹤地水库试验公式计算（适用于水深较大，计算风速 $v_0<26.5\text{m/s}$，风区长度 $D<7.5\text{km}$ 的水库）

$$\frac{gh_{2\%}}{v_0^2}=0.00625v_0^{\frac{1}{6}}\left(\frac{gD}{v_0^2}\right)^{\frac{1}{3}} \tag{2-10}$$

$$\frac{gL_m}{v_0^2}=0.0386\left(\frac{gD}{v_0^2}\right)^{\frac{1}{2}} \tag{2-11}$$

式中　$h_{2\%}$——累积频率为 2%的波高，m；

L_m——平均波长，m。

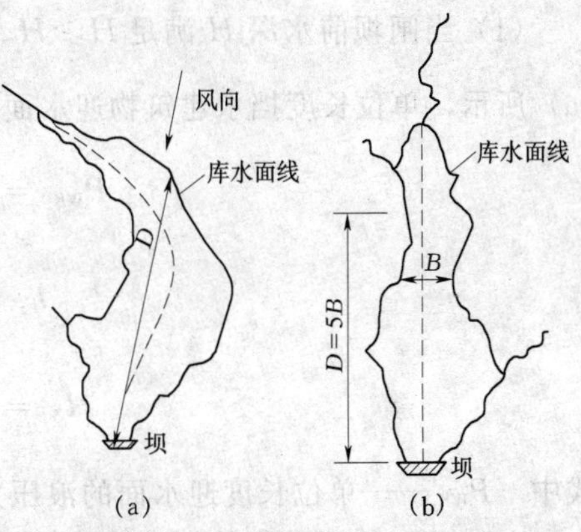

图 2-8　风区长度图

（3）对内陆峡谷水库，宜按官厅公式计算（适用于风速 $v_0<20\text{m/s}$，吹程 $D<20\text{km}$）

$$\frac{gh}{v_0^2}=0.0076v_0^{\frac{-1}{12}}\left(\frac{gD}{v_0^2}\right)^{\frac{1}{3}} \tag{2-12}$$

$$\frac{gL_m}{v_0^2}=0.331v_0^{\frac{-1}{2.15}}\left(\frac{gD}{v_0^2}\right)^{\frac{1}{3.75}} \tag{2-13}$$

式中　h——当 $\frac{gD}{v_0^2}=20\sim250$ 时，为累积频率 5%的波高 $h_{5\%}$，当 $\frac{gD}{v_0^2}=250\sim1000$ 时，为累积频率为 10%的波高 $h_{10\%}$。

累积频率为 P（%）的波高 h_P 计算波浪压力。累积频率波高 h_P 与平均波高 h_m 的关系，按表 2-2 换算。

由 H_m（坝前平均水深）和 T_m，可用理论公式（2-14）算出平均波长为

$$L_m=\frac{gT_m^2}{2\pi}\text{th}\frac{2\pi H_m}{\lambda} \tag{2-14}$$

表 2-2　　累积频率波高 h_P 与平均波高 h_m 的比值

$\frac{h_P}{h_m}$	P（%）									
	0.1	1	2	3	4	5	10	13	20	50
0	2.97	2.42	2.23	2.11	2.02	1.95	1.71	1.61	1.43	0.94
0.1	2.70	2.26	2.09	2.00	1.92	1.87	1.65	1.56	1.41	0.96
0.2	2.46	2.09	1.96	1.88	1.81	1.76	1.59	1.51	1.37	0.98
0.3	2.23	1.93	1.82	1.76	1.70	1.66	1.52	1.45	1.34	1.00
0.4	2.01	1.78	1.68	1.64	1.60	1.56	1.44	1.39	1.30	1.01
0.5	1.80	1.63	1.56	1.52	1.49	1.46	1.37	1.33	1.25	1.01

对于深水波，即当 $H \geqslant 0.5L_m$ 时，上式可简化为

$$L_m = \frac{gT_m^2}{2\pi} \tag{2-15}$$

2. 直墙式挡水建筑物的波浪压力

当波浪要素确定后，便可根据挡水建筑前不同的水深条件，按以下三种波态计算。

(1) 当闸坝前水深 H 满足 $H \geqslant H_{cr}$ 和 $H \geqslant \frac{L_m}{2}$ 时，发生深水波，浪压力分布如图 2-9 (a) 所示，单位长度挡水建筑物迎水面上的浪压力值按下式计算

$$P_{WK} = \frac{1}{4}\gamma_w L_m (h_{1\%} + h_z) \tag{2-16}$$

$$h_z = \frac{\pi h_{1\%}^2}{L_m} \operatorname{cth} \frac{\pi H}{L_m} \tag{2-17}$$

$$H_{cr} = \frac{L_m}{4\pi} \ln \frac{L_m + 2\pi h_{1\%}}{L_m - 2\pi h_{1\%}} \tag{2-18}$$

式中　P_{WK}——单位长度迎水面的浪压力，kN/m；

$h_{1\%}$——累计频率为1%的波高，m；

H——挡水建筑物迎水面前的水深，m；

H_z——波浪中心至计算静水位的高度，m；

H_{cr}——使波浪破碎的临界水深，m。

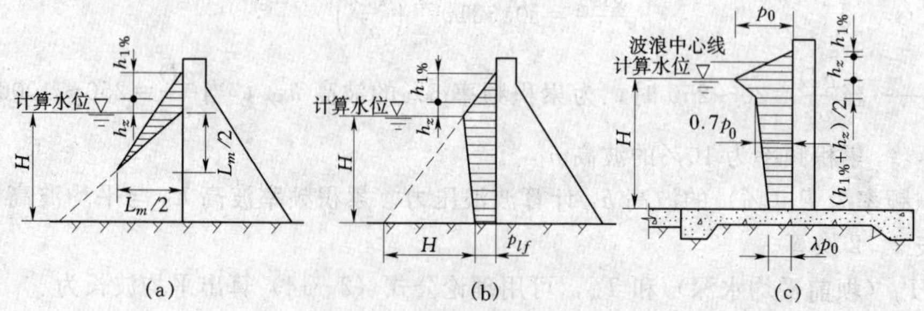

图 2-9　直墙式挡水建筑物的浪压力分布

(a) 深水波；(b) 浅水波；(c) 破碎波

(2) 当 $H \geqslant H_{cr}$ 但 $H < \frac{L_m}{2}$ 时，坝前产生浅水波，其浪压力分布如图 2-9 (b) 所示，单位长度的浪压力值按下式计算

$$P_{WK} = \frac{1}{2}[(h_{1\%} + h_z)(\gamma_w H + p_{lf}) + H p_{lf}] \tag{2-19}$$

$$p_{lf} = \gamma_w h_{1\%} \operatorname{sech} \frac{2\pi H}{L_m} \tag{2-20}$$

式中 p_{lf}——建筑物底面处剩余浪压力强度，kN/m²。

(3) 当 $H < H_{cr}$ 时，则产生破碎波，此时浪压力分布如图 2-9 (c) 所示，单位长度上的波浪压力标准值可按下式计算

$$P_{WK} = \frac{1}{2} p_0 [(1.5 - 0.5\lambda) h_{1\%} + (0.7 + \lambda) H] \tag{2-21}$$

$$p_0 = k_i \gamma_w h_{1\%} \tag{2-22}$$

式中 λ——建筑物底面的浪压力强度折减系数，当 $H \leqslant 1.7h_{1\%}$ 时，采用 0.6；当 $H > 1.7h_{1\%}$ 时，采用 0.5；

p_0——计算静水位处的浪压力强度，kN/m²；

k_i——底坡影响系数，可按表 2-3 采用。

表 2-3 底坡影响系数 k_i

底坡 i	1/10	1/20	1/30	1/40	1/50	1/60	1/80	<1/100
k_i 值	1.89	1.61	1.48	1.41	1.36	1.33	1.29	1.25

注 底坡 i 采用建筑物迎水面前一定距离内的平均值。

（六）地震荷载

在地震区修建水工建筑物时，亦应考虑地震的影响，地震作用主要包括地震惯性力、地震动水压力和动土压力等。地震作用大小取决于建筑物所在地区的地震烈度。地震烈度又分为基本烈度和设计烈度两个概念。基本烈度指水工建筑物所在地区今后一定时期（一般指 100 年）内可能遇到的地震最大烈度，根据地震时在一定地点地面震动的强度，分为 0～Ⅻ度，烈度愈大，对建筑物的破坏力愈大。一般采用基本烈度作为设计烈度。设计烈度Ⅵ度以下地区的建筑物，可不考虑地震作用；对基本设计烈度在Ⅵ度或Ⅵ度以上地区，坝高超过 200m 或库容大于 100 亿 m³ 的大型工程，以及对基本设计烈度在Ⅶ度或Ⅶ度以上地区，坝高超过 150m 的大 (1) 型工程，其抗震设防依据应进行专门地震危险性评定。

SL 203—97《水工建筑物抗震设计规范》规定，水工建筑的工程抗震设防类别应根据工程的重要性和工程场地的基本烈度按表 2-4 的规定确定。工程抗震设防等级为甲类的重力坝，其地震作用采用动力法；工程抗震设防等级为乙、丙类的重力坝，采用动力法或拟静力法；设计烈度小于Ⅷ度且坝高不大于 70m 的重力坝，可采用拟静力法。

1. 地震惯性力

地震时，水工建筑物随地壳而加速运动时，产生了地震惯性力。地震惯性力的方向是

表 2-4 设防类别及作用效应计算法

工程抗震设防类别	建筑物级别	地震作用效应计算方法	场地基本烈强
甲	1（壅水）	动力法	≥6
乙	1（非壅水）、2（壅水）	动力法或拟静力法	
丙	2（非壅水）、3	动力法或拟静力法	≥7
丁	4、5	拟静力法或着重采取抗振措施	

任意的，和地震加速度的方向相反。一般情况下只考虑顺河流方向的水平方向地震作用，对于设计烈度为Ⅷ、Ⅸ度的1、2级重力坝，应同时计入水平和竖向地震作用，但竖向地震惯性力尚需乘0.5的遇合系数。

（1）水平地震惯性力。采用拟静力法计算地震作用效应时，沿建筑物高度作用于质点 i 的水平向地震惯性力代表值应按下式计算

$$F_i = \alpha_h \xi G_{Ei} \alpha_i / g \tag{2-23}$$

式中 F_i——作用于质点 i 的水平地震惯性力代表值，kN/m；

ξ——地震作用的效应折减系数，一般取0.25；

G_{Ei}——集中在质点 i 的重力作用标准值，kN；

g——重力加速度，取 9.81m/s^2；

α_h——水平向设计地震加速度代表值，可由表2-5确定；

α_i——质点 i 的动态分布系数，计算重力坝地震作用效应时，由式（2-24）确定

$$\alpha_i = 1.4\frac{1+4(h_i/H)^4}{1+4\sum_{j=1}^{n}\frac{G_{Ej}}{G_E}(h_j/H)^4} \tag{2-24}$$

式中 n——坝体计算质点总数；

h_i、h_j——分质点 i、j 的高度，m；

H——坝高，m；溢流坝段的 H 应算至闸墩，m；

G_E——产生地震惯性力的建筑物总重力作用标准值，kN。

表 2-5 水平向设计地震加速度代表值

设计烈度	Ⅶ度	Ⅷ度	Ⅸ度
α_h	0.1g	0.2g	0.4g

（2）垂直地震惯性力。垂直向的地震惯性力的计算，将水平向设计地震加速度代表值 α_h 变成竖向设计地震加速度代表值 α_v 即可，一般 α_v 应取 α_h 的2/3。一个结构物同时计算水平和竖向地震作用力时，应将竖向地震作用效应再乘以0.5的遇合系数后与水平地震作用效应直接相加。

2. 地震动水压力

发生地震时，坝前、坝后的水随着震动形成作用在坝面上的激荡力。采用拟静力法计算，对上游面垂直的情况下，水深 y 处的地震动水压力代表值可按式（2-25）计算。单宽坝面上的总地震动水压力，作用在水面以下 $0.54H_0$ 处，方向水平指向下游。其代表值

F_0 可按式（2－26）计算

$$p_w(y)=\alpha_h\xi\psi(y)\rho_w H_1 \quad (2-25)$$

$$F_0=0.65\alpha_h\xi\rho_w H_1^2 \quad (2-26)$$

式中　$p_w(y)$——作用在直立迎水面水深 y 处的地震动水压力代表值，kN/m；

H_1——坝前水深，m；

ρ_w——水体质量密度标准值，kg/m^3；

$\psi(y)$——水深 y 处，地震动水压力分布系数，应按表 2－6 的规定取值。

表 2－6　　动水压力分布系数表

h/H_0	$\psi(y)$	h/H_0	$\psi(y)$	h/H_0	$\psi(y)$
0.0	0.00	0.4	0.74	0.8	0.71
0.1	0.43	0.5	0.76	0.9	0.68
0.2	0.58	0.6	0.76	1.0	0.67
0.3	0.68	0.7	0.75		

水深 y 处以上单位宽度上地震动水压力代表值 $\overline{P}_y$ 及其作用点的位置 h_y 的计算，可利用图 2－10 进行图解。

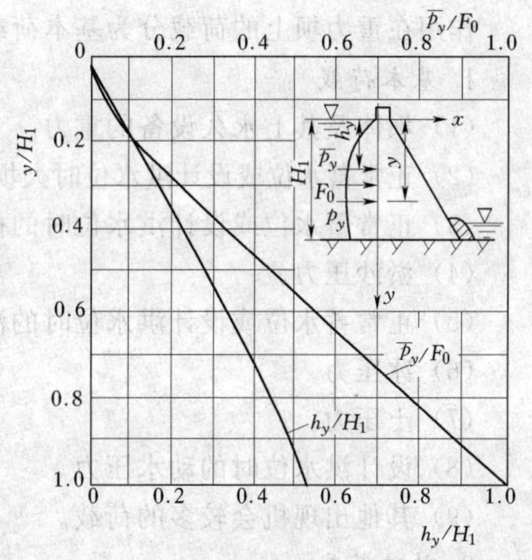

图 2－10　水深 y 处以上地震动水压力合力及其作用点位置

当迎水面倾斜时，应将计算的 F_0 值乘以折减系数 $\varphi/90°$，φ 为迎水面与水平面的夹角；当迎水面为折线时，若水面下直立部分高度大于水深的一半时，可近似按直立面考虑；否则可近似的取水面点与坡脚点的连线代替坡度线。

作用在挡水建筑物上、下游面的地震动水压力均垂直于坝面，且两者的作用方向一致。即当地震加速度的方向指向上游时，作用在上、下游坝面上的地震动水压力均指向下游。

3. 地震动土压力

当重力坝或水闸一侧有填土时，则应考虑地震动土压力。

地震主动动土压力代表值可按式（2－27）计算，并取其式中的“＋”、“－”号计算结果中的大值。

$$F_E=\left[q_0\frac{\cos\psi_1}{\cos(\psi_1-\psi_2)}H+\frac{1}{2}\gamma H^2\right](1\pm\zeta\alpha_v/g)C_e \quad (2-27)$$

$$C_e=\frac{\cos^2(\psi-\theta_e-\psi_1)}{\cos\theta_e\cos^2\psi_1\cos(\delta+\psi_1+\theta_e)(1\pm\sqrt{z})^2} \quad (2-28)$$

$$z=\frac{\sin(\delta+\phi)\cos(\phi-\theta_e-\psi_2)}{\cos(\delta+\psi_1+\theta_e)\cos(\psi_2-\psi_1)} \quad (2-29)$$

其中 $$\theta_e = \arctan \frac{\xi \alpha_h}{g - \xi \alpha_v}$$

式中 F_E——地震主动土压力代表值，kN/m；

q_0——土表面单位长度荷载，kN/m；

ψ_1——挡土墙面与垂直面夹角，(°)；

ψ_2——土表面与水平面夹角，(°)；

H——填土高度，m；

γ——土的重度标准值，kN/m³；

ϕ——土的内摩擦角，(°)；

θ_e——地震系数角，(°)；

δ——坝面（挡土墙面）与土之间的摩擦角，(°)；

ζ——计算系数，动力法时取 1.0，拟静力法时一般取 0.25，钢筋混凝土结构取 0.35。

二、荷载组合

作用在重力坝上的荷载分为基本荷载和特殊荷载。

1. 基本荷载

(1) 坝体及其上永久设备的重力。

(2) 正常蓄水位或设计洪水位时大坝上游面、下游面的静水压力（选取一种情况控制）。

(3) 正常蓄水位或设计洪水位时的扬压力。

(4) 淤沙压力。

(5) 正常蓄水位或设计洪水位时的浪压力。

(6) 冰压力。

(7) 土压力。

(8) 设计洪水位时的动水压力。

(9) 其他出现机会较多的荷载。

2. 特殊荷载

(1) 校核洪水位时大坝上游面、下游面的静水压力。

(2) 校核洪水位时的扬压力。

(3) 校核洪水位时的浪压力。

(4) 校核洪水位时的动水压力。

(5) 地震荷载。

(6) 其他出现机会很少的荷载。

混凝土重力坝抗滑稳定及坝体应力计算的荷载组合应分为基本组合和特殊组合两种。基本组合属设计情况或正常情况，由同时出现的基本荷载组成；特殊组合属校核情况或非常情况，由同时出现的基本荷载和一种或几种特殊荷载组成。设计时应从这两类组合中选择几种最不利的、起控制作用的组合情况进行计算，使之满足 SL 319—2005《混凝土重力坝设计规范》中规定的要求。荷载组合应按表 2-7 的规定进行。

表 2-7　　荷载组合

荷载组合	主要考虑情况	荷载									附　注
		自重	静水压力	扬压力	淤沙压力	浪压力	冰压力	动水压力	土压力	地震作用	
基本组合	正常蓄水位情况	1(1)	1(2)	1(3)	1(4)	1(5)	—	—	1(7)	—	土压力根据坝体外是否有填土而定
	设计洪水位情况	1(1)	1(2)	1(3)	1(4)	1(5)	—	1(8)	1(7)	—	土压力根据坝体处是否有填土而定
	冰冻情况	1(1)	1(2)	1(3)	1(4)	—	1(6)	—	1(7)	—	静水压力及扬压力按相应冬季库水位计算
特殊组合	校核洪水情况	1(1)	2(1)	2(2)	1(4)	2(3)	—	2(4)	1(7)	—	土压力根据坝体外是否有填土而定
	地震情况	1(1)	1(2)	1(3)	1(4)	1(5)	—	—	1(7)	2(5)	静水压力、扬压力和浪压力按正常蓄水位计算，有论证时可另作规定

注　1. 应根据各种荷载同时作用的实际可能性，选择计算中最不利的荷载组合。

2. 分期施工的坝应按相应的荷载组合分期进行计算。

3. 施工期的情况应进行必要的核算，作为特殊组合。

4. 根据地质和其他条件，如考虑运用时排水设备易于堵塞，需经常维修时，应考虑排水失效情况，作为特殊组合。

5. 地震情况，如按冬季计及冰压力，则不计浪压力。

第三节　重力坝的稳定分析

一、抗滑稳定计算截面的选取

混凝土坝设永久性横缝，将坝体分成若干坝段，横缝不传力，坝段独立工作，无水平梁的作用。因此，稳定分析时取单独坝段或沿坝轴方向取 1m 长进行计算。

根据坝基地质条件和坝体剖面形式，应选择受力大、抗剪强度较低、最容易产生滑动的截面作为计算截面。重力坝抗滑稳定计算主要是核算坝基面及碾压混凝土层面上的滑动稳定性。另外坝基内有软弱夹层、缓倾角结构面时，也应核算其深层滑动性。

二、坝体抗滑稳定计算

《混凝土重力坝设计规范》(SL 319—2005) 规定，重力坝的抗滑稳定计算应用定值安全系数法，计算公式有抗剪强度公式和抗剪断强度公式。

1. 抗剪强度公式

此法认为坝体与基岩胶结较差，滑动面上的阻滑力只计摩擦力，不计黏聚力。当滑动面为水平面时，如图 2-11 (a) 所示，抗滑稳定安全系数 K 为

$$K=\frac{阻滑力}{滑动力}=\frac{f(\sum W-U)}{\sum P} \tag{2-30}$$

式中　$\sum W$——作用于滑动面上的总铅直力，kN；

$\sum P$——作用于滑动面上的总水平力，kN；

U——作用在滑动面上的扬压力，kN；

f——滑动面上的抗剪摩擦系数。

当滑动面为倾向上游的倾斜面时，如图 2-11（b）所示，计算公式为

$$K=\frac{f(\sum W\cos\alpha-U+\sum P\sin\alpha)}{\sum P\cos\beta-\sum W\sin\alpha} \tag{2-31}$$

式中 β——接触面与水平面间的夹角，(°)。

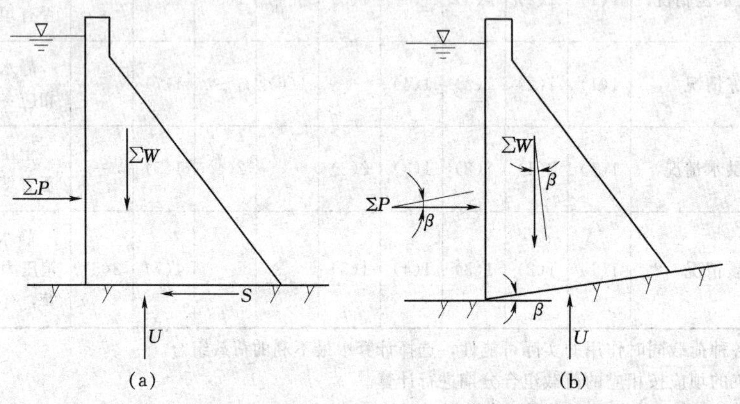

图 2-11 重力坝沿坝基面抗滑稳定示意图

(a) 水平滑动面；(b) 倾斜滑动面

但要注意扬压力 U 应垂直于所计算的滑动面。由式（2-31）看出，滑动面倾向上游时，对坝体抗滑稳定有利；倾向下游时，角由正变负，滑动力增大，抗滑力减小，对坝的稳定不利。在选择坝轴线和开挖基坑时。应尽可能考虑这一影响。

用抗剪断强度公式设计时，各种荷载组合情况下的安全系数见表 2-8。

2. 抗剪断强度公式

此法认为坝体与基岩胶结良好，滑动面上的阻滑力包括摩擦力和黏聚力，并直接通过胶结面的抗剪断试验确定抗剪断强度的参数 f' 和 c'。其抗滑稳定安全系数式

$$K'=\frac{f'(\sum W-U)+c'A}{\sum P} \tag{2-32}$$

式中 f'——坝体混凝土与坝基接触面的抗剪断摩擦系数；

c'——坝体混凝土与坝基接触面的抗剪断黏聚力，kPa。

用抗剪断强度公式设计时，各种荷载组合情况下的安全系数见表 2-9。

表 2-8 抗滑稳定安全系数 K

荷载组合		坝的级别		
		1	2	3
基本组合		1.10	1.05	1.05
特殊组合	(1)	1.05	1.00	1.00
	(2)	1.00	1.00	1.00

表 2-9 抗滑稳定安全系数 K'

荷载组合		K'
基本组合		3.0
特殊组合	(1)	2.5
	(2)	2.3

上述两个抗滑稳定计算公式是在不同的假定前提下得到的。

(1) 摩擦公式。形式简单，概念明确，计算方便，多年来积累了丰富的经验，但只考虑坝体与基岩之间的摩擦力，忽略了坝体与基岩的胶结作用，公式中不考虑黏聚力与实际不符，不能完全反映实际工作状态，黏聚力仅作为一种安全储备，因此 K 取得较小。

(2) 抗剪断公式。考虑了坝体与基岩的胶结作用，计算了全部抗滑潜力，比较符合坝的实际工作状态，物理概念明确，是近年来发展的趋势，但 c' 现场测值不稳，因此 K' 取值较大，应注意抗剪断参数的选用。

总之，f'、c' 和 f 的大小对抗滑稳定影响很大，若取大安全没有保证，取小则浪费。如何选取 f'、c' 和 f 值是计算稳定安全系数的关键。

三、深层抗滑稳定分析

当坝基岩体内存在着不利的软弱夹层或缓倾角断层时，坝体有可能沿着坝基软弱面产生深层滑动（图 2-12），其计算原理与坝基面抗滑稳定计算相同。若实际工程中地基内存在相互切割的多条软弱夹层，构成多斜面深层滑动，计算时选择几个比较危险的滑动面进行试算，然后做出比较分析判断。

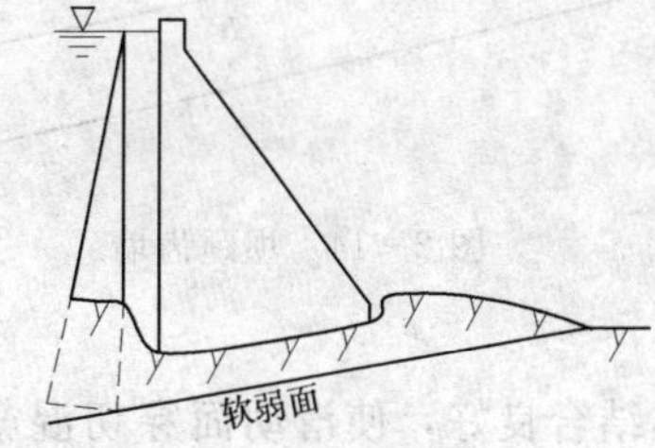

图 2-12　单斜面深层滑动

四、提高坝体抗滑稳定性的工程措施

当抗滑稳定验算结果不满足时，除增加坝体断面外，还可以采用以下工程措施来解决。

(1) 利用水重。将坝的迎水面做成向上游的倾斜面或折坡面，利用坝面水重增加坝体的抗滑稳定性。但应注意，上游坝面的坡度不宜过缓，否则在上游坝面容易出现拉应力，对坝体强度不利。

(2) 将坝基面开挖成向上游倾斜的斜面，借以增加抗滑力，提高稳定性，当基岩为水平层状构造时，此措施对增强坝的抗滑稳定更为有效。但这种做法会增加坝基开挖量和坝体混凝土浇筑量。若基岩较为坚硬，也可将坝基面开挖成若干段倾向上游的斜面，形成锯齿状，以提高坝基面的抗剪能力，如图 2-13 所示。

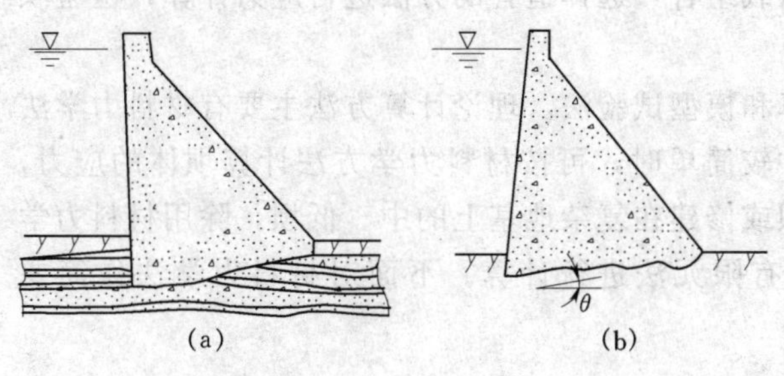

图 2-13　坝基开挖示意图

(a) 坝基开挖成倾斜面；(b) 坝基开挖成锯齿状

(3) 利用地形地质特点，在坝踵设置深入基岩的齿墙或深孔预应力锚缆等，以增加抗力提高稳定性，如图 2-14 和图 2-15 所示。

(4) 采用有效的防渗排水或抽水措施，减小作用在坝基上的扬压力，可相对增大坝体的有效重量，如设防渗帷幕、加强坝基排水、选用宽缝或空腹重力坝等。

(5) 提高坝基面的抗剪断参数 f' 和 c'。在设计和施工时，应保证坝体混凝土和坝基岩

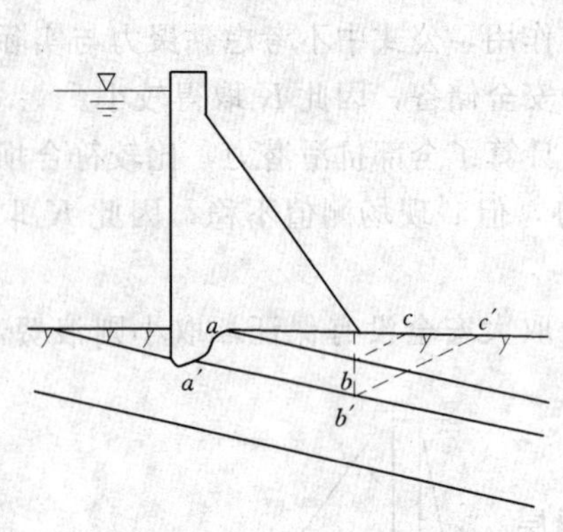

图 2-14　坝踵齿墙

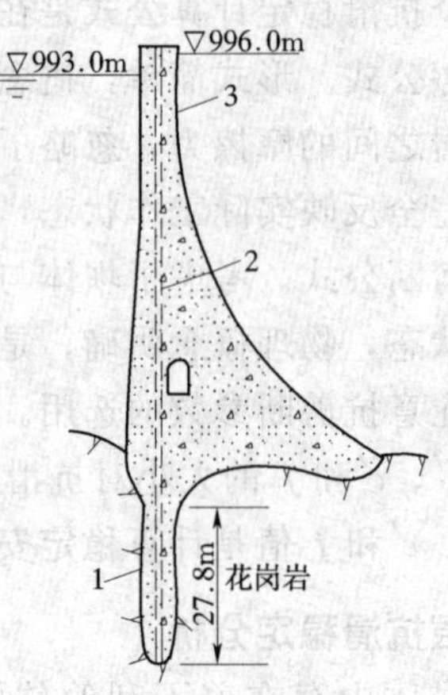

图 2-15　重力坝深孔预应力锚缆
1—锚缆竖井；2—预应力锚缆；3—锚定钢筋

体结合良好，使滑动面穿切混凝土或基岩体。其主要措施为将基岩面开挖成"大平小不平"的形式；采用合理的爆破工艺，避免岩体震裂等。

第四节　重力坝的应力分析

一、应力分析的目的和方法

重力坝应力分析的目的在于检验拟定的坝体断面是否安全、经济；根据坝体应力进行坝体材料性能的分区设计，同时为设计穿过坝体的廊道、管道、孔口等提供应力计算依据。

应力分析的内容包括：荷载计算和荷载组合，选择适宜的方法进行应力计算，检验坝体各部位的应力是否满足强度要求。

重力坝应力分析的方法包括理论计算和模型试验法。理论计算方法主要有材料力学法和有限元法。对于中、低坝，当地质条件较简单时，可按材料力学方法计算坝体的应力，有时可只计算坝体的边缘应力。对于高坝或修建在复杂地基上的中、低坝，除用材料力学方法计算外，还应进行模型试验或采用有限元法进行计算。下面对材料力学法作简要介绍。

二、材料力学法

1. 材料力学法的基本假定

（1）坝体混凝土为均质、连续、各向同性的弹性体。

（2）视坝体断面为固接于地基上的悬臂梁，不考虑地基变形对坝体应力的影响，并认为各坝段独立工作，横缝不传力。

（3）假定坝体水平截面上的铅直正应力按直线分布，其值可按材料力学中的偏心受压公式计算。

材料力学法虽然不能反映地基变形、坝内孔口等因素对坝体应力的影响，但它计算简

便，并有一套成熟的应力控制标准，对于中、低重力坝，能控制坝体强度的安全性，因此仍得到广泛的应用。

应力分析时，沿坝轴线方向截取 1m 坝长按平面问题进行计算。

2. 不计扬压力时边缘应力的计算

一般情况下，坝体的最大和最小应力都出现在坝面，因此，要首先计算边缘应力，检验其是否符合强度要求。

(1) 水平截面上的边缘正应力 σ_y。按图 2-16，根据偏心受压公式，坝体上下游边缘垂直正应力为

$$\sigma_y^u = \frac{\sum W}{T} + \frac{6\sum M}{T^2} \qquad (2-33)$$

$$\sigma_y^d = \frac{\sum W}{T} - \frac{6\sum M}{T^2} \qquad (2-34)$$

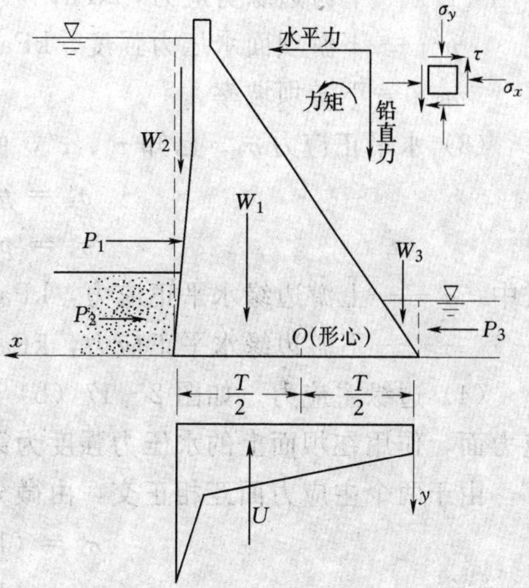

图 2-16　坝体应力计算图

式中　σ_y^u、σ_y^d——上游及下游边缘的铅直正应力，kPa；

$\sum W$——计算截面上全部荷载的铅直分力总和，以向下为正，kN；

$\sum M$——计算截面上全部荷载对计算截面形心力矩的总和，逆时针为正，kN·m。

(2) 剪应力 τ。在坝体上下边缘取微分体，如图 2-17 (a) 所示。

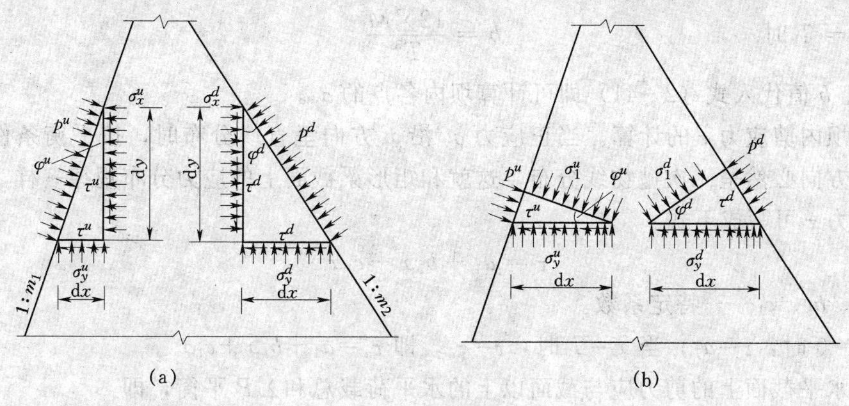

图 2-17　边缘应力计算图

由上游微分体的平衡条件 $\sum F_y = 0$，可得

$$\tau^u = (p^u - \sigma_y^u)m_1 \qquad (2-35)$$

$$\tau^d = (\sigma_y^d - p^d)m_2 \qquad (2-36)$$

式中　τ^u——上游边缘剪应力，kPa；

p^u——上游坝面水压力强度，kPa；

m_1——上游坝坡率；

τ^d——下游边缘剪应力，kPa；

p^d——下游坝面水压力强度，kPa；

m_2——下游坝坡率。

(3) 水平正应力 σ_x。已知 τ^u、τ^d，由上游微分体的平衡条件 $\sum F_x=0$，可得

$$\sigma_x^u = p^u - (p^u - \sigma_y^u)m_1^2 \tag{2-37}$$

$$\sigma_x^d = p^d + (\sigma_y^d - p^d)m_2^2 \tag{2-38}$$

式中　σ_x^u——上游边缘水平正应力，kPa；

σ_x^d——下游边缘水平正应力，kPa。

(4) 边缘主应力。如图 2-17 (b) 所示取微分体，上、下游坝面无剪应力，故为主应力面，作用在坝面上的水压力强度为第二主应力值：$\sigma_2^u=p^u$，$\sigma_2^d=p^d$。

由于两个主应力面互相正交，由微分体的平衡条件 $\sum F_y=0$，可得

$$\sigma_1^u = (1+m_1^2)\sigma_y^u - p^u m_1^2 \tag{2-39}$$

$$\sigma_1^d = (1+m_2^2)\sigma_y^d - p^d m_2^2 \tag{2-40}$$

式中　σ_1^u——上游边缘第一主应力，kPa；

σ_1^d——下游边缘第一主应力，kPa。

3. 不计扬压力时的坝内应力计算

(1) 水平截面上的正应力 σ_y。假定 σ_y 沿 x 方向为直线分布（图 2-18），即

$$\sigma_y = a + bx \tag{2-41}$$

当 $x=0$ 时　　$a = \dfrac{\sum W}{T} - \dfrac{6\sum M}{T^2}$

当 $x=T$ 时　　$b = \dfrac{12\sum M}{T^3}$

将 a、b 值代入式 (2-41) 即可计算坝内各点的 σ_y。

(2) 坝内剪应力 τ 的计算。当正应力 σ_y 沿 x 方向呈直线分布时，按平衡条件，剪应力 τ 在 x 方向必然呈二次抛物线分布，这就和矩形梁截面上的应力分布规律一样。坝内各点的剪应力 τ 可写成下式

$$\tau = a_1 + b_1 x + c_1 x^2 \tag{2-42}$$

式中　a_1、b_1、c_1——特定系数。

当 $x=0$ 时，$\tau=a_1$；当 $x=T$ 时，$\tau=\tau_u$，即 $\tau_u=a_1+b_1x+c_1x^2$。

整个水平截面上的剪力应与截面以上的水平荷载总和 $\sum P$ 平衡，即

$$\int_0^T (a_1 + b_1 x + c_1 x^2) = -\sum P$$

得

$$a_1 T + b_1 T^2 + c_1 T^3 = -\sum P$$

将以上三个方程式联立求解，得出

$$a_1 = \tau^d$$

$$b_1 = -\frac{1}{T}\left(\frac{6\sum P}{T} + 2\tau^u + 4\tau^d\right)$$

$$c_1 = \frac{1}{T^2}\left(\frac{6\sum P}{T} + 3\tau^u + 3\tau^d\right)$$

将 a_1、b_1、c_1 的数值代入式（2-42）即可计算坝内各点的剪应力 τ。

（3）坝内水平正应力 σ_x。由于 σ_y 呈线性分布，由平衡条件知 σ_x 呈三次抛物线分布。经计算得知，该曲线非常接近直线，因此在中、小型工程中可近似假定成直线：

$$\sigma_x = a_3 + b_3 x \tag{2-43}$$

将点（0，σ_x^d）和点（T，σ_x^u）代入式（2-43），求得

$$a_3 = \sigma_x^d$$

$$b_3 = \frac{\sigma_x^u - \sigma_x^d}{T}$$

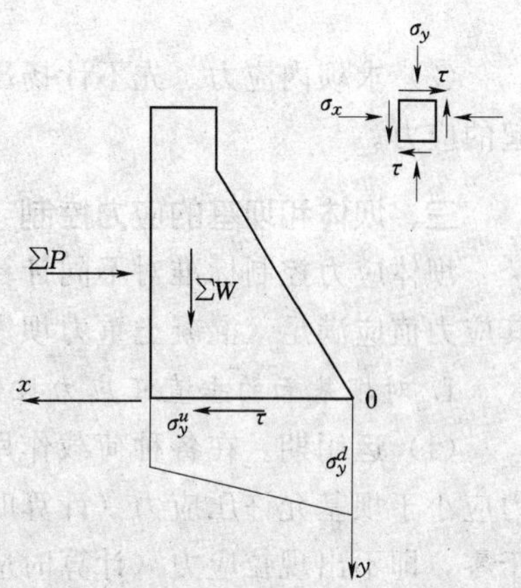

图 2-18 坝内应力计算示意图

将 a_3、b_3 值代入式（2-43）即可计算 σ_x。

（4）主应力计算。当求得 σ_x、σ_y、τ 后，由材料力学基本原理即可求得该点主应力及其方向。主应力及其方向可用以下公式计算

$$\sigma_1 = \frac{\sigma_y + \sigma_x}{2} + \sqrt{\frac{(\sigma_y - \sigma_x)^2}{4} + \tau^2} \tag{2-44}$$

$$\sigma_2 = \frac{\sigma_y + \sigma_x}{2} - \sqrt{\frac{(\sigma_y - \sigma_x)^2}{4} + \tau^2} \tag{2-45}$$

$$\phi_1 = \frac{1}{2}\arctan\left(\frac{-2\tau}{\sigma_y - \sigma_x}\right) \tag{2-46}$$

ϕ_1 以顺时针方向为正，当 $\sigma_y > \sigma_x$ 时，自铅直线量起；当 $\sigma_y < \sigma_x$ 时，自水平线量起。算出各点的主应力后，可在坝内计算点上以矢量表示其大小和方向。

4. 考虑扬压力时的应力计算

（1）求边缘应力。先求出全部荷载（包括扬压力）对截面形心的弯矩 $\sum M$，按式（2-33）和式（2-34）求出 σ_y^u 及 σ_y^d。取上游坝体边缘的微分体，其受力情况如图 2-19 所示，由平衡条件可以得出

$$\tau^u = (p^u - p_u^u - \sigma_y^u) m_1 \tag{2-47}$$

$$\sigma_x^u = (p^u - p_u^u) - (p^u - p_u^u - \sigma_y^u) m_1^2 \tag{2-48}$$

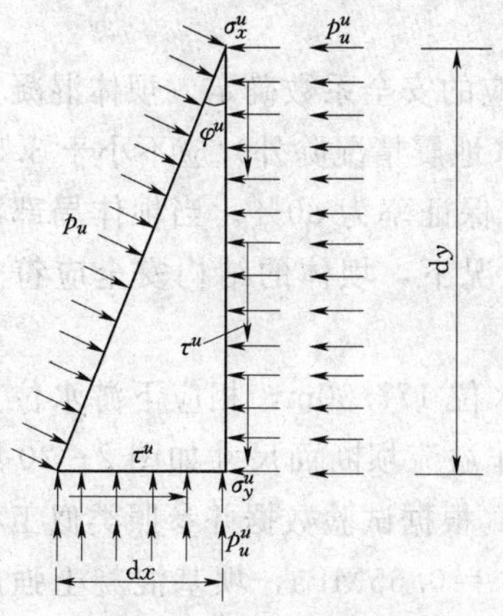

图 2-19 考虑扬压力时边缘应力

式中 p_u^u——上游边缘的扬压力强度，kPa。

同理，由下游坝体边缘微分体的平衡条件可以得出

$$\tau^d = (\sigma_y^d + p_u^d - p^d) m_2 \tag{2-49}$$

$$\sigma_x^d = (p^d - p_u^d) + (\sigma_y^d + p_u^d - p^d) m_2^2 \tag{2-50}$$

式中 p_u^d——下游边缘的扬压力强度，kPa。

同样，取如图 2-17（b）的微分体，考虑扬压力，由平衡条件得出上、下游边缘主应力

$$\sigma_1^u = (1 + m_1^2)\sigma_y^u - (p^u - p_u^u) m_1^2 \tag{2-51}$$

$$\sigma_2^u = p^u - p_u^u \tag{2-52}$$

$$\sigma_1^d = (1 + m_2^2)\sigma_y^d - (p^d - p_u^d)m_2^2 \tag{2-53}$$

$$\sigma_2^d = p^d - p_u^d \tag{2-54}$$

(2) 求坝内应力。先不计扬压力计算坝内各点的 σ_y、σ_x 和 τ，然后再迭加由扬压力引起的应力。

三、坝体和坝基的应力控制

坝体应力控制标准对不同计算方法有不同的规定。当用材料力学法计算坝体应力时，其应力值应满足《混凝土重力坝设计规范》(SL 319—2005) 规定的强度指标。

1. 对坝基面的垂直正应力控制

(1) 运用期。在各种荷载作用下（地震荷载除外），坝基面坝址所承受的最大垂直应力应小于坝基允许压应力（计算时分别计入扬压力和不计入扬压力）；坝踵垂直应力应大于零，即不出现拉应力（计算时应计入扬压力）。在地震作用下，坝基面的垂直应力应符合《水工建筑物抗震设计规范》(SL 203—1997) 的要求。

(2) 施工期。坝基面坝址垂直应力允许有小于 0.1MPa 的拉应力。

坝基的容许压应力是根据坝基岩石的室内试验，结合地基的具体情况而定。对于强度高而节理、裂隙发育的基岩，其最大容许压应力可取试块（通常为 5cm×5cm×5cm）的极限抗压强度的 1/20～1/25；对于中等强度的基岩可取 1/10～1/20；对于均质且裂隙甚少的软弱基岩及半岩石地基，可取 1/5～1/10；对于风化基岩按基岩风化程度，将其容许压应力值降低 25%～50%。

2. 对坝体应力控制

(1) 运用期。坝体上游面的垂直应力不出现拉应力（计入扬压力）；坝体最大主压应力不大于坝体材料的允许压应力值；在地震作用下，坝体上游面的应力控制标准应符合《水工建筑物抗震设计规范》(SL 203—1997) 的要求。坝体内一般不容许出现主拉应力，但以下情况例外：①宽缝重力坝离上游面较远的局部区域，可出现拉应力，但不得超过混凝土的容许拉应力；②当溢流坝堰顶部位出现拉应力时，可考虑配置钢筋；③廊道及其他孔洞周边的拉应力区域，宜配置钢筋，以承受拉应力。

(2) 施工期。坝体任何截面上的主压应力不大于坝体材料的允许压应力；在坝体下游面，允许有不大于 0.2MPa 的拉应力。

混凝土的允许应力，应根据混凝土的极限强度除以相应的安全系数确定。坝体混凝土抗压安全系数，基本情况下应不小于 4；特殊组合情况下（地震情况除外）应不小于 3.5。极限抗压强度指 90d 龄期 15cm×15cm×15cm 试件强度，保证率为 80%。当坝体局部混凝土有抗拉要求时，抗拉安全系数应不小于 4.0。地震情况下，坝体的结构安全应符合《水工建筑物抗震设计规范》(SL 203—1997) 的要求。

【例 2-1】 某混凝土重力坝为 3 级建筑物。正常蓄水位 177.00m，相应下游水位为 154.10m；校核洪水位为 179.02m。按最大坝高拟定出的非溢流坝断面尺寸如图 2-20 所示。坝基高程 149.10m，地基为花岗岩，左岸节理较发育。根据试验数据并参照类似工程资料，选定抗剪断摩擦系数及黏聚力分别为 $f'=0.85$，$C'=0.65$MPa，坝基混凝土强度等级为 C_{15}，基岩允许抗压强度为 14.3MPa。该地区设计洪水期多年平均最大风速为

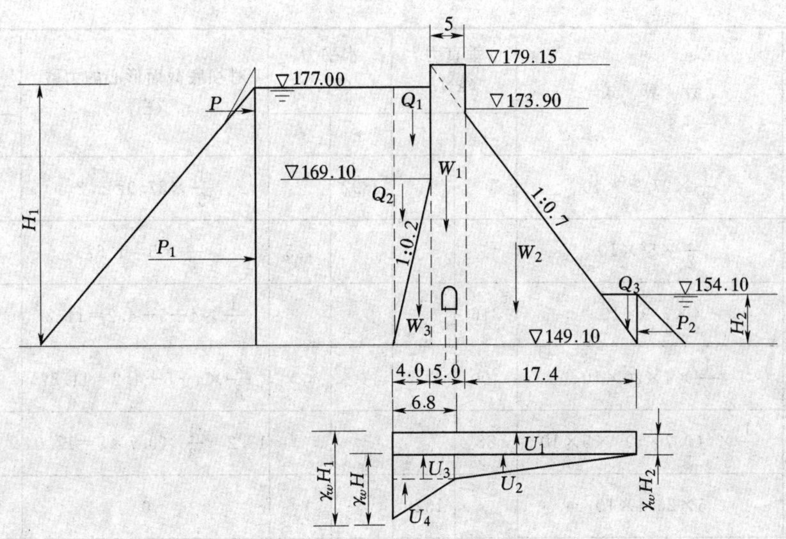

图 2-20 坝体尺寸与荷载

13.3m/s，水库吹程为 1km。不计淤沙压力。

要求验算正常蓄水位情况下坝基面的抗滑稳定性以及坝基面的应力。

解： 1. 荷载计算

基本组合正常蓄水位情况下，其荷载组合为：自重，正常蓄水位情况下的静水压力、扬压力和浪压力。

(1) 自重。坝体断面分为两个三角形和一个长方形分别计算，混凝土容重采用 24kN/m³，因廊道尺寸较小，计算自重时不考虑。

(2) 静水压力。静水压力包括上下游的水平水压力和斜坡上的垂直水压力。

(3) 扬压力。坝踵处的扬压力强度为 $\gamma_w H_1$，排水孔线上为 $\gamma_w H_2 + \alpha\gamma_w \Delta H$，坝趾处为 $\gamma_w H_2$，其间均以直线连接，α 采用 0.3。

(4) 浪压力。按第二章坝前水深 $H_1 > \frac{L_m}{2}$ 的有关公式计算。

上述荷载的计算成果见表 2-10。

表 2-10　　重力坝荷载计算表

荷载		计算式	垂直力 (kN)		水平力 (kN)		对坝底截面形心的力臂 (m)	力矩 (kN·m)	
			↓	↑	→	←		↶ +	− ↷
自重	W_1	5.0×30.05×24	3606				13.2−6.5=6.7	24160	
	W_2	$\frac{1}{2}$×24.8×17.4×24	5178				$\frac{1}{3}$×17.4−4.2=1.6		8285
	W_3	$\frac{1}{2}$×20×4×24	960				$\frac{1}{3}$×4+5+4.2=10.53	10109	

续表

荷载		计 算 式	垂直力 (kN)		水平力 (kN)		对坝底截面形心的力臂 (m)	力矩 (kN·m)	
			↓	↑	→	←		↶ +	− ↷
水平水压力	P_1	$\frac{1}{2}\times27.9^2\times10$			3892		$\frac{1}{3}\times27.9=9.3$		36196
	P_2	$\frac{1}{2}\times5^2\times10$				125	$\frac{1}{3}\times5=1.67$	209	
垂直水压力	Q_1	$4\times7.9\times10$	316				$\frac{1}{2}\times4+5+4.2=11.2$	3539	
	Q_2	$\frac{1}{2}\times4\times20\times10$	400				$\frac{2}{3}\times4+5+4.2=11.87$	4747	
	Q_3	$\frac{1}{2}\times(0.7\times5)\times5\times10$	88				$13.2-\frac{1}{3}\times0.7\times5=12.04$		1060
扬压力	U_1	$5\times26.4\times10$		1320			0	0	0
	U_2	$\frac{1}{2}\times19.6\times0.3\times22.9\times10$		673			$13.2-\frac{2}{3}\times19.6=0.13$		88
	U_3	$0.3\times22.9\times6.8\times10$		467			$13.2-3.4=9.8$		4576
	U_4	$\frac{1}{2}\times(22.9-0.3\times22.9)\times6.8\times10$		545			$13.2-\frac{2}{3}\times6.8=10.93$		5958
浪压力	P_w	$\frac{1}{2}\times10\times\frac{L_m}{2}\left(\frac{L_m}{2}+h_z+h_{1\%}\right)$			44			915	
		$-\frac{1}{8}\times10\times L_m^2$				35			1160
合　计			10548	3005	3936	160		43679	57323
			7543↓		3776→			13644↙	

2. 抗滑稳定校核

将以上结果代入抗剪断强度计算公式，得

$$K'=\frac{f'(\sum W-U)+c'A}{\sum P}=\frac{0.85\times(10548-3005)+650\times26.4}{3776}=5.57$$

$K'=5.57>[K']=3.0$，满足抗滑稳定要求。

3. 强度校核计算

(1) 当计入扬压力时，坝基面的应力分别为

$$\sigma_y^u=\frac{\sum W}{T}+\frac{6\sum M}{T^2}=\frac{7543}{26.4}+\frac{6\times(-13644)}{26.4^2}=168.26\ (\text{kPa})>0$$，满足要求。

$$\sigma_y^d=\frac{\sum W}{T}-\frac{6\sum M}{T^2}=\frac{7543}{26.4}-\frac{6\times(-13644)}{26.4^2}=403.18\ (\text{kPa})<1430\text{kPa}$$，满足抗压强度要求。

(2) 当不计扬压力时，坝基面的应力分别为

$$\sigma_y^u=\frac{\sum W}{T}+\frac{6\sum M}{T^2}=\frac{10548}{26.4}+\frac{6\times(-3022)}{26.4^2}=373.39\ (\text{kPa})>0$$，满足要求。

$\sigma_y^d=\frac{\sum W}{T}+\frac{6\sum M}{T^2}=\frac{10548}{26.4}+\frac{6\times(-3022)}{26.4^2}=425.71$（kPa）＜14300kPa，满足抗压强度要求。

第五节　重力坝的极限状态设计方法简介

《混凝土重力坝设计规范》（DL 5108—1999）中规定采用概率极限状态设计原则，以分项系数极限状态设计表达式进行结构计算，并应按材料的标准值和作用的标准值或设计值分别计算基本组合和偶然组合。本节介绍重力坝的极限状态设计方法。

一、荷载及荷载效应组合

1. 荷载

结构上的荷载（亦称作用），通常是指对结构产生效应（内力、变形）的各种原因的总称，并可分为直接荷载和间接荷载。直接荷载是指直接施加在结构上的分布力或集中力，亦可称“荷载”；间接作用则指因外部环境（改变）的原因使结构产生附加变形或约束变形，如温度荷载、地震荷载等。

结构上的各种荷载，可按其随时间的变异分为三种：

（1）永久荷载。是指在设计基准期内，其量值不随时间变化或其变化与平均值相比可忽略不计的荷载。一般包括结构自重和永久设备自重、土压力及淤沙压力等。

（2）可变荷载。指在设计基准期内量值随时间变化，且变化与平均值相比不可忽略的荷载；可变荷载包括静水压力、扬压力、动水压力、浪压力、冰压力等。

永久荷载和可变荷载亦称基本荷载。

（3）偶然荷载。是指在设计基准期内出现概率很小，一旦出现其量值很大且持续时间很短的荷载，如：地震荷载、校核洪水位时的静水压力等。偶然荷载亦称特殊荷载。

采用分项系数极限设计方法时，设计表达式中荷载变量所采用的值，称为设计代表值。对永久荷载和可变荷载的代表值应采用荷载的标准值，偶然荷载的代表值按有关规范确定。

2. 荷载效应组合

重力坝按其所处的工作状况分为持久状况、短暂状况和偶然状况。

（1）持久状况。在结构正常使用过程中一定出现且持续期很长，一般与结构设计基准期为同一数量级的设计状况。

（2）短暂状况。在结构施工（安装）、检修或使用过程中必然且短暂出现的设计状况。

（3）偶然状况。在结构使用过程中，出现概率很小，持续期很短的设计状况。

对处于长期使用的持久状况应考虑承载能力和正常使用两种极限状态，对短暂状况和偶然状况只考虑承载能力极限状态。持久状况和短暂状况下的荷载组合称基本组合；偶然状况下的效应组合称为偶然组合，它是指永久荷载、可变荷载与一种偶然荷载的效应组合。

二、结构的极限状态和可靠度分析

水工结构的可靠性包括安全性、适用性、耐久性。安全性、适用性、耐久性也是结构

的基本功能要求。水工结构上的各种作用使结构产生的位移变形、内力、应力等统称为结构效应（或荷载效应），用 S 表示；而结构本身的承载能力称为结构抗力，用 R 表示。结构设计的任务就是将所设计的结构受作用产生的效应 S 与该结构的相应抗力 R 对比，使 $R-S>0$，以保持结构的原定功能。

结构的可靠性设计中，完成各项功能的标志由极限状态来衡量。结构整个或部分超过某种状态时，结构就不能满足设计规定的某一功能的要求，这种状态称为结构的极限状态。

结构的极限状态用极限状态函数（或称功能函数）来描述。

设有几个相互独立的随机变量 $x_i(i=1,2,\cdots,n)$ 影响结构的可靠度，其功能函数为 $Z=g(x_1,x_2,\cdots,x_n)$，当 $Z=g(x_1,x_2,\cdots,x_n)=0$ 时，结构已达到极限状态，该式则称为极限状态方程。

由于抗力、作用效应总存在有不定性，可能都是随机变量，或是随机变量的函数。若只以结构的作用效应 S 和结构抗力 R 作为两个独立的基本随机变量来表达时，则功能函数表示为

$$Z=g(R,S)=R-S \tag{2-55}$$

极限状态方程为

$$Z=g(R,S)=R-S=0 \tag{2-56}$$

因 R、S 是随机变量，则功能函数 Z 也是随机变量。显然，当 $Z>0$ 时，结构可靠；当 $Z<0$ 时，结构失效；当 $Z=0$ 时，结构处于极限状态。

极限状态又分为承载能力极限状态、正常使用极限状态两大类。

承载能力极限状态是对应于结构或构件达到最大承载能力或不适于继续承载的变形的极限状态。当结构或构件出现下列状态之一时，即认为超过了承载能力极限状态：①整个结构或结构的一部分失去刚体平衡（如倾覆、滑移）；②结构构件因超过材料强度而破坏（包括疲劳破坏），或因过大的塑性变形而不适于继续承载；③结构或结构构件丧失稳定；④整个结构或结构的一部分转变为机动体系而丧失承载能力。

正常使用极限状态是相应于结构或构件达到正常使用或耐久性的某项规定限值的极限状态。当结构或构件出现下列状态之一时，即认为超过了正常使用极限状态：①影响结构正常使用或外观的变形；②对运行人员、设备、仪表等有不良影响的振动；③对结构外形、耐久性以及防渗结构抗渗能力有不良影响的局部损坏；④影响正常适应的其他特定状态。

对于重力坝应分别按承载能力极限状态和正常使用极限状态进行计算和验算。

结构可靠度就是结构在规定的时间内、规定条件下具有预定功能的概率。

结构的可靠度分析就是对结构可靠性进行概率度量。结构能完成预定功能（$R>S$）的概率是“可靠概率”P_s，不能完成预定功能（$R<S$）的概率为“失效概率”P_f，很显然 $P_s+P_f=1$。采用适当方法求得 $P_s(P_f)$ 或相应的指标值（即可靠度指标 β 值）就可知道结构的可靠度。P_s 越接近 1，结构可靠度越大。

P_s、P_f 和 β 值求解，可参见《水利水电工程结构可靠度设计统一标准》(GB 50199—1994)。

三、极限状态设计表达式

混凝土重力坝应分别按承载能力极限状态和正常使用极限状态进行下列计算和验算。

(1) 承载能力极限状态。坝体断面、结构及坝基岩体进行强度和抗滑稳定计算，必要时进行抗浮、抗倾验算；对需抗震设防的坝及结构，尚需按《水工建筑物抗震设计规范》(DL 5073—2000) 进行验算。

(2) 正常使用极限状态。按材料力学方法进行坝体上、下游面混凝土拉应力验算，必要时进行坝体及结构变形计算；复杂地基局部渗透稳定验算。

混凝土重力坝分项系数极限状态表达式，有承载能力极限状态表达式和正常使用极限状态表达式两种。

1. 承载能力极限状态设计式

按承载能力极限状态设计时，应考虑下列两种作用效应组合：

基本组合——持久状况或短暂状况下，永久作用与可变作用的效应组合；

偶然组合——偶然状况下，永久作用、可变作用与一种偶然作用的效应组合。

(1) 基本组合设计表达式。对于基本组合，应采用下列极限设计表达式

$$\gamma_0 \psi S(\gamma_G G_K, \gamma_Q Q_K, a_k) \leqslant \frac{1}{\gamma_{d1}} R\left(\frac{f_k}{\gamma_m}, a_k\right) \tag{2-57}$$

式中　$S(\cdot)$——荷载效应函数；

$R(\cdot)$——结构抗力函数；

γ_0——结构重要性系数，对结构安全级别分为 I、II 和 III 级结构或构件，可分别采用 1.1、1.0、0.9；

ψ——设计状况系数，对应持久、短暂、偶然三种状况，其分别可采用 1.0、0.95、0.85（按相应的规范）；

γ_G——永久荷载的分项系数，见表 2-11；

γ_Q——可变荷载的分项系数，见表 2-11；

G_K——永久荷载的标准值，可按本章内容确定；

Q_K——可变荷载的标准值；

a_k——几何参数的标准值，一般可作为定值处理；

f_k——材料性能的标准值，可由实验或有关资料确定；

γ_m——材料性能的分项系数，见表 2-12；

γ_{d1}——基本组合的结构系数，见表 2-13。

(2) 偶然组合设计表达式。对于偶然组合，应采用下列极限状态设计表达式

$$\gamma_0 \psi S(\gamma_G G_k, \gamma_Q Q_K, A_K) = \frac{1}{\gamma_{d2}} R\left(\frac{f_k}{\gamma_m}, a_k\right) \tag{2-58}$$

式中　A_K——偶然荷载的代表值，与偶然荷载同时出现的某些可变荷载，可对其标准值适当折减；

γ_{d2}——偶然组合的结构系数，见表 2-13。

作用及材料性能标准值可查《混凝土重力坝设计规范》(DL 5108—1999) 中的规定采用。

(3) 抗滑稳定及应力分析的作用效应函数及抗力函数。

表 2-11 作用分项系数

序号	作用类别		分项系数
1	自重		1.0
2	水压力	(1) 静水压力	1.0
		(2) 动水压力：时均压力、离心力、冲击力、脉动压力	1.05、1.1、1.1、1.3
3	扬压力	(1) 渗透压力	1.2（实体重力坝）、1.1（宽缝、空腹重力坝）
		(2) 浮托力	1.0
		(3) 扬压力（有抽排）	1.1（主排水孔之前）
		(4) 残余扬压力（有抽排）	1.2（主排水孔之后）
4	淤沙压力		1.2
5	浪压力		1.2

注 其他作用分项系数见《水工建筑物荷载设计规范》（DL 5077—1997）。

表 2-12 材料性能分项系数

序号	材料性能	抗剪断强度	分项系数	备注
1	混凝土/基岩	摩擦系数 f'_R	1.3	
		黏聚力 c'_R	3.0	
2	混凝土/混凝土	摩擦系数 f'_c	1.3	包括常态混凝土和碾压混凝土层面
		黏聚力 c'_c	3.0	
3	基岩/基岩	摩擦系数 f'_d	1.4	
		黏聚力 c'_d	3.2	
4	软弱结构面	摩擦系数 f'_d	1.5	
		黏聚力 c'_d	3.4	
5	混凝土强度	抗压强度 f_c	1.5	

表 2-13 结构系数

序号	项目	组合类型	结构系数	备注
1	抗滑稳定极限状态设计	基本组合	1.2	抗震计算（拟静力法）中抗滑稳定计算取 2.7；混凝土抗压时取 2.4，抗拉时取 4.1
		偶然组合	1.2	
2	混凝土抗压极限状态设计	基本组合	1.8	
		偶然组合	1.8	

1）抗滑稳定极限状态作用效应函数为

$$S(\cdot) = \sum P$$

2）重力坝正常运行时，下游坝趾发生最大主拉应力，故计入扬压力情况下进行强度承载能力极限状态作用效应函数为

$$S(\cdot) = \left(\frac{\sum W}{T} - \frac{6\sum M}{T^2}\right)(1 + m_2^2)$$

3）抗滑稳定极限状态抗力函数为

$$R(\cdot)=f'\sum W+C'A$$

4）坝趾抗压强度极限状态抗力函数为

$$R(\cdot)=R_a$$

式中　R_a——混凝土的允许抗压强度。

2. 正常使用极限状态设计式

按正常使用极限状态设计时，应考虑以下两种效应组合：

短期组合——持久状况或短暂状况下，可变作用的短期效应与永久作用效应的组合；

长期组合——持久状况下，可变作用的长期效应与永久作用效应的组合。

（1）短期组合。正常使用极限状态作用效应短期组合采用下列设计表达式

$$\gamma_0 S_s(G_k,Q_k,f_k,a_k)\leqslant C_1/\gamma_{d3} \tag{2-59}$$

（2）长期组合。正常使用极限状态作用效应长期组合采用下列设计表达式

$$\gamma_0 S_l(G_k,\rho Q_k,f_k,a_k)\leqslant C_2/\gamma_{d4} \tag{2-60}$$

式中　C_1、C_2——结构的功能限值；

γ_{d3}、γ_{d4}——正常使用的短期组合、长期组合时的结构系数；

ρ——可变作用标准值的长期组合系数，取 $\rho=1$。

（3）应力分析的作用效应函数。以坝踵垂直应力不出现拉应力作为正常使用极限状态，计入扬压力后，作用效应函数计算式为

$$S(\cdot)=\frac{\sum W}{T}+\frac{6\sum M}{T^2}$$

核算坝踵应力时，应分别考虑短期及长期两种效应组合。

坝体应力约定压应力为正，拉应力为负。因此，在长期作用效应组合下，正常使用极限状态设计式为

$$\gamma_0\left(\frac{\sum W}{T}+\frac{6\sum M}{T^2}\right)\geqslant 0$$

结构安全级别为2级的建筑物，$\gamma_0=1.0$，有

$$\frac{\sum W}{T}+\frac{6\sum M}{T^2}\geqslant 0$$

与单一安全系数法的表达式完全相同。

在短期效应组合下，根据《混凝土重力坝设计规范》（DL 5108—1999）中规定，坝体下游面的垂直拉应力应小于100kPa，故正常使用极限状态设计式为

$$\frac{\sum W}{T}-\frac{6\sum M}{T^2}\leqslant 100\text{kPa}$$

第六节　非溢流重力坝的剖面设计

重力坝的剖面设计原则是在满足稳定和强度要求的前提下，力求获得施工简单、运用方便、体积最小的剖面，以达到既安全又经济合理的目的。

影响坝体剖面设计的因素很多，如荷载、地形、地质、运用要求、筑坝材料、施工条

件等。设计时应综合考虑上述因素，拟定多种方案进行比较，从中选出最优设计方案。剖面拟定的步骤为：首先拟定基本剖面；其次根据运用及其他要求，将基本剖面修改成实用剖面；最后对实用剖面进行应力分析和稳定验算，按规范要求，经过几次反复修正和计算后，得到合理的设计剖面。

一、基本剖面

重力坝的基本剖面是指在自重、水压力和扬压力3项主要荷载作用下，满足强度和稳定要求，并使工程量最小的三角形剖面，如图2-21所示。当坝高一定时，要得到经济剖面，必须求出相应的最小坝底宽度。为简化计算，假定上游水位与坝顶平齐，下游无水，坝基面为水平面。主要荷载为自重、静水压力和扬压力。

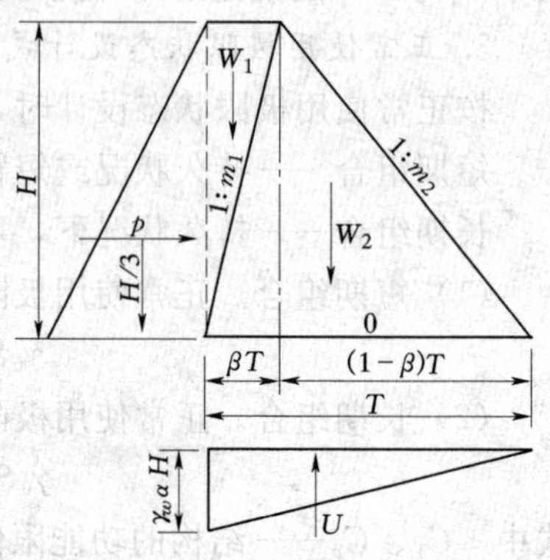

图2-21 重力坝基本剖面计算图

1. 按满足强度条件确定坝底的最小宽度 T

按图示坝体基本剖面尺寸，求出作用在坝基面上的水平力总和$\sum P$，铅直力总和$\sum W$（包括扬压力），以及全部荷载对坝底截面形心的力矩和$\sum M$。代入坝基垂直正应力计算公式。

当库满时

$$\sum W = W_1 + W_2 - U = \frac{TH}{2}(\gamma_c + \gamma_w\beta - a\gamma_w)$$

$$\sum M_0 = \frac{T^2H}{12}\left(\gamma_c - 2\gamma_c\beta + 3\gamma_w\beta - 2\gamma_w\beta^2 - 2\frac{\gamma_w H^2}{T^2} - \alpha\gamma_w\right)$$

上游边缘铅直正应力

$$\sigma_y^u = H\left[\gamma_c(1-\beta) + \gamma_w\beta(2-\beta) - \gamma_w\alpha - \gamma_w\frac{H^2}{T^2}\right] \tag{2-61}$$

下游边缘铅直正应力

$$\sigma_y^d = H\left[\gamma_c\beta - \gamma_w\beta(1-\beta) + \gamma_w\frac{H^2}{T^2}\right] \tag{2-62}$$

当库空时，令式（2-60）、式（2-61）中 $\gamma_w=0$，得

上游边缘铅直正应力 $$\sigma_y^u = \gamma_c H(1-\beta) \tag{2-63}$$

下游边缘铅直正应力 $$\sigma_y^d = \gamma_c H\beta \tag{2-64}$$

强度控制条件是坝基面不允许出现拉应力。当库空时：由式（2-61）～式（2-64）可以看出：只要β在0～1.0之间，即上游坝坡取正坡，坝基面不出现拉应力。在库满情况下，下游不会出现拉应力。要使上游不出现拉应力，可令式（2-61）中 $\sigma_y^u=0$，求得坝底宽度为

$$T = \frac{H}{\sqrt{\frac{\gamma_c}{\gamma_w}(1-\beta) + \beta(2-\beta) - \alpha}} \tag{6-65}$$

由式（2-65）得知：当H为一定值时，β值越小，则底宽也越小。

2. 按满足稳定条件确定坝底最小宽度 T

将求得的 $\sum P$、$\sum W$（包括扬压力 U）及由强度要求得出的 T 代入式（2－30）～式（2－32），若满足要求，则由强度条件确定的最小坝底宽 T 就是坝底的最小宽度。若不满足要求则将坝底宽度 T 增大，直到满足抗滑稳定要求为止。

一般情况，坝体与坝基接触面之间摩擦系数及黏结强度越大，渗压折减系数越大，基本剖面底宽就越小，T 主要由强度条件控制。反之，摩擦系数和黏结强度越小，渗压折减系数越小，坝底宽度就越大，且主要由抗滑稳定条件控制。由此可见，选择良好坝基可获得较大的摩擦系数，同时设置良好的防渗、排水、减少渗透压力，可以取得较小的底宽。当摩擦系数较小时，可采用倾斜的上游坝面，以利用水重增加坝体的稳定。由于倾斜的上游坝面受应力条件的限制，不能随意加大。根据工程经验，上游坝坡系数常采用 $m_1=0$～0.2；下游坝坡系数常用 $m_2=0.6$～0.8；坝底宽约为坝高的 0.7～0.9 倍。

二、非溢流重力坝的实用剖面

基本剖面拟定以后，要根据运用条件，如防浪墙、坝顶设备布置，交通、施工和检修要求等，把基本剖面修正成为实用剖面。

1. 坝顶宽度

坝顶应有足够的宽度，以满足运用和交通的需要。无特殊要求时，坝顶宽度可采用坝高的 8%～10%，一般不小于 3m。如坝顶有交通要求，应按交通要求布置。坝顶结构布置，如图 2－22 所示。

由于布置上的要求，有时需将坝顶部分伸出坝外，如图 2－22（a）所示。当坝顶过宽，为了节省坝顶工程量，也可做成桥梁结构形式，如图 2－22（c）所示。坝顶常设有防浪墙，防浪墙的高度一般取 1.2m，厚度应足够抵抗波浪及漂浮物的冲击，与坝体连成整体，且在坝体横缝处也留伸缩缝，并设止水。坝顶下游侧应设栏杆。

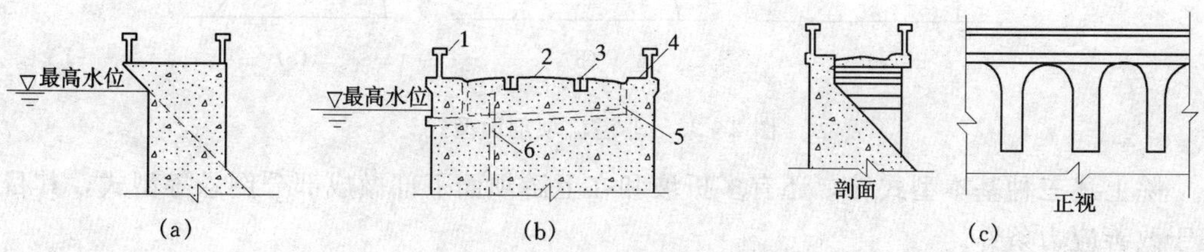

图 2－22　坝顶结构布置图

1—防浪墙；2—路面；3—起重机轨道；4—人行道；5—坝顶排水管；6—坝体排水管

2. 坝顶高程

坝顶或坝顶防浪墙顶高出水库静水位的高度 Δh 可按下式计算

$$\Delta h = h_{1\%} + h_z + h_c \tag{2-66}$$

式中　Δh——坝顶或坝顶防浪墙顶距水库静水位的高度，m；

$h_{1\%}$——波浪爬高，m；

h_z——波浪中心线至水库静水位的高度，m；

h_c——安全加高，m，由表 1－8 查取。

坝顶高程或防浪墙顶高程，按设计洪水位、校核洪水位两种情况分别计算，并选用较大值。对于1、2级坝，如按可能最大洪水校核时，坝顶高程不得低于相应静水位，防浪墙顶高程不得低于波浪顶高程。

3. 实用剖面型式

坝顶宽度和高程确定以后，对基本剖面进行修正，可得到如图2-23所示的实用剖面。

（1）上游为铅直面，如图2-23（a）所示。此坝型优点是便于在上游坝面布置进水口、闸门和拦污设备，也便于施工。由于增加了坝顶重量，在库空时可能使下游坝面产生微小的拉应力，设计时应调整下游坝坡系数，使坝体应力控制在允许范围之内。适用于坝基面抗剪断参数较大，由强度条件控制坝体剖面的情况。

（2）上游坝面做成折坡面，如图2-23（b）所示，是实际中经常采用的一种形式。其特点是可以利用上游坝面水重增加坝体稳定，折坡点以上铅直面便于布置进水口，还可避免库空时在下游坝面产生拉应力。上游起坡点高度 $y_1=(1/3\sim2/3)H_1$。折坡点处的坝体断面急剧变化，故在设计中应对此水平截面进行强度和稳定验算，当库满时上游斜坡面部分易产生拉应力。

（3）上游坝面做成倾斜面，如图2-23（c）所示。此坝型优点是可利用上游斜面上的水重来满足抗滑稳定要求，但是不利于布置进水口。适用于坝基面抗剪断参数较小，由稳定条件控制坝体剖面的情况。

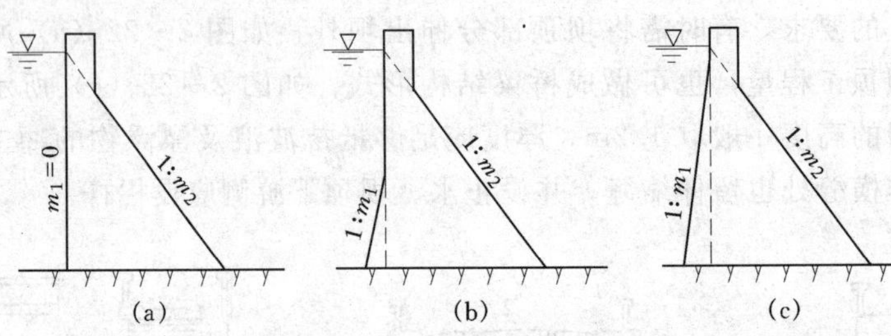

图2-23 非溢流坝剖面型式

除上述三种基本型式外，还有多折坡和在上游坝面下部做成部分倒悬等型式，其目的在于改善应力条件。

坝体断面可参照条件相近已建工程的经验，结合本工程的实际情况，先行拟定，然后再以强度和稳定要求为约束条件，建立坝体工程量最小的目标函数，通过优化设计，确定最终的设计方案和设计尺寸。

第七节 溢流重力坝的剖面设计

溢流重力坝既是挡水建筑物，又是泄水建筑物，它主要承担泄洪、冲沙、输水供水、放空水库、施工导流等任务。溢流坝断面选取除要满足稳定和强度要求外，还要满足下列要求：有足够的泄洪能力；应使水流平顺地通过坝面，避免产生振动和空蚀；应使下泄水流对河床不产生危及坝体安全的局部冲刷；不影响枢纽中其他建筑物的正常运行等。因

此，溢流坝剖面设计除稳定和强度计算（与非溢流坝相同）外，还涉及到泄流的孔口尺寸、溢流堰形式以及消能方式的合理选定等。

溢流重力坝的孔口型式有开敞式坝顶溢流和大孔口溢流式两种。其中大孔口溢流式可降低溢流堰顶高程，增大单宽流量，减小溢流坝段长度。

一、溢流重力坝的剖面设计

溢流重力坝的基本剖面也呈三角形。上游坝面可以做成铅直面，也可以做成折坡面。溢流面由顶部曲线段、中间直线段和下部反弧段组成。如图 2-24 所示。

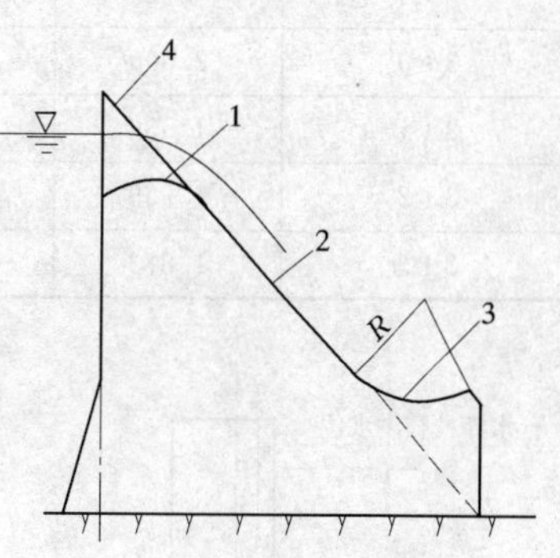

图 2-24 溢流坝剖面

1—顶部溢流段；2—直线段；3—反弧段；4—基本剖面

1. 顶部曲线段

溢流坝顶部溢流曲线的形状对泄流能力及流态影响很大。我国广泛采用的有克—奥曲线和幂曲线（常用WES曲线，）两种。克—奥曲线定出的剖面较肥大，常超出稳定和强度的需要，且不给出曲线方程，施工放样不方便，流量系数较小，为 0.48～0.49，而幂曲线给定曲线方程，便于计算和放样。流量系数较大（约为 0.52），故近年来堰面曲线多采用幂曲线。

（1）开敞式溢流堰面曲线。采用幂曲线时按式（2-67）计算

$$x^n = KH_d^{(n-1)}y \tag{2-67}$$

式中 H_d——定型设计水头，m，可按堰顶最大作用水头 H_{max} 的 75%～95%计算；

n、K——与上游坝面坡度有关的指数和系数，见表 2-14；

x、y——溢流面曲线的坐标，y 以向下为正，如图 2-25 所示。

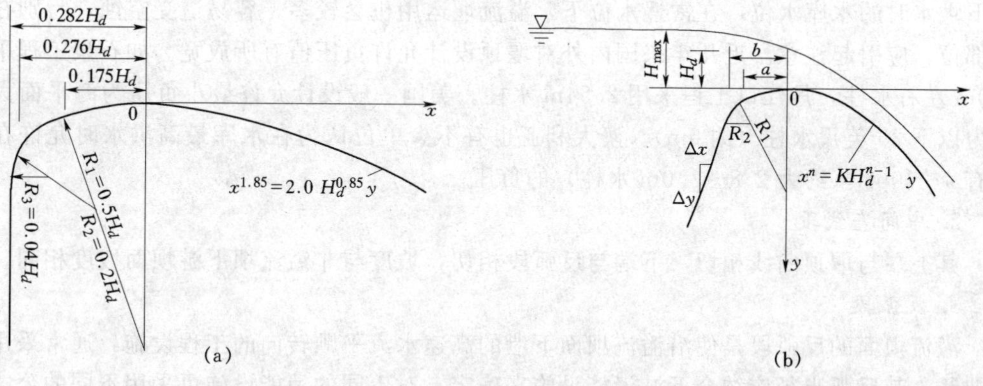

图 2-25 开敞式溢流堰面曲线

(a) 上游面为铅直；(b) 上游面为倾斜

（2）大孔口堰面曲线。如图 2-26 所示，当堰顶最大作用水头 H_{max}（孔口中心线）与孔口高度 D 的比值 $H_{max}/D>1.5$ 时或闸门为孔口泄流时，可按式（2-68）设计堰面曲线

$$y = \frac{x^2}{4\varphi^2 H_d} \tag{2-68}$$

式中　H_d——定型设计水头，m，取孔口中心线至校核洪水位水头的75%～95%；

　　φ——孔口收缩断面上的流速系数，一般取$\varphi=0.95\sim0.96$。

表 2-14　　上游堰面为双圆曲线参数

上游坝坡度$\frac{\Delta y}{\Delta x}$	k	n	R_1	a	R_2	b
3∶0	2.000	1.850	$0.5H_d$	$0.175H_d$	$0.20H_d$	$0.282H_d$
3∶1	1.936	1.836	$0.68H_a$	$0.139H_d$	$0.21H_d$	$0.237H_d$
3∶2	1.939	1.810	$0.48H_d$	$0.115H_d$	$0.22H_d$	$0.214H_d$
3∶3	1.873	1.776	$0.45H_d$	$0.119H_d$		

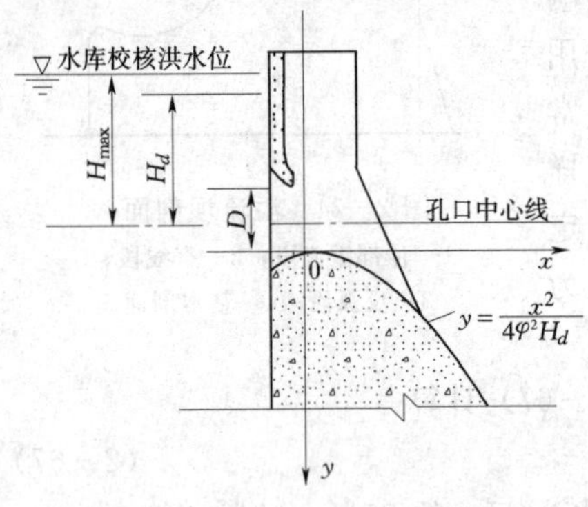

图 2-26　设有大孔口的堰面曲线

坐标原点的上游段可用单圆、复合圆或椭圆曲线与上游坝面连接，有关参数见表2-14；胸墙底缘也可采用圆弧或椭圆曲线外形，原点上游曲线与胸墙底缘曲线应通盘考虑，若$1.2<H_{max}/D<1.5$时，堰面曲线应通过试验确定。

溢流堰面曲线选择时，既要获得较大的流量系数m，又要将堰面负压值控制在允许范围之内。堰顶附近允许出现的负压值为：在常遇洪水位闸门全开时不得出现负压；校核洪水位闸门全开时出现的负压值不得超过3～6m水柱；正常蓄水位或常遇洪水位闸门局部开启时（以运用中较常出现的开度为准），可允许有不大的负压值，其值应经论证后确定。常遇洪水位，系指频率为20年一遇以下洪水时的水库水位，在常遇水位下，溢流堰运用机会较多，容易遭受空蚀，特别在门槽部位，应引起注意。近几年来国内外对堰顶设计允许负压值有所放宽。如石泉工程采用5.0m左右水柱，丹江口工程采用2.54m水柱。美国一般设计允许最小负压为海平面大气压力以下20英尺水柱（约6m）。澳大利亚也有不少单位认为在水库最高洪水时允许在堰顶有4～10psi（约为2.8～7.0m水柱）的负压。

2. 中间直线段

其上端与堰顶曲线相切，下端与反弧段相切，坡度与非溢流坝下游坝面坡度相同。

3. 反弧段

溢流坝面的反弧段是使沿溢流坝面下泄的高速水流平顺转向的工程设施，通常采用圆弧曲线，其反弧半径应结合下游消能设施来确定。对不同的消能设施可采用不同的公式。

（1）对挑流消能，可按下式求得反弧半径R

$$R=(4\sim10)h \tag{2-69}$$

式中　h——校核洪水位闸门全开时反弧段最低点的水深，m，反弧段流速$v<16$m/s时可取下限，流速越大，反弧段半径也越大。

（2）对于底流式消能，反弧段半径可按下式求得

$$R=\frac{10^x}{3.28} \tag{2-70}$$

$$x=\frac{3.28v+21H+16}{11.8H+64}$$

式中　H——不计行进流速的堰上水头，m；

v——坝趾处流速，m/s。

(3) 对消力戽消能：反弧半径 R 与流能比 $k=\frac{q}{\sqrt{g}E^{1.5}}$ 有关，可由 E/R 与 k 的相关曲线查得，见《混凝土重力坝设计规范》(DL 5108—1999)。一般选择范围为 $E/R=2.1\sim8.4$，E 为自戽底起算的总水头，q 为单宽流量。

4. 溢流剖面布置

溢流坝的实用剖面，是由基本剖面修改而成，一般情况下，中间直线段采用非溢流坝的下游坝面坡度，要与溢流面曲线段和下游反弧段相切，如图 2-27 (a) 所示，如果地质条件好，溢流面曲线上游超出基本剖面部分可做成挑出的悬臂，如图 2-27 (c) 所示；如果地质条件差，基本剖上部去掉的体积较多，影响了坝段的稳定性，可将直线段的下游坝坡放缓，如图 2-27 (b) 所示；对挑流鼻坎超出基本剖面，且 L/h>0.5 时，可考虑在 a—a′处设置结构缝与坝体分开。如图 2-27 (d) 所示。

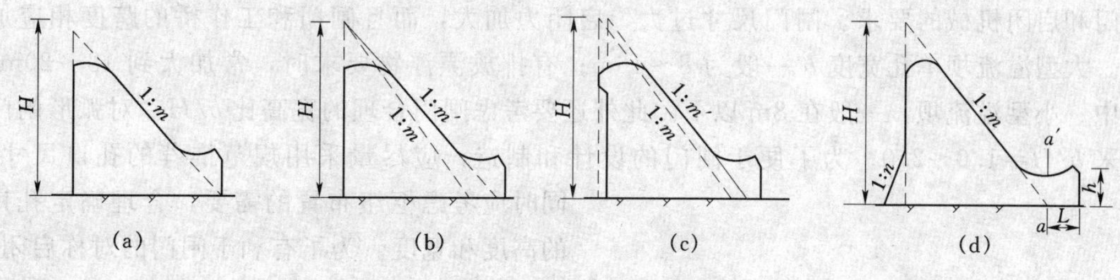

图 2-27　溢流坝实用剖面

二、溢流孔口的布置

溢流孔口布置包括孔口型式、堰顶高程、前缘长度、孔数、每孔尺寸的确定及运用要求等内容。

溢流坝的孔口布置涉及到设计洪水标准、下游防洪要求、库内水位壅高有无限制、是否利用洪水预报、泄水方式、地质条件等。设计时，通常先选定泄水方式、拟定孔口布置方案和相应的孔口尺寸，分别进行调洪演算，求出各方案的防洪库容，设计和校核洪水位及相应的下泄流量，并估算出淹没损失和工程造价，经技术经济比较，选出最优方案。

1. 下泄流量的确定

溢流坝段下泄流量 $Q_{溢}$ 是确定其孔口尺寸的一个重要参数，它是通过蓄水枢纽必须宣泄的洪水流量或下游河道的安全泄量减去泄水孔和其他水工建筑物（如水电站）可分担的泄洪任务而求得

$$Q_{溢}=Q_s-\alpha Q_0 \tag{2-71}$$

式中　Q_s——最大下泄流量或下游河道安全下泄流量，m³/s；

α——安全系数，正常运用情况，取 0.75～0.9，非常情况取 1.0；

Q_0——其他建筑物下泄的流量，m³/s。

2. 单宽流量的选择

单宽流量 q 是决定孔口尺寸的主要指标。q 愈大，溢流前缘宽度愈短，可降低溢流坝的造价，但增加了下游消能的困难和消能设施的费用。因此，设计单宽流量的选择，应综合考虑坝区地形、地质条件，以及枢纽布置、下游消能和技术经济等条件。当河谷狭窄，下游尾水深，基岩坚固完好，抗冲能力强时，可选取较大的单宽流量。反之，则选择较小的单宽流量。据已建工程资料表明：对于软弱岩石：$q=20\sim50m^3/(s\cdot m)$；对于较好的岩石：$q=50\sim70m^3/(s\cdot m)$；对于特别坚硬的岩石：$q=100\sim130m^3/(s\cdot m)$。q 的选用不能单凭基岩的坚硬程度，还应考虑基岩的裂隙产状。近年来随着坝下消能措施的不断改进，岩基上溢流坝的单宽流量有加大的趋势。黄龙滩的单宽流量为 $132m^3/(s\cdot m)$，龚咀为 $254.2m^3/(s\cdot m)$，五强溪为 $295m^3/(s\cdot m)$，安康为 $282.7m^3/(s\cdot m)$，彭水水电站表孔最大单宽流量已达 $332m^3/(s\cdot m)$。

3. 孔口尺寸的确定

溢流孔口尺寸与堰型、堰顶高程和单宽流量 q 等有关，由水力计算确定；初拟时，溢流堰净宽 $B=Q_{溢}/q$，设溢流孔每孔净宽为 b，孔数为 n 个，令闸墩厚度为 d，则溢流坝前缘总宽度 $B_1=nb+(n-1)d$。在确定孔口尺寸时，除必须满足泄洪要求外，还要考虑布置闸门和启闭机械的要求。闸门尺寸过大，启闭力加大，而且闸门和工作桥的跨度相应加大。大型溢流坝单孔宽度 b 一般为 8～16m；有排放漂浮物要求时，常加大到 18～20m。对中、小型溢流坝，一般在 8m 以下。此外还要考虑闸门合理的宽高比 b/H，对弧形闸门常采 $b/H=1.0\sim2.0$。为了便于闸门的设计和制造，应尽量采用规范推荐的孔口尺寸。同时应考虑枢纽布置的需要，合理确定孔口的高度和宽度。为了有利于闸门的对称启闭，以控制下泄水流流态，孔口数目 n 较少时最好采用奇数。

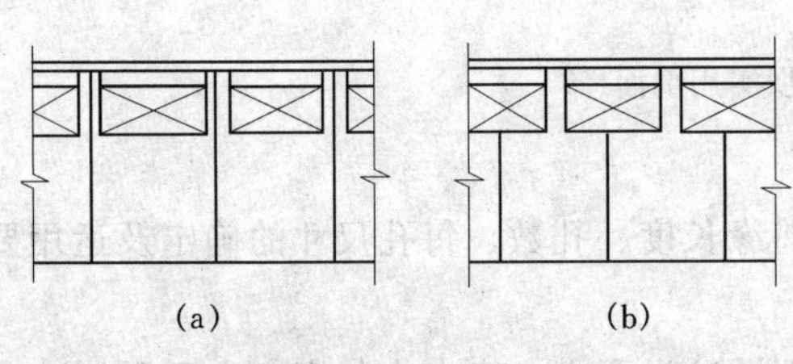

图 2-28　溢流坝段横缝布置图

溢流孔的划分应与坝段宽度（横缝间距）相协调，常见的横缝布置方式如图 2-28 所示。图 2-28（a）为横缝设在闸墩中间，坝段之间产生不均匀沉降时不影响闸门的启闭，工作可靠，但闸墩较厚，溢流前缘总宽度加大；图 2-28（b）为横缝设在溢流孔跨中，闸墩受力条件较好，闸墩较薄，溢流前缘总宽较小，但是当相邻坝段发生不均匀沉降时会影响闸门的启闭，故多用于基岩坚固完好的情况。

4. 下泄流量计算

当采用开敞式溢流坝泄流，上游面铅直时，下泄流量 $Q_{溢}$ 为

$$Q_{溢}=m\varepsilon\sigma_s B\sqrt{2g}H_w^{3/2} \tag{2-72}$$

式中　$Q_{溢}$——通过溢流堰下泄流量，m^3/s；

B——溢流堰净宽，m；

H_w——堰顶以上作用水头，m；

m——流量系数，见表 2-15；

ε——侧收缩系数，根据闸墩厚度及墩头形状而定，可取$\varepsilon=0.90\sim0.95$；

σ_s——淹没系数，视泄流的淹没程度而定，不淹没时取1.0。

表 2-15　　流量系数 m 值

H_w/H_d	P_1/H_d				
	0.2	0.4	0.6	1.0	≥1.33
0.4	0.425	0.430	0.431	0.433	0.436
0.5	0.438	0.442	0.445	0.448	0.451
0.6	0.450	0.455	0.458	0.460	0.464
0.7	0.458	0.463	0.468	0.472	0.476
0.8	0.467	0.474	0.477	0.482	0.486
0.9	0.473	0.480	0.485	0.491	0.494
1.0	0.479	0.486	0.491	0.496	0.501
1.1	0.482	0.491	0.496	0.502	0.507
1.2	0.485	0.495	0.499	0.506	0.510
1.3	0.496	0.498	0.500	0.508	0.513

注　P_1为上游堰高，m；H_d为定型设计水头，m，按堰顶最大作用水头H_{max}的75%～95%计算。

用设计洪水位减去堰顶水头H_Z（此时堰顶水头应扣除流速水头）即得堰顶高程。

当采用孔口泄流时，下泄流量$Q_溢$为

$$Q_溢=\mu A_k\sqrt{2gH_w} \tag{2-73}$$

式中　A_k——出口处的面积，m^2；

H_w——自由出流时为孔口中心处的作用水头，淹没泄流时为上下游水位差，m；

μ——孔口或管道流量系数，对设有胸墙的堰顶高孔，当$H_w/D=2.0\sim2.4$（D为孔口高，m）时，取$\mu=0.74\sim0.82$；对短有压深孔，取$\mu=0.83\sim0.93$；对长有压深孔，μ必须计算沿程及局部水头损失后确定。

三、溢流重力坝的消能防冲设施

岩基上溢流重力坝下游消能设施可分为底流式、挑流式、面流式和消力戽四种。消能型式的选择主要取决于水利枢纽的水头、单宽流量、下游水深及其变幅、坝基的地质、地形条件以及枢纽布置情况等，经技术经济比较后选定。

（一）底流消能

底流消能是利用水跃消能，如图2-29所示。在坝下设置消力池、消力坎及辅助消能设施，促使下泄水流在限定的范围内产生淹没式水跃。通过水流内部的漩滚、摩擦、掺气和撞击达到消能的目的，以减轻水流对下游河床的冲刷。底流消能工作可靠，但工程量较大，多用于低水头、大流量、地质条件较差的溢流重力坝。消力池的型式、尺寸和构造参见第七章第三节相关内容。

（二）挑流消能

挑流消能是利用溢流坝下游反弧段的挑流鼻坎，将下泄的高速水流挑射抛向空中，抛射水流在掺入大量空气时消耗部分能量，然后落到距坝趾较远的下游河床水垫中产生强烈的漩滚，并冲刷河床形成冲坑，随着冲坑的逐渐加深，大量能量消耗在水流漩滚的摩擦之中，冲坑也逐渐趋于稳定。挑流消能一般适用于水头高、基岩好的情况。

鼻坎挑流消能设计主要包括：选择合适的鼻坎型式、鼻坎高程和挑射角度、反弧半径、鼻坎构造和尺寸；计算挑射距离和最大冲坑深度；校核挑射水流形成的冲坑是否影响坝体的安全。

挑流鼻坎型式有连续式和差动式两种。

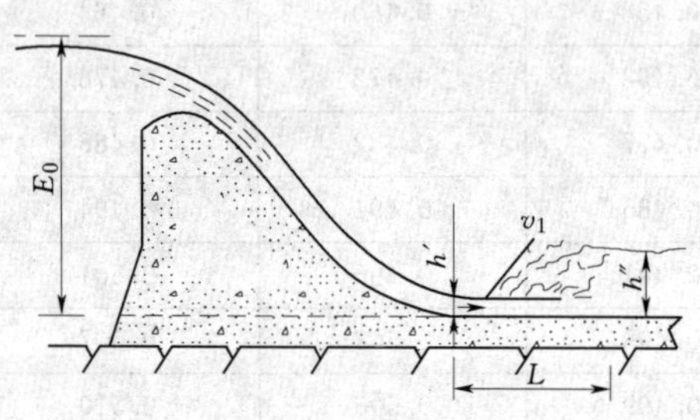

图 2-29　底流消能示意图

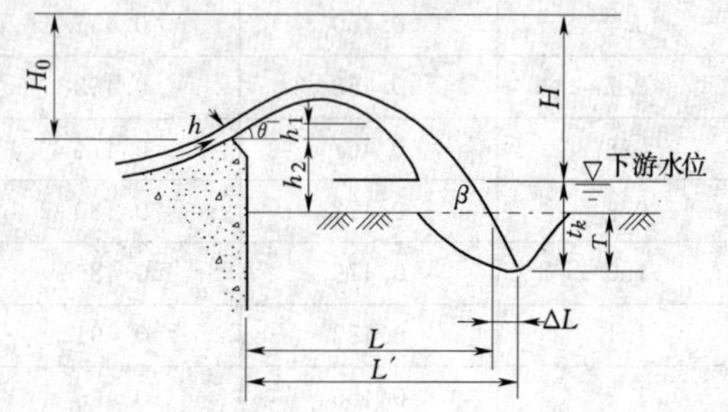

图 2-30　连续式挑流鼻坎

1. 连续式挑流鼻坎

如图 2-30 所示，连续式挑流鼻坎构造简单、射程较远，水流平顺、不易产生空蚀，经济安全。鼻坎挑射角度，一般情况下取 $\theta=20°\sim25°$为好。对于深水河槽以选用 $\theta=20°\sim25°$为宜。加大挑射角，虽然可以增加挑射距离，但由于水舌入水角（水舌与下游水面的交角）加大，使冲坑加深。鼻坎高程应高于下游最高水位 1～2m。

由于冲坑最深点大致落在水舌外缘的延长线上，故挑射距离按以下公式估算

$$L' = L + \Delta L \tag{2-74}$$

$$L = \frac{1}{g}\left[v_1^2\sin\theta\cos\theta + v_1\cos\theta\sqrt{v_1^2\sin^2\theta + 2g(h_1 + h_2)}\right] \tag{2-75}$$

$$\Delta L = T\tan\beta$$

式中　v_1——坎顶水面流速，m，按鼻坎处平均流速 v 计，即 $v_1=1.1v=1.1\varphi\sqrt{2gH_0}$；

L'——冲抗最深点到坝下游垂直面的水平距离，m；

L——坝下游垂直面到挑流水舌外缘与下游原河床面交点的水平距离，m；

ΔL——水舌外缘与下游河床面交点到冲坑最深点的水平距离，m；

T——最大冲坑深度，由河床算至坑底，m；

β——水舌外缘与下游水面的夹角，(°)；

θ——鼻坎的挑角，(°)；

h_1——坎顶平均水深 h 在铅直方向的投影，m，$h_1=h\cos\theta$（h 为坎顶水深）；

h_2——坎顶至河床面高差，m，如冲坑已经形成，在计算冲坑进一步发展时，可算至坑底。

最大冲坑水垫厚度 t_k 与很多因素有关，特别是河床的地质条件，目前估算的公式较多，计算结果相差较大，《混凝土重力坝设计规范》（SL 319—2005）推荐按下式估算

$$t_k = kq^{0.5}H^{0.25} \tag{2-76}$$

式中　t_k——水垫厚度，由自水面算至坑底，m；

q——单宽流量；$m^3/(s \cdot m)$；

H——上下游水位差，m；

k——冲坑系数，坚硬完整的基岩 $k=0.6\sim0.9$；可冲且完整基岩 $k=0.9\sim1.2$；较易冲刷完整性较差的基岩 $k=1.2\sim1.6$；软弱破碎，裂隙发育的基岩 $k=1.6\sim2.0$。

最大冲坑水垫厚度 t_k 求出后，根据河床水深即可求得最大冲坑深度 T。

冲坑是否会延伸到鼻坎处以致危及坝体安全，主要取决于 L/T 值。由于 L 和 T 均为近似估算值，故只供判断用。一般认为：基岩倾角较陡时要求 $L/T>2.5$；基岩倾角较缓时要求 $L/T>5.0$。国内工程实测冲坑上游坡为：桓仁 1∶2～1∶6，丰满 1∶5～1∶12，上犹江 1∶4，修文 1∶6。值得注意的是当坝体建在倾向下游的缓倾角夹层上时，冲坑可能造成坝基软弱夹层的临空面，失去下游岩体的支撑，即使冲坑未延伸至坝下鼻坎处，也可能导致坝体和部分基岩沿软弱夹层产生深层滑动，以及两岸岩体因失去支撑而滑塌。

挑射水流由于水舌大量掺气和扩散，在坝区形成大片雾化区。高水头溢流坝的雾化区可延伸数百米，设计时应估计雾化区的范围，以便将变电站、交通道路和居民区布置在雾化区以外，或采取可靠的防护措施以免受雾化的影响。

挑流消能的尾水波动较大，对坝后式电站运行不利，冲坑石碴在下游沉落，可能造成电站尾水壅高或妨碍航行。

2. 差动式挑流鼻坎

如图 2-31 所示，它与连续式挑流鼻坎不同之处在于鼻坎末端设有齿坎，挑流时射流分经齿台和凹槽挑出，形成两股具有不同挑射角的水流，两股水流除在垂直面上有较大扩散外，在侧向也有一定的扩散，加上高低水流在空中相互撞击，使掺气现象加剧，增加了空中的消能效果；同时也增加了水舌入水宽度，减小了河床的冲刷深度。据试验和原型观测，设计良好的差动式挑流鼻坎下游的冲刷深度比连续式挑流鼻坎减小 35%～50%。常

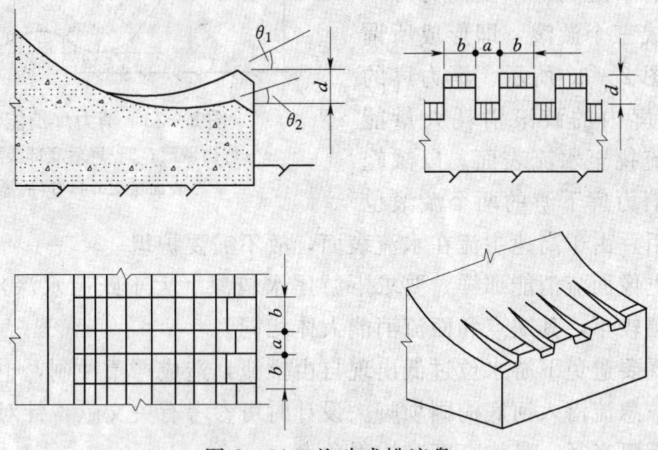

图 2-31　差动式挑流鼻

用的差动式挑流鼻坎有矩形齿坎和梯形齿坎两种。

矩形齿坎如图 2-31 所示。其较合理的尺寸布置为：高低坎的挑角 θ_1 和 θ_2 的平均值在 20°～30°之间，角度差 $\Delta\theta=\theta_1-\theta_2=5°\sim10°$。齿台宽 b 和齿槽宽 a 的比值 $a/b=1.5\sim2.0$。

矩形差动式鼻坎的主要缺点，是流经齿槽的高速水流受齿坎侧壁的约束，射流仍较集中，且高坎侧面极易形成负压区，易产生空蚀破坏。为了防止空蚀破坏，我国已建工程中采用过在矩形齿坎负压区设置通气孔，或改矩形坎为梯形坎，取得了一定的效果。

梯形齿坎的齿槽断面为梯形，齿台宽度向下游逐渐缩小，凹槽宽度逐渐增大，这样凹槽中的水流有所扩散，水流间相互撞击作用加大，且负压较矩形齿坎降低 60%左右，但施工比较复杂。

(三) 面流式消能

面流消能是在溢流坝下游面设一低于下游水位、挑角不大的鼻坎，使下泄的高速水流既不挑离水面也不潜入底层，而是沿下游水流的上层流动，水舌下有一水滚，主流在下游一定范围内逐渐扩散形成波状水跃，使水流分布逐渐接近正常水流情况。如图 2-32 所示。

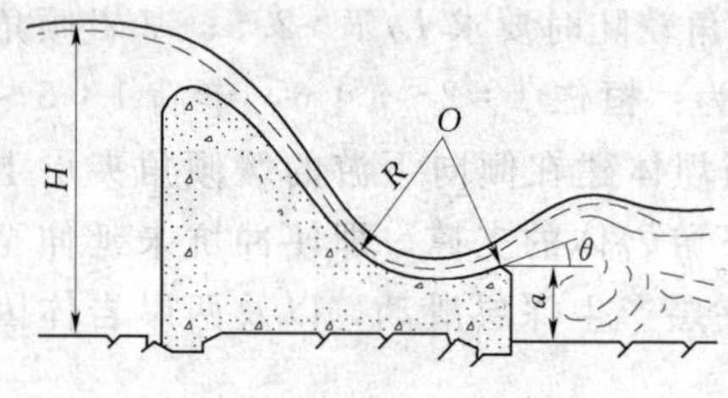

图 2-32 面流消能示意图

其优点是：下游河床可以不设护坦，工程量小；水流表面可以过木、排冰，不会损伤坝面。缺点是：对下游水深有较高要求；波状水跃衰减慢，对电站运行及下游航运不利，且易冲刷两岸。

面流式消能适用于下游尾水较深（大于跃后水深），水位变幅小，河床和两岸有较强的抗冲能力，或者有过木排冰要求的河流。一般要经水工模型试验来确定其各部分尺寸，我国西津、富春江和龚咀等工程采用此种消能型式。

(四) 消力戽消能

消力戽的构造类似于挑流消能设施，但其鼻坎潜没在水下，下泄水流在被鼻坎挑到水面形成涌浪的同时，还在消力戽内、消力戽下游的水流底部以及消力戽下游的水流表面形成三个漩滚，即形成所谓“三滚一浪”，如图 2-33 所示。消力戽的作用主要在于用戽内的漩滚消耗大量能量，并将高速水流挑至水流表面，以减轻对河床的冲刷。消力戽下游的两个漩滚也有一定的消能作用。由于高速主流在水流表面，故不需要护坦。

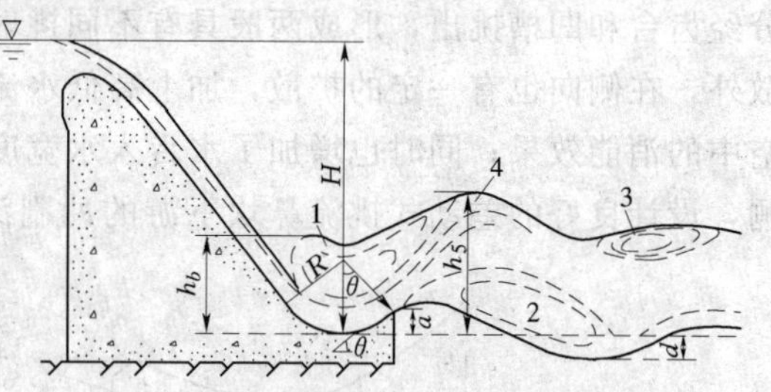

图 2-33 消力戽消能示意图

1—戽内漩滚；2—戽后底部漩滚；3—下游表面漩滚；4—戽后涌浪

消力戽消能也像面流消能那样，要求下游尾水较深（大于跃后水深），而且下游水位和下泄流量的变幅较小，其缺点和面流消能大体相同。

消力戽设计既要避免下游水位过低出现自由挑流，造成严重冲刷，也要注意下游水位过高，淹没太大，急流潜入河底淘刷坝脚。设计时可参考有关文献，针对不同流量进行水力计算，以确定反弧半径、鼻坎高度和挑射角度。

四、折冲水流的产生与防止

产生折冲水流的主要原因是由于下泄水流宽度比河道小，两侧会形成巨大的回流，挤压下泄的高速水流，使水流不能很好地扩散，形成左冲右撞的不利流态。

防止折冲水流的措施主要有三方面：在枢纽布置上，使下泄水流与主河槽方向一致；在结构上可采用导流设施，使水流能均匀地扩散；在运用上，制定出合理的闸门开启程序使下泄水流均匀对称。大型工程要用水工模型试验来确定。

第八节　重力坝的泄水孔

一、泄水孔的作用、布置和类型

重力坝泄水孔的进口淹没在水位以下较深处，故又称深式泄水孔（深孔），底部的又称底孔。泄水孔可用来放空水库，排放泥沙，向下游放水，预泄库水，加大调洪库容，同时可兼做施工导流。在不影响深孔正常运用条件下，应考虑一孔多用，如灌溉与发电结合，放空与排沙、导流结合等。

深式泄水孔承受的水压力大，闸门启闭力大，闸门结构和止水都较复杂，检修比较困难。所以一般不以深式泄水孔作主要泄洪用。

泄水孔的布置，应考虑运用要求、枢纽布置和地形地质条件等因素，如泄洪孔宜布置在主河槽部位，以便下泄水流与下游河道衔接。泄洪孔可布置在溢流坝段，也可布置在非溢流坝段。其进口高程在满足泄洪排沙等要求的前提下，应尽量抬高，以减小闸门水压力；发电孔取决于发电厂房位置，孔口顶部高程一般设于水库最低工作水位以下一倍孔口高度处，孔口底部应高出淤沙高程1m以上；灌溉孔应布置在主要灌区一侧，以便与灌溉渠道连接，进口高程应满足灌溉要求，必要时可分层设置进水口；排沙底孔应尽量靠近电站和灌溉进水口等部位，其流态不得影响其他建筑物的正常运行；放空底孔应与导流、排沙孔结合，其设置部位，断面尺寸应兼顾三者需要。

深式泄水孔的类型可分为有压泄水孔和无压泄水孔两种；按其所处的高程可分为中孔和底孔；发电深孔为有压，而放水、排沙、导流底孔可以是有压或无压的。

二、有压泄水孔

工作闸门布置在泄水孔的出口处，流道内始终保持着有压状态，孔内流速大，断面尺寸较小，当工作闸门关闭时，孔内承受较大的内水压力，周边易产生局部拉应力，增加了坝体渗透压力。因此，孔内常采用钢板衬砌，同时在深孔进口处设置事故检修闸门，可在非泄水期关闭孔口，以减少有压孔受压时间，如图2-34所示。

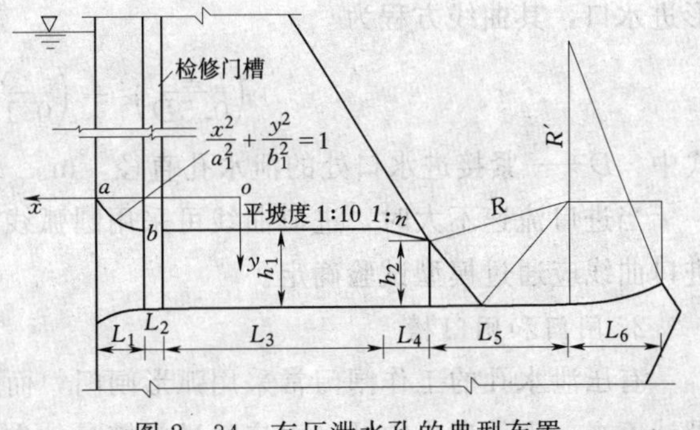

图2-34　有压泄水孔的典型布置

1. 有压泄水孔进口曲线

进口曲线形状应符合流线变化规律，故常做成喇叭形，以减小进口局部水头损失，增加泄水能力，减小孔壁负压，防止空蚀发生。进口曲线常采用1/4椭圆，如图2-35所示。

当紧接进水口处的泄水孔断面为矩形时，进水口上、下唇的曲线为

$$\frac{x^2}{a_1^2}+\frac{y^2}{b_1^2}=1 \tag{2-77}$$

侧墙的曲线为

$$\frac{x^2}{a_2^2}+\frac{y^2}{b_2^2}=1 \tag{2-78}$$

式中　a_1、b_1——椭圆长短半轴，m；$a_1=h_1$，$b_1=0.33a_1$；

a_2、b_2——可取 $b_2=(0.22\sim0.27)B$，B 为孔口正常宽度；$a_2=3b_2$。

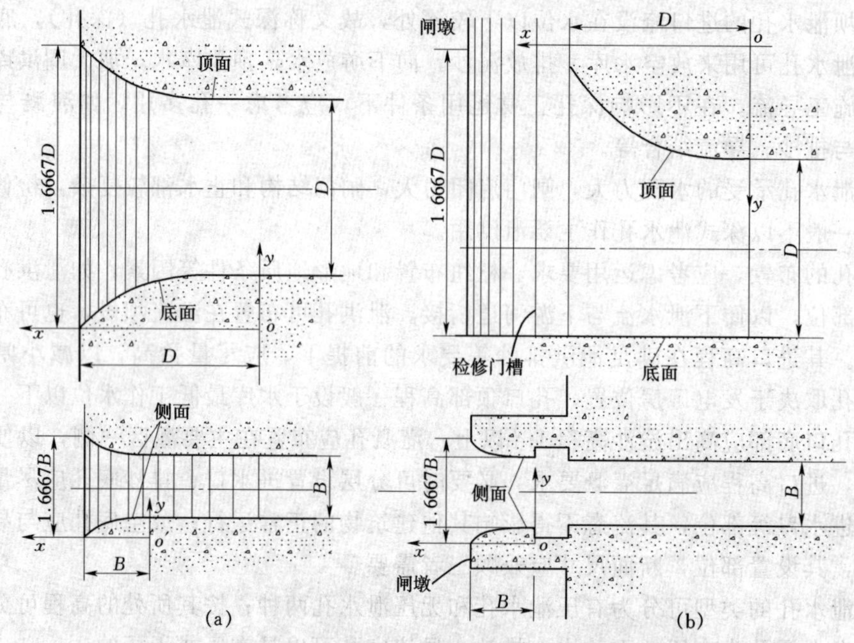

图2-35　泄水孔进口形状

(a) 底面为曲线的进口形状；(b) 底面为平面的进口形状

在进水口处设闸门时，则其底面为平底，且下游处的泄水孔断面为圆形时，则采用钟形进水口，其曲线方程为

$$\left(\frac{x}{0.5D}\right)^2+\left(\frac{y}{0.15D}\right)^2=1 \tag{2-79}$$

式中　D——紧接进水口处的泄水孔直径，m。

当进口流速不大时，进口曲线可采用圆弧线，其半径应大于孔径的2倍。重要工程的进口曲线应通过模型试验确定。

2. 闸门和闸门槽

有压泄水孔的工作闸门常采用弧形闸门，而进口检修闸门为平面闸门，如闸门槽体形设计不当，容易产生空蚀。水流经过门槽时，先是扩散，随即收缩，并在门槽及其下游区

域产生漩涡，随着水流流速的增大，漩涡中心的压力渐趋减小，导致负压增大，引起空蚀破坏和结构振动。

矩形闸门槽适用于流速小于10m/s的情况，据试验，矩形收缩型门槽具有较好的水流流态，可减小门槽空蚀，如图2-36（a）、（b）所示。其尺寸布置时，闸门槽宽度W和深度d应根据闸门尺寸和轨道布置要求确定，其门槽宽深比$W/d=1.6\sim1.8$，错距$\Delta=(0.05\sim0.08)W$，下游收缩边墙斜率为1∶8～1∶12，圆角半径$r=0.1d$。

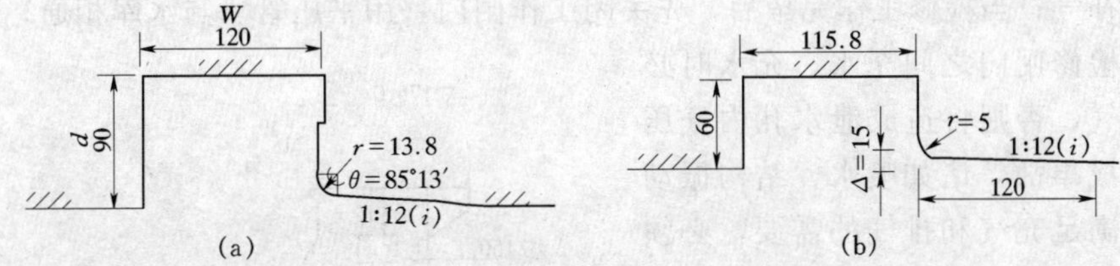

图2-36　深式泄水孔平面门槽型式（矩形收缩门槽）

3. 孔身与渐变段

有压泄水孔断面，多数都采用圆形断面，其具有较大的过水能力和良好的受力条件，但在进出口部分，为了设置闸门，常采用矩形。在矩形断面与圆形断面之间需设置足够长的渐变段，使水流平顺连接。为防止局部负压和空蚀的产生，渐变段可采取在矩形四角用

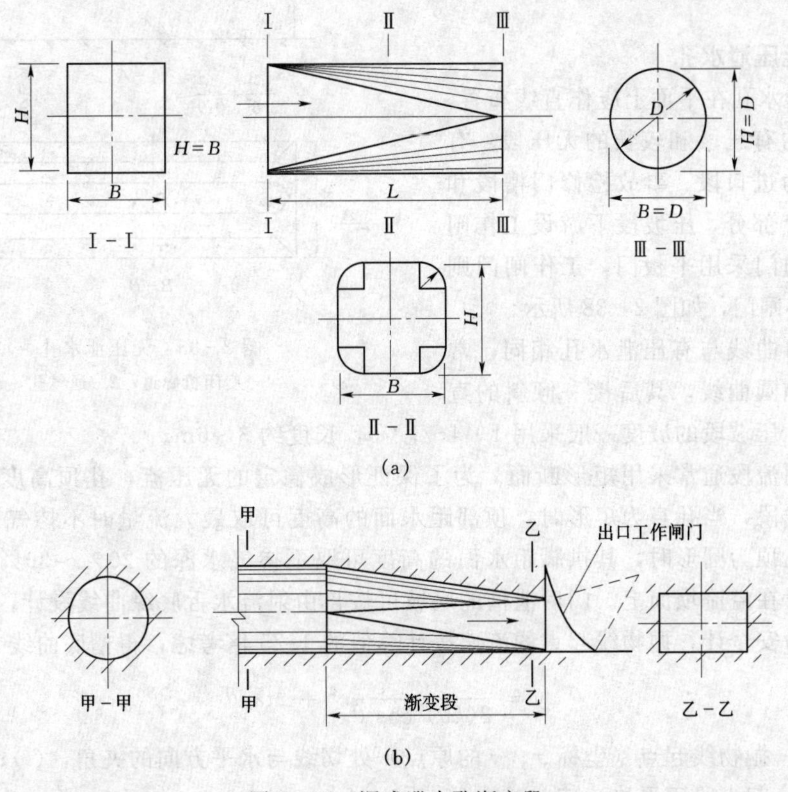

图2-37　深式泄水孔渐变段

（a）进口渐变段；（b）出口渐变段

圆弧过渡的型式，如图 3－37（a）所示。渐变段的长度应满足水流过渡的需要，一般采用孔身直径的 1.5～2.0 倍。边壁的收缩率控制在 1∶5～1∶8。为了消除负压，在工作闸门上游设压坡段，将出口断面缩小，出口断面与泄水孔断面的比值可采用 0.85～0.90，并将孔顶降低，孔顶坡比可取 1∶10～1∶50。

4. 通气孔

当工作闸门发生故障或检修泄水孔时，要关闭事故检修闸门，这时泄水孔逐渐断流，孔内需要补气；当检修工作完毕后，先关闭工作闸门，用平压管（与水库相通）向工作闸门与事故检修闸门之间充水。充水时必须充分排气，否则将造成泄水孔内气压上升，造成事故，诸如喷水、结构振动等。为了满足充气和排气的需要，必须设置通气孔。通气孔应设在紧靠检修闸门后，其顶端应高出最高库水位。由于有压泄水孔的充水和排水的流量较小，故所需通气孔的断面尺寸不大，据经验，约为泄水孔断面积的 0.5%～1%，但应大于平压管（充水用）的过水断面。

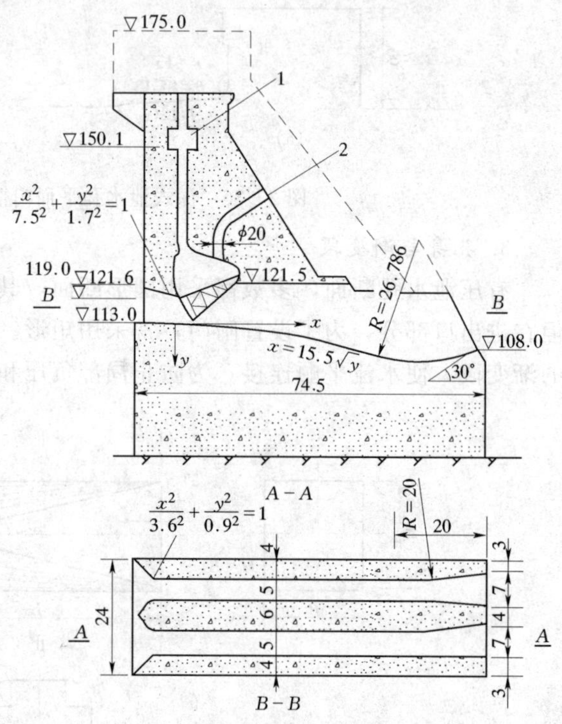

图 2－38　无压泄水孔

1—启闭机廊道；2—通气孔

三、无压泄水孔

无压泄水孔在平面上应作直线布置，包含较短的有压段和较长的无压段。有压段又分为进口段、事故检修门槽段和压坡段三个部分，压坡段下游设工作闸门。检修闸门采用平板门，工作闸门则可采用弧形闸门，如图 2－38 所示。

进水口曲线与有压泄水孔相同，常采用 1/4 椭圆曲线，其后接一倾斜的直线压坡段，压坡段的坡度一般采用 1∶4～1∶6，长度约 3～6m。

无压明流段通常采用矩形断面。为了保证形成稳定的无压流，孔顶高度应有安全裕幅。在直线段，当孔身为矩形时，顶部距水面的高度可取最大流量时不掺气水深的 30%～50%。孔顶为圆形时，其拱脚距水面的高度可取不掺气水深的 20%～30%。无压深孔出口不宜设在溢流坝面上。门后泄槽的底坡可按自由射流水舌底缘曲线设计，通常采用抛物线形。为安全计，抛物线起点的流速按计算值的 1.25 倍考虑，得槽底曲线方程为

$$y=\frac{g}{2(kv)^2\cos^2\theta}x^2+x\tan\theta \qquad (2-80)$$

式中　θ——抛物线起点（坐标 x、y 的原点）处切线与水平方向的夹角，(°)；

v——起点段面平均流速，m/s；

k——为防止产生负压而采用的安全系数，$k=1.2\sim1.6$；

g——重力加速度，m/s^2。

明流段的反弧段，一般采用单圆弧式，末端为挑坎，鼻坎高程应高于该处的下游水位以保证发生自由挑流，但可略低于下游最高水位。

无压泄水孔的通气孔，紧靠工作闸门的下游，所需的面积较大。除了满足检修情况下的通气要求（与有压泄水孔相同）以外，还要考虑正常泄水时的补气要求。由于高速水流的掺气作用，将孔内的空气逐渐带走，使孔内压力降低，影响正常泄流，故需要补气。无压洞通气孔的面积 a 可按下式估算

$$a=\frac{0.09v_wA}{[V_a]} \tag{2-81}$$

式中　v_w——工作闸门孔口处断面的平均流速，m/s；

A——无压泄水孔的断面积，m^2；

V_a——通气孔内的允许风速，m/s。$V_a=20$m/s 左右，最大时 $V_a\leqslant 40$m/s。

第九节　重力坝的材料及构造

重力坝筑坝材料及相关技术的发展是重力坝筑坝技术进展的重要体现。重力坝的建筑材料主要是混凝土，中小型工程有的也用浆砌石。对混凝土，除满足强度要求外，还应根据工作条件，地区气候等具体情况，分别满足抗渗、抗冻、抗冲耐磨、抗磨蚀等耐久性及低热性的要求。

一、混凝土重力坝的材料

1. 混凝土的标号（强度等级）

混凝土的强度是按混凝土立方体试块的抗压强度标准值 f_{ck} 确定的。混凝土的强度随龄期而增长，因此在选用强度等级时应同时规定设计龄期。为了充分利用混凝土的后期强度，大坝常态混凝土抗压设计强度的龄期一般为 90d，最多不超过 180d；常态混凝土抗压设计强度的龄期一般用 90d 或采用 180d。同时规定 28d 龄期的强度作为早期强度的控制。考虑到某些部位的混凝土早期就要承受局部荷载以及温度应力和收缩应力，所以规定混凝土 28d 龄期的抗压强度不得低于 7.5MPa。抗拉强度一航不采用后期强度，而采用 28d 龄期的强度。

选择混凝土标号时，应考虑由于温度、渗透压力及局部应力集中所产生的拉应力、剪应力或主应力。坝体内部混凝土的标号不应低于 $R_{90}100$，过流表面的混凝土标号不应低于 $R_{28}250$。

2. 混凝土的耐久性

混凝土的耐久性包括抗渗性、抗冻性、抗磨性和抗侵蚀性等。

（1）抗渗性。抗渗性是指混凝土抵抗压力水渗透作用而不被破坏的能力。大坝混凝土的抗渗等级 W 可根据渗透坡降大小参照表 2-16 选定。

（2）抗冻性。抗冻性指混凝土在饱和状态下，经多次冻融循环作用而不严重降低强度的性能。坝体水位变化区及以上的外部混凝土，容易受到干湿、冻融作用，应具有一定的抗冻要求。

表 2-16　大坝混凝土抗渗等级的最小允许值

项次	部位	水力坡降	抗渗等级
1	坝体内部		W2
2	坝体其他部位按水力坡降考虑时	$i<10$	W4
		$10\leqslant i<30$	W6
		$30\leqslant i<150$	W8
		$i\geqslant 150$	W10

注 1. 表中 i 为水力坡降。
2. 承受侵蚀水作用的建筑物，其抗渗等级应进行专门的试验研究，但不得低于 W4。
3. 混凝土的抗渗等级应按《水工混凝土试验规程》(SL 352—2006) 规定的试验方法确定。根据坝体随水压力作用的时间也可采用 90d 龄期的试件测定抗渗等级。

混凝土的抗冻等级，通常以抗冻标号 F 来表示。大坝混凝土应根据气候分区、冻融循环次数、表面局部小气候条件、水分饱和程度、结构构件重要性和检修的难易程度等因素按表 2-17 选用抗冻等级。

表 2-17　大坝混凝土抗冻等级

气候分区	严寒		寒冷		温和
年冻融循环次数	≥100	<100	≥100	<100	—
受冻严重且难于检修部位：流速大于 25m/s、过冰、多沙或多推移质过坝的溢流坝、深孔或其他输水部位的过水面及二期混凝土	F300	F300	F300	F200	F100
受冻严重但有检修条件部位：混凝土重力坝上游面冬季水位变化区；流速小于 25m/s 的溢流坝、泄水孔的过水面	F300	F300	F200	F150	F50
受冻较重部位：混凝土重力坝外露阴面部位	F200	F200	F150	F150	F50
受冻较轻部位：混凝土重力坝外露阳面部位	F200	F150	F100	F100	F50
混凝土重力坝水下部位或内部混凝土	F50	F50	F50	F50	F50

注 1. 混凝土的抗冻等级应按 SD 105—82 规定的快冻试验方法确定，也可采用 90d 龄期的试件测定。
2. 气候分区划分：严寒，最冷月份平均气温<-10℃；寒冷，最冷月份平均气温≥-10℃，但≤-3℃；温和，最冷月份平均气温>-3℃。
3. 年冻融循环次数分别按一年内气温从+3℃以上降至-3℃以下，然后回升至+3℃以上的交替次数，或一年中日平均气温低于-3℃期间设计预定水位的涨落次数统计，并取其中大值。
4. 冬季水位变化区指运行期内可能遇到的冬季最低水位以下 0.5～1.0m，冬季最高水位以上 1.0m（阳面）、2.0m（阴面）、4.0m（水电站尾水区）。

(3) 抗磨性。抗磨性是指抗高速水流或挟沙水流的冲刷、磨损作用的性能。混凝土的抗磨性与其强度、骨料硬度及振捣密实度、表面光滑程度等有关。对于一般有抗磨性要求的混凝土，其强度等级应在 C20 以上；抗磨性要求较高时，其强度等级应不低于 C30 或采用真空作业以提高抗磨性，对于磨损特别严重的部位，应采用抗磨性材料加以保护，如环氧砂浆、环氧混凝土、钢纤维混凝土等做成耐冲磨的面层。

(4) 抗侵蚀性。抗侵蚀性是指混凝土抵抗环境水侵蚀的性能。当确认环境水有侵蚀作用时，应选择适当品种的水泥和骨料，提高混凝土的密实度，必要时可设置混凝土表面防

护层，减少水的渗透作用，以减缓侵蚀破坏速度。

二、混凝土重力坝的材料分区

坝体各部位工作条件不同，对混凝土强度、抗渗性、抗冻性、抗磨性等性能的要求也不同，为了节约和合理使用水泥，通常将坝体按不同部位和不同工作条件分区，采用不同强度等级的混凝土。如图 2-39 所示。

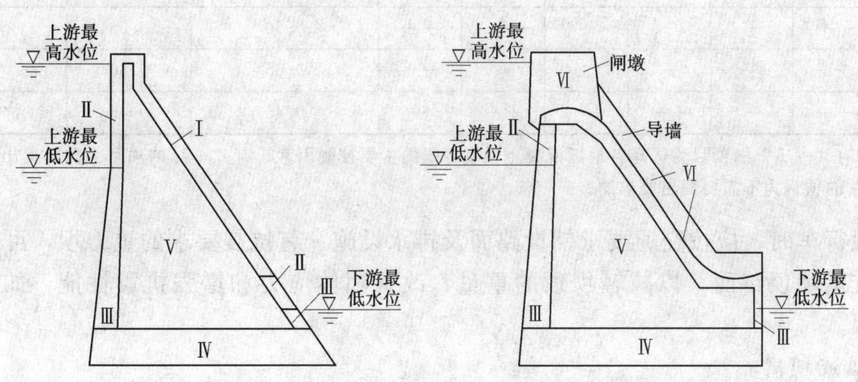

图 2-39　坝体混凝土分区图

Ⅰ区——上、下游最高水位以上坝体表层混凝土。在寒冷地区多采用厚 2～3m 的抗冻混凝土，一般用 C15、W4、F100～F200。

Ⅱ区——上、下游水位变化区的坝体表层混凝土，多采用厚 3～5m 的抗渗、抗冻并具有抗侵蚀性的混凝土，一般用 C15、W8、F150～F300。

Ⅲ区——上、下游最低水位以下坝体表层混凝土，其抗渗性要求较高，多采用厚 2～3m 的抗渗混凝土，一般用 C20、W10、F100。

Ⅳ区——坝体靠近基础的底部混凝土，主要满足强度要求，一般用 C20、W10、F200、D_w。

Ⅴ区——坝体内部混凝土，多采用低标号低热混凝土，一般用 C10～C15、W2～W4、D_w。

Ⅵ区——抗冲刷部位的混凝土，如溢流面、泄水孔、导墙和闸墩等。抗压强度不低于 20～25MPa（90d 龄期），严寒地区应满足抗冻要求，一般用 C25 以上、F200～F300。

坝体不同分区的混凝土所用的水泥，应尽量采用同一品种。同一浇筑块中混凝土强度等级不宜超过两种，分区厚度尺寸最小为 2～3m。

混凝土分区标号的性能应符合表 2-18 的要求。

三、坝顶构造

1. 非溢流坝段

坝顶上游常设置防浪墙，以降低坝体的高度，墙身采用与坝体连成整体的钢筋混凝土结构，并应有足够的厚度以抵挡波浪及漂浮物的冲击。墙身高度一般为 1.2m，当不设防浪墙时上、下游两侧设栏杆及照明装置。常态混凝土坝顶最小宽度为 3m，碾压混凝土为 5m。

表 2-18　**混凝土分区标号的性能**

分区	强度	抗渗	抗冻	抗冲刷	抗侵蚀	低热	最大水灰比		选择各分区的主要因素
							严寒和寒冷地区	温和地区	
Ⅰ	+	−	++	−	−	+	0.55	0.60	抗冻
Ⅱ	+	+	++	−	+	+	0.45	0.50	抗冻、抗裂
Ⅲ	++	++	+	−	+	+	0.50	0.55	抗渗、抗裂
Ⅳ	++	+	+	−	+	++	0.50	0.55	抗裂
Ⅴ	++	+	+	−	−	++	0.65	0.65	
Ⅵ	++	−	++	++	++	+	0.45	0.45	抗冲耐磨

注　表中有“++”的项目为选择各地区混凝土强度等级的主要控制因素；有“+”的项目为需要提出要求的；有“−”的项目为不需要提出要求的。

坝顶行车时，应按交通要求铺设路面及排水设施。有抗震要求的重力坝，可以采用拱形结构支承坝顶路面，以减轻坝顶的重量，改善坝体应力和增强抗震性能，如图 2-22（*c*）所示。

2. 溢流坝段

溢流坝段上部结构应根据运用要求布置。一般应有闸墩、工作桥、闸门、启闭设施、胸墙及交通桥等。

（1）闸墩。闸墩在平面形状上应尽可能使水流平顺，长度要满足坝顶的布置要求；最大高程应和坝顶平齐；门槽颈部厚不小于 1.0～1.5m。

（2）导流墙。溢流坝段两端边墩向下游沿伸的部分称为导流墙，当采用挑流消能时，导流墙延伸到挑坎的末端，采用底流消能时，要延伸到护坦的末端；有水电站时，要延伸到厂房下游一定距离。导流墙的高程应高出掺气后的水面线 0.5～1.5m。在下游河床中可允许墙顶有一定的漫溢。

四、重力坝的防渗与排水设施

在混凝土重力坝坝体上游面和下游面水位以下部分，多采用一层具有防渗、抗冻和抗侵蚀的混凝土，作为坝体的防渗设施。防渗层厚度一般为 1/20～1/10 水头，但不小于 2m。

为了减小坝体的渗透压力，靠近上游坝面设置排水管幕，排水管幕至上游坝面的距离一般为作用水头的 1/15～1/25，且不小于 2.0m。排水管间距 2～3m，管径约为 15～25cm。排水管幕一般做成铅直的，与纵向排水检修廊道相通，上端应尽量通至上层廊道或坝顶（或溢流堰面以下），以便于检修。

排水管可采用拔管、钻孔或预制无砂混凝土管，如图 2-40（b）所示。在浇注坝体混凝土时，应保护好排水管，防止水泥浆漏入管内，阻塞排水管道。渗入排水管的水可汇集到下层纵向廊道，沿集水沟（或集水管）经横向廊道汇入集水井，然后自流或抽排到下游。

五、重力坝的分缝与止水

为了满足施工要求，防止由于温度变化和地基不均匀沉降导致坝体裂缝，需要对坝体

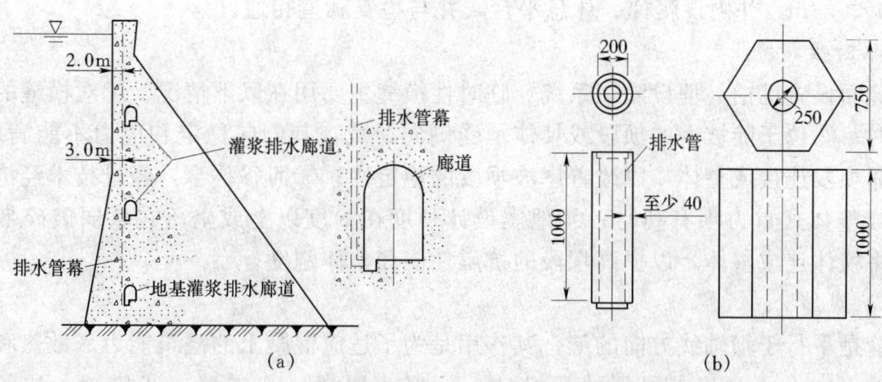

图 2-40　重力坝内排水构造（单位：mm）

(a) 坝内排水系统；(b) 排水管

进行分缝。

（一）横缝

横缝与坝轴线垂直，将坝体分成若干个坝段，横缝间距一般为 15～20m。缝距大小主要取决于地基地质特性、河谷地形、混凝土的浇筑能力、结构布置和温度变化等。横缝有永久性的和临时性的两种。

1. 永久性横缝

可兼作沉降缝和温度缝，缝面常为平面，可不留缝宽。当不均匀沉降较大时，需留缝宽 1～2cm，缝间用沥青油毛毡隔开，缝内须设置专门的止水，如图 2-41 所示。

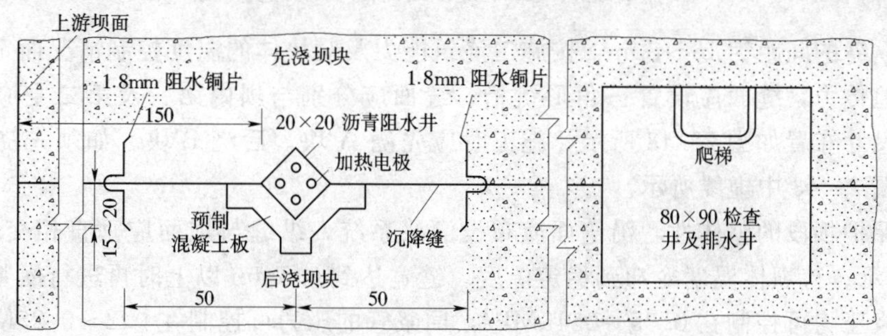

图 2-41　横缝止水排水系统

高坝上游坝面横缝止水应采用两道止水片，其间设一沥青井，第一道止水片至上游坝面的距离一般为 0.5～2.0m。两道止水片均可为厚紫铜片，其第一道止水应为紫铜片，中、低坝的止水可适当简化。对第二道止水及低坝的止水，在气候温和地区可采用塑料止水片，在寒冷地区可采用橡胶（或氯丁橡胶）止水带。紫铜片的厚度为 1.0～1.6mm。每一侧埋入混凝土内的长度一般为 20～25cm，止水铜片应做成可伸缩的，其接头和接缝，应注意保证焊接质量。止水沥青井做成圆形或方形，可用预制混凝土块围成井状。其尺寸为 15～25cm 的正方形或圆形，井内灌注石油沥青、水泥和石棉粉组成的填料，井内设加热设备。止水片及沥青井需伸入基岩内 30～50cm，止水片必须延伸到最高水位以上，沥青井须延伸到坝顶。止水后面有时设排水孔，必要时还设检查井，检查井的断面尺寸一般

为 1.2m×0.8m，井内设爬梯、休息平台，并与检查廊道相通。

2. 临时性横缝

其缝面设置键槽，埋设灌浆系统。临时性横缝主要用在以下情况：①对横缝的防渗要求很高时；②位于陡坡上的坝段或坝体承受侧向荷载，其侧向稳定和应力不能满足要求，需将相邻坝段连接成整体，以改善岸坡坝段的稳定性；③河谷狭窄，经过技术经济比较后认为做成整体式重力坝有利时；④地震设计烈度在 8 度以上或坐落在软弱破碎带上的坝段，需将坝体连成整体，以提高坝段的抗震性能和整体刚度。

（二）纵缝

纵缝是平行于坝轴线方向的缝，其作用是为了适应混凝土的浇筑能力、散热和减小施工期的温度应力，按其布置形式可分为：①竖直纵缝；②错缝；③斜缝，如图 2-42 所示。

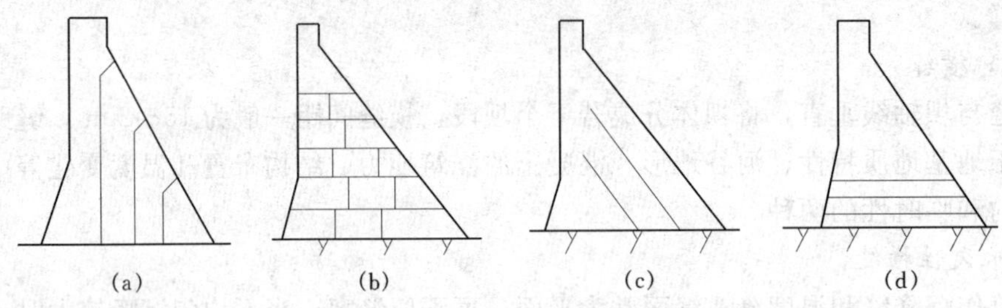

图 2-42　纵缝构造

(a) 竖直纵缝；(b) 错缝；(c) 斜缝；(d) 通仓浇筑

竖向纵缝的间距为 15～30m，按施工浇筑能力及对块体的温度控制情况而定。为了使缝面更好地传力，缝面应设置三角形键槽，缝面应分别与坝内第一及第二主应力方向正交，键槽尺寸布置如图 2-43 所示。施工时应先浇 A 块，后浇 B 块。如须先浇 B 块，则键槽应如图 2-43 中虚线所示。

为了保护坝段的整体性，沿缝面应布设灌浆系统，纵缝与坝面应垂直相交。如图 2-42 (a) 所示。待坝体温度冷却到稳定温度，缝宽达到 0.5mm 以上时再进行灌浆。一般进浆管的灌浆压力可控制在 0.35～0.45MPa，回浆管的压力可控制在 0.2～0.25MPa。为了不使浆液从缝内流出，必须在缝面四周设置塑料止浆片，其厚度为 1.0～1.5mm，宽度为 24cm，分区灌浆面积约为 300～450m²，分区高度一般为 10～15m。

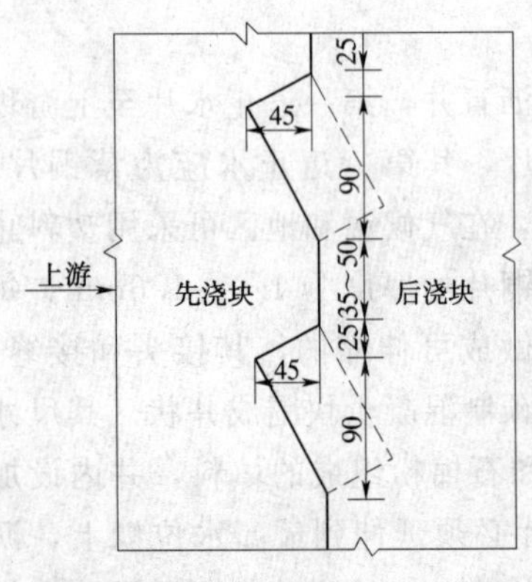

图 2-43　纵向键槽（单位：cm）

错缝间距为 10～15m，浇筑块高度，在基岩附近为 1.5～2.0m；在坝体上部，一般不大于 3～4m。

缝的错距不超过浇筑块厚度的一半，以免沿竖缝开裂。错缝不灌浆，可在低坝上采用。斜缝适用于低坝中，只要在缝面上凿毛或加设键槽，可不灌浆。斜缝不应直通上游坝面，须在离上游坝面一定距离处终止，并采取并缝措施，如设骑缝钢筋、并缝廊道等。斜缝的分块施工，宜保持斜缝相邻的上、下游坝块均匀上升，防

止产生温度裂缝。斜缝施工比较复杂，采用较少。

(三) 水平施工缝

水平施工缝是新老混凝土的水平结合面。每层浇筑块的厚度约为1.5～4.0m，基岩表面约0.75～1.0m，以利散热。同一坝段相邻浇筑块水平施工缝的高程应错开，上、下浇筑块之间常间歇3～7d。混凝土浇筑前，必须清除老混凝土面浮碴，并凿毛，用压力水冲洗，再铺一层2～3cm的水泥砂浆，然后浇筑。当水平施工缝与廊道顶拱相交时，可以用1∶1.0～1∶1.5的坡度与拱座连接，廊道以上的水平施工缝离拱顶不应小于1.5m。

图2-42 (d) 所示为通仓浇筑的水平施工缝。其优点是加强了坝体的整体性，但由于浇筑块尺寸大，浇筑强度高，而且温度应力大，必须进行严格的温度控制。高坝采用通仓浇筑时，必须有专门论证。碾压混凝土坝适合于通仓浇筑。

六、坝内廊道

为了满足帷幕灌浆、排水、观测和检修坝体的需要，须在坝内设置各种廊道或竖井，构成廊道系统，如图2-44所示。廊道内应设置通风和照明设备。

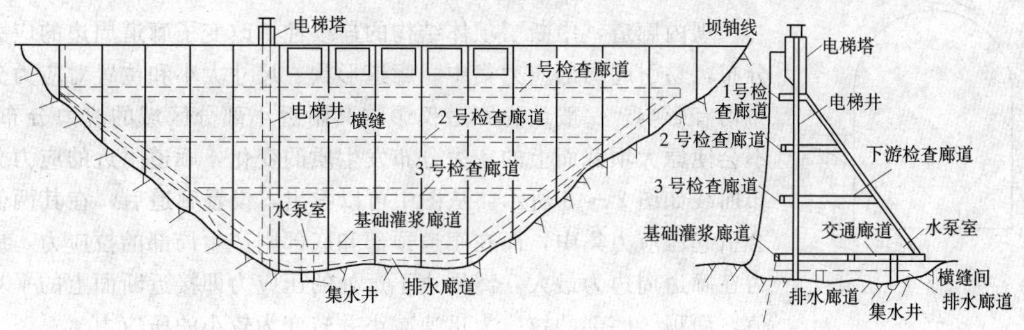

图2-44　廊道系统

1. 基础灌浆廊道

基础灌浆廊道设置在上游坝踵处，如图2-45 (a) 所示。廊道上游侧距上游坝面的距离约为0.05～0.1倍水头，且不小于3m，廊道底面距基岩面不小于1.5倍廊道宽度，廊道断面一般采用城门洞形，其宽度为2.5～3.0m，高度为3.0～3.5m。廊道上游侧设排水沟，下游侧设排水孔及扬压力观测孔，较长的基础灌浆廊道，每隔50～100m，宜设置

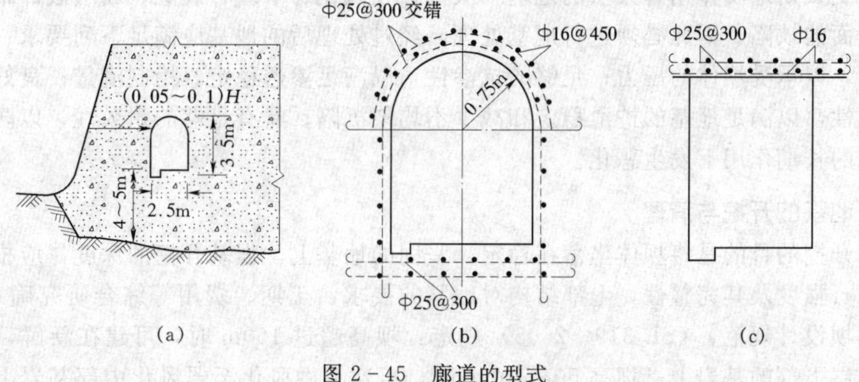

图2-45　廊道的型式

横向灌浆机室。坡度较陡的长廊道，应分段设置安全平台及扶手。基础灌浆廊道的纵坡应缓于45°，若陡于45°时，可用分层的平洞代替。当廊道低于下游水位时，应设集水井及抽排设施。

防渗帷幕灌浆和坝基主排水孔幕应在廊道内施工，以利用坝体重量提高灌浆压力和坝基面的抗剪断强度，而且不影响上部坝体的正常施工。

2. 坝体检查和排水廊道

为了便于检查、观测和排除坝体渗水，还应在靠近坝体上游面沿高度每隔20～40m设一检查兼作排水用的廊道。廊道断面形式多为城门洞形，廊道最小宽度为1.2m，高度2.2m，其上游侧距离上游坝面的距离应不小于0.05～0.07倍作用水头，且不小于3m。各层廊道在左、右两岸应各有一个通向下游的出口，各层廊道之间用竖井连通。如设有电梯井时，则各层廊道均应与电梯井相通。

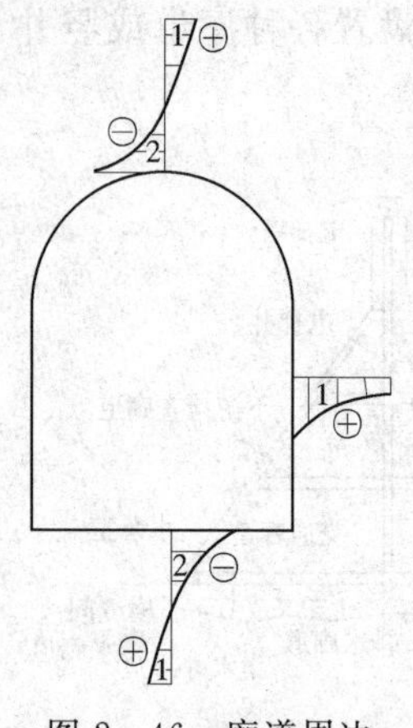

图2-46　廊道周边应力分布

廊道内应有足够的照明设施和良好的通风条件，各种电器设备与线路应保证绝缘良好，并设置应急照明。

3. 坝内廊道附近的应力状况

坝内廊道，中断了坝体结构的连续性，改变了廊道周边的应力分布，易引起局部应力集中。廊道形状、尺寸大小和位置对应力分布均有影响。一般认为廊道仅影响其附近小部分区域的应力分布，不会使原大坝截面上的应力分布发生质的变化，廊道附近的应力分布曲线如图2-46所示。从图中可以看出，设置廊道后，在其两侧会引起压应力集中，而在廊道顶部和底部则产生局部的拉应力，应力在廊道周边为最大，离周边不远处的压应力即接近断面上的平均值，而顶、底部的拉应力迅速减小并转变为较小的压应力。

一般在廊道周边都配置钢筋，近年来西欧和美国对位于坝内受压区的孔洞，都不配筋。只对位于受拉区孔洞，而且外形复杂，有较大的拉应力集中的情况下，才配置钢筋。

第十节　重力坝的地基处理

由于受长期地质作用，天然的地基一般都存在风化、节理、裂隙、断层破碎带及软弱夹层等方面的缺陷，因此必须进行地基处理。经过处理后的地基应满足下列要求：具有足够的强度，以承受坝体的压力；足够的抗渗性，以满足渗透稳定，控制流量；良好的整体性和均匀性，以满足地基的抗滑稳定和减少不均匀沉陷；具有足够的耐久性，以防止岩体性质在水的长期作用下发生恶化。

一、地基的开挖与清理

坝基开挖的目的是将坝体坐落在稳定、坚固的地基上。坝基开挖的深度，应根据坝基应力、岩石强度及其完整性，上部结构对地基的要求、工期、费用等综合研究确定。《混凝土重力坝设计规范》（SL 319—2005）规定：坝高超过100m时，可建在新鲜、微风化至弱风化层下部的基岩上；坝高50～100m时，可建在微风化至弱风化中部基岩上；坝高

小于 50m 时，可建在弱风化中部至上部基岩上。对两岸地形较高部位的坝段，其开挖基岩的标准可比河床部位适当放宽。

坝基开挖的边坡必须保持稳定，在顺河流方向基岩面上下游高差不宜过大，并尽可能开挖成略向上游倾斜，以增强坝体的抗滑稳定性，若基岩面高差过大或向下游倾斜，宜开挖成大台阶状。两岸岸坡坝段基岩面，尽量开挖成有足够宽度的台阶状，以确保坝体的侧向稳定。对于靠近坝基面的缓倾角软弱夹层，埋藏不深的溶洞、溶蚀面应尽量挖除。开挖至距利用基岩面 0.5～1.0m 时，应采用手风钻钻孔，小药量爆破，以免造产生裂隙或增大裂隙。遇到易风化的页岩、黏土岩时，应留有 0.2～0.3m 的保护层，待浇筑混凝土前再挖除。

基岩开挖后，在浇筑混凝土前，需进行彻底的清理和冲洗，包括清除松动的岩块、打掉凸出的尖角；冲洗基岩面上残留的泥土、油渍及杂物；排除基岩面上全部积水；基坑内原有的勘探钻孔、井、洞等均应回填封堵。

二、坝基的加固处理

对于大面积的破碎带或局部缺陷，应进行加固处理。基岩加固的目的，在于提高基岩的整体性和弹性模量，减少基岩受力后的变形，降低坝基的渗透性。

1. 坝基固结灌浆

当基岩在较大范围内节理裂缝发育或较破碎而挖除不经济时，可对坝基用浅孔低压灌水泥浆的方法进行加固处理，称为坝基的固结灌浆。主要是提高坝基的整体性。

坝基固结灌浆设计，应根据地基的工程地质条件，结合坝高及水泥灌浆试验资料确定。根据坝基应力及地质条件，向坝基及上、下游部位进行灌浆；在防渗帷幕上游的坝基部位，断层破碎带及其两侧影响带部位，应适当加强固结灌浆。基础下埋藏的溶洞、溶槽等，除必要的回填处理外，应对其顶部及周围岩石加强固结灌浆，灌浆孔布置如图 2-47 所示。

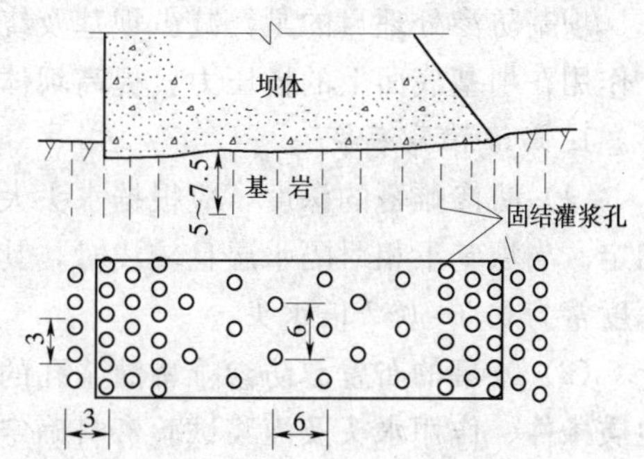

图 2-47　固结灌浆孔的布置（单位：m）

固结灌浆孔通常布置成梅花形或方格形，对较大的断层和裂隙应进行专门布孔。固结灌浆孔的方向应根据主要裂隙产状和施工条件确定，钻孔方向应尽可能正交于主要裂隙面，但倾角不宜过大。孔距、排距及孔深应根据地质条件、地下水文特征并参照灌浆试验成果确定，一般为 3～4m。孔深一般为 5～8m。局部地区及坝基应力较大的高坝基础，可适当加深，帷幕区宜配合帷幕深度确定，一般采用 8～15m。

固结灌浆宜在基础部位混凝土浇筑后进行。固结灌浆压力在不掀动基岩的原则下，应尽量取较大值，一般无混凝土盖重时为 0.2～0.4MPa；有盖重时为 0.4～0.7MPa。对缓倾角层面发育的基岩，其灌浆压力应进行试验确定。

2. 断层破碎带和软弱层面的处理

对于坝基范围内的断层破碎带或软弱层面，应根据其所在部位、产状、宽度、组成物

的性质以及有关试验资料，分析其对上部结构的影响，结合施工条件，采取适当的处理方法。对地震设计烈度为Ⅷ度以上的坝区，断层破碎带或软弱层面的处理应适当提高要求。

(1) 倾角较陡的断层破碎带处理。在坝基范围内单独出露的断层破碎带，可将适当深度内的断层、破碎带及其两侧风化岩石挖除或挖至较完整的岩体。当断层破碎带规模不大，但其组成物以软弱的构造岩、断层泥为主，可用混凝土塞加固，如图 2-48 所示。混凝土塞的高度可取断层破碎带宽度的 1.0～1.5 倍。另外，亦可做混凝土拱来处理破碎带，如图 2-48 (c) 所示。对于与水库连通的破碎带，必须做好防渗处理。

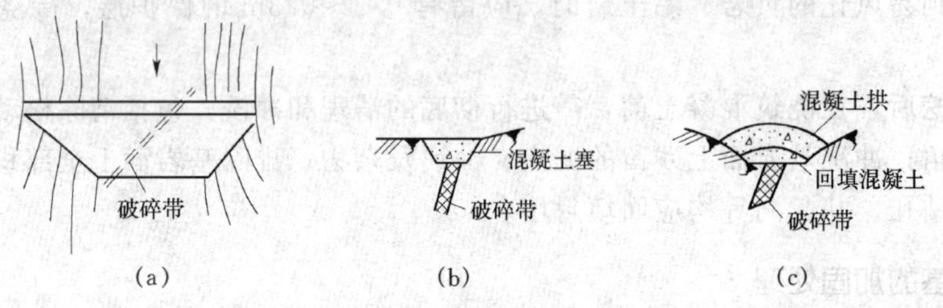

图 2-48　断层破碎带处理

(a) 破碎带位置；(b) 混凝土塞；(c) 混凝土拱

(2) 软弱夹层的处理。对于浅埋的夹层，可采用明挖清除，再回填混凝土加固；对于深层的夹层，视其对坝体稳定和基础沉降危害的程度，确定是否需要处理。如需要处理，可采用洞挖后回填混凝土的方法进行加固。为了阻止坝体沿软弱夹层滑动，可在下游坝趾处设置深齿、大型钢筋混凝土抗滑桩或预应力锚索等措施进行加固，如图 2-49 所示。

三、坝基防渗、排水

坝基防渗处理目的是：减少坝基及绕坝渗漏；防止较大渗流对坝基产生渗透破坏；减小作用在坝基底面上的扬压力，提高坝体的抗滑稳定性。

1. 防渗帷幕灌浆

(1) 防渗帷幕的深度，应根据水头大小、透水层的深度和降低坝基渗透压力的要求来确定。当坝基下相对隔水层且较浅时，其应伸入到隔水岩层内 3～5m；一般情况下，帷幕深度常为 0.3～0.7 倍水头。

(2) 帷幕的布置。防渗帷幕灌浆孔的排数、排距及孔距，应根据工程地质条件、水文地质条件、作用水头及灌浆试验资料确定。坝高在 100m 以下时，可布置一排。对地质条件较差，岩体裂隙发育或可能发生渗透变形的地段可采用两排，但坝高在 50m 以下时，仍可采用一排。当采用两排灌浆孔时，可将一排孔灌于设计深度，另一排孔深可取设计孔深的 1/2 左右。孔距为 1.5～3m，排距宜比孔距略小。钻孔宜穿过岩体主要裂隙和层理，倾向上游 0°～10°。

两岸坝头部位，防渗帷幕宜延伸到相对隔水层或正常蓄水位与地下水位相交处，如图 2-50 所示。

(3) 灌浆压力。帷幕灌浆必须在浇筑一定厚度的坝体混凝土后进行，一般情况下，灌浆压力应通过试验确定。通常在帷幕表层不宜小于 1.0～1.5 倍坝前静水头，在孔底不宜小于 2～3 倍坝前静水头，但以不破坏岩体为原则。

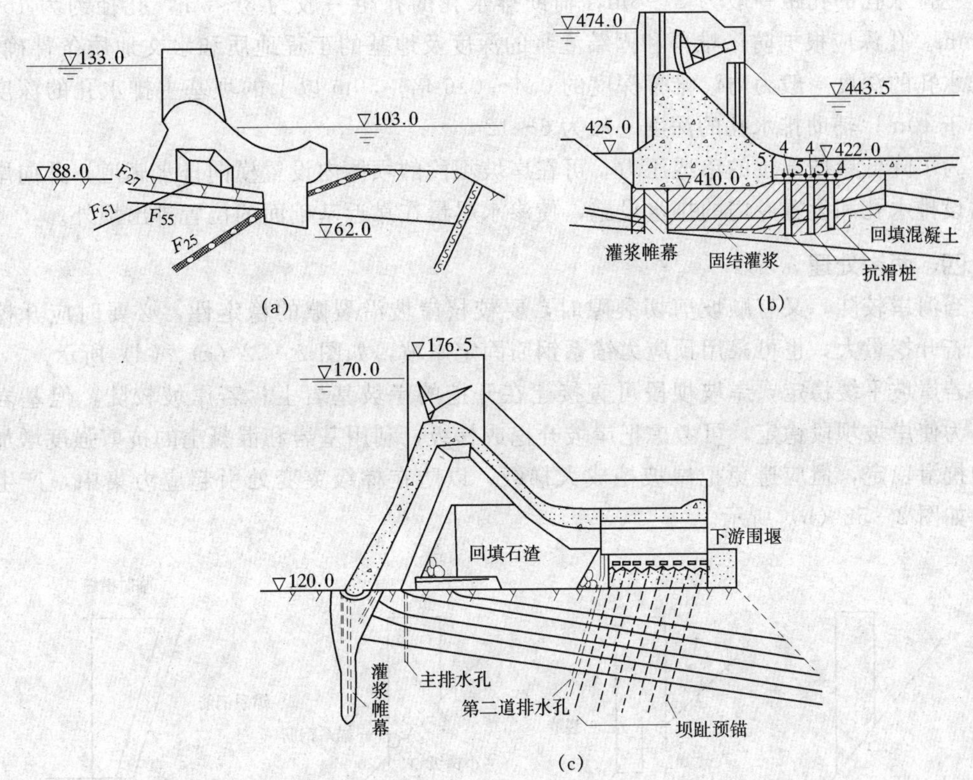

图 2-49 软弱夹层的处理

(a) 深齿坎；(b) 抗滑桩；(c) 预应力锚索

2. 坝基排水

为了充分降低坝底扬压力和排除基岩渗水，在帷幕下游可设置排水孔幕。一般设一排主排水孔；对能充分发挥排水作用的坝基（下游水深较大时），除设主排水孔外，还可设置 1～3 排辅助排水孔。主排水孔一般设置在基础灌浆廊道内防渗帷幕的下游 2～4 m 处，以利充分降低坝基的渗透压力。辅助排水孔可设置在基础纵向排水廊道内，如图 2-51 所示。排水孔一般略向下游倾斜，与帷幕孔成 10°～15°交角。

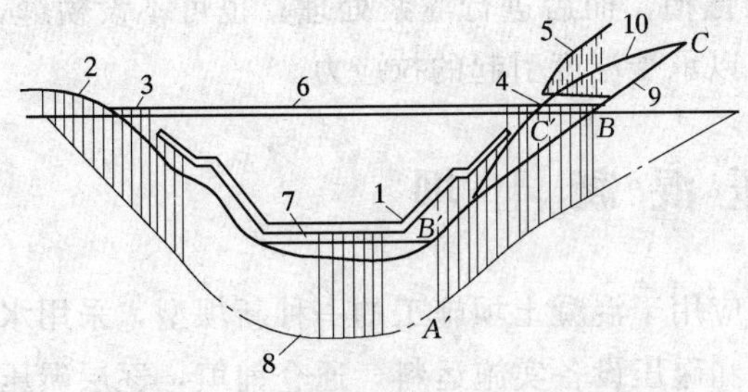

图 2-50 防渗帷幕沿轴线的布置

1—灌浆廊道；2—山坡钻进；3—坝顶钻进；4—灌浆平洞；5—排水孔；6—正常蓄水位；7—原水位；8—帷幕底线；9—原地下水位；10—蓄后地下水位

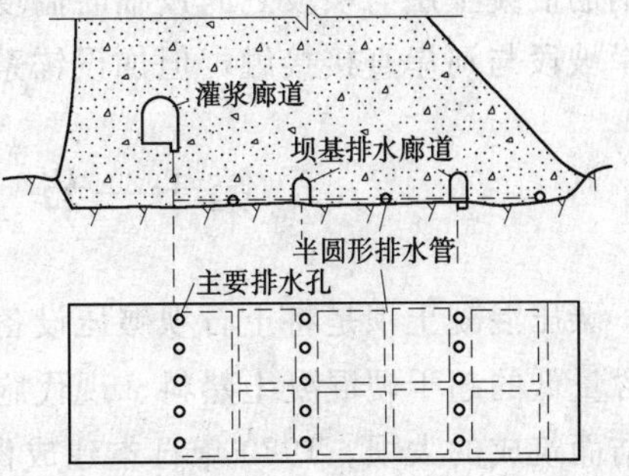

图 2-51 坝基排水系统

主排水孔的孔距一般为 2～3m，辅助排水孔的孔距一般为 3～5m，孔径约为 150～200mm。孔深应根据防渗帷幕和固结灌浆的深度及地基的工程地质和水文地质条件确定。主排水孔的深度一般为防渗帷幕深度的 0.4～0.6 倍；50m 以上的坝基主排水孔的深度不应小于 10m；辅助排水孔的深度一般为 6～12m。

为了降低岸坡部位的渗透压力，可在岸坡坝段的坝体内设置横向排水廊道，并向岸坡内钻设排水孔和设置专门的排水设施，使渗水尽量在靠近基础面的位置排出坝外。

四、两岸处理

当河岸较陡，又有顺坡剪切裂隙时，要校核岸坡沿裂隙的稳定性，必要时应开挖削坡，若开挖量大，也可采用预应力锚系钢筋固定岸坡，如图 2-52（c）、（d）所示。

若岸坡平缓稳定，岸坡坝段可直接建在开挖的岸坡基岩上；若岸坡较陡，但基岩稳定，为使岸坡坝段稳定，可考虑把岸坡开挖成梯级，利用基岩和混凝土的抗剪强度增加坝段的抗滑稳定，但应避免把岸坡挖成大梯级，以防在梯级突变处引起应力集中，产生裂缝，如图 2-52（b）所示。

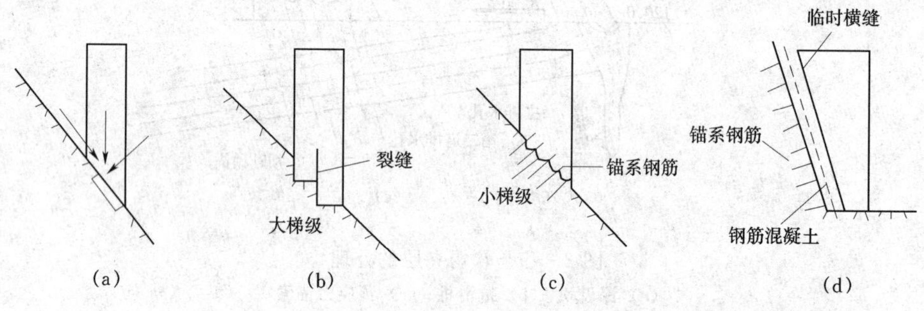

图 2-52　重力坝与坝坡的连接
(a) 坝段与岸坡直接连接；(b) 大梯级连接；(c) 小梯级加锚系钢筋连接；
(d) 岸壁钢筋混凝土层与坝段连接

有时河岸十分陡峻，以致岸坡段的一部分建在河床上，另一部分坐落在岸坡上，如图 2-52（d）所示。此时，坝段主要由河床支承，岸坡受力较小，坝段混凝土冷却收缩后，易脱离岸壁产生裂缝。因此，可先在岸壁做钢筋混凝土层，并用钢筋锚系在河岸基岩上，在钢筋混凝土层与坝段之间设临时温度横缝和键槽，而后进行灌浆处理；也可不设横缝，使岸坡段与河岸直接接触，但加设锚系钢筋，以承受温度引起的拉应力。

第十一节　碾压混凝土坝

碾压混凝土坝是将土石坝碾压设备和技术应用于混凝土坝施工的一种新坝型，采用水泥含量低的超干硬混凝土熟料、现代施工机械和碾压设备实施运料，通仓铺填，逐层碾压固结而筑成的大坝。1980 年日本建成世界上第一座坝高 89m 的岛地川碾压混凝土坝。此后，在全世界范围迅速发展。我国碾压混凝土筑坝技术起步较晚，但发展很快。自 1986 年建成第一座 56.8m 高的坑口碾压混凝土重力坝以后，我国碾压混凝土坝建设进入高潮。

目前我国已建成的和在建的碾压混凝土坝126座，近期拟建的31座。除此之外，还修建了22座碾压混凝土围堰。在建的龙滩水电站大坝一期坝高192m，后期坝高216.5m，是目前世界上最高的碾压混凝土重力坝。

一、碾压混凝土坝的特点

碾压混凝土坝与一般的混凝土坝相比，具有以下特点。

1. 施工工艺简单，施工速度快

因施工中混凝土浇筑采用了功率大、生产效率高的施工机械设备，并进行通仓薄层浇筑，施工工作面大，可交错薄层连续上升，无需间歇养护；省去了常态混凝土施工中的立模、养护、拆模、接缝灌浆等工序，节省了时间，加快了施工进度。可缩短工程建设周期，提前发挥工程效益。

混凝土的浇筑强度取决于骨料生产、熟料拌和、混凝土运输等方面的能力。因此，采用高效先进的施工机械可大幅提高混凝土的浇筑强度。如巴基斯坦的塔贝拉水电站采用碾压混凝土坝，浇筑强度达18000m^3/d。我国岩滩碾压混凝土重力坝，日浇筑强度达到8189m^3/d；长江三峡115m高的导流明渠纵向围堰，日最大浇筑强度高达16000m^3/d，最大日上升高度1.2m，大大加快了施工进度。

2. 大量节约水泥，降低工程造价

我国普通混凝土坝中的单方水泥用量约为180～280kg/m^3，如新安江大坝为180kg/m^3，丹江口大坝高达270kg/m^3。而碾压混凝土坝中单方水泥用量仅为90～50kg/m^3，如日本岛地川坝为84kg/m^3，我国的福建坑口坝为60kg/m^3，河北桃林口水库大坝为70kg/m^3，岩滩坝仅为47kg/m^3。

由于混凝土中水泥用量大大减少，可有效降低混凝土单价，从而可降低工程造价，提高工程的投资效益。

3. 简化温控措施，减少坝体纵缝

由于碾压混凝土中水泥用量较少，坝体采用薄层交替浇筑，表面散热条件良好，使坝体内部混凝土温度升幅大大降低。据日本岛地川坝的实测资料表明，坝内最大温升仅8～10℃。一般情况下，可以不采取专门的降温散热措施。在坝体施工中可不设纵缝，少设或不设横缝。不仅可节约了模板，还取消了纵缝灌浆系统及灌浆工程，进一步简化了混凝土坝施工工艺。

4. 简化施工导流设施，节约临时工程费用

因碾压混凝土坝施工强度高、速度快，当坝体工程量较小时，可安排在一个枯水季节完成，省略了施工围堰等设施。工程量较大时，由于碾压混凝土本身可以过水，施工导流也比较简单。我国岩滩工程中的碾压混凝土围堰，曾多次通过洪水，堰顶最大过水深达2.2m，但仍能正常运用，对施工基本无不利影响。由于简化了施工围堰及导流设施，可大大节省临时工程费用。

综上所述，碾压混凝土坝具有其水泥用量少、混凝土单价低、施工简单、临时及施工费用省，使造价比常规混凝土坝节约1/3～1/2，施工速度快，工程建设周期短，工程收效快，投资效益高等特点。近年来其设计技术和施工工艺日趋成熟，得到了很快的发展和

推广，碾压混凝土坝也是未来重力坝、拱坝的发展趋势。

二、碾压混凝土坝的构筑型式

随着碾压混凝土坝的设计和筑坝技术的发展，碾压混凝土坝的构筑型式和方法也在不断的变化提高。其构筑成坝型式主要有以下几种类型。

1. 外包常态混凝土碾压混凝土坝（金包银）

考虑坝体的抗渗性和抗冻性，将坝体内部用干贫性碾压混凝土填筑，上、下游和坝基面用 2～3m 厚的常态混凝土，形成一种包裹剖面型式，俗称金包银。如图 2－53 为日本玉川坝和我国桃林口水库挡水坝段的标准剖面。坝体按常规分横缝，采用切缝技术成缝，缝内止水和排水系统与常态混凝土坝相同，并放在常态混凝土层内。这种碾压混凝土坝，层面间接合较好，防渗抗冻效果好，工作可靠。但两种混凝土同时施工，工作干扰大，施工进度较慢。由于坝体中有一定的常态混凝土，整体工程造价有所提高，一般用于寒冷地区的中高坝。

2. 富胶凝材料碾压混凝土坝

将矿渣或粉煤灰作为掺合料，加入到混凝土中，拌和成高胶凝材料的无坍落度混凝土，其胶凝材料约为 150～230kg/m³，粉煤灰掺用量占 60％～70％，利用振动碾压设备进行薄层连续碾压施工，可保持良好的层面胶结，可不再设置专门的防渗层。

这种形式的坝具有强度高、黏聚力强、抗渗性好的特点，坝体断面可设计的小些，节省坝体混凝土方量，但由于所用水泥和粉煤灰较多，混凝土单价有所提高。

目前，也有仅在上游侧 3～5m 范围内用高胶凝材料进行防渗（图 2－53），在坝体其他部位用低胶凝材料填筑，以利减少水泥和粉煤灰用量。

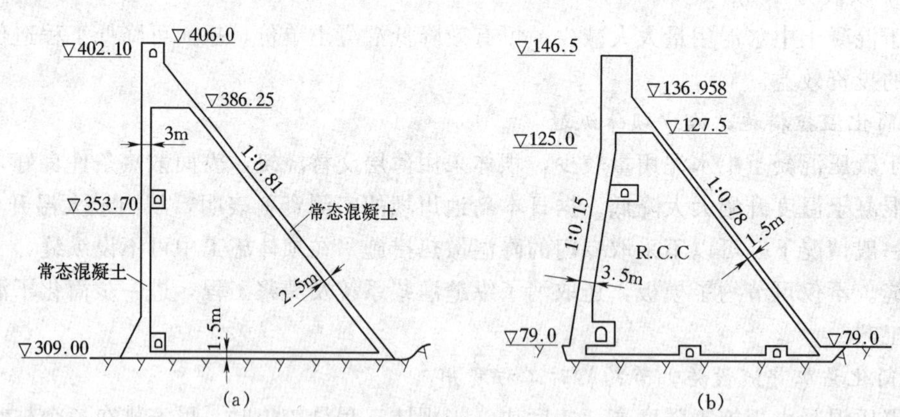

图 2－53　碾压混凝土坝剖面简图

(a) 日本玉川坝；(b) 我国桃林口碾压混凝土坝

3. 低胶凝材料干贫混凝土碾压坝

在保证坝体强度、耐久性等要求的前提下，尽量减少水泥用量，使水泥用量在 60～80kg/m³，粉煤灰掺量低，且用水量较少，形成干贫混凝土。连续碾压，快速施工，不设纵缝和横缝。其特点是造价低，混凝土方量较大，施工速度快，渗漏较严重，抗冻性能差。目前该型式的坝应用较少，逐步改成在其上游设专门的防渗层防渗。

4. 采用专门防渗设施的全断面碾压混凝土坝

在大坝的上游面采用专门的人工防渗材料或高胶凝材料的碾压混凝土进行防渗，如利用复合土工膜、合成橡胶薄膜、二级配的碾压混凝土层等，坝体采用干贫低胶凝材料的碾压混凝土。全断面碾压，小间隔浇筑。这种坝克服了渗漏严重和抗冻性差的缺点，又能快速施工，加快施工进度，目前各国应用较多。如我国的温泉堡碾压混凝土拱坝，在其上游常水位以下贴复合土工膜防渗。湖南省的江垭水利枢纽，大坝上游用一层高胶凝碾压混凝土防渗层，全断面碾压，施工速度快，防渗效果好，如图 2-54（b）所示 。

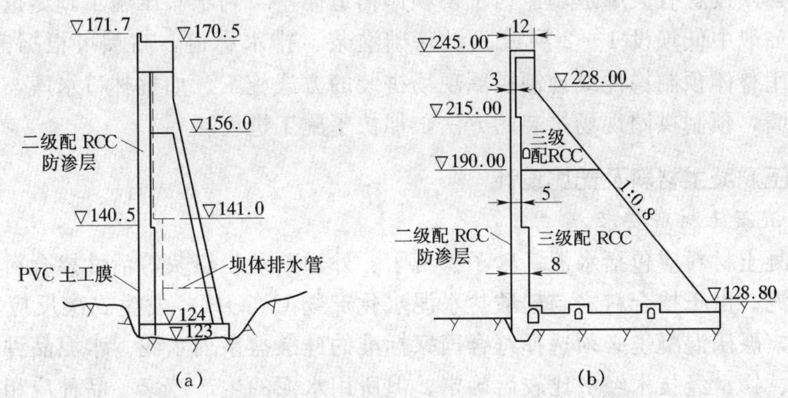

图 2-54 采用专门防渗设施的碾压混凝土坝剖面（单位：m）

(a) 温泉堡拱坝；(b) 江垭大坝

三、碾压混凝土坝的构造

1. 碾压混凝土坝的防渗体、排水设计

由于碾压混凝土防渗性能较差，为保证坝体防渗功能，常需在坝体上游侧设置一定的防渗设施。目前，碾压混凝土坝的防渗有以下几种。

(1) 常态混凝土或富胶凝材料碾压混凝土防渗体。在坝体上游面，设置常态混凝土层，用于防渗和抗冻。同混凝土重力坝一样设横缝，这种布置不仅影响施工速度，而且常态混凝土与碾压混凝土的结合带不好处理。为了克服这些缺点，现将常态混凝土层用高胶凝材料的抗渗、抗冻性较满足设计要求的碾压混凝土代替，可使防渗体和坝体同步碾压施工，可加快施工进度。

(2) 合成材料防渗体。为了加快施工速度，又防止坝体渗漏，利用复合土工膜、合成橡胶薄膜等合成防渗材料的防渗体。施工时，将防渗材料贴于模板内侧，混凝土碾压完成后，则粘在碾压混凝土坝体的上游侧。实践证明，其防渗效果较好，利于维护。

(3) 沥青砂浆防渗层。在坝体上游侧设置钢筋混凝土预制模板，内侧为碾压混凝土坝体，在两者之间用钢筋连接，并填 6～10cm 厚的沥青砂浆形成防渗层。

(4) 坝体排水。为减小坝体内的渗透压力，在碾压混凝土重力坝上均需布置坝体排水设施。当排水管设在碾压混凝土中时，可采用瓦棱低包砂柱，代替无砂混凝土管，待混凝土碾压一天之后再清除孔内砂柱，也可采用拔管法来形成排水孔。

2. 碾压混凝土坝的分缝及廊道设置

(1) 坝体分缝。碾压混凝土坝采用通仓薄层浇筑，故不设纵缝，并可加大横缝间距或

取消横缝。但设横缝有利于适应地基不均匀沉降和温度变形。横缝间距应考虑地形地质条件、坝体断面形状、温度应力、施工条件等因素，通过经济技术方案比较确定。一般为15～30m，碾压混凝土坝的横缝可设成非暴露平面的连续缝，由振动切缝机切割成缝，填以设缝材料。可先切后碾，亦可先碾后切，成缝面积不应小于设计缝面的60%，可也设置不连续的诱导缝，即在成缝位置间隔钻孔并填以干砂或预埋设隔板等形成不连续缝，待混凝土浇筑完成后，由其自行开裂形成一定长度的贯通横缝。

（2）碾压混凝土坝廊道设置。为满足碾压混凝土坝体内灌浆、排水、观测、检查、交通等要求，必须设置有关廊道。但为了使坝体构造简单，利于碾压施工。尽量减少廊道层数和数量，一般中低坝设1～2层或只设基础灌浆、排水廊道，高坝可根据需要设2～4层。廊道可用整体预制构件或预制拱圈现场拼装的方式施工。如桃林口水库，采用常规混凝土现浇直墙，预制拱圈现场拼装的方法，加快了施工进度。

四、碾压混凝土材料及配比设计

1. 碾压混凝土材料要求

碾压混凝土材料应包括水泥、砂子、石子、外加剂及粉煤灰等活性掺合料。

（1）水泥。由于掺合料需与硅酸盐水泥水化产物$Ca(OH)^2$发生二次反应才能起胶凝作用，所以，碾压混凝土必须选择符合国家标准的硅酸盐系列水泥。水泥品种及标号与掺合料的品质、掺量经技术经济比较后确定。但所用水泥的生产厂家、品种应相对固定。

（2）砂石骨料。符合常规混凝土要求的砂石骨料，均可用于碾压混凝土，但两者经济指标相近时，优先选用人工骨料。砂的细度模数宜控制在2.2～3.0，粗骨料粒径不宜大于80mm，且级配良好，超过80mm时应进行专门的经济技术论证。由于碾压混凝土对骨料含水量非常敏感，筛洗后的骨料不能马上使用，应堆放48h以后且骨料含水量小于5%。

（3）活性掺合料。在碾压混凝土中，大量掺入掺合料，一般可达水泥的30%～65%，所以必须严格控制掺合料的质量。粉煤灰及火山灰应符合《粉煤灰混凝土应用技术标准》（GBJ 146—90）规定的质量指标。对采用其他矿渣、凝灰岩等活性材料，应进行试验。

（4）混凝土外加剂。因碾压混凝土胶凝材料用量少，混凝土的坍落度为零，采用薄层大仓面铺摊、碾压工艺，为改善混凝土的可碾性，减少用水量，降低水化热，需用减水剂；为防止出现冷缝，有效发挥快速连续施工特点，需用缓凝剂；对北方地区有抗冻要求的碾压混凝土，还需掺入抗冻引气剂。

目前，外加剂品种较多，工程上一般均掺用具有缓凝和减水双重作用的外加剂。如木质素黄酸钙、奈系列、糖蜜复合剂等。所用外加剂必须符合国家有关标准规定。

2. 碾压混凝土配合比

由于碾压混凝土具有其特殊性，因此，在碾压混凝土的配合比设计中应满足以下几方面的要求：

（1）混凝土的强度、抗渗、抗冻性能等满足坝体设计要求，具有一定的拉伸应变能力。

（2）工作度适当，拌和物较易碾压密实，使混凝土重度较大。

（3）混凝土质量均匀，施工过程中不易发生分离现象。

（4）拌和物初凝时间较长，易于保证碾压混凝土施工层面良好黏结，层面物理力学性

能良好。

一般碾压混凝土的配比及具体参数控制标准如下：

(1) 大体积碾压混凝土的胶凝材料用量不宜低于 $130kg/m^3$，其中水泥熟料不宜低于 $45kg/m^3$。掺合量的掺量应综合考虑水泥、掺合料和砂子的质量等因素，宜取 30%～65%。超过 65%时应做专门的试验论证。

(2) 混凝土的水胶比应根据混凝土的强度，耐久性要求确定，其值一般为 0.5～0.7。混凝土砂率应通过试验选取最优砂率值。使用天然骨料时，三级配砂率宜取 28%～32%，二级配宜取 32%～37%，使用人工骨料时，砂率需增加 3%～6%。

(3) 碾压混凝土拌和熟料的 VC 值，一般在机口处宜在 5～15s 范围内。并应根据 VC 值、骨料的种类、级配情况、砂率等确定。一般单位用水量宜为 $80～15kg/m^3$。

第十二节　其他型式的重力坝

一、浆砌石重力坝

浆砌石重力坝是用胶结材料和块石砌筑而成的，其特点如下：①就地取材；②水泥用量少（比混凝土重力坝可节省 50%左右），因而发热量低，可不采取温控措施，不设纵缝，可增加坝段宽度；③不需立模，施工干扰少；④施工技术易为群众掌握，便于组织人工进行施工；⑤人工砌筑，施工质量难于控制；⑥砌体孔隙率较大，需另设防渗设备。

1. 浆砌石重力坝的材料

(1) 石料。石料是浆砌石重力坝的主要材料，一般要求上坝石料为质地均匀、无裂缝、不易风化、坚硬密实、表面清洁的新鲜岩石。石料抗压强度为 3×10^4～4×10^4kPa。一般要求块石最小边长不小于 20～30cm，长边尺寸不得大于短边的 3 倍。浆砌石坝的上、下游表面多用条石砌筑，条石长度一般约为高、宽的 2～3 倍。

(2) 胶结材料。常用的胶结材料有水泥砂浆、细石混凝土和混合砂浆。

1) 水泥砂浆常用于砌筑条石，砂浆强度等级有 M7.5、M10 等，通常采用的水泥标号约为砂浆强度等级的 4～5 倍。对于高或较重要的砌石坝，水泥砂浆的强度等级和相应的配合比应通过试验确定。

2) 细石混凝土是由水泥、砂、细石和水，按一定配合比拌和而成的。适用于砌筑块石，它可节省水泥，改善级配，提高砌体的密实度，但不易于捣实。一级配细石混凝土，石料粒径为 0.5～2.0cm，细石用量约为砂石总量的 30%～50%。

3) 混合砂浆是在水泥砂浆中掺入一定比例的石灰或黏土等。它可以节约水泥，增加砂浆的和易性，但强度低，凝结时间长，易受侵蚀和风化。混合砂浆一般用于坝体的水上部分和次要部位。常用的混合砂浆有水泥石灰砂浆、水泥烧黏土砂浆、水泥黏土砂浆等。

2. 浆砌石重力坝的坝体防渗

浆砌石重力坝的砌体中存在孔隙和孔隙通道。这些缺陷易导致坝体渗水和漏水。因此，应采取专门的防渗措施。

(1) 浆砌条石水泥砂浆勾缝防渗层。即在坝体迎水面砌筑一层浆砌条石进行防渗，如图 2-55 所示。其厚度一般为坝上水头的 1/15～1/20，砌缝厚度不超过 2～3cm，常用

M7.5 水泥砂浆砌筑，在迎水面上再用 M10 水泥砂浆勾缝。勾缝常采用平缝或凸缝，缝深约 2～3cm，勾缝应选在砌体砂浆开始初凝时进行，以便使勾缝砂浆与砌体砂浆紧密结合。这种防渗体经济、简便，但防渗性较差，适用于中、低水头的浆砌石坝。

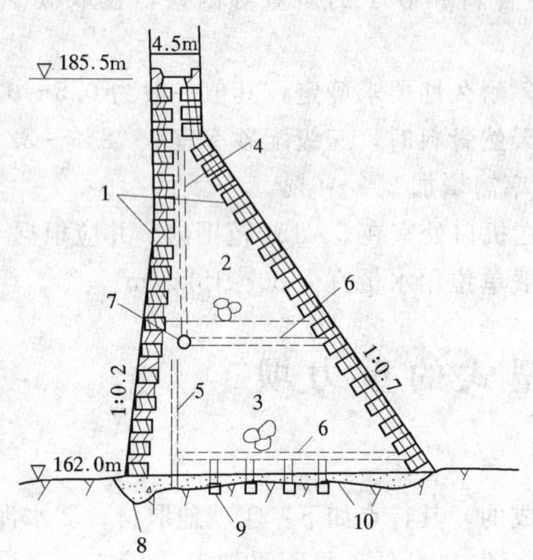

图 2-55　浆砌条石重力坝

1—M7.5 水泥砂浆砌条石；2、3—M2.5、M5 水泥砂浆砌块石；4、5—多孔混凝土排水管；6—排水沟；7—集水沟；8—混凝土齿墙；9—坝基排水沟；10—混凝土垫层

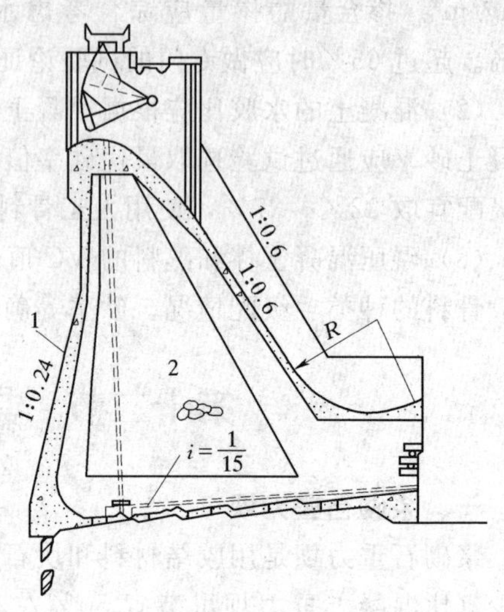

图 2-56 浆砌石混凝土防渗面板坝

1—C20 混凝土防渗面板；2—水泥砂浆砌块石

(2) 混凝土防渗层。在坝体迎水面浇筑一定厚度的混凝土，形成防渗面板。并与坝体结合在一起，如图 2-56 所示。面板需嵌入完整基岩内 1.0～1.5m，并与坝基防渗设施连成整体。面板厚度一般为坝上水头的 1/20～1/30，其顶部厚度不小于 0.3m。可沿坝轴线方向每隔 15～25m 设一道伸缩缝，缝内设止水，板内一般布置 $\phi6$～$\phi8$、纵横间距为 20～30cm 的温度钢筋，防渗面板多采用 C15～C20 混凝土，这种防渗层的优点是防渗效果好，面板位于坝体表面便于检修；但受气温变化影响大，且施工较复杂。另外，也可将混凝土防渗板布置在距上游面 1～2m 的坝体内，迎水面用浆砌石或浆砌预制混凝土块砌筑，如图 2-57 所示。

3. *浆砌石重力坝溢流面的衬护*

为防止溢流坝面产生气蚀和冲刷，浆砌石坝溢流面应加强衬护。当下泄单宽流量较大时，应采用厚约 0.6～1.5m 的混凝土衬护，并加设温度钢筋，同时用锚筋与砌体锚固在一起，如图 2-57 所示。沿坝轴线方向每隔 15～20m 设一条伸缩缝；当下泄单宽流量不大时，可只在堰顶和反弧段用混凝土衬护，而直线段可采用细琢的条石衬护；当单宽流量较小时，除堰顶部位用混凝土衬护外，其他部位均可用细琢的条石衬护。

浆砌石坝因水泥用量少，故发热量小，加上分层砌筑，散热条件较好，故一般不设纵缝，且横缝间距可加大到 20～30m，但不宜大于 50m，在基岩岩性变化或地形突变处应设横缝，以适应不均匀沉降。为使砌体与基岩紧密结合，在砌石前需先浇一层厚约 0.5～1.0m 的混凝土垫层，垫层面应大致整平，以利砌筑。

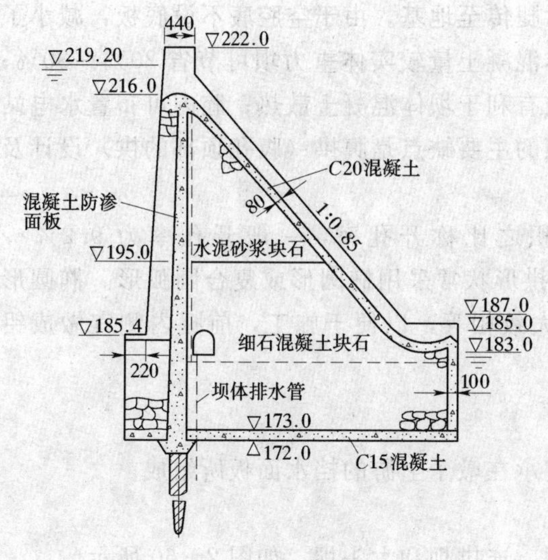

图 2-57　坝内混凝土防渗板

（单位：高程，m；其他，cm）

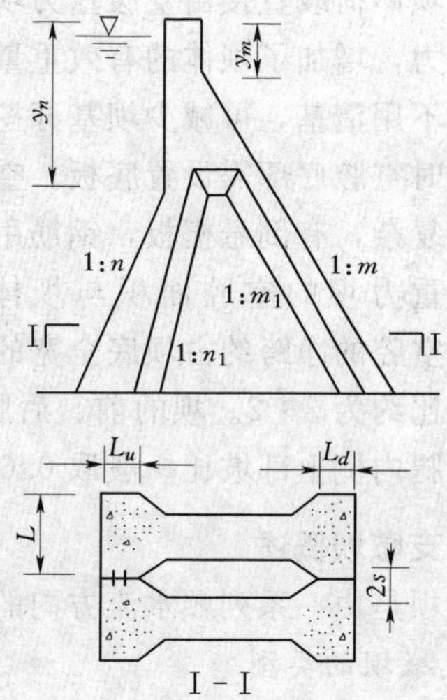

图 2-58　宽缝重力坝

浆砌石重力坝坝基的防渗和排水与混凝土重力坝相同。

二、宽缝重力坝简介

宽缝重力坝是在相邻坝段间将横缝“挖”宽（称为宽缝）而得名，其布置如图 2-58 所示。

（1）宽缝重力坝的特点：①扬压力减小，抗滑稳定性相好；②工程量节省约 10%～20%；③坝体混凝土的散热快；④宽缝部位的模板用量大和宽缝倒坡部位的立模复杂；⑤分期导流不便。

（2）宽缝尺寸布置。坝段宽度 L 为 16～24m。设缝宽为 $2S$，一般缝宽比 $2S/L$ 采用 0.2～0.35，如图 2-58 所示，缝宽比愈大，坝体工程量愈小，当缝宽比大于 0.4 时，宽缝部分将产生较大的主拉应力。坝体上游坡通常取 $n=0.15$～0.35，下游坡取 $m=0.5$～0.7，在强度容许条件下，可适当加大缝宽比，放缓上游坡。宽缝坝块上游头部厚度 L_u 应满足强度、防渗、人防和布置灌浆廊道等要求，通常取 $L_u \geqslant (0.08 \sim 0.12)h$，$h$ 为截面以上水深，且不小于 3.0m；坝块下游尾部厚度 L_d，一般采用 3～5m，缝内上、下游坡比 n_1、m_1 一般应与坝面坡比一致或接近。

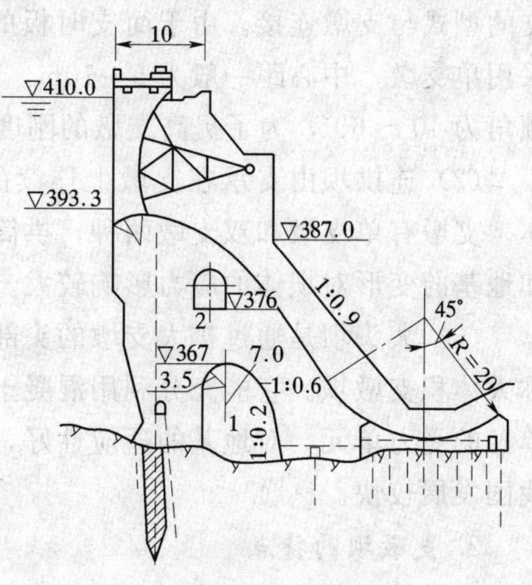

图 2-59　空腹重力坝（单位：m）

1—下腹孔；2—上腹孔

三、空腹重力坝

在坝内沿坝轴线方向开设连续的大尺寸空腔时称空腹重力坝，如图 2-59 所示。空腔下面不

设底板，坝体荷载直接由空腹重力坝的前、后腿传至地基。由于空腔底不设底板，减小了坝底扬压力，增加了坝体的有效重量，故坝体混凝土量较实体重力坝可节省20%～30%；空腔部位不用清基，可减少坝基开挖量；空腔有利于坝体混凝土散热；腔内可布置水电站厂房，这时空腔底部需设置底板。空腹重力坝的主要缺点是腹拱（腹孔顶部的拱）设计及腹拱施工复杂，有倒悬模板，钢筋用量较多。

空腹重力坝的空腔面积与坝体剖面面积之比称开孔率，一般开孔率为9.2%～27.5%。空腔的净跨约占坝底全宽的1/3，腹拱形状常采用椭圆形或复合圆弧形。椭圆形长短轴之比约为3∶2。坝的前、后腿宽度应大致相等，以便于施工，前腿内侧宜做成铅直的，后腿内侧上部坡比一般取0.6～0.8。

四、支墩坝概述

支墩坝是由一系列顺水流方向的支墩和支承在墩子上游的挡水面板所组成。

1. 支墩坝的类型

按挡水面板的型式，支墩坝可分为平板坝、连拱坝和大头坝，如图2-60所示。

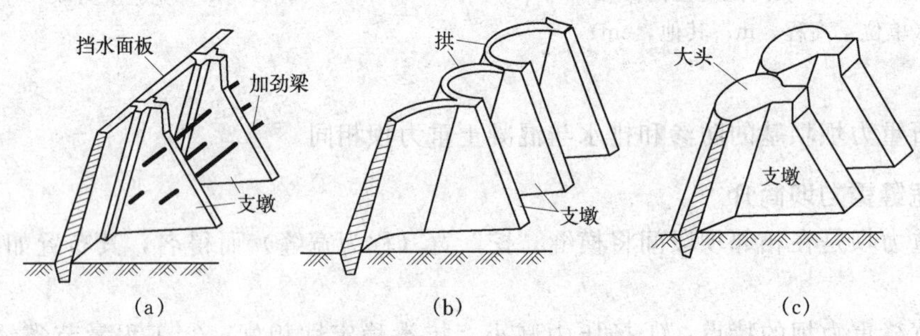

图2-60 支墩坝的型式

(a) 平板坝；(b) 连拱坝；(c) 大头坝

(1) 平板坝是支墩坝中最简单的型式，其上游挡水面板为钢筋混凝土平板，并常以简支的型式与支墩连接。由于简支时板的跨中弯矩大，适用于40m以下的中低坝。支墩多采用单支墩，中心距一般为5～10m，顶厚0.3～0.6m，向下逐渐加厚。靠近上游坝面的倾角为40°～60°，为了提高支墩的刚度，也有做空腹式双支墩。

(2) 连拱坝由支承在支墩上连续的拱形挡水面板（拱筒）承担水压力的一种轻型坝体。支墩有单支墩和双支墩两种，拱筒和支墩之间刚性连接，形成超静定结构，温度变化和地基的变形对坝体的应力影响较大。因此，其适用于气候温和的地区和良好的基岩上。

(3) 大头坝是通过扩大支墩的头部而起挡水作用的。其体积较平板坝和连拱坝大，也称大体积支墩坝。它能充分利用混凝土材料的强度，坝体用筋量少；大头和支墩共同组成单独的受力单元，对地基的适应性好，受气候条件影响小。因此，大头坝的适应性广，在我国发展较快。

2. 支墩坝的特点

与其他混凝土坝相比，支墩坝有如下一些特点：

(1) 节省混凝土量。支墩坝利用倾向上游的挡水面板，增加了水重，提高了坝体的抗

滑稳定性；支墩间留有空隙，便于坝基排水，减小扬压力，节省混凝土方量。与实体重力坝相比，大头坝可节约混凝土20%～40%，平板坝和连拱坝可节省混凝土30%～60%。

(2) 能充分利用材料的强度。支墩可随受力情况调整厚度，充分利用混凝土材料的受压强度，对于平板则对其抗渗和抗裂要求较高。

(3) 部分型式的支墩坝对地质和气候条件要求高。连拱坝和连续式平板坝都是超静定结构，其内力受地基变形和气温变化的影响大，其适于基岩好、气候温和的气区。

(4) 施工条件改善。一方面，因支墩间存在空隙，减少了地基的开挖量，便于布置底孔和施工导流；施工散热面增加，坝体温控措施简易。另一方面，施工时立模复杂，且模板用量多，施工难度大。

(5) 侧向稳定性差。支墩本身单薄又相互独立，侧向稳定性差，当作用力超过纵向稳定临界值时，支墩可能因丧失纵向稳定而破坏；在受到垂直于河流方向的地震力时，其抗侧向倾覆的能力也较差。

3. 支墩坝的现状

支墩坝是一种性能良好的坝型，我国自20世纪50年代以来相继建成佛子岭、梅山连拱坝，磨子潭、拓溪等不同形式的支墩坝。其中梅山连拱坝高达88m，拓溪大头坝高104m。巴西与巴拉圭合建的伊泰普大头坝高达196m，加拿大的丹尼尔约翰逊连拱坝高达215m。

学 习 指 导

本章学习重点是重力坝的荷载计算及组合、重力坝的应力分析、稳定分析、重力坝结构和构造、岩石地基处理、碾压式混凝土坝等内容。

第一节掌握重力坝的特点和适应条件。

第二节掌握重力坝的荷载类型、计算方法及荷载组合方式。

第三节掌握重力坝的浅层滑动的原理、稳定分析公式和计算方法，分析两种稳定计算的优缺点和适应条件。了解增强坝体稳定的措施。

第四节掌握重力坝的应力分析的方法、计算公式及对坝体和坝基的应力控制标准。

第五节了解重力坝的极限状态设计方法和基本计算公式以及其适应的情况。

第六节掌握在满足稳定和应力要求情况下的非溢流重力坝的剖面型式和尺寸设计和计算。

第七节了解溢流重力坝的水力计算、溢流坝段的结构和构造。溢流曲面及剖面设计。

第八节了解重力坝的深式泄水孔的布置、尺寸确定以及进出口和洞身的结构构造。

第九节掌握重力坝的砂子、石子、水泥等材料在强度、抗渗、抗冻等方面的要求，掌握重力坝身的廊道、排水、分缝止水等细部结构和构造。

第十节了解岩石地基的断层、破碎带、软弱夹层等地质问题的处理方法。

第十一节主要了解碾压混凝土重力坝的类型、特点、筑坝材料、施工方法及控制要求。

第十二节主要介绍连拱坝、支墩坝、平板坝等轻型坝的类型、特点、适应条件等。

小 结

本章系统地介绍了重力坝设计的理论、内容与方法。从总体上来说，重力坝设计包括结构布置和分析计算两大方面的内容。学习者需在弄清重力坝工作原理的基础上掌握其结构布置上的特点和要求，联系相关的力学知识，体会其中蕴含的设计思想。这部分内容很多，包括重力坝的平面布置、剖面形式和其他构造方面（坝顶构造、坝内孔口和廊道、坝体分缝、防渗、排水设施等）的内容。

分析计算是本章的重点和难点，主要内容有：① 荷载的计算，重点是扬压力、浪压力和地震作用的计算；② 应力的分析计算，要在弄清有关应力基本概念的基础上，掌握材料力学法计算边缘应力的公式和方法，并应深入理解扬压力对坝体应力的影响；③ 掌握《混凝土重力坝设计规范》（SL 319—2005）所要求的稳定分析的基本方法、基本公式及适用条件；④ 了解结构可靠度设计的有关概念，了解分项系数法进行稳定计算和坝体强度验算的内容；⑤ 溢流重力坝和坝身泄水孔的孔口设计、挑流消能设计中的水力计算等。

另外地基处理在重力坝设计中也是重要内容之一，重力坝对地基的要求、固结灌浆、帷幕灌浆、坝基软弱夹层的处理也应有一定的掌握。

思 考 题

2-1 重力坝的工作原理和工作特点是什么？

2-2 重力坝如何进行分类？

2-3 作用在水工建筑物上的水压力有几种？

2-4 什么叫扬压力？如何计算重力坝的扬压力？

2-5 波浪要素有哪些？它与哪些因素有关系？

2-6 什么叫地震基本烈度？何为地震设计烈度？

2-7 重力坝失稳破坏形式是什么？抗滑稳定计算公式有几种？有哪些主要区别？

2-8 提高重力坝稳定性的工程措施有哪些？

2-9 重力坝应力分析的目的是什么？需要分析哪些内容？

2-10 坝体和坝基的应力控制标准是什么？

2-11 何谓基本剖面？其特点是什么？

2-12 坝顶高程确定需考虑哪些因素？

2-13 溢流重力坝剖面设计应满足哪些要求？

2-14 如何布置溢流孔口的尺寸？

2-15 溢流重力坝的消能方式有几种？

2-16 试说明有压泄水孔的特点及使用条件。

2-17 重力坝的材料要求是什么？

2-18 为什么进行坝体材料分区？如何分区？

2-19　试了解重力坝的止水、排水、廊道等构造。

2-20　重力坝地基经处理后应满足哪些要求？

2-21　重力坝地基处理措施有哪些？坝基开挖清理的目的是什么？

2-22　试说明重力坝坝基灌浆的种类及特点。

2-23　碾压混凝土重力坝的特点是什么？

2-24　碾压混凝土的配比及材料要求有哪些？

2-25　浆砌石重力坝的特点是什么？

2-26　何谓宽缝重力坝？其特点有哪些？

第三章 拱 坝

第一节 概 述

拱坝是固接于基岩的空间壳体结构，在平面上呈凸向上游的拱形，拱冠剖面呈竖直的或向上游弯曲。当前世界最高拱坝是我国在建的锦屏一级水电站混凝土双曲拱坝，最大坝高 305m。

坝体结构是由水平的拱圈和竖向的悬臂梁共同组成。拱坝所承受的水平荷载一部分通过水平拱的作用传给两岸的基岩，另一部分通过竖向的悬臂梁的作用传到坝底基岩，如图 3-1 所示。坝体的稳定主要是依靠两岸坝肩山体的反力来维持。拱坝的坝肩是指拱坝所坐落的两岸岩体部分，亦称拱座。拱冠梁系指位于水平拱圈拱顶处的悬臂梁，一般它位于河谷的最大深处。

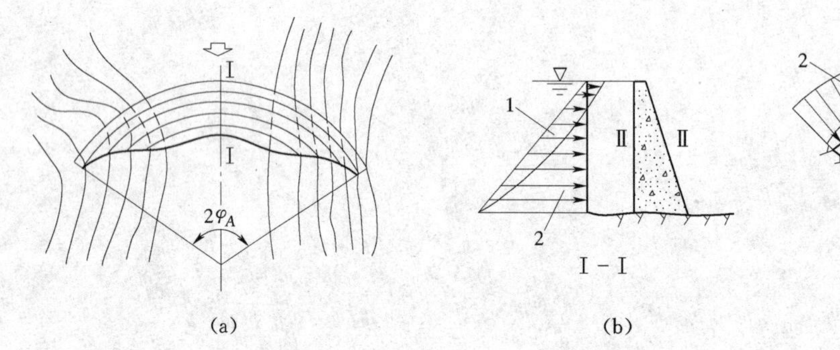

图 3-1 拱坝平面及剖面图

1—拱荷载；2—梁荷载

一、拱坝的特点及类型

1. 拱坝的特点

(1) 拱作用的结构特点。拱坝的水平荷载主要是通过拱的作用传递到两岸坝肩，拱是一种主要承受轴向压力的推力结构。拱内弯矩较小，应力分布比较均匀，这一特点能适应坝体材料（混凝土或浆砌石）抗压强度高的特性，使材料的强度得到充分的发挥。对于同一坝址，当坝高相同时，拱坝的体积比重力坝可节省 1/3～2/3。因此，从经济意义上讲，拱坝是一种很优越的坝型。

(2) 空间整体作用的特点。拱坝四周嵌固于基岩，属于高次超静定结构，当发生超载或坝体的某一部位产生局部裂缝时，坝体的拱梁作用将相互自行调整，坝体的应力将重新分配，原来低应力区的应力增大，高应力不再增长，裂缝可能停止发展，有的甚至闭合。根据国内外拱坝结构模型实验成果表明，拱坝的超载能力可达到设计荷载的 5～11 倍。如意大利瓦依昂（Vajont）双曲拱坝，1961 年建成，坝顶长 190.5m，顶宽 3.4m，底宽

22.7m，最大坝高265.5m，是当时世界上最高的混凝土薄拱坝。1963年10月9日晚，由于连续降雨，水库水位上涨，左岸靠坝的上游发生大体积岩石滑坡，近3亿m^3的滑坡体以40 m/s的速度滑入水库并冲上右岸，掀起150m高的涌浪，涌浪溢过坝顶，冲向下游，致使2600人丧生，但拱坝并未破坏，仅在坝肩附近的坝内发生两三条裂缝。据估算，拱坝当时已承受住相当于8倍设计荷载的作用力，由此可见该拱坝的超载能力。

(3) 拱坝具有较高的抗震能力。拱坝是一个整体的空间壳体结构，坝体轻韧而富有弹性，依靠岩体对地震动能的吸收，会引起坝体应力重分布。当基础及坝肩岩体稳定时，其抗震能力较强。

(4) 荷载特点。对于拱坝，温度荷载是主要荷载之一，而且是作用在坝体结构的一种基本荷载。拱坝周边固接于基岩上，温度变化，混凝土干缩以及地基变形等因素对坝体应力有显著影响，坝体愈薄、影响愈大。根据实测资料分析表明，由温度变化引起的径向位移，约占总位移的1/3～2/3。在靠近坝顶的部位温度影响尤其显著。

(5) 坝身泄流及施工技术较为复杂。拱坝坝身较为单薄，坝身溢流可能引起坝身及闸门振动，致使材料疲劳；坝身下泄水流具有向心集中作用，挑距不远，易于造成对河床及河岸冲刷；坝身开设泄水孔会破坏拱坝作用并使孔口周边应力复杂，因此，对于薄拱坝的坝身泄洪及消能问题应慎重研究。但随着修建拱坝技术水平的不断提高，拱坝坝身不仅能够安全溢流，而且可以在坝身设置单层或多层大孔口泄水。目前坝顶溢流或坝身孔口泄流的单宽流量已达到200m^3/s以上。

拱坝坝身较薄，坝体几何形状复杂，对于施工质量，筑坝的材料强度，施工技术等方面都要求较高；坝身施工需分段浇筑，施工时设置施工缝，蓄水之前必须对各种施工缝进行封拱灌浆处理，使坝身成为一个整体，施工程序较为复杂。

2. 拱坝的类型

(1) 按拱坝的厚高比分类。一般情况下，拱坝的厚高比小于0.2的为薄拱坝，厚高比大于0.35的为厚拱坝，厚高比在0.2～0.35之间的为中厚拱坝。厚高比是指拱坝最大高度处的坝底厚度T_B与坝高H之比。

(2) 按拱坝曲率分类可分为单曲拱坝和双曲拱坝（水平及竖向截面向均呈曲线形）。

二、拱坝对地形及地质的要求

1. 地形条件

地形条件是决定拱坝的结构形式、工程布置以及经济性的主要因素。坝址处河谷形状特征通常用两个指标来表示，即河谷“宽高比”及河谷断面形状。

河谷的宽高比是指拱坝基础开挖后对应坝顶高程处的河谷宽度L与最大坝高H的比值。L/H值小，说明河谷深窄，拱坝水平拱圈跨度相对较短，悬臂梁高度较大，即拱的刚度较大，梁的刚度较小，坝体所承受的荷载大部分是通过拱作用传给两岸，因而坝体可设计得较薄。反之，当L/H值较大时，坝体较厚。图3-2给出了国内22座已建成拱坝宽高比与坝体厚高比的关系曲线，从图中可见，一般情况下，$L/H<1.5$的深窄河谷中可建薄拱坝；$L/H=1.5\sim3.0$的中等宽度河谷可修建中厚拱坝；$L/H>3\sim4.5$的宽河谷多修建厚拱坝；$L/H>4.5$的宽浅河谷中，一般宜建重力坝或拱形重力坝。随着近代拱坝技术水平的提高和发展，上述界限已被突破。如：奥地利的希勒格尔斯双曲拱坝，坝高130m，L/H

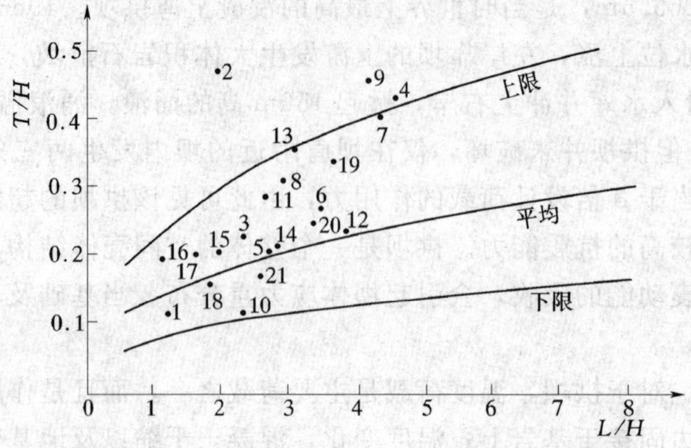

图 3-2 拱坝厚高比 T/H 和宽高比 L/H 的关系曲线

1—德基（高 181m）；2—龙羊峡（178m）；3—东江（157m）；4—白山（149.5m）；5—江观岭（144m）；6—紧水滩（102m）；7—凤滩（112.5m）；8—石门（88m）；9—响洪甸（87.5m）；10—泉水（80m）；11—流溪河（78m）；12—丰乐（54m）；13—雅溪（75m）；14—里石门（74.3m）；15—恒山（73.7m）；16—古城（70m）；17—苇子水（68.6m）；18—红岩（60m）；19—大水峪（59m）；20—欧阳海（58m）；21—窄巷口（54.77m）

$=5.5$，$T_B/H=0.25$；我国四川丰都县联合薄拱坝 L/H 达 14.25，$T_B/H=0.25$。

坝址处河谷的断面形状通常用三种形式来表示，即三角形（亦称 V 形）、梯形、矩形（亦称 U 形）。不同河谷即使具有同一宽高比，其断面形状也可能相差很大。图 3-3 表示两种不同类型的河谷形状，在水压荷载作用下拱梁间的荷载分配及对拱坝坝体剖面的影响。对称的 V 形河谷最适于发挥拱的作用，靠底部水压强度大，但拱跨度小，因而底拱厚度可较薄；U 形河谷靠底部拱的作用明显降低，大部分荷载由梁来承担，故厚度较大，适合于修建单曲拱坝；梯形河谷介于两者之间。

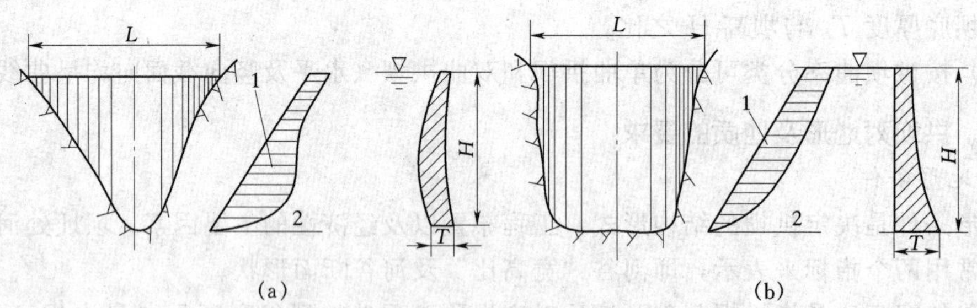

图 3-3 河谷形状对荷载分配和坝体剖面的影响

(a) V 形河谷；(b) U 形河谷

1—拱荷载；2—梁荷载

综上所述，修建拱坝理想的地形条件应该是左右岸对称，岸坡平顺无突变，两岸坝肩山体雄厚，宽高比较小，地形在平面上向下游收缩的峡谷段。

2. 地质条件

地质条件对拱坝布置的影响很大，对某些高坝，它是决定坝型的主要因素。拱坝大部

分荷载通过拱作用传到两岸，坝体的稳定是依靠两岸岩体重量和抗剪强度来维持的。因此，对于拱坝地基来说，两岸坝肩的岩体必须能够承受拱端传来的巨大推力。因此，设计时应尽可能地避开有严重地质缺陷的坝址。

理想的地质条件是：基岩均匀单一、坚固完整、有足够的强度、刚度大、透水性小、能抵抗水的侵蚀和耐风化等。但实际工程中很难找到这种天然的地质条件，坝基总存在着一定的节理、裂隙，软弱夹层或局部断裂破碎带等，因此，必须查明工程地质情况，采取妥善的处理措施，使其满足设计要求。例如我国的龙羊峡拱坝，高 178m，基岩被众多的断层和裂缝切割，岩体破碎，且位于Ⅸ度的强震区，但基础经过处理后，达到了设计要求；瑞士的康脱拉拱坝，有顺河向陡倾角断层，宽 3～4m，断层本身挤压破碎严重，但经过基础处理，成功地建成了高 220m 的拱坝。由此可见，随着筑坝经验的积累和地基处理技术的不断提高，在地质条件较差的地基上仍可修建各种拱坝，但应进行技术经济比较。

第二节 拱坝的布置

拱坝的布置是拱坝设计的重要内容，布置是否合理关系到工程建设的安全性和经济性。拱坝布置的基本内容包括：根据坝址地形、地质、水文及施工等条件，选择坝型，初拟坝体基本尺寸、坝体的平面布置。拱坝布置的原则是：在满足坝体应力和坝肩稳定的前提下，尽可能地使工程量最省，造价最低、安全度高和耐久性好。同时拱坝作为水利枢纽中的主要建筑物，也必须满足枢纽总体布置及运行要求。当拱坝坝体布置之后，应对其应力和稳定校核，并根据计算进行反复修改其外形轮廓及尺寸，以求得拱坝设计的最优方案。对于重要工程的最终设计方案，必须进行模型试验验证。

一、水平拱圈布置

水平拱圈的布置，对坝体应力、坝肩稳定、坝体轮廓、工程量等都有一定的影响。

（一）拱中心角 $2\varphi_A$ 确定

为了便于说明水平拱圈中心角对坝体应力及工程量的影响，取单位高度的等截面圆拱，拱圈厚度为 T，中心角为 $2\varphi_A$，设承受均匀压力 p，截面平均应力为 σ，如图 3-4 所示，则由静力平衡条件可得“圆筒公式”

$$\left.\begin{aligned} T &= \frac{pR_u}{\sigma} \\ R_u &= R + \frac{T}{2} = \frac{l}{\sin\varphi_A} + \frac{T}{2} \end{aligned}\right\} \tag{3-1}$$

式中 T——拱圈厚度；

σ——拱端截面的平均应力；

l——拱圈平均半径处半弦长；

R_u、R——外半径，平均半径。

式（3-1）也可表示为

$$T = \frac{2lp}{(2\sigma - p)\sin\varphi_A} \tag{3-2}$$

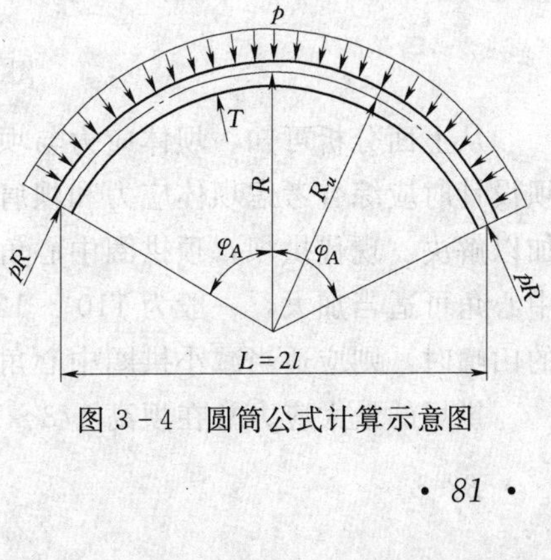

图 3-4 圆筒公式计算示意图

$$\sigma=\frac{l}{T\sin\varphi_A}+\frac{p}{2} \tag{3-3}$$

由式（3-2）可见，当应力条件相同时，拱圈中心角 $2\varphi_A$ 越大，拱圈厚度 T 越小，坝体越经济。但中心角过大，拱圈弧线增长，相应坝体工程量增大。在一定程度上抵消了由厚度减小所节省的工程量。从式（3-3）可得，当拱圈厚度一定，在外荷载、河谷形状都相同的情况下，拱圈中心角 $2\varphi_A$ 越大，拱端应力越小，应力条件越好。若按与工程实际更为接近的两端固端拱计算，当中心角 $2\varphi_A>120°$ 时，拱圈截面将不出现拉应力。因此，从减少拱圈厚度，改善坝体应力考虑，选较大的中心角是比较有利的。但从稳定条件考虑，选用过大的中心角将较难满足坝肩稳定的要求。

图 3-5（a）为坝体弹性模量与基岩弹性模量相同的单位高度固端的对称、等厚圆拱，在沿外弧均匀压力 P 作用下，可得拱坝中心角 $2\varphi_A$ 与拱端推力方向 β 之间的关系曲线，如图 3-5（b）所示，该图给出了一般拱坝常用的 R/T 值范围内的 4 种情况 $2\varphi_A$—β 关系曲线。分析可见采用较大的中心角将使拱端推力过于趋向下游（即 β 角过小），这不利于坝肩稳定，有时还会增大拱端岩体的开挖量；当 R/T 一定时，可以找到一个坝肩稳定的最佳中心角，在常用的 R/T 值范围内，由图 3-5（b）可知，最佳中心角 $2\varphi_A=60°$～$80°$，此时拱端推力指向山体内部；当中心角 $2\varphi_A$ 小于稳定最佳中心角时，关系曲线较陡，反之，则关系曲线较缓。因此，拱圈中心角宜选择比稳定最佳中心角稍大些，可兼得应力和稳定两者均有较好的效果；当拱圈中心角 $2\varphi_A$ 与 R 一定时，选用较薄的拱圈，β 角反而变大，对稳定有利。

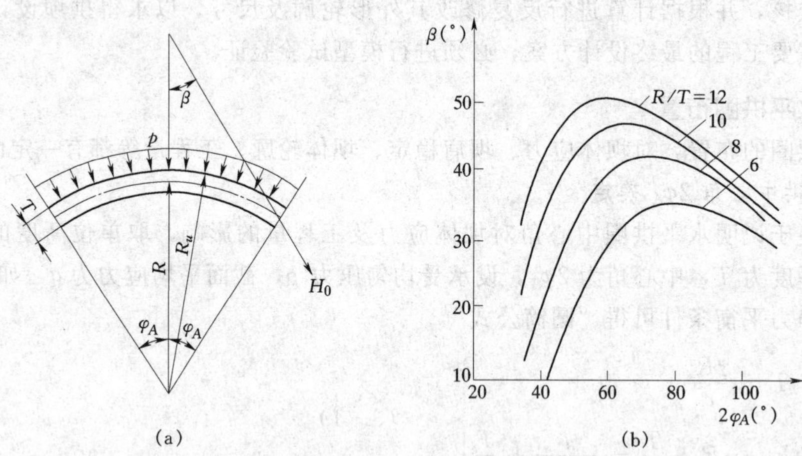

图 3-5 $2\varphi_A$—R/T 关系

从上面分析可知，坝体应力与坝肩稳定对水平拱圈中心角的要求是相互矛盾的，在拱坝设计时应综合考虑坝体应力和坝肩稳定的要求，可选用非单圆心水平拱圈的合理体形等加以解决。现代拱坝，顶拱圈中心角多为 90°～110°，对于坝址河谷平面上是漏斗形，其中心角可适当加大，一般为 110°～120°；当坝址下游基岩内有软弱带或坝肩支承在较单薄的山嘴时，则应适当减小拱圈中心角，使拱端推力转向岩体内侧，以加强坝肩稳定。

拱坝的最大应力常在坝高 1/3～1/2 拱圈处，因此，工程建设中，为了改善拱圈应力

分布，在坝体的中心部采用较大中心角，由此向上向下都采用较小中心角，如我国的泉水拱坝，最大中心角为 101°24′，约在 0.4H 处；山东流清河浆砌石双曲拱坝，坝高 68m，最大中心角为 104°，约在 0.34H 处，但这时易造成坝体向上游的倒悬。

(二) 水平拱圈的形态

1. 单心圆拱

对于狭窄而又对称的河谷坝址，水压接近均匀分布，水压力荷载基本是靠拱作用传到两岸。因此，一般采用单心圆拱的结构形式。单心圆拱结构简单，设计计算及施工均较为方便。早期拱坝及我国中小型砌石拱坝多采用单心圆等厚拱坝。如已建成的流溪河、石门、泉水、群英等拱坝都采用单心圆等厚拱坝。但是，从水压荷载在拱梁系统的分配情况来看，实际上水平拱圈所分担的水平水压力荷载并非均匀分布，而是从拱冠向拱端逐渐减小，如图 3-1 (c) 所示，在较宽河谷中更是如此。因此，合理的拱圈形式并不一定是单心圆拱。

2. 三心圆及椭圆拱

三心圆拱是由三段圆弧组成，三心拱圈可以是均匀的，也可以是变厚度的。这类拱圈在 20 世纪 50 年代末开始采用，以美国、西班牙修建的较多，我国较高的三心圆拱坝有白山重力拱坝、紧水滩拱坝、李家峡拱坝等。

三心圆拱的布置方式通常有两种。一种是在两侧拱端下游采用半径较小的圆弧贴角，即增加拱端部分的轴线曲率和拱圈厚度，减少拱端应力，如图 3-6 (b) 所示。这种布置对坝肩稳定不利，宜用于坝肩岩体完整坚硬，地形有利的情况。另一种是增加拱端弧段的曲率半径，减小拱端曲率。这种三心圆拱的特点是：拱冠段附近圆弧半径小，中心角大，有利于减小中间弧段截面弯矩，使应力分布趋于均匀；拱端曲率半径加大，改善拱端推力方向，有利于提高坝肩稳定；并使坝体弧长缩短，节省坝体方量，降低工程造价。如图 3-6 (a) 所示。如白山拱坝采用三心圆拱，应力较单心圆拱减小约 10%；紧水滩拱坝，采用三心双曲变厚拱坝较单心双曲等厚拱方案节省 4 万 m^3 混凝土。

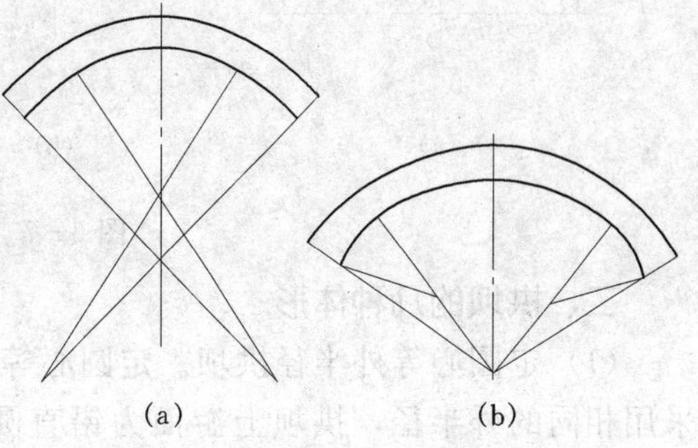

图 3-6 两种三心拱坝布置示意

(a) 拱端曲率减小；(b) 拱端曲率增大

椭圆拱也是一种三心拱，国外以瑞士采用较多，目前最高的椭圆拱坝为瑞士的康特拉 (Contra) 双曲拱坝，坝高 222m，1965 年建成。在椭圆拱圈的布置中，通常水平拱采用椭圆短轴一侧弧线，拱冠处曲率半径较小，逐渐向拱端增大［图 3-7 (a)］，这样减小拱冠处弯矩和应力，也改善了拱端推力方向，增强了坝肩的稳定性。

3. 抛物线拱

抛物线拱是一种更为扁平的变曲率拱［图 3-7 (b)］，拱圈中段的曲率较大，向两端逐渐减小，在水压力作用下，拱圈中的压力线接近中心线，拱坝既可减小中心角，又改善了坝体应力及倒悬度，而且拱端推力方向与岸坡基岩等高线有较大交角，有利于坝肩岩体的稳定。抛物线拱更适应不对称河谷或两岸开挖较多的特殊地形。

4. 对数螺旋线拱

为了改善拱端推力与岸坡交角，也可采用对数螺旋线拱［图 3-7（c）］。

这种拱圈的最大特点是：坝体应力分布较好，坝端推力与岸坡交角也较理想，一般可保证 45°左右。坝面平顺，较适用于宽的河谷及 V 形河谷，具有两个对数自由度，在水平、铅直方向均易灵活调整半径和厚度。我国山西省的陈村山砌石拱坝就采用这种型式。

5. 二心拱

当河谷地形不对称时，可采用人工措施改变河谷形状，使坝体尽可能对称布置，如：在较陡的一岸向深处开挖；在较缓的一岸建筑重力墩；设置垫座及周边缝等。也可采用相应的不对称二心圆拱的布置形式［图 3-7（d）］，陡岸一侧可采用曲率半径较小的圆拱。我国贵州省的甘河沟砌石单拱坝即采用这种布置方式。该布置形式在断面设计上较经济，但坝内易出现应力集中现象。

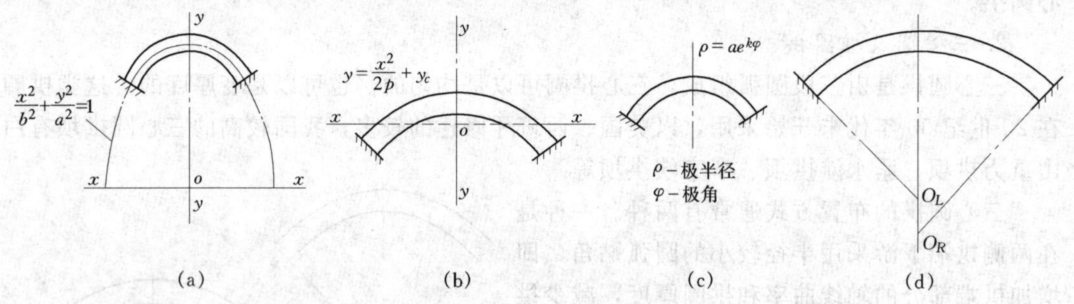

图 3-7 拱坝的水平拱圈

二、拱坝的几种体形

（1）定圆心等外半径拱坝。定圆心等外半径拱坝，又称单曲拱坝，水平拱圈从顶到底采用相同的外半径，拱坝上游面为铅直圆筒面，拱圈厚度随水深逐渐加厚，下游面为倾斜，各层拱圈内外弧的圆心均位于同一铅直线上，如图 3-8 所示。单曲拱坝最大的优点是结构简单，设计施工方便，直立的上游面也有利于布置泄水孔的控制设备。单曲拱坝适用于矩形或较宽的梯形河谷。目前，国内外中小型拱坝，特别是砌石拱坝采用的较多。

（2）双曲拱坝。在 V 形河谷，采用等半径式拱坝，则底部中心角过小而加大拱圈厚度，岸坡段倒悬过大。为了避免这种缺陷，工程实践中，根据河谷的自然条件和施工条件，普遍采用变中心角、变半径的拱坝。这种拱坝坝体在水平面和铅直面均呈曲线形，因此称双曲拱坝（图 3-9）。双曲拱坝的主要优点是：中央剖面上部以曲线形式俯向下游，岸边坝段倒悬度小，采用坝顶溢流落点距离坝趾较远，下游消能条件好；坝体中部的竖向梁下部向上游倒悬，在水压力作用下，梁的应力是上游面受压而下游面受拉，这同坝体自重产生的梁的应力正好相反；双曲拱坝的水平拱圈和竖向的梁同时具有拱的作用，因此，当拱坝承受水平荷载后，在产生水平位移的同时，还有向上游位移的倾向，使梁的弯矩有所减小而轴向力加大，有利于降低坝体的拉应力。双曲拱坝经济安全，但结构复杂，施工不便，它较适用于 V 形或梯形河谷。

综上所述，在进行坝体体型选择时，应根据地形、地质条件、水文条件、筑坝的材料及施工条件，在认真分析的基础上，合理选择拱坝体型。

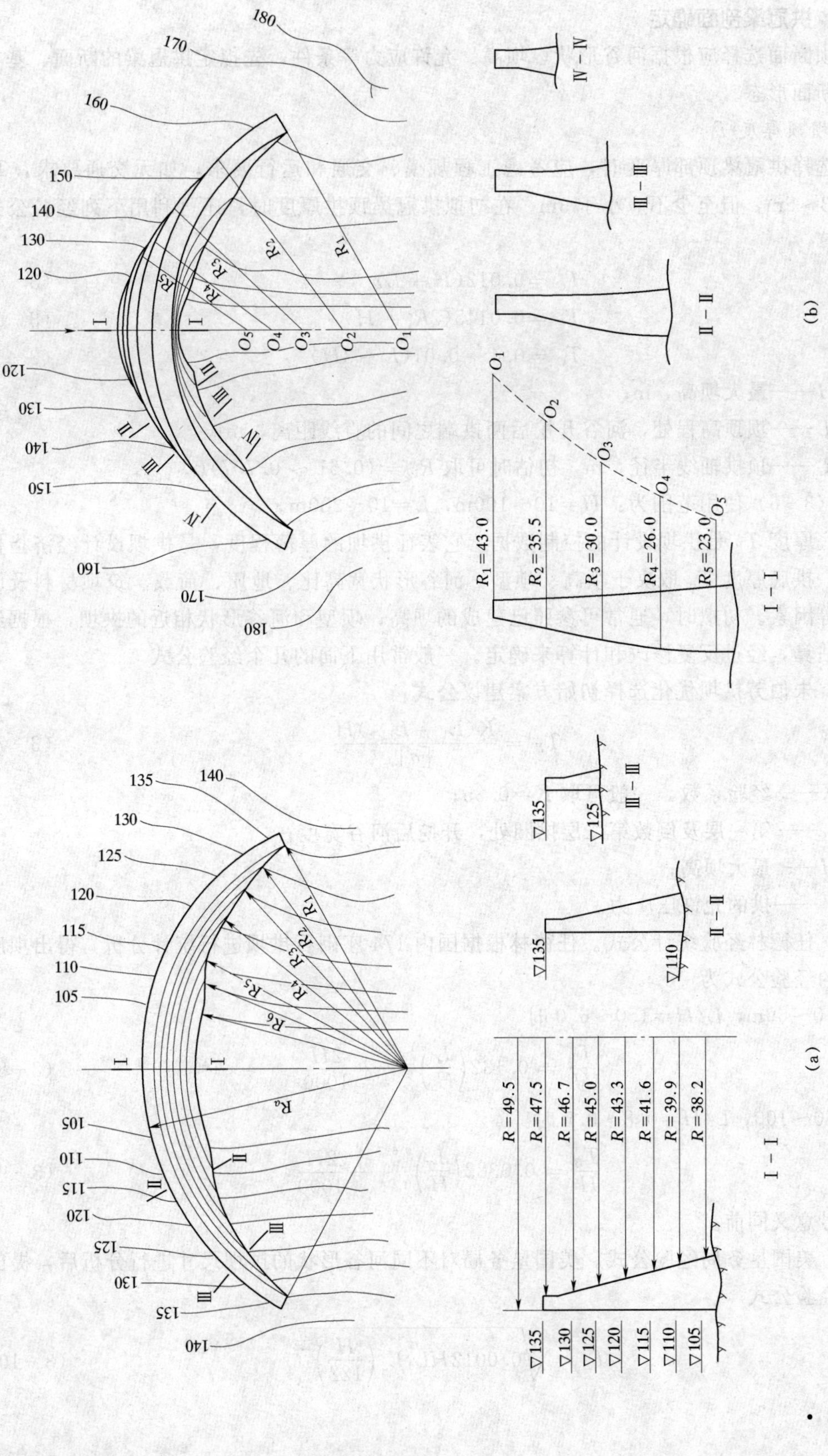

图 3-8　拱坝不同型式平面布置图（单位：m）

三、拱冠梁剖面确定

拱坝断面选择应根据河谷形状、坝高、允许应力等条件，先拟定拱冠梁的断面、基本尺寸及断面形态。

1. 坝顶厚度 T_C

在选择拱冠梁顶部厚度时，应考虑工程规模、交通和运行要求，如无交通要求，T_C 一般取 3~5m，但至少不应小于 3m。在初拟拱冠梁顶拱厚度时，还可利用下列经验公式进行估算

$$T_C = 0.012(H + L) \tag{3-4}$$

或

$$T_C = 0.0145(2R_i + H) \tag{3-5}$$

或

$$T_C = 0.4 + 0.01(L + 3H) \tag{3-6}$$

式中 H——最大坝高，m；

L——坝顶高程处，河谷开挖后两拱端之间的直线距离，m；

R_i——顶拱轴线半径，m，初估时可取 $R_i = (0.61 \sim 0.707)L$。

式（3-6）使用范围为：$H=10\sim100$m，$L=10\sim200$m。

坝底厚度 T_B 是拱坝设计的控制数据，它表征拱坝的厚薄程度，是拱坝设计经济指标的反映。拱底厚度 T_B 取决于坝高、坝型，河谷形状宽高比、地质、荷载、筑坝材料及施工条件等因素。初拟时，通常可参照已建成的坝高，坝型和河谷形状相近的拱坝，根据经验公式估算，经过反复修改和计算来确定。一般常用下面的几个经验公式。

（1）朱伯芳拱坝优化选择初始方案建议公式

$$T_B = \frac{K(L_1 + L_{n-1})H}{[\sigma]} \tag{3-7}$$

式中 K——经验系数，一般可取 $K=0.35$；

L_1、L_{n-1}——第一层及倒数第二层拱圈处，开挖后河谷宽度；

H——最大坝高；

$[\sigma]$——拱的允许压应力。

（2）任德林经验统计公式。任德林根据国内 174 座砌石拱坝进行统计分析，得出坝底厚高比的经验公式为

当 $H=10\sim60$m，$L/H=1.0\sim6.0$ 时

$$\frac{T_B}{H} = 0.132\left(\frac{L}{H}\right)^{0.267} + \frac{2H}{1000} \tag{3-8}$$

当 $H=60\sim100$，$L/H=0.8\sim3.5$ 时

$$\frac{T_B}{H} = 0.0382\left(\frac{L}{H}\right)^{0.632} + \frac{2H}{1000} \tag{3-9}$$

式中符号意义同前。

（3）美国垦务局经验公式。美国垦务局对不同河谷形状的拱坝尺寸进行分析后，提出了如下经验公式

$$T_B = \sqrt[3]{0.0012HL_1L_2\left(\frac{H}{122}\right)^{\frac{H}{122}}} \tag{3-10}$$

式中　L_2——坝底以上 $0.15H$ 处开挖后两拱端之间的直线距离。

2. 拱冠梁剖面形式

拱冠梁的剖面形式多种多样，选择剖面形式应根据拱坝坝体的体型，拱坝的运行要求及施工条件等因素进行综合考虑，并参照已建类似工程，经过反复修改而确定。对于单曲拱坝，多选用上游面近乎铅直，下游面倾斜或曲线形式，有时为了便于坝顶自由跌落泄流，也可采用下游面做成铅直。对于双曲拱坝，拱冠梁剖面的曲率对坝体应力和两岸坝体倒悬影响较为敏感，并直接影响施工难易程度。

对于混凝土双曲拱坝，美国垦务局推荐的拱冠梁剖面形式及各部位尺寸，如图 3-9 所示，其中 T_C、T_B 可用前面公式计算，其他各部位尺寸，可按表 3-1 参考选用。对于浆砌石双曲拱坝，拱冠梁剖面可参照图 3-10 及表 3-2 拟定。

表 3-1　　拱冠梁剖面参考尺寸表

偏距 / 高程	上 游 偏 距	下 游 偏 距
坝顶	0	T_C
$0.45H$	$0.95T_B$	0
坝底	$0.67T_B$	$0.33T_B$

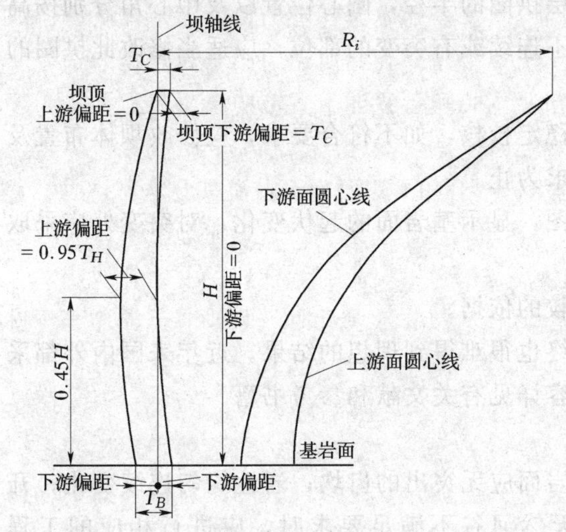

图 3-9　双曲拱坝的拱冠梁剖面布置图

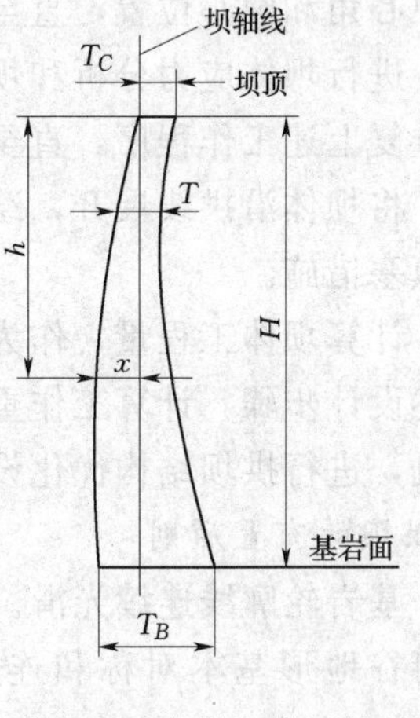

图 3-10　浆砌石双曲拱坝拱冠梁剖面布置图

表 3-2　　浆砌石拱坝拱冠梁剖面尺寸

h/H	T	x/H	h/H	T	x/H
0	T_C	0	0.6	$T_C+0.623\Delta T$	0.123
0.1	$T_C+0.123\Delta T$	0.030	0.7	$T_C+0.698\Delta T$	0.126
0.2	$T_C+0.226\Delta T$	0.057	0.8	$T_C+0.792\Delta T$	0.123
0.3	$T_C+0.340\Delta T$	0.081	0.9	$T_C+0.897\Delta T$	0.114
0.4	$T_C+0.443\Delta T$	0.102	1.0	T_B	0.098
0.5	$T_C+0.528\Delta T$	0.115			

注　T_C、T_B 按任德林公式计算，ΔT 为底拱厚度与顶拱厚度之差。

四、拱坝的总体布置

1. 拱坝布置的一般步骤

(1) 根据坝址地形、地质资料，确定坝基开挖线，作出坝址可利用基岩面的等高线图。

(2) 在可利用基岩等高线图上，试定坝顶拱轴线的位置。为了方便，将顶拱轴线绘制在透明纸上，以便在地形图上移动、调整位置，尽量使拱轴线与基岩等高线在拱端处的夹角不小于30°，并使两端夹角大致相近。按选定的半径，中心角及顶拱厚度画顶拱内外圆弧线。

(3) 综合考虑坝址地形、地质、水文、施工及运行等条件，选择适宜的拱坝坝型，并按选定的坝型及工程规模初拟拱冠梁剖面形式及尺寸。

(4) 将拟定的拱冠梁剖面从顶到底分成若干层（一般选取5～10层），然后按照顶拱圈布置的原则，绘制出各层拱圈的平面图。一般在顶拱圈布置后即可布置底层拱圈，其次布置约1/3坝高处拱圈，然后再布置中间各层拱圈。布置时，各层拱圈的圆心连线在平面上最好能对称河谷两岸可利用基岩面的等高线，在竖直面上圆心连线应能形成光滑的曲线。

(5) 自对称中心线向两岸切取若干铅直剖面，检查其轮廓线是否连续光滑，有无倒悬现象，确定倒悬度。为了检查方便，可将各层拱圈的半径，圆心位置以及中心角分别按高程点绘，连成上下游圆心线及中心角线。对不连续或有突变的部位，应适当修改此拱圈的半径、中心角和圆心位置，直至连续光滑。

(6) 进行坝体应力分析和坝肩岩体抗滑稳定校核，如不符合要求，应修改坝体布置及尺寸，重复上述工作程序，直至满足设计要求为止。

(7) 将坝体沿拱线展开，绘成坝的立视图，显示基岩面的起伏变化，对突变处应采取削平或填塞措施。

(8) 计算坝体工程量，作为不同方案比较的依据。

上述设计步骤，计算工作重复繁琐，最终也很难得到理想的结果。近年来国内外都采用计算机，进行拱坝结构优化设计，具体内容详见有关文献和参考书籍。

2. 拱坝的布置原则

(1) 基岩轮廓线连续光滑。开挖后的基岩面应无突出的齿坎；岩性均匀连续变化；开挖后的河谷地形基本对称和连续变化，如天然河谷不满足要求时，应进行相应的工程处理。

(2) 坝体轮廓线连续光滑。拱坝坝体轮廓应力求简单，光滑平顺，避免有任何突变。圆心连线、中心角和内外半径沿高程的变化也应光滑连续或基本连续；悬臂梁的倒悬度应满足拱坝设计的规范要求。

由于上、下层拱圈半径及中心角的变化，坝体上游面不能保持直立，上层坝面突出于下层坝面，这种现象称为拱坝的坝面倒悬，用倒悬度来表示。在V形河谷中修建变中心角变半径的双曲拱坝、很容易形成坝面倒悬。这种倒悬不仅增加了坝体施工难度，而且坝体封拱前，由于自重作用很可能在坝面产生拉应力，甚至开裂。因此，对于坝体的倒悬，应根据具体情况进行处理，其处理方式一般有以下几种：

1）使靠近岸边段的坝体上游面维持铅直，则河床中间坝段将俯向下游，如图3－11（a）所示。这样既改善了坝体应力，利于坝体稳定，也利于坝顶溢流。

2）使河床中间的上游坝面维持铅直，而岸边坝段向上游倒悬，如图3－11（b）所示。这种处理由于倒悬集中在岸边坝段，在施工期坝体下游面可能出现较大的拉应力或出现裂缝，甚至影响坝身稳定。

3）协调前两种处理方案，使河床段坝体稍俯向下游，岸坡段坝体稍向上游倒悬，如图3－11（c）所示。这样将倒悬分散到各个悬臂梁剖面上，减少了局部坝面的倒悬度，既解决了倒悬问题，又改善了坝体应力，提高了坝体稳定性。因此，设计宜采用该处理方式。

对于向上游倒悬的岸坡坝体，为了其下游面不产生过大的拉应力，必要时可在上游坝脚加设支墩处理，或在开挖时留下部分基坑岩壁作为支撑，如图3－11（d）所示。

一般情况下，浆砌石拱坝整体倒悬度可控制在0.1∶1～0.17∶1，局部可为0.2∶1～0.25∶1左右；混凝土拱坝可达0.3∶1。

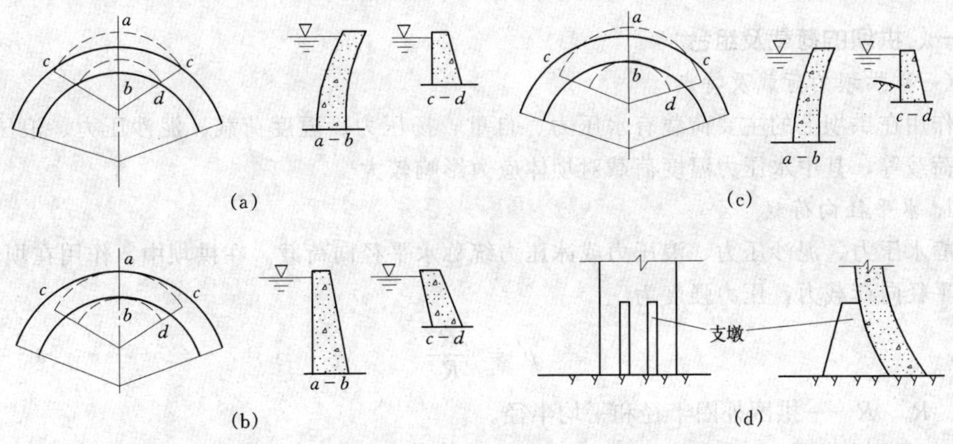

图3－11 拱坝倒悬的处理

3．拱端布置

拱坝坝端应嵌入开挖的坚实基岩内。拱端布置的形式主要有以下几种：

（1）全半径向。全半径向是指两岸拱端与基岩的接触面是全半径向的。这种布置可以使拱端推力接近垂直于拱座面，减小拱座向下游的滑动剪力，提高拱坝坝肩的稳定性。径向拱座布置如图3－12（a）所示。

（2）1/2半径向。如拱端厚度较大，在岩体下部，当采用全半径向开挖较多时，自坝顶往下也可采用1/2半径向拱端，如图3－12（b）所示。

（3）非径向拱座。如用全半径向拱座将使下游面基岩开挖太多时，可采用中心角大于半径向中心角的非径向拱座，如图3－12（c）所示。此时，拱座面与基准面的夹角，根据经验要求应不大于80°。

（4）深嵌式拱座。当坝肩岩体单薄，稳定难以保证时，可采用将拱端更深地嵌入坝肩岩体内，使拱座下游有足够的岩体来保证稳定，如图2－12（d）所示。

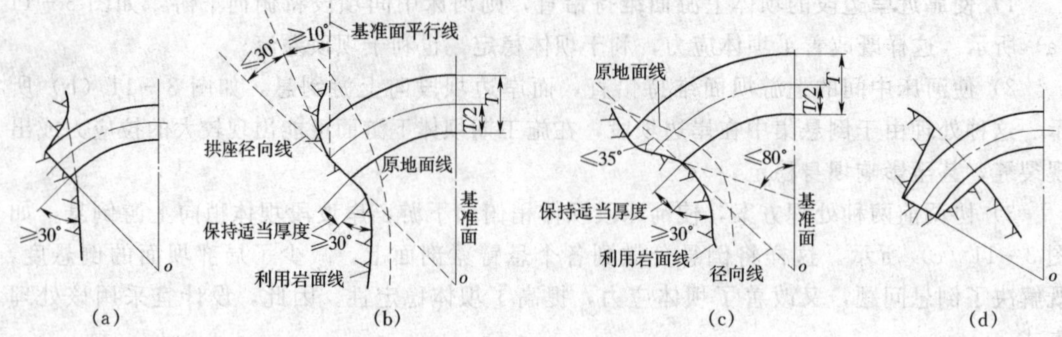

(a)　(b)　(c)　(d)

图 3-12　拱座形状

(a) 径向拱座；(b) 1/2 径向拱座；(c) 非径向拱座；(d) 嵌入式拱座

第三节　拱坝的荷载及应力分析简介

一、拱坝的荷载及组合

（一）拱坝的荷载及特点

作用在拱坝上的主要荷载有水压力、自重、扬压力、温度荷载、泥沙压力、浪压力、地震荷载等，其中水压力温度荷载对坝体应力影响较大。

1. 水平径向荷载

静水压力、泥沙压力、浪压力或冰压力统称水平径向荷载。在拱坝中，作用在坝轴线的水平径向荷载力，压力强度为

$$p' = \frac{pR_u}{R} \tag{3-11}$$

式中　R_u、R——拱圈外圈半径和平均半径。

2. 温度荷载

拱坝为超静定结构，在气温、上下游水温变化影响下，坝体温度随之变化，并引起坝体的伸缩变形，而在坝体中产生一定的温度应力，据有关实测资料表明，温度荷载引起的变形占总静变形的1/2～1/3。

拱坝施工时分块浇筑，当其温度降至相对稳定值时，进行封拱灌浆，形成一个超静定的整体。封拱一般选在气温为全年平均气温或略低于平均气温时进行，封拱时坝体温度称封拱温度，它是坝体温度升降变化的基本准值。

拱坝受外界温度影响后，坝体内温度变化可分解为平均温度变化（T_m）等效线性温差（T_d）和非线性温差（T_n），如图 3-13 所示。

(1) 温度均匀变化。均匀温度变化 T_m 是温度荷载的主要部分，其值大小主要与外界温度的变幅、封拱温度、坝体材料的特性等因素有关，对拱圈内力和悬臂梁力矩影响很大。对中小型拱坝可用以下经验公式计算

$$T_m = \frac{57.57}{L+2.44} \quad (℃) \tag{3-12}$$

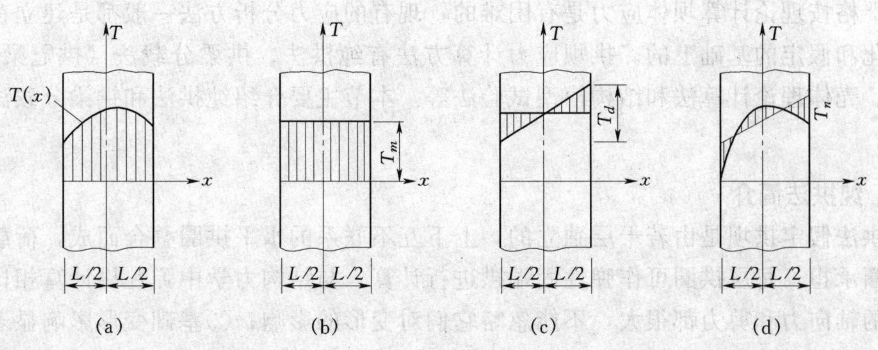

图 3-13　截面温度分布图

(a) 截面实际温度；(b) 截面平均温度；(c) 等效线性温差；(d) 非线性温差

式中　L——坝体厚度，m。

(2) 等效线性温差。在水库蓄水后，由于水库水温变幅小于下游气温变化沿坝厚有一温度梯度 T_d/L，它对拱圈力矩影响较大，而对拱圈内力及悬臂梁的力矩影响很小，在中小工程中一般可不考虑。

(3) 非线性温度变化。它是温度变化曲线上减去 T_m 和 T_d 后的剩余部分，是局部的，产生局部的应力，在拱坝设计中可忽略不计。

对静水压力、浪压力、扬压力、泥沙压力、地震等荷载的计算详见第二章第二节。

(二) 拱坝的荷载组合

拱坝的荷载组合分基本组合和偶然组合两种。拱坝的荷载划分和重力坝相似，但在荷载中应增加温度荷载在各组合情况中选择最不利状况，进行坝体应力分析和坝肩稳定分析。拱坝荷载组合参见表 3-3。

表 3-3　　　　拱坝计算荷载组合表

荷载组合	组合情况		自重	水压力	温度荷载		泥沙压力	浪压力	冰压力	地震力	扬压力
					温降	温升					
基本	Ⅰ　正常蓄水位或设计洪水位		√	√	√	√	√	√	√		√
	Ⅱ　死水位或最低运行水位		√	√		√	√	√			√
	Ⅲ　其他常遇的不利组合										
偶然	Ⅰ　非常校核洪水位		√	√		√	√	√	√	√	√
	Ⅱ　基本组合Ⅰ+地震		√	√	√	√	√	√			√
	Ⅲ　施工期未灌浆	1	√	√							
		2	√								
	Ⅳ　灌浆遇施工洪水	1	√	√		√					
		2	√								
	Ⅴ　其他稀遇的不利组合										

在初步确定了坝体轮廓尺寸之后，应进行坝体应力分析，以检查其是否经济和安全。拱坝应力分析的方法很多，但由于拱坝是一个空间壳体结构，其几何形状及边界条件又很

复杂，严格按理论计算坝体应力是有困难的，现有的应力分析方法一般都是建立在一些必要的简化和假定的基础上的。拱坝应力计算方法有纯拱法、拱梁分载法（拱冠梁法）、有限元法、壳体理论计算法和结构模型试验法等。本节主要介绍纯拱法和拱梁分载法中的拱冠梁法。

二、纯拱法简介

纯拱法假定拱坝是由若干层独立的，上下互不联系的水平拱圈叠合而成，荷载全部由水平拱圈承担，每层拱圈可作弹性固端拱进行计算。与结构力学中弹性拱计算相比：①由于拱圈的轴向力和剪力都很大，不能忽略它们对变形的影响；②基础变形影响显著，不能忽略基础变位对应力的影响；③当拱圈厚度较大时，径向截面的应力不再呈直线分布，宜作为厚拱计算。当拱厚与拱圈半径之比较大时，应考虑拱圈曲率对坝体应力的影响。由于没有考虑拱圈之间的相互作用，又假定荷载全部由拱圈承担，不符合拱坝的实际受力状况，求出的应力一般偏大。但由于纯拱计算简单，概念明确，曾被广泛采用，尤其对于狭窄河谷中的薄拱坝及分层砌筑的浆砌石拱坝，仍为一种简单实用的方法。它一般用于中小型工程的可行性研究阶段。另外，他也是拱梁分载法的一个重要组成部分。

纯拱法应力计算步骤如下：

（1）基础变位计算。拱坝是超静定结构，拱端基础变位对拱圈应力影响较大，设计时必须予以考虑。但由于岩基变形特征很复杂，坝体与地基的接触面是一个形状不规则的空间曲面（图 3-14），而且接触面上各处的作用力和变位皆不相等，又互有影响，致使拱端的地基变位变得非常复杂，很难准确计算。目前多采用伏格特（F・Vogt）概化地基模型法计算基础变位。

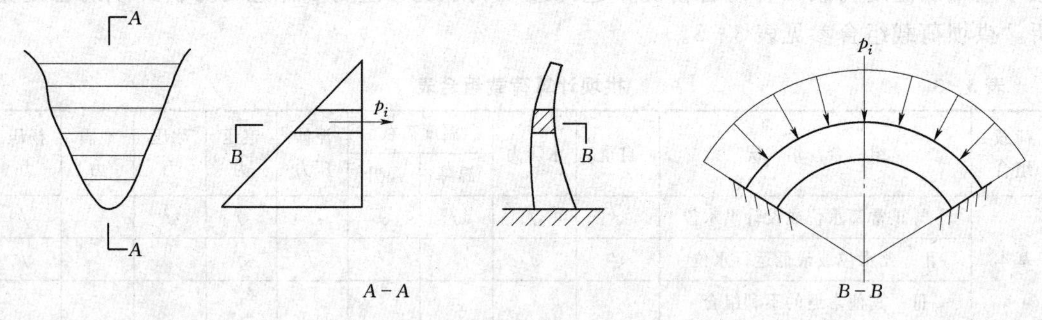

图 3-14 纯拱法计算简图

（2）内力计算。纯拱法的内力计算，除了弹性拱的一般假定外，拱圈的轴向力，剪力以及拱端基岩变形影响都不能忽略。计算拱坝应力时，水平拱圈通常取 5～7 个单位高度，拱圈所受的主要荷载是均匀径向水压力和温度荷载，并考虑地基变形。求出拱圈任一截面的内力 M_φ、H_φ、V_φ。

在弹性拱圈进行计算时，由于考虑了地基变形，弹性中心不易求得，因而解除多余约束后，通常将超静定力 M_0、H_0 和 V_0 选在切开截面的中心处，荷载、静定力、内力及变位的正方向等如图 3-15（a）所示。

若拱圈在拱冠处切开，拱的左右两部分都可以按静定的弧形悬臂梁结构计算。对于左

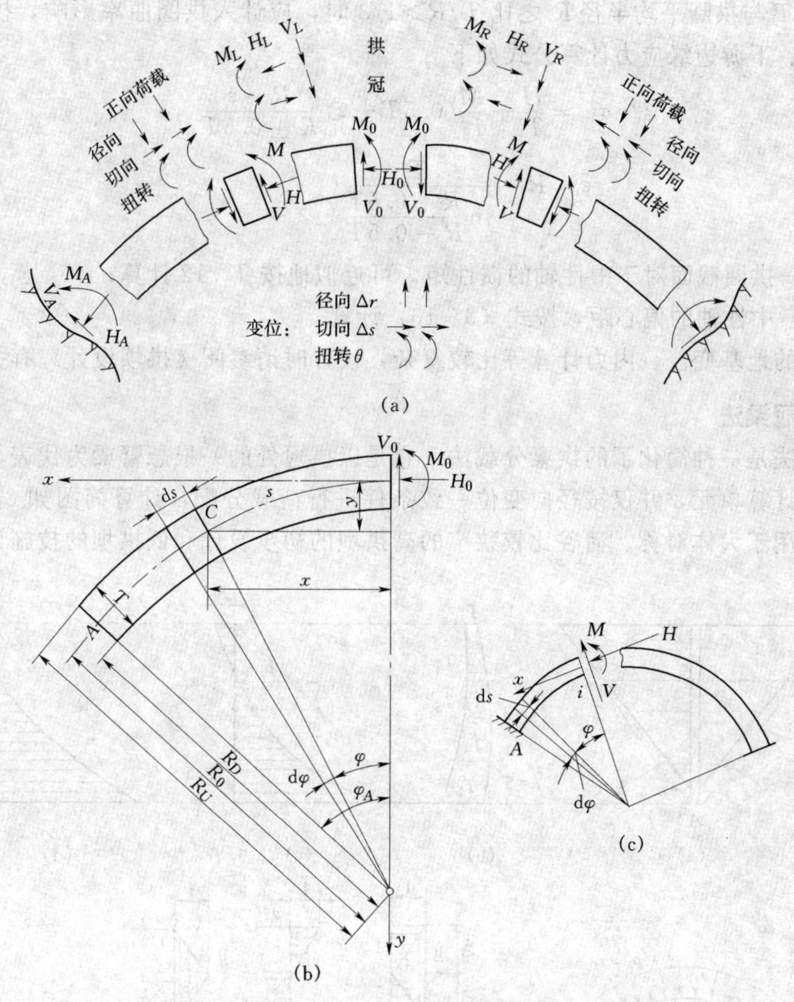

图 3-15　拱圈应力分析图

半拱圈，任意一截面上在外荷载作用下产生的静定力系为 M_L、H_L 和 V_L，则在中心角为 φ 的任一截面 C 的内力 M、H 和 V 分别为

$$\left.\begin{aligned}M&=M_0+H_0y+V_0x-M_L\\H&=H_0\cos\varphi-V_0\sin\varphi+H_L\\V&=H_0\sin\varphi+V_0\cos\varphi-V_L\end{aligned}\right\}\tag{3-13}$$

式中，x、y 和 φ 如图 3-16（b）所示，“L”“R”代表左、右半拱圈。

由式（3-13）可见，要求出内力 M、H 和 V，必须先求出 M_0、H_0 及 V_0，根据拱冠切口处的变形连续条件，按结构力学原理进行求解。

（3）应力计算。求出任一截面内力后，采用偏心受压公式计算坝体上下游面的边缘应力

$$\sigma_x=\frac{H}{T}\pm\frac{6M}{T^2}\tag{3-14}$$

式中，σ_x 以压应力为正。

当拱厚 T 与拱圈平均半径 R 之比 $T/R>1/3$ 时，应计入拱圈曲率影响，拱圈按厚拱计算。其上、下游边缘应力计算公式如下

$$\sigma_{下}^{上}=\frac{H}{T}\pm\frac{M}{I_n}(0.5T\pm\varepsilon)\frac{R-\varepsilon}{R\pm0.5T} \tag{3-15}$$

其中

$$\varepsilon=R-\frac{T}{\ln\frac{R+0.5T}{R-0.5T}} \tag{3-16}$$

式中 I_n——拱圈截面对于中性轴的惯性矩，可近似地按 $T^3/12$ 计算；

ε——中性轴的偏心距，按式（3-16）计算。

纯拱法的地基变位、内力计算等比较复杂，设计时请参阅《拱坝设计》有关章节。

三、拱冠梁法

拱冠梁法是一种简化了的拱梁分载法，它是以拱冠处的一根悬臂梁为代表与若干层水平拱圈作为计算单元，并仅按径向变位一致条件进行荷载分配，计算简图如 3-16 所示。拱冠梁法可用于大体对称、河谷比较狭窄的高拱坝的初步设计和低拱坝的技施设计。

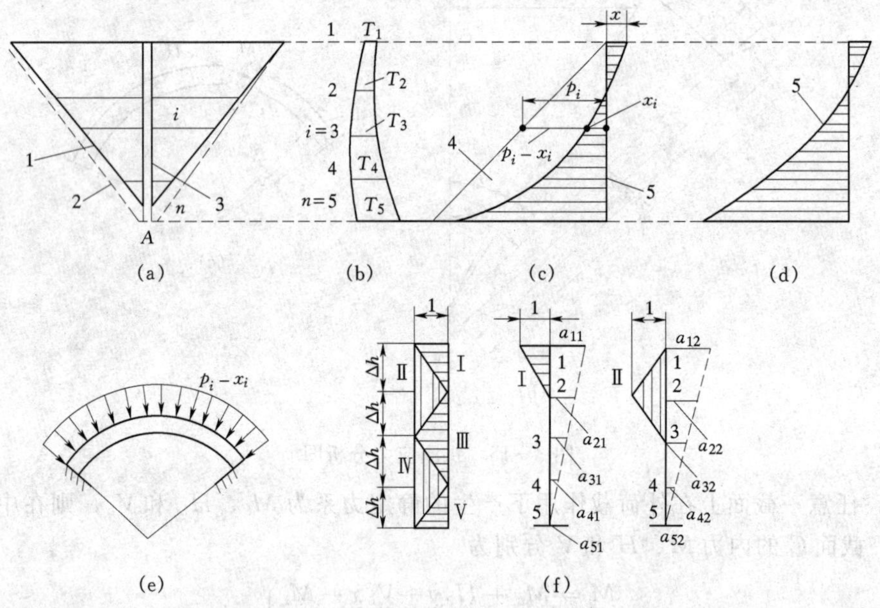

图 3-16 拱冠梁法荷载分配示意图

1—地基表面；2—可利用基岩面；3—拱冠梁；4—拱荷载；5—梁荷载

拱梁分载法是将拱坝视为由若干水平拱圈和竖直的悬臂梁所构成的空间结构，荷载由拱系和梁系共同承担。梁和拱的荷载分配，是由拱系和梁系在其交点处变位一致的条件决定的。荷载分配后，悬臂梁按静定结构计算，水平拱圈按纯拱法计算。因此，坝体应力很容易求得。拱梁分载法将复杂的空间壳体计算问题简化为结构力学的杆件结构来计算，力学概念明确。因而它是目前国内外常用的一种拱坝应力分析方法。拱梁分载法的关键在于荷载分配。过去荷载分配一般采用试载法计算，计算工作量大。现在利用计算机求解交点位移一致的代数方程组，可快速简捷地求得拱梁系统的荷载分配。

1. 基本计算公式

拱冠梁法的假定：①参加分配的荷载是水平径向荷载；②温度荷载由拱圈单独承担，但温度荷载的变位影响荷载分配；③水重和泥沙重等铅直荷载由梁单独承担，但其作用下的变位影响荷载分配；④拱坝自重由梁单独承担，其作用的变位是否影响荷载分配。根据施工方法决定。

如图 3-16 所示。从坝顶至坝底等距离地截取 n 层（一般选取 5～7 层）拱圈。拱圈序号从上至下 $i=1\sim n$，各层拱圈之间的距离为 Δh，拱圈高度为 1m。

由拱冠梁和各层拱圈交点处径向变位一致的条件可以列出如下方程组

$$\sum_{j=1}^{n} a_{ij}x_j + \delta_i^w = (p_i - x_i)\delta_i + c_i t_{mi} \tag{3-17}$$

式中 p_i——作用于第 i 层拱圈中面高程上的总水平荷载强度，$i=1，2，3，\cdots$

x_i——拱冠梁在第 i 层拱高程上分配承担的水平荷载强度；

x_j——梁的 j 点所受荷载强度，j 为单位荷载作用点序号；

a_{ij}——拱冠梁上 j 点的单位荷载在 i 点产生的径向变位，称为梁的单位变位所谓单位荷载就是在作用点（如 j）强度为 1，在上下 Δh 距离处强度为零的三角形分布荷载，如图 3-17 所示中的Ⅰ，Ⅱ，Ⅲ等；

δ_i——第 i 层水平拱圈单位强度的均布径向荷载在拱冠产生的径向变位，称为拱的“单位变位”；

δ_i^w——拱冠梁第 i 截面在垂直荷载作用下产生的水平径向变位；

t_{mi}——第 i 层拱圈的均匀温度变化值；

c_i——第 i 层拱圈由于均匀温度变化 $t_{mi}=1$ 在拱冠处产生的径向变位。

将式（3-21）展开后，可以列出下列联立方程组：

$$\left.\begin{aligned}
&a_{11}x_1 + a_{12}x_2 + \cdots + a_{1n}x_n + \delta_1^w = (p_1 - x_1)\delta_1 + c_1\Delta t_{m1}\\
&a_{21}x_1 + a_{22}x_2 + \cdots + a_{2n}x_n + \delta_2^w = (p_2 - x_2)\delta_2 + c_2\Delta t_{m2}\\
&\vdots\\
&a_{n1}x_1 + a_{n2}x_2 + \cdots + a_{mn}x_n + \delta_n^w = (p_n - x_n)\delta_n + c_n\Delta t_{mn}
\end{aligned}\right\} \tag{3-18}$$

式中 x_1，x_2，…，x_n 均为未知量，通过解这个线性方程组，便可求出。x_1，x_2，…，x_n 求出后，即可算出 p_i-x_i，亦即求出拱梁所分配的荷载，然后即可分别算拱冠梁和拱圈的应力。

2. 拱冠的径向变位系数计算

拱冠的径向变位系数是指拱圈承受单位均布径向荷载时拱冠的径向变位，可采用纯拱法中的基本公式求得。对于左右对称的单圆心等厚度圆拱，可查表计算[1]。变位系数是按荷载为 1000 算得的，查得表中系数后，其单位径向变位系数应进行变换，换算式如下：

$$\delta = \overline{\delta_i} \times \frac{1}{1000} \cdot \frac{R}{E}$$

[1] 见黎展眉编著的《拱坝》附录 1、附录 2。

$$c_i = \overline{c_i} \times 1 \cdot Ra_m$$

式中 $\overline{\delta_i}$、$\overline{c_i}$——表中系数；

其他符号意义同前。

3. 梁的径向变位计算

梁的径向变位包括：水平荷载产生的 $\sum_{j=1}^{n} a_{ij} x_j$ 和铅直荷载产生的 δ_i^w 两部分。拱冠梁是静定的悬臂结构，在外荷载作用下，梁上任一点的径向变位的基本公式为

$$\Delta r = \iint \frac{M}{EI} \mathrm{d}h \mathrm{d}h + \int \theta_s \mathrm{d}h + \int \frac{KV}{GA} \mathrm{d}h + \Delta r_f \tag{3-19}$$

式中 h——梁高；

θ_s——梁基竖向角位移；

Δr_f——梁基径向剪切位移；

M、V——悬臂梁在外荷载作用的截面弯矩和剪力；

E、G——材料的拉、压及剪切弹性模量；

I、A——梁截面的惯性矩和面积矩；

K——剪力分布系数。

积分自梁底算起，由于拱冠梁截面形状及荷载分布均较复杂，按式（3-19）直接积分较为困难，通常采用分段累积法计算，Δr 可表示为

$$\Delta r = \sum \left(\theta_s + \sum \frac{M}{EI} \Delta h \right) \Delta h + \left(\Delta r_f + \sum \frac{KV}{AG} \right) \Delta h \tag{3-20}$$

根据式（3-19）可以写出 θ_s 及 Δr_f 的算式

$$\theta_s = M\alpha + V_r \alpha_2$$

$$\Delta r_f = V_r \gamma + M\alpha_2$$

拱冠梁 i 截面在铅直荷载作用下产生的水平径向变位 δ_i^w 可按式（3-21）计算，如图 3-17 所示。

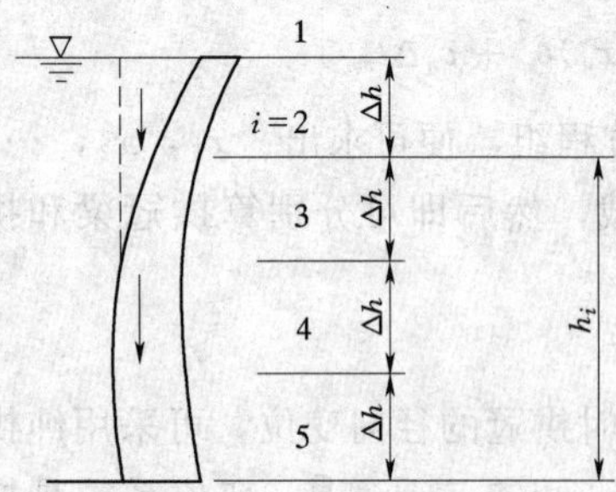

图 3-17 δ_i^w 的计算简图

$$\delta_i^w = (\theta_s h_i + \Delta r_{fi}) + \int_0^{hi} \frac{M}{EI} \mathrm{d}h \tag{3-21}$$

由于拱冠梁在铅直水压力作用下不产生径向剪力，则 $\theta_s = M_s \alpha$，$\Delta r_f = M_s \alpha_2$。因 α_2 较小，忽略不计，则分段累计的计算表达式可写成如下形式

$$\delta_i^w = \frac{5.075}{E_f T^2} M_s h_i + \sum_0^{h_i} \left(\sum_0^{h} \frac{M}{EI} \Delta h \right) \Delta h \tag{3-22}$$

分别求得上述拱梁变位后，即可由方程组（3-18）求解 x_i 及（$p_i - x_i$），绘制拱梁分载图，完成荷载分配计算。

4. 应力计算

荷载分配后，梁在水平荷载和铅直荷载作用下，按静定的悬臂梁结构计算其边缘应力，拱圈按纯拱法计算在水平荷载和温度荷载共同作用下的拱冠及拱端应力。

第四节 拱坝坝肩稳定分析简介

一、概述

1. 坝肩失稳破坏型式

拱坝所承受的荷载大部分是通过拱的作用传到坝肩的，因此，坝肩稳定是拱坝安全的根本保证。国内外工程实践也表明，除个别工程因坝肩失稳引起失事外，拱坝本身破坏的工程失事极少。所以，坝肩稳定分析是拱坝设计的一个重要环节。拱坝坝肩的稳定安全度主要取决于两岸的地形地质条件。

工程实践表明，坝肩岩体失稳主要有两种形式：①坝肩岩体存在明显的滑裂面，如断层、节理、裂隙和软弱夹层等，如图 3-18 所示，岩体在荷载作用下发生滑动破坏；②坝肩岩体不具备滑裂面，但坝的下游岩体中存在着较大的软弱带或断层，软弱带断层在拱端压力作用下，产生过大的变形，给工程带来危害，称变形稳定问题。本节主要针对第一种情况，进行稳定分析。

2. 滑移体的形式

图 3-18 是一种最常见的一种坝肩滑移体形式。坝肩岩体被一些构造面所切割，连同临空面组成一个容易失稳滑动的“楔体”。这些构造切面、临空面构成失稳岩体的界面，称作滑移体的破坏面。

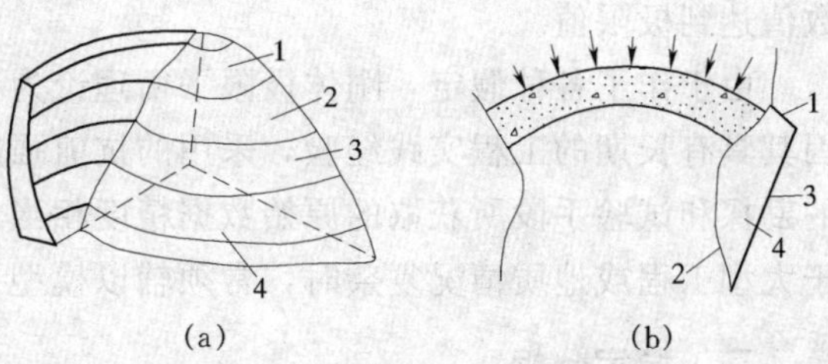

图 3-18 坝肩滑移体形式示意图

1—上游开裂面；2—临空面；3—侧裂面；4—底裂面

破坏面常见的是两个或三个，其中一个较缓，构成底裂面；一个较陡，构成侧裂面；另一个是拱座上游边界的开裂面或假定坝体受力后，由于坝肩上游侧岩体内存在一个水平拉应力区，产生近乎竖直的裂隙；如河流转弯、突然扩大或河岸有深冲沟、深槽，则可能形成滑移体的横向临空面。

这仅是最简单、最常见的一种滑移体的形式。实际工程坝址地形、工程地质和水文地质条件是各不相同的，滑移体的形式和滑裂面的组合也就不尽相同。除上述的滑移体形式之外，还可能出现以下几种形式：

(1) 成组的陡倾角和成组的缓倾角结构面组合。这些软弱结构面相互切割，构成很多可能的滑移体，设计时应通过试算求出其中一组抗力最小的组合。如图 3-19 中的阴影部分，因为这种组合面坝肩下游山体的重力最小。

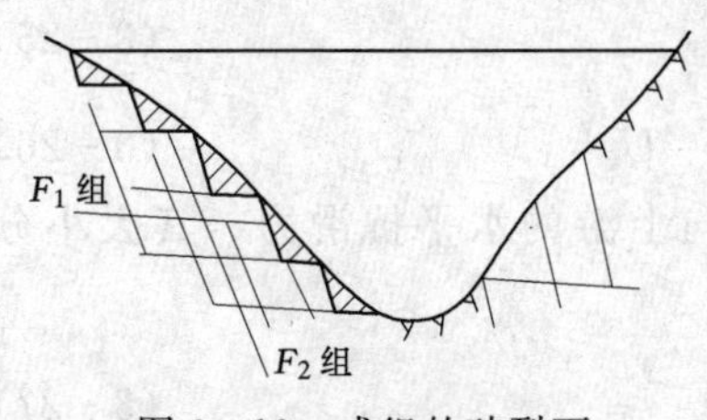

图 3-19 成组的破裂面

(2) 单独的陡倾角结构面与成组的缓倾角结构面组合，或者是成组的陡倾角结构面与单独的缓倾角结构面组合。

(3) 当具有明确的陡倾角结构面而无明显的缓倾角结构面时，则应假设若干个缓倾角结构面，并进行分层核算。

由上述可知，坝肩岩体滑动的主要原因有两点：一是岩体内存在着软弱结构面；二是荷载作用（拱端力系和梁底力系，包括渗透压力等）。因此，在进行坝肩抗滑稳定分析时，首先应当查明坝轴线附近基岩的地质条件，如软弱结构面的产状，了解岩体的特性，掌握荷载性质和变化范围等，然后进行抗滑稳定计算，找出最危险的滑动面组合和相应的最小安全系数。

3. 坝肩稳定分析方法

评价坝肩稳定性的方法可归纳为两种：①模型试验法；②理论计算分析法。模型试验法的工作量大，费用高，不便于改变形状尺寸和参数，而且很难做到与原型完全相似等。因此，不能作为坝肩稳定分析的主要手段。理论分析法包括有限元法和刚体极限平衡法。本节主要介绍刚体极限平衡法。

刚体极限平衡法作下列基本假定：

(1) 将滑移的各块岩体视为刚体，不考虑其中各部分间的相对位移。

(2) 只考虑滑移体上力的平衡，不考虑力矩平衡，后者可由力的分布自行调整满足。

(3) 忽略拱坝内力重分布作用，认为拱端作用在岩体上的力系为定值。

(4) 岩体达到极限平衡状态时，滑裂面上的剪力方向将与滑移方向平行，指向相反，数值达到极限值。

由于作了各种假定，刚体极限平衡理论为半经验性的，所得成果有一定的局限性，但因其具有长期的工程实践经验，采用的抗剪强度指标和安全系数配套，计算精度又与当前的勘探和试验手段所获取的原始数据精度相当，方法简便易行。因此，仍被广泛采用。对于大型工程或地质情况复杂时，常须辅以模型试验法或有限元法。

二、稳定分析

1. 平面分层稳定分析

选取一单位高度的拱圈及相应的坝肩岩体，设 ad 是通过上游拱端的一条陡倾角滑裂面，与拱端径向夹角为 α，上、下游长为 L，对计算拱圈，抗滑力发生在竖直滑裂面 ab 和水平滑裂面 bc 上，如图 3-20 (b) 所示。按拱梁分载法进行应力分析，则作用在滑移体上的力有：拱推力 H_a 和径向剪力 V_a；铅直压力 $G\tan\psi$ 和径向剪力 $V_b\tan\psi$（G、V_b 为拱端悬臂梁单位宽度的铅直压力和径向剪力；ψ 为岸坡与铅垂线的夹角）；滑移体自重 $W\tan\psi$；侧裂面和底裂面的法向基岩反力 R_1 和 R_2；渗透压力 U_1 和 U_2 等。

将全部力向 ad 面的法向和切向进行分解，如图 3-20 (a) 所示，则有

法向力：
$$N = H_a\cos\alpha - (V_a + V_b\tan\psi)\sin\alpha \tag{3-23}$$

切向力：
$$Q = H_a\sin\alpha + (V_a + V_b\tan\psi)\cos\alpha \tag{3-24}$$

当滑移体处于极限平衡状态时，如图 3-24 (c) 所示，由静力平衡条件可求得

$$R_1 = \frac{N}{\sin\delta} - U_1 \tag{3-25}$$

$$R_2 = (G + W)\tan\psi - N\cot\delta - U_2 \tag{3-26}$$

根据基本假设 (4)，在侧裂面和底裂面将产生指向上游的水平抗滑力，其大小分别为：

$$S_1 = R_1 f_1 + C_1 L\,\frac{1}{\sin\delta} \tag{3-27}$$

$$S_2 = R_2 f_2 + C_2 L(\tan\psi - \cot\delta) \tag{3-28}$$

作用在滑移体上的滑移力即切向力 Q，则抗滑稳定安全系数为

$$K_c = \frac{R_1 f_1 + \frac{c_1 L}{\sin\delta} + R_2 f_2 + c_2 L(\tan\psi - \cot\delta)}{Q} \tag{3-29}$$

式中，f_1、c_1、f_2、c_2 分别为侧裂面和底裂面上的抗剪强度指标。

当求得的 $R_1 < 0$ 时，即侧裂面被拉开，R_1 不存在。滑移体沿单一的底面滑移，其抗滑稳定安全系可表示为

$$K_c = \frac{R_2 f_2 + C_2 L(\tan\psi - \cot\delta)}{Q} \tag{3-30}$$

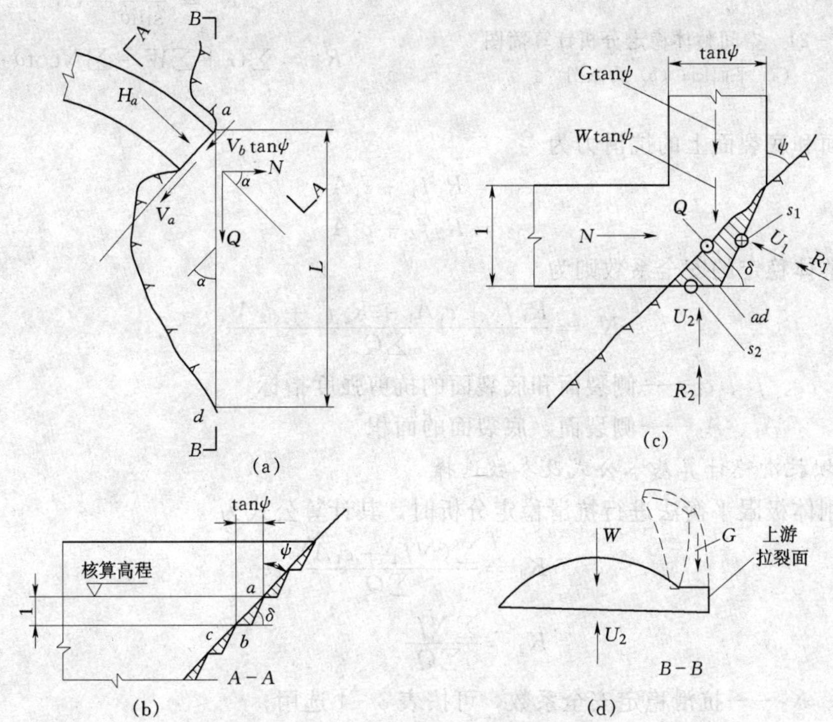

图 3－20　平面稳定分析计算简图

（a）平面图；（b）剖面 $A—A$；（c）力系图；（d）剖面 $B—B$

2. 空间整体稳定分析

坝肩空间整体稳定分析是根据滑裂面的实际情况，将滑移体视为空间整体结构来进行分析。如图 3－21 所示，坝肩岩体中有一条较陡的侧裂面 F_1，它与河床附近的水平结构面 F_2，上游铅直的拉裂面 F_3 以及临空面一起把坝肩岩体切割成一个滑移体，并在图示的力系作用下处于极限平衡状态。岩体失稳时，一般是沿 F_1 与 F_2 的交线 ad 滑动，F_1 与 F_2 上的抗滑剪力也将是水平的，且平行于 ad。在进行稳定分析时，一般可以水平底裂面 F_2 向上沿高程取若干个有代表性的单位高度的水平拱圈，按平面稳定分析方法所述分别求出每条拱圈的 N_i、Q_i、和 G_i 值，然后按高程连成曲线，曲线内的面积，即为$\sum N$、

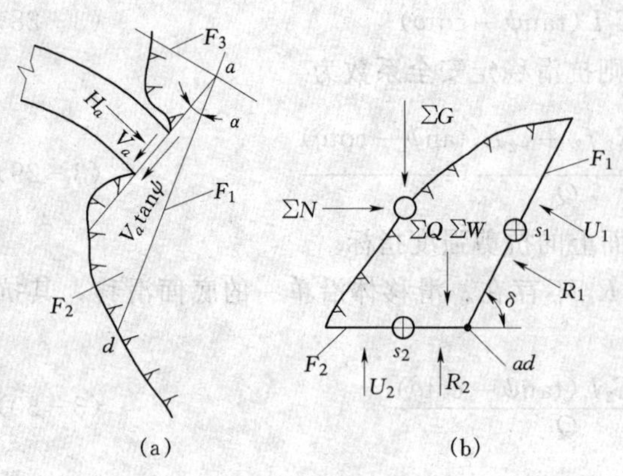

图 3-21 空间整体稳定分析计算简图

(a) 平面图；(b) 力系图

$\sum Q$、$\sum G$。

计算滑移体自重时，可以求出几个高程处的水平底面积 A_i，也将其沿高程连成曲线，将曲线内的面积乘以岩体容重即为 $\sum W$。库水压力和渗透压力等，要根据具体情况来确定。

当作用在滑移体上的全部荷载都求出后，根据静力平衡条件可求出侧裂面和底裂面上的基岩反力

$$R_1 = \frac{\sum N}{\sin\delta} - U_1 \tag{3-31}$$

$$R_2 = \sum G + \sum W - \sum N\cot\delta - U_2 \tag{3-32}$$

侧裂面和底裂面上的抗滑力为

$$s_1 = R_1 f_1 + c_1 A_1 \tag{3-33}$$

$$s_2 = R_2 f_2 + c_2 A_2 \tag{3-34}$$

空间整体稳定的安全系数则为

$$K_c = \frac{R_1 f_1 + c_1 A_1 + R_2 f_2 + c_2 A_2}{\sum Q} \tag{3-35}$$

式中 f_1、c_1、f_2、c_2——侧裂面和底裂面的抗剪强度指标；

A_1、A_2——侧裂面、底裂面的面积。

3. 拱坝抗滑稳计算基本公式及参数选择

采用刚体极限平衡法进行抗滑稳定分析时，其计算公式为

$$K_1 = \frac{\sum(Nf_1 + c_1 A)}{\sum Q} \tag{3-36}$$

$$K_2 = \frac{\sum N f_2}{\sum Q} \tag{3-37}$$

式中 K_1、K_2——抗滑稳定安全系数，可按表 3-4 选用；

$\sum N$——垂直于滑动方向的法向力；

$\sum Q$——沿滑动方向的滑动力；

A——计算滑裂面的面积；

f_1、c_1、f_2——计算滑裂面的抗剪强度参数。

对于 1、2 级工程及高坝，应采用抗剪断公式（3-36）计算，其他则可采用式（3-36）或抗剪强度公式（3-37）计算。

滑裂面上的抗剪强度参数 f_1、c_1 及 f_2 的设计值，一般需要试验求得，并结合实际岩体的情况，蓄水后可能的变化，采取的工程处理措施，参照类似工程的经验选定。摩擦系数 f_1 和黏聚力 c_1 值，应按相应于材料的峰值强度采用。对于摩擦系数 f_2，应按相当于下述特性值取用：对脆性破坏的材料，采用比例极限；对塑性或脆塑性破坏的材料，采用屈服强度；对已经剪切错断过的材料，采用残余强度。

表 3-4 坝肩抗滑稳定安全系数表

荷载组合			拱坝级别 1	拱坝级别 2	拱坝级别 3
按式（3-36）	基本		3.5	3.25	3.0
	特殊	无地震	3.25	3.0	2.75
		有地震	3.0	2.75	2.5
按式（3-37）	基本		—	—	1.3
	特殊	无地震	—	—	1.1
		有地震	—	—	1.0

三、提高坝体抗滑稳定的措施

通过坝肩的稳定分析，如发现其稳定性不能满足要求时，可以采取适当的工程措施，改善坝肩的抗滑稳定性，提高坝体抗滑安全度。

（1）加强地基处理，对不利的节理、裂隙等软弱部位应进行有效的冲洗和加强固结灌浆，以提高基岩的抗剪强度。

（2）加强对坝肩岩基的帷幕灌浆和排水措施，减小岩体内的渗透压力。

（3）深开挖。将拱端向岸壁深挖嵌进，可避开不利的结构面及扩大下游的抗滑岩体。

（4）调整水平拱圈形态，如采用抛物线拱等形式，使拱端推力尽可能趋向坝肩岩体内部。

（5）如基岩承载力较差，产生压缩变形较大时，可采用局部扩大拱端或采用推力墩。

第五节 拱坝坝身泄洪特点

一、拱坝坝身的泄洪方式

拱坝常用的泄洪方式有坝顶泄流、坝面泄流、滑雪道式及坝身孔口泄流等类型。

1. 坝顶泄流式

对于薄拱坝，当坝不太高，泄洪单宽流量不大，基岩完整坚硬时，通常可采用坝顶泄流的方式。其具有布置紧凑、结构简单、经济可靠、运行方便等优点。坝顶泄流根据其结构特点，又可分为自由跌落式和鼻坎挑流式两种。

（1）自由跌落式。该形式的溢流坝顶头部基本上采用非真空的标准堰型，如图 3-22（c）、（d）所示，也可采用更简单的平顶式，如图 3-22（a）、（b）所示。泄流时，水流经堰顶自由跌入下游河床。由于下落水流距坝脚很近，坝下必须设有防护设施。

（2）鼻坎挑流式。如图 3-23 所示，该形式是将坝顶做成溢流曲面，末端设置挑流鼻坎。其溢流落点比自由跌落式远些，较有利于坝体的安全，故采用较多。初拟尺寸时可根据经验来确定。一般堰顶至鼻坎之间的高差不大于 6～8m，约为堰顶设计水头的 1.5 倍左右，反弧半径与堰顶设计水头接近，鼻坎挑射角一般为 15°～25°。

2. 坝面泄流式

当拱坝坝身较厚（如重力拱坝），或由于过水要求使坝体加厚时，可采用与溢流重力坝

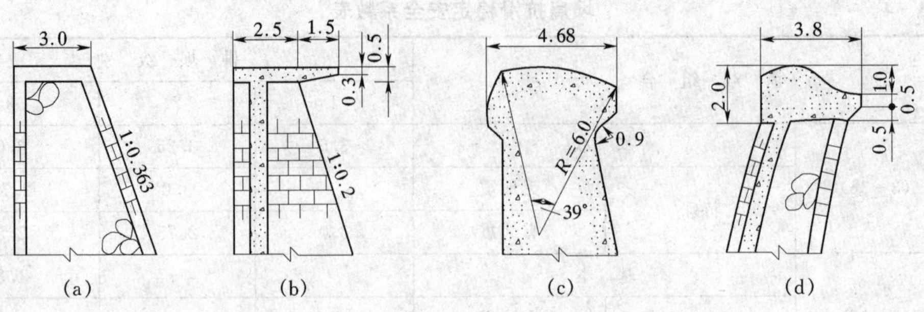

图 3-22 自由跌落式坝顶头部布置图

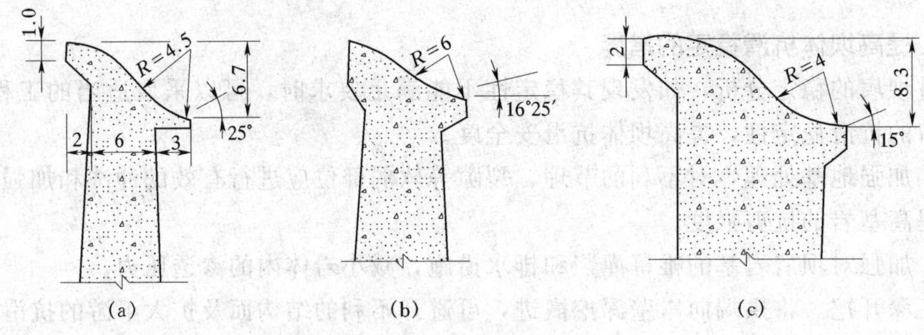

图 3-23 高鼻坎挑流式拱坝头部形式（单位：m）

（a）四川长沙坝；（b）湖南花木桥；（c）贵州水车田

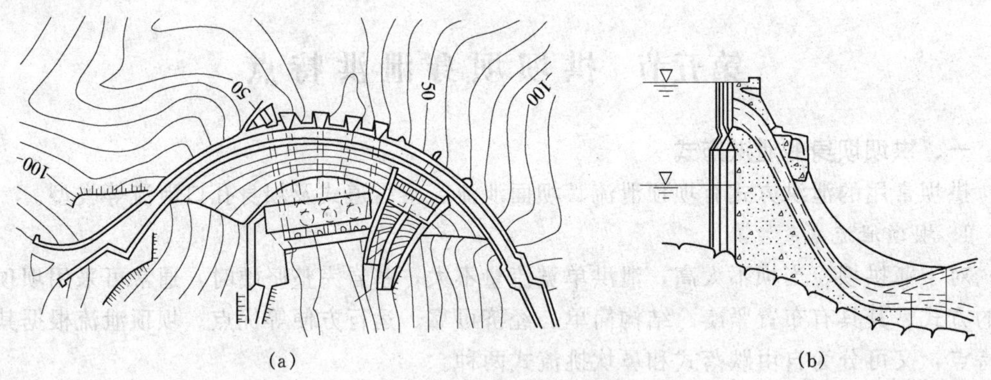

图 3-24 葡萄牙卡斯特罗多波德重力拱坝

相似的坝面泄流方式。其适用于单宽流量较大的情况。如图 3-24 所示为葡萄牙的一座重力拱坝，单宽流量为 143m^3/(m·s)，在坝顶进口处水流受抑向下，贴附近坝面至鼻坎挑出。

3. 滑雪道式泄洪方式

如图 3-25 所示。其溢流面是由溢流坝顶和与之相连的滑雪道式挑流泄槽所组成，而挑流泄槽常为坝体轮廓以外的结构部分。水流过坝以后，流经泄槽，由泄槽尾端的挑流鼻坎挑出，使水流在空中扩散、对撞。由于堰顶至鼻坎高差较大，因此，水流落点距坝址较远。但滑雪道的水流流速较高，边界条件复杂，容易产生空蚀破坏。

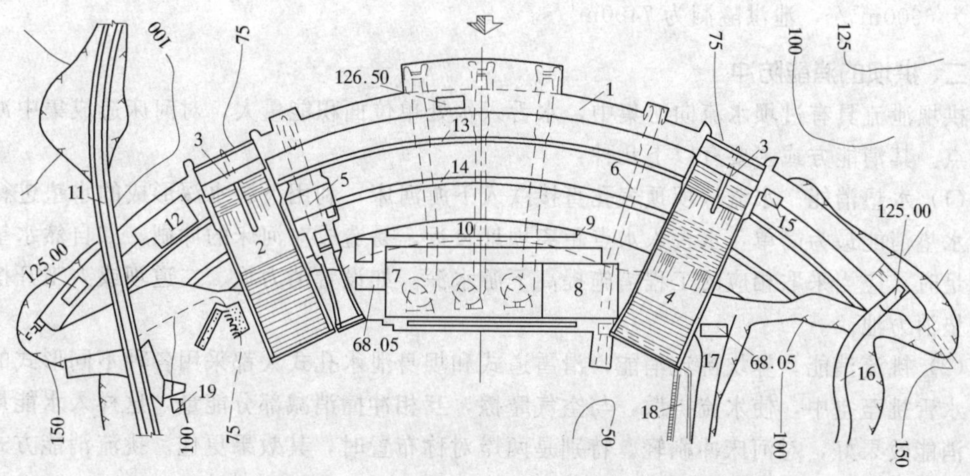

图 3-25　陈村水电站枢纽工程布置图（单位：m）

1—重力拱坝；2—右溢洪道；3—启闭机房；4—左溢洪道；5—中孔；6—底孔；7—主厂房；8—安装间；9—副厂房；10—110kV 开关站；11—筏道；12—卷扬机房；13—坝后桥；14—坝后平台；15—电梯井；16—上坝公路；17—进厂公路；18—左岸护坡；19—预应力加固混凝土

对于厚拱坝或中厚拱坝，厂房在后，泄洪流量较大时，可采用两岸滑雪道泄洪方式，如湖南省的东江和浙江省的紧水滩等。

另外，也可采用厂房顶溢流或挑越厂房顶溢流的滑雪道泄洪方式。溢流段和水电站厂房等主要建筑物集中布置，能妥善解决溢洪道与水电站厂房布置相互之间的矛盾。

4. 坝身泄水孔式

坝身泄水孔是指位于水面以下的孔，一般位于坝体上半部的泄水孔称为中孔，如图 3-26 所示，多用于泄洪；位于坝体下半部的称为底孔，多用来放空水库、泄洪、排沙、导流。

拱坝泄水孔一般布置在河床中部的坝段内，以利于其消能防冲处理。坝身泄水孔的水流流态多为有压，工作水头较高，流速大，出口水流挑距较远。

拱坝坝体的孔口对坝体可能产生应力集中等不利的影响，应力集中区的拉应力可能使孔口边缘开裂，但只限于孔口附近，不致危及坝体的整体安全，只要采取孔口周边布置钢筋或局部加厚孔口周围坝体等工程措施，就可以妥善处理和解决开孔对坝体的影响，当采用双曲拱坝，泄流量不很大时，可采用坝身孔口泄流方式。

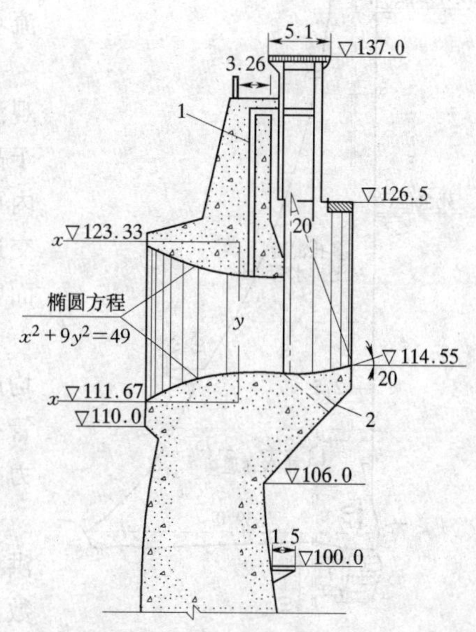

图 3-26　欧阳海拱坝泄洪中孔（单位：m）

1—通气孔（3ϕ20cm）；2—排水孔（2ϕ7.5cm）

5. 联合泄洪式

当采用双曲拱坝或坝体较薄而泄洪量又很大时，可采用几种坝身泄洪方式或与其他泄洪建筑物相配合的联合泄洪方式。如二滩工程设计泄水总量为 20600m^3/s，其中，泄水表孔下泄 6600m^3/s，

中孔为 6600m^3/s，泄洪隧洞为 7400m^3/s。

二、拱坝的消能防冲

拱坝泄流具有过坝水流向心集中，水舌入水处单位面积能量大，对河床造成集中冲刷等特点。其消能方式主要有以下几种：

（1）水垫消能。水流从坝顶表孔直接跌入下游河床，利用下游水深形成的水垫进行消能。水垫消能最为简单，水舌入水点距离坝址较近，易造成对河床的冲刷。如自然水垫厚度不足时，应当采取相应的工程措施提高下游水深。如设置消力坎、二道坝或人工开挖形成水垫消力池。

（2）挑流消能。鼻坎挑流消能，滑雪道式和坝身泄水孔式大都采用各种不同形式的鼻坎将水舌挑至空中，使水流扩散，与空气摩擦，互相冲撞消减部分能量，这样入水能量减小，消能效果好，对河床冲刷轻。特别是两岸对称布置时，其效果更佳。挑流消能方式一般适用于坚硬基岩上的高、中拱坝。

（3）底流消能或戽流消能。对于重力拱坝，也可采用底流消能，但我国较少采用。长滩砌石重力拱坝采用二级消力池消能。

泄水拱坝的下游一般都需采取防冲加固措施，如短护坦、护坡或二道坝等。

第六节　拱坝的构造及地基处理

一、拱坝的构造

（1）坝顶。拱坝坝顶的超高值与重力坝相同。非溢流段坝顶宽度，应满足运行和交通等设计要求，一般不应小于 3m。坝面应有横向排水系统。在严寒地区，可在顶部配筋，以防温度裂缝。溢流坝段应布置坝顶工作桥、交通桥。

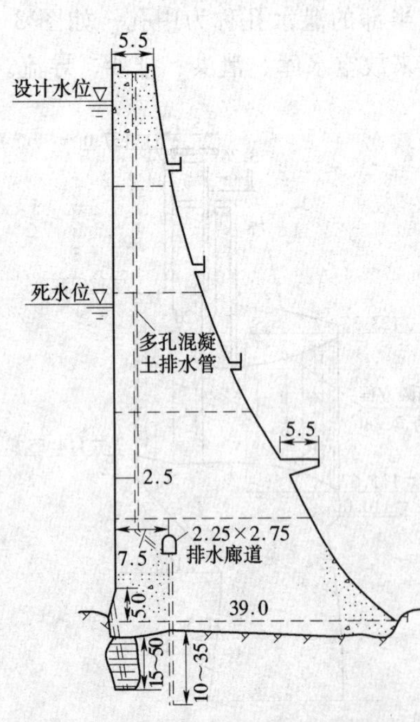

图 3-27　重力拱坝的廊道与排水管布置（单位：m）

（2）廊道与坝体排水。为了满足基础灌浆、排水、观测和坝内交通等要求，坝内需设置廊道与竖井。对于高度不大的薄拱坝，为避免对坝体削弱过多，在坝内可只设一层基础灌浆廊道，而将其他检修、观测、交通和坝缝灌浆等工作移到坝后桥上进行。坝后桥桥面宽一般为 1.2～1.5m，上下层间隔 20～40m。

对于坝体较厚的拱坝或寒冷地区的薄拱坝，坝身均应设置竖向排水管，排水管间距一般为 2.5～3.5m，管径为 15～20cm。图 3-27 为我国安徽省的响洪甸重力拱坝最大剖面的廊道及坝体排水管布置图。

（3）坝体管孔。坝体管孔一般用于引水发电、泄洪、供水、灌溉、放空水库及排沙。管孔布置的位置、数目、形状及尺寸都应根据其运用要求和坝体应力条件确定。一般来说，管孔位置应尽量避免布置在坝体的高应力区及基础约束区内，孔数不宜过多，孔径不

宜过大并避免集中布置。

(4) 坝体临时收缩缝。拱坝施工时需分段浇筑，各段之间设有收缩缝，在坝体混凝土冷却到设计温度值，混凝土充分收缩后，再进行灌浆，以保证坝的整体性。

收缩缝有横缝和纵缝两类，如图 3-28 所示。拱坝的横缝一般采用径向或近乎径向布置，缝距一般为 15～20m。横缝底部缝面与基础面夹角不得小于 60°，并尽可能接近正交。横缝内一般应设置铅直键槽，以提高坝体的抗剪强度，键槽形状宜采用梯形，键槽尺寸可参考图 3-29 (a)。横缝上游侧应设置止水片，止水片可与上游侧止浆片结合使用。止水片的材料和做法与重力坝相同。

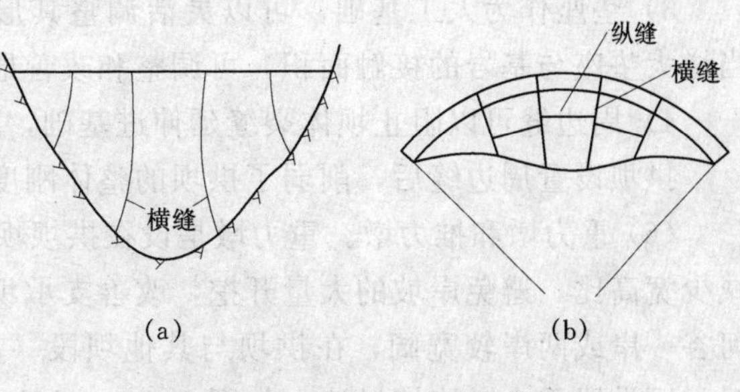

图 3-28 拱坝的横缝和纵缝

拱坝厚度较薄时，一般可不设纵缝。只有当坝体厚度大于 40m 时，才考虑设置纵缝。相邻坝块间纵缝应错开，错距为 5～8m。为了方便施工，纵缝宜采用铅直面，纵缝到缝顶附近应缓转与下游面正交，避免浇筑块出现尖角。

纵缝内应设置水平键槽，以提高铅直向抗剪强度，键槽形状为三角形，键槽尺寸可参考图 3-29 (b)。

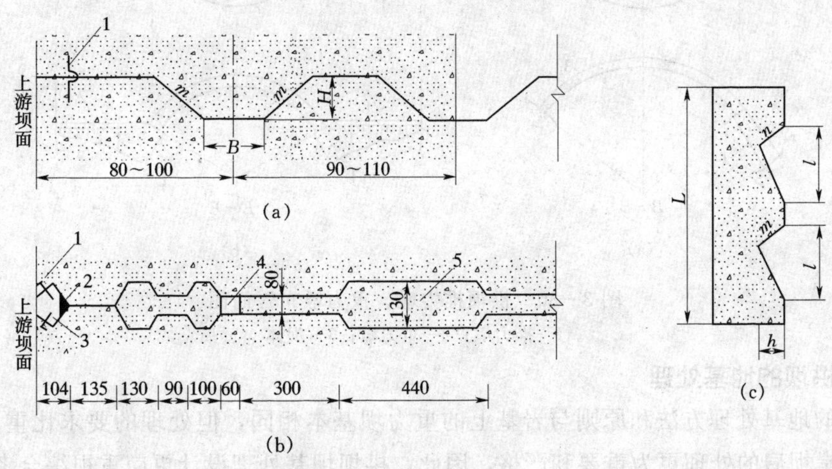

图 3-29 拱坝纵横缝键槽及宽缝（单位：cm）

(a) 横（窄）缝键槽；(b) 宽缝；(c) 纵缝键槽

H=15～20cm；B—以能安装灌浆盒为宜；m—坡度，可为 1∶1.5～1∶2.0；L=30cm；l≥100cm；h=30～40cm；n—坡度，应结合主应力方向考虑；可为 1∶1.2～1∶1.5，不陡于 1∶1；1—金属止水片；2—沥青止水体；3—钢筋混凝土塞；4—排水井；5—回填混凝土

(5) 垫座与周边缝。垫座是一种设置在坝体与基岩之间的人工基础。垫座根据实际的地形地质条件，可以设置于整个坝体的周边，也可设置于部分坝体。周边缝是在垫座与坝体之间设置的永久性缝，周边缝一般做成二次曲线或卵形曲线，以保证垫座以上的坝体尽

量接近对称和获得较优的体形。设置垫座和周边缝主要有以下几方面的作用：

1）减少河谷的不规则和地质上局部软弱带对坝体布置和结构的影响，改进其支承条件。

2）周边缝可减小坝体传至垫座的弯矩，从而减小甚至消除坝上游面的竖向拉应力，使坝体和垫座接触面的应力分布趋于均匀，其还可松弛坝体周边弯曲应力，改善应力状态。

3）垫座作为人工基础，可以灵活调整其形状和尺寸以适应地形、地质条件的要求。当增大垫座与基岩的接触面积，可调整和改善地基的应力状态。

4）周边缝可以阻止坝体裂缝延伸进基础，减少防渗灌浆帷幕受拉破坏的可能性。

拱坝设置周边缝后，削弱了拱坝的整体刚度，坝体和垫座间的抗滑稳定安全度较低。

（6）重力墩和推力墩。重力墩是设在拱坝坝端的人工支承。对形状复杂的河谷，为了减少宽高比，避免岸坡的大量开挖，改善支承坝体的河谷断面形状，可以设置重力墩；当河谷一岸或两岸较宽阔，在拱坝与其他坝段（重力坝或土石坝等）或河岸式溢洪道相连时，可设置重力墩连接过渡，如图 3-30（b）所示。重力墩主要是依靠其自身的重力在基岩产生的摩擦力来抵抗坝体传来的水平推力，其稳定是靠自身重力来维持的。推力墩也是设置于拱端的人工支承，由于其端面尺寸较小，墩底摩擦力也较小，推力墩自身不能完全抵抗拱端传来的水平推力，而将部分推力传到岸边的基岩。

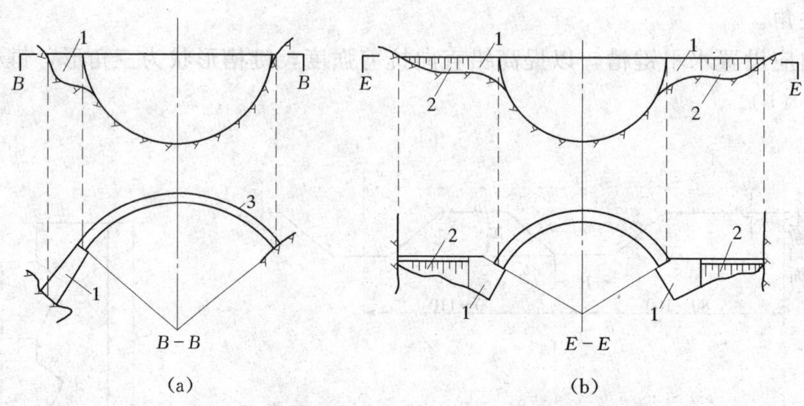

图 3-30　拱坝推力墩、重力墩布置简图

1—推力墩；2—重力墩；3—坝体

二、拱坝的地基处理

拱坝的地基处理方法和原则与岩基上的重力坝基本相同，但处理的要求比重力坝要高，尤其对两岸坝肩的处理更为重要和严格。因此，拱坝坝基处理设计更应重视综合考虑坝体结构、拱坝布置与地基之间的关系（例如：可通过调整拱坝布置、修改坝体体形、设缝分块、设重力墩及推力墩等措施来避开或改善不利的地形地质条件）以及泄洪建筑物的布置和施工技术等因素。在拱坝设计和施工时，应针对坝址的具体地形、地质条件，认真进行综合性研究，确定安全、经济和有效的地基处理方案，使处理后的坝基地质条件满足筑坝要求。

学 习 指 导

本章重点是拱坝的布置、坝体应力分析及坝座稳定分析。本章难点是拱坝布置、地基

变位计算及坝体应力分析。其要求是：

1. 掌握拱坝的特点和对地形、地质的要求。
2. 掌握拱坝布置的基本要求和主要步骤。
3. 了解纯拱法计算及拱冠梁法的基本原理，掌握计算步骤和方法。
4. 了解坝座平面分层稳定分析方法。
5. 了解拱坝泄流的特点和布置。

小 结

拱坝按其厚高比分为薄拱坝、中厚拱坝和厚拱坝（或称重力拱坝）。拱坝的主要荷载要分别对待，对薄拱坝及中厚拱坝，主要荷载为水压力和温度荷载；而对厚拱坝而言，除了水压力和温度荷载以外，还有自重和扬压力。

进行拱坝布置时，在初拟坝体尺寸之后就可从顶拱开始，顶拱两端要满足的条件是：① 拱端内弧面的切线与等高线的夹角不小于 30°；② 拱端不能悬空；③ 拱端要嵌入基岩内一定深度（约为 1m）。当布置顶拱下面一层拱圈时，同样要满足上述三个条件，此外还要满足倒悬度的要求。顶拱以下各层拱圈都要满足这四个条件。

拱坝应力计算比较麻烦，拱冠梁法是常用的一种计算方法。在计算中要分析坝的变位。虽然坝体任一点均有 6 个变位，而拱冠梁法中仅在拱冠梁与各拱圈的交点上，保留了径向变位一致的条件。该法计算的应力成果与精确法相比，差别不大。在计算中，对地基变位要认真对待，因其对坝体应力的影响也较大。

拱坝的坝座破坏是坝体失稳的主要形式。在坝座稳定分析中有整体分析和平面分析两大类。平面分析时因不计或少计上下层拱圈之间的相互作用，所以计算所得的安全系数不能代表整个坝座的稳定程度，但是，可以看出各层坝座的相对稳定性；只有进行整体分析后才能说明坝座的稳定程度。

由于拱坝在平面上呈拱形，当坝顶溢流时水流的向心作用会形成落水处的单宽流量集中现象，致使冲刷坑深度大为增加。因此，应从平面上和立面上分别扩散水流，使落水处单宽流量的集中程度削减到最小。

思 考 题

3－1　什么是拱坝？它有哪些特点？

3－2　拱坝的类型有几种（按坝厚分）？适应的条件是什么？

3－3　拱坝布置的内容包括哪些？

3－4　说明拱圈中心角对拱坝应力、稳定以及工程造价的影响。

3－5　拱坝水平拱圈形态主要有几种？其特点是什么？各适用于什么样的地形、地质条件？

3－6　拱坝布置有哪些基本步骤？布置的原则有哪些？

3－7　什么是拱坝的倒悬？如何处理拱坝的倒悬？

3-8 拱坝坝肩布置有哪几种方式？各适用于什么条件？

3-9 什么是拱坝应力分析的纯拱法？

3-10 拱坝应力分析时为什么必须考虑拱坝的基础变位？

3-11 什么是拱坝应力分析的拱梁分载法？什么是拱冠梁法？

3-12 拱坝坝肩失稳常有哪几种形式？

3-13 提高拱坝坝体抗滑稳定的措施有哪些？

3-14 拱坝的泄流方式有哪几种？各适用于什么条件？

3-15 拱坝消能方式有哪些类型？各适用于什么条件？

3-16 拱坝周边缝有哪些作用？

3-17 什么是拱坝的重力墩、推力墩？

第四章 土 石 坝

第一节 概 述

土石坝是一种最古老、最常见的坝型，它是利用坝址附近的土石料填筑而成的挡水建筑物，故又称当地材料坝。早在公元前600年左右，我国就已开始填筑土堤，防御洪水，修建陂坝，蓄水兴利。在古印度、埃及、秘鲁等国家，也很早开始修筑土坝。与其他坝型相比，土石坝具有如下优点：就地取材，节省三材；筑坝经验丰富；对地形、地质条件适应性强；施工技术简单；便于维修、加高、培厚和扩建。因此，在国内外应用十分广泛。据统计，我国已建成的8万多座大坝中，土石坝约占90%左右。特别是20世纪70年代以后，随着大型高效的土石方施工机械的采用，岩土力学理论和电子计算机技术在土石坝设计中的广泛使用，为建筑高土石坝提供了有利条件，土石坝得到了很大发展，成为当今世界上坝体高度最高、应用最广泛的坝型。目前世界上最高的大坝为塔吉克斯坦的罗贡土石坝，坝高335m。我国已建最高土石坝为水布垭面板堆石坝，坝高达233m。

一、土石坝的工作特点

(1) 坝体、坝基的透水性。土石坝挡水后，由于上、下游水位差的作用，渗水将从上游经坝体和坝基土体颗粒孔隙向下游渗透。如果渗透性过大，不仅使水库的水量大量流失，而且还会引起坝体或坝基产生管涌、流土等渗透变形，严重者可导致溃坝事故。对土石坝而言，以坝体浸润线为界，界面以上的土体处于非饱和状态，以下的土体则呈饱和状态。饱和状态下的土体，不仅承受着渗透压力作用，其抗剪强度指标也将相应降低，对坝坡稳定不利。为此，应布置较大坝体断面并设置防渗和排水措施，以减少水库的渗漏损失和保证坝坡的稳定性。

(2) 土石坝的局部失稳破坏。由于土石坝是利用松散的土石料填筑，坝体剖面需要做成上、下游边坡较平缓的梯形断面。因此，它的断面面积一般都较庞大。由于其由松散颗粒组成，其失稳是以局部坝坡坍塌的形式出现。当坝坡太陡或土体的抗剪强度指标较小时，在渗透压力和上部土体重力的作用下，局部坝坡土体（包括坝基土体）将向坡外滑移，简称滑坡。为了保持坝体稳定，需要设置较平缓的上、下游坝坡。因此，应根据坝址的地形、地质条件和筑坝材料等因素选择适宜的坝坡，使坝体在保证安全稳定的前提下做到经济合理。

(3) 抗冲性能差。由于坝体材料都是松散的颗粒，整体性差。当洪水漫过坝顶时，水流必然会携带土粒流失，从而引起坝体局部破坏或整体溃决。例如，1975年8月，我国淮河上游的板桥、石漫滩两座土坝，因特大暴雨，发生洪水漫顶而溃坝。同时，由于水面的激荡波动，也将对坝坡产生淘刷作用。波浪的起落，必然导致坡面土料的流失和坍塌，削弱坝体剖面尺寸，对坝体稳定造成影响。因此，在设计中，不仅要求坝体应有足够的超

高和坝坡应有相应的防冲措施，还应保证泄洪措施有足够的泄洪能力。

(4) 坝体沉陷量大。由于坝体土料、石料之间的孔隙存在，坝体是可压缩的。尽管在筑坝时要求分层填筑、逐层压实，但坝体的沉陷仍然是不可避免的。当坝基为土基时，沉陷值将更大。过大的沉陷将会降低坝顶的设计高程；而不均匀的沉陷将使坝体产生纵向、横向裂缝，危及坝身安全。观测资料表明：竣工后的坝体沉陷仍可达到坝高的0.5%～1.0%。因此，在设计坝顶高程时应适当考虑预留沉陷值。

二、土石坝的类型

土石坝的类型，从不同的角度有不同的分类方法。下面主要按施工方法、筑坝材料和坝体防渗型式进行分类。

1. 按筑坝材料分类

按筑坝材料，土石坝可分为土坝、土石混合坝和堆石坝。当坝体绝大部分由土料筑成时称为土坝；绝大部分由石料筑成时称为堆石坝；由土石混合堆筑时称为土石混合坝。

2. 按施工方法分类

(1) 碾压式土石坝。碾压式土石坝是由适宜的土石料分层填筑，并用压实机械逐层碾压而成的坝型。近20多年来，随着大型碾压机械的采用，使得这种坝型得到最广泛的应用。本章将重点介绍这种坝型的设计。

(2) 水力冲填坝。水力冲填坝是利用水力和简易的水力机械完成土料开采、运输和填筑等主要工序而筑成的坝型。具体地说，是用高压水枪驱动高压水流向料场的土料喷射冲击，使之成为泥浆，然后通过泥浆泵和输浆管把浆液输送到坝体预定位置分层淤积、沉淀、排水和固结后形成的坝型。我国西北地区创造的水坠坝与这种坝型的施工原理相似，其料场位于坝顶高程以上的山体，泥浆输送是利用浆液的重量经沟渠自流到坝面，因而有学者也把水坠坝归类为水力冲填坝。这种坝型因施工质量难以保证，在高坝中很少应用。

(3) 水中填土坝。水中填土坝是将易于崩解的土料分层倒入静水中，依靠土体自身重量和运输工具压实而成。施工时，一般在施工仓面上用堤埝围埂分格，并在格中灌水倒土逐层填筑。

(4) 定向爆破土石坝。这种坝型是在坝肩山体上方的预定位置开挖洞室，埋放炸药，引爆后使土石料按照物体平抛运动的轨迹抛到预定的设计位置，完成大部分坝体填筑，再经过加高、防渗修复而形成的坝型。这种筑坝方法由于爆破力很大，可能造成坝址附近地质构造破坏等方面的问题，因而，一般采用较少。我国已建成这种土坝或堆石坝约有40余座，最高的有陕西石砭峪水库大坝，坝高82.5m；广东乳源南水电站的主坝，坝高81.3m。

3. 按防渗体的型式分类

按坝体防渗设施的型式分类，土石坝可分为均质坝、土质防渗体分区坝和非土质材料防渗体坝。从施工方法分析，这三种坝型实际上均属于碾压式土石坝，现分别介绍如下：

(1) 均质坝。均质坝绝大部分是由大致均一的土料分层填筑而成。由于筑坝土料一般采用透水性较小的黏性壤土或砂质黏土，坝体本身具有防渗作用。因此，无需设置专门的防渗措施，如图4-1 (a) 所示。

(2) 土质防渗体分区坝。这种坝型是由透水性很小的土质防渗体和若干种透水土石料

分区分层填筑而成。其中黏性土质防渗体设在坝体中部或稍向上游倾斜的称为黏土心墙坝或黏土斜心墙坝，如图 4-1（b）、（c）、（d）所示；设在坝体上游面的称为黏土斜墙坝，如图 4-1（e）、（f）、（g）所示。此外，还有其他型式的分区坝，如坝体上游部分为防渗土料，下游部分为透水土料的分区坝等，如图 4-1（j）所示。

（3）非土质材料防渗体坝。这种坝型的防渗体一般由钢筋混凝土、沥青混凝土或其他非土质材料做成。其中防渗体布置在坝体中央附近的称为心墙坝，如图 4-1（h）所示；防渗体布置在上游面的称为面板土石坝，如图 4-1（i）所示。在堆石坝中，一般将防渗体设在上游坝面，又称面板堆石坝。

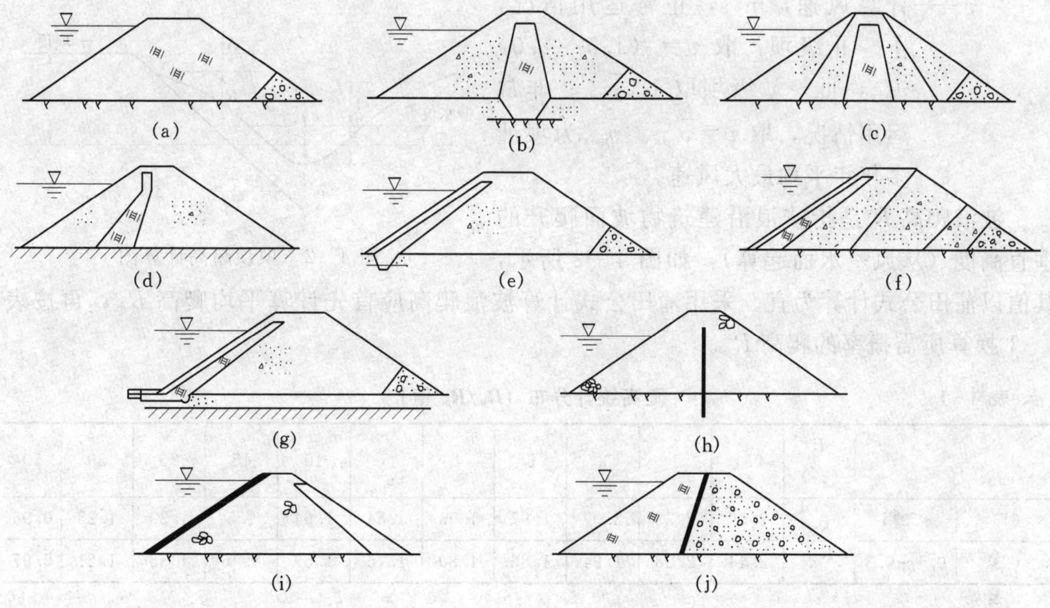

图 4-1　碾压式土石坝的类型

第二节　土石坝剖面的设计

土石坝的剖面设计，首先是根据坝址附近的土石料分布状况（包括土石料的种类、性能、储量、运距等）、坝址的地形地质条件和施工条件等多种因素选择适宜的坝型，并参照已建工程的实践经验，初步拟定剖面的基本尺寸，然后通过稳定、渗流计算并修正，使之成为安全、经济、合理的剖面。土石坝剖面的基本尺寸包括坝顶高程、坝顶宽度和坝坡。

一、坝顶高程

坝顶高程应为水库静水位加坝顶超高，坝顶超高可按式（4-1）计算

$$y = R + e + A \tag{4-1}$$

$$e = \frac{kv^2 D}{2gH_m}\cos\beta \tag{4-2}$$

式中　y——坝顶超高，m；

R——最大波浪在坝坡上的爬高，m；

A——安全加高，m，按表 1-8 采用；

e——最大风壅水面高度，m，按式（4-2）计算；

k——综合摩阻系数，其值在（1.5～5.0）$\times 10^{-6}$之间，计算时一般取 3.6×10^{-6}；

D——风区长度，m；

H_m——坝前风区水域平均水深，m；

β——计算风向与坝轴线法线的夹角，(°)；

v——计算风速，m/s，正常运用情况，Ⅰ～Ⅱ级坝，取 $v=(1.5\sim 2.0)\bar{v}_{max}$，Ⅲ～Ⅴ级坝取 $1.5\bar{v}_{max}$；非常运用情况，取 $v=\bar{v}_{max}$。$\bar{v}_{max}$ 为坝址多年年平均最大风速。

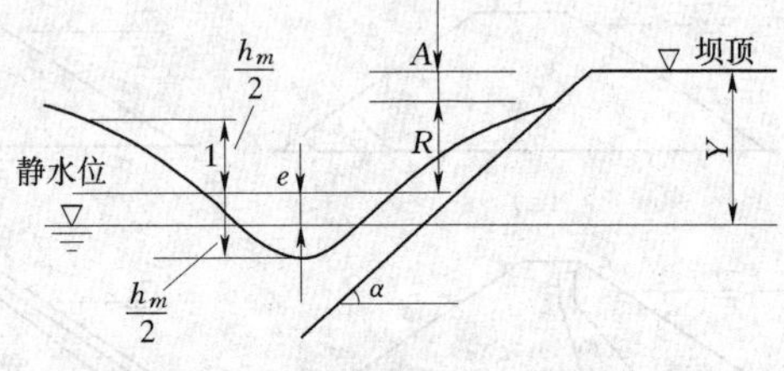

图 4-2　坝顶超高计算图

波浪爬高 R 是指波浪沿建筑物坡面爬升的垂直高度（从风壅水面起算），如图 4-2 所示，其值以蒲田公式计算为宜。采用蒲田公式计算波浪爬高应首先计算平均爬高 R_m，再按表 4-1 换算所需概率的爬高 R_p。

表 4-1　　爬高统计分布（R_p/R_m 值）

$\frac{h_m}{H}$		P (%)	0.1	1	2	3	4	5	10	15	20	30	50
(1)	<0.1	$\frac{R_P}{R_m}$	2.66	2.23	2.07	1.97	1.90	1.84	1.64	1.5	1.39	1.23	0.96
(2)	0.1～0.3		2.44	2.08	1.94	1.86	1.80	1.75	1.57	1.46	1.36	1.21	0.97

当坝坡的单坡系数 $m=1.5\sim 5.0$ 时，平均爬高可按式（4-3）计算

$$R_m=\frac{K_\Delta K_W\ (h_m L_m)^{1/2}}{(1+m^2)^{1/2}} \tag{4-3}$$

式中　K_Δ——坝面糙率渗透性系数，按表 4-2 选用；

K_W——经验系数，按表 4-3 选用；

h_m、L_m——平均波高和平均波长，m，计算方法见重力坝；

m——坝坡系数，当静水位附近变坡且设马道时，应采用折算坡度系数 m_e 代替 m，折算坡度 $m_e=\frac{1}{2}\left(\frac{1}{m_上}+\frac{1}{m_下}\right)$，$m_上$、$m_下$ 为变坡处马道以上、以下坝坡系数。

表 4-2　　糙率及渗透性系数 K_Δ

护　面　类　型	K_Δ	护　面　类　型	K_Δ
光滑不透水护面（沥青混凝土）	1.0	砌石护面	0.75～0.80
混凝土板护面	0.9	抛填两层块石（不透水基础）	0.60～0.65
草皮护面	0.85～0.90	抛填两层块石（透水基础）	0.5～0.55

表 4-3　　经验系数 K_W

$W/\sqrt{gH}$	≤1.0	1.5	2.0	2.5	3.0	3.5	4.0	≥5.0
K_W	1.0	1.02	1.08	1.16	1.22	1.25	1.28	1.30

求出 R_m 后，按工程等级选用设计累计频率（%）（对Ⅰ～Ⅲ级土石坝取 $p=1\%$；对Ⅳ～Ⅴ级坝取 $p=5\%$），并由 p（%）值查表 4-2，求得设计爬高值 R_p。

当来波波向线与坝轴线的法线成夹角 β 时，波浪爬高 R_p 应有所降低。因此，应将爬高值 R_p 乘以风向折减系数 K_β 后作为设计值，K_β 值按表 4-4 选用。

表 4-4　　斜向波折减系数 K_β

β	0	10	20	30	40	50	60
K_β	1	0.98	0.96	0.92	0.87	0.82	0.76

对于小型低水头的土石坝，波浪爬高可按式（4-4）近似计算

$$R = 3.2K_\Delta h_m \tan\alpha \tag{4-4}$$

式中　h_m——平均波高，m，可按官厅公式计算；

α——静水位坝面坡角，(°)。

对于设有防渗体的土石坝，防渗体顶部在静水位以上也应有一定的超高，并预留竣工后沉降量。具体要求是：正常运用情况，心墙坝超高值取 0.3～0.6m，斜墙坝取 0.6～0.8m；非常运用情况，防渗体顶部应不低于相应的静水位。

当坝顶上游侧设有稳定、坚固和不透水且与防渗体紧密接合的防浪墙时，坝顶高程可改为防浪墙墙顶的高程，但在正常运用情况下，坝顶最少应高出相应的静水位 0.5m；在非常情况运用情况下，坝顶应不低于相应的静水位。

最后指出，确定坝顶高程应分别按正常运用和非常运用情况计算，取其最大值作为设计坝顶高程。当坝址地震烈度大于Ⅶ度时，还应考虑地震的影响。

二、坝顶宽度

坝顶宽度取决于交通、防汛、施工及其他专门性要求。当坝顶有交通要求时，应按交通部门的有关规定执行；如无特殊要求，对于高坝，坝顶宽度可选用 10～15m，对于中、低坝，可选用 5～10m。

三、坝坡

土石坝的坝坡大小主要取决于坝型、坝高、坝基和坝体材料性质以及工作条件等因素，一般可参照已建工程初步拟定，然后由坝坡稳定计算确定合理的坝坡。从坝型分析，碾压式土石坝的坝坡可比水力冲填、水中填土坝陡些；黏性土均质坝坝坡可比非黏性土分区坝缓些。从坝面工作条件分析，上游坝坡长期浸水，并将承受库水位骤降的影响，因而在土料相同的情况下，上游坝坡应比下游缓些。从坝基条件分析，岩基坝坡可比土基陡些。此外，沿土石坝剖面不同高程部位的坝坡也应不同，一般在坝顶附近的坝坡宜陡些，向下逐级变缓，每级高度约 15～20m，相邻坡率差不宜大于 0.25～0.50。常用的坝坡一般取 1∶2.0～1∶4.0，对于中低水头的土石坝，可参照表 4-5 和表 4-6 初步拟定。

表 4-5　　　　均质坝参考坝坡比值

塑性指数较高的亚黏土					塑性指数较低的亚黏土				
坝高(m)	平台		上游坡	下游坡	坝高(m)	平台		上游坡	下游坡
	顶宽(m)	级数	由上而下	由上而下		顶宽(m)	级数	由上而下	由上而下
<15	1.5	1	1∶2.50 1∶2.75	1：2.25 1：2.50	<15	1.5	1	1∶2.25 1∶2.50	1∶2.00 1∶2.25
15～25	2	2	1∶2.75 1∶3.00	1：2.50 1：2.75	15～25	2	2	1∶2.50 1∶2.75	1∶2.25 1∶2.50
25～35	2	3	1∶2.75 1∶3.00 1∶3.50	1：2.50 1：2.75 1：3.00	25～35	2	3	1∶2.50 1∶2.75 1∶3.25	1∶2.25 1∶2.50 1∶2.75

表 4-6　　　　心墙坝参考坝坡比值

坝 壳 部 分					心 墙 部 分	
坝高(m)	平台顶宽(m)	平台级数	上游坡(由上而下)	下游坡(由上而下)	顶宽	边坡
<15	1.5	1	1∶2～2.25 1∶2.25～2.5	1∶0.75～2.0 1∶2.0～2.25	1.5	1∶0.2
15～25	2.0	1～2	1∶2.25～2.5 1∶2.5～2.75	1∶2.0～2.25 1∶2.25～2.50	2.0	1∶0.15～0.25
25～35	2.0	2	1∶2.5～2.75 1∶2.75～3.0 1∶3.0～3.50	1∶2.25～2.50 1∶2.50～2.75 1∶2.75～3.0	2.5	1∶0.15～0.25

注　表中坝壳部分边坡变化范围可根据不同土质选用，土质较好可用较陡值。心墙部分边坡变化范围根据塑性材料透水性的强弱选用，透水性弱者可用陡值。

为了方便检修、观测和拦截雨水，土石坝一般在下游坝面变坡处设置一定宽度的马道，并在马道上游侧设排水沟。马道的宽度视其用途而定，一般取1.5～2.0m。均质坝和土质防渗体分区坝上游坝面宜少设马道，非土质防渗体面板坝上游不宜设马道。

第三节　土石坝的渗流分析

一、概述

在土石坝中，渗透水流对坝体、坝基的渗透破坏，危害性更大，因渗透破坏属于隐蔽性破坏，常不易被发现。如发现和抢修不及时，将会导致难以补救的严重后果。

1. 渗流分析的主要任务

土石坝剖面基本尺寸和防渗排水设施初步拟定后，必须进行渗流分析，并通过分析求得渗流场的水头分布和渗透水力比降，为坝坡安全性和渗流稳定性评判提供依据。渗流分析的主要任务是：

(1) 确定浸润线位置，为坝坡稳定计算和布置坝内观测设备提供依据，并根据浸润线

的高低，选择和修改排水设施的型式和尺寸。

（2）确定坝坡渗流逸出段和下游地基表面的渗透比降以及不同土层之间的渗透比降，评判该处的渗透稳定性，以便确定是否应采取更加有效的防渗反滤保护措施。

（3）确定坝体与坝基的渗流量，估算水库的渗漏损失，以便加强防渗措施，把渗流量控制在允许的范围内。

2. 渗流分析方法

土石坝渗流分析方法可分为解析法、流网法、电模拟法和数值法。

（1）流体力学法。流体力学法是根据已知的定解条件，如初始条件和边界条件，求解渗流的基本微分方程（拉普拉斯微分方程），从中得到精确的渗流要素（包括流速、比降和渗透压力）。此法立论严谨，计算成果精确，但只能求解边界条件简单的渗流问题，不便应用于边界条件复杂的实际工程。然而，利用它对某些简单边界问题的解析成果与水力学方法结合起来，可提高水力学法的计算精度。

（2）水力学法。水力学法是一种近似的解析法，计算大大简化，但其前提基于以下基本假设：

1）假设渗透系数 K 在相同或近似相同的土料中各向同性。

2）假设坝体内部渗流为层流，认为坝内渗流符合达西定律 $V=KJ$。

3）假设坝体内部渗流为渐变流（杜平假定），认为渗流场中任意过水断面各点的水平流速和比降都是相等的。

这种方法不完全符合拉普拉斯方程，因而不能精确求出任一点的水力要素。但其所确定的浸润线、平均流速、平均比降和渗流量，已能满足（Ⅲ～Ⅴ级）土石坝工程的精度要求，且计算简单，容易为人们所掌握。因此，这种方法在（Ⅲ～Ⅴ级）工程设计中应用较为广泛。

（3）数值解法。渗流计算的数值解法一般采用有限单元法。有限单元法是目前解决复杂渗流问题的最有效方法，对Ⅰ级、Ⅱ级坝和高坝应采用数值法计算渗流场的要素。

（4）流网法。用手工绘制流网，利用流网求解平面渗流问题的水力要素，也可用来解决较复杂的边界问题。

二、渗流分析的水力学法

用水力学法进行土石坝渗流分析的基本思路是把坝内渗流区域划分为若干段（一般为两段），建立各段水流的运动方程式，并根据渗流的连续性原理求解渗流要素和浸润线。对某些特殊边界条件的渗流问题（如透水地基），也常引入流体力学的分析成果，以提高该分析方法的计算精度。

另外，考虑到工程实际情况的坝体和坝基渗透系数的各向异性，而在采用水力学法进行渗流分析时又需把渗透系数视为常量。因此，我国《碾压式土石坝设计规范》（SL 274—2001）规定：计算渗流量时，宜采用渗透系数的大值平均值；计算水位降落时的浸润线宜采用小值平均值。渗透系数相差 5 倍以内的土层可视为同一种土层，其渗透系数由加权平均计算。

（一）不透水地基均质坝的渗流计算

严格地讲，绝对不透水的坝基是不存在的。当坝基渗透系数小于坝体渗透系数的 1%

时，视坝基为相对不透水地基。计算时一般取单位坝长作为分析对象。

1. 下游无排水（贴坡排水）设施情况

对上游坝坡，斜面入流的渗流分析要比垂直面入流复杂得多。而电模拟试验结果证明，用虚拟适宜位置的垂直面代替上游坝坡斜面进行渗流分析，其计算精度误差不大，能满足一般工程要求。为简化计算，在实际分析中，常以虚拟等效的矩形代替上游坝体三角形［图 4-3（a）］，虚拟矩形宽度 ΔL 按式（4-5）计算

$$\Delta L=\frac{m_1 H_1}{2m_1+1} \tag{4-5}$$

式中　m_1——上游坝面坡度系数，变坡时取平均值；

H_1——上游水深。

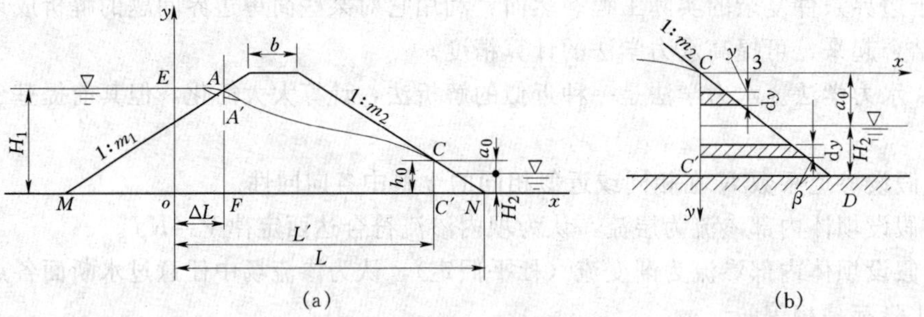

图 4-3　不透水地基上均质坝的渗流计算

无排水设施均质坝渗流分析的思路是以渗流逸出点为界把坝体分为上、下游两部分，分别列出各部分的流量表达式，并根据流量连续性原理，即可求出相应的未知量。

（1）上游段分析［图 4-3（a）］。根据达西定律，通过浸润线以下任何单宽垂直剖面的渗流量 q 为

$$q=-Ky\frac{\mathrm{d}y}{\mathrm{d}x}$$

移项积分（积分区间从 0 至 x）可得

$$y^2=H_1^2-\frac{2q}{K}x \tag{4-6}$$

同理，积分区间从 EO 断面至渗流逸出点断面可得

$$q=K\frac{H_1^2-(a_0+H_2)^2}{2L'} \tag{4-7}$$

（2）下游段分析。以下游水面为界把下游段三角形坝体分为水上、水下两部分计算。为简化起见，采用新的坐标系如图 4-3（b）所示。

水面以上坝体的渗流量 q_1 为

$$q_1=\int_0^{a_0}\mathrm{d}q_1=\int_0^{a_0}KJ\,\mathrm{d}y=\frac{K}{m_2}\int_0^{a_0}\mathrm{d}y=\frac{Ka_0}{m_2}$$

水面以下坝体渗流量 q_2 为

$$q_2=\int_{a_0}^{a_0+H_2}\mathrm{d}q_1=\int_{a_0}^{a_0+H_2}K\frac{a_0}{m_2 y}\mathrm{d}y=\frac{Ka_0}{m_2}\ln\frac{a_0+H_2}{a_0}$$

两式相加（$q=q_1+q_2$）得

$$q=\frac{Ka_0}{m_2}\left(1+\ln\frac{a_0+H_2}{a_0}\right) \tag{4-8a}$$

根据流量连续性原理，对式（4-7）和式（4-8a）联解就可求出未知量 q 和 a_0［联解时可把 $L'=L-m_2(a_0+H_2)$ 代入式（4-7）］，浸润线按式（4-6）计算。

（3）讨论分析。当下游无水时，把 $H_2=0$ 代入式（4-8a）得

$$q=\frac{Ka_0}{m_2} \tag{4-8b}$$

即不透水地基均质坝的渗流计算，当下游无排水设施且 $H_2=0$ 时，可由式（4-7）和式（4-8b）联解求出 q 和 a_0，浸润线仍按式（4-6）计算。

由两段法计算的浸润线，在渗流进口段应作适当修正，浸润线起点应与坝面 A 点正交，末点与原浸润线相切，中间修改成曲线，如图 4-3 所示。

2. 下游有褥垫式排水设施情况

褥垫式排水情况如图 4-4（a）所示，这种排水设施在下游无水时排水效果更为显著。由模拟实验证明，褥垫排水的坝体浸润线为一标准抛物线，抛物线的焦点在排水体上游起始点，焦点在铅直方向与抛物线的截距为 a_0，至顶点的距离为$\frac{a_0}{2}$，由此可得

$$q=K\frac{H_1^2-a_0^2}{2L'} \tag{4-9}$$

把式（4-9）代入基本方程式（4-6）可得浸润线方程

$$y^2=\frac{a_0^2-H_1^2}{L'}x+H_1^2 \tag{4-10}$$

把边界条件 $x=L'+\frac{a_0}{2}$、$y_1=o$ 及 $x=L'$，$y=a_0$ 代入式（4-10），即可求得 a_0

$$a_0=\sqrt{L'^2+H_1^2}-L' \tag{4-11}$$

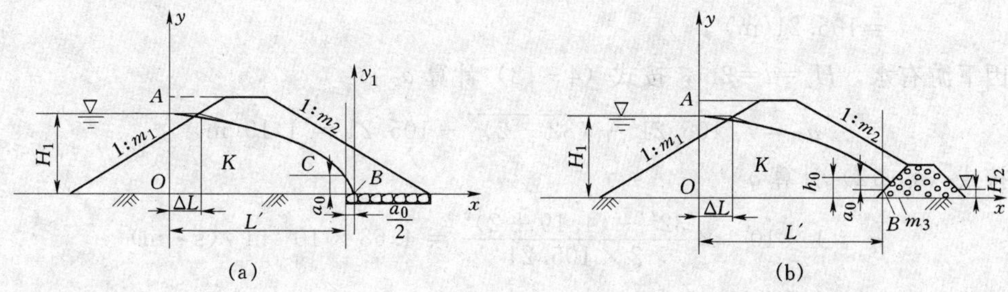

图 4-4　均质土坝渗流计算图

（a）有水平排水时；（b）有棱体排水时

3. 下游有堆石棱体排水设施情况

当下游有水时，如图 4-4（b）所示。为简化计算，以下游水面与排水体上游面的交点 B 为界把坝体分为上、下游两段，取上游 OA 断面和点 B 断面分析，分别列出两断面之间的平均过水断面面积和平均比降，由达西定律可导出渗流量 q 的表达式

$$q = K\frac{H_1^2-(a_0+H_2)^2}{2L'} \tag{4-12}$$

把下游水面看为地基，取 $H=H_1-H_2$ 代替 H_1，并注意到 $h_0=a_0+H_2$ 的关系，由此可直接按褥垫式排水情况的公式导出 a_0

$$a_0=\sqrt{L'^2+(H_1-H_2)^2}-L' \tag{4-13}$$

浸润线仍可按式（4-6）计算。

讨论分析：当下游无水时，令 $H_2=0$ 代入式（4-12）和式（4-13），将得到与式（4-9）和式（4-11）完全相同的公式。因此，下游无水的堆石棱体排水设施均质坝的渗流计算可采用褥垫式排水情况的公式计算。

【例 4-1】 某土坝为均质坝，坝高 $H_d=37$m，建在不透水地基上，坝体土料渗透系数 $k=1\times10^{-8}$cm/s，下游设堆石棱体排水，坝体尺寸如图 4-5 所示，求单位坝长的渗流量 q 及浸润线。

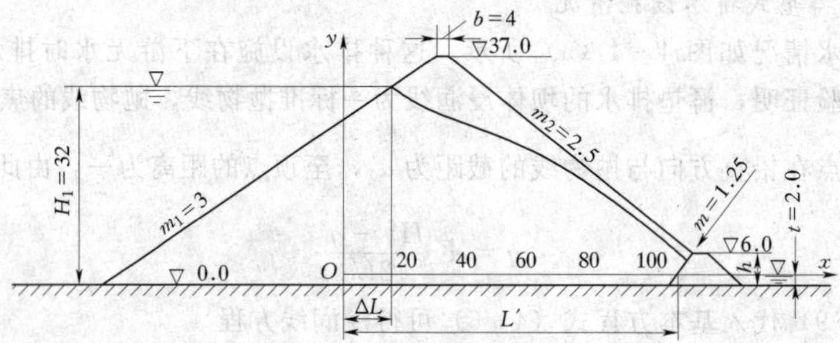

图 4-5 均质土坝渗流计算图（单位：m）

解：

$$\Delta L=m_1H_1/(1+2m_1)=3\times32/(1+2\times3)=13.71(\text{m})$$

$$\begin{aligned}L'&=\Delta L+m_1(H_d-H_1)+b+m_2(H_d-h)-m(h-t)\\&=13.71+3\times(37-32)+4+2.5\times(37-6)-1.25\times(6-2)\\&=105.21(\text{m})\end{aligned}$$

因下游有水，$H_2=t=2$m，按式（4-13）计算 a_0

$$a_0=\sqrt{105.21^2+(32-2)^2}-105.21=4.19(\text{m})$$

按式（4-12）计算 q

$$q=1\times10^{-8}\times\frac{32^2-(4.19+2)^2}{2\times105.21}=4.68\times10^{-8}\text{m}^3/(\text{s}\cdot\text{m})$$

按式（4-10）计算浸润线

$$y=\sqrt{\frac{a_0^2-H_1^2}{L'}x+H_1^2}=\sqrt{\frac{4.19^2-32^2}{105.21}x+32^2}=\sqrt{1024-9.57x}$$

（二）有限深度透水地基土石坝的渗流计算

1. 均质坝

对于透水地基上的均质坝（特别是下游有水情况），分析时把坝体与坝基分开考虑，即先假设地基为不透水的，由上述方法计算坝体的渗流量 q_1 和浸润线（用 q_1 代替 q），然

后再假定坝体为不透水的，计算坝基渗流量 q_2，两者相加可得通过坝体和坝基的流量 q。

当有棱体排水时（图 4-6），因地基产生渗流使得浸润线有所下降，可假设浸润线在下游水面与排水体上游面的交点进入排水体（即 $h_0=H_2$，$a_0=0$），则通过坝体的渗流量 q_1 可表达为

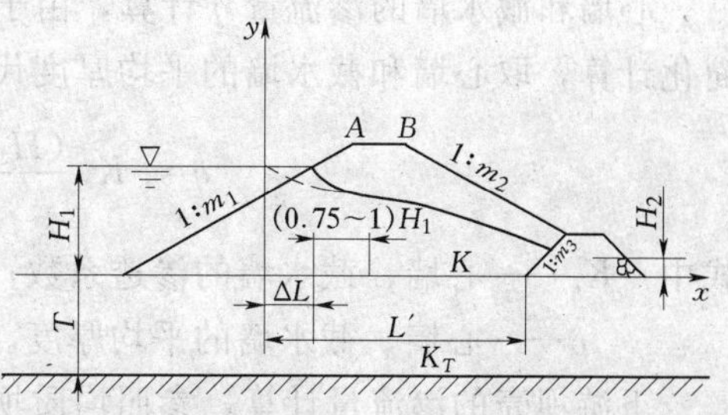

图 4-6　透水地基上均质坝渗流计算图

$$q_1 = K\frac{H_1^2 - H_2^2}{2L'}$$

引入流体力学分析结果，通过坝基的渗流量 q_2 可表达为

$$q_2 = K_T\frac{(H_1 - H_2)T}{nL_0}$$

至此，坝体、坝基的单宽渗流总量 q 可按式（4-14）计算

$$q = q_1 + q_2 = K\frac{H_1^2 - H_2^2}{2L'} + K_T\frac{(H_1 - H_2)T}{nL_0} \tag{4-14}$$

式中　K_T——坝基土料渗透系数；

T——透水层厚度，m；

L_0——排水体上游起始点前的坝底宽度；

n——坝基渗径修正系数，按表 4-7 选用。

表 4-7　　系数 n 值

L_0/T	20	5	4	3	2	1
n	1.15	1.18	1.23	1.30	1.44	1.87

浸润线仍然按式（4-6）计算，此时应将渗流量 q 用坝体渗流量 q_1 代替。

$$y = H_1^2 - \frac{2q_1}{K}x \tag{4-15}$$

2. 设有截水墙的心墙坝渗流计算

有限透水深度地基的心墙坝，一般可做成有截水墙的防渗形式（图 4-7）。计算时假设上游坝壳无水头损失（因为坝壳土料为强透水土石料），心墙上游面的水位按水库水位确定。因此，只需计算心墙、截水墙和下游坝壳两部分。

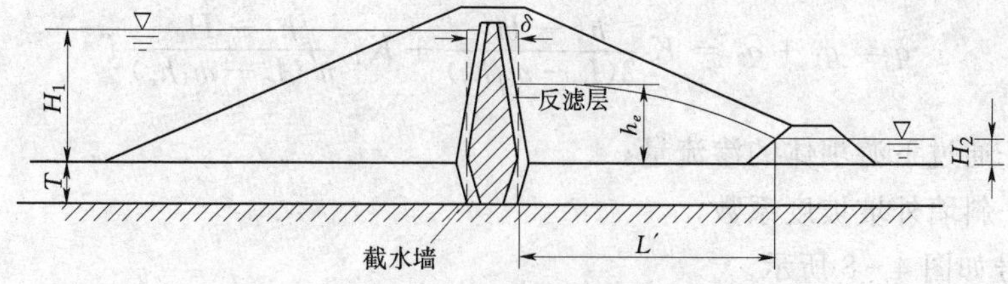

图 4-7　设截水墙的心墙坝渗流计算图

分析时，可分别计算通过心墙和下游坝壳的渗流量，并根据流量连续性原理求出渗流单宽流量 q 和下游坝壳在起始断面的浸润线高度 h_e。

心墙和截水墙的渗流量 q 计算，由于心墙和截水墙的土料一般都采用同一种土料，为简化计算，取心墙和截水墙的平均厚度代替变截面厚度，渗流量可按式（4-16）计算

$$q = K_e \frac{(H_1 + T)^2 - (h_e + T)^2}{2\delta} \tag{4-16}$$

式中 K_e——心墙、截水墙的渗透系数；

δ——心墙、截水墙的平均厚度。

下游坝壳的渗流量计算，参照均质坝公式，取 h_e 代替 H_1，并假定浸润线在下游水位与排水设备上游面的交点进入排水体，可导出渗流量表达式。

当下游有水时 $$q = q_1 + q_2 = K \frac{h_e^2 - H_2^2}{2L'} + K_T \frac{h_e - H_2}{n'L'} T \tag{4-17}$$

当下游无水时 $$q = q_1 + q_2 = K \frac{h_e^2}{2L'} + K_T \frac{h_e}{n'L'} T \tag{4-18}$$

式中，$n' = \dfrac{n+1}{2}$，n 按表 4-7 查用，查表时应取 L' 代替 L_0。

根据流量的连续性，联解式（4-16）与式（4-17）或式（4-18）即可求得 q 和 h_e。浸润线方程仍可按式（4-6）计算。计算时，取 h_e 代替 H_1，q_1 代替 q 即可导出方程 y

$$y^2 = h_e^2 - \frac{2q_1}{K} x \tag{4-19}$$

式中 q_1——透过下游坝壳的渗流量。

对于不透水地基，只要令 $T=0$ 代入上述公式即可导出不透水地基心墙坝的渗流计算公式。

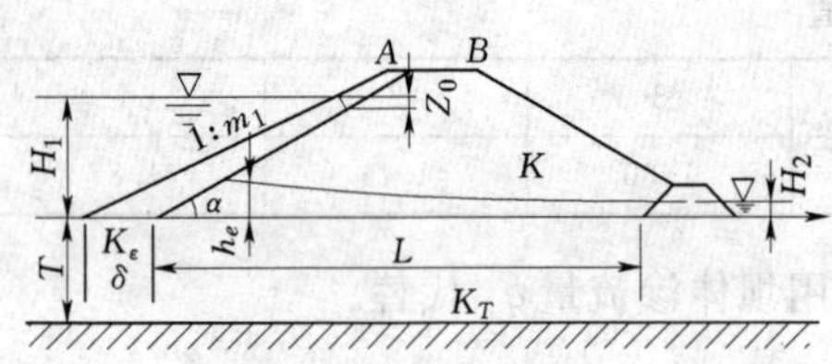

图 4-8 带截水墙的斜墙坝渗流计算

（三）设有截水墙的斜墙坝渗流计算（图 4-8）

同样，把斜墙和截水墙与下游坝体和坝基分开分别进行计算。计算时，取斜墙和截水墙的各自平均厚度为 δ_e、δ，则通过斜墙、截水墙的渗流量可近似按式（4-20）计算

$$q = K_e \frac{H_1^2 - h_e^2 - Z_0^2}{2\delta_e \sin\alpha} + K_e \frac{H_1 - h_e}{\delta} T \tag{4-20}$$

通过下游坝体和坝基的渗流量可按式（4-21）计算

$$q = q_1 + q_2 = K \frac{h_e^2 - H_2^2}{2(L - m_1 h_e)} + K_T \frac{h_e - H_2}{n'(L - m_1 h_e)} T \tag{4-21}$$

式中 q_1——通过下游坝体的渗流量；

m_1——斜墙外坡坡度系数；

其他符号如图 4-8 所示。

联解上述两式即可求出 q 和 h_e。对于不透水地基，只要令 $T=0$ 代入上述公式即可导出不透水地基斜墙坝的渗流计算公式。

坝体浸润线可近似按式（4-19）计算。

（四）设有水平铺盖的斜墙坝渗流计算（图 4-9）

相对而言，铺盖、斜墙土料的渗透系数要比坝体和坝基土料小得多。当铺盖和斜墙的渗透系数 K_e 小于坝体、坝基的$\frac{1}{50}\sim\frac{1}{100}$时，可按下述方法计算。计算时，以下游坝体浸润线起始点（A、B 断面）为界分为上、下游两段分析。

通过上游段的渗流量
$$q=K_T\frac{H_1-h_e}{n'(L_n+m_1h_e)}T \tag{4-22}$$

通过下游段的渗流量
$$q=q_1+q_2=K\frac{h_e^2-H_2^2}{2(L-m_1h_e)}+K_T\frac{h_e-H_2}{n(L-m_1h_e)}T \tag{4-23}$$

式中 n' 的意义与式（4-18）相同，查表时，式（4-22）用 $L_n+m_1h_e$ 代替 L_0；式（4-23）用 $L_n-m_1h_e$ 代替 L_0。

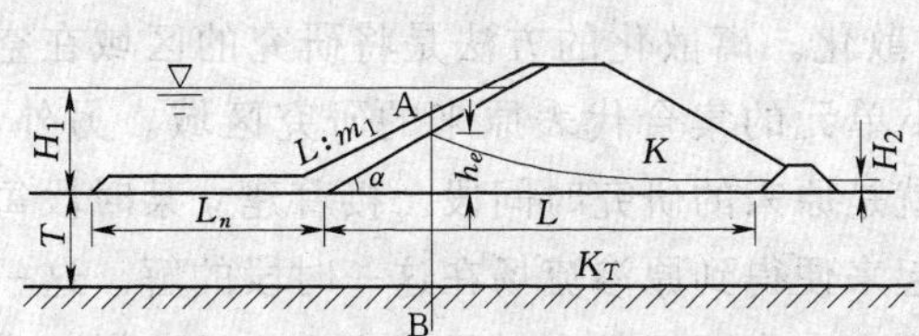

图 4-9　带铺盖的斜墙坝渗流计算

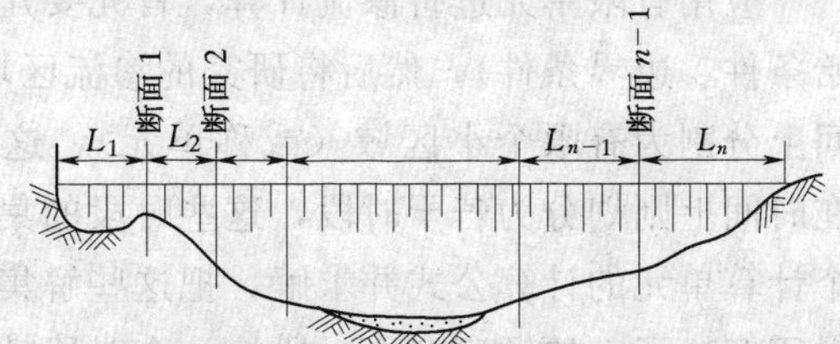

图 4-10　总渗流量示意计算图

坝体浸润线仍可近似按式（4-19）计算。

对于下游无水情况，只需令 $H_2=0$ 代入上述两式，即可以导出相应公式。

计算总渗流量时，应根据坝址地形和透水层厚度变化情况以及坝体结构，沿坝轴线方向将坝体分成若干坝段（图 4-10），分别计算各坝段的平均单宽渗流量，则通过坝体和坝基的总渗流量可按式（4-24）计算

$$Q=\frac{1}{2}[q_1L_1+(q_1+q_2)L_2+\cdots+(q_{n-2}+q_{n-1})L_{n-1}+q_nL_n] \tag{4-24}$$

上述介绍的渗流计算水力学法的各种公式，对于计算边界条件较简单的渗流问题，无疑是能满足工程的精度要求的。因此，对于Ⅲ～Ⅴ级的土石坝，一般可采用水力学法进行计算；对于边界条件复杂及多层地基的渗流问题，水力学法计算精度自然会大大降低。因此，对于Ⅰ、Ⅱ级坝或高坝，采用有限单元法计算。

【例 4-2】某土坝为黏土斜墙坝（图 4-8），上游设截水墙，其斜墙与截水槽相连接，下游水位与地面齐平（即图中 $H_2=0$），$H_1=39.2$m，$T=11.0$m，$m_1=3$，$\alpha=18.4°$，$L=223$m，斜墙平均厚度 $\sigma_e=4.0$m，截水槽平均厚度 $\sigma=6.53$m，$K_e=2.35\times10^{-7}$m/s，$K=3.5\times10^{-4}$m/s，$K_T=5\times10^{-4}$m/s。求坝的单宽渗流量 q 及斜墙后的浸润线高度 h。

解：按式（4-20）计算通过上游斜墙及截水槽段的渗流量

$$q=q_1=2.35\times10^{-7}\times\frac{39.2^2-h_e^2-\delta\cos^2\alpha}{2\times4\times0.316}+2.35\times10^{-7}\times\frac{(39.2-h_e)\times11}{6.53}$$

$$=(1570.2-0.93h_e^2-3.96h_e)\times10^{-7} \tag{a}$$

按式（4-21）计算通过下游坝壳及坝基段的渗流量。

由 $n'=\dfrac{1+n}{2}$ 且 $L_0/T\geqslant 20$，$n=1.15$，$n'=\dfrac{1+1.15}{2}=1.08$

$$q=q_2=3.5\times10^{-4}\times\frac{h_e^2}{2\times(223-3h_e)}+5\times10^{-4}\times\frac{11h_e}{(233-3h_e)\times1.08}$$

$$=\frac{3.5\times10^{-4}h_e^2}{446-6h_e}+\frac{55\times10^{-4}h_e}{251.6-3.24h_e}\tag{b}$$

联解式（a）及式（b）。可假定不同的 h 值用试算法求解，解得

$$q=1.519\times10^{-4}\mathrm{m}^3/(\mathrm{s}\cdot\mathrm{m}),\quad h=5.56\mathrm{m}$$

三、有限单元法

由于电子计算机技术和二维、三维稳定及非稳定渗流计算程序的广泛应用，有限单元法已成为深入研究复杂渗流问题的重要手段。

应用有限单元进行渗流计算，首先要建立数学模型（描述渗流运动的数学方程式和初始条件、边界条件），然后将研究的渗流区域离散化。离散化的方法是将研究的区域在空间上分割为有限个小区域（或称单元），这些小单元的集合代表原来的研究区域。另外，在时间上则划分为若干时段，这些时段的集合就是原来的研究时间段。接着建立某时段每个计算单元的计算公式并求解，把这些解集合起来便得到原渗流场在这一时段的解。这一时段解决了，按顺序一个时段接一个时段计算下去，直至把各个时段算完为止。这样，未知量（水力要素）随空间和时间的变化过程就被模拟出来了。有限单元法求解渗流问题是在计算机上进行渗流数值模拟，其中修改计算公式和修改数学模型都较方便，并且有现成程序可应用，目前已基本取代实验模拟法。

四、流网法

在稳定渗流的情况下，渗流场内充满运动的水体质点，这些质点的运动轨迹，称为流线；同时，渗流场中还存在着许多势能相等的点，把它们连接起来构成的曲线，称为等势线。渗流场内由这两束曲线构成的网络，称为流网。

手工绘制流网一般多采用试绘、修正的方法，试绘时首先按类比或凭经验定出初步的浸润线位置，然后在浸润线与不透水层之间绘出逐渐变化并在进出口与边界垂直的若干条流线；再将浸润线分为若干个合适的等水头差的间隔，通过分割点画出若干条等势线，并按流网的基本性质不断修改流线和等势线，使等势线与流线组成曲线正交方形网格，如图 4-11 所示。

应用流网即可求得有关的水力要素。以网格 i 为例，该网格的平均渗流比降、平均流

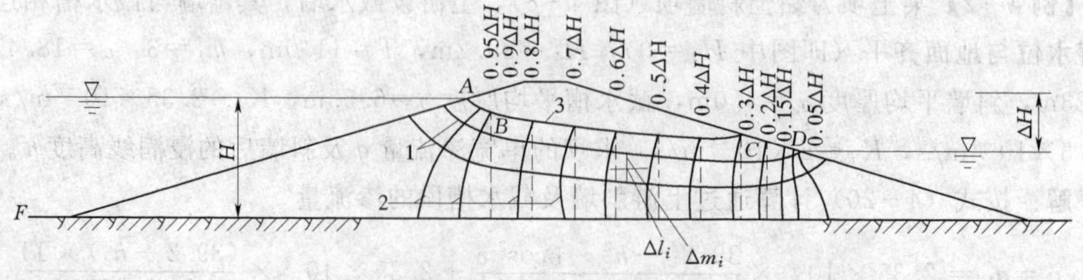

图 4-11　流网的绘制

1—流线；2—等势线；3—浸润线

速分别为

$$J=\frac{\Delta H}{n\Delta l_i},\quad v_i=\frac{K\Delta H}{n\Delta l_i}$$

式中　K——渗透系数；

ΔH——上、下游水位差；

n——等势线的分格数。

整个截面的单宽流量　$$q=K\sum_1^m\frac{\Delta H}{n}$$

式中　m——流线的分格数。

五、土石坝的渗透变形及其防止措施

土石坝在渗透水流的作用下可能发生渗透变形，严重时坝坡或坝脚附近还会产生渗透破坏，甚至导致工程失事，因此必须采取有效的控制措施。

（一）渗透变形的型式

土体渗透变形的型式及其发展过程，主要与土料的性质、级配、渗流条件以及防渗、排水措施等因素有关，通常可归纳为管涌、流土、接触冲刷与接触流失等四种类型。

1. 管涌

管涌是在渗流作用下，无黏性土中的细小颗粒从骨架孔隙中连续移动和流失的现象。当土体内的流速和水力比降达到一定的数值时，土体中的细小颗粒开始悬浮移动，并被渗透水流夹带流出坝体外或地基外。随着细小颗粒的连续流失，土体的孔隙逐渐加大，渗透流速也随之增大，继而带走较大的颗粒，形成集中的渗流通道。使个别小颗粒在渗流作用下开始在土体孔隙内移动的水力比降称为临界比降，使土体产生渗流通道和较大范围破坏的水力比降称为破坏比降。

工程实践经验表明，管涌一般发生在无黏性砂土、砂砾土的下游坡面和地基面渗流逸出处。对于黏性土料，由于土料颗粒之间存在有黏聚力，渗流难以把土粒夹带流失，因此一般不会发生管涌。

2. 流土

流土是在渗流作用下，土体从坝身或坝基表面隆起、顶穿或粗细颗粒同时浮起而流失的现象。这种渗透变形从流土的发生到破坏整个过程比较迅速，一旦渗流的水力比降超过某一范围，渗透压力超过土体的浮容重时，土体将被掀起浮动。流土主要发生在黏性土及均匀的非黏性土无保护措施的渗流出口处。

3. 接触冲刷

接触冲刷是当渗流沿两种不同的土层接触面流动时，沿层面夹带细小颗粒流失的现象，一般发生在两层级配不同的非黏性土中。

4. 接触流失

接触流失是渗流沿层次分明、渗流系数相差悬殊的两相邻土层的垂直面流动中，将渗透系数较小土层中的细小颗粒带入渗透系数较大土层中的现象。如黏性土心墙（或斜墙）与非黏性土坝壳之间，坝体或坝基与排水设施之间的渗流，由于上游层面的颗粒比下游层面颗粒小，在一定的流速和压力作用下，一层土料的颗粒将会产生移动流入另一土层中。

（二）渗透变形计算

1. 产生管涌和流土的临界比降计算

（1）管涌的临界水力比降计算。管涌临界水力比降的理论研究至今尚不成熟，对于中、小型工程，当渗流自下而上时，非黏性土发生管涌的临界水力比降可参照式（4－25）计算

$$J_{cr} = 2.2(G_S - 1)(1 - n)^2 \frac{d_5}{d_{20}} \tag{4-25}$$

式中 J_{cr}——土的临界水力比降；

n——土的孔隙率，%；

G_S——土的颗粒密度与水的密度之比；

d_5、d_{20}——占总土重5%和20%的土粒粒径。

管涌的临界水力比降也可以采用南京水利科学研究院建议的公式计算

$$J_{cr} = \frac{42d_3}{\sqrt{\frac{K}{n^3}}} \tag{4-26}$$

式中 K——土的渗透系数，cm/s；

d_3——占总土重3%的土粒粒径，cm；

n——土的孔隙比，%。

（2）流土的临界水力比降计算。流土的临界水力比降的研究公式较多，也较成熟，常用的有太沙基公式和王韦公式。太沙基公式计算流土的临界水力比降 J_{cr} 为

$$J_{cr} = (G_S - 1)(1 - n) \tag{4-27}$$

管涌和流土的允许水力比降 [J]，一般可由临界水力比降除以安全系数确定。对于无黏性土，安全系数可取1.5～2.0，其对建筑物危害较大时取2.0，特别重要的工程也可取2.5。

无实验资料时，无黏性土的允许水力比降可按表4－8查用。

表4－8　无黏性土 [J] 值

允许水力比降	渗透变形型式					
	流土型			过渡型	管涌型	
	$C_u \leqslant 3$	$3 < C_u \leqslant 5$	$C_u \geqslant 5$		级配连续	级配不连续
[J]	0.25～0.35	0.35～0.5	0.5～0.8	0.25～0.4	0.15～0.25	0.1～0.2

注　本表不适用于渗流出口有反滤层情况，表中 C_u 为土的不均匀系数，按 $C_u = \frac{d_{60}}{d_{10}} \times 100\%$ 计算。

2. 管涌和流土的判别方法

黏性土不会产生管涌，无需判别，对于无黏性土，管涌与流土应根据土的细小颗粒含量 P_c 按式（4－28）判别

$$\left.\begin{aligned} &\text{管涌} \quad P_c < \frac{1}{4(1-n)} \times 100 \\ &\text{流土} \quad P_c \geqslant \frac{1}{4(1-n)} \times 100 \end{aligned}\right\} \tag{4-28}$$

式中　P_c——土的细小颗粒含量，以质量百分率计算，%，按《水利水电工程地质勘察规范》（GB 50287—99）规定的办法确定。

对于不均匀系数 C_u 大于 5 的不连续级配土也可采用式（4-29）判别

$$\left.\begin{array}{ll}\text{管涌} & P_c < 25\% \\ \text{流土} & P_c \geqslant 35\% \\ \text{过渡型} & 25\% \leqslant P_c < 35\%\end{array}\right\} \quad (4-29)$$

（三）防止渗透变形的工程措施

如上所述，坝体和坝基产生渗透变形的条件主要取决于渗透比降、土料的性质和级配。因此，防止渗透变形的措施：一是在渗流的上游或源头采用防渗措施，拦截渗水或延长渗径，从而减小渗透流速和渗透压力，降低渗透比降；二是在渗流的出口段采用排水减压措施和渗透反滤保护措施，提高渗流出口段抵御渗透变形的能力。一般采用的工程措施如下：

（1）设置垂直或水平防渗设施（如截水墙、斜墙、心墙和水平铺盖等）。拦截渗透水流，延长渗径，消刹水头，达到降低渗透比降的目的。

（2）设置排水设施。对于表层为弱透水覆盖层的坝基，在坝后布置排水减压设施可以有效地降低坝基的渗透水头，从而防止渗透变形的形成和增加背水坡的抗滑稳定性，这些措施包括排水沟和减压井。对于坝体部分的保护措施主要有贴坡、堆石棱体等主要排水反滤设施。

（3）盖重压渗措施。当坝基透水层深厚，采用垂直防渗措施不经济时，除了在上游采用水平防渗铺盖之外，在背水坡外侧采用盖重压渗成为首选措施。盖重材料以排水通畅的砂石料为主，以免产生附加渗透压力。

（4）设置反滤层。反滤层是提高坝体抗渗破坏能力、防止各种渗透变形特别是防止管涌的有效措施。在防渗体渗流出口处，如不符合反滤要求，必须设置反滤层。反滤层可由2～3层不同粒径的砂、石料组成，其作用是滤土排水。按照渗流方向顺序，选择第一层反滤料时，以坝体或坝基作为被保护土料；选择第二层、第三层反滤料时，以第一层、第二层反滤料作为被保护的土料。水平反滤层层厚以15～25cm为宜，垂直或倾斜的反滤层应适当加厚；采用机械化施工时，每层厚度宜根据施工要求确定。

反滤层的土料应采用抗风化能力较强的耐用砂石料。为保证滤土排水作用的正常发挥，反滤层布置应满足如下要求：

1）反滤层应有足够的渗透性，能通畅地排除渗透水流。

2）使被保护的土层不发生渗透变形，即被保护的土料（包括反滤层砂石料）不得穿越下一层反滤料的孔隙。

3）反滤层不致被淤塞而失效。

第四节　土石坝的稳定分析

一、概述

土石坝作为一个由松散颗粒构成的整体，由于土石坝的剖面一般比较庞大，土石坝的

稳定就是局部坝坡的滑动稳定问题。如果局部滑坡现象得不到控制，任其发展下去，也会导致坝体整体破坏。

土石坝滑坡型式与坝体的工作条件，土料类型和地基的性质有关，一般可归纳为以下几种滑裂形式：

(1) 曲线滑动面。如图 4-12 (a)、(b) 所示，滑动面为一顶部陡峭而底部渐趋平缓的曲线面。由于曲线面近似于圆弧面，在坝坡稳定分析中常以圆弧面代替。当坝基为岩基或坝基土料比坝体土料坚实得多时，多从坝脚处滑出，否则，将切入坝基从坝脚以外滑出，如图 4-12 (a)、(b) 所示。

(2) 直线或折线滑动面。如图 4-12 (c)、(d) 所示，这种滑动面多数发生在非黏性土料的坝坡。对于斜墙坝，滑动面上部通常是沿着斜墙与坝体接触面滑动，下部在某一部位转折向坝外滑出。对于坝坡部分浸水时也是呈折线形式滑动。

(3) 复合滑动面。如图 4-12 (f) 所示，当坝基表面附近有软弱夹层时，因其抗剪强度低，滑动面上部可能呈弧形滑动，下部可能呈直线滑动的复合滑动形式。

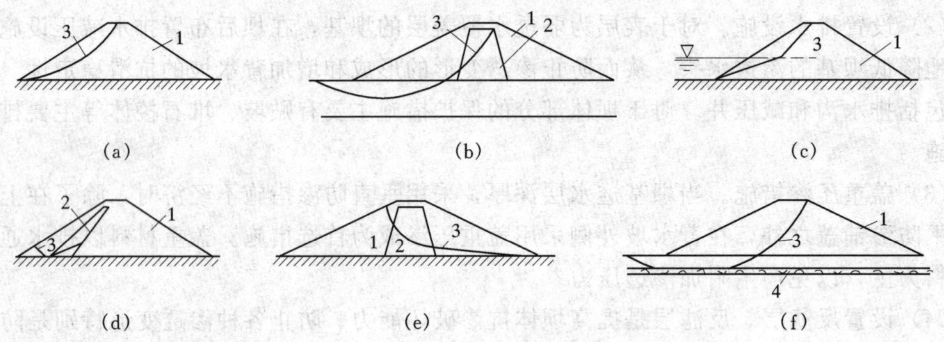

图 4-12 坝坡坍塌破坏形式

1—坝壳或坝身；2—防渗体；3—滑动面；4—软弱夹层

二、土料抗剪强度指标的选取

土石坝从施工期到运用期，土体的抗剪强度指标都在不断变化。因此，土料抗剪强度指标的选用是否合理，关系到坝体的工程量和安全问题。

1. *确定抗剪强度指标的计算方法*

抗剪强度指标的计算方法有总应力法和有效应力法。对于各种计算工况，土的抗剪强度都可采用有效应力法按式 (4-30) 确定

$$\tau_e = C' + (\sigma - u)\tan\varphi' = C' + \sigma'\tan\varphi' \tag{4-30}$$

对于黏性土在施工期或库水位降落期，其抗剪强度在某些情况下（如中、低坝的各种工况或高坝在非常运用情况下），也可以采用总应力法按式 (4-31) 确定

$$\left.\begin{aligned} &\text{施工期} && \tau_e = C_u + \sigma\tan\varphi_u \\ &\text{库水位降落期} && \tau_e = C_{cu} + \sigma'_c\tan\varphi_{cu} \end{aligned}\right\} \tag{4-31}$$

上两式中 τ_e——土体的抗剪强度；

σ'、σ——法向有效应力和法向总应力；

σ'_c——库水位降落前的法向有效应力；

u——孔隙水压力；

C'、φ'——有效强度指标；

C_u、φ_u——不排水剪的总强度指标；

C_{cu}、φ_{cu}——固结不排水剪的总强度指标。

2. 抗剪强度指标的测定方法及仪器使用规定

筑坝土料的抗剪强度应采用三轴仪测定。Ⅲ～Ⅴ级的中低坝，也可用直剪仪按慢剪试验测定有效强度指标；对于渗透系数小于 10^{-7}cm/s 或压缩系数小于 0.02 的Ⅲ～Ⅴ级的中低坝，也允许采用直剪仪按快剪或固结快剪试验测定其总应力抗剪强度指标。

不同情况下抗剪强度指标的测定方法和仪器使用要求见表 4-9。

表 4-9　抗剪强度指标的测定和应用

<table>
<tr><th>控制稳定的时期</th><th>强度计算方法</th><th colspan="2">土　类</th><th>使用仪器</th><th>试验方法与代号</th><th>强度指标</th><th>试样起始状态</th></tr>
<tr><td rowspan="8">施工期</td><td rowspan="6">有效应力法</td><td colspan="2" rowspan="2">无黏性土</td><td>直剪仪</td><td>慢剪（S）</td><td rowspan="6">C'，φ'</td><td rowspan="8">填土用填筑含水率和填筑容量的土，坝基用原状土</td></tr>
<tr><td>三轴仪</td><td>固结排水剪（CD）</td></tr>
<tr><td rowspan="4">黏性土</td><td rowspan="2">饱和度小于 80%</td><td>直剪仪</td><td>慢剪（S）</td></tr>
<tr><td>三轴仪</td><td>不排水剪测孔隙压力（UU）</td></tr>
<tr><td rowspan="2">饱和度大于 80%</td><td>直剪仪</td><td>慢剪（S）</td></tr>
<tr><td>三轴仪</td><td>固结不排水剪测孔隙压力（CU）</td></tr>
<tr><td rowspan="2">总应力法</td><td rowspan="2">黏性土</td><td>渗透系数小于 10^{-7}cm/s</td><td>直剪仪</td><td>快剪（Q）</td><td rowspan="2">C_u，φ_u</td></tr>
<tr><td>任何渗透系数</td><td>三轴仪</td><td>不排水剪（UU）</td></tr>
<tr><td rowspan="4">稳定渗流期和水库水位降落期</td><td rowspan="4">有效应力法</td><td colspan="2" rowspan="2">无黏性土</td><td>直剪仪</td><td>慢剪（S）</td><td rowspan="4">C'，φ'</td><td rowspan="6">同上，但要预先饱和，而浸润线以上的土不需饱和</td></tr>
<tr><td>三轴仪</td><td>固结排水剪（CD）</td></tr>
<tr><td colspan="2" rowspan="2">黏性土</td><td>直剪仪</td><td>慢剪（S）</td></tr>
<tr><td>三轴仪</td><td>固结不排水剪测孔隙压力（CU），或固结排水剪（CD）</td></tr>
<tr><td rowspan="2">水库水位降落期</td><td rowspan="2">总应力法</td><td rowspan="2">黏性土</td><td>渗透系数小于 10^{-7}cm/s</td><td>直剪仪</td><td>固结快剪（R）</td><td rowspan="2">C_{cu}，φ_{cu}</td></tr>
<tr><td>任何渗透系数</td><td>三轴仪</td><td>固结不排水剪（CU）</td></tr>
</table>

注　表内施工期总应力法抗剪强度为坝体填土非饱和土，对于坝基保护土，抗剪指标应改为 C_{cu}、φ_{cu}。

抗剪强度指标的整理和采用按如下原则进行：

(1) 黏性土料抗剪强度指标组数大于 11 组宜采用小值平均值确定；粗粒土料以及黏性土，当试验组数较少时，可根据试验成果和参考类似工程确定。

(2) 在应用总应力法确定填土强度包线时，施工期应采用图 4-13 (a) 的直线 2，库水位降落期应采用图 4-13（b）的包线 ABC。

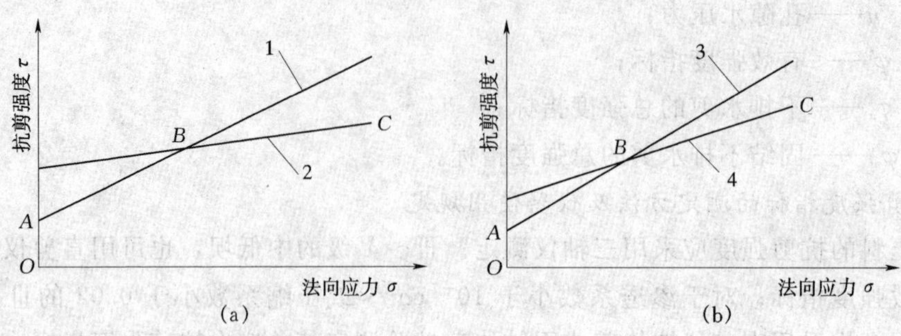

图 4-13　强度包线的组合

1—有效强度包线 CD；2—不排水剪总强度线 UU；3—有效强度包线 CD；4—固结不排水剪总强度包线 CU

（3）在没有条件通过试验确定接触面的抗剪强度包线时，应分别测得砂土强度包线 OAB 和黏土包线 FAD（图 4-14），采用 OAD 作为接触面的强度指标。

对于地震情况的抗剪强度指标，原则上应由动力试验确定。因条件不具备的Ⅲ～Ⅴ级坝，可采用静力抗剪强度指标代替。

三、坝坡稳定计算工况和安全系数的采用

（一）坝坡稳定计算工况

稳定计算的目的是保证土石坝坝坡在荷载作用下具有足够的稳定性。《碾压式土石坝设计规范》（SL 274—2001）规定，控制坝坡稳定应按如下几种工况进行核算。

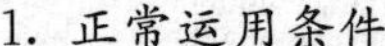

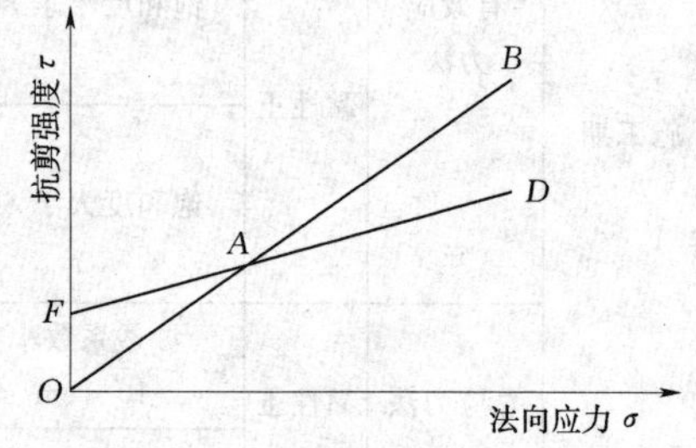

图 4-14　砂土黏土接触面的抗剪强度

1. 正常运用条件

（1）上游正常蓄水位与下游相应的最低水位或上游设计洪水位与下游相应的最高水位形成稳定渗流期的上、下游坝坡。

（2）水库水位从正常蓄水位或设计洪水位正常降落到死水位的上游坝坡。

2. 非常运用条件Ⅰ

（1）施工期的上、下游坝坡。

（2）上游校核洪水位与下游相应最高水位可能形成稳定渗流期的上、下游坝坡。

（3）水库水位的非常降落，即库水位从校核洪水位降至死水位以下或大流量快速泄空的上游坝坡。

3. 非常运用条件Ⅱ

正常运用水位遇地震的上、下游坝坡。

（二）稳定安全系数的采用

按照我国《碾压式土石坝设计规范》（SL 274—2001）规定，当采用计及条块间作用力的计算方法时，坝坡稳定安全系数应不小于表 4-10 规定的数值；当采用不计条块间作

用力的圆弧法计算时，对Ⅰ级坝正常运用条件的最小安全系数应不小于1.30，其他情况应比表4-10规定的数值减少8%。

表4-10　　坝坡抗滑稳定最小安全系数

运用条件	工程等级			
	1	2	3	4、5
正常运用条件	1.5	1.35	1.30	1.25
非常运用条件Ⅰ	1.30	1.25	1.20	1.15
非常运用条件Ⅱ	1.20	1.15	1.15	1.10

采用滑楔法计算坝坡稳定，当滑楔之间的作用力按平行于坡面和滑底斜面的平均坡度假设时，最小安全系数按表4-10规定采用；当作用力按水平方向假设时，安全系数参照不计条块之间作用力的圆弧法有关规定执行。

四、坝坡稳定分析方法

坝坡稳定计算应采用刚体极限平衡法。极限平衡稳定分析时，常用条分法，有不计条间作用力和计及条间作用力两类，按滑动面形状分圆弧法和滑楔法两种。对于均质坝、土质厚斜墙坝和厚心墙坝，宜采用计及条间作用力的简化毕肖普法；对于有软弱夹层、薄斜墙坝和薄心墙坝，适采用摩根斯顿—普赖斯法。鉴于瑞典圆弧法和滑楔法计算简单，且积累了较丰富的经验，虽然理论上有缺陷，但对于一般性中低坝，仍为较实用的方法。

（一）圆弧法

圆弧法是假定坝坡滑动面为一圆弧，取圆弧面以上土体作为分析对象。对于均质坝、厚心墙坝和厚斜墙坝，坝坡滑动面近似为圆弧形，故常采用圆弧法进行坝坡稳定分析。圆弧法是由瑞典人彼得森首先提出的，故称瑞典圆弧法。该法把分析对象分为若干土条，计算时不考虑土条间的作用力，把滑动土体相对圆弧圆心的总阻滑力矩 M_r 与总滑动力矩 M_T 的比值定义为坝坡稳定安全系数。约40年后，毕肖普又把安全系数定义为滑动面的抗剪强度 τ_e 与滑动面实际的剪应力 τ 之比，即 $K=\frac{\tau_e}{\tau}$。

毕肖普定义不仅使安全系数的物理意义更加明确，而且为坝坡稳定分析提供了更为广泛的途径。瑞典圆弧法由于不考虑土条间的作用力，因而计算结果一般比精确结果低于10%～20%，并且这种误差随着圆弧面的圆心角和孔隙压力的增大而增大。

1. 瑞典圆弧法

图4-15表示一均质坝坡滑动面和其中任一土条 i 的作用力，W_i 为土条自重；N_i 及 T_i 分别表示作用在土条底部的法向反力和切向阻力。

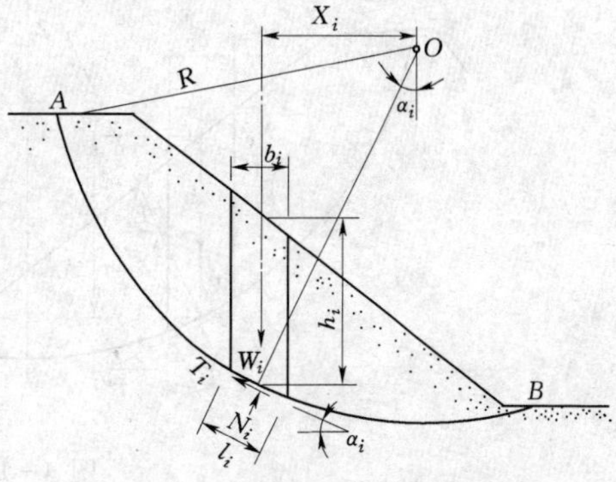

由毕肖普对安全系数的定义有 $\tau=\frac{\tau_e}{K}$，τ_e 可按式（4-30）或（4-31）计算。采用有效应力法计算时，土条底部的切向阻力 T_i 为

图4-15　瑞典圆弧法计算示意图

$$T_i = \tau_i l_i = \frac{\tau_e}{K} l_i = \frac{C'_i l_i}{K} + (\sigma_i l_i - U_i l_i)\frac{\tan\varphi'_i}{K} = \frac{C'l_i}{K} + (N_i - U_i l_i)\frac{\tan\varphi'_i}{K} \quad \text{(a)}$$

式中　N_i ——土条底部总应力的法向合力。

取土条沿底部法线方向列出极限平衡条件可得

$$N_i = W_i \cos\alpha_i \quad \text{(b)}$$

同时，各土条对圆心的总力矩应满足极限平衡条件，即

$$\sum W_i X_i - \sum T_i R = 0 \quad \text{(c)}$$

把 $X_i = R\sin\alpha_i$，并以式（a）、式（b）代入式（c），可得

$$K = \frac{\sum[(W_i\cos\alpha_i - u_i L_i)\tan\varphi'_i + C'_i L_i]}{\sum W_i \sin\alpha_i} \text{（有效应力法）} \quad (4-32)$$

式中　K——坝坡稳定安全系数；

u_i——作用在土条底面的孔隙压力；

C'_i、φ'_i——土条底面采用有效应力法测定的抗剪强度指标；

其余尺寸符号如图 4-15 所示。

式（4-32）就是用有效应力抗剪强度指标表示的瑞典圆弧法的基本公式。

计算时，若采用 $b=0.1R$，则 $\sin\alpha_i = 0.1i$、$\cos\alpha_i = \sqrt{1-(0.1i)^2}$，在每个滑弧计算时均为固定值，可使计算工作简化。当端土条宽度 $b' \neq b$ 时，可将该土条的实际高度 h' 换算为等效高度 $h\left(h=\frac{b'h'}{b}\right)$进行计算。

采用总应力法计算时，可在式（4-31）中令孔隙压力 $u_i=0$，同时把 C'_i、φ'_i换成总应力强度指标即可导出用总应力法计算的瑞典圆弧法公式。

2. 简化毕肖普法

如图 4-16 所示，图中 E_i、E_{i+1}、X_i、X_{i+1} 分别表示土条两侧的法向力和切向力，W_i 为土条自重，N_i、T_i 分别表示土条底部的总法向反力和切向反力，其余符号见图中表示。

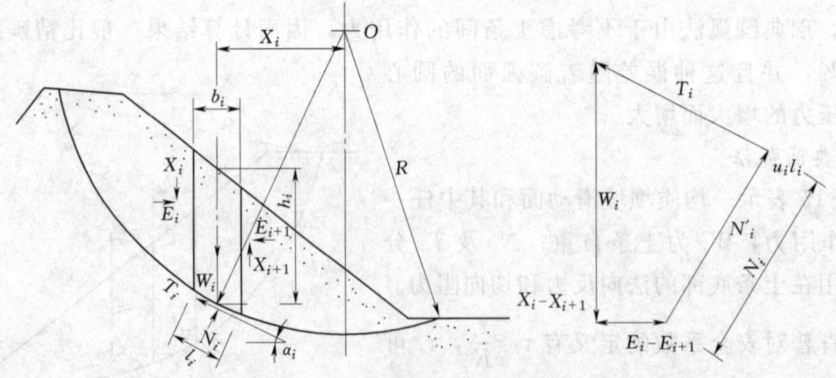

图 4-16　简化毕肖普法

根据土条满足垂直方向的极限平衡条件有

$$N_i\cos\alpha_i = W_i - T_i\sin\alpha_i + X_i - X_{i+1} \tag{d}$$

同时，土条外力对圆心的总力矩也应满足极限平衡条件（条间力作用相互抵消），即

$$\sum W_i X_i - \sum T_i R = 0 \tag{e}$$

把 $X_i = R\sin\alpha$ 和式（a）代入式（e）并整理得到

$$K = \frac{\sum[(N_i - u_i l_i)\tan\varphi'_i + C'_i l_i]}{W_i \sin\alpha_i} \tag{f}$$

图 4-17（b）中力的多边形平衡原理可求出

$$\left.\begin{aligned} N'_i = (N_i - u_i l_i) = \left[W_i + (X_i + X_{i+1}) - \frac{C'_i l_i \sin\alpha_i}{K} + \frac{u_i l_i \tan\varphi'_i \sin\alpha_i}{K}\right]\frac{1}{m_{ai}} \\ m_{ai} = \cos\alpha_i + \frac{\tan\varphi'_i \sin\alpha_i}{K} \end{aligned}\right\} \tag{g}$$

把式（g）代入式（f）并整理得毕肖普公式

$$K = \frac{\sum \frac{1}{m_{ai}}[(W_i - u_i b_i + X_i - X_{i+1})\tan\varphi'_i + C'_i b_i]}{\sum W_i \sin\alpha_i} \tag{4-33}$$

式中，X_i 和 X_{i+1} 是未知量。为使问题简化，毕肖普假定 $X_i \approx X_{i+1}$，其影响可以忽略不计，因此式（4-33）可简化为

$$K = \frac{\sum \frac{1}{m_{ai}}[(W_i - u_i b_i)\tan\varphi'_i + C'_i b_i]}{\sum W_i \sin\alpha_i} \tag{4-34}$$

这就是国内外广泛应用的简化毕肖普公式，式中两端均含未知量 K，故需采用迭代法或手工试算法求解。采用迭代法求解，一般收敛较快，可以通过编写程序在计算机中运算。采用手工试算时，一般可先假设 $K=1$，代入求 m_{ai} 和 K，再用此 K 求出新的 m_{ai} 及 K，如此反复计算几次，直至假设的 K 和算出的 K 非常接近为止。

以上两组公式推导未考虑地震作用，考虑地震时，可按《碾压式土石坝设计规范》（SL 274—2001）有关公式计算。

3. 讨论与分析

（1）施工期计算。计算时，施工期的土条重 W_i 为实重（由设计干容重加含水率求得）。如果滑动面切入地基且地基有地下水时，地下水位以上取湿重；地下水位以下取浮重。黏性填土施工期可采用总应力法计算，应用上述公式时，应将总应力抗剪强度指标 C_u、φ_u 代替 C'、φ'，并取孔隙压力为零；当采用有效应力计算时，公式中的孔隙压力 u_i 应采用 $u_0 - \gamma_w z$ 代替，z 为土条底部中点至坡外水位的垂直距离，u_0 为施工期初始孔隙压力，由式（4-35）计算

$$u_0 = \gamma h \overline{B} \tag{4-35}$$

式中 γ——土条平均重度；

h——土条高度；

$\overline{B}$——孔隙压力系数，由试验确定。

（2）稳定渗流期计算。稳定渗流期应采用有效应力法计算。应用式（4-32）或式（4

-34）时，式中的土条重 $W=W_1+W_2$。其中 W_1 为坡外水位以上的土条重，浸润线以上土条取湿重，浸润线与坡外水位之间的土条取饱和重；W_2 为坡外水位以下土条的浮重。另外，公式中的 u_i 应用 $u-\gamma_w z$ 代替，$\gamma_w z$ 与施工期意义相同，u 为稳定渗流期土条底部中点的孔隙压力，其值按流网图确定。如图 4-17 所示，图中任一等势线 aa' 上任意点 b 的孔隙压力等于 b 点与 a 点（该等势线与浸润线的交点）的水头压力值。

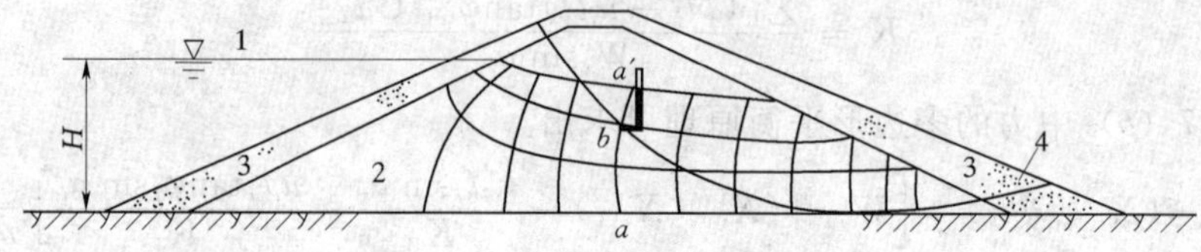

图 4-17 稳定渗流流网示例

1—上游水位；2—黏性土；3—砂壳；4—滑裂面

（3）库水位降落期计算。黏性土在库水位降落期可用总应力法计算。在应用上述公式时，应将总应力强度指标 C_{cu} 和 φ_{cu}（意义见表 4-10）代替式中的 c' 和 φ'，C_{cu} 和 φ_{cu} 按图 4-13（b）的下包线确定。式中分子和分母的土条重 W 应分别按下述方法确定：分子中 W 应采用库水位降落前的土条重，即 $W=W_1+W_2$，W_1 为坡外水位以上土条湿重；W_2 为坡外水位以下的土条浮重，u_i 应用 $u-\gamma_W z$ 代替，u 为库水位降落前土条底部中点的孔隙压力；分母中的 W 应采用库水位降落后的土条重，即 $W=W_1+W_2$，W_1 为库水位降落后坡外水位以上土条重，其中浸润线以上取湿重，浸润线与坡外水位之间取饱和重，W_2 为坡外水位以下土条的浮重。

当采用有效应力法计算时，应按库水位降落后的水位计算，土条重量 W 和孔隙压力 u_i 按稳定渗流期方法确定。

以上讨论情况适用瑞典圆弧法和简化毕肖普法。根据分析的结果，可分别导出施工期、稳定渗流期和库水位降落期 3 种工况的 12 组公式，读者不妨尝试导出，以资应用。

4. 最小安全系数确定

具有最小安全系数的滑动面需要反复试算才能确定。黏性土由于其土粒间具有黏聚性，滑动面切入坝体或坝基一般都比较深；无黏性土则切入较浅。对于均质（包括黏性或无黏性）的简单坝坡，可认为最小安全系数对应的滑动面圆心在坝坡中点上方一封闭的曲线形范围内（图 4-17），而且只有一个极小值点。对于非均质多土层（各层土料性质不同）的复杂坝坡，则存在着多极值问题。下面以瑞典圆弧法为例介绍均质单层土料坝坡寻找最小安全系数的试算方法。

（1）最危险滑动面的圆心位置确定。最小安全系数对应的滑动面称为最危险滑动面。要想确定最小安全系数，首先要确定最危险滑动面圆心的大致范围。潘家铮认为，最危险滑动面的圆心位置在坝坡上方的扇形面积 $bcdf$ 范围内。该扇形可通过坝坡中点 a 引出中法线和中垂线，并以 a 点为圆心，以 $R_1=\frac{L}{2}$、$R_2=\frac{3}{4}L$（L 为坝坡在水平面上的投影长度）为半径画弧交中法线和中垂线于 b、c、d、f 点形成，如图 4-18 所示。费伦纽斯认为最危险滑动面的圆心位置在图中 M_1M_2 线的延伸线附近。图中 H 为坝高，$\beta_1=25°$，β_2

$=35°$。在实际应用中，人们常把两者结合起来使用，即认为最危险滑动面的圆心位置在 M_1M_2 延伸线贯入扇形面积 $bcdf$ 的 eg 线附近。

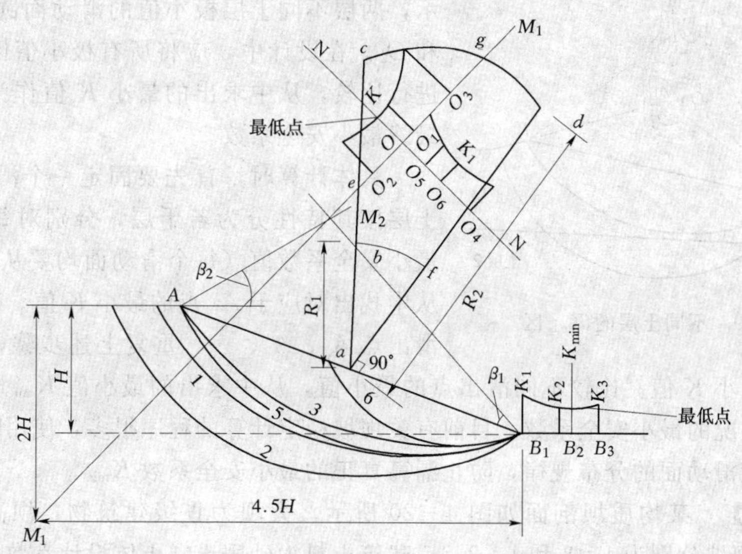

图 4-18 寻求最危险滑弧位置示意图

(2) 最小安全系数试算。

第一步，首先以坝脚 B_1 点为坝坡滑出点，在 eg 线上任拟三点 O_1、O_2、O_3 为圆心，分别画出通过 B_1 点的三个弧形滑动面计算 K 值，并按比例标在对应的圆心位置上，连成曲线，从中找出最小 K 值的位置（注：最小 K 值位置不一定在原拟定的圆心上）O 点。

第二步，通过 O 点取 eg 线的垂线 $N—N$ 线，在 $N—N$ 线上任取三圆心 O_4、O_5、O_6，仿照第一步的方法，从中求出最小安全系数 K。一般可以认为，该安全系数即为通过 B_1 点的最小安全系数 K_1。

第三步，根据坝基土质情况，在坝坡或坡外再选 B_2、B_3 点为坝坡滑出点，重复第一、第二步，又可分别求出对应于 B_2、B_3 点的最小安全系数 K_2、K_3。

第四步，把 K_1、K_2、K_3 按比例标在对应的位置上，连成曲线，从中求出的 K_{min} 值即可认为是坝坡的最小安全系数 K_{min}。

从以上步骤可以看出，试算坝坡一种工况的最小安全系数，通常要求计算 18 个滑动面，设计时需要计算多种工况，计算工作量很大。如全部依靠手工计算是非常费时费力的。当前电子计算机在设计领域广泛使用，这些计算都可以利用有关程序由计算机完成。有关土石坝坝坡稳定计算的程序很多，如中国水利科学研究院陈祖煜的《土石坝边坡稳定分析程序》(STAB)、北京理正软件设计研究院的《边坡稳定分析系统》、河海大学秦忠国的《边坡稳定分析程序》(SLOPE) 等，可供选用。

(3) 安全系数的多极值问题。多土层复杂坝坡稳定安全系数的多极值是存在的，高坝和重要工程应予考虑。早在 1980 年潘家铮就在《建筑物的抗滑稳定和滑坡分析》一书中指出：对于复杂的边坡，土壤是成层的，则安全系数等值线的轨迹也会出现在若干区域，每个区域都有一个低值，此时需要经过细致的分析比较，最终才能求得真正的 K_{min} 值。

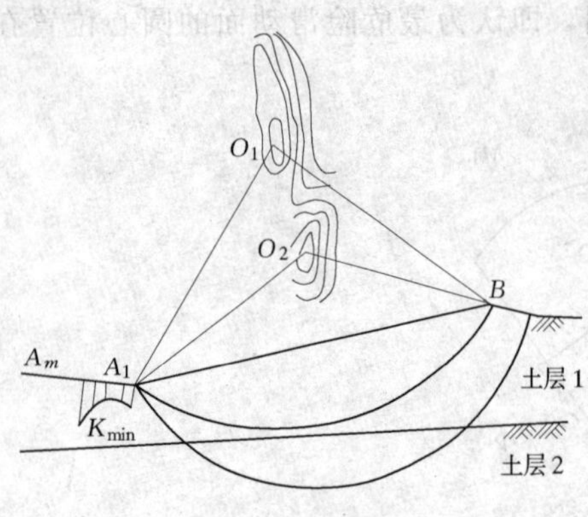

图 4-19　不同土层的 K_{min} 区

一般而言，有多少层不同填料的土层（包括地基）就可能有多少个极小值区域。如图 4-19 所示，两层不同土层极小值的滑动面圆心分别为 O_1 和 O_2。在设计中，应将所有极小值区域的 K_{min} 值进行比较，从中求出的最小 K 值作为整个坝坡的最终最小安全系数。

具体计算时，首先要固定一个滑出点 A_1，把土层按其特性分为若干层，分别对每一层试算其最小安全系数值（每个滑动面均要从 A_1 点滑出），从中找出对应于 A_1 点的最小 K 值。变换若干不同滑出点 A_2、A_3、…，重复上述步骤，求出对应不同滑出点的最小 K 值。比较不同滑出点的最小值，从中求出的最小值 K_{min} 即可认为是整个坝坡某种工况的最小安全系数。目前有关坝坡稳定计算的程序很多，使用时应注意是否考虑了最危险滑动面的分布规律，防止漏算真正的最小安全系数 K_{min}。

【例 4-3】　某均质坝剖面如图 4-20 所示，大坝为Ⅳ级建筑物，坝高 15m，顶宽 5m。上下游坝坡分别为 1∶3 和 1∶2.5，建筑土料为砂壤土，土体设计参数为（假定水位上下的参数相同）：$\varphi=25°$，$c=6\text{kPa}$，湿容重 19kN/m^3，浮容重 10.5kN/m^3，坝基为砂壤土，土体参数与坝体相同。

试求上游设计洪水位（水深 $H_1=12.8\text{m}$），下游无水（下游水位与地基齐平）时下游坝坡的稳定安全系数。

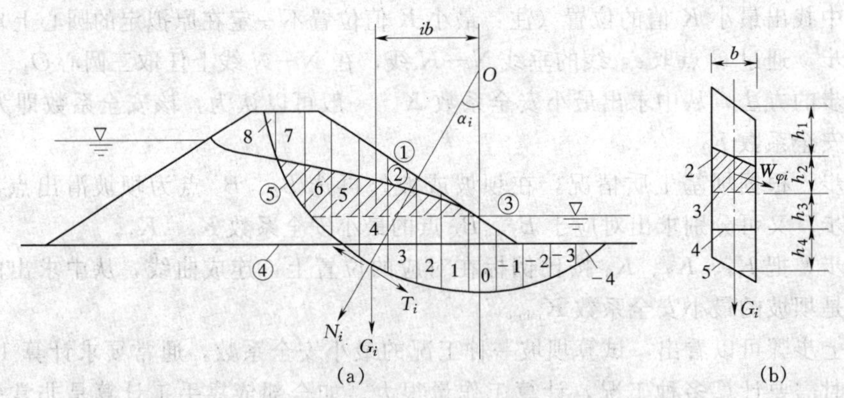

图 4-20　均质土坝坝坡稳定计算示意图

①—坝坡面；②—浸润线；③—下游水面；④—地基面；⑤—滑裂面

解：

(1) 按本节介绍的方法，确定危险滑弧圆心的范围，浸润线等参数如图 4-20 所示。

(2) 在扇形区上方任选一点 O 为圆心，选用半径 $R=36\text{m}$，作圆弧，如图 4-20 所示。

(3) 列表（见表 4-11）计算各土条的荷载（重力），表中 8 号土条宽度取 3.4m，高度为 2.1m，换算高度为 1.98m，但是 α 角未进行修正。下游排水体近似采用坝体参数

（偏于安全）。

（4）利用前面所学的公式进行该滑弧的安全系数计算。式中 $\tan\varphi=\tan25°=0.466$，弧长 $L=\pi R\beta/180°=3.14\times36\times71.5/180=44.8$（m）。

（5）由于为稳定渗流期，对浸润线以下至下游水位以上的渗流区域，应考虑渗透力的影响，计算阻滑力时该区域的重度为浮重度，计算下滑力时用饱和重度。$K_c=\dfrac{3839\times0.466+6\times44.8}{1573.6}=1.31$。

（6）按本节所述最小稳定安全系数的求法，多次重复上述计算，即可求得该坝坡的最小稳定安全系数值。

表 4-11　瑞典圆弧法滑坡稳定计算表（$h_3=0$，$\gamma_1=19$，$\gamma_2=20.5$，$\gamma_3=\gamma_4=10.5kN/m^3$）

土条编号	h_1	h_2	h_4	$h_1\gamma_1$	$h_2\gamma_2$	$h_2\gamma_3$	$h_4\gamma_4$	W_i	W_i'	$\sin\alpha$	$\cos\alpha$	$W_i\cos\varphi$	$W_i'\sin\varphi$
8	1.98			37.6				135.4	135.4	0.8	0.6	81.2	108.3
7	6.1			116.0				417.6	417.6	0.7	0.71	296.5	292.3
6	5.8	1.8		110.3	36.9	18.9		465.1	529.9	0.6	0.8	372.1	317.9
5	5.4	3.2		102.5	65.6	33.6		490.0	605.1	0.5	0.87	426.3	302.6
4	5.2	3.8		98.8	77.9	39.9		499.3	636.1	0.4	0.92	459.4	254.4
3	5.1	3.7		97.0	75.8	38.8		488.9	622.1	0.3	0.95	464.5	186.6
2	6.0	1.8	0.6	114.0	36.9	19.8	6.3	501.1	565.9	0.2	0.98	491.1	113.2
1	6.4		1.1	122.0			11.5	480.6	480.6	0.1	0.99	475.8	48.1
0	5.0		1.2	95.0			12.6	387.4	387.4	0	1	387.4	0
−1	3.6		1.1	68.5			11.5	288	288	−0.1	0.99	285.1	28.8
−2	1.2		0.6	22.8			6.3	104.8	104.8	−0.2	0.98	106.9	20.9
合计												3839	1573.6

（二）滑楔法

无黏性土的坝坡，如心墙坝的上、下游坝坡、斜墙坝的下游坝坡或上游保护层以及保护层与斜墙等，可能形成圆弧形滑动面，也可能形成折线形滑动面。稳定分析时可按滑楔法计算。对于厚斜墙坝和厚心墙坝还应按圆弧法校核。

按滑楔法计算时，常将滑动体以折点为界分为若干滑楔。滑楔间的相互作用力方向一般按两种方向拟定：一种是水平方向；另一种是平行于滑动斜面，前者计算的稳定安全系数比后者小。因此，假定滑楔间作用力的方向不同，对稳定安全系数的要求也不同。

1. 无黏性土坝坡稳定计算

以图 4-21 所示的心墙坝上游坝坡为例，假设任一滑动面 ADC，折点 D 在坡外水位附近，一般取 1/3 上游水位附近。将滑动土体分为 $BCDE$ 和 ADE 两块，重量分别为 W_1、W_2，抗剪强度指标分别为 φ_1、φ_2。滑楔间的作用力 P_1 按平行 CD 面方向假设，则 $BCDE$ 和 ADE 滑块的极限平衡方程式为

$$P_1 - W_1 \sin\alpha_1 + W_1 \cos\alpha_1 \frac{\tan\varphi_1}{K} = 0 \tag{4-36}$$

$$P_1 \cos(\alpha_1 - \alpha_2) + W_1 \sin\alpha_2 - P_1 \sin(\alpha_1 - \alpha_2)\frac{\tan\varphi_2}{K} - W_2 \cos\alpha_2 \frac{\tan\varphi_2}{K} = 0 \tag{4-37}$$

联解两式可求出安全系数 K。计算时，坡外水位以上取湿重，以下取浮重。

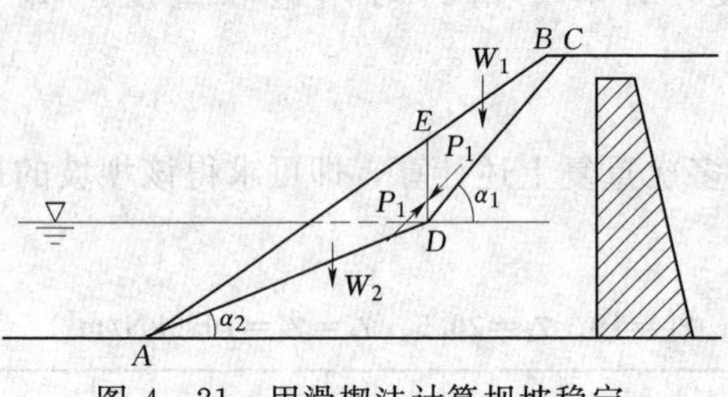

图 4-21 用滑楔法计算坝坡稳定

与圆弧法相同，最小安全系数需要反复试算确定。试算时通常是先固定一水位和 α_2，变动 3 个 α_1 求出对应的安全系数，建立 α_1 与 K 的关系曲线从中求出最小值。然后在相同水位下变动 α_2 和 α_1，重复上述步骤可求出对应这一水位的最小安全系数。一般还要变动两种水位，才能最终确定坝坡在某种工况的最小安全系数。

【例 4-4】 某三级黏土心墙坝，剖面尺寸如图 4-22 所示。已知上游坝坡系数 $m_1=2.0$，坝高 $H=36$m，水位如图所示。坝壳为砂砾填料，经土工试验测得其强度指标：水上部分 $\varphi_1=36°$，水下部分 $\varphi_2=34°$，土料湿重度为 20.5kN/m³，浮重度为 12.45kN/m³，地震基本烈度为 5 度，试计算上游水位在▽12.00m 时的稳定安全系数。

首先固定水位在 12.0m，取滑动面折点 D 设在与上游水位附近，假设 $\alpha_1=40°$，$\alpha_2=14°$，作出滑动面 ADE。取 D 点垂线将滑动土体分为 DCE 和 ADC 两条块，条块间相互作用力 P_1 按平行 ED 面方向假定，并计算两条块土重分别为 $W_1=5552.3$kN，$W_2=16836.1$kN（水上部分取湿重，水下部分取浮重）。把 α_1、α_2、$\tan\varphi_1$、$\tan\varphi_2$ 代入式（4-36）和式（4-37）可得

$$P_1 - 3568.9 + \frac{3090.2}{K} = 0$$

$$0.8988P_1 + 4073 - \frac{1}{K}(0.2957P_1 + 11018.8) = 0$$

联解得

$$K = 1.98$$

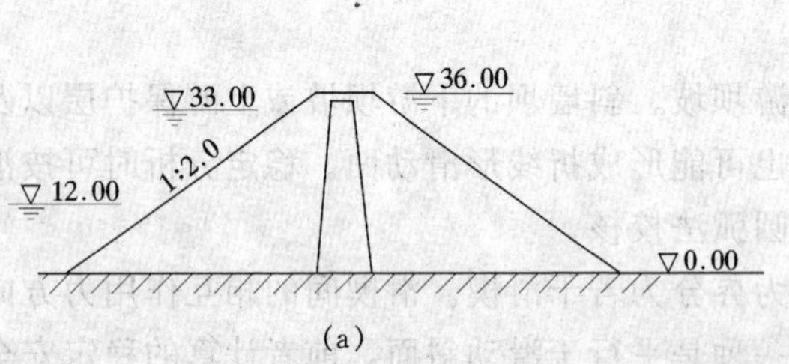

(a)

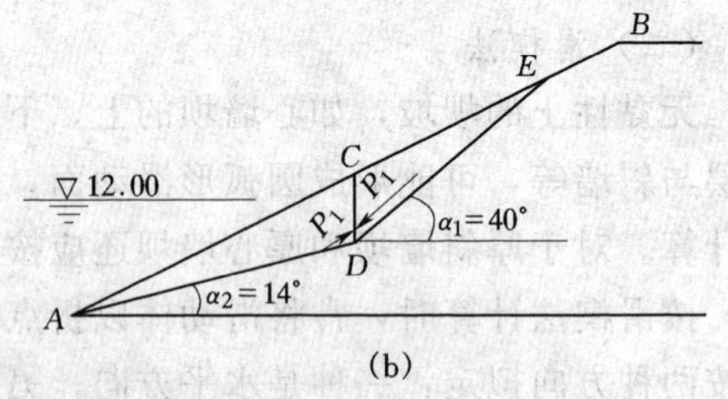

(b)

图 4-22 滑楔法算例图

2. 斜墙与保护层一起滑动的稳定计算

斜墙与坝体接触面，是两种抗剪强度不同土料的接触面。进行稳定计算时，应计算两种情况：一是保护层沿斜墙表面滑动；二是斜墙与保护层一起沿斜墙底面滑动。前者可按无黏性土坝坡计算（但强度指标选择和分块应按下述方法确定），后者按如下方法计算。

计算不同土层接触面滑动时，应分别测得两层土料的强度指标，绘成包线如图 4-23

所示，其抗剪强度指标按如下方法确定：当接触面的法向压力 P_e 小于包线 A 点的应力 σ_c 时，强度指标采用 OA 线，反之采用 AC 线。

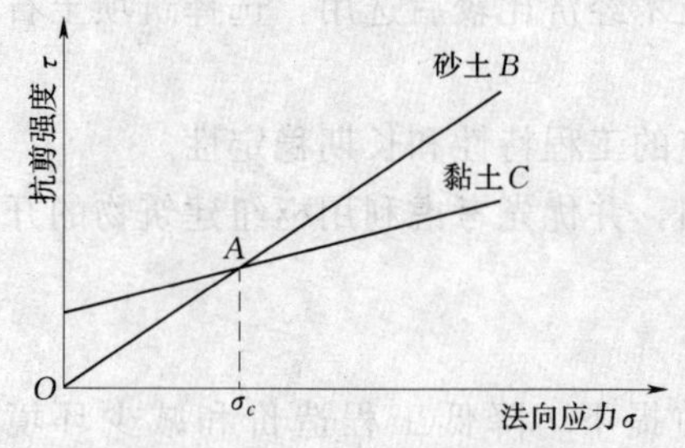

图 4-23　砂土、黏土接触面强度

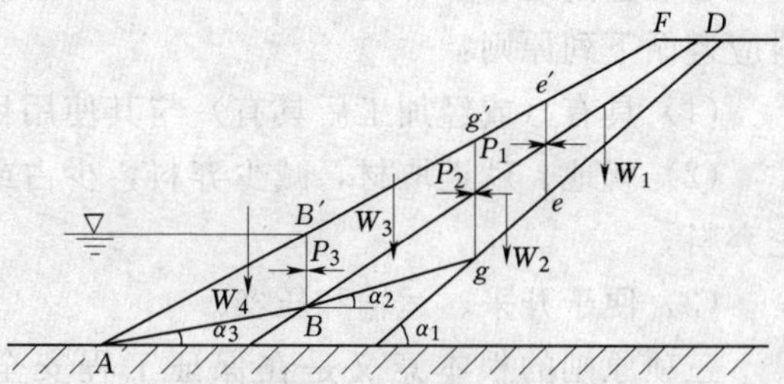

图 4-24　斜墙与保护层一起滑动计算示意图

下面以图 4-24 为例介绍斜墙与保护层一起滑动的稳定计算思路。首先应定出 e 点，使该点法向压力 $P_e=\sigma_c$。可近似取 $P_e=\overline{\gamma}h\cos\alpha_1$，其中 $\overline{\gamma}$ 为 e 点以上土体平均容重，h 为 e 点以上土柱高、α_1 为斜墙底面与水平面的夹角。e 点以上土体取坝体砂性土的抗剪强度 φ_1，以下取斜墙黏性土的 C_2、φ_2。过 e 点、g 点和 B 点把滑动体分为 4 块，重量分别为 W_1、W_2、W_3、W_4。假设条块间的作用力为水平方向，取各块滑楔为分析对象，可分别列出极限平衡方程式并联解即可求出安全系数 K，具体可应用有关程序上机计算。

（三）复合滑动面的坝坡稳定计算

如图 4-25 所示，坝坡的任一滑动面 $abcd$，其中 ab、cd 为圆弧滑动面。分析的思路是将滑动体分为 3 个区域，土块 abf 的推动力为 P_a，cde 的阻滑力为 P_n，分别作用在 fb 和 ec 面上，土块 $bcef$ 产生的阻滑力为 S，作用在 bc 面上，建立稳定极限平衡方程式为

$$K=\frac{P_n+S}{P_a} \tag{4-38}$$

其中
$$S=W\tan\varphi+CL$$

式中　W——土块 $bcef$ 的实重，浸润线以上取湿重，以下取饱和重；

φ、C——软土层的抗剪强度指标；

L——bc 面水平长度。

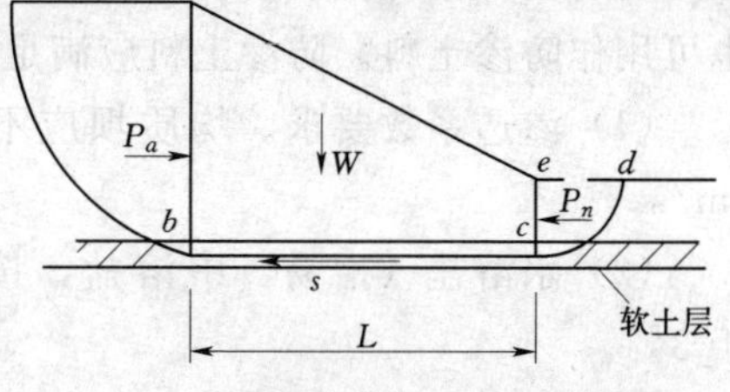

图 4-25　复合滑动面稳定计算

P_a 和 P_n 的计算，也可采用条分法计算，并拟定其方向近似为水平方向，用试算法求出 P_a 和 P_n。试算时，假设一个安全系数 K，推求 P_a 和 P_n。求 P_a 时，取 abf 为分析对象，从左边土条开始；求 P_n 时，取 cde 为分析对象，从右边土条开始。求出 P_a 和 P_n 后代入式（4-38），如果求出的 K 值与假定的 K 值不同，则重新假定 K 值重复计算，逐步逼近。

第五节　土料选择与填土标准确定

一、筑坝材料选择

就地、就近取材是设计土石坝的基本原则。筑坝材料的选择应查明坝址附近各种天然

土石料和枢纽建筑物开挖料的性质、种类、储量、运距等因素。

（一）筑坝土石料选择的原则

当坝址附近有多种适于筑坝的土石料时，应进行技术经济比较后选用，选择筑坝土石料应遵循下列原则：

（1）具有（或经加工后具有）与其使用目的相适应的工程特性和长期稳定性。

（2）就地、就近取材，减少弃料，少占或不占农田，并优先考虑利用枢纽建筑物的开挖弃料。

（3）便于开采、运输和压实。

三项原则的根本意义是在保证工程安全运用的前提下，降低工程造价和减少环境污染。

（二）坝体不同部位对土石料的要求

近年来土石坝发展的突出进步之一，就是筑坝材料的选用范围越来越广泛。风化料、软岩、砾石土等越来越多地用于筑坝，有利于充分发挥土石坝就地、就近取材的优势。土石坝一般由坝体（或坝壳）、防渗体和排水体三个主要部分组成，由于它们的任务和工作条件不同，因而对土石料的要求也不同。

1. 防渗体对土料的要求

防渗土料一般可用黏性土，土中黏粒（0.005mm）含量应大于10%～15%，但也不宜太高，以免造成施工困难。防渗土料也可采用砾石土，当砾石孔隙中填满密实的黏土时，同样具有黏性土的防渗性能。有合适级配的红黏土、坡积土、湿陷性黄土或黄土状土经处理后均可作为防渗土料。风化岩或软岩开挖碾压后可压碎为透水性较小的细颗粒时，也可用作防渗土料。防渗土料应满足下列要求：

（1）渗透系数要求。均质坝应不大于1×10^{-4}cm/s，心墙和斜墙应不大于1×10^{-5}cm/s。

（2）水溶盐（指易、中溶盐，按质量计）含量要求。均质坝、心墙和斜墙应不大于3%。

（3）有机质含量（按质量计）要求。均质坝应不大于5%，心墙和斜墙应不大于2%。

（4）具有较好的塑性和稳定性。

（5）浸水与失水时体积变化较小。

对塑性指数大于20和液限大于4%的冲积黏土，膨胀土，开挖、压实困难的干硬黏土，冻土和分散性黏土不宜作为防渗体的填筑土料。

我国南方分布较广的红黏土具有可压缩性低，且具有较高抗剪强度和抗冲能力及较小的透水性等特点，可作为防渗体的填筑土料。但用于高坝时，应对其压缩性进行论证。

湿陷性黄土或黄土状土用于填筑防渗体，压实后应不再具有湿陷性。实践证明，湿陷性黄土在合适的含水率下压实到较高的密实性，彻底破坏其原状结构，才能消除其湿陷性。

砾石土用于填筑防渗体，粒径大于5mm的颗粒含量不宜超过50%，最大颗粒不宜大于150mm（一般在75～150mm，国内多在100mm以下），0.075mm以下的颗粒含量不应少于15%。填筑时不得发生粗料集中架空现象。

当采用含有可压碎的风化岩或软岩的砾石土作防渗料时，其级配和物理力学指标应按碾压后的级配设计。人工掺合砾石土中各种土料的掺合比例应经试验论证后才能用作防渗体土料。采用土工膜作为防渗材料时，应按土工合成材料的要求执行。

2. 坝壳土石料的要求

坝壳土石料应基本满足排水性能好、抗剪强度高、易压实和抗震稳定性良好的要求。料场开采和枢纽建筑物开挖的无黏性土（包括砂、砾石、卵石、漂石等）、石料和风化料及砾石均可作为坝壳的填筑材料，并根据材料性质用于坝壳的不同部位。

均匀中细砂和粉砂因易于产生渗透变形，一般只能用于中、低坝坝壳浸润线以上的干燥区，高坝应避免使用这种土料，地震区的土石坝，更不宜采用这种土料。

下游坝壳水下部位和上游坝壳水位变化区应采用透水性能良好的土石料填筑。采用风化石料和软岩填筑坝壳时，应按压实后的级配研究确定土料的物理力学指标，并应考虑浸水后抗剪强度的降低、压缩性增加等不利情况。对软化系数低，不能压碎成砾石土的风化石料和软岩宜在坝壳的干燥区填筑。

3. 反滤层、过渡层和排水体对填筑材料的要求

（1）质地致密、抗水性和抗风化性能满足工程运用的技术要求。

（2）具有符合使用要求的级配和透水性。

（3）反滤料和排水体料中粒径小于 0.0075mm 的颗粒含量应不超过 5%。

反滤料可利用天然或经过筛选的砂砾石料，也可采用块石、砾石轧制，或采用天然和轧制的混合料。Ⅲ～Ⅴ级低坝经论证可采用土工布作为反滤料。

二、土料填筑标准的确定

土料的填筑标准要求填土有较高的密实度和均匀性，有较高的强度和较小的压缩性，在满足坝体的渗流条件和坝坡稳定要求的前提下，取得经济合理的坝体剖面。确定填筑标准时，应对下列因素进行综合研究：①坝高、坝型、坝的级别和坝的不同部位；②坝体填料特性：土石料的压实特性、填料的干容重和含水量与力学性质的关系、填料的天然干容重和天然含水率以及土石坝设计对填料的力学性质要求；③坝基土的强度和压缩性；④自然条件：当地气候对施工影响、设计地震烈度和其他动荷载作用；⑤施工条件：采用的压实机具、施工难易程度；⑥不同填筑标准对造价的影响。

1. 黏性土的填筑标准

我国《碾压式土石坝设计规范》（SL 274—2001）对黏性土的填筑标准作出如下规定：

含砾和不含砾黏性土的填筑标准以压实度和最优含水率作为控制指标，设计干容重应以击实最大干容重乘以压实度确定。对于Ⅰ、Ⅱ级坝和高坝的压实度应取 98%～100%，Ⅲ～Ⅴ级坝和中、低坝应取 0.95～0.98，Ⅴ级坝和低坝取小值，设计地震烈度为Ⅷ～Ⅸ度时取最大值。对有特殊用途和性质特殊的土料，可灵活确定压实度的大小，如混凝土防渗墙顶部的高塑性土，要求能承受较大的变形，并不要求太高的压实度；又如湿陷性黄土，需要最大限度地破坏其原状结构，使其不再具有湿陷性，因而要求较高的压实度。因此，对类似上述特殊情况的土料，需要根据工程实际情况确定合适的压实度。

土石料的压实程度受击实功能的控制，同时又随含水率的大小而变化。在一定的压实功能条件下达到最佳压实效果的含水率称为最优含水率。黏性土最优含水率和最大干容重

应按照《土工试验规程》(SL 237—1999) 规定的击实试验方法确定，对砾石土应按全料试样求取最优含水率和最大干重度。

2. *砂和砾石的填筑标准*

无黏性土，如砂、砂砾石等，通过击实可提高其抗剪强度和减小压缩性，对于细砂、粉砂还可以防止液化。试验表明：砂、砂砾的压实程度与颗粒级配和压实功能有关，与含水率关系不大。为此，其填筑标准应以相对密度为设计控制指标。对于砂料，相对密度不应低于0.7，反滤料宜为0.7，砂砾石不应低于0.75。砂砾石中粗粒料含量少于50%时，应保证大于50%的细料（小于5mm的颗粒）的相对密度也应满足上述要求，尤其在防止地震液化时更需要这种控制。对于砂砾石，实际应用中一般根据不同级配的室内结果整理出级配—干容重—相对密度关系，以便现场挖坑取样检查时，能根据测出的级配和干容重，查出相对密度是否满足要求。地震区的土石料相对密度应符合《水工建筑物抗震设计规范》(SL 203—97) 的规定。

对于堆石料，宜用孔隙率为设计控制指标，孔隙率宜取0.2%～28%。

第六节　土石坝的构造

对满足抗渗和稳定要求的土石坝，尚需进一步通过构造设计来保证坝的安全和正常运用。土石坝的构造主要包括坝顶、护坡、防渗体和排水体等四个部分。

一、坝顶

坝顶可采用碎石、单层砌石、沥青或混凝土护面，Ⅳ～Ⅴ级的土石坝也可以用草皮护面。当坝顶有交通要求时，坝顶护面应满足公路路面的有关规定。

为了排除降雨积水，坝顶护面可向上、下游侧放坡，坡度可根据坝址降雨强度的强弱在2%～3%选择，并做好向下游的排水系统。

坝顶上游侧宜布置防浪墙，墙顶应高于坝顶1.00～1.20m，墙底必须与防渗体紧密结合。防浪墙应做成坚固不透水的结构，其尺寸应根据稳定和强度条件确定，并设置变形伸缩缝和做好止水措施，如图4-26所示。

对于高坝或兼顾旅游功能的土石坝，下游侧或不设防浪墙的上游侧应设置栏杆等安全

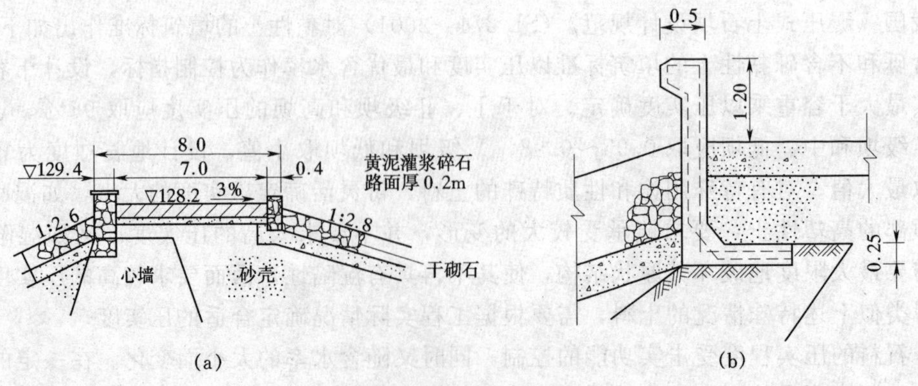

图4-26　坝顶及防浪墙构造图（单位：m）

防护措施，特别是有旅游功能或位于城镇区域的土石坝，应按运用要求设置照明设施，建筑艺术处理应美观大方，并与周围环境相互协调。

二、护坡

土石坝的上、下游坝面通常都要设置护坡。设置护坡的目的是为了保护上游坝坡免受波浪淘刷、顺坡水流冲刷、冰层和漂浮物等的危害作用和下游坝坡免遭雨水、冻胀干裂等主要因素的破坏作用，此外还有防止无黏性土料被大风吹散，蛇、鼠和土栖白蚁等野生动物在坝坡中营洞造穴对坝坡造成的危害作用。因此，坝坡表面为土、砂、砂砾石等土石料填筑时应设置专门的护坡。

1. 上游护坡

上游坝面工作条件较差，应选择有足够抗冲能力的护坡。我国已建造的土石坝，多采用堆石、干砌石和浆砌石护坡，近年来混凝土护坡采用也不少。堆石坝广泛采用堆石或抛石护坡，即在堆石填筑面上用推土机或抓石机将超径大块石置于上游坡面，这样能有利于机械化施工，可缩短工期，而且保证安全，有条件的土石坝可采用这种护坡形式。

干砌石护坡根据波浪大小可做成单层或双层，单层厚度约为 0.3～0.5m，如图 4－27（a）所示；双层干砌石护坡厚度约 0.4～0.6m，如图 4－27（b）所示。当护坡与坝体土料之间不满足反滤要求时，护坡底面需设碎石或砾石垫层，防止库水位降落和波浪对坝坡的淘刷。垫层厚度一般为 0.15～0.25m，并满足反滤要求和不冻要求。

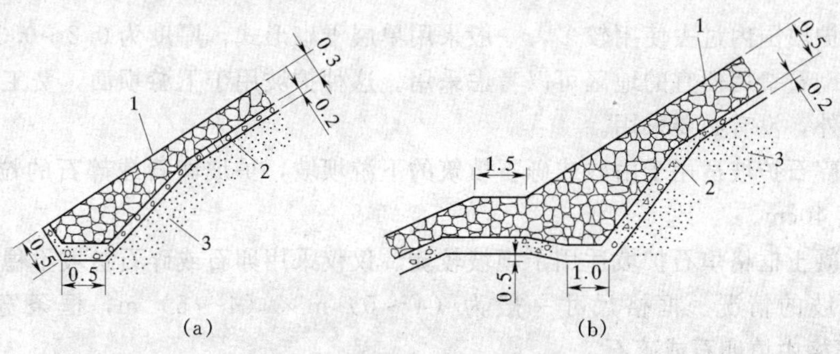

图 4－27　干砌石护坡（单位：m）

1—干砌石；2—砾石或碎石；3—粗砂

浆砌石护坡与干砌石类似，只是在块石之间充填砂浆或细石混凝土，一般适用于波浪较高、压力较大、若采用干砌石护坡容易被冲坏的情况。由于浆砌石护坡稳定性相对较好，其厚度可比干砌石护坡酌情减小。

混凝土护坡过去国外应用甚广，一般采用方形 5m×5m～20m×20m 厚度为 15～20cm 的现浇板块。近年来我国也使用不少，如碧口、刘家峡黄山副坝、陆浑等工程，使用效果都较好，在石料缺乏的地区可考虑采用。我国采用的混凝土或钢筋混凝土护坡有现浇和预制两种形式，厚度一般为 15～20cm。平面尺寸，现浇式有（10～15）m×（10～15）m，预制式有（1.5～3.0）m×（1.5～3.0）m 板块或厚度约为 10cm 的六角形预制块，如图 4－28 所示。其他型式的护坡，如沥青混凝土护坡和水泥土护坡，可参考有关文献论述，在此不再赘述。

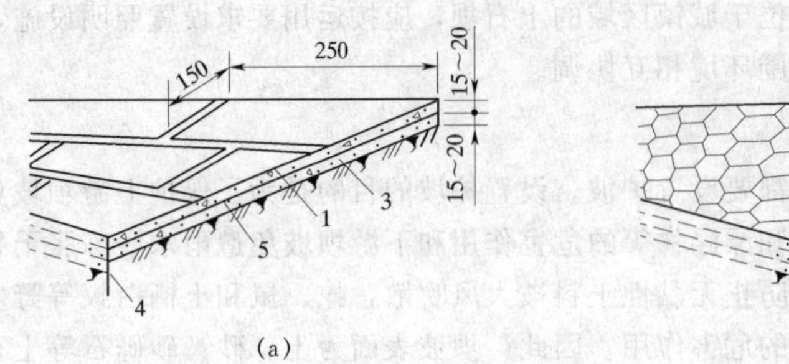

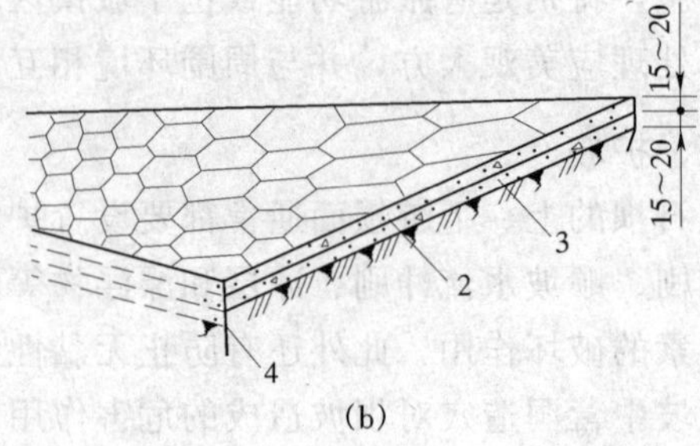

图 4-28 混凝土板护坡（单位：cm）

(a) 矩形板；(b) 六角形板

1—矩形混凝土板；2—六角形混凝土板；3—碎石或砾石；4—木板柱；5—结合缝

2. 下游坝坡

下游坝坡工作条件相对上游坝坡好些，一般宜简化设置。下游护坡型式一般有草皮护坡、单层干砌石护坡、卵石或碎石护坡和钢筋混凝土框格填石护坡等。

草皮护坡是均质坝常见的护坡形式，国内应用较普遍，如果坝面排水布置合理，护坡效果良好，且可以美化环境。草皮护坡的草苗宜采用爬地草或矮草，以减少日常维护工作。若坝坡为无黏性土时，则可在草皮下铺一层 20～30cm 厚的腐殖土，以利于草的生长。

干砌石护坡国内过去使用较多，一般采用单层干砌形式，厚度为 0.2～0.3m，通常在石料丰富且砌石费用便宜的地区可以考虑采用。这种护坡用于下游坝面，费工费料，除少数旅游地区外，没有必要采用。

卵石或碎石护坡适用于由砂或砾石填筑的下游坝坡，护坡卵石或碎石的粒径应为 5～10cm，厚度 40cm。

钢筋混凝土框格填石护坡适用于坝坡较陡、仅仅采用卵石或碎石护坡不稳定且不适宜采用草皮护坡的情况。框格尺寸一般为（4～5）m×（4～5）m，框条宽 0.2m，厚 0.3m，在框格中填卵石或碎石。

采用干砌石、浆砌石、卵石或碎石、沥青混凝土以及钢筋混凝土护坡（包括上游和下游护坡），护坡底部都应设置碎石或砂、砂砾石垫层，垫层厚度约为 15～30cm。冰冻严重的地区，垫层厚度还应满足坝坡不冻的要求。堆石、干砌石护坡与被保护的土料之间不满足反滤要求时，垫层应按反滤要求设置。为了消除护坡底面积水、降低坝体浸润线和护坡底面扬压力，现浇混凝土或钢筋混凝土、沥青混凝土和浆砌石护坡均应预留排水孔，排水孔之间的间距应根据渗水多少而定。

护坡的范围应根据水位变化情况和坝坡工作条件而定。上游护坡，上部自坝顶开始（如设防浪墙墙时应与防浪墙连接），下部伸至死水位以下不小于 2.50m（Ⅳ、Ⅴ级坝可减至 1.5m），最低水位不确定时应护至坝脚。下游坝坡应由坝顶护至排水体顶部，无排水体时也应护至坝脚。

3. 坝面排水

除了干砌石或堆石护坡之外，下游坝坡均须设置坝面排水，排水应包括坝顶、坝坡、

坝头及坝下游等部位的集水、截水和排水措施。同时，坝坡与岸坡连接处也应设排水沟，其集水面积应包括岸坡积水面积在内。

坝面排水系统的布置（图4-29）、排水沟的尺寸和底坡应由计算确定。排水系统应纵横贯通，有马道时，纵向排水沟宜设在马道内侧，竖向排水沟可每隔50～100m设一条。排水沟的横断面可用混凝土浇筑或浆砌石砌筑，一般断面尺寸应不小于深0.2m，宽0.3m。

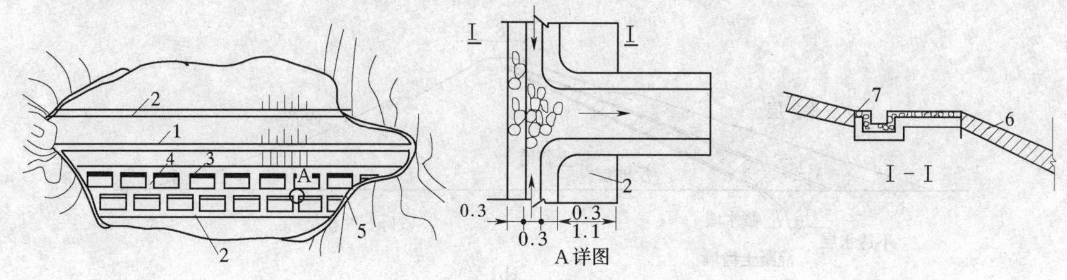

图4-29 坝面排水布置图（单位：m）

1—坝顶；2—马道；3—纵向排水沟；4—横向排水沟；5—岸坡排水沟；6—草皮护坡；7—浆砌石排水沟

三、防渗体

防渗体按其填筑材料分类可分为土质防渗体和非土质材料防渗体，其中土质防渗体包括黏性土心墙和斜墙等；非土质材料防渗体包括沥青混凝土、钢筋混凝土心墙、斜墙、面板和复合土工膜等。

（一）土质防渗体

土质防渗体在土石坝中应用最为广泛，是由渗透系数满足设计要求的土料填筑，一般以黏性土，含砂、砾石黏性土和壤土最为普遍。土质防渗体的断面尺寸应根据下列因素研究确定：①防渗体土料的数量和质量（包括允许比降、塑性和抗裂性能等）；②防渗体土料底面坝基的性质和处理措施；③土料施工难度及防渗土料与坝壳土料的比价关系；④库区设计地震烈度。

实践证明，土质防渗体（包括斜墙和心墙）的断面（图4-30）及厚度取决于防渗体土料的允许比降，在设计中通常采用渗流平均允许比降 $[J]$ 作为控制条件，并由最大作用水头 H 与允许比降的比值计算，即 $B=H/[J]$。从理论上来说，允许比降应由理论公式或试验求得临界比降并除以安全系数确定。但是，理论计算的防渗体断面可能太薄，而防渗体断面太薄对抗震抗裂不利。为此，根据实际工程经验提出的心墙允许比降不宜大于4.0，斜墙不宜大于5.0，据此可求出土质防渗体底部的厚度。近20年来，由于反滤层设计理论的不断完善，允许比降有逐步加大的趋势。如挪威的斯伐提文心墙坝，坝高125m，取 $[J]=5.0$；加拿大的肯尼斜墙坝，坝高85m，取 $[J]=5.3$；国内的窄口心墙坝，坝高77m，取 $[J]=6.4$m；陆浑斜墙坝，坝高55m，取 $[J]=6.9$。

土质防渗体顶部厚度应适应机械化施工要求，最小厚度宜取3.0m。为了防止防渗体的冻裂和干缩，心墙的顶部、斜墙的上游墙面和顶部都应设保护层，其厚度应根据库区冰

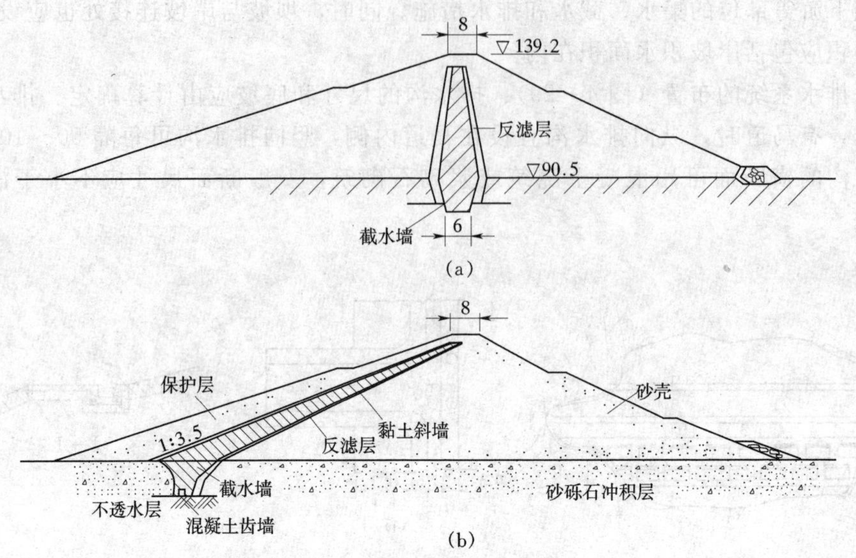

图 4-30　土质防渗体坝（单位：m）

(a) 黏土心墙坝；(b) 黏土斜墙坝

冻深度和干缩深度而定，但不得小于 1.0m。土质防渗体与坝壳的上、下游接触面，如不能满足反滤要求，均须设置反滤层。防渗体下游由于渗透比降较大，一般情况下应按反滤要求认真设计反滤层，但防渗体上游反滤层可适当简化。当反滤层总厚度不能满足过渡要求时，可加厚反滤层或设置过渡层。

（二）非土质材料防渗体

1. 沥青混凝土防渗体

沥青混凝土具有较好的塑性和柔性，适应变形能力和防渗性能较好。当沥青混凝土的孔隙率为 2%～5%时，渗透系数约为 10^{-7}～10^{-10}cm/s，在坝址附近缺乏防渗土料或采用土料防渗体造价较高时，可考虑采用沥青混凝土作心墙或斜墙防渗体。目前国内外建成的沥青防渗体土石坝有 200 多座，多用于堆石坝，砂砾石坝也有采用，但一般以中低坝居多。如陕西的石砭峪堆石坝、甘肃的党河水库大坝和北京的半城子坝均采用沥青混凝土作为防渗体。

沥青混凝土防渗体可做心墙或斜墙形式。心墙的断面可以做得很薄，其厚度通常取 40～125cm。对于中低坝，其底部厚度可采用坝高的 1/60～1/40，顶部可以减小，但不应小于 30cm。如党河水库沥青混凝土心墙坝，坝高 58m，心墙底部厚度为 1.5m，顶部为 0.5m。

沥青混凝土斜墙坝采用较多，早期的沥青混凝土斜墙做成双层式，即在两层密实的沥青混凝土防渗层之间夹一层由贫沥青混凝土铺成的排水层，如图 4-31（a）所示，其作用是排除渗过首层防渗层的渗水，但效果并不明显。近年来许多工程都倾向于采用简单的单层式沥青混凝土斜墙，如图 4-31（b）所示。

斜墙铺筑在坝体上游坝面的垫层上，垫层一般由碎石或砾石填筑，最大粒径应不超过

沥青混凝土骨料最大粒径的7～8倍。垫层厚度1～3m，其作用是调节坝体变形，其上铺一层厚度为3～4cm的沥青碎石层作为斜墙的基垫。斜墙本身由密实的沥青混凝土浇筑而成，厚度约为20cm左右，分层铺压，每层厚3～6cm。为了延缓沥青混凝土的老化时间和增加防渗效果，一般还应在斜墙表面涂一层沥青玛蹄脂保护层。

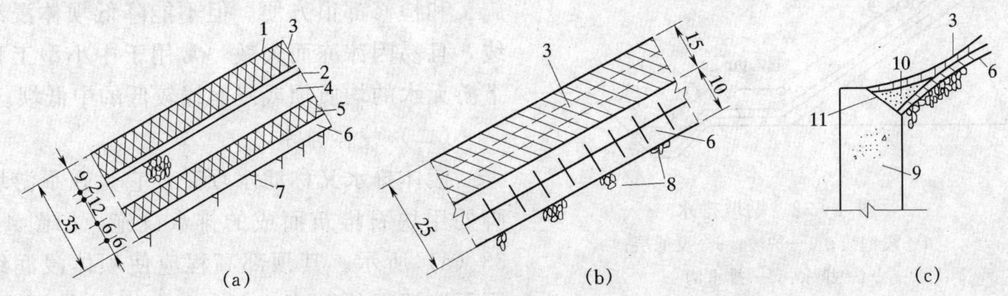

图4-31　沥青混凝土面板构造（单位：cm）

1—沥青砂胶；2—沥青砂浆；3—沥青混凝土（分3层浇筑）；4—排水层；
5—沥青混凝土（分2层浇筑）；6—整平层；7—沥青砂浆；8—碎石垫层；
9—混凝土截水墙；10—沥青砂浆；11—滑动层

按照施工要求，沥青混凝土斜墙的坡度应缓于1∶1.6～1∶1.7，斜墙与坝基防渗结构连结周边应做成适应变形错动的柔性结构，如图4-31（c）所示。

2. 钢筋混凝土面板

采用钢筋混凝土作为防渗体，在堆石坝中应用较多，少量土坝也有采用。防渗体的型式以面板居多，亦有用作心墙防渗体的。如广东飞来峡水库的副坝就是用钢筋混凝土做成心墙防渗体的土坝。关于钢筋混凝土面板的设计要求将在堆石坝中介绍。

（三）复合土工膜

利用土工膜作为坝体防渗体材料，可以降低工程造价，而且施工方便快速，不受气候影响。对2级及其以下的低坝，经论证可采用土工膜代替黏土、混凝土或沥青等，作为坝体的防渗体材料。如云南楚雄州塘房庙堆石坝，坝高50m，采用复合土工膜作为防渗材料，布置在坝体断面中间，现已竣工运行。土工膜防渗体的设计等内容详见第十节。

四、排水设施

土石坝虽然设置防渗设施拦截渗水，但仍有一定的水量渗入坝体内。因此，应设置排水设施，将渗水有计划地排出坝外，以达到降低坝体浸润线和孔隙压力，改变渗流方向，防止渗流逸出区域产生渗透变形，保证坝坡稳定和保护坝坡土层不产生冻胀破坏的目的。

为使坝体排水设施满足运用条件，坝体排水应满足如下三点要求：①排水体能自动地向坝外排出全部渗水；②排水体应便于观测和检修；③排水体应按反滤要求设计。常用的排水设施有如下几种形式。

（一）贴坡排水

贴坡排水又称表面排水，它是在下游坝坡底部区域用石块或卵石加反滤层铺砌在坝坡表面（不伸入坝体）的排水设施（图4-32）。排水顶部超出坝体浸润线逸出点的高度，对Ⅰ、Ⅱ级坝应不小于2.0m，Ⅲ～Ⅴ级坝不小于1.5m。当下游有水时，排水顶面高程应高于波浪沿坡面的爬高，同时排水材料应满足防浪护坡的要求。当坝体土料为黏性土时，

排水的厚度应大于该地区的冰冻厚度，以保证渗水不在排水设施内部结冻。排水下游处应设置排水沟，并应具有足够的尺寸和深度，以便在沟内水面结冰后，下部仍有足够的排水断面。

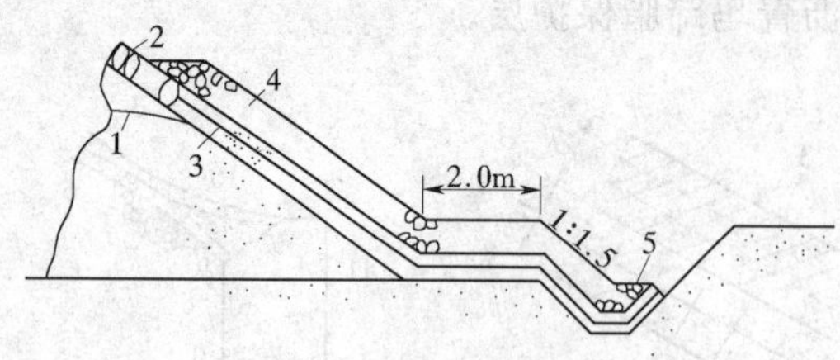

图 4-32 贴坡排水

1—浸润线；2—护坡；3—反滤层；4—排水；5—排水沟

这种形式的排水构造简单，省工节料，施工和检修都很方便。但不能降低坝体浸润线，且易因冰冻而失效，常用于中小型工程下游无水的均质坝或浸润线较低的中低坝。

（二）棱体排水

棱体排水又称滤水坝趾，它是在下游坡脚处用块石堆筑而成的排水设施，如图 4-33（a）所示。其顶部高程应使坝体浸润线距下游坝面的距离大于该地区的冰结深度，并应满足波浪爬高的要求。其高出下游水位的高度，对Ⅰ、Ⅱ级坝应不小于 1.0m，Ⅲ～Ⅴ级坝不小于 0.5m。排水顶部宽度应根据施工和观测的要求确定，一般为 1.0～2.0m，最小不宜小于 1.0m。

排水的内坡由施工条件确定，一般为 1∶1.0～1∶1.5，外坡根据坝基的性质和施工要求采用，一般为 1∶1.5～1∶2.0。为使逸出段的渗透比降分布均匀，在非岩性坝基上的棱体排水，应避免在棱体上游坝脚处出现锐角，宜做成图 4-33（a）所示的形式。

棱体排水是一种可靠的排水设施，它可以降低坝体浸润线，防止坝体发生渗透破坏和坝坡冻胀，在下游有水时可防止波浪淘刷。当坝基强度较高时，还可以增加坝坡的稳定性。但需要的石料较多，造价也相对较高，且与坝体施工有干扰，检修有一定的困难。

（三）坝内排水

坝内排水包括水平排水、竖式排水、网状排水带、排水管等。

1. 水平排水

水平排水有布置在坝基面上的褥垫式排水和沿坝体不同高程布置的水平排水层，如图 4-33（b）、（c）所示。

褥垫式排水是沿坝基表面由块石铺成的水平排水层。其伸入坝体内的深度一般不宜超过坝底宽的 1/4～1/3，纵坡约取 0.05～0.1，块石厚度约 0.4～0.5m，并通过渗流计算进行验算。这种排水能有效地降低坝体浸润线，防止土体的渗透破坏和坝坡土的冻胀，增加坝基的渗透稳定，造价也较低，在下游无水时是一种较好的排水设施。缺点是不易检修，施工时容易堵塞。布置在上游坝壳不同高程的坝内水平排水层，其目的是在库水位降落时，改变上游坝壳渗流方向，降低孔隙压力，以增加上游坝坡在库水位降落时的稳定性。下游坝壳的水平排水层有助于孔隙压力的消散和降低浸润线，对均质坝或坝壳采用透水性弱土料填筑的下游坝坡的稳定性有利。其设置位置、层数、厚度和伸入坝体内长度应根据渗水量大小确定，排水层厚度不宜小于 0.30m，并满足反滤层最小厚度要求。

2. 竖式排水

竖式排水［图 4-33（d）］包括直立式排水、上昂式排水和下昂式排水等。设置竖式

排水的目的，是使渗入坝体的渗水通过竖式排水自由顺畅地排向下游，保持坝体干燥，有效降低坝体浸润线，防止渗透水流从坝坡逸出。许多均质坝采用风化料或砾石土筑成，常因土料的不均匀性而形成局部的渗透通道，使浸润线升高，甚至浸润线在下游坝坡排水体以上逸出，造成险情。即使是相对均质的土料，因水平碾压致使水平向渗透系数大于垂直向渗透系数，而使实际浸润线比计算情况偏高。一般的竖式排水顶部通至坝顶附近，底部与坝底的褥垫式排水层连接，通过褥垫式排水排向下游。这是近年来开始采用控制渗流的有效排水方式，对于均质坝和下游坝壳采用强透水性材料填筑的土石坝，宜优先选择这种排水型式。

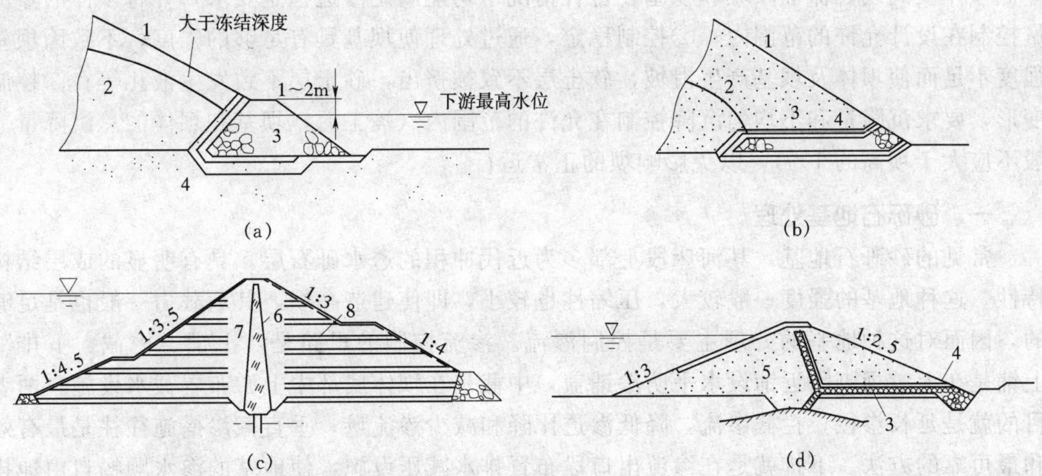

图 4-33　排水体的型式

(a) 棱体排水；(b) 褥垫式排水；(c) 坝内水平排水；(d) 坝内竖向排水

1—坝坡；2—浸润线；3—排水；4—反滤层；5—砂壤土坝体；

6—黏土心墙；7—黏性土坝体；8—砾卵石水平排水

（四）综合型排水

为充分发挥各种型式排水的优点，在实际工程中，常根据具体情况将 2～3 种不同型式的排水组合应用，称为综合型排水，如图 4-34 所示。

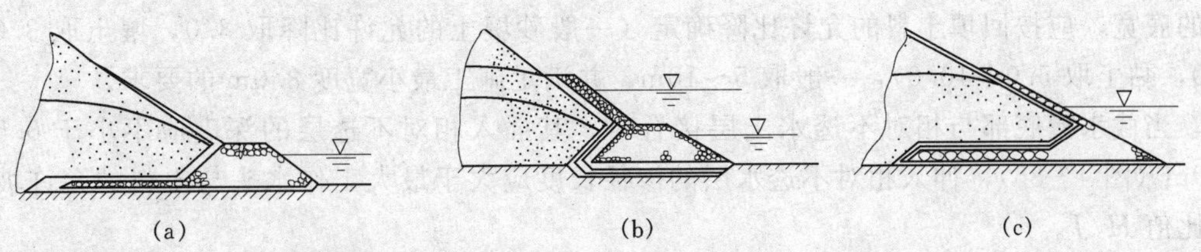

图 4-34　综合型排水

(a) 水平排水；(b) 竖式排水；(c) 水平加竖式排水

例如：当下游高水位持续时间较长时，为节省石料，可考虑在下游正常水位以上用贴坡排水，以下用棱体排水；当浸润线较高采用棱体排水难以满足设计要求且下游有水时，可采用褥垫式排水与棱体排水组合或采用贴坡、棱体和褥垫式组合型排水型式。

第七节 土石坝的地基处理

土石坝的主要优点之一是对地基适应能力较强，几乎在各类地基上都可建造土石坝。但是，土石坝多数建在土基上，土基的承载力、强度和抗变形、抗渗能力远比岩基差。因此，对坝基处理的要求丝毫也不能放松。据国外资料统计，土石坝失事约有40%是由于地基问题引起的，可见土石坝的地基处理也是相当重要的。土石坝地基处理的目的应满足如下三个方面的要求：①控制渗流，要求经过技术处理后的地基不产生渗透变形和有效地降低坝体浸润线，保证坝坡和坝基在各种情况下均能满足渗透稳定要求，并将坝体的渗流量控制在设计允许的范围内；②控制稳定，通过处理使坝基具有足够的强度，不致因坝基强度不足而使坝体及坝基产生滑坡，软土层不致被挤出，砂土层不致发生液化等；③控制变形，要求沉降量和不均匀沉降控制在允许的范围内（竣工后，坝基和坝体的总沉降量一般不应大于坝高的1%），以免影响坝的正常运行。

一、砂砾石地基处理

常见的砂砾石地基，其河床段上部多为近代冲积的透水砾石层，具有明显的成层结构特性。这种地基的强度一般较大，压缩性也较小，即使建造高坝，其承载力一般也是足够的，因而对这种地基的处理主要是控制渗流。渗流控制的思路是“上铺、中截、下排”。上铺是在上游坝脚附近铺设水平防渗铺盖，中截是在坝体底部中上游布置截水设施，两者目的就是延长渗径，拦截渗流，降低渗透比降和减少渗流量；垂直截渗措施往往是最有效和最可靠的方法。下排就是在渗流出口段布置排水减压设施，使地基的渗水顺畅自由地排出地面，达到滤土、排水、降压，避免地基发生渗透失稳的目的。

（一）垂直截渗措施

垂直截渗措施包括明挖回填黏土截水槽、混凝土防渗墙和帷幕灌浆等。

1. 黏土截水槽

明挖回填黏土截水槽是一种结构简单、工作可靠、截渗效果好的防渗措施，当砂砾土层深度在15m以内时，应优先考虑采用这种措施。截水槽的位置一般设在大坝防渗体的底部（均质坝则多设在靠上游1/3～1/2坝底宽处），横贯整个河床并伸到两岸。截水槽的底宽，应按回填土料的允许比降确定（一般砂壤土的允许比降取3.0，壤土取3.0～5.0，黏土取5.0～10.0），一般取5～10m，并满足施工最小宽度3.0m的要求。

当截水槽底部与相对不透水土层接合时，其插入相对不透层的深度应不小于0.5～1.0m（图4-35），伸入相对不透水层的渗径长度应大于最大工作水头与土料的允许坡降的比值H/J。

当截水槽底部与岩基接合时，容易发生接触冲刷，应妥善处理。除了渗径应满足设计要求（同上）以外，一般还应在岩石表面喷一层水泥砂浆后回填截水槽。截水槽上部与坝体防渗体连成整体，下部与岩基或不透水土基紧密结合，形成从上到下、从河床到两岸的完整截渗体系。

2. 混凝土防渗墙

当地基砂砾石层深度在15～80m时，采用混凝土防渗墙截渗是比较有效和经济的措

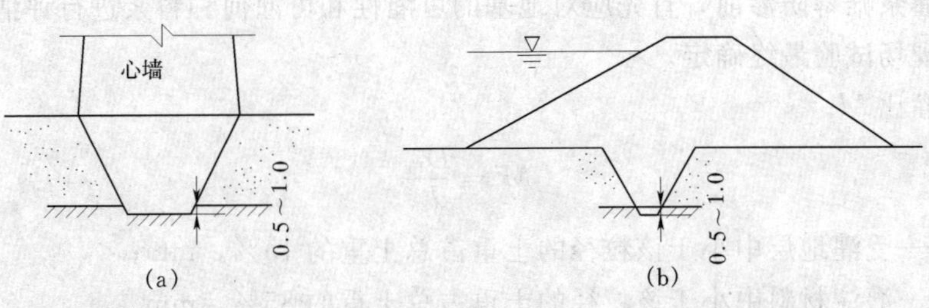

图 4-35　截水槽底部要求（单位：m）

(a) 心墙坝；(b) 均质坝

施（图 4-36）。一般做法是用冲击钻沿坝基防渗轴线分段建造深窄式槽形孔直至基岩，以泥浆固壁，在槽内浇筑混凝土（水下浇筑法），构成一道连续的混凝土防渗墙。这种防渗方法不需要大量开挖，具有施工进度较快、造价较低、防渗效果较显著的优点。

混凝土防渗墙的厚度由坝高和防渗墙的允许渗透比降、墙体溶蚀速度和施工条件等因素确定，其中施工条件和坝高起决定性作用。根据国内已建工程经验，一般允许比降以 80～100 为宜，并由最大工作水头除以允许比降校核墙的厚度。从混凝土溶蚀速度方面考虑，混凝土在渗水作用下带走游离氧化钙而使强度降低，渗透性增加，因此，可按其强度 50%的年限审核墙体厚度。从施工条件和坝高方面考虑，利用冲击钻造孔，1.3m 直径钻具的重量已近极限，所以国内已建工程一般将墙体厚度控制在 0.6～1.3m 的范围内。另外，造墙的工期和造价，由钻孔和浇筑混凝土两道主要工序控制，薄墙钻孔数量增大而混凝土量减少，厚墙则反之，两者有一个最佳的经济组合。按已有经验，墙厚小于 0.6m 时，减少的混凝土量已不能抵偿钻孔量增加的代价，经济上已不合理。因此，采用冲击钻施工方法，当坝较高、水头较大时，应采用两道墙，最小厚度不小于 0.6m。

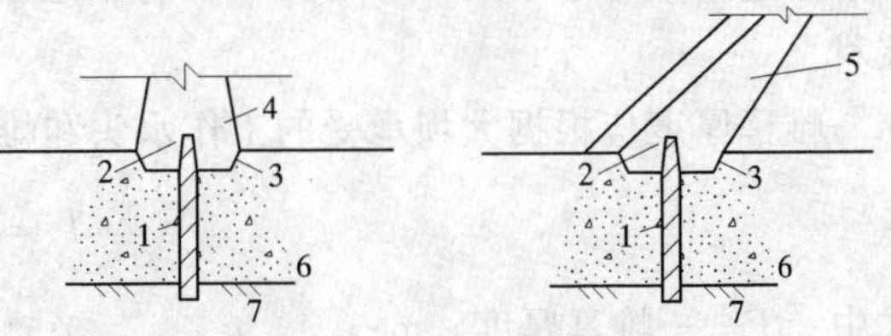

图 4-36　混凝土墙顶部与防渗体的结合

1—防渗墙；2—楔形体；3—高塑性黏土；4—黏土心墙；5—黏土斜墙；6—砂砾层；7—基岩

防渗墙顶部和底部是防渗的薄弱部位，应慎重处理。为此要求防渗墙墙顶应做成光滑的楔形，插入土质防渗体的深度为 1/10 坝高，其中高坝可适当降低，或根据渗流计算确定；低坝应不小于 2.0m，并在墙顶填筑含水率大于最优含水率的高塑性土区。墙底应嵌入基岩 0.5～1.0m，对风化较深和断层破碎带处，可根据坝高和断层破碎情况适当加深。

高坝深砂砾石层的混凝土防渗墙，应进行应力应变分析核算墙的应力，为选择混凝土的强度提供依据。墙体除了应具有设计要求的强度外，还应具有足够的抗渗性和耐久性，为此可在混凝土内掺入适量的黏土、粉煤灰及其他外加剂。为了保证防渗墙的施工质量，对高坝深砂砾石层的混凝土防渗墙宜采用钻孔、物探等方法做强度和渗透性的质量检查。

3. 灌浆帷幕

当砂砾石层很深或采用其他防渗截水措施不可行时，可采用灌浆帷幕，或在深层采用灌浆帷幕，上层采用明挖回填黏土截水槽或混凝土防渗墙等方法截渗。

在确定灌浆帷幕防渗前，首先应对地基的可灌性和可灌何种料浆进行评估，可灌性应通过室内及现场试验最终确定。

(1) 可灌比 M。

$$M=\frac{D_{15}}{d_{85}} \tag{4-39}$$

式中 D_{15}——受灌地层中小于该粒径的土重占总土重的15%，mm；

d_{85}——灌注材料中小于该粒径的土重占总土重的85%，mm。

当 $M>15$ 时，可灌水泥浆；$M>10$ 时可灌水泥黏土浆。

(2) 渗透系数。关于可灌性的评估，除了以可灌比评价之外，也可用渗透系数进行评估。当地基的渗透系数大于 10^{-1}cm/s 时，可灌水泥浆；当地基的渗透系数大于 10^{-2}cm/s 时，可灌水泥黏土浆。

此外，当地基小于 0.1mm 颗粒含量少于 5%时，一般能灌注水泥黏土浆；超细水泥可灌渗透系数等于 $10^{-3}\sim10^{-4}$cm/s 的砂层；对所有的砂层和砂砾石层，均可采用化学浆材。

帷幕厚度应根据大坝承受的工作水头和帷幕本身的渗透比降确定，可按下式计算

$$T=\frac{H}{J} \tag{4-40}$$

式中 T——帷幕厚度，m；

H——最大设计水头，m；

J——帷幕的渗透比降，对一般水泥黏土浆可采用 3～4。

对深度较深的多排帷幕，根据渗流计算和已建工程经验，灌浆厚度可沿深度逐渐减薄。多排帷幕灌浆的孔距和排距应通过现场灌浆试验确定，初拟时可选用 2～3m，排数可根据帷幕厚度确定。

帷幕底部伸入相对不透水层的深度，对于高、中坝应不小于 5m，低坝可酌情减小；当相对不透水层较深时，可根据渗流分析并结合已建类似工程研究确定。

近 20 年来，我国发展了高压定向喷射灌浆新技术，主要设备有高压水泵、空气压缩机和泥浆泵。其工作原理是：将 30～50MPa 的高压水和 0.7～0.8MPa 的压缩空气输送到钻入土体内的喷嘴，(喷嘴直径 2～3mm)，形成流速为 100～200m/s 的射流，扰动和切割地层形成缝槽，同时由 1.0MPa 左右的压力把水泥浆液由钢管输送到另一喷嘴，充填缝槽并渗入缝壁砂砾石地层中，凝结后构成地下连续防渗墙。根据实际观测资料分析，这项技术用于处理砂砾石地基也较适宜，具有设备简单、施工速度快、造价较低的优点，在高层建筑基坑开挖防渗中应用也较广泛。

(二) 水平防渗铺盖

铺盖的作用是延长渗径，从而使坝基渗漏损失和渗流比降减小至允许范围内。当坝基砂砾石透水层深厚，采用其他防渗措施从经济上不够合理时可考虑。采用黏性土铺盖防渗，因可就地取材、施工简单，多用于中小型工程。国内部分工程实例表明，成功的不少，但也有失败的。因此，对高坝或地层复杂的情况一定要慎重。如巴基斯坦的塔贝拉坝，坝高 148m，用黏性土铺盖防渗，铺盖长 2.12km，最大厚度 12.8m，最小厚度

4.5m，虽然多次发生陷坑，但最终还是成功的。

黏性土防渗铺盖是从坝身防渗体向上游延伸，多用于斜墙坝，如图4-37所示。其长度和厚度应根据水头、透水层厚度以及铺盖和坝基土的渗透系数通过试验或计算确定。铺盖的厚度一般应由上游向下游逐渐加厚，前端最小厚度可取0.5～1.0m，任意截面厚度由下式计算确定

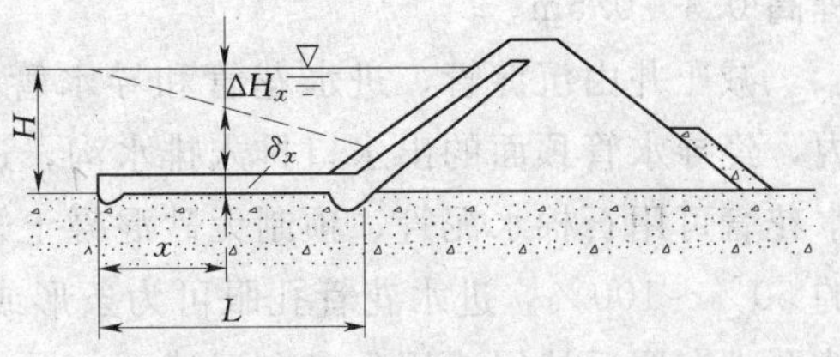

图4-37　防渗体铺盖示意图

$$\delta_x = \frac{\Delta H_x}{J} \tag{4-41}$$

式中　δ_x——任一断面铺盖厚度，m；

ΔH_x——任一断面铺盖上、下面水头差，m；

J——铺盖土料的允许比降，黏土$J=5$～10，壤土$J=3$～5。

铺盖的长度，主要取决于下卧土层的允许比降，国内已建工程，一般取设计水头的4～6倍，个别工程最大取至11倍水头。

铺盖与坝基接触面应平整、压实。当铺盖与地基土之间不满足反滤要求时，应设反滤层。铺盖应采用相对不透水土料填筑，其渗透系数应小于坝基土砂砾石层的100倍，并应小于1×10^{-6}cm/s，在等于或略高于最优含水率下压实。小型工程或低坝，经技术论证后也可采用土工膜作防渗铺盖。

（三）排水减压措施

当采用铺盖防渗时，由于其不能有效地拦截渗水，可能引起坝下游地层产生渗透变形或沼泽化。因此，采用铺盖防渗或采用其他措施防渗效果较差时，可在下游坝脚或以外处配套设置排水减压措施，如图4-38所示。

双层结构透水地基，当表层为不太厚的弱透水层，且其下卧透水层较浅，渗透性较均匀时，可将表层挖穿做成反滤排水暗沟或明沟。排水沟的位置，在不影响坝坡稳定的前提下，尽量接近坝脚。沟顶面应略高于地面以防止雨水夹带砂粒流入造成淤积，沟底应有一定坡度并与下游河沟（或另开引沟）连通，沟的断面尺寸根据渗流量大小确定。

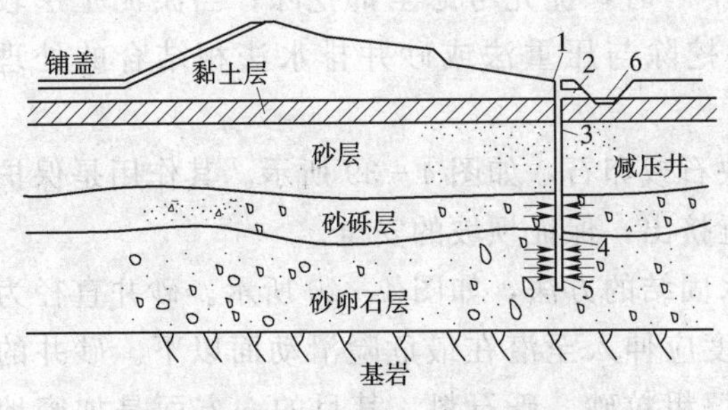

图4-38　排水减压井

1—混凝土井帽；2—出水口；3—导水管；4—进水花管；5—沉淀管；6—排水沟

当表层弱透水层太厚或透水层成层性较显著时，宜采用减压井深入强透水层，将渗水导出，经排水沟排向下游，如图4-38所示。

减压井通常在靠近下游坝脚以外处并沿平行于坝轴线方向布置一排，井距根据地基渗流量的大小确定，一般为15～30m。井径（内径）宜大于150mm。出口高程应尽量降低，但不得低于排水沟底面，以免地面水倒灌造成井内淤塞，一般比沟底高

程高 0.3～0.5m。

减压井由沉淀管、进水花管和导水管三部分组成，渗水由进水花管四周孔眼进入管内，经导水管顶面的出水口排入排水沟，进入管内的土粒则靠自身重量淤落沉淀管内。进水花管可用石棉水泥管、预制无砂混凝土管等，贯入强透水层的深度，宜为强透水层厚度的 50%～100%。进水花管孔眼可为条形或圆形，开孔率宜为 10%～20%，管四周宜按反滤要求布置反滤层或用土工布反滤。

二、软土地基处理

1. 细砂地基处理

均匀饱和的细砂地基受振动时（特别是遇地震时）极易液化，必须进行处理。

当易液化地基厚度不大或分布范围不广时，可考虑全部挖除。当挖除困难或很不经济时，可进行振动压密或重锤夯实，其有效深度在 1～2m，如采用重型振动碾，则可达 2～3m，压实后土层可达中密或紧密状态。

当易液化细砂地基厚度较深时，宜采用振冲、强夯等方法加密。

(1) 振冲法。其原理是一方面依靠振冲器的强烈振动，迫使饱和细砂层液化后颗粒重新排列，趋于密实；另一方面依靠振冲器的水平振动力，通过回填粗粒料使砂层进一步加密。一般振冲孔孔距为 1.5～3.0m，加固深度可达 30m。经过群孔振冲处理，土层的相对密实度可提高到 0.7～0.8 以上，可达到防止液化的程度。我国现有功率为 20kW、30kW、55kW、75kW、100kW 的电动型和 150kW 液压型各种规格的振冲器，可根据具体地基情况选用。采用振冲法处理时，可沿处理范围布置一系列的振冲孔，并在孔中投入碎石或卵砾石，形成一系列的排水桩体，使振冲孔隙水压力加速消散，达到与设计地震烈度相应的密实程度，提高地基的承载力。

(2) 强夯法。其原理是用重锤（一般为 8～25t），从高处自由落下（落距一般为 8～25m），经冲击和振动，迫使地基加密。夯击时的巨大能量可引起饱和砂土层的短暂液化，重新沉积到更加密实状态，产生较大的压实效应。用强夯法加固的深度与夯击能量有关，一般可达 10 余米。

2. 淤泥地基处理

淤泥地基天然含水率大，抗剪强度低，承载能力小，一般不适宜直接作为坝基使用，必须进行处理。当淤泥土层较浅和分布范围不广时，优先考虑全部挖除；当淤泥土层较深，挖除难度较大和不经济时，可采用表层挖除与压重法或砂井排水法相结合的处理方法。

压重法是在下游坝脚附近堆放可滤水的块石或卵石，如图 4-39 所示。其作用是保护淤积土层不被坝体的巨大重量从下游坝脚附近挤出，保证坝坡的安全。

砂井排水法是在坝基中打造砂井加快排水固结的方法，如图 4-40 所示。砂井直径为 30～40cm，井距约为 (6～8) 倍的井径，深度应伸入至潜在最危险滑动面以下。砂井的施工是在地基中打入封底的钢管，拔管后回填粗粒砂、砾石料。其目的一方面是加密地基，另一方面是通过砂井把地基土料的含水量从砂井中导出，从而加快地基固结，提高其承载力和抗剪强度。

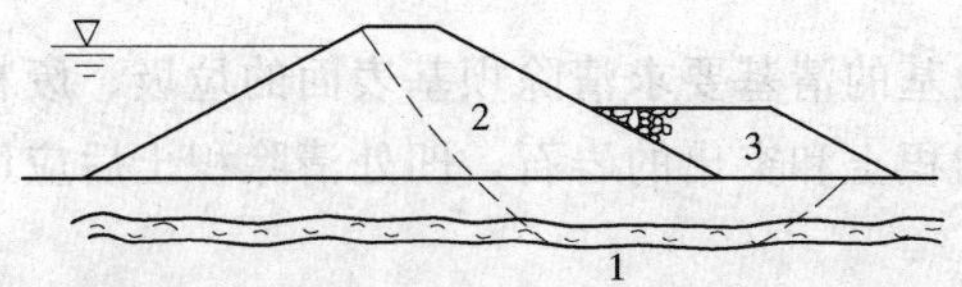

图 4-39　用压重法处理有淤泥夹层的地基
1—淤泥层；2—可能滑动面；3—反压台

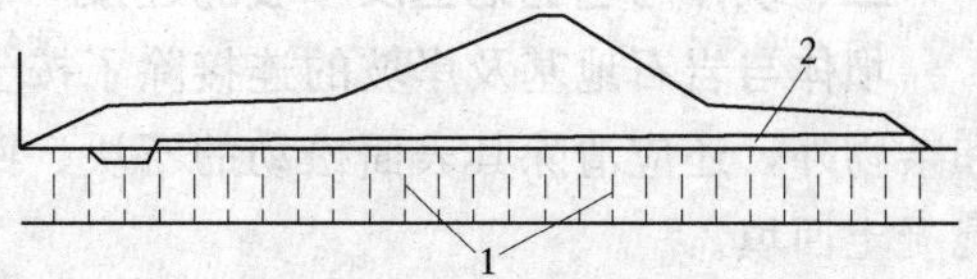

图 4-40　用砂井法处理有淤泥夹层的地基
1—砂井；2—砂垫层

3. 软黏性和湿陷性黄土地基处理

软黏土地基土层较薄时宜全部挖除；当软黏土层较厚、分布范围较广、全部挖除难度较大或不经济时，可将表面强度很低的部分挖除，其余部分可用打砂井（同上）、插塑料排水带、加载预压、真空预压、振冲置换，以及调整施工速率等措施处理。

湿陷性黄土在一定压力作用下受水浸湿后将产生附加沉降。这种地基可用作低坝坝基，但应论证其沉降、湿陷和溶滤对土石坝的危害，并做好处理措施。一般的处理方法有挖除、翻压、强夯等，消除其湿陷性，经论证也可采用预先浸水法使地基完成湿陷后成为可利用的坝基。

第八节　土石坝与坝基、岸坡及其他建筑物的连接

土石坝与坝基、岸坡及其他建筑物的连接是土石坝设计的关键部位，应当高度重视并妥善处理，使其结合紧密，避免产生水力劈裂和邻近接触面岩石大量漏水；保证坝体与河床及岸坡结合面的质量，避免其形成影响坝体稳定的软弱夹层面；不应由于岸坡形状或坡度不当引起不均匀沉降而导致坝体产生裂缝。

一、坝体与土质坝基及岸坡的连接

筑坝前，必须进行清基，把建筑物范围内（包括坝基和岸坡）的草皮、树根、含有植物的表土、蛮石、垃圾和其他废料清除，并将清理后的坝基表面土层压实。把不符合设计要求的低强度、高压缩性软土和地震时易液化的土层清除或作妥善的处理，保证坝底面与坝基和岸坡的紧密结合，不致形成强度和渗流的薄弱面。坝身防渗体应与坝基防渗设施妥善连接，坝基防渗设施应坐落在相对不透水土基或经过处理的坝基上，以免影响坝基防渗效果。坝基覆盖层与下游坝壳粗粒料接触处，应符合反滤要求，否则必须设置反滤层，以保证该处不发生渗透稳定问题。

为使防渗体与岸坡紧密结合，防止发生不均匀沉降而导致坝体产生裂缝，岸坡开挖应当大致平顺，避免做成台阶形状、反坡或突然变坡，岸坡上缓下陡时，变坡角应小于20°。此外，还应注意对岸坡本身的整体性和稳定性要求，防止蓄水后岸坡稳定条件恶化，为此要求土质岸坡沿坝轴线方向的开挖坡度不宜陡于1：1.5。

土质防渗体（包括心墙和斜墙）与岸坡连接，如因防渗体底面较窄而不满足防渗要求时，应加厚防渗体的断面和加强反滤层布置，以增加该处的防渗可靠性，加厚的断面应以渐变的形式过渡。

二、坝体与岩石地基及岸坡的连接

坝体与岩石地基及岸坡的连接除了按土质地基的清基要求清除坝基表面的垃圾、废料和杂物外，还应清除其表面松动的石块、凹处的积土和突出的岩石，凹处清除积土后应用混凝土回填。

土质防渗体和反滤层宜与坚硬、不冲蚀和可灌浆的岩石连接。若风化层较深时，高坝宜开挖到弱风化层上部，中、低坝可开挖到强风化层下部，在开挖的基础上对岩基进行灌浆处理。开挖完毕后，宜用高压水枪冲洗干净，对断层、张开节理裂隙应逐条开挖清理，并用混凝土或砂浆封堵。坝基岩面上宜设混凝土盖板、喷混凝土或喷水泥砂浆，以利坝体底面与坝基岩面的结合。国内许多工程经验表明，在防渗体与岩石表面之间的接合面上建筑混凝土盖板对保证填土质量，便于施工，防止接触冲刷，特别是便于帷幕灌浆都是必要、有效的措施。

对失水后很快风化的软岩（如灰岩、泥岩等），开挖时应预留保护层，待开始回填时，边开挖边回填，或开挖后用喷水泥砂浆或喷混凝土保护。非黏土土质防渗体与岩石接触处，在邻近接触面 0.5～1.0m 范围内，防渗体应改为黏土，并在略高于最优含水率情况下填筑，在填土前应用黏土浆对岩层表面涂刷抹面。岸坡段防渗体底部渗经不足时，应加厚防渗体尺寸，直至满足要求为止。同时岩石岸坡开挖坡度应满足稳定要求，一般不宜陡于 1∶0.5。

三、土石坝与混凝土建筑物的连接

土石坝与混凝土建筑物的连接，除了应认真夯实填土保证结合紧密外，还应采取使结合面具有足够的渗径长度和保护坝坡、坝脚不受冲刷的连接措施。土石坝与混凝土建筑物连接一般采用插入式和侧墙式（翼墙式和重力墩式等）两种型式。

1. 插入式

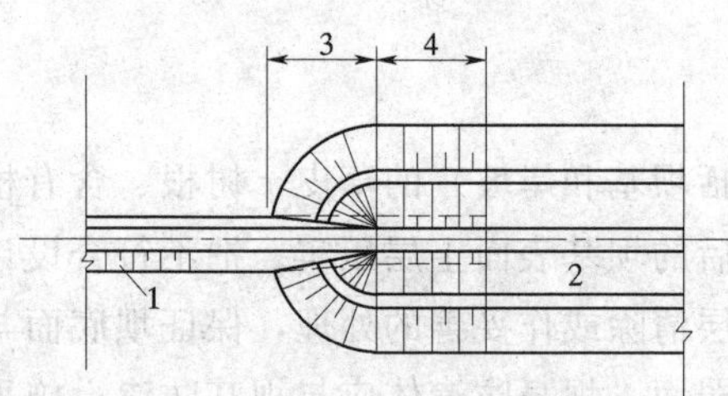

图 4-41 插入式连接示意图
1—混凝土重力坝；2—土石坝；
3—半插入段；4—插入段

如图 4-41 所示，这种连接型式从混凝土坝与土石坝的连接部位开始，混凝土坝的断面逐渐缩小，最后成为混凝土心墙插入土坝心墙内。插入式的连接结构简单，也较经济，所以在高、中、低坝均采用较多。这种连接形式，土石坝的坝脚要向混凝土坝方向延伸较长，一般适用于与非溢流重力坝段连接。其插入距离较长，如刘家峡坝，插入段长 22.5m，相当于连接处坝高的 1/2，三道岭坝插入段长度相当于连接处坝高的 1/3。

2. 侧墙式

土石坝与溢流坝、溢洪道、水闸或船闸连接时，一般采用侧墙式连接型式。侧墙式包括重力墩式和翼墙式等。

重力墩式连接是把连接部位的混凝土边墩或边墙做成重力式边墩，并向上、下游延伸至足够的长度（不弯折），必要时，还应在边墩背水面筑 1～3 道防渗刺墙插入土石坝防渗体内，以保证土质防渗体与混凝土建筑物的连接面具有足够的渗径长度。为了避免两种不同材料的接触面的变形不协调而出现间隙和产生裂缝，重力墩与土石坝接合面的坡度不宜

陡于1∶0.25，连接段的防渗体应适当加厚，并选用高塑性黏土填筑和充分压实，且在接合面附近加强防渗体下游的反滤保护，严寒地区应符合防冻要求。如我国的丹江口坝，土坝与混凝土坝接合坡度为1∶0.25，并设有4道伸入土石坝长度3.0m的防渗刺墙。

翼墙式连接是把连接处的混凝土边墩或边墙向上、下游延伸做成圆弧形或八字形翼墙，如图4-42所示。其中图4-42（a）的上、下游翼墙在平面上均为圆弧形，与土石坝的接触渗径较长，水流条件也较好，适用于较高水头情况；图4-42（b）上游翼墙为圆弧形，下游为八字斜降形式，工程量较省，但渗径较短，适用于中低水头情况；图4-42（c）上、下游翼墙均做成八字形斜降墙形式，渗径很短，一般只适用于水头很低的闸堤类工程的连接。当然，在渗径不足时也可以在边墩背水面做防渗刺墙，但刺墙的受力条件复杂，且不利于机械化施工，可能影响结合面的填土质量，近年来已较少采用。为了保证渗透稳定，可在接触面附近加厚防渗体和反滤层的厚度。

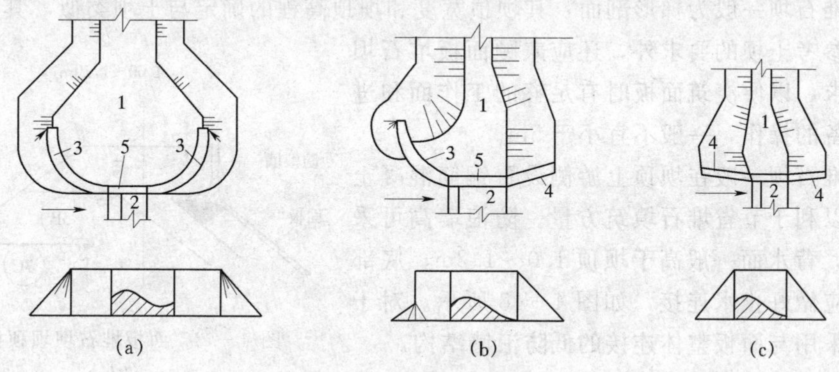

图4-42 翼墙式连接

1—土石坝；2—溢流重力坝；3—圆弧形翼墙；4—斜降式翼墙；5—边墩

第九节 面板堆石坝

一、概述

面板堆石坝是以堆石体作为支承，以水泥混凝土、沥青混凝土等材料作为防渗体的一种坝型。堆石体是坝的主体，对坝体的强度和稳定条件起决定性作用，因而要求由新鲜、完整、耐久、级配良好的石料填筑。

进入20世纪60年代以后，由于大型振动碾薄层碾压技术的应用，使堆石坝的密实度得到充分提高，从而大幅度降低了堆石坝的变形，加上钢筋混凝土面板结构在设计、施工方法上的改进，其运行性能好、经济效益高、施工工期短等优点得到充分地显示。目前，钢筋混凝土面板堆石坝已成为国内外坝工建设的一种重要坝型，是可行性研究阶段优先考虑的坝型之一，是当今高坝发展的一种趋向。本节将主要介绍钢筋混凝土面板堆石坝的特点和构造。

面板堆石坝与其他坝型相比有如下主要特点：

(1) 就地取材，在经济上有较大的优越性，除了在坝址附近开采石料以外，还可以利用枢纽其他建筑物开挖的废弃石料。

(2) 施工度汛问题比土坝较为容易解决，可部分利用坝面溢流度汛，但应做好表面保护措施。

(3) 对地形地质和自然条件的适应性较混凝土坝强，可建在地质条件略差的坝址上，且施工不受雨天影响，对温度变化的敏感度也比混凝土坝低得多。

(4) 方便机械化施工，有利于加快施工工期和减少沉降，随着重型振动碾等大型施工机械的应用，克服了过去堆石坝抛填法沉降量很大的缺点，这也是近代面板堆石坝得到迅速发展的主要原因之一。

(5) 坝身不能泄洪，施工导流问题较混凝土坝难予解决，一般需另设泄洪和导流设施。

二、钢筋混凝土面板堆石坝的剖面尺寸

1. 坝顶要求

面板堆石坝一般为梯形剖面，其坝顶宽度和坝顶高程的确定与土坝类似，其中坝顶宽度除了应参考土坝的要求外，还应兼顾面板堆石坝的施工要求，以便浇筑面板时有足够的工作面和进行滑模设备的操作，一般不宜小于5m。

面板堆石坝一般在坝顶上游侧设置钢筋混凝土防浪墙，以利于节省堆石填筑方量。防浪墙高可采用4～6m，背水面一般高于坝顶1.0～1.2m，底部与面板间应做好止水连接，如图4-43所示。对于低坝也可采用与面板整体连接的低防浪墙结构。

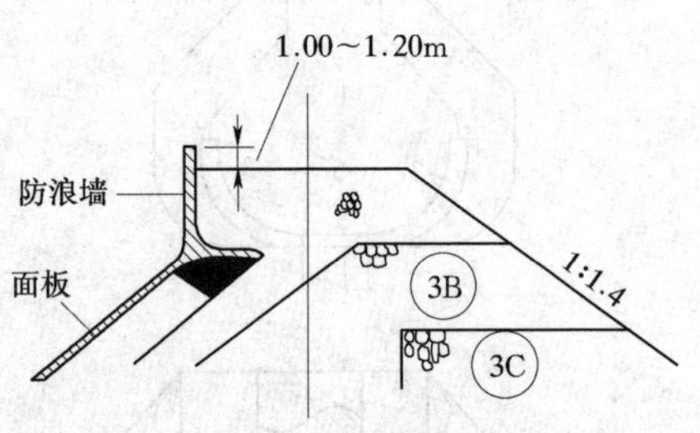

图4-43　面板堆石坝坝顶构造

2. 坝坡

面板堆石坝的坝坡与堆石料的性质、坝高及地基条件有关，设计时可参考类似工程拟定。对于采用抗剪强度高的堆石料，上、下游坝坡在静力条件下均可采用堆石料的天然休止角对应的坡度，鉴于经过大型振动碾压的堆石体内摩擦角多大于45°，因此，一般采用1∶1.3～1∶1.4。对于地质条件较差或堆石体填料抗剪强度较低以及地震区的面板堆石坝，其坝坡应适当放缓。

三、钢筋混凝土面板堆石坝的构造

钢筋混凝土面板堆石坝主要是由堆石体和钢筋混凝土面板防渗体等组成。

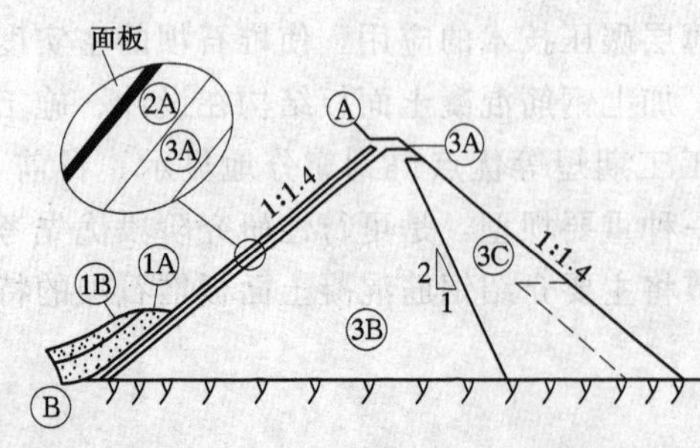

图4-44　堆石坝分区示意图

(一) 堆石体

堆石体是面板堆石坝的主体部分，根据其受力情况和在坝体所发挥的功能，又可划分为：垫层区（2A区）、过渡区（3A区）、主堆石区（3B区）和次堆石区（3C区），如图4-44所示。

1. 垫层区

垫层区应选用质地新鲜、坚硬且耐久性较好的石料，可采用经筛选加工的砂砾石、人工

石料或者由两者混合掺配。高坝垫层料应具有连续级配，一般最大粒径为 80～100mm，粒径小于5mm 的颗粒含量为30%～50%，小于0.075mm 的颗粒含量应少于8%。垫层料经压实后应具有内部渗透稳定性、低压缩性、抗剪强度高等特点，并应具有良好的施工质量。垫层施工时每层铺筑厚度一般为0.4～0.5m，用10t 振动碾碾压4遍以上。对垫层上游坡面，由于重型振动碾难于碾压，因此，对上游坡面还应进行斜坡碾压。

垫层上下游之间水平宽度应根据坝高、地形、施工工艺并进行技术经济比较后确定。垫层顶部水平宽度一般可采用3～4m，向下逐渐加宽。坝高100m 以下的面板堆石坝，为了简化施工也可考虑采用上下等宽的垫层。

对于周边缝附近的特殊垫层区，可以采用最大粒径小于40mm 且内部稳定的细反滤料，经薄层碾压密实，以尽量减少周边缝的位移。

2. 过渡区

过渡区介于垫层与主堆石区之间，起过渡作用，石料的粒径级配和密实度应介于垫层与主堆石区两者之间。由于垫层很薄，过渡区实际上是与垫层共同承担面板传力。此外，当面板开裂和止水失效而漏水时，过渡区应具有防止垫层内细颗粒流失的反滤作用，并保持自身的抗渗稳定性。过渡区石料粒径要求可比垫层材料适当放宽，最大粒径一般为300～400mm。该区水平宽度可取3～5m，分层碾压厚度一般为0.40～0.50m。

3. 主堆石区

主堆石区为面板坝堆石的主体，是承受水压力的主要部分，它将面板承受的水压力传递到地基和下游次堆石区，该区既应具有足够的强度和较小的沉降量，同时也应具有一定的透水性和耐久性。该区石料应级配良好，以便碾压密实。主堆石区填筑层厚一般为0.8～1.0m，最大粒径应不超过600mm，用10t 振动碾碾压4遍以上。

4. 次堆石区

下游次堆石区承受水压力较小，其沉降和变形对面板变形影响也一般不大，因而对填筑要求可酌情放宽。石料最大粒径可达1500mm，填筑层厚1.5～2.0m，用10t 振动碾碾压4遍。下游次堆石区在坝体底部下游水位以下部分，应采用能自由滤水、抗风化能力较强的石料填筑；下游水位以上部分，宜使用与主堆石区相同的材料，但可以采用较低的压实标准，或采用质量较差的石料，如各种软岩料、风化石料等。

另外，混凝土面板上游铺盖区（ⓘA区）可采用粉土、粉细砂、粉煤灰或其他材料填筑；上游盖重区（1B区）可采用渣料填筑；下游护坡可采用干砌石，或选用超径大石，运至下游坡面，以大头向外的方式堆放。

(二) 防渗面板的构造

1. 钢筋混凝土面板

采用钢筋混凝土面板作为防渗体，在堆石坝中应用较多，少量土坝也有采用。下面介绍钢筋混凝土面板的构造要求。

钢筋混凝土面板要求下游非黏性土坝体必须具有很小的变形，而面板本身也应能够适应坝体的相对变形。为此，钢筋混凝土面板在坝体完成初始变形后铺筑最为理想。

钢筋混凝土面板防渗体主要是由防渗面板和趾板组成，如图4-45 (a) 所示。面板是防渗

的主体，对质量有较高的要求，即要求面板具有符合设计要求的强度、不透水性和耐久性。面板底部厚度宜采用最大工作水头的1%，考虑施工要求，顶部最小厚度不宜小于30cm。

为使面板适应坝体变形、施工要求和温度变化的影响，面板应设置伸缩缝和施工缝，如图4-45（b）所示。垂直伸缩缝的间距，应根据面板受力条件和施工要求确定。位于面板中部一带，垂直伸缩间距可以取大些，一般以10～18m为宜，靠近岸坡的垂直缝间距则应酌情减小。垂直缝宜采用平接［图4-45（c）］，不使用柔性填充物，以便最大限度地减少面板的位移。水平施工缝一般设在坝底以上1/3～1/4坝高处。采用滑模施工时，为适应滑模连续施工的要求，也可以不设水平施工缝。

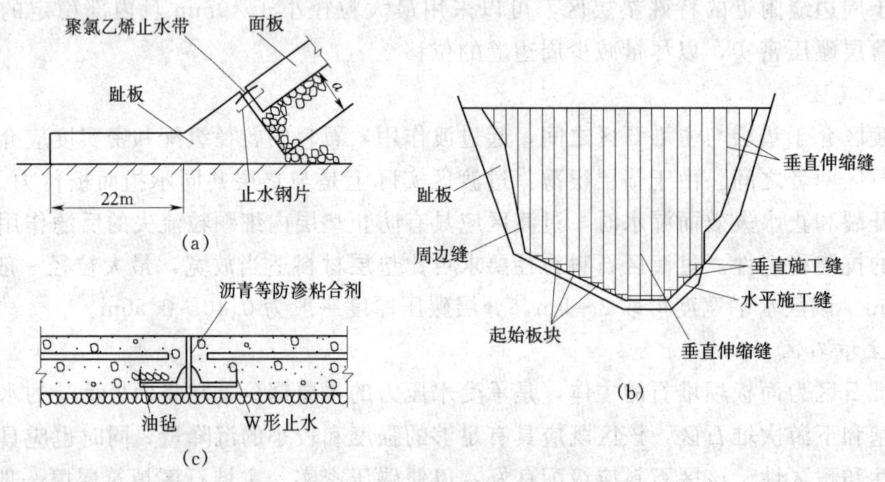

图4-45　面板与趾板及分缝布置

为控制温度裂缝和干缩裂缝及面板适应坝体变形而产生的应力，面板需要布置双向钢筋，每向配筋率为0.3%～0.5%。由于面板内力分布复杂，计算有一定的难度，故一般将钢筋布在面板中间部位。周边缝、垂直缝和水平缝附近配筋应适当加密，以控制局部拉应力和边角免遭挤压破坏。

2. 趾板（底座）

趾板是面板的底座，其作用是保证面板与河床及岸坡之间的不透水连接，同时也作为坝基帷幕灌浆的盖板和滑模施工的起始工作面。

趾板的截面形式和布置如图4-45（a）所示，其沿水流方向的宽度b取决于作用水头H和坝基的性质，一般可按$b=H/J$确定，J为坝基的允许渗透比降。无资料时可取相对趾板位置水头的1/10～1/20，最小3.0m，低坝最小可取2.0m。对局部不良岸坡，应加大趾板宽度，增大固结灌浆范围。趾板厚度一般为0.5～1.0m，最小厚度为0.3～0.4m。配筋布置可与面板相同，分缝位置应与面板分缝（垂直缝）对应。如果地基为岩基，可设锚筋与岩基固定。

面板接缝设计（包括面板与趾板的周边接缝和趾板之间接缝）主要是止水布置，周边缝止水布置最为关键。面板中间部位的伸缩缝，一般设1～2道止水，底部用止水铜片，上部用聚氯乙烯止水带。周边缝受力较复杂，一般采用2～3道止水，在上述止水布置的

中部再加PVC止水。如布置止水困难，可将周边缝面板局部加厚。

3. 面板与岩坡的连接

面板与岸坡的连接是整个面板防渗的薄弱环节，面板常因随坝体产生的位移而产生变形，使其与岸坡结合不紧密，甚至出现被拉离岸坡或产生错动的现象，形成集中渗流。设计中应特别慎重对待。

面板与岸坡的连接是通过趾板与岸坡连接的，面板与趾板又通过分缝和止水措施防渗。为此，了解面板与岸坡的连接，就必须了解趾板与岸坡的连接。

趾板作为面板与岸坡的不透水连接和灌浆压帽，应置于坚硬、不冲蚀和可灌浆的弱风化至新鲜基岩上（低坝或水头较小的岸坡段可酌情放宽），岸坡的开挖坡度不宜陡于1∶0.5～1∶0.7；对置于强风化或有地质缺陷岩基的趾板，应采用专门的处理措施。趾板基础开挖应做到整体平顺，不带台阶，避免陡坎和反坡，当有妨碍垫层碾压的台阶、反坡或陡坎时，应作削坡或回填混凝土处理。

为保证趾板与岸坡紧密结合和加大灌浆压重，趾板与岸坡之间应插锚筋固定。锚筋直径一般为25～35mm，间距1.0～1.5m，长3～5m。

趾板范围内的岸坡应满足自身稳定和防渗要求，为此，应认真做好该处岸坡的固结灌浆和帷幕灌浆设计。固结灌浆可布置两排，深3～5m。帷幕灌浆宜布置在两排固结灌浆之间，一般为一排，深度按相应水头的$\frac{1}{3}$～$\frac{1}{2}$确定。灌浆孔的间距视岸坡地质条件而定，一般取2～4m，重要工程应根据现场灌浆试验确定。为了保证岸坡的稳定，防止岸坡坍塌而砸坏趾板和面板，趾板高程以上的上游坡应按永久性边坡设计。

第十节 土工合成材料在土石坝中的应用

一、概述

（一）土工合成材料的应用情况

由于土工合成材料具有质量轻、施工简便、不易腐烂、料源丰富等特点，并能根据土木工程的需要（主要是排水、反滤、防渗等），制成各种型式、尺寸的成品。克服了一些天然材料的不足和缺陷。在工程中得到越来越广泛的应用。

1. 在水利水电工程方面的应用

（1）防渗。利用土工膜式或复合土工膜抗渗性强的特点，进行土坝、堤防、池塘等工程的防渗。可以大量节约混凝土、黏土等材料，并具有施工简单、节省工期、防渗效果好等特点。

（2）反滤、排水。利用土工布透水性好、孔隙小的特点，将其作为土石坝、水闸、堤防、挡土墙等工程的排水和反滤体。既使渗水顺畅通过反滤体，有效降低浸润线，减小渗透压力，又有效地保护土体中土颗粒的稳定，提高了坝坡稳定性。还可将其制成排水软管式排水带，插入堤防、软土地基中，从而能快速排除渗水，加速土体固结，提高地基的承载能力。

（3）护岸护底工程，为了防止水流对渠道及海岸等土岸坡冲刷，可用土工布做成软体

排铺设在防冲的边坡上。实践证明，防冲效果良好。

(4) 防汛抢险方面，在江河堤防的防汛抢险过程中，利用填满土石料的土工编织袋，可快速加高加固堤坝，利用土工布制成的软体卷材快速铺在迎水面上，能及时堵住渗漏通道，有效控制管涌、流土，迅速控制险情。

2. 其他方面

在高速公路、高等级公路中使用土工布处理软基、岸坡挡土墙以及利用植被土工材料网垫绿化岩石边坡等。

在环境保护方面，利用土工膜外包垃圾深埋处理，有害污水的防渗处理以及在电厂灰坝建设中的应用等。

另外，在铁路建设以及民航机场跑道建设煤矿等矿山建设均得到了一定的应用。

(二) 土工合成材料的种类

根据我国《土工合成材料应用技术规范》(GB 50290—98) 规定，土工合成材料分土工织物、土工膜、土工复合材料及土工特殊材料四大类，各类又分为若干小类及不同品种。其具体划分如图 4-46 所示。

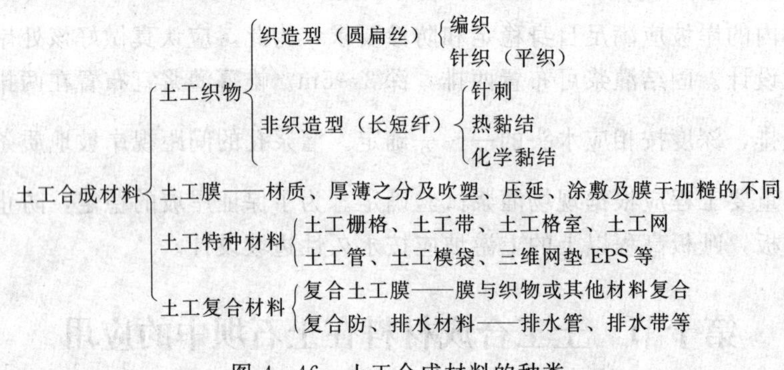

图 4-46　土工合成材料的种类

(三) 土工合成材料的性能

1. 物理性能指标

(1) 单位面积质量。单位面积质量系指每平方米土工合成材料所含质量的多少。反映材料的品质，一般用 g/m^2 来表示。对于同一种系列来讲，其与材料的力学强度和单位价格成正比。因此，在选用产品时，它是必须考虑的技术经济指标。

(2) 厚度。指土工织物在自然无压状态下，其顶面与底面之间的距离，一般单位为 mm。在一定的压力作用下，各种材料均有不同的压缩变形。因此，当设计土工织物的水力特性时，必须考虑其上覆压力的大小对水力特性的影响。

(3) 孔隙率。孔隙率是指其所含孔隙的体积与总体积之比。可由下式计算

$$n_p = 1 - \frac{M}{\rho\delta} \tag{4-42}$$

式中　n_p——土工织物的孔隙率；

M——土工织物的单位面积质量，g/m^2；

ρ——原材料的密度，g/cm^3，一般为 0.91～1.39g/cm^3；

δ——土工织物的厚度，mm。

2. 力学性能指标

(1) 抗拉强度和拉伸率。抗强强度是指土工合成材料单位宽度所能承受的拉力，用kN/m表示。可分为纵向和横向两种情况。拉伸率是指材料对应于达到抗拉强度时的应变，用百分数表示。在工程应用中，对抗拉强度都有一定的要求，特别是加筋和隔离功能中，它是主要的设计指标。

(2) 握持强度、撕裂强度。握持强度表示土工织物抵抗外来集中荷载的能力，单位为N。撕裂强度表示沿土工织物某一裂口逐步扩大过程中的最大拉力，单位为N。

(3) 胀破强度、刺破强度。胀破强度指土工膜在液压作用下胀破或变形到不能正常使用时承受的最大压强，单位为kPa。刺破强度为用$\phi 8$的杆件刺破土工合成材料的所用的最小力值，单位为N。

3. 水力特性指标

水力特性指标，主要有等效孔径和渗透系数两个反映反滤和排水功能指标。

(1) 等效孔径。等效孔径指以土工织物为筛布，取石英砂通过土工织物的过筛率为5%时所对应的粒径，用O_{95}表示，单位为mm。

(2) 渗透系数。渗透系数分为垂直渗透系数和水平渗透系数。垂直渗透系数指水力梯度为1.0时，水流垂直通过土工织物的或沿其平面渗透速率，单位为cm/s。垂直透水时，水位差为1.0时的渗透水量称透水率，单位为L/s。而水平方向沿土工织物单位宽度内的输水能力称导水率，单位为cm^3/s。

4. 其他特性指标

(1) 界面摩擦系数。当土工合成材料埋入土中时，土体和土工合成材料接触面上摩擦系数按试验方法，可分为直剪摩擦系数和拉拔摩擦系数。

(2) 耐久性。土工织物在自然环境中，能不丧失正常使用功能的最小时间。一般耐久性指标有耐磨、抗紫外线、抗生物、抗化学、抗大气环境等多种指标。

因用途、功能的不同，对土工合成材料的性能指标要求不同。设计时，应根据应用要求选择材料的特性指标。表4-12列出了功能和对应的土工合成材料特性指标。

表4-12　不同功能常用土工合成材料品种和设计指标种类表

功能	土工合成材料性能指标						常用主要土工合成材料品种
	单位面积质量	厚度	抗拉强度	延伸率	孔径	渗透系数	
隔离	▲	○	▲	▲	△	△	织造土工织物、土工网复合土工织物
排水	▲	▲	△	△	▲	▲	非织造土工织物、复合非织造土工织物
加筋	▲	○	▲	▲	△	△	织造土工织物、土工格栅、土工带、复合土工织物
反滤	▲	▲	△	△	▲	▲	非织造土工织物、复合非织造土工织物
防护	▲	△	▲	△	▲	▲	土工模袋
防渗	▲	▲	○	▲		▲	土工膜、复合土工膜

注　▲为主要指标；△为次要指标；○为不重要指标。

二、土工织物的反滤、排水设计

（一）反滤设计

研究和工程实践证明，利用土工织物可代替土木工程中的砂砾等天然材料反滤层。一般情况下，可用土工合成材料作反滤的工程包括：堤坝黏土斜墙、黏土心墙及下游排水体后的反滤层；水闸分缝处、下游护坦、海漫下的滤层；挡墙、岸墙后的填土排水系统的反滤层；排水暗管、水田水利工程、减压井、农用井等的外包体滤层；公路和机场跑道基层、铁路路基的隔离层等的反滤。

1. 反滤设计规则

用土工织物作为工程的反滤层时，和天然材料反滤层的设计原理相同，必须满足以下三个基本原则要求：

（1）保土性。被保护的土料在渗透水流作用下，土粒不得被水流带走，以防止管涌破坏。为了达到保土性，则要求土工织物的等效孔径 O_{95} 和被保护土的特征粒径 d_{85} 应满足以下关系

$$O_{95} \leqslant Bd_{85} \tag{4-43}$$

式中 O_{95}——土工织物的等效孔径，mm；

d_{85}——土的特征粒径，表示土中粒径小于该值的颗粒占土总质量的85%；

B——系数，按工程经验可取1～2，当土中细粒含量大及为往复水流时取小值。

（2）透水性。即保证渗透的水能通过反滤及时顺畅地排走。一般情况下，土工织物的透水性应符合下式要求

$$K_g \geqslant AK_s \tag{4-44}$$

式中 K_g——土工织物渗透系数，cm/s，应按其垂直渗透系数 K_v 确定；

K_s——土的渗透系数，cm/s；

A——系数，按工程经验确定，不宜小于10。

（3）防堵性。为了防止土工织物在长期工作中被土体中的细小颗粒堵塞，使反滤效果下降或失效，则要求土工织物应满足以下要求

$$O_{95} \geqslant 3d_{15} \tag{4-45}$$

$$GR \leqslant 3 \tag{4-46}$$

式中 d_{15}——被保护土的特征粒径，mm；

GR——标准淤堵试验的梯度比。

式（4-45）适用于土体级配良好、水力梯度小、流态稳定、修理简单且费用小的情况。式（4-46）适用于被保护土的 $K_s \geqslant 10^{-5}$ cm/s，易管涌，具有分散性，水力梯度高，流态复杂，修理费用高的情况。

2. 设计步骤

（1）确定被保护土体的原始指标，通过相关试验确定被保护土体的特征粒径值如 d_{15}、d_{10}、d_{60}、d_{85} 等，确定其渗透系数 K_v，K_h 等值。

（2）选定合适的土工织物，根据式（4-44）～式（4-46）选择待选的土工织物的品种、型号。必要时应进行室内试验。

（二）排水设计

1. 土工织物排水设计

在水利工程中，反滤层的下游侧均需布置排水，以便快速将渗水排走，减少渗压力。另外，有些场合只设置排水系统。如软土地基排水、挡墙背面的排水等，利用土工合成材料代替天然材料的排水，具有施工简便、缩短工期、节约费用等特点。

排水设计的主要任务是将全部渗水及时导走，保证排水区的水位不影响结构功能的正常发挥。土工织物作为排水的设计步骤如下：

(1) 根据地质、水文等资料确定土体的各项参数，计算需排出的渗水量及水体的化学成分。

(2) 提供待选土工织物的厚度、有效孔径 O_{95}、水平和垂直渗透系数等参数。

(3) 先按反滤设计的准则选择的土工合成材料，然后对其排水能力进行校核。土工织物的导水率 Q_a 和结构渗水要求的导水率 Q_r 可用下式表示

$$Q_a = K_h\delta \tag{4-47}$$

$$Q_r = q/i \tag{4-48}$$

式中 δ——土工织物在预计现场压力作用下的厚度，cm；

K_h——土工织物水平渗径系数，cm/s；

q——预估或计算的单宽来水量，cm^3/m；

i——土工织物首末端的平均水力梯度。

待选的土工织物应满足下式要求

$$Q_a \geqslant F_s Q_r \tag{4-49}$$

式中 F_s——安全系数，可取 3～5，重要工程取大值。

当土工织物铺在坡面上时，应进行稳定验算，并对土工织物表层应进行防护。

2. 塑料排水带排水设计

利用排水带进行软土地基的地基固结处理时，其原理和利用砂井是相同的。只是将砂井用塑料排水带替代。排水带在平面上的布置可按三角形或正方形，布置间距和插入软基中的深度应根据地基固结的时间等要求计算确定。排水带地基设计方法与传统的砂井地基设计方法相同。计算时，将排水带断面转化为当量砂井直径即可。一般情况下，可按下式进行计算

$$d_w = 2(b+\delta)/\pi \tag{4-50}$$

式中 b——塑料排水带的宽度，cm；

δ——塑料排水带的厚度，cm；

d_w——塑料排水带的转化当量砂井直径，cm。

排水带地基表面应用洁净的中、粗砂铺设砂垫层，垫层厚度应大于 400mm。排水带的上端应伸入砂层内，其伸入长度应大于 400mm，并与砂垫层相贯通，以利于顺畅排出渗水。

另外，由于塑料排水带或砂井在施工时，会引起地基土的扰动，这种扰动作用称涂抹作用，它会降低土体的透水性。同时，塑料排水带或砂井的导水能力需要在一定的水头差作用下才起作用，砂井或排水带导水能力的有限性称为井阻。对涂抹和井阻对渗透固结有

一定的影响，可进行专门计算。一般情况下，考虑方法是将理想状态下计算的结果（平均固结度）乘以0.8～0.95的系数。

3. 土工织物及排水带的施工要求

(1) 场地平整。应将铺设场地进行平整，坡面平顺，清理场地上的杂物，必要时应在土工织物下铺设砂砾石垫层。

(2) 备料及铺设。将预铺材料铺展，对孔洞等损坏处进行修补，窄幅进行接缝，制成利于施工的块料。铺设时，应与土面铺贴严密，布体平顺。相邻片搭接宽度大于300mm，不平整面、软土和水下铺设应适当增大搭接宽度，并应随铺随压重。

排水带施工时，应先划线定位，垂直插入。平面间误差应在±150mm，垂直度不应大于1.5%，插设深度应达到设计深度，并采取防止发生回带的措施。施工完毕后，对排水带的各设计参数抽查，抽查数量不应少于2%。对不合格者，返工处理。

三、防渗设计

工程实践证明，利用土工材料合成料进行防渗防漏，具有防渗效果好、工程量小、施工简单、造价低廉等特点，可考虑用土工合成材料做防渗的工程包括：土石堤、坝的心斜墙防渗体，地基垂直防渗墙及水平铺盖；堆石坝、碾压混凝土坝的上游面防渗体；渠道、蓄水池（塘）、水库的防渗衬砌，水闸、水工隧洞的防渗体；施工围堰、河道截潜流、土坝加高防渗；地铁、地下室、隧道的防渗衬砌；尾矿坝、废料场等。

（一）土工膜选择及其防渗结构设计

1. 土工膜选择

用于防渗的土工合成材料主要有土工膜、复合土工膜、土工织物膨润土垫等。选用PE土工膜时其应满足以下技术指标要求：

密度$\rho \geqslant 900kg/m^3$；破坏拉应力不小于12MPa；断裂伸长率不小于300%；弹性模量（5℃）不应低于70MPa；抗冻性不低于60°，撕裂强度大于40N/mm；抗渗强度在1.05MPa水压下48h不渗水；渗透系数小于$10^{-11}cm/s$。

供饮用水的工程或其他有卫生性能要求的土工膜还应符合《食品包装用聚乙烯成型品卫生标准》(GB 9687—88)。

当土工膜无保护层或保护层较薄时，宜选用黑色或加防老化添加剂的土工膜。

在芦苇等穿透性植物丛生地区，需膜下排水及提高保护层稳定性的工程，不宜选用薄土工膜，可选用PE复合土工膜或在膜下铺设土工织物。

2. 土工膜防渗结构设计

为了有效保护土工膜防渗体的正常工作，土工膜防渗结构应包括上面防护层、上垫层、下垫层、下部支持层等几部分。

(1) 防护层可用压实土料、砂砾料、水泥砂浆、砌石、混凝土板块等材料，应根据工程类别、重要性及实际工作环境条件等确定。防护层是与外界接触的最外层，防御外界水流冲刷、日光照射、冰冻等破坏作用。

(2) 上、下垫层。上垫层是防护层和下卧土工膜之间的过渡层，当防护层是大块粗糙材料时，很容易破坏土工膜，此时必须设置上垫层。上垫层可以用透水性良好的砂砾料、沥青砂浆等透水且颗粒较小的材料，其厚度不小于10cm，当防护层为压实细粒土粒且有

足够厚度或选用复合土工膜防渗材料时，可不设上垫层。

下垫层具有排除膜下积水和积气，保护土工膜不被支持层材料破坏的作用。下垫层可采用细粒土及砂砾料、土工织物、土工网等材料。基底为均匀平整的细粒土（砂砾）以及选用复合土工膜、土工织物膨润土垫作防渗材料时，可不设下垫层。

(3) 支持层。支持层主要是对下垫层和防渗土工膜起到稳定可靠的支撑作用。防止膜体变形造成的破坏。支持层可用级配良好的压实砂砾料、压实土层等材料。对碾压式土石坝的防渗结构，可不再专门设置支持层。

对于堤坝铺设土工膜防渗时，通常采用图 4-47 所示的几种铺设形式。

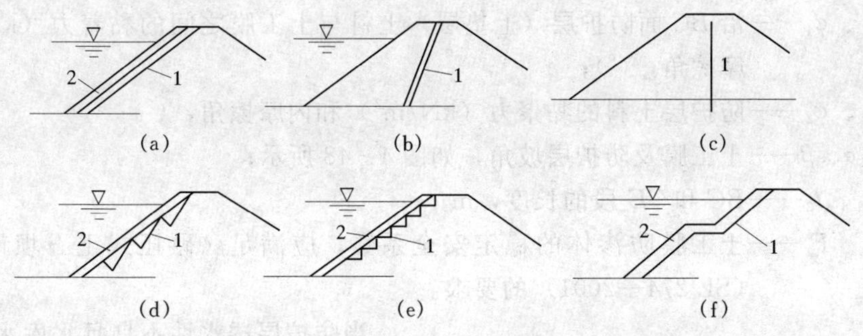

图 4-47　土工膜铺设形式

1—土工膜；2—保护层

(二) 土石堤坝的防渗设计

利用土工膜作为防渗体时，其除满足防渗结构要求外，还应满足膜身强度、稳定性、膜后排渗能力、抗渗等方面的要求。

1. 土工膜厚度及防渗设计

对于土石堤、坝防渗土工膜，一般不能受力，考虑其在水压、下垫层裂缝等不利条件的影响下，其厚度不小于 0.5mm。对重要工程适当加厚，次要工程不得薄于 0.3mm。

由于土工膜本身有微小孔隙，仍具有渗水性，在土工膜质量合格的条件下，PE 土工膜的正常渗透量可用下式计算

$$Q = kA\Delta H/\delta \tag{4-51}$$

式中　Q——土工膜正常渗水量，m^3/s；

k——土工膜渗透系数，m/s，其取值一般小于 1.0×10^{-14} m/s；

A——土工膜渗透面积，m^2；

ΔH——土工膜上、下游的水位差，m；

δ——土工膜的厚度，m。

2. 稳定性验算

对铺设在土石堤、坝上游面的土工膜防渗结构，其上部的防护层和上垫层有可能沿与土工膜之间滑动，特别是在上游水位骤降的情况下更容易造成失稳破坏，必须对其进行稳定验算分析，应保证在各种可能运行工况下土工膜安全正常工作。

当保护层透水性良好，厚度均匀不变时，其稳定安全系数 F_s 应按式 (4-52) 计算

$$F_s = \frac{\tan\delta}{\tan\alpha} \tag{4-52}$$

式中　α——土工膜放坡角，(°)。

δ——上垫层土料与土工膜之间的摩擦角度。

对透水性不良的防护层，安全系数 F_s 乘以 γ'/γ_{sat}。γ_{sat} 为防护层饱和容重。

对透水性良好的不等防护层，其抗滑稳定安全系数应按式（4-53）计算

$$F_s = \frac{W_1\cos^2\alpha\tan\varphi_1 + W_2\tan(\beta+\varphi_2) + c_1 l_1\cos\alpha + c_2 l_2\cos\alpha}{W_1\sin\alpha\cos\alpha} \tag{4-53}$$

式中　W_1、W_2——主动楔体 $ABCD$ 和被动楔体 CDE 的单宽重量，kN/m；

c_1、φ_1——沿 BC 面防护层（上垫层）土料与土工膜之间的黏着力（kN/m^2）和摩擦角，(°)；

c_2、φ_2——防护层土料的黏聚力（kN/m^2）和内摩擦角，(°)；

α、β——土工膜及防护层坡角，如图 4-48 所示；

l_1、l_2——BC 和 CE 段的长度，m；

F_s——土工膜防渗体的稳定安全系数，应满足《碾压式土石坝设计规范》（SL 274—2001）的要求。

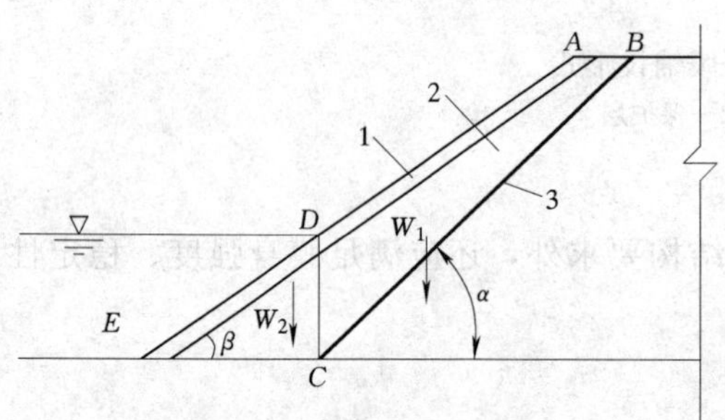

图 4-48　不等厚防护层稳定分析图

1—护坡；2—防护层；3—土工膜

当防护层透水性不良且水库水位骤降的情况下，可采用容重变化法考虑层内孔隙水压力影响，即降前水位以上防护层土料采用湿容重；计算滑动力时，降前水位与降后水位之间的土料用饱和容重，降后水位以下用浮容重；计算抗滑力时，降前水位以下一律用浮容重。土的抗剪强度指标采用有效指标值（c'，φ'）。

3. 膜后排渗能力校核

对于倾斜布置在堤坝体内的土工膜防渗体，一般膜后设土工织物排水或砂垫层排水体，渗水沿膜流至坡底，然后由水平排水管及时导向下游。因此，先根据土工膜渗透情况，估算渗水量；然后校核膜后土工织物或砂垫层的导水情况；导水量应大于渗水量，并考虑一定的安全系数。上游水位骤降时，坝体中部分水量将流向上游，沿土工织物流向坝底，再经坝后排水管排向下游。该状态下膜后土工织物的排渗能力校核步骤如下：

按图 4-49 所示断面情况，将断面分成若干层，每层厚度为 Δz_i，由该层流入土工织物的水量按式（4-54）估算

$$\Delta q_i = kJ_i\Delta z_i \tag{4-54}$$

式中　k——坝体土料的渗透系数，m/s；

J_i——第 i 层的平均水力梯度，$J_i = h_i/l_i$；

h_i——第 i 层中点处的水头，m；

l_i——渗水流程（图 4-5），m。

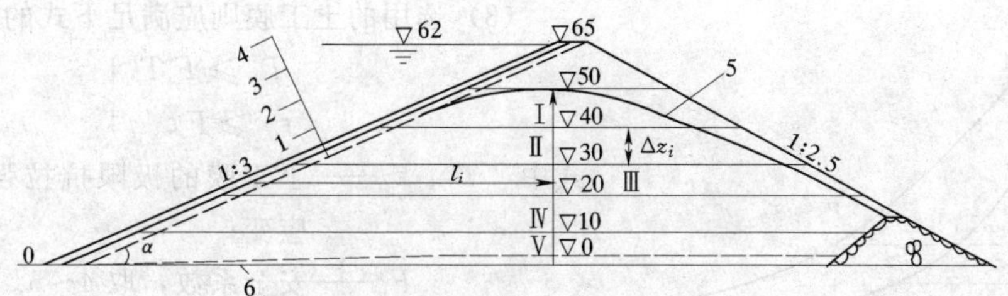

图 4-49　土工织物排水计算图（单位：m）

1—土工织物；2—土工膜；3—防护层（上垫层）；4—护坡；5—浸润线；6—排水管

对第 i 层土工织物其接受的来水量 q_i 应为该层以上各层来水量之和，即

$$q_i = \sum_{1}^{i} \Delta q_i \tag{4-55}$$

则对第 i 层，要求土工织物的导水率为

$$\theta_r = \frac{q_i}{J_g} \tag{4-56}$$

其中　$$J_g = \sin\alpha$$

式中　J_g——来水沿土工织物渗流的水力梯度；

α——土坝上游（土工织物铺设层）坡角，(°)。

选用土工织物时，其实际提供的导水率 $(\theta_a) = k_n\delta$ 应大于 θ_r，并有适当的安全系数（可取 3.0）。如不满足，可以适当增加土工织物的厚度或改用其他复合排水材料。

（三）砂砾石等透水地基防渗

对透水性较强的砂砾石地基，可以用土工膜等材料代替传统的黏土等材料防渗，实践表明，其防渗效果很好。

1. 水平防渗铺盖设计

利用土工膜作防渗铺盖时，其水平铺设长度、渗透流量及其与岸坡的连接等均按《碾压式土石坝设计规范》(SL 274—2001) 的有关规定设计。下面介绍铺盖土工膜厚度的计算。

由于渗流、沉降等影响，膜下地基可能产生裂隙，在膜上水头作用下，土工膜产生一定的变形，并承受相应的拉力，所选的土工膜应满足拉力及应变的要求。土工膜厚度的设计步骤为：

(1) 根据膜下地基可能产生的裂缝情况由下式计算出单宽土工膜所受的拉力 T 值。

$$T = 0.204\frac{pb}{\sqrt{\varepsilon}} \tag{4-57}$$

式中　T——单宽土工膜所受拉力，kN/m；

p——膜上作用水压力，kPa；

b——预计膜下地基可能产生的裂缝宽度，m；

ε——膜的拉力应变，%。

(2) 分别假设裂缝宽度为 b_1、b_2 时，由式 (4-57) 可得出两条 T—ε 曲线图（图 4-50）。并同时绘出所选土工膜的 T—ε 试验曲线，则交点 P_1、P_2 对应的应变 ε_1、ε_2 分别为裂缝宽度为 b_1、b_2，拉力 T_1、T_2 时的拉伸应变。

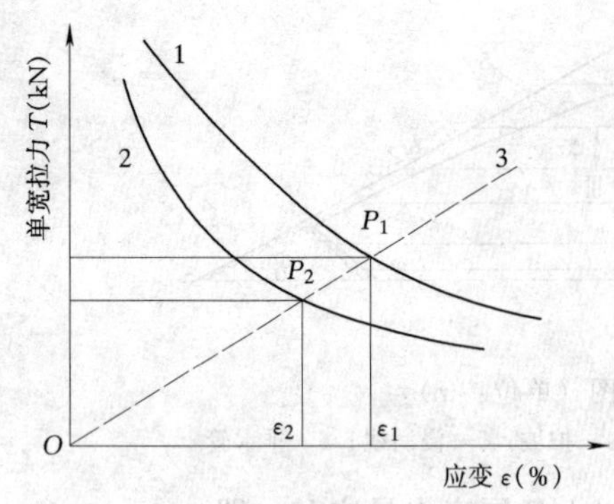

图 4-50　土工膜应力—应变关系
1—b_1 曲线；2—b_2 曲线；
3—选用土工膜的试验曲线

(3) 选用的土工膜则应满足下式的要求

$$\left.\begin{aligned} T_f &\geqslant F_s T \\ \varepsilon_f &\geqslant F_s \varepsilon \end{aligned}\right\} \qquad (4-58)$$

式中　T_f、ε_f——土工膜的极限抗拉强度及相应应变；

F_s——安全系数，取 4～5。

如不满足以上情况，则应选用较厚或抗拉性能更好的土工膜。

2. 透水地基的垂直防渗

当地基的透水性较强，深度在开槽机能力范围内，可利土工膜、复合土工膜或防水塑料板，垂直插入透水地基内，截断地基渗流通道。当前，插入土工膜的深度可达 15m，插入塑料板的深度已达 40m。

实施土工膜垂直防渗方案的地基应符合以下条件：

(1) 透水层深度在 12～15m 以内，透水层中大于 5cm 的颗粒含量不超过 10%，且少量大石块的最大粒径不超过 15cm，或不超过开槽设备允许的尺寸。

(2) 透水层中的水位应能满足泥浆固壁的要求。

垂直防渗采用何种材料，根据透水层深度、颗粒直径、渗透性及经济等合理选用。使用土工膜时，其厚度不得小于 0.5mm，并采用热熔法焊接，以保证其抗渗性能。

对砂土透水层埋深不大于 10m，其上黏土层又较薄时，可用高压水造孔冲槽法成槽；当地基为含粗粒的强透水层且上部覆盖黏土层较薄时，则宜选用链斗式或液压式锯槽机开槽。成槽过程中，槽孔内以泥浆固壁。槽孔完成后，及时将与槽深相当的土工膜铺入槽内。在 24 小时内尽早在膜两侧均匀填土，并在槽底回填不少于 1.0m 高的黏土，以防止下部的绕渗。将其顶部与上部建筑物妥善连接，不得外露。

四、土工合成材料护坡及防冲设计

(一) 防护材料种类及其制品

工程实践表明，利用土工合成材料的堤坝防护工程具有施工速度快、防护效果好、工程投资低和耐久性的特性。当前可用于防护工程的土工合成材料包括土工织物、土工膜及复合土工膜、土工网等。

在工程应用中，为了满足各种防护要求，常将几种土工合成材料制成一定规格的土工制品，工程上常用的有以下几种：

(1) 土袋、土枕。由织造型土工织物缝制成一定尺寸的袋体或长形枕体，内填土料或砂体，可用作压载、堵塞洞穴、加固加高及建筑临时堤坝等。

(2) 土工膜袋。由两层土工织物缝制而成，放置于坡面上，内充填混凝土或砂浆，凝固后形成块体护坡。模袋可由工厂加工，也可在现场缝制成简易膜袋。

(3) 软体排。由单层或双层土工织物制成的大面积排布，可代替传统的柴排、树排。能有效地起到防冲刷、反滤排水作用。必要时，可制成一定面积的土工膜排体。

(4) 土工格室。由长条塑料片材焊接成菱形或六角形的立体网络，高度的2/3嵌入坡土中，1/3露于坡面外，格室空间填小砾石或植草，可用于防止坡面雨水冲刷。

(5) 三维植被网。用热塑性丝网制成的膨松制品，覆于坡面上并植入草籽，在草籽未长成草毯之前可有效地防止水流、雨淋冲刷，保护草籽及坡面土流失。

(二) 土工模袋护坡设计

1. 型式选择

土工模袋类型较多，选用时根据工程的地形、地质、水文等条件及工程的作用、重要性综合考虑。

2. 模袋厚度设计

模袋厚度设计时，其抗漂浮所需厚度 δ 可按下式估算

$$\delta \geqslant 0.07cH_w \sqrt[3]{\frac{L_w}{L_r}} \frac{\gamma_w}{\gamma_c-\gamma_w} \frac{\sqrt{1+m^2}}{m} \tag{4-59}$$

式中 c——面板系数，大块混凝土护面，$c=1$，护面有滤水点，$c=1.5$；

H_w、L_w——波浪高度与长度，m；

L_r——垂直于水边线的护面长度，m；

m——护坡的边坡系数；

γ_c——砂浆或混凝土有效容重，kN/m³；

γ_w——水的容重，kN/m³。

在北方地区，水面结冰后对模袋有推力作用，模袋重力应能抵抗冰的推力，如忽略护面材料的抗拉强度，模袋厚度可按式(4-60)估算

$$\delta \geqslant \frac{\frac{p_i\delta_i}{\sqrt{1+m^2}}(F_s m - f_{cs}) - H_i c_{cs}\sqrt{1+m^2}}{\gamma_c H_i(1+mf_{cs})} \tag{4-60}$$

式中 δ_i——冰层厚度，m；

p_i——设计水平冰推力，建议初设取150kN/m²；

H_i——冰层以上护坡垂直高度，m；

c_{cs}——护面与坡面间黏着力，可取150kN/m²；

f_{cs}——护面与坡面间摩擦系数；

F_s——稳定安全系数，一般可取3.0。

根据以上两种估算模袋的厚度后，再结合工程的具体情况，分析后取较大值。

3. 模袋的稳定性分析

当模袋的类型、厚度等参数确定后，可根据式(4-61)进行稳定安全计算，其安全系数 F_s 值应满足《碾压式土石坝设计规范》(SL 274—2001)的有关规定。

$$F_s = \frac{L_3 + L_2\cos\alpha}{L_2\sin\alpha} f_{cs} \tag{4-61}$$

式中 L_2、L_3——护坡斜长及护底拐角长度(图4-7)，m；

α——护坡与水平面夹角，(°)；

f_{cs}——模袋与坡面间的摩擦系数，由试验测定，无试验资料时，可采用约0.5。

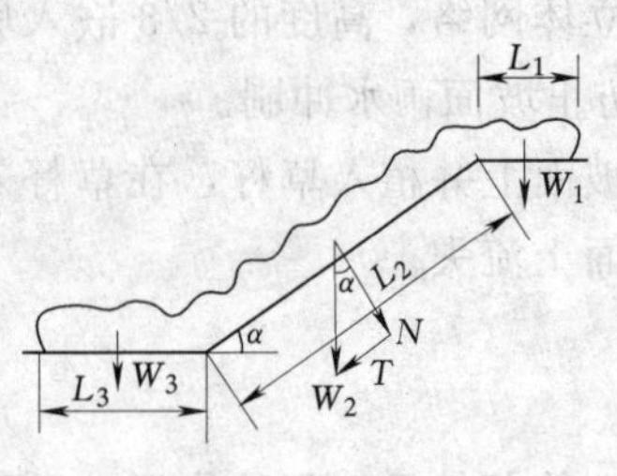

图 4-51　模袋抗滑稳定分析示意图

当模袋底部地下水位较高时，为保证模袋稳定计算条件，模袋底部渗水应及时排走，如排渗能力不足时，要增设排水孔。

为了增加模袋抗滑稳定性，可根据工程具体条件，采取坡顶河口打固定桩、压槽，坡脚用混凝土等材料固定等措施（图 4-52）。

4. 模袋施工

由于模袋均为现场充填，施工质量直接影响模袋的功能发挥和使用寿命，在施工时应注意以下几个要点：

（1）平整场地。对坡面进行平整削高填凹，使坡面平顺，清除草皮树根等杂物。

（2）展铺模袋。展袋后在其上下缘插入挂袋钢管，铺于平整后的坡面上，在坡肩处设挂袋桩，在钢管上松紧器，将模袋挂在桩上。

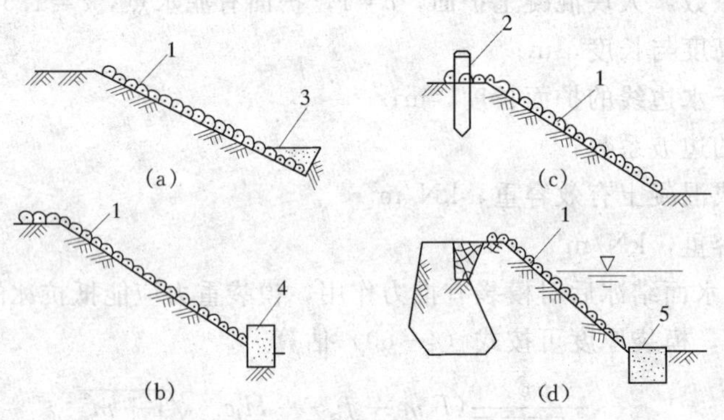

图 4-52　土工模袋抗滑措施示意图

1—模袋；2—固定柱；3—回填；4—混凝土块；5—底端埋入沟槽回填

（3）充灌填料。灌料用特制的混凝土泵进行，由两侧向中间，由下而上顺序进行充填。充填 1h 后可设置排水孔，回填上下固定模袋沟。

（4）为防止充填中出现硬结，发生管道堵塞故障，填料中最大粒径不得大于泵管径的 1/3；严格控制混凝土坍落度；充填灌注压力不小于 200kPa。

综上所述，土工合成材料在土石坝及堤防工程的防渗、反滤、排水、护坡等方面被广泛应用，并应用于土石边坡加固、加筋档墙、防汛抢险等方面，效果非常显著。

第十一节　土石坝及堤防的养护与维修

一、土石坝及堤防日常养护

土石坝的养护工作应做到及时消除土石坝表面的缺陷和局部工程问题，随时防护可能发生的损坏，保持大坝工程和设施的安全、完整、正常运用。一般应做好以下几项工作：

1）坝面上不得种植树木、农作物，不得放牧、铲草以及搬动护坡和导渗设施的砂石材料等。

2）严禁在大坝管理和保护范围内进行爆破、打井、采石、采矿、挖砂、取土、修坟等危害大坝安全的活动。

3）严禁在坝体修建码头、渠道，严禁在坝体堆放杂物、晾晒粮草。在大坝管理和保护范围内修建码头、鱼塘，必须经过大坝主管部门批准，并与坝脚和泄水、输水建筑物保持一定距离，不得影响大坝安全、工程管理和抢险工作。

4）大坝坝顶严禁各类机动车辆行驶。若大坝坝顶确需兼做公路，需经科学论证和上级主管部门批准，并应采取相应的安全维护措施。坝顶养护应达到坝顶平整，无积水，无杂草，无弃物；防浪墙、坝肩、踏步完整，轮廓鲜明；坝端无裂缝，无坑凹，无堆积物。

5）坝坡养护应达到坡面平整，无雨淋沟缺，无荆棘杂草滋生现象；护坡砌坡应完好，砌缝紧密，填料密实，无松动、塌陷、脱落、风化、冻毁或架空现象。

6）各种排水、导渗设施应达到无断裂、损坏、阻塞、失效现象，排水畅通。各种观测设施应保证完整，无变形、损坏、堵塞现象。

另外，对坝基和坝面管理范围内一切违反大坝管理的行为和事件，应立即制止并纠正。

二、土石坝及堤防的裂缝及处理

（一）裂缝的类型及成因

1. 干缩裂缝

干缩裂缝多发生在黏土的表面、心墙顶部或施工期黏土的填筑面上。在黏土表面受日光暴晒，水分迅速蒸发干缩而产生的裂缝。裂缝分布较广呈龟裂状，深度较浅而密集，缝间距比较均匀，与坝体表面垂直。干缩裂缝均上宽下窄，缝宽常小于1cm，深一般不超过1m。

2. 冻融裂缝

坝体表层土料因冰冻而产生收缩裂缝。冰冻后气温降低时，会因冻胀而产生裂缝。气温升高融冰时，因融化的土体不能够恢复原有的密度而产生裂缝。冬季气温变化时，黏土表面反复冻融而形成冻融裂缝和松土层。

3. 不均匀变形裂缝

（1）纵向裂缝。它是走向与坝轴线平行的裂缝。多数出现在坝顶或坝坡及坝身内部，是破坏坝体完整性的主要裂缝之一。其长度大，可延伸数十米甚至几百米，深度深。这种裂缝多为坝体或地基的不均匀沉陷的结果。如坝体在垂直于坝轴线方向的不均匀沉陷缝（图4－53）；沿大坝横断面的坝基开挖处理不当，造成横断面上产生较大的不均匀沉陷缝

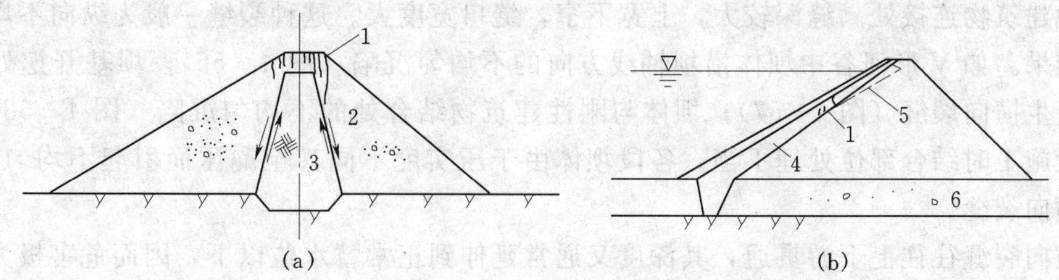

图4－53　坝体垂直于坝轴线方向的不均匀沉陷引起纵向裂缝示意图

（a）心墙坝纵缝；（b）斜墙坝纵缝

1—纵缝；2—坝壳；3—心墙；4—斜墙；5—斜墙沉降；6—砂卵石覆盖层

(图 4-54)；坝下结构引起的坝体裂缝（图 4-55)。此外，由于施工不当等原因也可能引起纵向裂缝，如坝体施工时，对横向分区结合面处理不慎会产生裂缝，或者施工时先按临时断面填筑，以后又在背水坡培厚加高，使新老坝体沉陷不均。

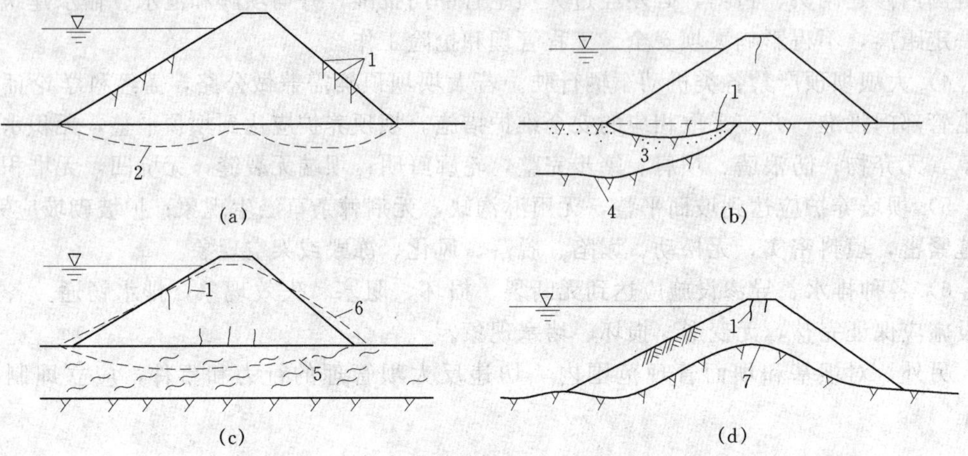

图 4-54　压缩性地基引起的纵缝

(a) 湿陷性地基不均匀沉陷纵缝；(b) 地基不均匀沉陷纵缝；(c) 高压缩性地基不均匀沉陷纵缝；(d) 跨骑在山脊的土石坝坝顶的纵向裂缝

1—纵缝；2—地基湿陷；3—高压缩地基；4—岩基；5—地基沉陷；6—坝体变形；7—条形山脊

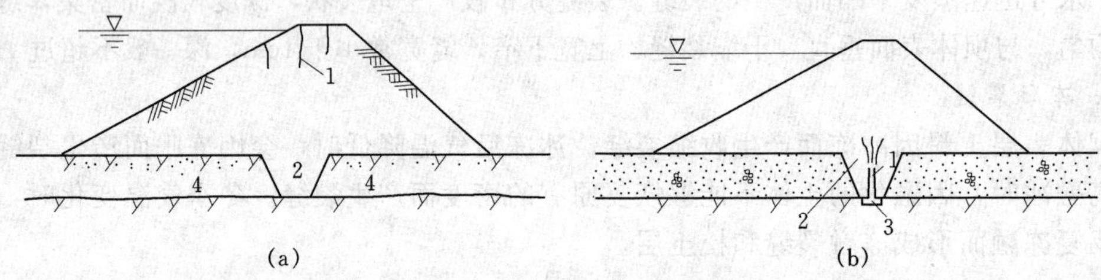

图 4-55　坝下结构引起的纵向裂缝

(a) 与截水槽对应的坝顶处纵缝；(b) 混凝土截水墙顶部坝体内部裂缝

1—裂缝；2—截水墙；3—混凝土截水墙；4—压缩性地基

(2) 横向裂缝。它是走向与坝轴线垂直的裂缝。多出现在坝体与岸坡接头处，或坝体与其他建筑物连接处。缝深较大，上宽下窄，缝口宽度大。这种裂缝一般为纵向不均匀沉陷的结果。如V形河谷中坝体沿坝轴线方向的不均匀沉陷（图 4-56)；坝基开挖处理不当而产生横向裂缝（图 4-57)；坝体与刚性建筑物结合处的不均匀沉陷（图 4-58)；坝体分段施工时结合部位处理不当，各段坝体由于压实度不同甚至漏压而引起不均匀沉陷，产生横向裂缝。

横向裂缝往往上下游贯通，其深度又通常延伸到正常蓄水位以下，因而危害极大，可以造成集中渗漏甚至导致坝体溃决。

(3) 水平裂缝。破裂面为水平面的裂缝称为水平裂缝。水平裂缝多为内部裂缝，有时它可能贯通上下游，形成集中渗漏的通道，由于它不易被人们发觉，危险性很大。

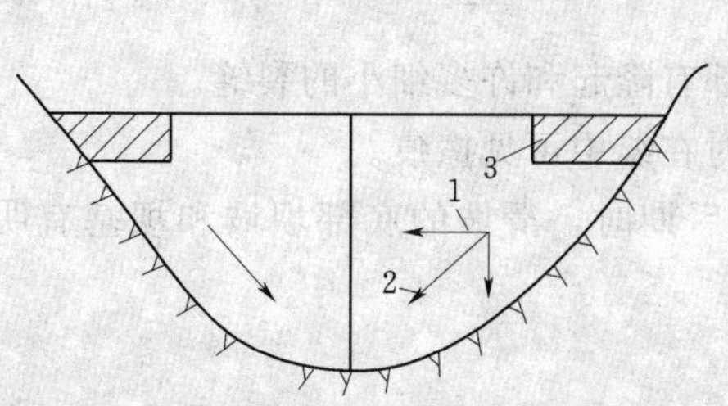

图 4-56　坝体沿坝轴线方向产生横向裂缝示意图

1—水平位移方向；2—位移方向；3—受拉区

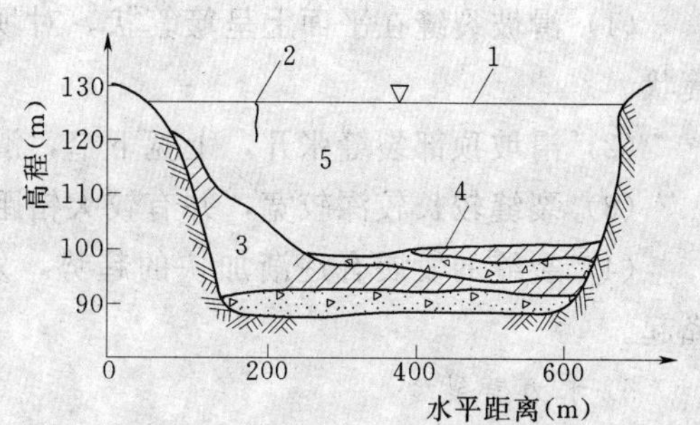

图 4-57　东洋村水库坝基开挖处理不当产生横向裂缝示意图

1—坝顶；2—裂缝；3—黄土台地；4—砂卵石；5—坝体

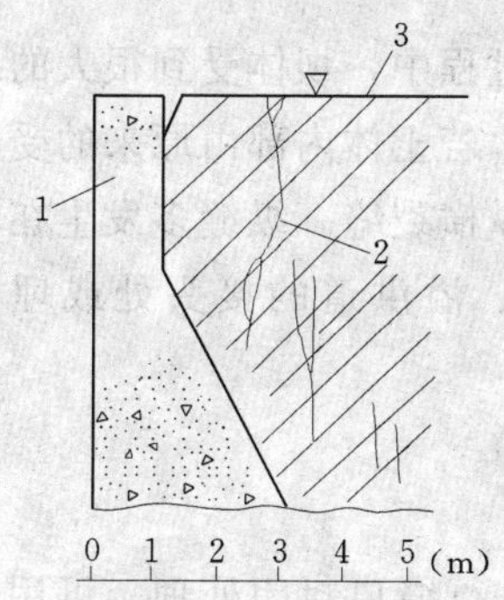

图 4-58　土石坝与溢洪道连接处产生横向裂缝示意图

1—溢洪道导墙；2—裂缝；3—坝顶

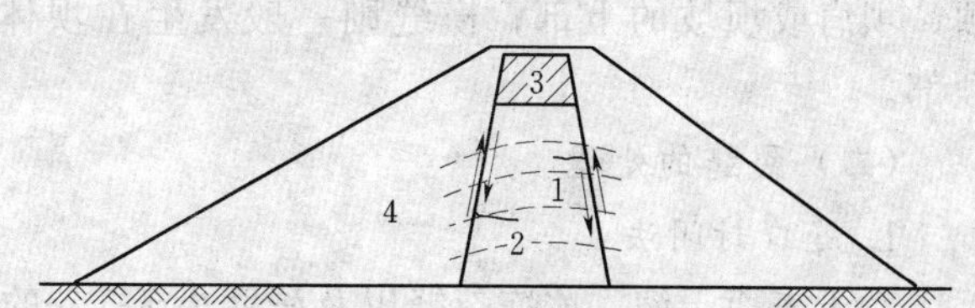

图 4-59　心墙坝内部水平裂缝示意图

1—水平裂缝；2—心墙；3—心墙未下沉的部分；4—坝壳

水平裂缝多发生在较薄的黏土心墙中，坝壳沉陷量小且沉降稳定较快，心墙则沉降量大且沉降稳定较慢，先稳定的坝壳则会阻止心墙继续沉降，形成坝壳对心墙的拱效应，如图 4-59 所示。拱效应强烈时，会使心墙中垂直应力小，甚至会由压应力变为拉应力，这时便在心墙中产生水平裂缝。对峡谷压缩性地基上的土石坝，由于拱效应的作用，坝体的重量只传递到两岸山坡上，不能与下部坝体同时沉陷，而使坝体受拉形成水平裂缝，如图 4-60 所示。

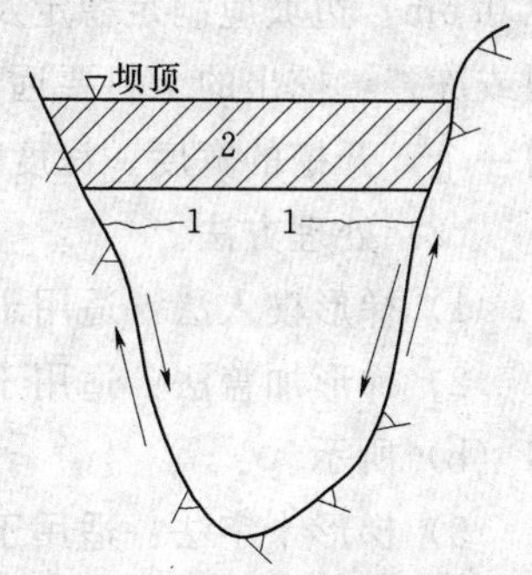

图 4-60　峡谷中土坝水平裂缝示意图

1—水平裂缝；2—沉降量小的部分

4. 滑坡裂缝

它是因滑移土体开始发生位移而出现的裂缝。当坝坡出现纵向裂缝和弧形裂缝时，常是滑坡的前兆。上游滑坡裂缝，多出现在水库水位降落时，下游滑坡裂缝，常因下游坝体浸润线太高，渗透水压力太大而发生。滑坡裂缝的危害比其他裂缝更大。判断是否是滑坡裂缝，可观测以下几种特点：

(1) 滑坡裂缝在平面上呈簸箕状，对坝基为淤泥软土且滑坡范围很长时，不一定呈簸箕状。

(2) 滑坡顶部裂缝张开，上宽下窄，滑坡底部有隆起和许多细小的裂缝。

(3) 裂缝较长较深较宽，并有较大错距，有时在缝中可见擦痕。

(4) 裂缝的发展有逐渐加快的趋势，发展到后期时，滑坡的底部坝坡和坝基有明显隆起。

5. 水力劈裂缝

水力劈裂缝产生的机理是在水库蓄水后，水进入到细小而未张开的裂缝中，在水压力的作用下使裂缝张开，如水劈开了土体。因此，水力劈裂缝产生的条件是：①土体已经有了微小裂缝，库水能够进入，并在缝中形成使缝张开的劈缝压力；②劈缝压力要大于土体对缝面的压应力，才能够使缝张开。

6. 震动裂缝

地震或其他强烈震动会使土石坝产生裂缝。例如，在地震过程中，坝体受到很大的地震惯性力和动水压力，使坝体和坝基原有的应力状态发生变化。若土体内部由原来的受压状态转变为受拉时，则可能产生裂缝。地震裂缝一般同时出现纵横裂缝。纵缝多发生在坝顶、坝肩或坝坡的上部；横缝则一般发生在坝体与两岸岩体、溢洪道的接头处或埋管顶部。

(二) 裂缝的处理

1. 缝口封闭法

对于表面干缩、冰冻裂缝以及深度小于1m的裂缝，可只进行缝口封闭处理。可用干而细的砂壤土从缝口灌入，用竹片或板条填塞捣实，然后在缝口处用黏性土封堵压实。

2. 开挖回填法

开挖回填是将发生裂缝部位的土料全部挖出，重新回填。对于深度不大于3m的沉陷裂缝，待裂缝发展稳定后，可采用此法处理。

(1) 裂缝的开挖。为探清裂缝的范围和深度，开挖前先向缝内灌入少量石灰水，然后沿缝挖槽。开挖长度应超过裂缝两端1m，深度超过裂缝尽头0.5m，开挖槽底部的宽度至少0.5m，边坡应满足稳定及新旧回填土结合的要求。坑槽开时，防止坑槽进水、土壤干裂或冻裂，挖出的土料要远离坑口堆放。对贯穿坝体的横向裂缝，每隔5m挖十字形结合槽一个，开挖的宽度、深度与裂缝开挖的要求一致。

(2) 处理方法。

1) 梯形楔入法：适用于裂缝不太深的非防渗部位，如图4-61 (a) 所示。

2) 梯形加盖法：适用于裂缝不太深的防渗斜墙和均质土坝迎水坡的裂缝，如图4-61 (b) 所示。

3) 梯形十字法：适用于处理坝体和坝端的横向裂缝，如图4-61 (c) 所示。

(3) 土料回填。回填的土料要符合坝体土料的设计要求。对沉陷裂缝要选择塑性较大的土料，其含水量大于最优含水量的1%～2%。回填时应分层夯实，厚度以10～15cm为宜。要特别注意坑槽边角处的夯实质量，要求压实厚度为填土厚度的2/3。

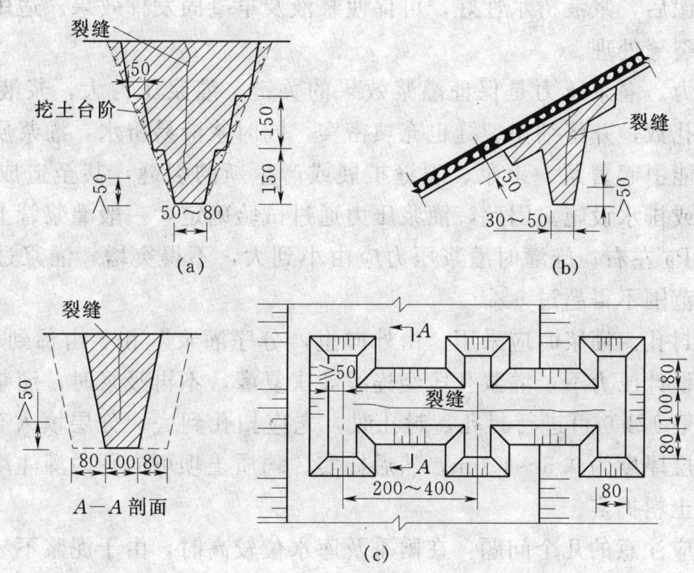

图 4-61　开挖回填处理裂缝示意图（单位：cm）

(a) 梯形楔入法；(b) 梯形加盖法；(c) 梯形十字法

3. 充填灌浆

对非滑动性质的深层裂缝，可用充填式黏土灌浆或采用上部开挖回填与下部灌浆相结合的方法处理。充填灌浆法是利用较低压力或浆液自重把浆液灌入坝体裂缝内，充填密实裂缝和孔隙，以达到加固坝体的目的。一般充填灌浆的步骤如下：

(1) 布孔。根据裂缝分布情况，按照“由疏到密”的施工顺序，在裂缝上布孔。对于表面裂缝，孔位一般布置在长裂缝的两端、转弯处、缝宽突然变化处及裂缝密集处。灌浆孔与导渗或观测设施的距离不应少于 3m，以防止因串浆而影响其正常工作。对内部裂缝，可根据内部裂缝的分布、灌浆压力和坝体结构综合考虑，一般采用灌浆帷幕式布孔，即在坝顶上游侧布置 1～2 排，孔距由疏到密，最终孔距以 3～6m 为宜，孔深应超过缝深 1～2m。

(2) 造孔。造孔施工应据布孔的孔位由稀到密按序进行，孔深应超过隐患处 2～3m。造孔力求保持铅直，且必须用干钻、套管跟进的方式进行，严禁用清水循环钻进。

(3) 制浆。灌浆浆液制作，可采用人工制浆或机械制浆。对浆液要求流动性好，使其能灌入裂缝；要析水性好，使浆液进入裂缝后，能较快地排水固结；要收缩性小，使浆液析水后与土坝结合密实。常用的浆液有纯黏土浆和黏土水泥混合浆两种。

纯黏土浆：一般黏粒含量在 20%～45%为宜。如黏粒过多，浆液析水慢，凝固时间长，影响灌浆效果。浆液的浓度，应在保持浆液对裂缝具有足够的充填能力条件下，稠度愈大愈好，根据试验一般采用水：黏土（重量）=1∶1～1∶2.5。泥浆的比重一般控制在 1.45～1.70。为使大小缝隙都能较好地充填密实，可在浆液中掺入干料重的 1%～3%的硅酸钠（水玻璃）或采用先稀后浓的浆液。

黏土、水泥混合浆：用土料和水泥为材料混合搅制而成。在土料中掺入占干料重的

10%～30%的水泥后，浆液析水性好，可促使浆液及早凝固发挥效果。适用于黏土心墙或浸润线下的坝体裂缝处理。

(4) 灌浆压力。灌浆压力是保证灌浆效果的关键。灌浆压力大，浆液扩散半径也越大，可减少灌浆孔数，并将细小裂缝也充填密实，同时浆液易析水，灌浆质量也越好。但是压力过大，可能引起冒浆、串浆、裂缝扩展或产生新的裂缝，甚至造成滑坡或击穿坝壳，堵塞反滤层或排水设施。因此，灌浆压力通过试验确定，一般灌浆管上端孔口压力采用0.05～0.30MPa左右；施灌时灌浆压力应由小到大，不得突增，灌浆过程中，应维持压力稳定，波动范围不得超过5%。

(5) 灌浆与封孔。灌浆时应采用“由外向里，分序灌浆”和“由稀到稠，少灌多复”的方式进行。在设计压力下，灌浆孔段经连续3次复灌，不再吸浆时，灌浆即可结束。在浆液初凝后（一般12h）可进行封孔，封孔时，先应扫孔到底，分层填入直径2～3cm的干黏土泥球，每层厚度为0.5～1.0m，然后捣实。均质土坝可向孔内灌注浓泥浆或灌注最优含水量的制浆土料捣实。

(6) 灌浆时应注意的几个问题：在雨季及库水位较高时，由于泥浆不易固结，一般不宜进行灌浆；在灌浆过程中应加强观测，了解渗流量、水平位移、垂直位移和浸润线等在灌浆过程中的内在变化规律；灌浆工作必须连续进行，若中途必须停灌，应及时洗清灌孔，并在12h内恢复灌浆；灌浆时应密切注意坝坡的稳定及其他异常现象，发现突然变化应立即停止灌浆，分析原因后采取相应处理措施；灌浆结束后10～15d，对吃浆量较大的孔应进行一次复灌，以弥补上层浆液在凝固过程中因收缩而脱离其上的坝体所产生的空隙；重要的部位和坝段进行灌浆处理后，应按《土坝坝体灌浆技术规范》(SD 266—88)的要求，进行灌浆质量检查或验收。

4. 劈裂灌浆法

当处理范围较大，裂缝的性质和部位又都不能完全确定时，可采用劈裂灌浆法处理。

三、土石坝及堤防的渗漏及处理

(一) 渗漏的种类及成因

1. 渗漏的类型

由于土体具有一定的透水性，当水库蓄水后，在水压力的作用下，土石坝有渗漏现象。土石坝渗漏可分为正常渗漏和异常渗漏。渗水从导渗设施排出，其逸出坡降不大于允许值的称为正常渗漏。如渗流量较大且集中，水质浑浊，渗水中含有大量土壤颗粒，使坝体或坝基发生管涌、流土和接触冲刷等破坏的称为异常渗漏。

土石坝渗漏按渗漏部位的特征分为坝身渗漏、坝基渗漏和绕坝渗漏等几种。

2. 坝体渗漏的成因

(1) 散浸及其成因。当坝身浸润线抬高，渗漏的逸出点超过排水体的顶部时，下游坝坡土大片呈浸润状态的现象称为散浸。造成散浸的原因如下：

1) 坝体尺寸单薄，土料透水性大；均质坝的坝坡过陡等原因而使渗水从排水体以上逸出坝坡。

2) 坝后反滤排水体高度不够；或者下游水位过高，洪水淤泥倒灌使反滤层被淤堵；或者未按设计要求选用反滤料或铺设的反滤料层间混乱等原因，造成浸润线逸出点抬高，

在下游坡面形成大面积散浸。

3）压实的土层表面未经刨毛处理，致使上下层结合不良；铺土层过厚造成碾压不实，使坝身水平向透水性较大，因而坝身浸润线高于设计浸润线，渗水从下游坡逸出。

（2）集中渗漏及其成因。土石坝下游坡面、地基或两岸山体出现成股水流涌出的异常渗漏现象，称为集中渗漏。集中渗漏往往带走坝体的土粒形成管涌，甚至淘成空穴逐渐形成塌坑，严重时导致土石坝溃决。形成集中渗漏现象原因如下：

1）坝体防渗设施厚度小，致使渗流水力坡度大于其临界坡降，造成斜墙或心墙土料流失，最后使斜墙或心墙被击穿，形成集中渗漏通道。

2）坝身分层分段和分期填筑时，如果层与层、段与段以及前后期之间的结合面没有按施工规范要求施工，结合不好或者施工时漏压，有松土层，在坝内形成了渗流，在薄弱夹层处集中排出。

3）施工时对贯穿坝体上下游的道路以及各种施工的接缝未进行处理，或坝体与其他刚性建筑物（如溢洪道边墙、涵管或岸坡等）的接触面防渗处理不好，发展成集中渗漏的通道。

4）动物洞穴、树根或杂草腐烂后在坝身内形成空隙。

5）坝体不均匀沉陷横向裂缝、心墙的水平裂缝等，也是造成坝体集中渗漏的原因。

3. 坝基渗漏的原因

造成坝基渗漏的直接原因有：缺少必需的防渗措施；截水槽深度不够，未与不透水层相连接；截水槽填筑质量不好或尺寸不够而破坏；铺盖长度不够或铺盖厚度较薄被渗水击穿；黏土铺盖与透水砂砾石地基之间未设有效的反滤层，铺盖在渗水压力作用下被破坏；施工时在库内挖坑取土，天然铺盖被破坏，或水库放空时铺盖暴晒发生裂缝而未加处理，使其失去防渗作用；导渗沟、减压井养护不良，淤塞失效，致使覆盖层被渗流顶穿形成管涌或使下游逐渐沼泽化等。

（二）坝身渗漏的处理

1. 抽槽回填法

对于渗漏部位明确且高程较高的均质坝和斜墙坝，可采用抽槽回填法处理。处理时库水位较低，抽槽范围必须超过渗漏通道高程以下1m和渗漏通道两侧各2m，槽底宽度不小于0.5m，边坡应满足稳定及新旧填土结合的要求。

回填土料应与坝体土料一致，并应分层夯实，每层厚度10～15cm，要求压实厚度为填土厚度的2/3，回填土夯实后的干容重不得低于原坝体设计值。

2. 铺设土工膜

土工膜稳定性好，产品规格化；铺设简便，施工速度快；抗拉强度高，适应堤坝变形；质地柔软，能与土壤密切结合；重量轻，运输方便；其抗老化及耐气候性能较高。常用的土工膜有聚乙烯、聚氯乙烯、复合土工膜等几种。

土工膜厚度应根据理论计算和工程实践经验确定，承受30m以下水头的，可选用非加筋聚合物土工膜，铺膜总厚度0.3～0.6mm。承受30m以上水头的，宜选用复合土工膜，膜厚度不小于0.5mm。土工膜的铺设范围，应超过渗漏范围上下左右各2～5m。土工膜铺设前，先将铺设范围内的护坡拆除，再将坝坡表层土挖除30～50cm，清除树木杂草，坡面修

整平顺，可沿坝坡每隔 5～10m 挖 1.0m×0.5m 防滑沟一道，将膜料压在防滑沟内。

土工膜的连接是影响防渗效果的主要环节，有搭接、粘接、焊接等几种方法，一般以焊接和粘接效果较好。采用焊接时，热合宽度不小于 0.1m。粘接可用胶合剂也可用双面胶布粘贴，粘接宽度不小于 0.15m，粘合剂涂膜时要注意粘接均匀、牢固、可靠。土工膜保护层的设计与施工是土工膜防渗的关键，保护层不仅要保护土工膜不受损坏，同时还要承受库水位下降时的反渗透压力作用。根据经验，保护层要与土工膜铺设速度同步，以免使薄膜长时间裸露加速老化。保护层可采用沙壤土或沙，厚度不小于 0.5m。

3. 冲抓套井回填

冲抓套井回填黏土防渗墙是利用冲抓机具在土石坝的渗漏范围内造井，用黏性土料进行分层回填夯实，形成一个连续的黏土截水墙截断坝身或坝基渗流，达到截渗目的。如图 4-62 所示。黏土防渗具有防渗效果好、设备简单、施工方便、质量易控制、功效高、投资少等优点，特别适合于均质坝和宽心墙坝渗漏处理。其缺点是造孔大，回填方量大。

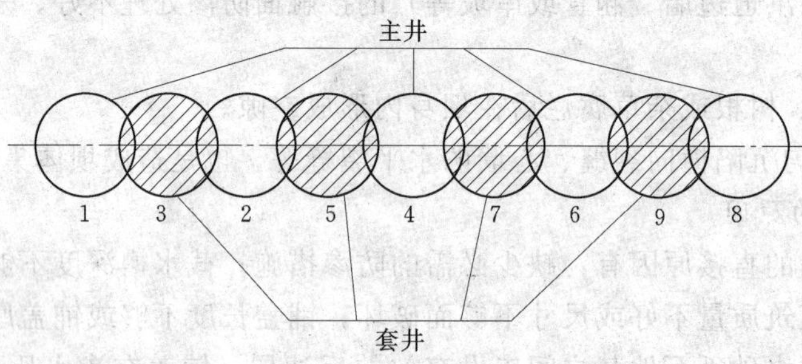

图 4-62　冲抓套井防渗墙示意图

黏土防渗墙的施工步骤：

(1) 造孔。造孔前将库水位降到要求处理的高程以下，然后在坝轴线偏上侧造孔，两端超过渗漏范围 3～5m，井底高程在渗漏高程以下 1～2m；造孔直径在 1.1～1.2m 时，井距 0.8～0.9m。造孔要按先主井后套井的顺序施工，并应连续作业，以免塌孔。造孔时严格控制孔的垂直度。套井的排数，根据坝高和渗漏情况而定，一般坝高在 25m 以下时，可考虑一排；坝高 25～40m 时，可考虑布置两排或三排套井，钻井直径为 1.1m 时，两排套井的排距 0.89m，井距为 0.86m，三排套井时，排距为 0.83m，井距为 0.95m。

(2) 回填夯实。打井完毕后，应立即进行分层回填黏土夯实。回填时应保持井底无水，当井底有渗水时，可倾倒干土，反复抓尽，直至把水吸干；当出现塌孔时，可用土回填击实后，再进行冲抓。回填土料应符合设计要求，分层回填厚度以 0.3～0.5m 为宜。夯实时深井底部锤落距宜小且平稳，回填时夯实锤落距为 2～3m，夯击次数为 20～25 次。

4. 劈裂灌浆法

劈裂灌浆法是利用河槽段坝轴线附近的小主应力面一般为平行于坝轴线的铅直面的规律，沿坝轴线单排布置相距较远的灌浆孔，利用泥浆压力人为地劈开坝体，灌注泥浆，从而形成连续的浆体防渗帷幕。对于坝体质量不好、坝后坡有大面积散侵或多处明漏、问题性质和部位不能完全确定的隐患，可采用劈裂灌浆法处理加固。

(1) 劈裂灌浆法的机理。①泥浆劈裂过程，当灌浆压力大于土体抗劈力时，坝体将沿小主应力方向产生平行于坝轴线的裂缝，泥浆在压力作用下进入坝体裂隙之间充填原有裂缝和孔隙；②浆压坝过程，泥浆进入裂缝后，仍有较大压力，压迫土体，使土体之间产生相对位移而被压密；③坝压浆过程，随着泥浆排水固结，压力减小，坝体回弹，反过来压迫浆体，加速灌浆排水固结。可见，通过浆坝互压，不仅充填了裂缝，而且使坝体密实，充分调整了坝体内部的应力不平衡状态，从而比较彻底地解决了土石坝坝体的变形稳定和渗透稳定问题。

（2）灌浆孔的设计。

1）孔位布置。灌浆孔一般布置在渗漏坝段的坝轴线或略偏上游的位置，两端超过渗漏范围 3～5m。对于河床段，一般采用单排布孔，终孔距离为 3～5m，对于较重要的坝或坝体普遍碾压不实，土料混杂，夹有风化块石，存在架空隐患，可采用双排或三排布孔，增加土体强度，改善坝体结构和防渗效果，排距一般为 0.5～1.0m。对于弯曲或岸坡段，由于坝体应力复杂，劈裂缝容易沿圆弧切线发展，应根据其弧度方向采用小孔，终孔距离为 2～3m；或采用多排梅花形布置。孔位布置也可以通过灌浆实验确定，但必须保证形成连续的防渗帷幕。

2）造孔。一般要分 1、2、3 序造孔，灌完第一序后，视情况再造第 2、3 序孔，这样可以使灌入的浆液平衡均匀分布于裂缝。同时后序孔灌注的浆液对前序孔起到补充作用。造孔深度一般应大于隐患深度 2～3m，如副排孔处如无隐患，则孔深可采用相应主排孔深的 1/3。坝体造孔必须采用干钻、套管跟进的方式进行，如钻进确实存在困难时，可采用少量注水的湿钻，但要求保护好孔壁连续性，不出现初始裂缝，以免影响劈裂灌浆效果。

（3）坝体灌浆控制压力的确定。灌浆压力系指注浆管上端孔口的压值。合理的灌浆压力，对于坝体的压密和回弹，浆脉的固结和密实度，泥浆的充填和补充坝体小主应力不足，保证泥浆帷幕的防渗效果等都有很大作用。它与坝型、坝高、坝体质量、灌浆部位、浆液浓度以及灌浆泵量的大小等因素有关，应通过现场实验确定，一般不超过 49kPa。

（4）坝体灌浆帷幕设计厚度。浆体厚度是指灌浆泥墙固结硬化后的厚度。确定其厚度，应全面考虑浆体本身的抗渗能力，满足防渗要求，控制坝体变形稳定安全以及浆体固结时间等因素，一般为 5～20cm。

（5）浆液的配制。泥浆的选择应考虑灌浆要求、土石坝坝型和土料、隐患性质和大小等因素，一般水化性好，浆液易流动，且有一定的稳定性。具体要求是浆液土料应有 20%以上的黏粒含量和 40%以上的粉粒含量，浆液的容重一般为 12.7～15.7kN/m^3，黏度达到 30s 以上。制浆一般采用搅拌机湿法制浆，随时测定泥浆密度，使其达到设计要求。

（6）灌浆与封孔。灌浆的原则是"稀浆开路，浓浆灌注，分序施灌，先疏后密，少灌多复，控制浆量"。灌浆时应先灌河槽段，后灌岸坡和弯曲段，采用孔底注浆全孔灌浆的方式进行。每孔每次平均灌浆量以孔深计，每米孔深控制在 0.5～1.0m^3，当浆液升至孔口，经连续 3 次复灌不再吃浆时，即可终止灌浆。每孔灌浆次数应在 5 次以上，两次灌浆间隔时间不少于 5 天。当每孔灌完后，可将注浆管拔出，向孔内注满容重大于 14.7kN/m^3 的稠浆，直至浆面升至坝顶不再下降为止。注意，在雨季及库水位较高时，不宜进行灌浆。

（7）监测与验收。在整个灌浆过程中应对坝体变形、渗流状况、灌浆压力、裂缝、冒浆等项目进行监测，保证灌浆期间坝体安全和灌浆质量。发现异常变化时，应立即停止灌浆，经查明原因，进行必要的处理后，才能继续再灌。对于重要的部位和坝段进行灌浆处理后，应按《土坝坝体灌浆技术规范》（SD 266—88）的要求进行灌浆质量检查或验收。

5. 混凝土防渗墙

混凝土防渗墙是利用专用机具，在坝体或地基中建造槽孔，以泥浆固壁，采用直升导管法向槽孔内浇筑混凝土，形成连续的混凝土防渗墙，截断渗漏途径，达到截渗目的。它适用于坝高 60m 以内、坝身质量差、渗漏范围普遍的均质坝和心墙坝。与其他措施相比，混凝土防渗墙具有施工速度快、防渗效果好的优点。

混凝土防渗墙的形式，一般采用槽孔式防渗墙，它是由许多混凝土板墙套接而成。施工时，先建造单号槽孔混凝土墙，后建造双号槽孔混凝土墙，由单、双号槽孔混凝土套接成一道墙，其平面布置如图 4-63 所示。

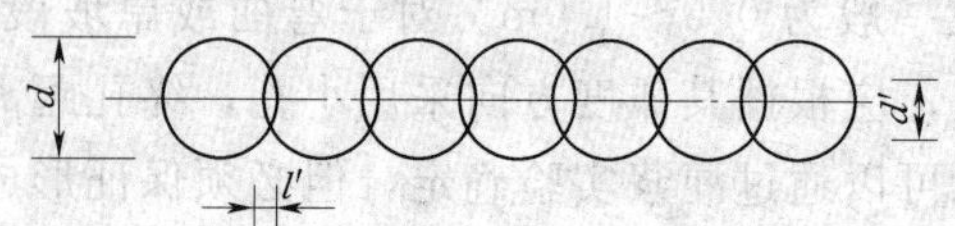

图 4-63 槽孔式混凝土防渗墙平面布置示意图

l'—套接长度；d—墙厚；d'—有效厚度

防渗墙应布置在坝体防渗体内，一般沿坝轴线上游布置。防渗墙底应支承在坚实的基岩上，而且要嵌入不透水或相对不透水岩面以下大约 0.5～1.0m。防渗墙的厚度应按抗渗、抗溶蚀的要求计算确定，一般为 0.8～1.0m；槽孔长度应根据坝体填筑质量、混凝土连续浇筑距离确定，一般为 4～9m。

槽孔建造时，应设置控制基准点进行中心线和高程的控制，单号孔和双号孔的施工间隔时间一般为 7 天，槽孔孔壁应保持平整垂直，孔斜率不得大于 0.4%，一、二期槽孔套接孔的孔位中心在任一深度的偏差值不得大于设计墙厚的 1/3，槽孔水平断面上不应有梅花孔和小墙，有关机具安设、固壁泥浆、槽孔钻进、终孔工作应按《水利水电工程混凝土防渗墙施工技术规范》（SL 174—96）执行。

防渗墙混凝土的标号，应按抗渗要求来确定。混凝土的配合比应根据混凝土能在直导管内的自然流动和在槽孔内自然扩散的要求确定，一般入孔时的坍落度为 18～22cm，扩散度为 34～48cm，最大骨料粒径不大于 4cm。混凝土的浇筑应采用直升导管法，导管直径一般为 20～25cm，相邻导管间距不大于 2.5m，导管距孔端的距离为 1.0～1.5m，二期槽孔为 0.5～1.0m。导管底部孔口应保持埋在混凝土面下 1～6m，槽孔内混凝土面均匀上升，高差不大于 0.5m，混凝土上升速度每小时不大于 1m，混凝土终浇面应高出墙顶设计要求 50cm 左右。此外，在浇筑过程中应随时检测混凝土的各项性能指标，每 30min 测一次槽孔内的混凝土面，每 2h 测一次导管内的混凝土面，防止导管提升时脱空。浇筑时如发现泥浆浸入混凝土内，应立即停止浇筑，并抽出泥浆和清洗槽孔，再按开始浇筑的工序进行浇筑。

6. 倒挂井混凝土防渗墙

倒挂混凝土墙是由人工开挖，自上而下浇筑混凝土井圈，直至基岩或到需要的深度，最后在井圈内浇筑混凝土，而形成混凝土墙。此法的优点是简单，不需要大型机械设备与专业施工力量，易保证施工质量，造价低，适应抗震能力强；缺点是用工多，安全性差，工期较长，在缺乏大型机械设备下，此技术不失为一种现实的施工方法，可适用于高 50m 以内，坝体渗流量不大，水库能放空或水头不大的情况。

防渗墙一般布置在坝轴线上游 1m 处，按一定的尺寸分成若干个槽段，每个槽段由 4 个连续的拱圆井组成，如图 4－64 所示，拱圆外径为 1.8～2.7m，厚度可选 0.2～0.25m。槽段间设塑料止水，距基岩 1～2m 设水平铰接缝。

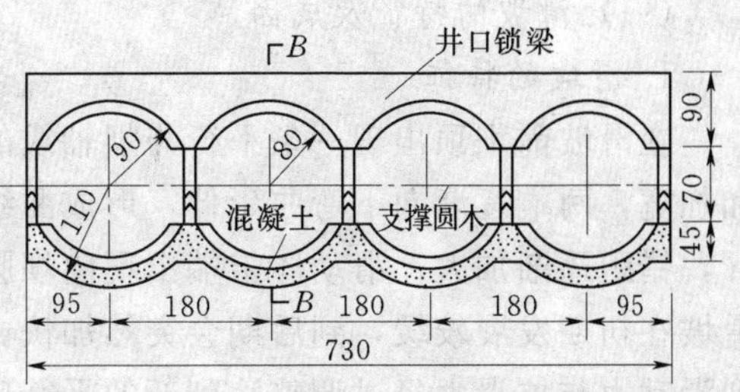

图 4－64　倒挂井平面图（单位：cm）

7. 导渗法

(1) 导渗沟法。当均质土坝下游坡发生散浸时，采用导渗沟法。导渗沟的形状很多，常用的有 Y 字形，W 字形，I 字形等，如图 4－65 所示，但不允许采用平行于坝轴线的纵向沟。

导渗沟的长度以坝坡渗水出逸点至排水设施为准，深度为 0.8～1.0m，宽度为 0.5～0.8m，间距视渗漏情况而定，一般为 3～5m。沟内按滤层要求回填砂砾石料，填筑顺序按粒径由小到大、由周边到内部，填成封闭的棱柱体，不同粒径的滤料要求严格分层填筑，不许混淆。另外，也可用无纱布包裹砾石或砂卵石料，填成封闭的棱柱体。导渗沟的顶面应铺砌块或回填黏土保护层，厚度为 0.2～0.3m。

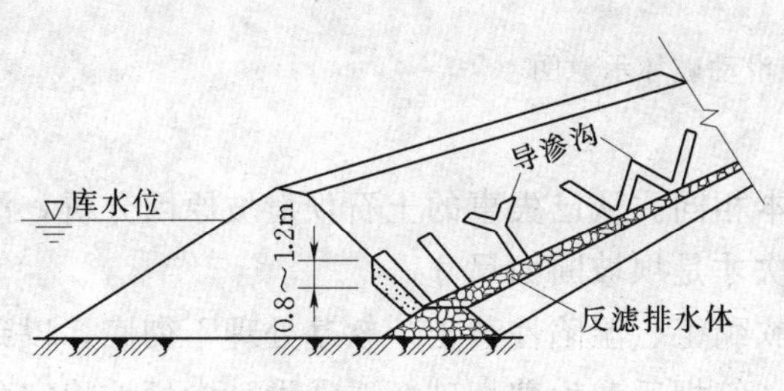

图 4－65　导渗沟示意图

(2) 反滤层导渗法。当坝体渗漏严重、散浸面积较大，甚至遍及整个坝坡时，仅采用开沟导渗方法不能解决问题，可用反滤层导渗法，根据反滤层材料不同，一般分以下两种：

1) 贴坝式砂石反滤层导渗法。其铺设范围应超过渗漏部位四周各 1m，铺设前应进行坡面清理，将坡面的草皮杂物清除干净，深度为 0.1～0.2m，然后按砂、小石、大石、块石保护层的顺序由下至上逐层铺设，不得混淆。砂、小石、大石各层厚度为 0.15～0.2m，块石保护层厚度为 0.2～0.3m。经反滤层导出的渗水可引入集水沟或滤水坝趾内排除。

2) 土工织物反滤层导渗法。铺设范围和坡面情况同前。施工时先在清理好的坡面上铺满土工织物，铺设时应沿水平方向每隔 5～10m 做一道 V 形防滑槽加以固定，以防滑动；然后再满铺一层透水砂砾料，其厚度为 0.4～0.5m；最后再压 0.2～0.3m 厚的块石保护层。注意，铺设时施工人员不得穿带钉靴进入现场；导出的渗水也应引入集水沟或滤水坝址内排出。

(三) 坝（堤）基渗漏的处理

坝基渗漏处理措施包括黏土防渗铺盖、黏土截水槽、混凝土防渗墙、高压喷射灌浆、下游导渗及压渗等。具体设计及布置见本章第七节。

四、土石坝及堤防的滑坡及处理

土石坝在施工或竣工以后的运行中，坝体的一部分（包括坝基）失去平衡，脱离原来的位置向下滑移，这种现象称为滑坡。

（一）滑坡的特征及成因

1. 滑坡的特征

在滑坡前坝顶出现一条平行与坝轴线的纵向裂缝（即主裂缝），随着裂缝的不断延长和加宽，两端逐渐向下弯曲延伸，形成曲线形。滑坡体开始滑动时，主裂缝两侧便上下错开，错距逐渐加大，滑动体末端出现向坝脚方向滑移，后期坝下出现带状或椭圆形隆起。滑坡在初期发展较缓，到后期会突然加快。滑动体移动的距离可由数米至数十米不等，直到滑动力与抗滑力经过调整达到新的平衡后滑坡才终止，如图 4-66 所示。在滑坡体急速滑动时，可以听到土石摩擦的声音。

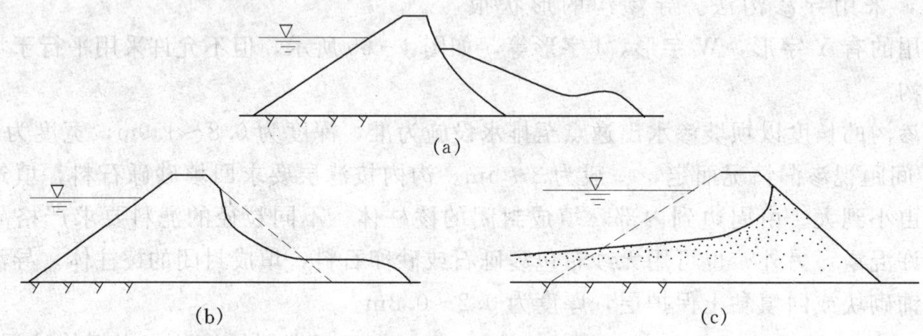

图 4-66 土坝滑动破坏示意图

2. 滑坡的成因

滑坡的原因很多，但产生滑坡的条件基本相同。从已失事的土石坝滑坡原因分析，滑坡主要取决于基础状况，筑坝土料性质，其次才是坝坡断面尺寸。

（1）勘测设计方面原因：①对淤泥层、软黏土、湿陷性黄土，软基处理不彻底，以致抗剪强度指标低于设计值，地基承载力不够，筑坝后产生剪切破坏；②设计中坝坡稳定分析时选择的计算指标偏高，以致设计的坝坡陡于土体稳定边坡，造成坝坡不稳定。

（2）施工方面原因：①基础淤泥软弱层、湿陷性黄土，河槽深部淤泥处理不当；②筑坝土料不符合要求，并铺土太厚，填筑土块大，压实度及含水量控制指标等均达不到设计要求；③施工时对结合面未妥善处理，接缝处理质量差，水库蓄水后，库水将通过结合面普遍渗漏；④雨季施工时，未采取防雨和排水措施，土料含水量过高，形成塑流区，冬季施工时，未及时清理积雪与冻土，以致填方中产生冻土层，解冻或蓄水后，库水入渗，形成软弱夹层，由于其抗剪强度低，常造成滑坡；⑤汛前抢筑坝体临时断面，质量很差，尤其是我国北方水中填土，坝下部土体未固结，又继续填土，造成滑坡。

（3）运用管理方面原因：①未能正确确定土坝的工作条件，水位降落速度过快，或因闸门开关失灵等原因引起库水位骤降，水位下降速度与浸润线下降不同步，在浸润线至库水位之间的土体重度由浮重度变为饱和重度，上游坝体中孔隙水向迎水坡排出，造成较大的反向渗透压力，此时上游坡面极易造成滑坡；②雨水沿裂缝入渗，增大坝体含水量，降低抗剪强度导致滑坡。

（4）其他原因：盲目加高坝体，采取戴帽加高，因而降低了坝坡的稳定性；强烈的地震或由于人为在坝岸附近爆破采石等；坝体土料中的水溶盐、氧化物（如铁锈水）等化学

溶液以及渗水中可能夹带的细颗粒堵塞了排水滤体；或由于坝面排水不畅等原因，致使浸润线抬高，增加了下游坝体的饱和度，降低了土体的抗剪强度。

综上原因分析，滑坡是多种原因共同作用的结果，然而水位下降，汛期雨水入渗或高水位是土石坝内外滑坡的主要诱发原因。

（二）滑坡的检查与判断

1. 滑坡的检查

滑坡应在以下几个关键时刻加强检查：

(1) 高水位时期。当汛期或库水位达到设计洪水位时，坝体中的最高浸润线即将形成，浸润线以下浸水饱和，下游坝坡稳定安全系数最小。因此，反滤层以上背水坡如出现大面积散浸或局部散漏，必须对坝坡渗漏部位，仔细检查下游坡有无纵向裂缝或滑坡征兆。

(2) 水位骤降时期。放空水库或因放水闸门失灵等原因而发生水位骤降，或水位降幅较大时，对上游坡稳定影响最大，必须检查上游坝坡是否出现裂缝以及护坡有无变形等情况。

(3) 持续特大暴雨，台风袭击时。对已知填筑质量较差的土石坝，特别是曾经发现坝面散浸，绕坝渗漏，或者出现裂缝的坝段，必须认真检查。因为原来存在隐患，加上雨水入渗和风浪淘刷，有可能使局部坝坡的稳定受到影响，引起滑坡。

(4) 发生强烈地震后。此时应注意检查迎水坡或背水坡是否出现滑坡险情。

2. 滑坡的分析判断

滑坡的分析判断一般从以下几个方面着手：

(1) 从裂缝的形状判断。滑坡裂缝的主要特征是主裂缝两端有向下逐渐弯曲的趋势，主裂缝的两侧往往有错动。

(2) 从裂缝的发展规律判断。滑坡裂缝是初期发展缓慢，后期逐渐加快，非滑坡裂缝则随时间而逐渐减慢。

(3) 从位移观测的规律判断。坝坡在短时间出现持续而显著的位移，特别是伴随裂缝出现持续性的位移，而位移量逐渐甚至骤然加大，且坝坡下部的水平位移量大于坝坡上部的水平位移量，坝坡上部垂直位移向下，坝坡下部垂直位移向上时，则可能是滑坡的征兆。

(4) 从浸润线观测资料整理分析中判断。当库水位相近而测压管水位逐渐升高时，因引起警惕，必要时应进行坝坡稳定校核，最不利情况下（如水位骤降，设计洪水位加地震或校核洪水位）的坝坡稳定，根据校核结果，判断是否可能滑坡。

(5) 根据孔隙水压力观测成果判断。在施工或运用初期，凡实测孔隙水压力系数高于设计值时，则对坝坡稳定不利，应立即进行坝坡稳定校核，判断是否可能发生滑坡。

（三）滑坡的预防及处理

1. 滑坡的预防

引起滑坡的原因很多，故防止土石坝滑坡也应从多方面着手。

(1) 设计方面。设计时选择好土石坝坝型，确定安全合理的坝剖面与结构尺寸，选择好适宜的筑坝材料。

(2) 施工方面。施工时保证达到设计的材料物指标要求，填筑密度含水量接缝和坝基处理等方面工程质量要求。对于湿填坝还应注意施工速度。

(3) 运用管理方面。运用管理方面首先应根据经常性检查情况并结合对观测资料的分析，判断是否发生滑坡，方法见前。然后对有可能滑坡边坡采用紧急防治措施，使滑坡不能继续发展并使得滑动逐步稳定下来。

采取的抢护措施一般有：在库水位下降时发现上游坡有弧形裂缝或纵向裂缝时，应立即停止放水，防止上游坡滑坡，当坝体浸润线很高，有可能危及下游坝坡稳定时，则应降低水库运行水位或下游水位，以保证坝坡安全；即将坝外地面径流和坝面径流排至可能滑坡范围之外，并严格防止雨水渗入坝体裂缝内，如采用塑料薄膜等覆盖封闭滑坡裂缝；坡脚压透水盖重，以增加抗滑力并排出渗水；在不影响防汛安全的前提下，亦可采取上部削土减载的紧急措施。

2. 滑坡的处理

(1) 开挖回填。将滑坡体及疏松土料彻底挖除，再按设计坝坡线分层回填夯实。若滑坡体方量很大，不能全部挖出时，可将滑弧上部能利用的松动土体移做下部回填土方，这样移挖做填，不仅减少了开挖土方量，而且大大缩短了运距。开挖时，对未滑动的坡面要按边坡稳定要求放足开口线，回填由下而上，分层填土，夯压密实，在开始回填前应洒水湿润，将表层刨毛再填土夯实，以利层面结合。同时，要翻筑维修好护坡，并将坝址的排水设施恢复好，使其保持排水畅通，并起到压脚抗滑作用。

(2) 加培缓坡。对于坝身单薄、坝坡过陡引起的滑坡，可考虑加培缓坡。处理时先将滑动土体上部进行削坡，然后按放缓的坝坡加大断面，分层回填夯实。并注意回填前先将坝址排水设施向外延伸或接通新的排水体，回填后，恢复和接长坡面排水设施和护坡。

(3) 压重固脚。对于较严重的滑坡，滑坡体底部往往滑出坝址以外，此时必须在滑坡段下部采取压重固脚的措施，以增加抗滑力。固脚的形式有镇压台和压坡体两种。

镇压台是用石料堆筑而成，起加固坡脚的作用。上游坝坡的滑坡，可用块石浆砌，如图 4-67 (a) 所示，对下游滑坡，则可用块石堆筑或干砌，以便排水，如图 4-67 (b)

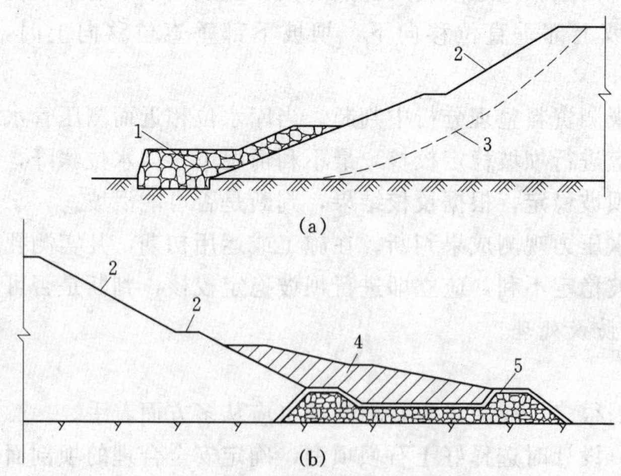

图 4-67 压重固脚示意图

(a) 上游镇压台；(b) 下游固脚压坡

1—镇压台；2—原坝坡；3—滑裂面；4—压坡体；5—新增排水体

所示。

压坡体也称为帮坡，多用于下游坝坡的滑坡，一般用砂石料做成。镇压台或压坡体应沿滑坡段全面填筑，并伸出滑坡段两段两端5～10m，其高度和长度应通过稳定分析确定。一般石料镇压台高3～5m，压坡体的高为滑坡体高的1/2左右，边坡为1∶3.5～1∶5。注意，镇压台和压坡体的布置不得影响坝容坝貌，并应恢复或修好原有排水设施。

(4) 导渗排水。对于排水体失效，坝坡土体饱和而引起的滑坡，可采用导渗排水法处理，即利用导渗沟将坝坡内的渗水安全导出，使坝坡干燥，增加稳定性，同时以沟代撑，稳定坝坡。

五、护坡及混凝土面板维修

(一) 土石坝护坡的维修

1. 护坡破坏的常见类型及特征

护坡常见破坏有脱落、塌陷、崩塌、挤压、滑动、鼓胀、溶蚀等型式，如图4-68所示。

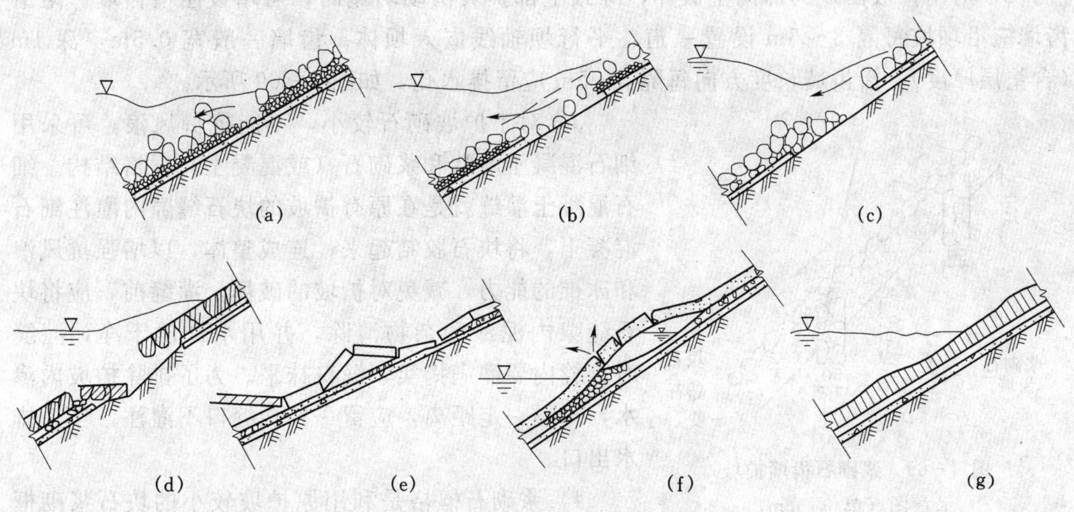

图4-68　护坡破坏类型示意图

(a) 脱落；(b) 塌陷；(c) 崩塌；(d) 滑动；(e) 挤压；(f) 鼓胀；(g) 溶蚀

2. 护坡破坏的原因

土石坝护坡破坏的主要原因有以下几个方面：

(1) 设计方面的原因。设计标准偏低，如采用的风速、吹程或浪高计算比实际小、护坡的强度及稳定性不够等；或护坡由于冰压力和坝体土的不均匀冻胀而引起护坡结构的破坏，护坡类型选择不当。

(2) 施工方面的原因。施工时采用块石重量不够，块径小厚度薄，不符合设计要求，或块石不符合坚固不易风化的要求；在砌筑时，块石上下竖向缝口没有错开，出现直缝；块石砌筑的缝隙较大，底部架空，搭接不牢；护坡垫层的材料选择不严格，材料级配差，层间系数过大或者垫层厚度和层次掌握不严，对垫层起不到应有的反滤作用，从而导致坝体被淘空，使护坡破坏；填浆勾缝黏结不牢；混凝土护坡施工未能严格控制混凝土质量，

可能导致在水、日晒、冻融等自然条件作用下，混凝土被溶蚀，在风浪作用下而冲蚀。

（3）管理方面的原因。管理人员没有勤检查，勤养护，经常保证护坡完整无损，遇到波浪淘刷时，护坡上的小破坏演变成大面积破坏；库水位骤降时，由于上游护坡背面受到较大的反向渗透压力，当护坡的自重或强度小于渗透压力时，护坡就会被掀起，滑动而破坏；护坡破坏翻修时未处理好翻修结合部位，当风浪在结合处附近冲击时使未加固部位遭到破坏，同时使上部已翻修的护坡失去稳定。

3. 护坡破坏的维修

为了防止破坏范围的扩大和险情恶化，需采取临时的紧急抢护措施，如砂袋压盖抢护、抛石抢护、石笼抢护等，待护坡趋于稳定后，再采取永久性加固处理。

（1）砌石护坡的维修。

1）对于施工质量差而引起的局部松动、塌陷、隆起、底部淘空、垫层流失等现象，可采用填补翻筑。砌石以原坡面为基准，在纵、横方向挂线控制，自下而上，错缝竖砌，紧靠密实，塞垫稳固，大块封边，表面平整，注意美观。

2）对于护坡出现局部淘空破坏，导致上部护坡滑动坍塌时，可增设阻滑齿墙。阻滑齿墙应沿坝坡每隔 3～5m 设置一道，平行坝轴线嵌入坝体。齿墙一般宽 0.5m，深 1m（含垫层厚度），沿齿墙长度方向每隔 3～5m 应留排水孔，如图 4-69 所示。

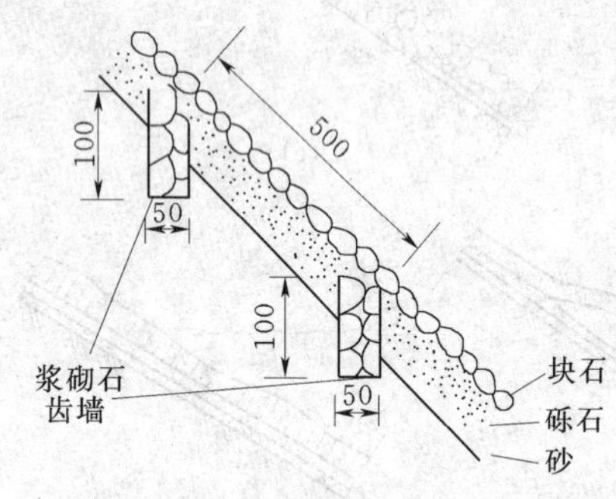

图 4-69　浆砌石齿墙护坡示意图（单位：cm）

3）对于护坡砌石较小，不能抗御风浪，可采用细石混凝土灌缝和浆砌石（或混凝土）框格结构。细石混凝土灌缝就是在原有护坡的块石缝隙内灌注细石混凝土，将块石胶结起来，连成整体，以增强抗风浪和冰推的能力，减免对护坡的破坏。灌缝前，应将块石缝隙内泥沙和杂物清除，并用水冲洗干净，灌缝时，缝内要灌满捣实，缝口抹平。为了排除护坡内渗水，每隔一定距离，应留一狭长缝口不灌注，作为排水出口。

4）浆砌石框格是利用原护坡较小的块石浆砌框格（或利用混凝土框格），起到框架作用，中间再砌较大块石。框格的型式可筑成正方形或菱形，框格大小视风浪和水情而定，其宽度一般不小于 0.5m，深度不小于 0.6m，冰冻地区按防冻要求加深。框格间距不小于 4m。为避免框格带受坝体不均匀沉陷影响，应每隔 3～4 个框格设变形缝，缝宽 1.5～2.0cm。

5）混凝土盖面。对于厚度不足、强度不够的干砌石护坡或浆砌石护坡，可在原砌体上部浇筑混凝土盖面，增强抗冲能力。采用混凝土盖面时应先将护坡表面及缝隙刷洗干净，然后自上而下浇筑，仔细捣实，盖面厚度根据风浪大小确定，一般厚 5～7cm，每隔 3～5m 应进行分缝。如原护坡垫层遭受破坏时，还应补做垫层，修复护坡，然后加盖混凝土。

（2）混凝土护坡的维修。

1）填补修理。当护坡发生局部断裂破碎时，可采用现浇混凝土局部填补。为使新旧混凝土紧密结合，应将原混凝土护坡破坏部位加以凿毛，清洗干净后再浇筑新的混凝土，新填补的混凝土的标号不低于原混凝土的标号。修理时先在新旧混凝土结合处铺 1～2cm

厚砂浆，再填筑混凝土，如填补面积大，则应自下而上浇筑，认真捣实，修理完毕后将新浇混凝土表面收浆抹光，洒水养护。

2）翻修加厚混凝土。当护坡破碎、混凝土厚度不足、抗风浪能力较差时，可采用翻修加厚混凝土护坡的方法，护坡的尺寸应按满足承受风浪和冰推力的要求，重新设计，修理方法可参见填补修理。

3）增设阻滑齿墙。当护坡出现滑移现象或基础淘空，上部混凝土板坍塌下滑时，可采用增设阻滑齿墙的方法修理。阻滑齿墙应平行坝轴线布置，并嵌入坝体。

(3) 草皮护坡的维修。当护坡的草皮遭雨水冲刷流失和干枯坏死时，可利用添补、更换的方法进行修理。修理时应按照准备草皮、整理坝坡、铺植草皮和洒水养殖的工艺流程进行施工。添补的草皮应就近选用，草皮的种类应选择低茎蔓延的爬根草，不得选用茎高叶疏的草。补植草皮时，应带土成块移植，以春、秋两季为宜，移植时应扒松坡面土层，洒水铺植，贴紧拍实，定期洒水，确保成活。若坝坡是沙土，则先在坡面铺一层土壤再铺植草皮。

当护坡中的草皮中有大量的茅草、艾蒿、霸王莞等高茎杂草或灌木时，可采用人工挖除或化学药剂除杂净草的方法，使用化学药剂时，应防止污染库水。

(二) 堆石坝混凝土面板的维修

混凝土面板堆石坝常见的损坏多是面板裂缝，常用的处理方法有表面涂抹，表面粘补和凿槽嵌补，可参见混凝土坝有关内容。

六、土石坝养护修理案例

(一) 山东省岳庄水库裂缝灌浆处理

岳庄水库位于山东省长清县境内，以灌溉为主，防洪为次，控制流域面积为 39.3km^2，总库容为 1188 万 m^3。大坝为重粉质壤土均质坝，最大坝高 33m，坝长 857m，顶宽 6m。

1. 坝体隐患及检查结果

由于坝体是在冬季填筑的，有冻土上坝，而且碾压不实，填筑质量较差，干密度仅为 1.32～1.48g/cm^3。1968 年 8 月大坝竣工，根据沉降观测，至 1971 年 1 月，坝体一般沉降量为 400mm，最大坝高处沉降量为 860mm，为坝高的 2.6%（即沉降率），远远超过可能产生裂缝的统计值 1%，所以坝体内产生裂缝是必然的。巡查表明，坝顶先后 3 次出现裂缝。第一次出现在上游坝肩（1969 年），第二次出现在坝轴线附近（1971～1972 年），缝宽 50～150mm，长 500～600m，第三次出现在下游坝肩（1973 年），缝宽 200～400mm，缝长 250m，而且上下错动 150mm，同时发现，上游护坡隆起架空。巡查还发现，当库水位达 132.57m 时（1973 年 8 月），下游坝坡高程 132m 以下全部处于湿润状态，并多处有水渗出。

2. 灌浆处理

(1) 孔位布置及造孔。共布置了 3 排钻孔。第一排孔位于坝轴线上，为主灌浆孔，其他两排孔位于上、下游坝肩，为副孔。最终孔距为 5m，孔径为 127mm，孔深为 17～23m。灌浆分三序进行，第一序孔距为 20m，第二序为 10m，第三序为 5m。

用三角架人力旋转麻花钻造孔。造孔时，若坝体土料干燥，可加少量水。

(2) 泥浆配制及试验。制浆土料选用与筑坝土料相同的重粉质壤土。采用立式和卧式两种泥浆搅拌机制浆。制浆前，应先将土料过筛，去掉大于15mm的土块和石子，制成浆后，泥浆还需过筛（筛孔是5mm×5mm）才能流入泥浆池储存。

在现场进行了泥浆析水试验，方法是先开挖3个试坑，深度分别为1.0m、1.5m和2.0m，宽60cm，长1.0～1.5m，再将泥浆注满试坑，观测其析水过程。析水时间与坑的深度有关，如在1.0m深的坑内，泥浆完全析水时间为33h，2.0m深坑内为75h。当泥浆析水以后，其含水量为29%～35%，干密度为1.4～1.5g/cm^3，渗透系数为1.5×10^{-5}cm/s。

（二）灌浆施工

1. 灌浆方法和压力

灌浆前先用ϕ128mm套管打入3～5m，目的是防止孔口坍塌。采用自下而上的灌注方法，灌浆开始时，用密度为1.2～1.3g/cm^{3}的稀浆，后用密度最大达1.7g/cm^{3}的浓浆。

灌浆施工中，控制孔口压力不超过100～200kPa。

处理冒浆的方法有三种：第一种是间歇灌注法，即停、灌交替进行；第二种是开挖、回填和夯实；第三种是降低孔口压力。

2. 灌浆期坝的变形和裂缝

灌浆历时8个月的沉降观测资料表明，沉降量一般为300～500mm，最大为940mm，都大于大坝竣工后的6年的沉降量，这充分说明在灌浆的过程中，坝体发生了显著的湿陷。这种湿陷对坝体内的应力重新分布和稳定是有利的。此外沉降速率是递减的，不会对坝的稳定造成威胁。

位移量和沉降量成正比，即沉降量大的地方位移量也大，但位移速率是递减的，且位移量略大于沉降量。由于在灌浆过程中河槽段的坝体发生很大的沉降，导致在左右岸坡段产生了新的横向裂缝，左岸1条，右岸2条。对此横向裂缝作了开挖回填夯实和灌浆处理。另外，还在下游坝肩附近产生了5条纵向裂缝，最短的长20m，最长的达220m，后都进行了灌浆处理。

3. 灌浆效果检查

灌浆结束后，库水位达到138.20m时，下游坝坡全都处于干燥状态。

在灌浆结束13个月后，选择吃浆量较大的三处，开挖了3个探井检查和取样试验，井径为2m，井深分别为10m、15m和20m。

检查结果表明，3个探井内均有连续的浆体，这说明沿坝轴线布孔劈裂灌浆已形成浆体帷幕；浆体层本身致密，两侧坝体被挤压，干密度有所提高。浆体干密度为1.41～1.68g/cm^3，两侧坝体干密度为1.44～1.57g/cm^3。浆体的渗透系数为10^{-7}cm/s，对降低坝后浸润面的位置起到一定的作用，坝后干燥现象也是佐证。

（三）江西柘林水库大坝渗漏防渗墙处理

柘林水库是一座以发电为主，兼有防洪、灌溉等综合效益的大型水利工程。电站总装机18万kW，灌溉45万亩，工程于1958年动工，1972年蓄水发电。大坝为黏土心墙坝，最大坝高62m，坝顶长591m，总库容73亿m^3。

1. 大坝主要存在问题

柘林大坝主要存在以下三方面问题：

（1）黏土心墙的填筑质量问题。在河床坝段的心墙底部，1961年以前采用风化板岩土料，位于齿槽及基岩表层黏土回填以上，填筑的最大厚度达到10m，当时由于铺土厚于要求，碾重却轻于规定，因此碾压分层明显，松紧层相间，结合不良，并有明显的岩块层。其中松层渗透系数有的仅4×10^{-4}cm/s，远低于1×10^{-8}cm/s的设计要求，造成严重渗漏途径。其他黏土部分，由于含水量过高，有的达28%～30%，造成碾压不实。曾采用掺砂的办法处理，但由于比例控制不严，有的超过规定数值15%的一倍，且掺合不均匀，有成团现象，从而加剧了大坝的渗漏。此外，心墙碾压时分块太小，造成接头过多，接缝处理不良，有的也成为集中渗漏通道。

（2）心墙裂缝问题。1970年夏复工后，新填心墙在施工期曾出现了6次裂缝。其中以第三次位于心墙中部的1号纵向裂缝规模最大，其长约62m，缝深超过8m，顶部最大缝宽6cm。裂缝的两端弯向上游，其余部分与坝轴线大致平行，且靠近心墙轴线。取样检查发现，在30m高程附近有一软弱土层，干容重仅$1.44t/m^3$，含水量30%。受力后，由于软弱土层产生不均匀沉陷而导致心墙1号纵向裂缝。其余心墙的纵向裂缝，主要是因坝壳与心墙之间的不均匀沉陷所致，而6号横向裂缝，主要是因为岸坡水平台阶引起的纵向不均匀沉陷所致。

（3）坝壳质量问题。据统计，坝壳填料在施工中干容重达到规定标准的约37%，平均干容重为$1.8t/m^3$。按照设计规定，当含砾量小于30%，要求干容重为$1.8t/m^3$，当含砾量大于30%时，要求干容重为$2t/m^3$，但施工中含砾量普遍超过了30%，由于坝壳填料含砾量多，砾径又超出规定要求，造成了架空现象。同时铺土又过厚，碾压不实，并有漏压漏夯的情况，因此坝壳中形成了松散体。

此外，心墙上下游边缘及心墙下游的砂袋均未压实，砂带以下游粗料架空的坝壳直接相连，在长期渗水作用下就可能逐渐流失，并进而促使心墙产生渗透变形。

2. 大坝加固措施及其效果

针对大坝病害情况，曾采取了放缓下游坝坡，挖槽灌浆进行裂缝处理及坝趾处以砂岩利用料作透水盖重，以防止液化现象产生等各种不同的处理措施。由于上述措施均未能改善心墙的严重渗漏状况，考虑到河床中间段接近心墙底部又有10m厚的风化板岩，碾压不实，而新填的部分心墙，又存在干容重较低的软弱夹层，同时在坝基个别地段的固结和帷幕灌浆还存在漏灌情况。因此，决定采用混凝土防渗墙方案，处理黏土心墙并兼顾坝基补强灌浆。

混凝土防渗墙位于黏土心墙中部略偏坝轴线上游，如图4-70所示，从心墙顶部到底部最大墙高63.64m，墙厚80cm，墙顶长599.26m。沿坝顶分90个槽段施工，每个槽长6.8m或7.2m。防渗墙底嵌入基岩3.5m，遇断层破碎带则可嵌入5.0m。防渗墙内预埋灌浆管作坝基补强灌浆之用。防渗墙总的阻水面积3.14万m^2，为我国阻水面积较大的混凝土防渗墙。

建墙后，河床段坝体心墙的抗渗性能有明显改善。如1号心墙测压管，建墙前管内水位较高，势能比约为0.55～0.60，且测压管水位过程线完全与库水位变化相同，其对应峰、谷水位的时差约为15～25d。建墙后管内水位大大降低，势能比下降至0.20～0.25，且其水位变化过程，不再与库水位的涨落有十分明显的关系。但岸坡段心墙测压管实测资料表明，由于地基渗压水位较高，建墙后效果并不明显。

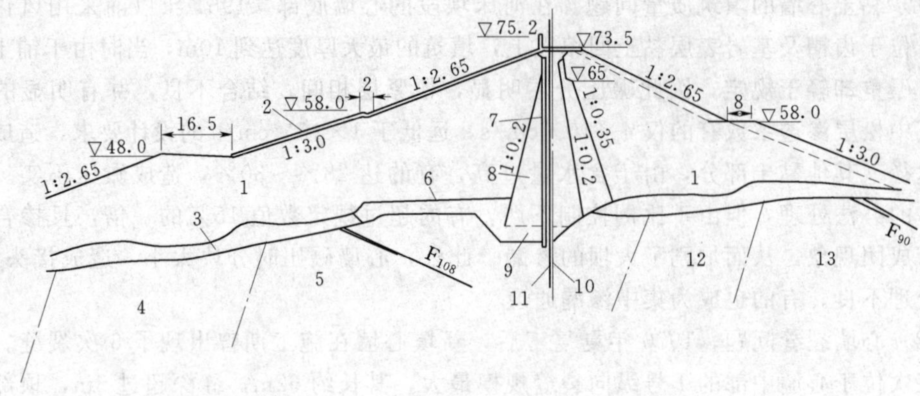

图 4-70 柘林土石坝混凝土防渗墙横断面图（单位：m）

1—砂岩代替料；2—块石护坡；3—覆盖层；4—中粗粒砂岩；5—粗砂砾岩；6—黏土铺盖；7—混凝土防渗墙；8—黏土心墙；9—风化板岩；10—坝轴线；11—心墙中线；12—细砂砾岩；13—长石石英砂岩

学 习 指 导

第一节主要掌握土石坝的工作特点、类型及适用条件。

第二节主要掌握土石坝的坝顶高程、宽度及坝坡坡度等尺寸布置和确定。

第三节主要掌握土石坝渗流计算原理以及均质土石坝、心墙坝、斜墙坝在透水和不透水地基情况下的渗流计算公式和方法。

第四节主要掌握土石坝坝坡失稳的类型、特点，掌握瑞典圆弧法和简化比肖普法的原理、计算公式及各相关参数选取。掌握折线滑动原理和计算公式。

第五节主要掌握筑坝土石料的各项参数选取及填土标准的确定。

第六节主要掌握土石坝的坝顶、护坡、防渗体、排水体的尺寸布置及结构构造。

第七节主要掌握软土地基的防渗、增强稳定性、减小沉降等方面的地基处理方法和措施。

第八节主要掌握土石坝与地基、岩石岸坡及其他混凝土建筑物的连接布置型式。

第九节主要掌握钢筋混凝土面板堆石坝的坝顶尺寸、坝坡的选择、堆石体及防渗面板的构造。

第十节主要掌握土工合成材料的类型、特点、用途以及相关的计算公式和布置。

第十一节主要掌握土石坝及河道堤防的日常养护和裂缝、渗漏、滑坡、沉陷等问题的维修和除险加固方法和技术措施。

小 结

土石坝是填筑坝，在筑坝材料、施工方法和设计理论上与前两章所介绍的重力坝、支墩坝、拱坝等混凝土坝有明显的不同。学习本章应首先从土石坝的特点和工作条件出发，

深刻领会并掌握剖面设计、稳定分析、坝体构造、材（土）料设计、地基处理和渗流分析等方面的内容，以及土石坝的设计要求和设计计算方法。其中最具特色的内容是渗流计算和稳定计算，这两部分内容也是本章的重点和难点。

对于坝体渗流，学习者应首先弄懂矩形土体单宽渗流量公式和浸润线方程的推导，这两个公式实际上就是水力学中无压渐变渗流的基本公式。由于在水力学方法中，坝体渗流均近似按无压渗流处理，因此，均质坝和心墙坝的渗流计算公式均是该公式的直接应用。斜墙坝的公式虽然形式上有所不同，但推导的思路也是一样的。对于坝基渗流，均近似按有压渗流处理，因此，计算公式在形式上都是相同的。

在稳定计算中，应重点掌握瑞典圆弧法和简化比肖普法的基本原理、计算公式和计算步骤。掌握计算非黏性土坡的折线法（滑楔法）的计算原理和步骤。该法在应用刚体极限平衡理论的同时引入了等安全系数的概念，即认为当剪切面上的 c 和 $\tan\varphi$ 值除以 K_c 值之后，边坡在自重和其他荷载作用下，整个剪切面均达到极限平衡状态，且各滑块之间的内力也满足平衡条件，把这时的 K_c 值作为整个滑动体的抗滑稳定安全系数。在斜墙坝的稳定计算中，斜墙连同保护层沿着斜墙与坝壳交界面（实际上是斜墙黏性土料与反滤层非黏性土料的交界面）滑动时，在界面上究竟应采用哪种材料的抗剪强度值，是计算中的一个难点。了解寻求最危险滑弧或最小安全系数折线滑动面的方法和步骤。

对土石坝的养护维修，重点掌握对裂缝、渗漏、滑坡处理的方法和技术措施，特别是对水库山塘除险加固方面采用较普遍的技术。

思　考　题

4-1　简述土石坝的工作特点。

4-2　简述土石坝坝顶高程确定与岩基上的混凝重力坝的区别。

4-3　影响土石坝坝坡的因素有哪些？为什么均质土坝很少用于高土石坝？

4-4　简述土石坝坝体防渗体的型式及适用范围。

4-5　简述土石坝排水的型式、优缺点和适用范围。

4-6　简述土石坝渗流分析的目的，渗透变形的型式以及防止渗透变形的工程措施。

4-7　简述影响土石坝坝坡失稳的因素。为什么土石坝稳定分析只进行局部坝坡验算而不进行整体稳定验算？

4-8　结合瑞典圆弧法归纳确定坝坡稳定最小安全系数的步骤。

4-9　简述砂砾石地基的防渗措施和适用范围。

4-10　简述面板堆石坝的构造要求。

4-11　简述土石坝的坝型选择时需考虑的因素。

4-12　说明坝基防渗处理的方法和措施。

4-13　软土地基加固处理的措施有哪些？

4-14　土石坝与岸坡连接时应注意哪些问题？

4-15　土石坝与混凝土结构连接时如何考虑防渗？

4-16　土工合成材料的作用及工程应用领域有哪些？

4－17　土石坝中土工膜、土工布各应用在什么部位？

4－18　土石坝裂缝分类及危害是什么？

4－19　裂缝处理措施有哪些？

4－20　堤防渗漏的原因及处理方法有哪些？

4－21　坝体滑坡的形式及处理措施有哪些？

4－22　套井回填法的施工程序及适应条件是什么？

第五章　河岸溢洪道

第一节　概　　述

在水利枢纽中，为了防止洪水漫过坝顶，危及大坝和枢纽的安全，必须布置泄水建筑物，以宣泄水库按运行要求不能容纳的多余来水量。

常用的泄水建筑物有坝身溢洪道、河岸溢洪道。对于以土石坝及某些轻型坝型为主坝的枢纽，常在坝体以外的岸边或天然垭口布置溢洪道，称河岸溢洪道。溢洪道除了应具备足够的泄洪能力外，还应保证在运用期间的自身安全和下泄水流与原河道水流得到良好的衔接。

一、河岸溢洪道的型式

河岸溢洪道其主要型式有正槽溢洪道、侧槽溢洪道、井式和虹吸式四种。

（1）正槽溢洪道。其泄槽与溢流堰轴线正交，过堰水流与泄槽轴线方向一致，如图 5-1 所示。正槽溢洪道适用于各种水头和流量，并且水流条件好，运用管理方便。因此，在实际工程中，大多数以土石坝为主坝的水利枢纽都采用这种溢洪道。

（2）侧槽溢洪道。该型式的溢洪道的溢流堰与泄槽的轴线接近平行，过堰水流在侧槽段的较短距离内转弯约 90°（图 5-2），再经泄槽泄入下游。它适宜在坝肩山体较高，岸坡较陡的岸边布置。

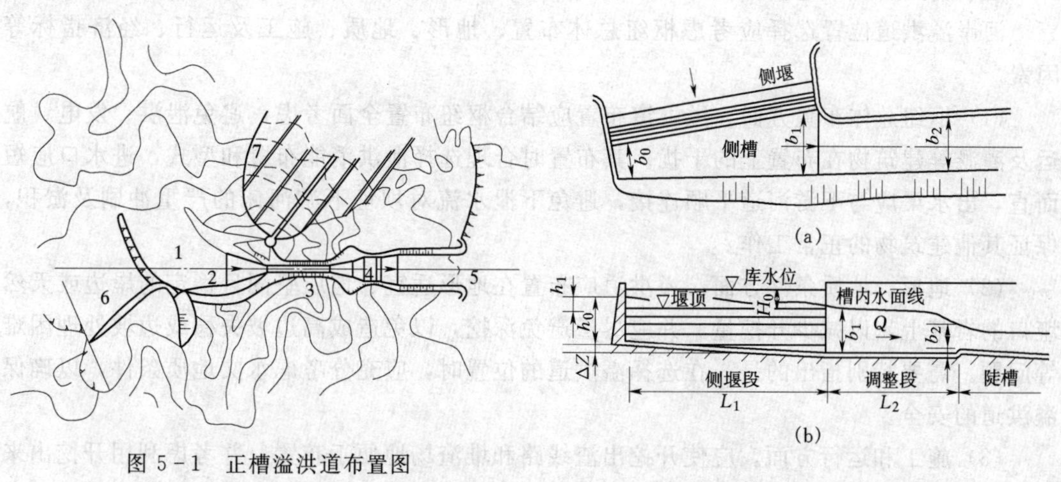

图 5-1　正槽溢洪道布置图

1—进水段；2—控制段；3—泄槽；4—消能防冲段；5—出水渠；6—非常溢洪道；7—土坝

图 5-2　侧槽式溢洪道布置图

(a) 平面图；(b) 纵剖面图

（3）井式溢洪道。如图 5-3 所示，这种溢洪道由溢流喇叭口段、竖井段和泄洪隧洞段组成。水流进入环行溢流堰后，经竖井和泄水隧洞段流入下游。实际上这种泄水设施的主要建筑物是泄水隧洞，它的缺点是水流条件复杂，超泄能力小，容易产生空蚀和振动。

在工程实践中，布置这种泄洪设施往往与导流隧洞相结合，施工期采用隧洞导流，竣工后废洞利用。专门布置竖井式溢洪道泄洪在我国应用较少。

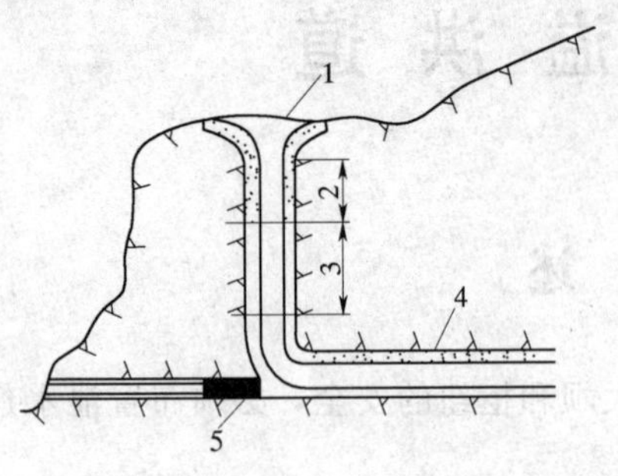

图 5-3 竖井式溢洪道示意图

1—环形喇叭口；2—渐变段；3—竖井段；4—消能防冲段；4—隧洞；5—混凝土塞

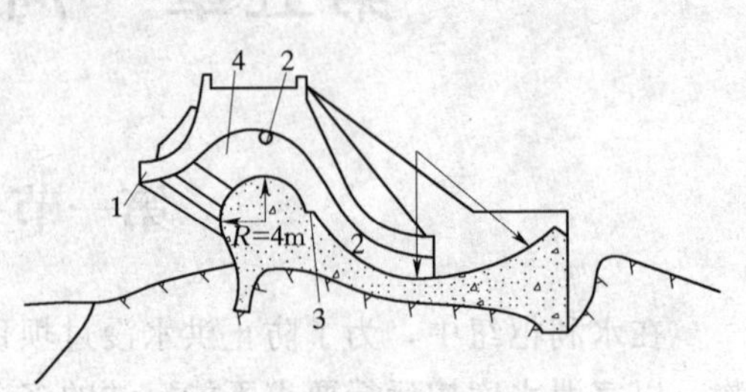

图 5-4 虹吸式溢洪道示意图

1—遮檐；2—通气孔；3—挑流坎；4—曲管

(4) 虹吸式溢洪道。如图 5-4 所示，它是一种封闭式溢洪道，其工作原理是利用虹吸的作用泄水。当库水位达到一定的高程时，淹没了通气孔，水流经过堰顶并与空气混合，逐渐将曲管内的空气带出，使曲管内产生真空，虹吸作用发生而自动泄水。这种溢洪道的优点是能自动调节上游水位，不需设置闸门。其缺点是超泄能力较小，构造复杂，且工作可靠性较差，在大中型工程应用较少。

以上四种类型的泄洪设施，前两种设施的整个流程是完全敞开的，故又称为开敞式溢洪道，而后两种又称为封闭式溢洪道。

二、河岸溢洪道的位置选择

河岸溢洪道位置选择应考虑枢纽总体布置、地形、地质、施工及运行、经济指标等因素。

(1) 枢纽总体布置方面。溢洪道布置应结合枢纽布置全面考虑，避免泄洪、发电、航运及灌溉等建筑物在布置上的干扰。其布置时合理选择泄洪消能布置和型式，进水口应短而直，出水渠应与下游河道平顺连接，避免下泄水流对坝址下游河床的严重冲刷及淤积，保证其他建筑物的正常工作。

(2) 地形、地质条件方面。溢洪道应布置在地形适宜、地质坚固且稳定的岸边或天然垭口的岩基上，以减少开挖量。并应尽量避免深挖，以免造成高边坡失稳或边坡处理困难等问题。需要特别指出的是，在选择溢洪道的位置时，应充分考虑水文地质条件，以确保溢洪道的安全。

(3) 施工和运行方面。应使开挖出渣线路和堆渣场地便于布置，并考虑利用开挖出来的土石料作为筑坝材料，以减少弃料为运行方便，溢洪道不宜离水库管理处太远。

第二节 正槽溢洪道

正槽溢洪道一般由进水渠段、控制段、泄槽段、消能防冲设施和出水渠 5 个部分组

成，如图5-1所示。

一、进水渠

进水渠是水库与控制段之间的连接段，具有进水及调整水流的作用。当控制段邻近水库时，进水渠可用一喇叭形进水口代替，具体布置应从三个方面考虑：

(1) 平面布置。进水渠在平面上最好按直线布置，且前缘不得有阻碍进流的山头或建筑物，以便水流均匀平顺入渠。受地形、地质条件及上游河势的影响需设置弯道时，弯道轴线的转弯半径不宜小于4倍渠底宽度。弯道与控制段之间应布置一直线段过渡。

(2) 横断面布置。进水渠一般按梯形断面布置，在控制段前缘过渡成矩形断面。进水渠应有足够的断面尺寸。一般可先拟定流速，由流速控制断面尺寸。进水渠流速，应以大于库水悬移质的不淤流速和小于渠底不冲流速，一般不应大于4m/s。在山势陡峭、开挖量较大的情况下，也可以采用5～7m/s。进水渠一般可不衬护，当为了减小水头损失或满足抗冲要求时，也可用混凝土、浆砌石衬护。

(3) 纵断面布置。进水渠的纵断面应布置成平坡或不大的反坡（倾向水库）。当控制段采用实用堰时，堰前渠底高程宜比控制段堰顶高程低$0.5H_s$（H_s为堰面设计水头），以保持良好的入流条件和增大堰的流量系数。当控制段采用宽顶堰时，渠底高程可与堰顶齐平或略为降低。

二、控制段

控制段又称溢流堰段，是控制溢洪道泄洪流量的关键部位。

1. 堰型选择

溢流堰通常选用宽顶堰、实用堰，有时也采用驼峰堰。

(1) 宽顶堰。宽顶堰的特点是结构简单，施工方便，水流条件稳定，但流量系数较小。在泄洪量不大的中小型工程应用较广，堰型布置如图5-5 (a) 所示。

宽顶堰的堰体一般都应用混凝土或浆砌石进行衬砌，使堰基免受冲刷，保持堰面平整光滑，以增加泄水能力。在坚实的岩基，如有足够的抗冲能力，也可以不衬砌，但应考虑岩基开挖的平整度对流量系数的影响。

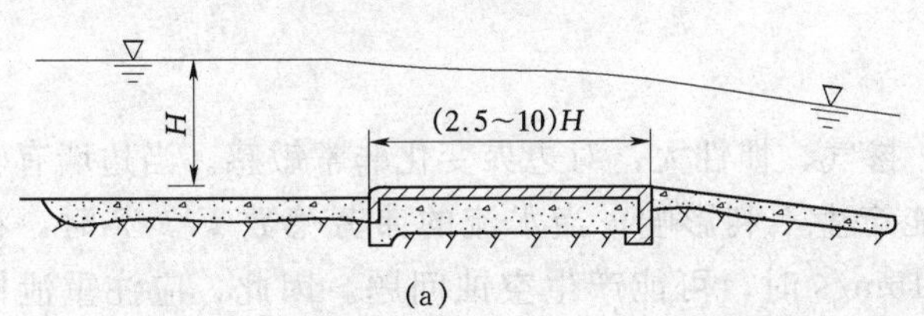

(a)

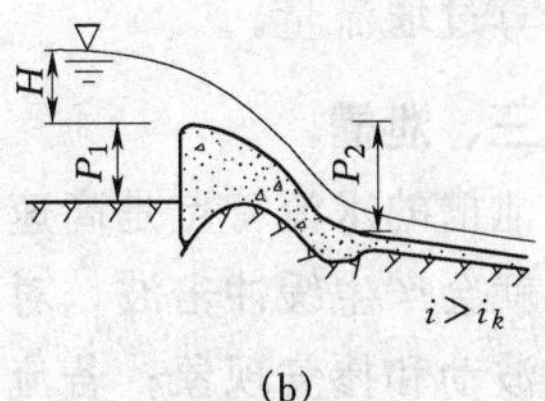

(b)

图5-5 控制段堰形

(a) 宽顶堰；(b) 实用堰

(2) 实用堰。实用堰的优点是堰面流量系数比宽顶堰大，泄水能力强，但施工相对复杂。在大中型工程中，特别是在泄洪流量较大的情况下，多采用这种堰型，如图5-5 (b) 所示。

我国采用最多的是WES标准剖面堰和克一奥剖面堰，堰面的水力学参数可从《水力学》

或有关设计手册查摘。对于重要工程，其水力学参数应由水工模型试验进行验证或修正。

(3) 驼峰堰。驼峰堰是一种复合圆弧低堰，如图 5-6 所示。它的特点是堰体较低，流量系数较大，设计与施工难度介于 WES 堰与宽顶堰之间，对地基要求相对较低，适用于软弱岩性地基。

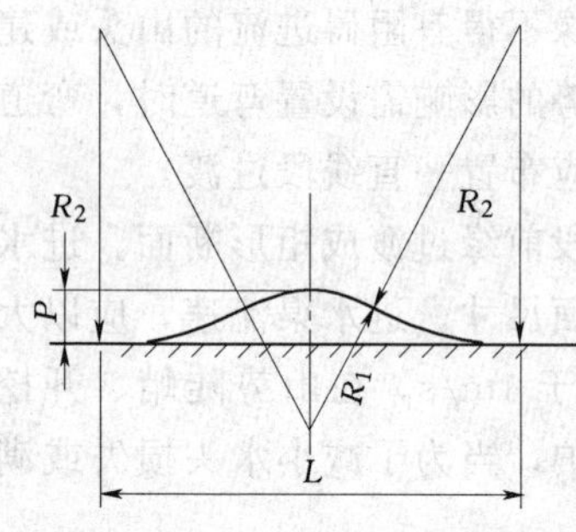

图 5-6 驼峰堰常见的剖面图

2. 堰面参数对流量的影响

(1) 定型设计水头 H_d 的选择。在堰顶水头不变的情况下，H_d 愈小，流量系数愈大，但是，过小的 H_d 将对堰面产生不利影响。对于低堰（$P_1 \leqslant 1.33H_d$），堰面出现危险负压的机会比高堰少得多。所以，当 $P_1 \leqslant 1.33H_d$ 时，取 $H_d=(0.65\sim0.85)H_{max}$。当 $P_1 \geqslant 1.33H_d$ 时，取 $H_d=(0.75\sim0.95)H_{max}$。

(2) 实用堰高度选择。堰高对流量系数也有较大的影响，实践证明，低实用堰的流量系数随 P_1/H_d 的减小而减小。在确定 H_d 的前提下，P_1 愈小，则 m 愈小。当 $P_1/H_d<0.3$ 时，m 值明显降低，为了获得较大流量系数，一般要求 P 应大于 $0.3H_d$。对驼峰堰取 $P_1=(0.24\sim0.34)H_d$。

在低堰中，下游堰高 P_2 对流量系数也有影响。当堰顶水头较高，下游堰高不足时，过堰水流将不能保证自由宣泄，从而出现流量系数随着堰顶水头增加而降低的现象。因此，下游堰高 P_2 必须保持一定的高度，一般 $P_2 \geqslant 0.6H_d$。

表 5-1　P_1/H_d—m 关系表

堰面 \ m \ P_1/H_d	0.1	0.2	0.3	0.4	0.5	0.6	0.7	0.8	0.9
克—奥	0.426	0.446	0.460	0.469	0.476	0.480	0.483	0.485	0.490
垦务局	0.422	0.445	0.458	0.467	0.473	0.477	0.480	0.483	0.492

(3) 堰长对流量的影响。对于宽顶堰，堰长 L（沿水流方向）对流量影响也很大。当堰长 $L>10H$ 时（H 为堰顶水头），堰面流态已发生了质的变化。此时，不能按宽顶堰公式计算过堰流量。

三、泄槽

泄槽的水流特点是高速、紊乱、掺气、惯性大，对边界变化非常敏感。当边墙有转折时，就会产生缓冲击波，对下游消能产生不利影响；当水流的弗劳德数 $Fr>2$ 时，将会产生波动和掺气现象；若流速超过 15m/s 时，可能产生空蚀问题。因此，应注重泄槽的合理布置。

（一）泄槽的平面布置

泄槽在平面上应尽量按直线、等宽和对称布置。当泄槽较长，为减少开挖，可在泄槽的前端设收缩段、末端设扩散段，但必须严格控制。为了适应地形地质条件，减少工程量，泄槽轴线也可设置弯道。

1. 收缩角与扩散角

当泄槽的边墙向内收缩时，将使槽内水流产生陡冲击波。冲击波的波高取决于边墙的

偏转角 θ，其值越大，波高则越大。当边墙向外扩散时，水流将产生缓冲击波。若扩散角 θ 过大，水流将产生脱离边墙的现象。因此，应严格控制其边墙的收缩角和扩散角。一般不宜大于 6°～8°。设计时，边墙的收缩角和扩散角可按下式计算

$$\tan\theta=\frac{1}{KFr}=\frac{\sqrt{gh}}{Kv} \tag{5-1}$$

式中 θ——边墙与泄洪槽中心线夹角，(°)；

K——经验系数，一般取 3.0；

Fr——扩散段或收缩段的起、止断面的平均弗劳德数；

h——扩散段或收缩段的起、止断面的平均水深，m；

v——扩散段或收缩段的起、止断面的平均流速，m/s。

工程经验和试验资料表明，当收缩角和扩散角控制在 6°以内时，槽内的水流流态较好。当 $\theta<6°$时，可不进行冲击波验算。对重要工程还应进行水工模型试验。

2. 弯道设计

泄槽在平面上必须设弯道时，弯道应设置在流速较小、水流平稳、底坡较缓，且无变化的部位。转弯时，应采用较大的转弯半径及适宜的转角。对矩形断面一般可取 $r=(4\sim6)B$，转角 $\theta\geqslant20°$，如图 5-7 所示。可在直线与弯道之间设缓和过渡段。

表 5-2 不同断面形状泄槽的 K 值

泄水槽断面形状	弯道曲线的几何形状	K 值
矩 形	简单圆曲线	1.0
梯 形	简单圆曲线	1.0
矩 形	带有缓和曲线过渡段的复曲线	0.5
梯 形	带有缓和曲线过渡段的复曲线	1.0
矩 形	既有缓和曲线的过渡段，槽底又横向斜倾	0.5

缓和曲线段可采用大圆弧曲线，其轴线半径 r 可取 $2r_c$，长度取 $b\sqrt{Fr^2-1}$（Fr 为弗劳德数，b 为弯道底宽）。

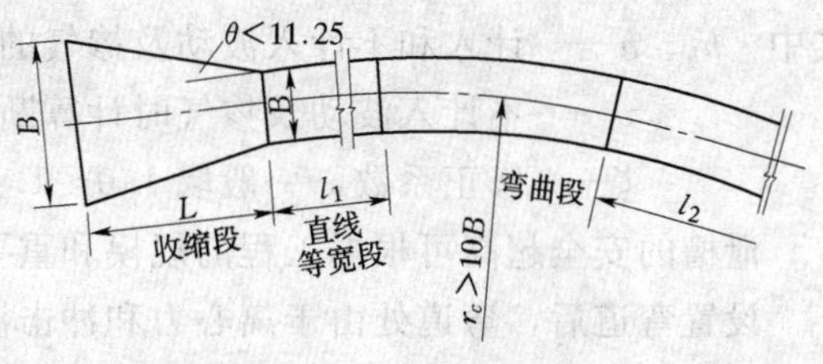

图 5-7 泄槽平面布置图

（二）泄槽的纵剖面布置

泄槽纵剖面设计主要是选择适宜的纵坡。泄槽纵坡以一次坡的水力条件最佳，因此，对于长度较短的泄槽，宜采用单一的纵坡。为了保证不在泄槽上产生水跃，纵坡不宜太缓，而太陡的纵坡对泄槽的底板和边墙的自身稳定不利。因此，必须大于水流临界坡。常用纵坡为 1%～15%。

当泄槽较长时，为了适应地形地质条件，减少开挖量，泄槽沿程可以随地形、地质变化而变坡，但变坡次数不宜过多，且以由缓变陡为好。

纵坡由缓变陡，应避免缓坡段末端出射的水流脱离陡坡段始端槽底而产生负压和空蚀现象。为此，应在变坡处采用与水流轨迹相似的抛物线过渡，如图 5-8 所示。抛物线方

程按下式确定

$$y = x\tan\theta + \frac{x^2}{K(4H_0^2\cos^2\theta)} \tag{5-2}$$

其中
$$H_0 = h + \frac{v^2}{2g}$$

式中　H_0——抛物线起始断面的比能，m；

h——抛物线起始断面水深，m；

v——抛物线起始断面平均流速，m/s；

θ——变坡处前段坡角，(°)；

K——系数，对于重要工程且落差较大者取 1.5，其余取 1.1～1.3。

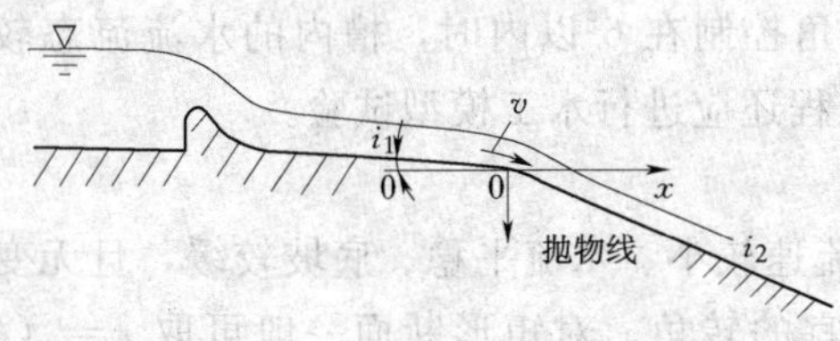

图 5-8　变坡处抛物线连接

纵坡由陡变缓时，由于槽面体型变化和离心力的作用，流态复杂，压力分布变化大，水流紊动强烈，该处及其后一定范围内容易发生空蚀，应尽量避免。在无法避免的情况下，应在变坡处用半径 R 不小于 8～10 倍水深的反弧段过渡。

（三）泄槽的横断面布置

泄槽的横断面应尽可能按矩形布置，并进行衬砌。这种断面流态较好，特别是消能设施采用底流消能时，能保证较好的消能效果。对于岩基较软弱破碎或土基上的泄槽，可按梯形断面布置，并加固边坡护面或用挡土墙护砌。边坡系数不应大于 1.5（以 1.1～1.5 为宜），以免水流外溢。

泄槽的边墙或衬护高度应按水流波动及掺气后的水深加安全超高确定，水流波动及掺气后的水深可按下式估算

$$h_b = \left(1 + \frac{\zeta v}{100}\right)h \tag{5-3}$$

式中　h_b、h——计入和不计入波动及掺气的计算断面水深，m；

v——不计入波动及掺气时计算断面上的平均流速，m/s；

ζ——修正系数，一般取 1.0～1.4s/m，当 $v>20$m/s 时宜取大值。

泄槽的安全超高可根据工程的规模和重要性决定，一般取 0.5～1.5m。

设置弯道后，弯道处由于离心力和冲击波共同作用下产生的横向水面高差 ΔZ（图 5-9）按式（5-4）计算

$$\Delta Z = K\frac{v^2 B}{g r_c} \tag{5-4}$$

式中　ΔZ——横向水面高差，m；

K——超高系数，其值可查表 6-2；

v——计算断面平均流速，m/s；

B——计算断面水面宽度在水平方向的投影，m；

r_c——弯曲中心轴线对应的半径，m。

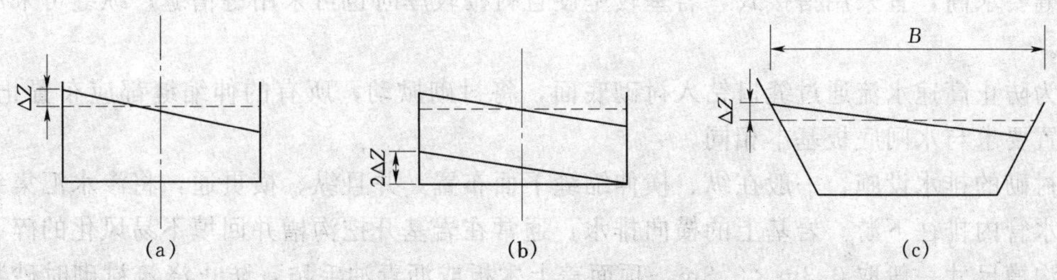

图 5-9 弯道横向水面超高

为消除弯道冲击的干扰，保持泄槽轴线底部高程和边程高度，常将内侧渠底高程降低 ΔZ，外侧抬高 ΔZ。

（四）泄槽的构造

1. 泄槽的衬砌

为了保护槽基不受冲刷和风化，泄槽一般都要进行衬砌。并且要求衬砌表面平整光滑，避免槽面产生负压和空蚀；接缝处止水可靠，防止高速水流钻入缝内将衬砌掀动；排水畅通，有效降低衬砌底面的扬压力而增加衬砌的稳定性。

泄槽一般采用混凝土衬砌，流速不大的中小型工程也可以采用水泥砂浆或细石混凝土砌石衬砌，但应适当控制砌体表面的平整度。

衬砌的厚度主要是根据工程规模，流速大小和地质条件决定。目前，衬砌厚度的确定尚未形成成熟的计算方法和公式，在工程应用中主要还是采用工程类比法确定，一般取 0.4～0.5m 左右，不应小于 0.3m。当单宽流量或流速较大时，衬砌厚度应适当加厚，甚至可达 0.8m。

为了防止温变应力引起温度裂缝，重要的工程常在衬砌临水面配置适量的钢筋网，纵横布置，每方向的含钢率约为 0.1%～0.2%。岩基上的衬砌，在必要的情况下可布置锚筋插入新鲜岩层，以增加衬砌的稳定。锚筋的直径 25mm 以上，间距 1.5～3.0m，插入岩基 1.0～1.5m。土基上的衬砌，由于土基与衬砌之间基本无黏着力，又不能采用锚筋，为增加衬砌的稳定，可适当增加衬砌厚度或增设上下游齿墙。

2. 衬砌的分缝、止水和排水

为了控制温度裂缝的发生，除了配置温度钢筋外，泄槽衬砌还需要在纵、横方向分缝，并与堰体及边墙贯通。岩基上的混凝土衬砌，由于岩基对衬砌的约束力大，分缝的间距不宜太大，一般采用 10～15m，衬砌较薄时对温度影响较敏感应取小值。

衬砌的接缝有平接、搭接和键槽接等多种型式，如图 5-10 所示。垂直于流向的横缝

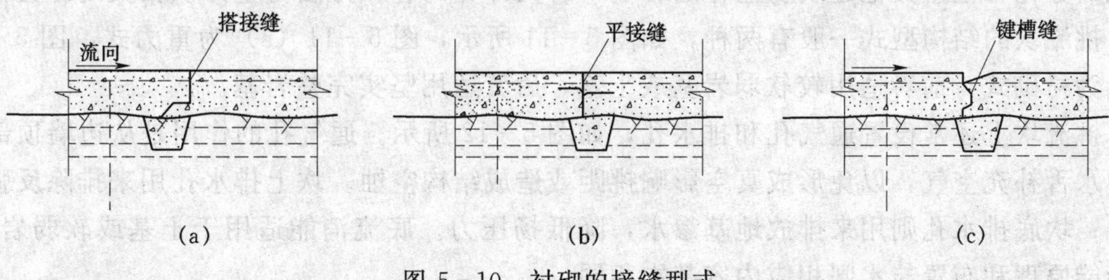

图 5-10 衬砌的接缝型式

比纵缝要求高，宜采用搭接式，岩基较坚硬且衬砌较厚时也可采用键槽缝；纵缝可采用平接缝。

为防止高速水流通过缝口钻入衬砌底面，将衬砌掀动，所有的伸缩缝都应布置止水，其布置要求与水闸底板基本相同。

衬砌的排水设施，一般在纵、横伸缩缝下面布置，并且纵、横贯通，将渗水汇集到纵向排水管内排往下游。岩基上的横向排水，通常在岩基开挖沟槽并回填不易风化的碎石形成。沟槽尺寸一般取 0.3m×0.3m，顶面盖上木板或沥青油毛毡，防止浇筑衬砌时砂浆进入而影响排水效果。纵向排水一般在沟内放置透水的混凝土管，直径 10～20cm，视渗水多少而定。管与横向排水沟的接口不封闭，以便收集横向渗水，管周填上不易风化的碎石。小型工程也可以按横向排水方法布置。施工时，纵、横排水沟应注意开挖成一定的坡度，保证横向排水汇集的渗水尽快地汇集到纵向排水管，并顺畅地排往下游。

土基或破碎软弱的岩基，常在衬砌底面设置平铺式排水，由 30cm 厚度的碎石层形成。对于黏性土地基，应先铺一层厚 0.2～0.5m 的砂砾垫层，再铺碎石，或直接在砂砾垫层中布置透水混凝土管形成排水层。对于细砂地基，则应先铺一层厚 0.2～0.4m 的粗砂，再做碎石排水层。

泄槽两侧的边墙，其墙顶高程可由泄槽的水面曲线高程并考虑水流波动和掺气高度及安全超高确定。边墙的结构，如基岩良好，可做成衬砌式，其结构与底板衬砌相同，厚度一般不小于 30cm，且用钢筋与岩坡锚固。边墙本身无需设置纵缝，但多在与边墙接近的底板设置纵缝（见水闸分离式底板布置）；横缝应与底板贯通。对于较差的岩基，需将边墙做成重力式挡土墙。此外，边墙同样应做好止水和排水，排水应与底板下面横向排水连通。必须指出，泄槽构造（止水排水等）是防止动水压力和扬压力对衬砌的安全稳定影响而采取的有力措施，对保证泄槽的安全运用是很重要的，切勿忽视其作用而马虎从事，以致造成工程事故。

四、消能防冲设施

溢洪道泄洪，一般是单宽流量大、流速高，能量集中，如果消能设施考虑不当，出槽的高速水流与下游河道的正常水流不能妥善衔接，下游河床和岸坡就会遭受冲刷，甚至会危及溢洪道的安全。

河岸溢洪道的消能设施一般采用挑流消能或底流消能，有时也可采用其他型式的消能措施，当地形地质条件允许时，优先考虑挑流消能，以节省消能防冲设施的工程投资。

挑能消能一般适用岩石地基的高中水头枢纽，消能设施的平面形式有等宽式，扩散式和收缩式（包括窄缝式），挑流鼻坎有连续式，差动式等。采用挑流消能时，应考虑挑射水流的雾化对枢纽其他建筑物运行的影响，有关计算内容和方法与重力坝相关内容类似。

挑流坎的结构型式一般有两种，如图 5-11 所示，图 5-11（a）为重力式，图 5-11（b）为衬砌式，前者适用较软弱岩基或土基，后者适用坚实完整岩基。

挑流坎上还常设置通气孔和排水孔，如图 5-12 所示。通气孔的作用是从边墙顶部孔口向水舌补充空气，以免形成真空影响挑距或造成结构空蚀。坎上排水孔用来排除反弧段积水；坎底排水孔则用来排放地基渗水，降低扬压力。底流消能适用于土基或软弱岩基，其消能原理和布置与水闸相应内容基本相同。

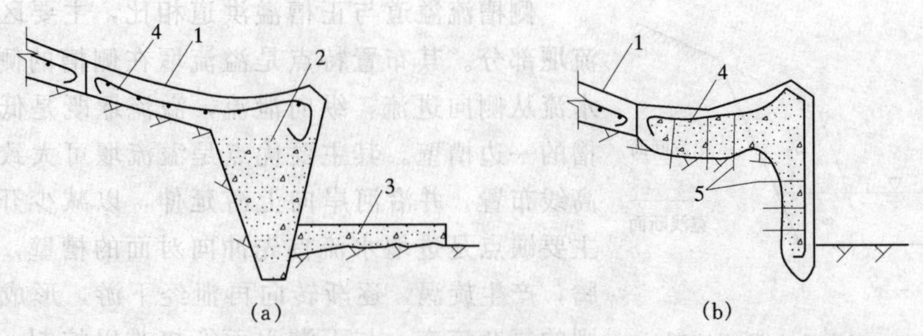

图 5-11　挑流鼻坎的型式

（a）重力式；（b）锚筋薄护层式

1—面板；2—齿墙；3—护坦；4—钢筋；5—锚筋

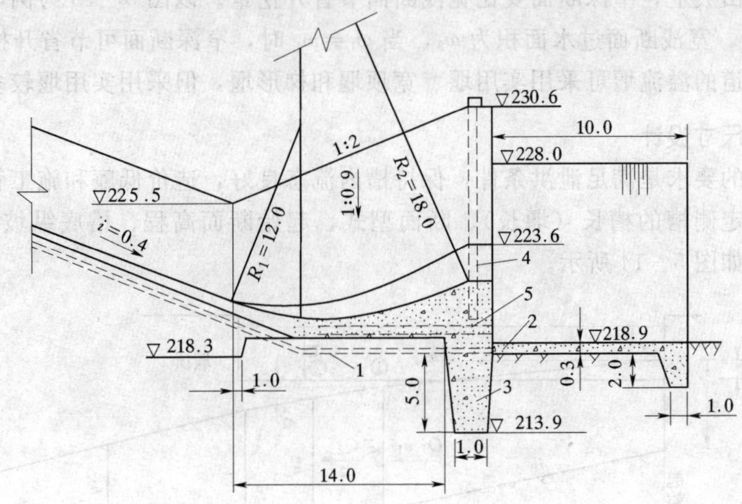

图 5-12 挑坎构造（单位：mm）

1—纵向排水；2—护坦；3—混凝土齿墙；4—ϕ50cm 通气孔；　5—ϕ10cm 排水管

五、出水渠

出水渠的作用是使溢洪道下泄的洪水顺畅地流入下游河床。当消能防冲设施直接与河床连接时，可不另设出水渠。此时，必须通过水文计算和洪水调查等方法确定下游河床水位，同时还应考虑建库后可能发生的水位变化。

出水渠的布置优先考虑利用天然沟谷，并采用必要的工程措施，如明挖或布置成小型跌水，以较小的投资，保证沟谷受到冲刷或坍塌时不影响泄洪和危及当地民房及其他建筑物的安全，使出流平顺归入原河道。

第三节　侧 槽 溢 洪 道

一、侧槽溢洪道的布置特点

侧槽溢洪道一般适用于坝肩山头较高，岸坡较陡，不利于布置正槽溢洪道且泄流量相对较小的情况。其布置如图 5-2 所示。

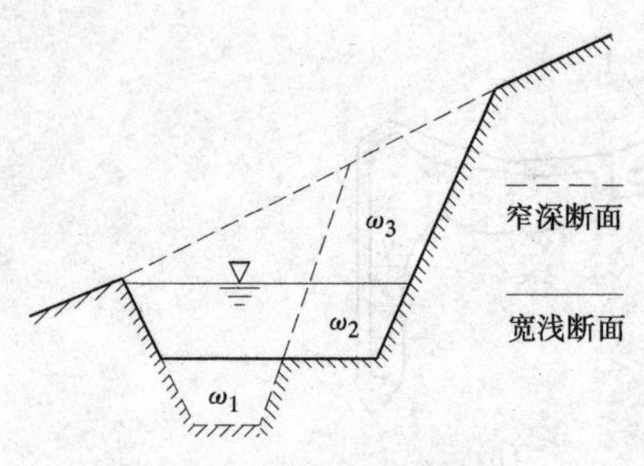

图 5-13　侧槽挖方量比较图
（虚线为窄深断面；实线为宽浅断面）

侧槽流溢道与正槽溢洪道相比，主要区别在于溢流堰部分。其布置特点是溢流堰在侧槽的侧边，进槽水流从侧向进流，纵向泄流，溢流堰既是低堰也是侧槽的一边槽壁。其主要优点是溢流堰可大致沿地形等高线布置，并沿河岸向上游延伸，以减少开挖量。其主要缺点是进堰水流首先冲向对面的槽壁，再向上翻腾，产生旋涡，逐渐转向再泄经下游，形成一种不规则的复杂流态，与下游水面衔接难以控制，给侧槽的布置造成困难。

由于岸坡较陡，侧槽的横断面宜按窄深式布置。这样，有利于增加槽内水深，稳定流态。在陡峭的山坡上，窄深断面要比宽浅断面节省开挖量。以图 5-13 为例，如窄深断面过水面积为 ω_1，宽浅断面过水面积为 ω_2，当 $\omega_1=\omega_2$ 时，窄深断面可节省开挖面积 ω_3。

侧槽溢洪道的溢流堰可采用实用堰、宽顶堰和梯形堰，但采用实用堰较多。

二、侧槽尺寸设计

侧槽设计的要求是满足泄洪条件，保持槽内流态良好，造价低廉和施工管理方便，设计的任务是确定侧槽的槽长（堰长）、断面型式、起始断面高程、槽底纵坡和断面宽度，有关尺寸参数如图 5-14 所示。

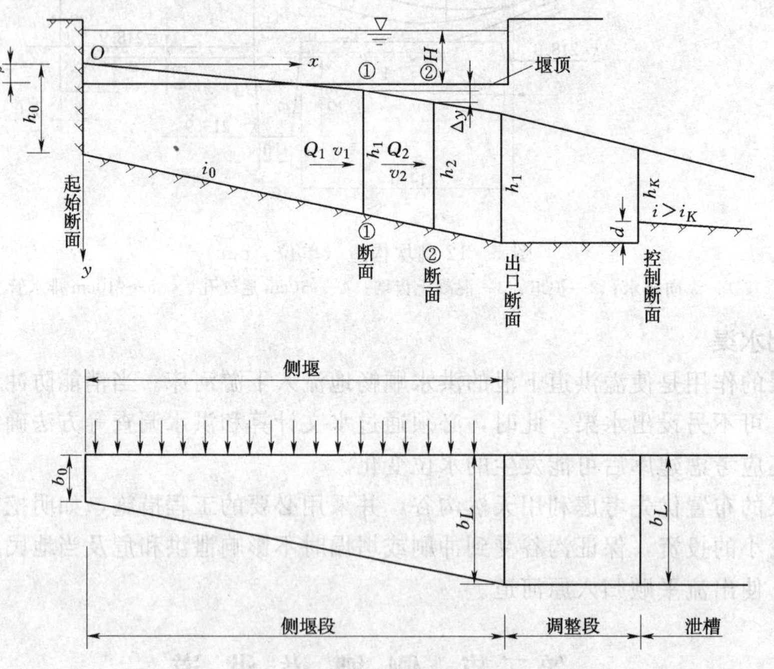

图 5-14　侧槽水面曲线计算简图

1. 堰长

侧槽堰长 L（即溢流前缘长度）与堰型、堰顶高程、堰顶水头和溢洪道的最大设计流量有关。堰型应根据工程规模，流量大小选择，对于大、中型工程一般选择实用堰。溢流

堰长度可按式（5-5）计算

$$L=\frac{Q}{m\sqrt{2g}H^{\frac{3}{2}}} \tag{5-5}$$

式中 Q——溢洪道的最大泄流量，m^3/s；

H——堰顶水头，m，行近流速水头可忽略不计；

m——流量系数，与堰型有关。

2. 槽底纵坡 i

侧槽应有适宜的纵坡以满足泄洪要求。由于过堰水流的大部分能量消耗于槽内水体间的旋转撞击，水流的顺槽流速完全取决于水体的自重和水力比降。因此，槽底纵坡应有一定的坡度。当纵坡 i 较陡时，槽内水流为急流，水流不能充分掺混消能，并且槽中水深很不均匀，最大水深可高于平均水深的5%～20%。因此，槽底纵坡应取单一纵坡，且小于槽末断面水流的临界坡。当槽底纵坡 i 较缓时，槽内水流为缓流，水流流态平衡均匀，并可较好地掺混消能。初步拟定时，一般采用槽底纵坡为0.05左右，最大以不超过0.1为宜。

3. 侧槽横断面底宽（b_0、b_L）

为了适应流量沿程不断增加的特点，侧槽横断面底宽应沿侧槽轴向自上而下逐渐加大。首先，根据地形地质条件通过工程类比法初选若干起始断面底宽 b_0，并经过经济比较确定。采用机械施工时，应满足施工最小宽度要求。侧槽末端断面底宽 b_L 可按比值 b_0/b_L 确定。一般来说，b_0/b_L 值愈小，侧槽开挖量愈省。但是，b_0/b_L 过小时，由于槽底需要开挖较深，将增加紧接侧槽末端水流调整段的开挖量。因此，合理的 b_0/b_L 值应根据槽址的地形地貌条件通过比较确定。通常的 b_0/b_L 值宜采用0.25～0.65［即 $b_L=(1.5\sim4.0)b_0$］。

4. 侧槽横向边坡系数 m

侧槽横向边坡系数（图5-15）取值合理与否，不仅与入流条件有关，还与开挖工程量有关。靠岸一侧的边坡系数，在满足水流条件和边坡稳定的前提下，以较陡为宜，一般采用 $m_1=0.3\sim0.5$；靠溢流堰一侧，溢流曲线以下的直线段坡度，一般可采用 $m_2=0.5$ 左右。

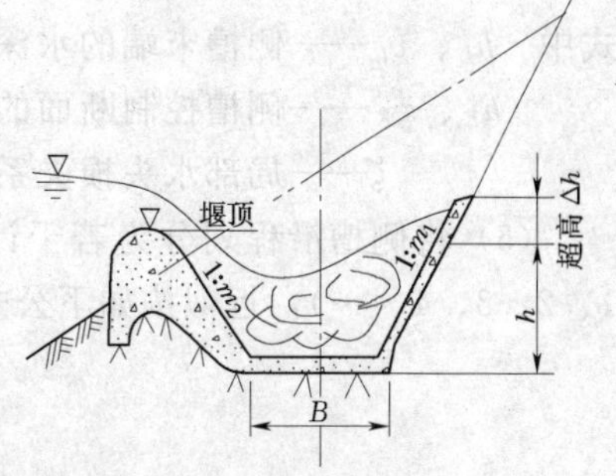

图5-15 侧槽内流态示意图

5. 侧槽始端槽底高程与末端水深

侧槽的槽底高程，以满足溢流堰为非淹没出流和减少开挖量作为控制条件。由于侧槽沿程水面为一降落曲线，因此，确定槽底高程的关键是首先确定侧槽起始断面水面高程，并由该水面高程减去断面水深求得该处的槽底高程。试验研究结果表明：当起始断面附近有一定的淹没时，仍不至于对整个溢流堰的过堰流量有较大的影响，此时仍可认为溢流堰沿程出流属于非淹没出流。为节省开挖量，适当提高渠底高程，常取侧槽起始断面水位高出堰顶水位 $h_s=0.5H$，据此确定槽底高程。

侧槽水面曲线的推算，首先必须确定控制断面水深 h_L。控制断面一般选用侧槽末端

断面（若设水平调整段，则以调整段末端为控制断面），由该断面的临界水深 h_K 计算侧槽末端水深 h_L。为减少侧槽开挖量，应使侧槽末端断面水深 h_L 尽量接近经济断面水深。江西省水利科学研究所的研究成果认为，采用 $h_L=(1.2\sim1.5)h_K$ 较为理想，h_K 为该断面的临界水深，当 $b_L/b_0=5$ 时取 1.5；$b_L/b_0=1.0$ 时取 1.2，其余情况按内插法选用。

为保证侧槽末端实际水深与理论水深 h_L 一致，常需在侧槽末端设置一水平调整段与泄槽连接，并在调整段末端设置控制断面。调整段的长度以不小于 $(2\sim3)h_K$ 为宜；控制断面则用抬高泄槽起始断面高程（形成低坎）构成，使水流在该断面形成临界流，该断面的水深即为临界水深 h_K，h_K 可由水力学公式计算。

三、侧槽水力计算要点

侧槽水力设计的目的是选择适宜的侧槽底板纵坡 i 和断面尺寸，以减少开挖量。在满足泄洪的前提下，使侧槽水流呈缓流流态，实现水流均匀平稳地进入泄槽，改善后接建筑物的水流条件。实践证明，侧槽水流在各级流量下均保持为缓流是难以做到的，但在泄放设计流量时，应保证槽内水流为缓流（即非淹没流）。

根据水库调洪演算确定的水位、流量、堰顶高程和水头，可按下述步骤进行侧槽的水力计算：

(1) 选择堰型，根据最大设计流量 Q_{max} 和相应的设计水头 H_{max} 计算溢流前缘净长度 L。

(2) 根据地形地质及施工条件，在平面地形图上布置侧槽的有关尺寸。可选择几组槽底宽度 b_0、b_L，纵坡 i_0 和横截面坡度系数 m，进行经济比较，选出较合理的数值。

(3) 根据设计流量和控制断面宽度 b_K（图 5-15 中，$b_K=b_L$），计算控制断面的临界水深 h_K，进而计算侧槽末端水深 h_L。

(4) 根据侧槽末端水深 h_L、控制断面临界水深 h_K 和底宽 b_0、b_L，计算相应断面流速 v_L、v_K，并由式（5-6）确定控制断面坎高 d

$$d=(h_L-h_K)+(1+\zeta)\left(\frac{v_L^2-v_K^2}{2g}\right) \tag{5-6}$$

式中　h_L、v_L——侧槽末端的水深和流速；

h_K、v_K——侧槽控制断面的临界水深和流速；

ζ——局部水头损失系数，可取 0.2。

(5) 将侧槽沿程划分为若干计算段，定出若干断面（断面编号从始端开始依次编为 1、2、3、4、…），近似按如下公式计算各断面流量 Q_i

$$Q_i=qX_i \tag{5-7}$$

式中　q——流量，近似取 $q=Q/L$，$m^3/s\cdot m$；

Q——设计流量，m^3/s；

L——溢流堰净长，m；

X_i——计算断面至侧槽始端水平距离，m；

Q_i——计算断面流量，m^3/s。

(6) 侧槽水面曲线推算。侧槽水面曲线推算是从侧槽末端水深 h_L 向上游推算，如图

5-16所示，相邻两计算断面的水深关系可按下式求得

$$h_i = h_{i+1} + \Delta Y - \Delta X_i \tan\theta_i \quad (5-8)$$

式中 h_i、h_{i+1}——相邻两计算断面水深；

ΔX_i——相邻两计算断面水平距离；

θ_i——侧槽槽底面与水平面的夹角；

ΔY——相邻两计算断面水面差。

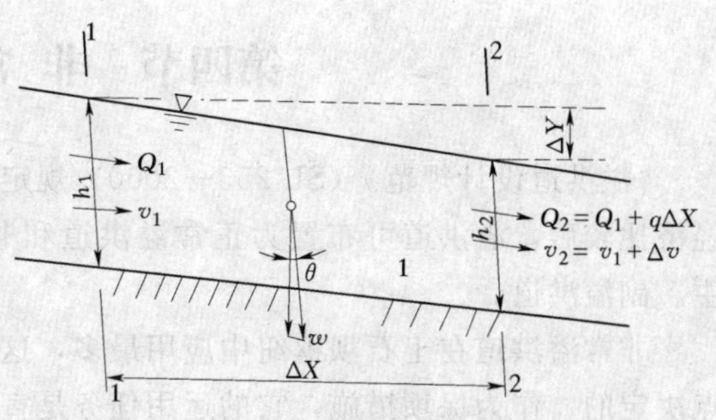

图 5-16 水力计算示意图

当侧槽纵坡很小时，$i_0=\theta_i \approx \tan\theta_i$，此时，式（5-8）可简化为如下形式

$$h_i = h_{i+1} + \Delta Y - i_0 \Delta X_i \quad (5-9)$$

在槽中不发生水跃的情况下，相邻两计算断面落差可由动量原理推出的差分公式计算

$$\Delta Y = \frac{(v_1+v_2)}{2g}\left[(v_2-v_1)+\frac{Q_2 Q_1}{Q_1+Q_2}(v_1+v_2)\right]+\overline{J}\Delta X \quad (5-10)$$

其中 $\overline{J}=\dfrac{n^2\overline{v}^2}{\overline{R}^{4/3}}$ $\overline{v}=\dfrac{v_1+v_2}{2}$ $\overline{R}=\dfrac{R_1+R_2}{2}$

式中 v_1、v_2——相邻两计算断面的流速和流量；

Q_1、Q_2——相邻计算断面的流量，m^3/s；

$\overline{J}$——两计算断面平均摩阻比降；

n——侧槽底板糙率，混凝土为0.011～0.017，岩石为0.025～0.045；

$\overline{v}$——相邻两计算断面的平均流速，m/s；

$\overline{R}$——相邻两计算断面的平均水力半径。

一般工程，可忽略摩阻水头损失 $\overline{J}_f\Delta X_i$，则上式可简化为如下形式

$$\Delta Y = \frac{Q_1}{g}\frac{(v_1+v_2)}{(Q_1+Q_2)}\left(\Delta v+\frac{v_2}{Q_1}\Delta Q\right) \quad (5-11)$$

利用式（5-11）和式（5-9）推求水面曲线时，应采用试算法。试算法的步骤是：

1）已知 h_2、b_2、v_2、Q_2（如侧槽未端断面）和 Q_1，假设一个 ΔY。

2）把 ΔY 代入式（6-9）计算1—1断面水深 h_1。

3）计算1—1断面过水面积 w_1，并计算 $v_1=\dfrac{Q_1}{w_1}$。

4）把 v_1、v_2、Q_1、Q_2 代入式（5-11）计算 ΔY。

5）比较计算值 ΔY 与假设值 ΔY，若两者相等，则 ΔY 就是相邻两断面的水面落差；否则，应重新假设 ΔY 值，重复上述计算，直至相等为止。

（7）槽底高程确定。侧槽槽底高程的确定，首先要确定泄槽起始断面高程，然后按选定的侧槽纵坡确定其他断面底部高程。起始断面槽底高程可根据侧槽首端溢流堰允许的淹没水深 h_s，定出侧槽起始断面水位，由该水位减去相应水深求得该截面底部高程。其他断面槽底高程可按槽底纵坡确定。

第四节 非常溢洪道

《溢洪道设计规范》(SL 253—2000) 规定，在具备合适的地形、地质条件时，经技术经济比较后，溢洪道可布置为正常溢洪道和非常溢洪道，必要时，正常溢洪道还可分为主、副溢洪道。

非常溢洪道在土石坝枢纽中应用最多，这是因为土石坝一般不允许洪水漫过坝顶的特点决定的。作为保坝措施，它的运用任务是宣泄超过设计标准的洪量。超设计标准的洪量既包括校核洪水位与设计洪水位之间的洪量，也包括坝址出现超过校核洪水位的特大洪量。

非常泄洪道的启用标准应根据工程条件确定。一般情况下，当库水位达到设计洪水位后即应启用。由于超设计标准的洪水是稀遇的，故非常溢洪道启用机会很少，为此非常溢洪道的结构布置可以简化些。除了控制段和泄洪能力不能降低标准以外，其余部分都可以简化布置。如泄槽可不衬砌，消能防冲设施可不布置，以获得全面综合的经济效益。

非常溢洪道的位置应与大坝保持一定的距离，以泄洪时不影响其他建筑物为控制条件。为了防止泄洪造成下游的严重破坏，当非常泄洪道启用时，水库最大总下泄流量不应超过坝址相同频率的天然洪水量。

非常溢洪道一般分为漫流式、自溃式和爆破引溃式。

一、漫流式

漫流式非常溢洪道的布置与正槽溢洪道类似，堰顶高程应选用与非常溢洪道启用标准相应的水位高程。控制段(溢流堰)通常采用混凝土或浆砌石衬砌，设计标准应与正槽溢洪道控制段相同，以保证泄洪安全。控制段下游的泄槽和消能防冲设施，如行洪过后修复费用不高时可简化布置，甚至可以不做消能设施。控制段可不设闸门控制，任凭水流自由宣泄。溢流堰过水断面通常做成宽浅式，故溢流前缘长度一般较长。因此，这种溢洪道一般布置在高程适宜、地势平坦的山坳处，以减少土石方开挖量。

二、自溃式

自溃式非常溢洪道有漫顶溢流自溃式和引冲自溃式两种型式。漫顶溢流自溃式由自溃坝(或堤)、溢流堰和泄槽组成。自溃坝布置在溢流堰顶面，坝体自溃后露出溢流堰，由溢流堰控制泄流量，如图 5-17 所示。自溃坝平时可起挡水作用，但当库水位达到一定的高程时应能迅速自溃行洪。为此，坝体材料宜选择无黏性细砂土，压实标准不高，易被水流漫顶冲溃。当溢流前缘较长时，可设隔墙将自溃坝分隔为若干段，各段坝顶高程应有差异，形成分级分段启用的布置方式，以满足库区出现不同频率稀遇洪水的泄洪要求。浙江南山水库自溃式非常溢洪道，采用 2m 宽的混凝土隔墙将自溃坝分为三段，各段坝顶高程均不同，形成三级启用形式，除遇特大洪水时需三级都投入使用外，其他稀遇洪水情况只需启用一级或两级，则行洪后的修复工程量亦可减少。

自溃式非常溢洪道的优点是结构简单，施工方便，造价低廉；缺点是运用的灵活性较差，溃坝时具有偶然性，可能造成自溃时间的提前或滞后。所以，自溃坝的高度常有一定

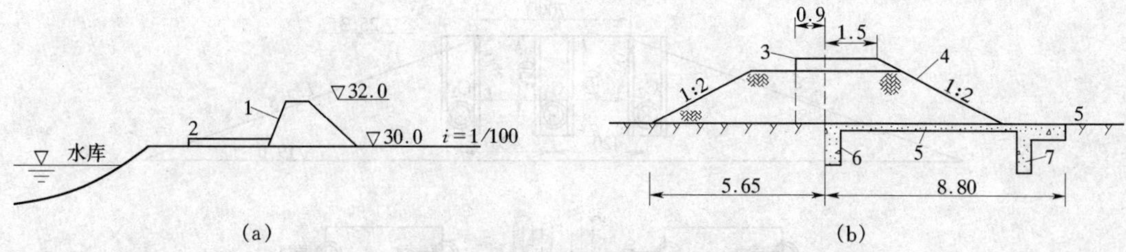

图 5-17　漫顶自溃式非常溢洪道进水口断面图（单位：m）

(a) 国内某水库非常溢洪道示意图；(b) 国外某水库漫顶自溃坝断面图

1—土坝；2—公路；3—自溃堤各段间隔墙；4—草皮护面；5—0.3m 厚混凝土护面；6—0.6m 厚、1.5m 深的混凝土截水墙；7—0.6m 厚、3.0m 深的混凝土截水面

的限制，国内已建工程一般在 6m 以下。

引冲自溃式也是由自溃坝、溢流堰和泄槽组成，在坝顶中部或分段中部设引冲槽，如图 5-18 所示。当库水位超过引冲槽底部高程后，水流经引冲槽向下游泄放，并把引冲槽冲刷扩大，使坝体自溃泄洪。这种自溃方式在溃决过程中流量逐渐加大，对下游防护较有利，故自溃坝体高度可以适当提高。对于溢流前缘较长的坝，也可以按分级分段布置。引冲槽槽底高程、尺寸和纵向坡度可参照已建工程拟定。

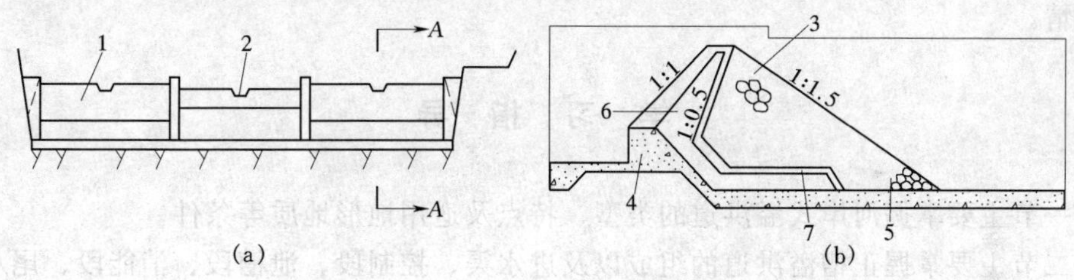

图 5-18　某水库引冲自溃坝式溢洪道

(a) 上游立视图；(b) A-A 剖面图

1—自溃堤；2—引冲槽；3—引冲槽底；4—混凝土堰；5—卵石；6—黏土斜墙；7—反滤层

应当指出，自溃式溢洪道在溃坝泄洪后，需在水位降落后才能修复，如果堰顶高程较低，还会影响水库当年的蓄水量。但是，非常溢洪道的启用机遇是很小的，故这种影响一般不大。关键的问题是保证自溃土坝在启用时必须能按设计要求被冲溃，为此应参照已建工程经验进行布置，并应通过水工模型试验验证。

三、爆破引溃式

与自溃式类似，爆破引溃式非常溢洪道是由溢洪道进口的副坝、溢流堰和泄槽组成。当溢洪道启用时，引爆预先埋设在副坝廊道或药室的炸药，利用爆破的能量把布置在溢洪道进口的副坝强行炸开决口，并炸松决口以外坝体，通过快速水流的冲刷，使副坝迅速溃决而泄洪。如果这种溢洪措施副坝较长时，也可分段爆破。爆破的方式、时间可灵活、主动掌握。由于这种引溃方式是由人工操作的，因而使坝体溃决有可靠的保证。图 5-19 为我国沙河水库溢洪道的副坝药室布置图。

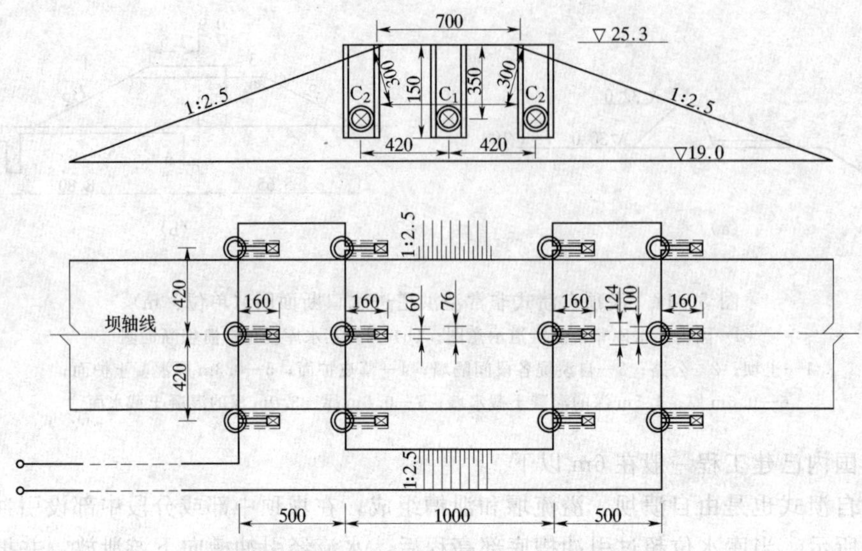

图 5-19　沙河水库副坝药室及导洞布置图（高程：m；尺寸：cm）

应当指出，非常溢洪道由于设计理论不完善，实践经验不足，在运用中还存着不少问题，在设计和运用中应谨慎对待。若启用不当，将造成不必要的人为洪峰，反而会加重下游的灾情。

学习指导

第一节主要掌握河岸式溢洪道的类型、特点及适用地形地质等条件。

第二节主要掌握正槽溢洪道的组成以及进水渠、控制段、泄槽段、消能段、尾水渠等结构构造和设计时注意问题。

第三节主要掌握侧槽溢洪道的特点及适应条件，了解其布置及水力计算。

第四节主要掌握非常溢洪道的类型、特点及使用控制条件，了解其布置、构造。

小结

本章主要讲述开敞式河岸溢洪道，重点是正槽式，其次是侧槽式，河岸溢洪道各个部分的设计应在把握好水流特性的基础上掌握其设计原则和水力计算方法。例如，引水渠的设计主要考虑减小水头损失并使水流平顺；控制段的设计主要是在可能的条件下选择泄流能力较大的合理堰型，并进行泄流能力的水力计算；泄槽的设计主要应针对可能出现的高速水流问题（急流冲击波、掺气、空化与空蚀、水流脉动及其引起的动水压力等），采取合理的布置方式和防范措施；消能段主要是选择合理的消能方式并进行消能防冲设施的水力计算；尾水渠主要是解决水流平顺归原河道问题等。

本章的重点是溢洪道宽度确定及结构构造，难点是过堰水流及泄槽的水力计算。对于侧槽式溢洪道的设计和非常泄洪设施，可只作一般了解。

思 考 题

5-1 水利枢纽在什么情况下需设置河岸溢洪道？

5-2 河岸溢洪道有哪些形式？各自的特点和适用条件如何？

5-3 正槽式溢洪道有哪些组成部分？各部分的作用和设计原则是什么？

5-4 溢洪道的控制堰有哪些形式和布置方式？堰顶是否设置闸门？其利弊如何？

5-5 泄槽底板的结构、构造有哪些要求？

5-6 高水头溢洪道的泄槽上可能有哪些水流问题？它们与泄槽的体型、布置有何关系？

5-7 正槽溢洪道和侧槽溢洪道适应的河岸地形条件有何区别？

5-8 侧槽溢洪道的水力特性如何？试述侧槽水力计算的原理。

5-9 什么叫非常溢洪道？其设置方式有哪些？各有何特点？如何选用？

第六章　水工隧洞与坝下埋管

第一节　概　述

一、水工隧洞的类型

水工隧洞是在山体中开凿的一种泄水、放水建筑物，其主要作用是宣泄洪水、引水发电或灌溉、供水、航运输水、放空水库、排放水库泥沙以及水利枢纽施工期导流。

水工隧洞按其担负的任务可分为：泄洪隧洞和放水隧洞。按其工作时洞内的水流状态可分为有压隧洞和无压隧洞。一般从水库引水发电的水工隧洞是有压的，而为泄洪、供水、排沙、导流等目的而设置的隧洞，可以是有压的，也可以是无压的。有压隧洞运行时，其内壁承受一定的内水压力。无压洞内水流具有自由水面，水面与洞顶保持一定的净空。水工隧洞可以设计成有压的，也可以设计成无压的。在同一条隧洞中，以主闸门为界，闸门前有压，闸门后为无压的。但在隧洞的同一段内，除了流速低的导流隧洞外，应严禁出现时而有压，时而无压的明满交替的流态，以免造成因此引起的震动与空蚀。

二、水工隧洞的工作特点

1. 深式过水建筑物的特点

(1) 泄水隧洞出口流速高，单宽流量大，能量集中，消能防冲措施要求较高。

(2) 进口处于水下较深处，闸门承受的水压力大，要求闸门刚度大，启闭机容量大。

(3) 高水头无压泄水隧洞，容易在高速水流的作用下引起的振动及洞身空蚀破坏。

(4) 有压隧洞往往承受较大的内水压力，要求有一定厚度的围岩和足够强的衬砌。

2. 地下建筑物的特点

(1) 水工隧洞是一种地下结构。隧洞开挖后，改变了岩体原来的平衡状态，引起孔洞附近应力重分布，岩体产生变形，严重的甚至发生崩塌。因此，隧洞中常需设置临时性（施工期）支护和永久性衬砌，以确保隧洞施工期和运行期的安全。

(2) 与地面建筑物相比较，隧洞的断面尺寸小，施工场地狭窄，施工干扰较大。

(3) 内、外水压力是水工隧洞设计的主要荷载之一。

三、水工隧洞的线路选择和工程布置

(一) 水工隧洞的线路选择

在洞线选择时，应结合隧洞的用途，根据当地实际情况，综合考虑地质、地形、水力学、施工、运行、枢纽总布置及对周围环境影响等因素，并通过多方案进行经济技术比较而加以确定。

1. 地质条件

(1) 隧洞线路选择原则上应使洞线布置于地质构造简单、岩体完整坚硬稳定，水文地

质条件有利及施工方便的地区。尽量避开向斜、断层、软弱地层、滑坡等不利地质构造。同时尽量避开涌水量大、地下水位高、岩溶发育、承压水区以及高地应力区，以减少隧洞衬砌上的荷载及便于施工。

（2）若洞线与岩层、构造破碎带及主要节理面相交时，应尽量使洞线具有较大夹角。在整体块状结构的岩体中，其夹角应不小于30°，在层状岩体中，其夹角不宜小于45°。

（3）隧洞洞线穿过高地应力区时，原则上应使洞线与最大水平地应力方向一致。

（4）当隧洞沿水平或倾斜岩层走向布置时，应使洞身位于坚硬、均质、不透水的岩层中。当洞身穿切不同岩体的岩层时，应使其洞顶置于较坚硬的岩层中。

2. 地形条件

（1）隧洞的线路在平面上应力求短、直，以降低工程造价和减小水头损失，并保持良好的水流条件。若受限制而不能保持直线时，隧洞应以曲线连接，其曲率半径不小于5倍的隧洞洞径（洞宽），且转角不宜大于60°。弯道的两端应设直线连接，其长度不宜小于5倍的洞径（洞宽）。

（2）洞线穿过沟谷时，应根据地形、地质、水文及施工条件进行经济技术比较而定其线路。

（3）隧洞的出口与下游河道的连接，应尽可能的使其衔接畅顺，减少对河岸的冲刷。

3. 施工条件

隧洞施工工作面小，干扰多。因此，隧洞的线路选择应认真考虑施工出渣通道和施工场地布置等条件。对于洞线较长的隧洞，应考虑有适合的地点可以设置竖井、斜井或平洞（图6-1），以便进料、出渣和通风，增加工作面，提高施工进度。此外，应尽量少破坏自然环境，并使其较易恢复，环境投资最小。

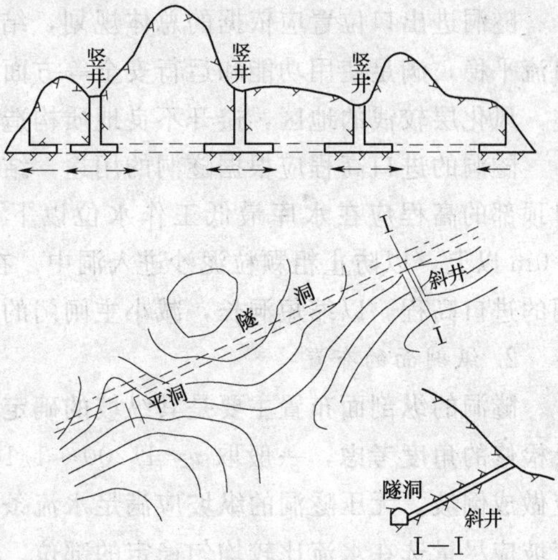

图6-1　竖井、平洞及斜井的位置

4. 运行管理条件

洞线选择应考虑工程的运行管理条件，应满足枢纽总体布置和运行的要求，应尽量避免其在施工和运行中与枢纽中其他建筑物的相互干扰，如土石坝结合泄洪洞时，在隧洞线路选择时，其进出口应尽可能的离坝体一定距离，以免影响大坝正常工作。

（二）隧洞的工程布置

隧洞的工程布置其主要内容包括进出口的布置、纵剖面的布置以及闸门的布置。隧洞布置的总体要求是必须满足过水流量、水流状态和运行的要求，并尽可能地降低工程造价。

在修建水工隧洞时，应根据实际情况，尽可能的考虑“一洞多用”，以降低工程造价，如采用灌溉与发电相结合的布置方式。导流与引水泄洪相结合的隧洞，由于两者进口高程

不同，导流洞进口较低，引水泄洪洞进口较高，工程竣工后，先将导流隧洞的进口封堵，并用斜管将引水隧洞的进口与主洞连接起来，工程上称之为“龙抬头”的型式，如图6-2所示。

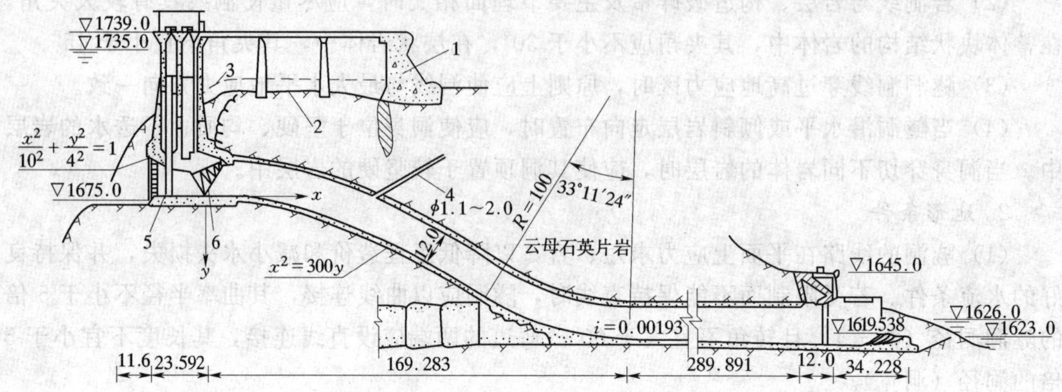

图6-2　刘家峡深孔无压泄水隧洞（单位：m）

1—混凝土坝；2—岩面线；3—原地面线；4—通风洞；5—检修门槽；6—弧形闸门

1. 隧洞进出口布置

隧洞进出口位置应依据的总体规划，结合地形、地质条件，使水流顺畅，进流均匀，出流平稳，满足使用功能和运行安全等方面的要求。进出口宜选在地质构造简单、岩体完整，风化层较浅的地区，避开不良地质构造和易崩塌、危崖、滑坡地区。

隧洞的进口高程应根据隧洞的用途，结合实际运用要求加以确定。如发电隧洞，其进口顶部的高程应在水库最低工作水位以下0.5～1.0m；底部高程应高出水库淤沙高程1.0m以上，以防止粗颗粒泥沙进入洞中。在不影响隧洞正常使用的前提下，尽量提高隧洞的进口高程，以缩短洞长，减小主闸门的作用水头和洞身的内水压力，降低造价。

2. 纵剖面的布置

隧洞的纵剖面布置主要是其纵坡的确定，有压隧洞的纵坡主要从施工排水和放空隧洞及检修的角度考虑，一般取$i=1/200\sim1/1000$。当洞身较短时，也可以做成水平，但不应做成倒坡。无压隧洞的纵坡应满足水流条件，多采用陡坡。隧洞纵坡不宜变化太多，而变坡应尽量选在水流比较均匀稳定的部位。

3. 闸门在隧洞中的位置

泄水隧洞中通常设置两道闸门。一道工作闸门，用来调节流量或封闭孔口，要求能在动水中启闭。一道为检修闸门，当工作闸门或隧洞发生事故时用来挡水，检修闸门要求能在动水中关闭，静水中开启。

工作闸门可以布置在隧洞的进口、出口或隧洞中的某一适宜位置。

工作闸门布置在进口的隧洞（图6-2），一般为无压。为了保证洞内为稳定的无压流态，门后洞顶应距离自由水面一定净空，并向门后不断充分通气。这种布置的优点是工作闸门、检修闸门都布置于首部，便于运行管理。

工作闸门布置在出口的隧洞（图6-3），一般为有压。这种布置洞内水流条件好，但

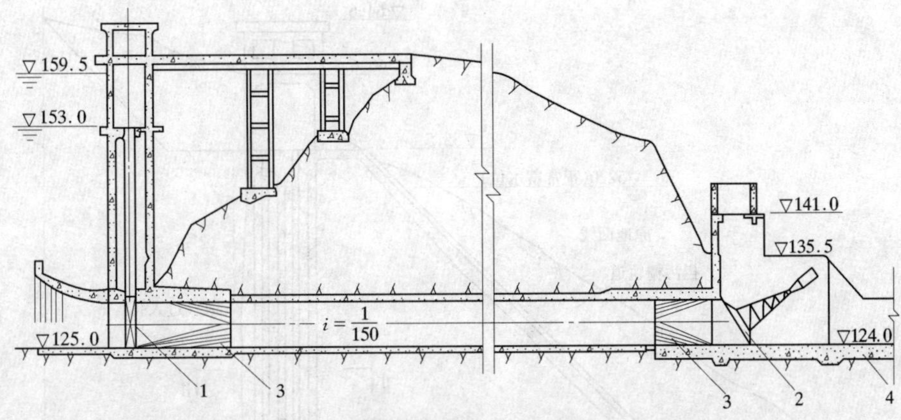

图 6-3　深孔有压泄水隧洞（单位：m）

1—平面检修闸门；2—弧形工作闸门；3—渐变段；4—消能段

工作闸门与检修闸门分置于出、进口，不便于运行管理。

工作闸门设置于洞内时，门前为有压段，门后为无压段。这种布置往往是受某些条件限制所致。如地形、施工和枢纽布置上的原因。

第二节　隧洞的进出口建筑物

一、进口建筑物

1. 进口建筑物的型式

进口建筑物位于隧洞的最前端，按其结构型式和布置方式可分为竖井式、塔式、岸塔式和斜坡式等几种。

(1) 竖井式。竖井式是在隧洞进口附近的山体中开挖竖井，井壁衬砌，井内设置闸门，启闭设备及操作室布置于井顶（图 6-4）。其优点是结构简单，抗震性好，稳定性高，不受风浪的影响，工程量小，造价较低。其不足之处是闸门前的进口段和洞身段检修不便。竖井式一般适用于隧洞进口段岩石坚硬完整的情况。

(2) 塔式。如图 6-5 所示，塔式进口是独立于隧洞的进口处的钢筋混凝土塔。闸门布置于塔底，启闭设备及操作室布于塔（内）顶，操作室与彼岸之间用工作桥连接。这种型式适用于岸坡较平缓，边坡岩石破碎，覆盖层厚，不宜采用靠岸进口的情况。其优点是布置紧凑，闸门启闭较为方便可靠。不足之处是受风、浪、冰、地震的影响大，稳定性相对较差，且工程造价高。

塔式进口建筑物根据其结构形式的不同，可分为封闭式（图 6-5）和框架式（图 6-6）两种。封闭式塔身横断面可以是矩形、圆形或多边形。封闭式塔身可以在其不同高程处设置进水口，以适应水库水位的变化及取水的要求。

框架式进水口建筑物结构轻便，受风浪等的作用也较小，工程量小，造价较低，但只能在低水位时进行检修，水流流态不好，容易产生空蚀。因而，大型泄水隧洞采用较少。

(3) 岸塔式。如图 6-7 所示，这种形式的进口建筑物，下部紧靠岸坡，塔身稳定性

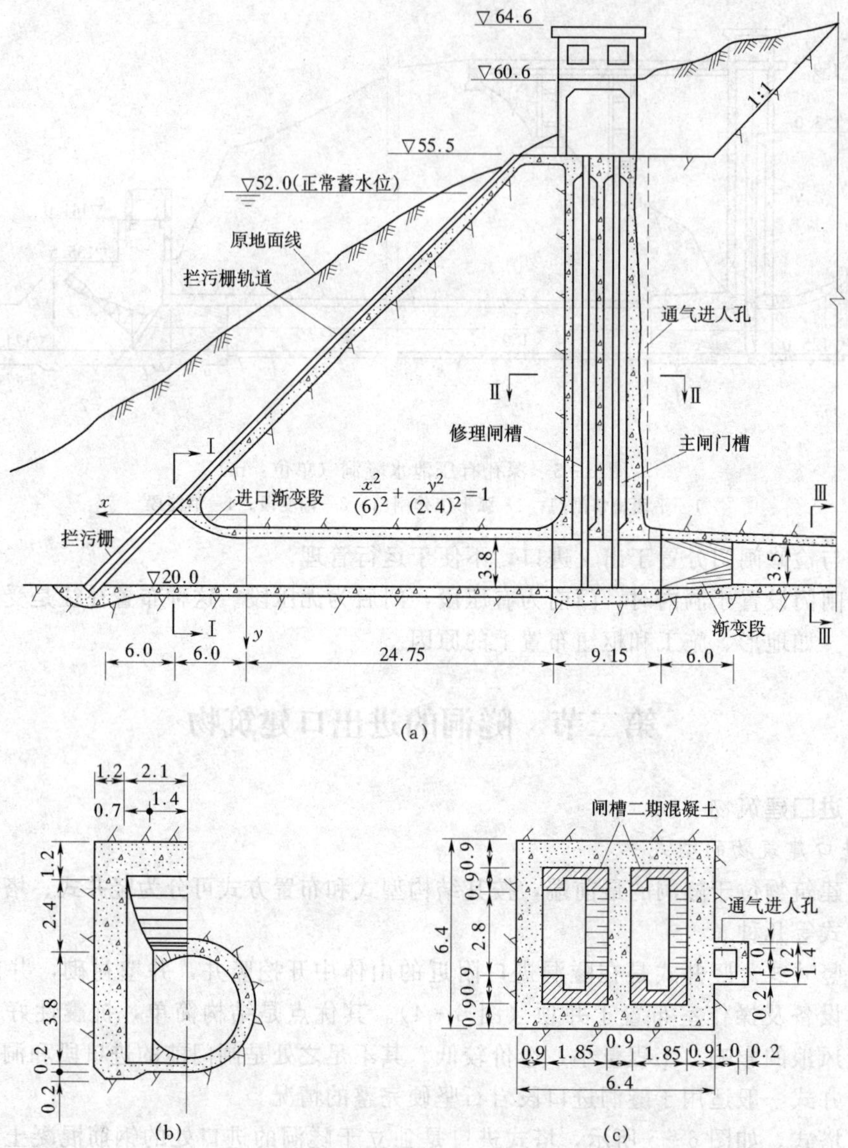

(a)

(b)　(c)

图 6-4　竖井式进口建筑物（单位：m）

较好，甚至可以对岩坡起到一定的支撑作用，施工安装较为方便，无需工作桥，较为经济。适用于岸坡较陡，岩石比较坚固稳定的地区。

（4）斜坡式。如图 6-8 所示，是直接在岸坡上进行平整开挖并加以衬砌而成的。闸门及拦污栅的轨道直接安装在斜坡的护砌上。其优点是结构简单，施工方便，稳定性好，工程量小。缺点是闸门面积大，闸门关闭不易（靠自重下降）。斜坡式进口一般只用于岸坡岩体条件较好的中、小型工程。

2. 进口建筑物的组成、作用及构造

进口建筑物主要有进水口、闸室段及渐变段所组成，它主要包括拦污栅、进水喇叭

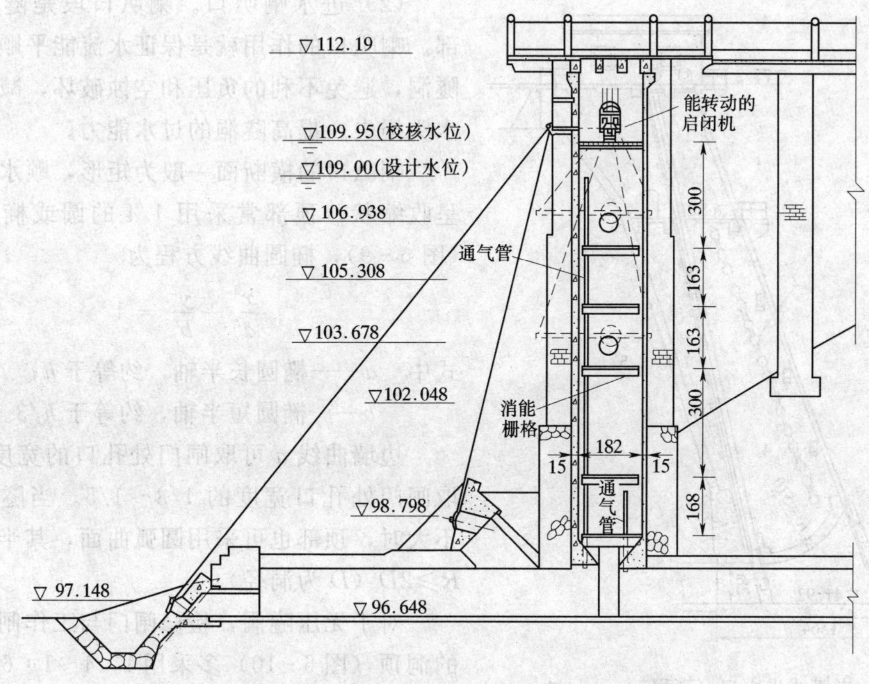

图 6-5 封闭式分层取水进水塔(高程:m;尺寸:cm)

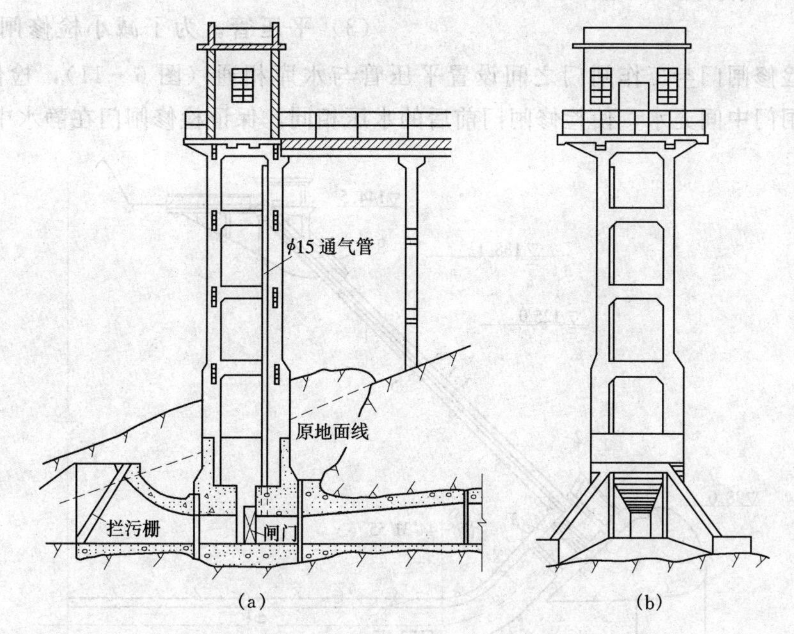

图 6-6 框架式进口建筑物

口、门槽、平压管、通气孔和渐变段等。通气孔、渐变段的构造详见第二章。

(1) 拦污栅。拦污栅是由纵、横向金属栅条组成的网状结构。拦污栅布置在隧洞的进口,其作用是防止漂浮物进入隧洞。为了便于维修更换等,拦物栅通常做成活动式的。

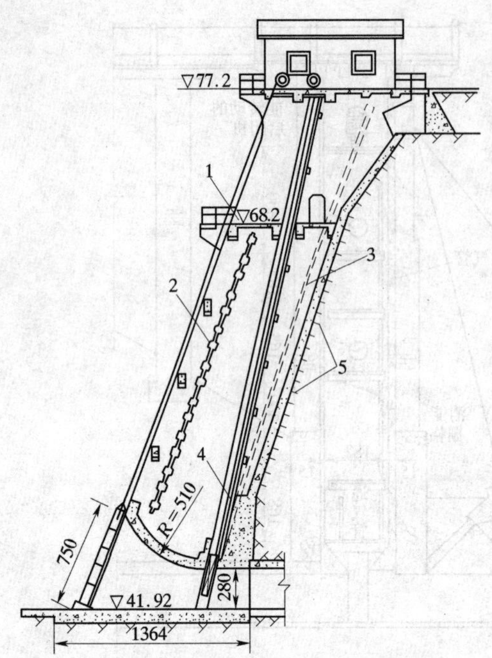

图 6-7　岸塔式进水口（高程：m；尺寸：cm）
1—清污台；2—固定栏污格栅；3—通气孔；
4—闸门轨道；5—锚筋

（2）进水喇叭口。喇叭口段是隧洞的首部。喇叭口的作用就是保证水流能平顺的进入隧洞，避免不利的负压和空蚀破坏，减少局部水头损失，提高隧洞的过水能力。

喇叭口的横断面一般为矩形，顺水流方向呈收缩状，顶部常采用 1/4 的圆或椭圆曲线（图 6-9），椭圆曲线方程为

$$\frac{x^2}{a^2}+\frac{y^2}{b^2}=1 \qquad (6-1)$$

式中　a——椭圆长半轴，约等于 h；

b——椭圆短半轴，约等于 $h/3$。

边墙曲线 a 可取闸门处孔口的宽度，b 可取闸门处孔口宽度的 1/3～1/5。当隧洞流速不大时，顶部也可采用圆弧曲面，其半径要求 $R \geqslant 2D$（D 为洞径）。

对于无压隧洞，检修闸门与工作闸门之间的洞顶（图 6-10）多采用 1∶4～1∶6 的坡度向下游压缩，以增加进口段的压力，防止发生空蚀。

（3）平压管。为了减小检修闸门的启门力，通常在检修闸门与工作闸门之间设置平压管与水库相通（图 6-11），检修完毕后，首先在两道闸门中间充水，使检修闸门前后的水压相同，保证检修闸门在静水中开启。平

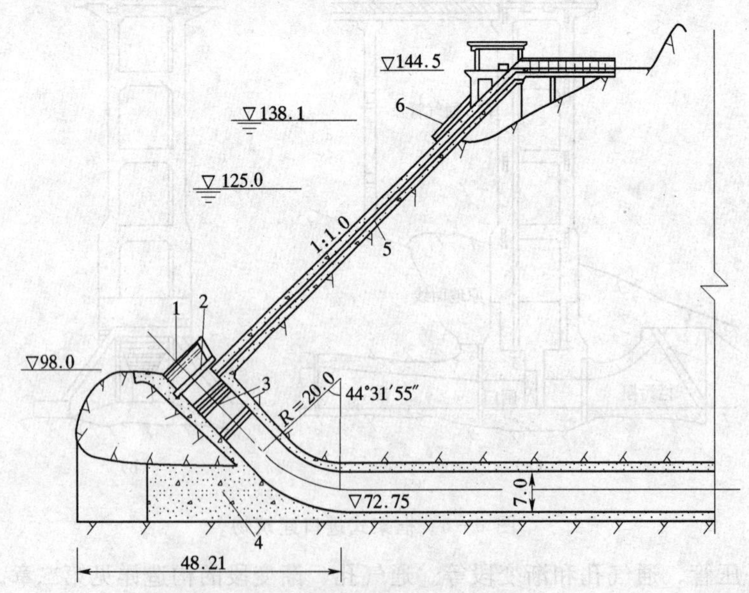

图 6-8　响洪甸斜坡式进水口（单位：m）
1—喇叭口式进水口；2—检修闸门；3—渐变段；4—堵头；5—通气孔；6—贮门罩

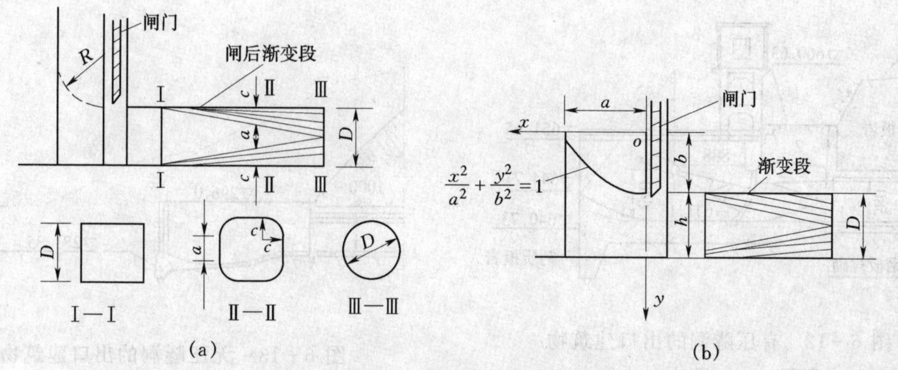

图 6-9　喇叭口形状

(a) 圆弧曲线；(b) 椭圆曲线

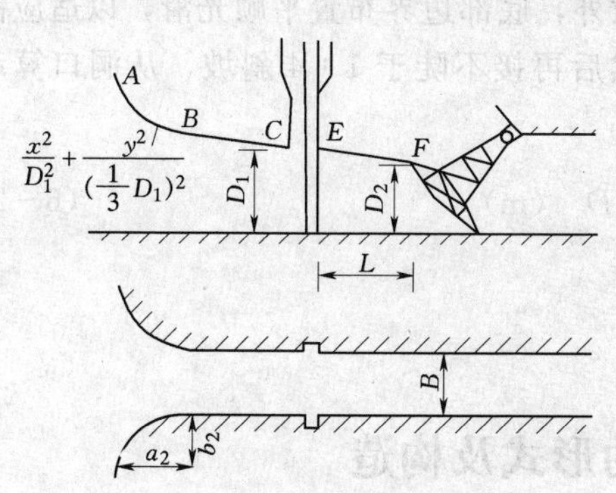

图 6-10　压板式压力进口段布置

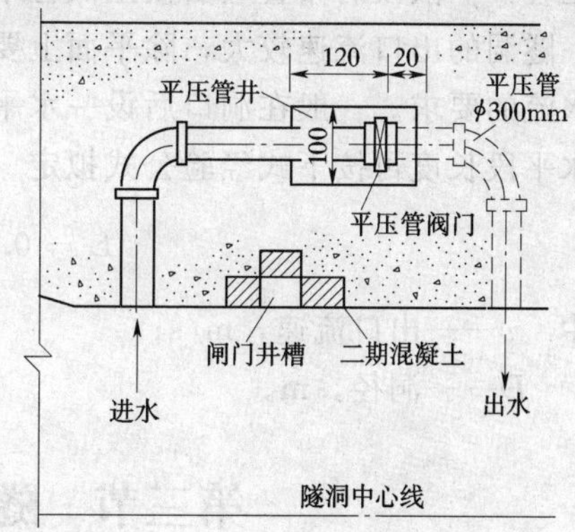

图 6-11　平压管布置（单位：cm）

压管直径主要根据充水时间、充水体积等确定。当充水量不大时，也可以采用布置在检修门上的短管，充水时先提起门上的充水阀，待充满后再继续提升闸门。

（4）通气孔。通气孔是向闸门后通气的一种孔道。其主要作用是补充被高速水流带走的空气，防止气蚀的破坏和闸门的振动，同时在工作闸门和检修闸门之间充水时，通气孔又兼作排气孔。因此，通气孔通常担负着补气、排气的双重任务。通气量和泄水量与下游洞内的流态有关，通气孔的面积计算见第二章。

二、出口建筑物

隧洞出口建筑物的型式与布置，主要取决于隧洞的功用及出口附近的地形、地质条件。隧洞出口建筑物主要包括渐变段、闸室段及消能设施。

有压隧洞出口常设有工作闸门和启闭设施（图 6-12），闸门前设渐变段，出口之后为消能设施；无压隧洞的出口仅设门框而不设闸门，以防止洞脸及上部岩石崩塌，洞身直接与下游消能设施相连接（图 6-13）。

隧洞出口的消能方式与岸边溢洪道相似，常采用挑流消能和底流消能两种型式。

由于隧洞的出口断面尺寸较小，单宽流量大，能量较集中，通常采取平面扩散的措施，以减小挑流鼻坎处或消力池的单宽流量。扩散度的要求与溢洪道相同。对于特别重要

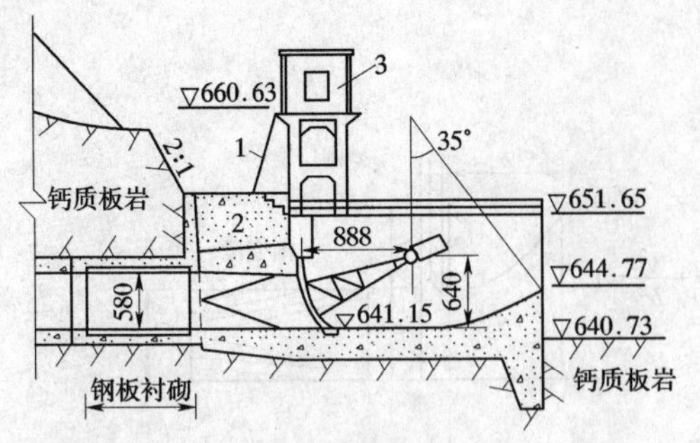

图 6-12　有压隧洞的出口建筑物
（高程：m；尺寸：cm）
1—钢梯；2—混凝土块压重；3—启闭机操纵室

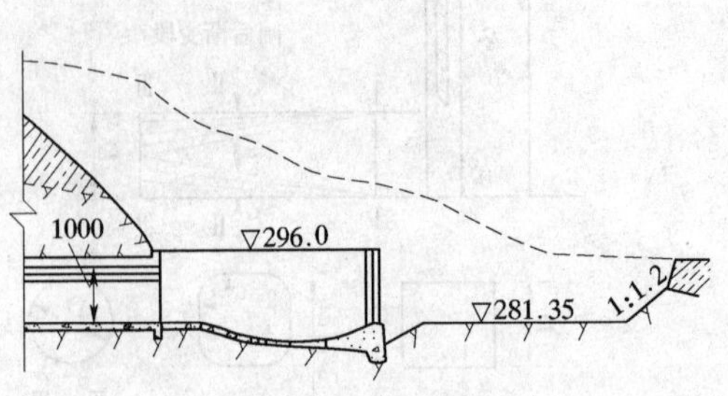

图 6-13　无压隧洞的出口建筑物
（高程：m；尺寸：cm）

的工程，扩散段的布置应由模型试验来确定。

隧洞的出口流速较大，除平面上要求适当扩散外，底部边界布置平顺光滑，以适应高速水流的要求。一般在洞口后设一水平过渡段，然后再接不陡于 1∶4 斜坡，从洞口算起的水平段长度可按下式经验公式拟定

$$L = 0.4\frac{v^2}{g} + 0.35D \quad (\mathrm{m}) \tag{6-2}$$

式中　v——出口流速，m/s；

D——洞径，m。

第三节　隧洞洞身的形式及构造

一、洞身断面形式及尺寸

影响洞身断面形式及尺寸的因素很多，如水流条件、地质条件、地应力情况、施工及运用要求条件，因此，其断面形式及尺寸应通过技术经济分析来确定。

1. 无压隧洞洞身的断面形状

（1）圆拱直墙式［图 6-14（d）～（i）］。由于其顶部为圆形，适宜于承受垂直围岩压，且便于开挖和衬砌。圆拱中心角一般为 90°～180°之间。一般情况下较大跨度泄洪隧洞的中心角常采用 120°左右。为了减小或消除作用在侧墙上的侧向围岩压力，也可以把直墙改做倾斜的［图 6-14（e）］。其缺点是圆拱受力条件不好，拱圈截面将出现弯矩。

（2）马蹄形［图 6-14（f）、（h）］。当岩石比较软弱破碎，洞壁崩塌严重，铅直围岩压力及侧向围岩压力较大，而且底部也存在围岩压力时，可采用马蹄形的断面形式。这种型式的最大特点是受力条件好，但施工复杂。

（3）圆形［图 6-14（a）、（b）、（c）、（g）］。当地质条件较差，同时又有较大的外水压力时，可以考虑采用圆形断面。当采用掘进机开挖施工时，也可采用圆形断面。

2. 无压隧洞的断面尺寸

无压隧洞的断面尺寸应根据隧洞通过的流量，作用水头及纵剖面布置，通过水力计算确定，其断面尺寸同时还应满足施工和维修的要求。

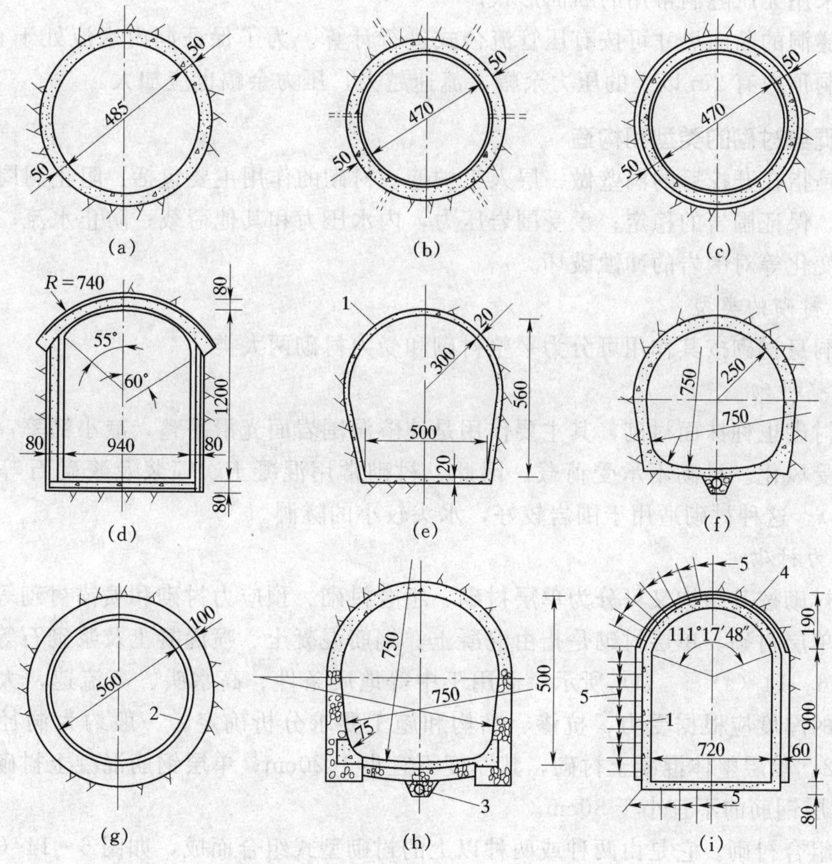

图 6-14 断面形状及衬砌类型（单位：cm）

(a)～(f) 单层衬砌；(g)～(i) 组合式衬砌

1—喷混凝土；2—$\delta=16$mm 钢板；3—$\phi25$ 排水管；4—20cm 钢筋网喷混凝土；5—锚筋

无压隧洞的泄流能力取决于进口压力段，其泄流能力按式（6-3）计算

$$Q=\mu\omega\sqrt{2gh} \tag{6-3}$$

式中 μ——流量系数（考虑进口段局部水头损失情况下而定）；

ω——闸门处孔的面积；

h——作用水头。

在工作闸门之后的陡坡段，可用能量方程分别求出其水面曲线。为保证洞内为明流状态，洞内必须留有一定的净空。当流速较低，通气很好时，要求净空面积不小于断面面积的15%，且净空高度不小于40cm。当流速较大时，还因考虑掺气的影响，在掺气水面以上的净空约为洞身断面积的15%～20%；对圆拱直墙式断面，水流波峰应限制在直墙范围以内。

无压隧洞断面的高宽比一般为1.0～1.5，一般非圆形断面的尺寸（宽×高）不小于1.5m×1.8m；圆形断面的内径不小于1.8m。

3. 有压隧洞的洞身断面形状及尺寸

有压隧洞的洞身形状一般均采用圆形。若洞径较小，外水压力又不大，为了施工方

便，也可采用无压隧洞常用的断面形状。

有压隧洞的断面尺寸可按有压管流公式进行计算。为了保证洞内水流处于有压流态，一般要求洞顶应有 2m 以上的压力余幅。流速越大，压力余幅也应加大。

二、洞身衬砌的类型和构造

衬砌是指在开挖后的洞壁做一层人工护壁。衬砌的作用主要包括：阻止洞周围岩体的变形发展，保证围岩的稳定；承受围岩压力，内水压力和其他荷载；防止水流、空气、温度和干湿变化等对围岩的冲蚀破坏。

(一) 衬砌的类型

隧洞洞身衬砌按其作用可分为平整衬砌和受力衬砌两大类。

1. 平整衬砌

平整衬砌也称抹面衬砌，其主要作用是使隧洞围岩面光滑平整，减小糙率，防止渗漏和岩面不受风化。衬砌不承受荷载。因此，衬砌常用混凝土、喷浆及浆砌石等材料做成（图 6－15)。这种衬砌适用于围岩较好，水头较小的隧洞。

2. 受力衬砌

受力衬砌按其结构又可分为单层衬砌、组合衬砌、预应力衬砌和喷锚衬砌等四种。

(1) 单层衬砌。单层衬砌是指由混凝土、钢筋混凝土、喷混凝土及浆砌石等做成的衬砌。如图 6－14 (a) ～ (f) 所示，适用于中等地质条件、高水头、高流速、大跨度的情况。衬砌的厚度应根据受力、抗渗、结构和施工要求分析确定。一般约为洞径和跨度的 1/8～1/12。单层整体混凝土衬砌，其厚度不宜小于 20cm；单层钢筋混凝土衬砌不宜小于 25cm；双层钢筋的不宜小于 30cm。

(2) 组合衬砌。它是由两种或两种以上的衬砌型式组合而成，如图 6－14 (g) ～ (i) 所示。如内层为钢板、外层为混凝土或钢筋混凝土；顶拱为砂浆或混凝土，边墙为混凝土或浆砌石；顶拱为喷锚衬砌，边墙和底板为混凝土或钢筋混凝土衬砌。

(3) 预应力衬砌（图 6－16)。预应力衬砌多用于高水头的圆形有压隧洞。由于衬砌预加了压应力，可以抵消运行时产生的拉应力，因此，可使隧洞衬砌厚度减薄，节省材料和开挖量。预加应力的方法，以压浆式最为简单。压浆是用高压将水泥砂浆或水泥浆灌注

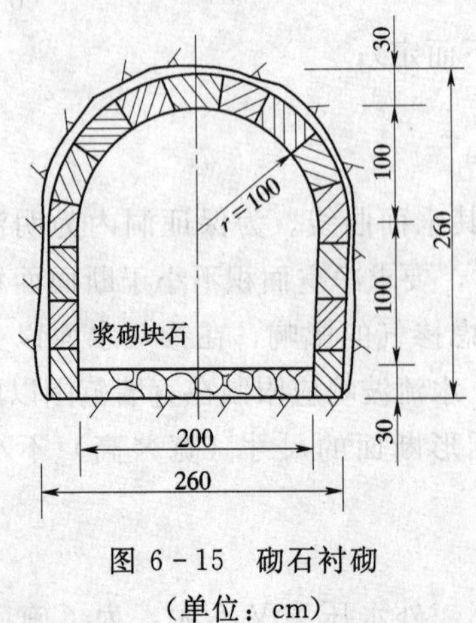

图 6－15 砌石衬砌

(单位：cm)

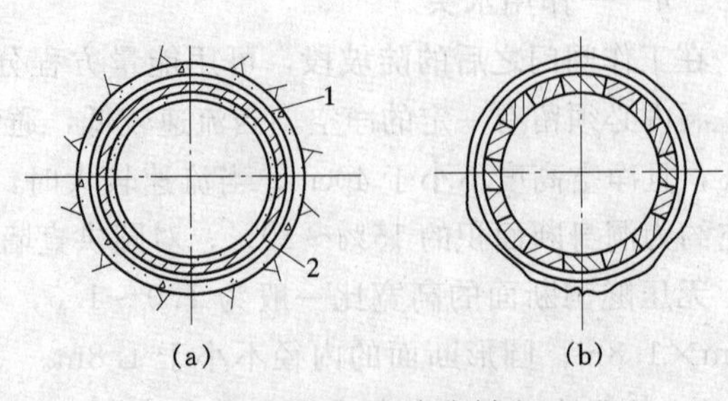

图 6－16 预应力衬砌

1—5cm 水泥砂浆预压灌浆层；2—7cm 预制混凝土块

到衬砌外层的预留孔隙中，使衬砌承受预加的压应力。

3. 喷锚衬砌

它是喷混凝土衬砌，喷混凝土与锚杆组合式衬砌，喷混凝土、锚杆与钢筋网组合式衬砌等几种衬砌形式的统称，如图 6-17 所示。喷混凝土衬砌是通过喷射机械，在洞室开挖后将掺有速凝剂和按一定比例配合的混凝土干拌混合物送至喷头与水混合后，以高速喷射到岩面，凝结硬化而成的一种衬砌。

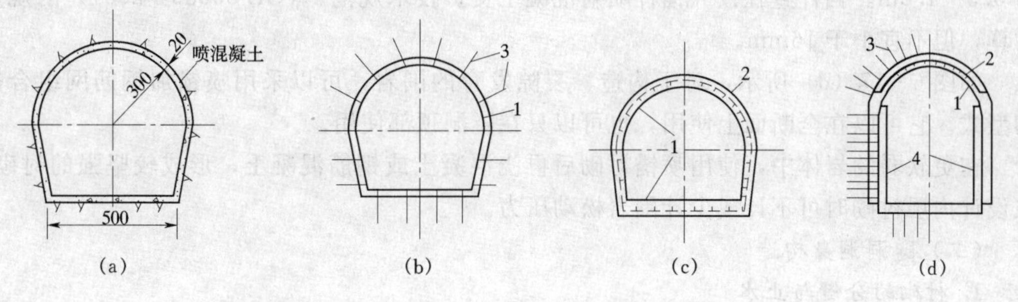

图 6-17 喷锚衬砌类型

(a) 喷混凝土衬砌；(b) 喷混凝土与锚杆组合式衬砌；(c) 喷混凝土与钢筋网组合式衬砌；(d) 喷混凝土、锚杆与钢筋网组合式衬砌

1—喷混凝土；2—钢筋网；3—锚杆；4—浇混凝土

(1) 喷锚衬砌的工作原理。隧洞开挖后，原来岩层的平衡状态即遭到破坏，洞室附近的应力重新分配，造成环向集中应力，并使岩体向临空面产生位移。当围岩应力小于其弹性极限强度时，岩体处于稳定状态；当洞壁一定范围内围岩应力超过极限强度时，该范围内的岩体将呈塑性状态，形成塑性区或松弛区，在此区范围之外，围岩仍为弹性体。由于塑性的影响，在洞壁处应力减小，而在深处应力增大。因此，可以认为塑性区形成了一个承重圈，以承受周围岩体的压力。如果岩层压力过大，使承重圈内的应力超过破坏强度或产生过大的变形，岩体将产生裂缝、滑移、掉块以至大面积坍塌，从而失去稳定。

在岩体变形过程中，喷锚衬砌能及时将围岩予以封闭加固，给予其一定的反力，阻止其变形的发展，可以发挥围岩的自承能力，保持围岩的稳定。喷锚衬砌与围岩紧密联合，它具有一定的柔性，能与岩体共同变形，衬砌所承受的载荷仅为抑制围岩继续变形所产生的压力，这种变形压力与松散压力相比较要小得多。

(2) 喷锚衬砌设计要点及特点。喷锚衬砌具有以下特点：

1) 不需要立模，衬砌随隧洞掘进而进行，既可减少施工工序，又能提高施工效率。

2) 在高压喷射作用下，衬砌能与围岩紧密黏结并共同作用，改善衬砌受力条件。

3) 在喷射压力作用下，混凝土不仅可填充洞壁坑洼，同时砂浆能渗入节理裂缝中，胶结松动的岩块，加固围岩。

4) 能使围岩迅速与大气隔离，避免或者缓和围岩风化、潮解而引起的岩体松动和剥落，并同时堵塞渗漏通道。

5) 喷混凝土衬砌能够分别与锚杆或钢筋网结合使用，并可以任意调整掌握其厚度。喷混凝土衬砌的厚度与隧洞围岩的地质条件、隧洞的运行条件有关。

喷混凝土与锚杆组合式衬砌［图6-17（b）］，它是按一定的距离、方向和深度打孔插入锚杆，注入砂浆固定，或以机械加载锚固，再喷混凝土面而形成的组合衬砌。它一般适用于地质条件较差的围岩。为了及时进行喷锚，除一般情况下可先锚后喷外，当地质条件不良时，宜采用喷—锚—喷的施工程序。如遇有局部不稳定岩块，可采用悬吊式的砂浆锚杆加固。

锚杆应垂直岩面布置，锚入稳定围岩的长度一般为40～50倍锚杆直径，通常采用锚杆长度为1.5～2.9m，最小长度不宜小于1.0m。锚杆间距不宜大于其长度的1/2，一般为0.5～1.0m。锚杆直径按《锚杆喷射混凝土支护技术规范》（GB 50086—2001）的规定计算，但不宜小于16mm。

如图6-17（d）所示，对于构造、裂隙发育的围岩，可以采用喷锚加钢筋网组合衬砌型式。它可以在全断面上使用，也可以只在隧洞顶部使用。

在更软弱的岩体中，使用喷锚衬砌后再浇混凝土或钢筋混凝土，形成较坚强的衬砌。在设计内层衬砌时可不计或少计围岩松动压力。

（二）隧洞洞身构造

1. 衬砌的分缝与止水

洞身衬砌的分缝按其方向可分为纵缝和横缝；按其作用可分为临时施工缝和永久的伸缩变形缝。

纵缝平行于洞线，纵缝的位置应根据隧洞施工的浇筑能力和隧洞衬砌的结构型式确定。一般设在顶拱、边墙及底板分界处或是内力较小的部位。对于这些纵向施工缝，都需进行凿毛或插筋处理，以加强其整体性，缝内可设键槽，必要时还应加设止水片。

横缝是沿洞身断面轴线布置。横缝的主要作用是满足隧洞混凝土浇筑能力；防止混凝土因干缩和温度变化产生裂缝；防止因围岩变形产生洞身断裂。

一般洞身横向施工缝常与其横向变形伸缩缝相结合，形成永久性横缝。因此，横缝的间距一般可采用6～12m。当隧洞通过断层破碎带或软弱带时，除适当加厚隧洞衬砌外，还应设置沉陷横缝（图6-18）。

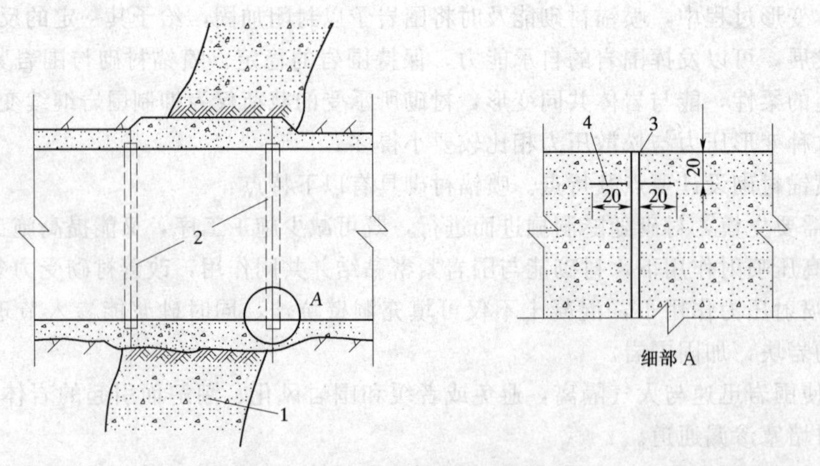

图6-18　伸缩变形缝（单位：cm）

1—断层破碎带；2—变形缝；3—沥青油毡1～2cm；4—止水片

2. 灌浆

(1) 固结灌浆。固结灌浆的目的在于加固围岩，提高围岩的整体性，减小围岩压力，减小地下水对衬砌的压力和渗漏。固结灌浆的参数，应根据围岩的地质条件、衬砌结构型式、围岩的防渗和加固要求等确定。一般灌孔深入围岩的深度为一倍的洞径。灌浆孔常呈梅花形布置。灌浆孔排距一般为 2～4m，每排不少于 6 孔，对称布置。灌浆压力为 1.5～2.0 倍的内水压力，如图 6－19 所示。

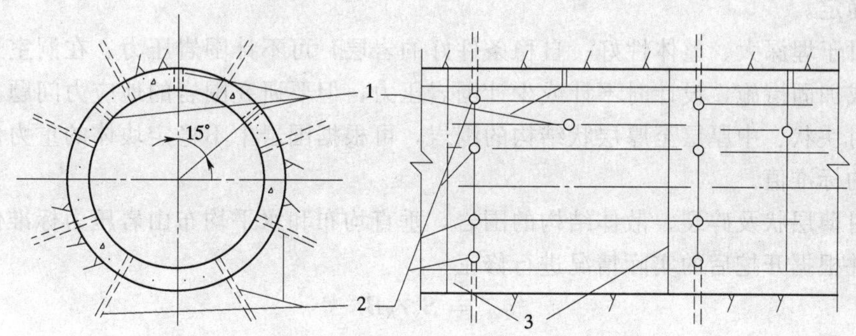

图 6－19　灌浆孔布置图

1—回填灌浆孔；2—固结灌浆孔；3—伸缩缝

(2) 回填灌浆。回填灌浆的目的在于填充衬砌与围岩之间的空隙，保证衬砌与围岩紧密结合，改善传力条件及减少渗漏。回填灌浆多在顶拱中心角 90°～120°以内布置。孔距和排距一般为 2～6m，灌浆压力常采用 0.2～0.3MPa，孔深应深入围岩 5cm 以上。

(三) 防渗与排水

对外水压力控制衬砌设计的有压隧洞，除应加强围岩的固结灌浆外，还应采用相应的排水措施（图 6－20）。通常可在隧洞底部设置纵向排水管、间距为 4～10m 的横向排水槽，槽内填放卵石，构成纵、横向排水系统。

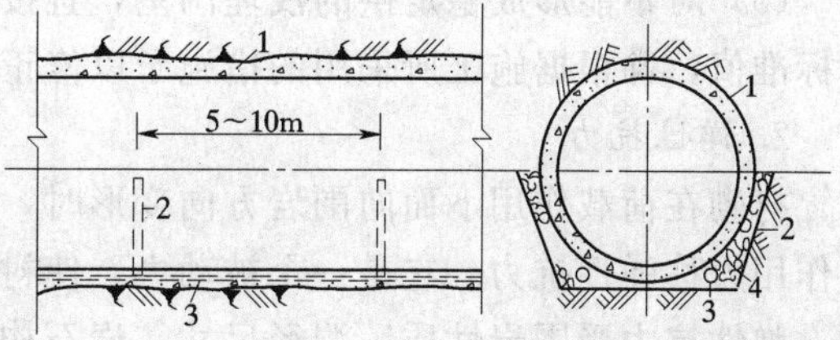

图 6－20　有压隧洞排水布置

1—隧洞混凝土衬砌；2—横向排水槽；3—纵向排水管；4—卵石

对无压隧洞，如外水压力较大时，可在洞顶最高水面线以上通过衬砌设置排水孔。排水孔间距、排距一般为 2～4m，深入岩层 2～4m。同时还可以在洞底衬砌下设置排水设施（排水管、排水沟）。

第四节　圆形有压隧洞的衬砌结构计算

一、隧洞衬砌的荷载及其组合

作用于衬砌上的荷载有围岩压力、弹性抗力、内水压力、外水压力、衬砌自重、灌浆压力、温度荷载、施工荷载和地震力等。

1. 围岩压力

在山体中开挖隧洞后，岩体平衡被破坏，应力重新分布。洞周围的岩体变形，乃至滑移、塌落，这些可能塌落的围岩施加在隧洞衬砌上的压力称围岩压力，亦称山岩压力。

围岩压力可分为垂直围岩压力和水平围岩压力，一般岩体中，主要考虑垂直围岩压力，对破碎的岩体，则需同时考虑水平围岩压力。

围岩压力的大小，应根据围岩性质、破碎情况、隧洞埋深、断面形状和尺寸、施工方法等因素确定。

(1) 对于埋深大、整体性好、自稳条件好的岩层，可不计围岩压力。在洞室开挖时采取了支护或加固措施，设计时不计或少计围岩压力，但要研究围岩的地应力问题。

(2) 对块状、中厚层至厚层状结构的围岩，可根据围岩中不稳定块体的重力作用确定围岩压力的标准值。

(3) 对薄层状及碎裂、散体结构的围岩，垂直均布和水平均布山岩压力标准值可按下式确定，并根据开挖后的实际情况进行修正

$$q_{Vk} = S_y \gamma_R B \tag{6-4}$$

$$q_{hk} = S_x \gamma_R H \tag{6-5}$$

式中　q_{Vk}、q_{hk}——垂直、水平均布山岩压力标准值，kN/m^2；

B——洞室开挖宽度，m；

γ_R——岩体重度，kN/m^3；

S_y、S_x——垂直、水平均布山岩压力系数；

H——洞室开挖高度，m。

(4) 采用掘进机开挖的围岩，可适当少计围岩压力。

(5) 对不能形成稳定拱的浅埋洞室，宜按洞室拱顶上覆盖岩体的重力作用计算围岩压力标准值，并根据施工所采用的措施予以修正。围岩作用分项系数可采用1.0。

2. 弹性抗力

衬砌在荷载作用下而向围岩方向变形时，则其受到围岩的抵抗作用，此时围岩对衬砌的作用力称弹性抗力。它是一个被动力，使衬砌变形受阻，衬砌内力减小。

弹性抗力受围岩性质、洞径尺寸、岩石构造、围岩厚度等因素的影响，且和衬砌与围岩的结合紧密程度有关。因此，工程上常对衬砌与围岩的间隙进行压力充填灌浆，从而有效地利用围岩的弹性抗力。此外，弹性抗力与洞周围岩厚度有关，对有压洞，其围岩厚度大于3倍开挖洞径且在内水压力下不存在滑动和上抬的可能时，方可考虑弹性抗力。当围岩厚度小于2倍洞径时，可不考虑弹性抗力。对无压洞，其两侧围岩有足够的厚度且无不利滑动面时，可考虑弹性抗力。

一般条件下，围岩的弹性抗力可用式（6-6）计算

$$p_0 = k\delta \tag{6-6}$$

式中　p_0——围岩的弹性抗力强度值，kN/cm^2；

δ——围岩受力面的法向位移，cm；

k——围岩弹性抗力系数。

围岩弹性抗力系数与岩石的性质及洞径尺寸等有关，为计算方便，对圆形有压洞常以

开挖半径为100cm时的弹性抗力系数 k_0 表示围岩的弹性抗力特性，当隧洞开挖半径为 r_e 时，弹性抗力系数 k 可用式（6-7）表示

$$k=\frac{100}{r_e}k_0 \tag{6-7}$$

式中 r_e——隧洞开挖半径，cm；

k_0——隧洞开挖半径为100cm时的弹性抗力系数，kN/cm^3。

弹性抗力系数 k 及单位弹性抗力系数 k_0 可参见表6-1或用工程类比法确定，对重要且地质条件复杂的工程，应由现场试验确定。

表6-1　围岩压力系数与岩石抗力系数表

岩石坚硬程度	代表的岩石名称	节理裂隙多少或风化程度	围岩压力系数		单位岩石抗力系数（$10kN/cm^3$）	无压隧洞的岩石抗力系数 k（$10kN/cm^3$）
			铅直的 S_y	侧向的 S_x		
坚硬岩石	石英岩、花岗岩、流纹斑岩、安山岩、玄武岩、后层硅质灰岩	节理裂隙少新鲜	0～0.05	—	10～20	2～5
		节理裂隙不太发育风化	0.05～0.1	—	5～10	1.2～2
		节理裂隙发育弱风化	0.1～0.2	—	3～5	0.5～1.2
中等坚硬岩石	砂岩、石灰岩、白云岩、砾岩	节理裂隙少新鲜	0.05～0.1	—	5～10	1.2～2
		节理裂隙不太发育风化	0.1～0.2	—	3～5	0.8～1.2
		节理裂隙发育弱风化	0.2～0.3	0～0.05	1～3	0.2～0.8
软弱岩石	砂页岩互层、黏土质岩石、致密泥灰岩	节理裂隙少新鲜	0.1～0.2	—	2～5	0.5～1.2
		节理裂隙不太发育风化	0.2～0.3	0～0.05	1～2	0.2～0.5
		节理裂隙发育弱风化	0.3～0.5	0.05～0.1	<1	<0.2
松软岩石	严重风化及十分破碎的岩石、断层及破碎带		0.3～1.0或更大		<0.05	<0.1

注 1. 本表不适应竖井及埋藏特别深或特别浅的隧洞。
2. 本表数据适用于 $H \leqslant 1.5B$ 的隧洞，H 和 B 分别为隧洞的开挖高度和宽度。
3. 单位岩石抗力系数 k 值一般适用于有压隧洞。
4. 无压隧洞的 k 值仅适用于开挖宽度为5～10m的隧洞，当开挖宽度大于10m时，k 值应适当减小。

3. 内水压力计算

作用在管道内壁上的静水压力称为内水压力；在结构分析时，应根据具体情况计入这些水压力。对内水压力，为计算方便，常将其分解成均匀内水压力和非均匀内水压力两部分，如图6-21所示。

均匀内水压力是指管道内壁顶点以上的静水压力，沿管内一周均匀分布。其强度标准值可按式（6-8）计算。非均匀内水压力是指管道内水满时，对管道的静水压力，其压力强度沿洞内周边分布按式（6-9）计算。非均匀内水压力的合力方向垂直向下，数值等于单位管长的总水重。

$$p'_{wr}=\gamma_w h \tag{6-8}$$

$$p''_{wr}=\gamma_w r_i(1-\cos\theta) \tag{6-9}$$

式中 γ_w——水的重度，kN/m^3；

r_i——管道或隧洞衬砌的内半径，m；

θ——自管顶算起的圆心角，(°)；

h——管道内壁顶点至计算静水位的高度，m。

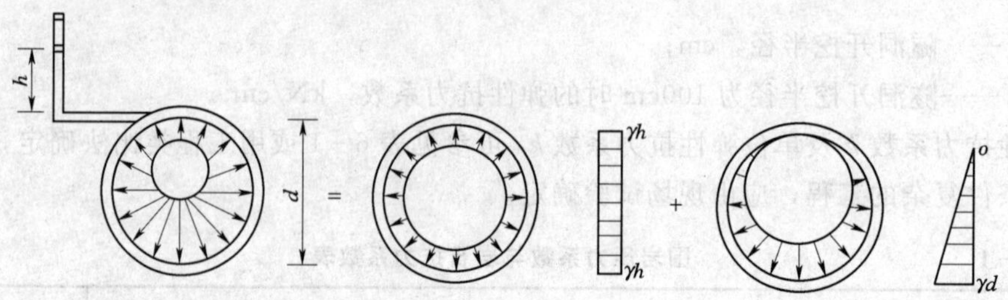

图 6-21　内水压力分解图

4. 外水压力计算

作用于管道或衬砌外侧的水压力称外水压力。由于外水压力是由坝体渗水及地下水引起的，其值取决于坝体及围岩的渗透特性、水文地质条件及地基处理等情况。一般情况下，外水压力强度标准值可按式（6-10）计算

$$p_{ek}=\beta_e\gamma_w H_e \tag{6-10}$$

式中　p_{ek}——作用于衬砌上的外水压强标准值，kPa；

β_e——外水压力折减系数，可按表 6-2 采用；

H_e——作用水头，m，按设计采用的地下水位线与隧洞中心线的高差确定。

同内水压力一样，外水压力也可分解成均匀外水压力和非均匀外水压力。非均匀外水压力的合力方向垂直向上，合力的大小应等于单位洞长排开水体的重量。

表 6-2　　外水压力折减系数 β_e 值选用表

级别	地下水活动状态	地下水对围岩稳定的影响	建议的 β_e 值
1	洞壁干燥或潮湿	无影响	0～0.2
2	沿结构面有渗水或滴水	风化结构面充填物质，地下水降低结构面抗剪强度，对软弱岩体有软化作用	0.1～0.4
3	沿裂隙或软弱结构面有大量滴水线状流水或喷水	液化软弱结构面中充填物质，地下水降低结构面的抗剪强度，对中硬岩体有软化作用	0.25～0.6
4	严重滴水，沿软弱结构面有小量涌水	地下水冲刷结构面中充填物质，加速岩体风化，对断层等较弱带软化泥化，并使其膨胀崩解，以及产生机械管涌。有渗透压力，能鼓开较薄的软弱层	0.4～0.8
5	严重股状流水，断层等软弱带有大量涌水	冲刷携带结构面充填物质，分离岩体有渗透压力，能鼓开一定厚度的断层等软弱带，能导致围岩塌方	0.65～1.0

注　当有内水荷载组合时，β_e 值应取小值，反则取大值。

各水工建筑物在运用期静水压力值的计算水位确定：正常设计状况，上游采用水库的正常蓄水位（或防洪高水位），下游采用可能出现的不利水位；非常设计状况，上游采用水库的校核洪水位，下游采用水库在该水位泄洪时的相应水位。在各种状态下，静水压力（包括外水压力）的作用分项系数采用 1.0。

5. 衬砌自重

隧洞衬砌的自重计算时，一般取单宽米长度计算，根据衬砌的厚度和材料重度计算。作用在隧洞衬砌的中心线上，方向垂直向下。

6. 灌浆压力

在水工建筑物施工中，常常为填充、加固两种结构缝面或岩石裂隙而对其进行压力灌浆。压力灌浆可分为回填灌浆、接触灌浆及接缝灌浆等几种。一般只考虑地下结构的混凝土衬砌与围岩之间的回填灌浆压力，钢衬与外围混凝土之间的接触灌浆压力。

对灌浆压力的标准值，可取回填灌浆、接触灌浆的设计压力值乘以小于 1.0 的面积系数。

压力灌浆荷载为施工过程中出现的临时可变作用，通常不与建筑物运行期出现的其他荷载叠加，此荷载仅作为施工期的一种临时性复核作用。灌浆压力的作用分项系数采用 1.3。

7. 荷载的组合

在隧洞设计时，应根据不同情况，把各种可能同时作用的荷载进行组合，找出最不利的组合情况。作用于衬砌上的荷载分为基本荷载和特殊荷载。

基本荷载包括衬砌自重、围岩压力、弹性抗力、预应力、设计条件下的内水压力和外水压力等。它是运行中经常出现的主要荷载。

特殊荷载包括校核洪水位时的内水压力和外水压力、灌浆压力、温度荷载以及地震作用等。

荷载组合必须切合实际，设计中常考虑的荷载组合有：

(1) 正常运用情况。围岩压力＋衬砌自重＋设计水位时的内水压力、外水压力。

(2) 校核情况。围岩压力＋衬砌自重＋校核水位情况下的内水压力、外水压力。

(3) 施工、检修情况。围岩压力＋衬砌自重＋可能出现的最大外水压力＋灌浆压力＋施工荷载。

温度荷载、地震荷载在隧洞设计时一般可不考虑。

二、均匀内水压力作用下的衬砌结构计算

(一) 混凝土衬砌（按混凝土未开裂考虑）

当围岩厚度大于 3 倍洞径时，且围岩坚硬完整，按照弹性理论，应考虑围岩体的弹性抗力，将衬砌当作无限介质中的厚壁圆筒进行计算。

1. 围岩弹性抗力及衬砌边缘应力

根据衬砌和围岩接触面的径向变位相容条件，可求出内水压力 p 作用下围岩的弹性抗力 p_0，然后按轴对称内外受力的弹性厚壁圆筒公式计算衬砌应力。如图 6-22 所示，弹性抗力及衬砌边缘应力可用下式计算

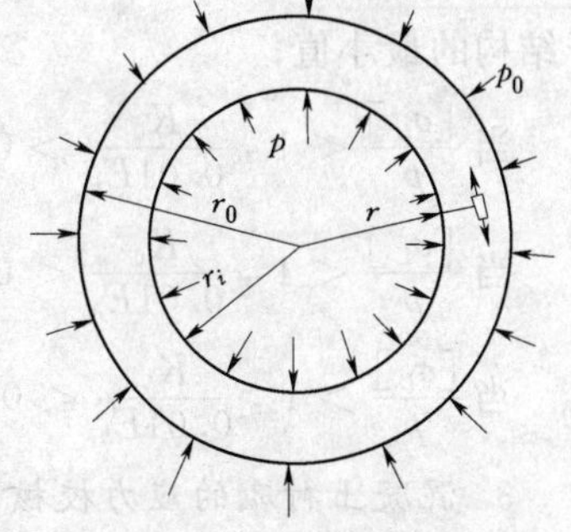

图 6-22　均匀内水压力应力计算图

弹性抗力
$$p_0=\frac{1-A}{1+A}p \tag{6-11}$$

衬砌内缘切向应力
$$\sigma_i=\frac{t^2+A}{t^2-A}p \tag{6-12}$$

衬砌外缘切向应力

$$\sigma_0 = \frac{1+A}{t^2-A}p \tag{6-13}$$

其中

$$A = \frac{0.01E_h-(1-\mu)K_0}{0.01E_h+(1+\mu)(1-2\mu)K_0}$$

式中　A——弹性特征因素；

t——衬砌外半径与内半径之比；

E_h——混凝土的弹性模量；

μ——混凝土的泊桑比；

K_0、p_0——围岩的单位弹性抗力、弹性抗力；

p——均匀内水压力；

σ_i、σ_0——衬砌内、外表面的应力，MPa。

当围岩太差或施工质量难以保证时，不考虑弹性抗力。但内、外表面应力仍可按式（6-12）和式（6-13）进行计算。

2. 混凝土衬砌厚度的计算

对于Ⅰ、Ⅱ类围岩中的圆形有压隧洞，且直径小于6m，衬砌计算只考虑均匀内水压力。由于$\sigma_i > \sigma_0$，控制衬砌厚度的是内表面应力σ_i，令σ_i等于混凝土允许拉应力$[\sigma_L]$，使$t=\frac{r_0}{r_i}=1+\frac{h}{r_i}$（$h$为衬砌厚度），将上述值代入式（6-12），经整理得

$$h = r_i\left[\sqrt{A\frac{[\sigma_L]+p}{[\sigma_L]-p}}-1\right] \tag{6-14}$$

为了不使混凝土衬砌过厚，对坚固岩体的混凝土衬砌，一般限制水头不超过20m，否则宜采用钢筋混凝土衬砌。

由于式（6-14）只考虑均匀的内水压力，故要求其不得小于结构的最小厚度，对于素混凝土结构的最小厚度为20cm。

由式（6-14）还可以看出，当混凝土的泊桑比取1/6，$\frac{K_0}{0.01E_h} > \frac{6}{7} = 0.86$时，$A$将出现负值；又当$p > [\sigma_L]$时，式（6-14）根号内也为负数。此时，我们可作如下处理：

当$\frac{[\sigma_L]}{p} > 1$，$\frac{K_0}{0.01E_h} < 0.86$时，可直接按式（6-14）计算衬砌厚度，但取值不得小于结构的最小值；

当$\frac{[\sigma_L]}{p} < 1$，$\frac{K_0}{0.01E_h} > 0.86$时，衬砌采用结构的最小厚度；

当$\frac{[\sigma_L]}{p} < 1$，$\frac{K_0}{0.01E_h} < 0.86$时，则应提高衬砌混凝土的强度等级；

当$\frac{[\sigma_L]}{p} > 1$，$\frac{K_0}{0.01E_h} < 0.86$时，则应降低衬砌混凝土强度等级。

3. 混凝土衬砌的应力校核

当仅考虑均匀内水压力作用计算衬砌厚度时，其内、外表面应力可按式（6-12）和式（6-13）进行计算，所求得的σ_i、σ_0均应不大于允许应力$[\sigma_L]$；当衬砌计算考虑内水

压力和其他荷载时，则衬砌内、外表面应力应按下式进行校核

$$\sigma_i = \frac{t^2 + A}{t^2 - A}p + \frac{\sum M}{W} - \frac{\sum N}{F} \leqslant [\sigma_L] \tag{6-15}$$

$$\sigma_0 = \frac{1 + A}{t^2 - A}p - \frac{\sum M}{W} - \frac{\sum N}{F} \leqslant [\sigma_L] \tag{6-16}$$

式中　$\sum M$、$\sum N$——除内水压力以外的其他荷载产生的弯矩和轴力之和，其符号为使衬砌内表面受拉的弯矩为正，使衬砌断面受压时的轴力为正；

F——衬砌横截面的面积；

W——衬砌横截面的抗弯模量。

（二）双层配筋的钢筋混凝土衬砌（按混凝土未出现裂缝情况）

（1）对Ⅰ、Ⅱ类围岩中的隧洞，当直径 D 小于 6m 时，只计均匀内水压作用。

1）衬砌厚度计算。衬砌厚度仍按式（6-14）计算，但要将钢筋混凝土中混凝土允许轴拉应力替代混凝土的允许轴拉应力强度式（6-11），如果算得的值为负值或小于结构的最小厚度时，则采用结构的最小厚度。

钢筋混凝土衬砌厚

$$h = r_i\left[\sqrt{A\frac{[\sigma_{gh}] + p}{[\sigma_{gh}] - p}} - 1\right] \tag{6-17}$$

其中

$$[\sigma_{gh}] = \frac{R_f}{K_f}$$

式中　$[\sigma_{gh}]$——钢筋结构中混凝土的允许轴向拉应力；

R_f——混凝土的设计抗裂强度；

K_f——钢筋混凝土结构构件的抗裂安全系数。

2）钢筋布置。衬砌中的钢筋按对称布置，钢筋面积可按结构最小配筋率配置。

3）混凝土应力校核。由于内水压力作用，衬砌内、外表面的应力可按下式计算（图 6-23）

$$\sigma_t = \frac{F}{F_r}p\frac{\left(\frac{r_0}{r_i}\right)^2 + A}{\left(\frac{r_0}{r_i}\right)^2 - A} \leqslant [\sigma_{gh}]$$

$$\sigma_0 = \frac{F}{F_r}p\frac{1 + A}{\left(\frac{r_0}{r_i}\right)^2 - A} \leqslant [\sigma_{gh}] \tag{6-18}$$

其中

$$F_r = F + \frac{E_g}{E_h}(f_i + f_0) \tag{6-19}$$

式中　F_r——包括钢筋面积在内的衬砌横截面折算面积；

E_g——钢筋的弹性模量；

E_h——混凝土的弹性模量；

f_i——衬砌的内层钢筋面积；

f_0——衬砌的外层钢筋面积。

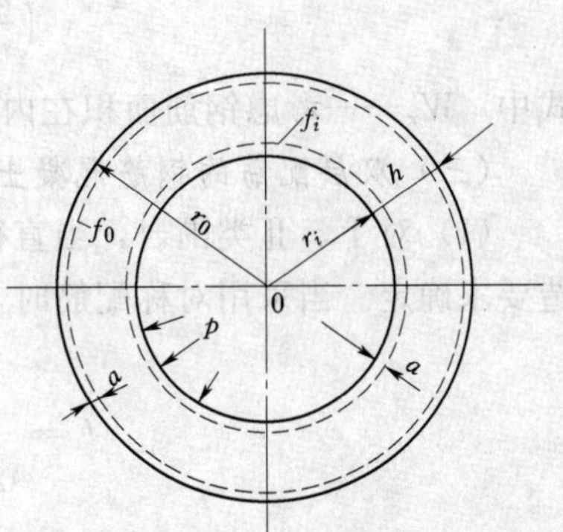

图 6-23　双层钢筋混凝土衬砌断面图

（2）对于非Ⅰ、Ⅱ类围岩，或洞径大于 6m，则按

内水压力和其他荷载共同作用计算。

1）衬砌厚度。隧洞的衬砌厚度不得小于按式（6-24）计算的值。

2）内水压力产生的轴向力。由于内水压力作用，在衬砌中产生的轴向拉力按式（6-20）计算

$$N_p = pr_i - pr_0 \frac{1-A}{\left(\frac{r_0}{r_i}\right)^2 - A} \tag{6-20}$$

式中　N_p——在内水压力作用下，每米洞长的衬砌中产生的轴向拉力。

3）配筋计算。双层钢筋混凝土中内外圈钢筋的横截面面积可按下式计算

$$f_i = \frac{(N_p - \sum N)(h_0 - a) + 2\sum M}{2[\sigma_g](h_0 - a)} \tag{6-21}$$

$$f_0 = \frac{(N_p - \sum N)(h_0 - a) - 2\sum M}{2[\sigma_g](h_0 - a)} \tag{6-22}$$

其中
$$[\sigma_g] = \frac{R_g}{K_g}$$

式中　$\sum N$、$\sum M$——除内水压力以外的其他荷载产生的轴向力和弯矩的总和，其符号规定同前；

$[\sigma_g]$——钢筋允许应力；

R_g——钢筋的设计强度；

K_g——钢筋混凝土结构构件的强度安全系数；

h_0——衬砌的有效厚度；

a——内外钢筋的保护层厚度。

4）混凝土应力校核。钢筋混凝土衬砌，其衬砌中混凝土的应力校核可按下式计算

$$\sigma_i = \frac{F}{F_r} p \frac{\left(\frac{r_0}{r_i}\right)^2 + A}{\left(\frac{r_0}{r_i}\right)^2 - A} + 0.65\frac{\sum M}{W_r} - \frac{\sum N}{F} \leqslant [\sigma_{gh}] \tag{6-23}$$

$$\sigma_0 = \frac{F}{F_r} p \frac{1 + A}{\left(\frac{r_0}{r_i}\right)^2 - A} - 0.65\frac{\sum M}{W_r} - \frac{\sum N}{F} \leqslant [\sigma_{gh}] \tag{6-24}$$

式中　W_r——考虑钢筋面积在内的衬砌折算抗弯截面模量。

（三）双层配筋的钢筋混凝土衬砌（按混凝土衬砌出现裂缝情况）

（1）对Ⅰ、Ⅱ类围岩，当直径 $D<6$m 时，只考虑内水压力作用，其衬砌的厚度按构造要求确定。当采用对称配筋时，钢筋面积可按下式计算（但不得小于最小配筋率）：

$$f = \frac{pr_i + 100K_0\left(m - \frac{r_i[\sigma_g]}{E_g}\right)}{0.01\left(1 + \frac{r_i}{r_0}\right)[\sigma_g] - 0.01E_g\frac{m}{r_0}} \tag{6-25}$$

其中
$$m = \frac{pr_i}{E_h'}\ln\frac{r_0}{r_i},\quad E_h' = 0.85E_h$$

内、外圈钢筋应力可按下式校核

$$\sigma_{gi}=\frac{pr_i+\left(0.01E_g\frac{f_0}{r_0}+100K_0\right)m}{0.01\left(f_i+f_0\frac{r_i}{r_0}\right)+\frac{K_0r_i}{0.01E_g}}\leqslant[\sigma_g] \tag{6-26}$$

$$\sigma_g=\frac{(pr_i^2+0.01E_gf_im)\frac{1}{r_0}}{0.01\left(f_i+f_0\frac{r_i}{r_0}\right)+\frac{K_0r_i}{0.01E_g}}\leqslant[\sigma_g] \tag{6-27}$$

当必须进行衬砌的限裂计算时，其计算方法参见《水工钢筋混凝土结构设计规范》(SL/T 191—96)。

(2) 对非Ⅰ、Ⅱ类岩体，或洞径 $D>6\text{m}$ 时，衬砌计算还应考虑其他荷载的共同作用，其衬砌厚度按构造要求确定。在内水压力 N_p 的作用下，钢筋断面面积可按式 (6-29) 计算，并采用对称配筋。在其他荷载作用下，衬砌内、外圈钢筋横截面面积可按下式计算

$$f_i=\frac{-\sum N(h_0-a)+2\sum M}{2[\sigma_g](h_0-a)} \tag{6-28}$$

$$f_0=\frac{-\sum N(h_0-a)-2\sum M}{2[\sigma_g](h_0-a)} \tag{6-29}$$

衬砌内、外圈钢筋横截面积应为内水压力、其他荷载共同作用下钢筋面积之和，而且其截面面积不得小于结构的最小配筋率。

内、外圈钢筋应力可按下式校核

$$\sigma_{gi}=\frac{pr_i+\left(0.01E_g\frac{f_0}{r_0}+100K_0\right)m}{0.01\left(f_i+f_0\frac{r_i}{r_0}\right)+\frac{Kr_i}{0.01E_g}}+\frac{-\sum N(h_0-a_0)+2\sum M}{2(h_0-a)f_i}\leqslant[\sigma_g] \tag{6-30}$$

$$\sigma_{g0}=\frac{(pr_i^2-0.01E_gf_im)\frac{1}{r_0}}{0.01(f_i+f_0\frac{r_i}{r_0})+\frac{K_0r_i}{0.01E_g}}+\frac{-\sum N(h_0-a)-2\sum M}{2(h_0-a)f_0}\leqslant[\sigma_g] \tag{6-31}$$

式中符号意义同前。

三、受围岩压力及其他荷载作用下的衬砌内力计算

圆形有压隧洞的衬砌不仅承受均匀内水压力作用，同时还承受围岩压力、衬砌自重等荷载作用。将各荷载单独作用产生的内力求和后，计算相应截面的应力然后与均匀内水压力产生的应力叠加。

(一) 考虑弹性抗力时的内力计算

对于Ⅰ、Ⅱ类围岩的岩，对衬砌具有弹性抗力。弹性抗力作用在中心角为270°的部分衬砌上，如图6-24所示，抗力方向为径向，其分布的变化规律常假定为

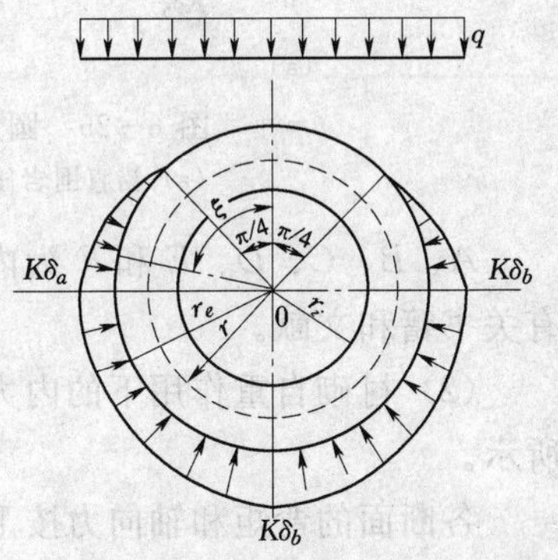

图 6-24　衬砌承受的弹性抗力图

当$\frac{\pi}{4}\leqslant\xi\leqslant\frac{\pi}{2}$时 $$K\delta=-K_a\delta_a\cos 2\xi \quad (6-32)$$

当$\frac{\pi}{2}\leqslant\xi\leqslant\pi$时 $$K\delta=K\delta_a\sin^2\xi+K\delta_b\cos^2\xi \quad (6-33)$$

式中 ξ——计算截面与过洞顶铅直线的夹角；

$K\delta_a$、$K\delta_b$——抗力图上水平轴和铅直轴处的弹性抗力值。

为了计算方便，给出以下基本假定：荷载对称于顶拱垂直中心线；垂直和侧向的围岩压均匀分布；衬砌自重沿衬砌中心线均匀分布；隧洞满水而无水头时，水压力的作用方向及外水压力的作用方向均为径向；计算中不计衬砌与围岩之间的摩擦力。利用结构力学法，求出各荷载单独作用下的内力。

(1) 铅直围岩压力作用下的内力计算。假定围岩压力均匀分布如图 6-25 (a) 所示，各断面上的弯矩和轴向力按下式计算

$$M=qr_er[A\alpha+B+Cn(1+\alpha)] \quad (6-34)$$

$$N=qr_e[D\alpha+E+Fn(1+\alpha)] \quad (6-35)$$

其中 $$n=\frac{1}{0.06416+\frac{EJ}{r^3r_eKb}},\alpha=2\frac{r_e}{r}$$

式中 M、N——计算断面上的弯矩和轴向力；

q——垂直围岩压力强度；

r_e、r——衬砌的外半径和平均半径，m；

K——围岩弹性抗力系数；

b——计算采用的衬砌宽度，取 $b=1$m；

E——衬砌材料的弹性模量；

J——计算断面的惯性矩，m^4。

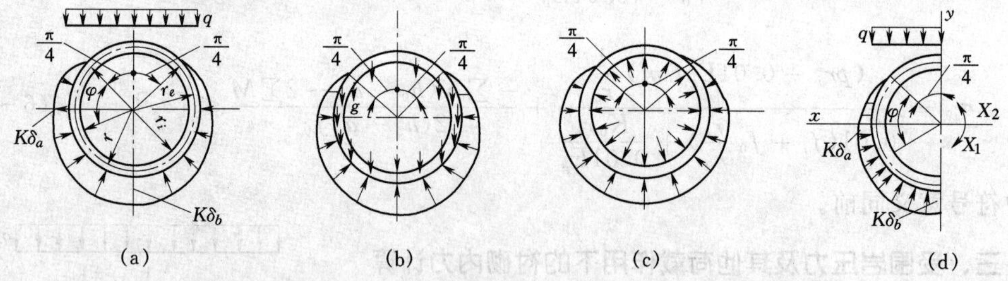

图 6-25 圆形隧洞衬砌上的荷载及其弹性抗力分布示意图

(a) 铅直围岩压力；(b) 衬砌自重；(c) 侧向围岩压力；(d) 水重

A、B、C、D、E 和 F 为内力计算系数，与断面与垂直线的夹角有关，各系数值可查有关书籍和文献。

(2) 衬砌自重作用下的内力计算。假定衬砌为等厚度，其作用力分布如图 6-25 (b) 所示。

各断面的弯矩和轴向力按下式计算

$$M=gr^2(A_1+B_1n) \quad (6-36)$$

$$N=gr(C_1+D_1n) \quad (6-37)$$

式中　g——单位面积衬砌的自重；

A_1、B_1、C_1、D_1——内力计算系数，其值的大小与断面和垂直线的夹角有关系；

其他符号意义同前。

(3) 非均匀内水作用下的内力计算。水压力径向作用于衬砌上，其值由零（顶拱）起逐渐增加到 $2rr_i$（洞底），各断面的弯矩和轴向力按下式计算

$$M=\gamma_w r_i^2 r(A_2+B_2 n) \tag{6-38}$$

$$N=\gamma_w r_i^2(C_2+D_2 n) \tag{6-39}$$

式中　γ_w——水的容量；

A_2、B_2、C_2、D_2——内力计算系数，断面与垂直线的夹角不同，各系数的取值也不一样，各系数的取值可查有关书籍和文献；

其他符号意义同前。

(4) 外水压力作用下的内力计算。在无内水压力组合的情况下，当衬砌所受的浮力小于铅直围岩压力及衬砌自重之和，即 $\pi r_e^2 r_w<2(qr_e+\pi gr)$ 时，断面的弯矩和轴向力可按下列公式计算

$$M=-\gamma_w r r_e^2(A_2+B_2 n) \tag{6-40}$$

$$N=-\gamma_w r_e^2(C_2+D_2 n)+\gamma_w h_w r_e \tag{6-41}$$

式中　h_w——均匀外水压力水头，即计算水位线在拱顶以上的高度；

A_2、B_2、C_2、D_2——内力系数，可查阅有关书籍和文献；

其余符号意义同前。

当 $\pi r_e^2 r_w \geqslant 2(qr_e+\pi gr)$ 时，衬砌内力计算应按不考虑弹性抗力的公式计算。

当荷载组合中包括内水压时，均匀外水压力一般与均匀内水压力先进行叠加，然后进行衬砌的内力计算。通常在荷载叠加后，衬砌的变形指向围岩，弹性抗力为正。此时，计算外水压力作用下衬砌的内力不受 $\pi r_e^2 r_w<2(qr_e+\pi gr)$ 条件的限制。

(5) 灌浆压力作用下的内力计算。由于灌浆压力作用范围及分布情况复杂，通常只计算由回填灌浆压力所引起的内力。回填灌浆孔一般布置在隧洞的顶拱部分，布置范围大致在 $\theta=30°\sim60°$，灌浆压力垂直作用于衬砌上。假定灌浆压力为 P_2，均匀分布于顶部 2θ 的范围内$\left(\theta\text{为}\frac{\pi}{4}\text{或}\frac{\pi}{3}\right)$，如图 6-26 所示，其内力计算公式如下

$$M=p_2(A_3+B_3 n)r_e r \tag{6-42}$$

$$N=p_2(C_3+D_3 n)r_e \tag{6-43}$$

式中　p_2——回填灌浆压力；

A_3、B_3、C_3、D_3——内力系数，可查阅有关书籍和文献；

其余符号意义同前。

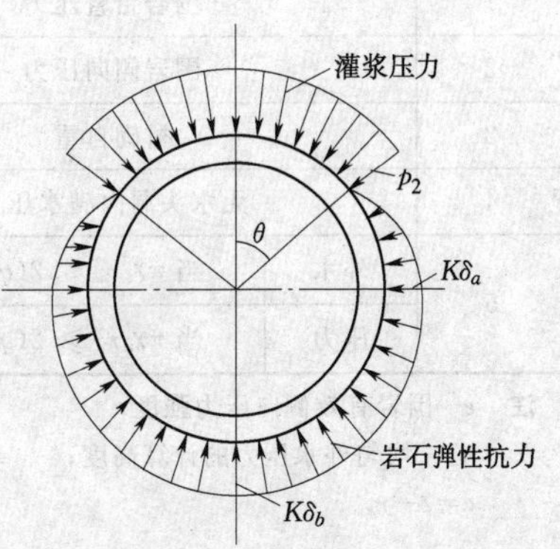

图 6-26　灌浆压力及岩石弹性抗力分布

(二) 不考虑弹性抗力时衬砌的内力计算

对于Ⅲ、Ⅳ、Ⅴ类围岩，特别是后两种，不仅不能考虑围岩的弹性抗力作用，而且尚需计入侧向围岩

压力的影响。不考虑弹性抗力时，应考虑与铅直荷载相应的地基反力，假定地基反力按余弦曲线分布，且作用在衬砌的下半圆上，如图 6-27 所示。

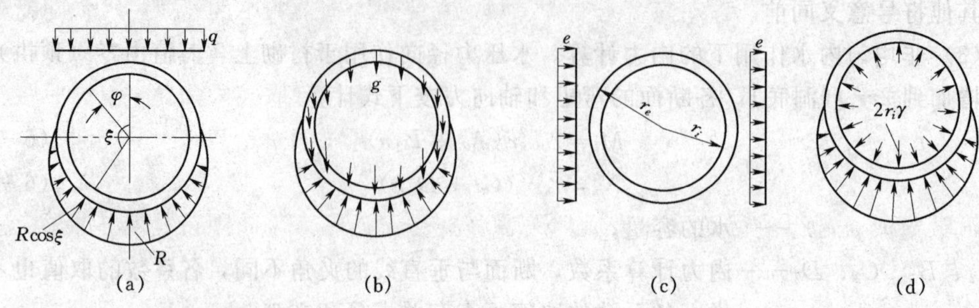

图 6-27　荷载及反力分布图

(a) 铅直山岩压力；(b) 衬砌自重；(c) 侧向山岩压力；(d) 水重

反力强度在竖轴处最大，其值为 R，其余部分为 $R\cos\xi$。地基反力值，可由作用在衬砌上的全部荷载与全部的地基反力的平衡条件来确定，其方向与围岩变化的方向相反。当地基反力的大小、方向和分布规律确定后，便可用结构力学的方法求出在各种荷载单独作用下衬砌的内力的大小。

衬砌在围岩的铅直压力、围岩侧向压力、衬砌自重、无水头洞内满水压力和外水压力作用下的内力计算公式详见表 6-3，相关内力系数可查有关书籍和文献。

表 6-3 中，当外水压力与围岩铅直压力及衬砌自重组合时

$$\varepsilon = \frac{2(\pi rg + qr_e)}{\pi r_e^2 \gamma_w} \tag{6-44}$$

当外水压力与衬砌自重相组合时，表 6-3 中的 ε 按式（6-45）计算

$$\varepsilon = \frac{2\pi rg}{\pi r_e^2 \gamma_w} \tag{6-45}$$

表 6-3　　不同荷载作用下衬砌的内力计算表

序号	荷载名称		断面弯矩 M	断面轴向力 N
1	围岩铅直压力		$qr_er\ (A_3\alpha+B_3)$	$qr_e\ (C_3\alpha+D_3)$
2	围岩侧向压力		$er_er\alpha A_4$	er_eC_4
3	衬砌自重		gr^2A_5	grC_5
4	无水头洞内满水压力		$\gamma_w r_i{}^2 rA_6$	$\gamma_w r_i{}^2 C_6$
5	外水	当 $\pi\gamma_w r_e^2 \leqslant 2(qr_e+\pi rg)$	$-\gamma_w r_e^2 rA_6$	$-\gamma_w r_e^2 C_6+\gamma_w h_w r_e$
	压力	当 $\pi\gamma_w r_e^2 \geqslant 2(qr_e+\pi rg)$	$\gamma_w r_e^2 rA_6\ (1-2\varepsilon)$	$\gamma_w r_e^2 C_7\ (1-\varepsilon)\ -\gamma_w r_e^2 C_6\varepsilon+\gamma_w h_w r_e$

注　e—围岩有效侧向压力强度；
h_w—均匀外水压力的计算高度；
$\alpha=2-r_e$。

上面介绍了圆形有压隧洞的衬砌设计和配筋计算，其他断面形式及无压隧洞的衬砌结构设计和配筋计算详见《水工隧洞设计规范》（SL 279—2002）。

第五节 土石坝坝下埋管

在蓄水枢纽中，为了城市供水、灌溉、放空水库、施工导流以及排沙等目的，通常在土坝或土石坝下面埋设洞形或管形的建筑物，这类建筑物称坝下埋管，又称坝下涵管，如图 6-28 所示。

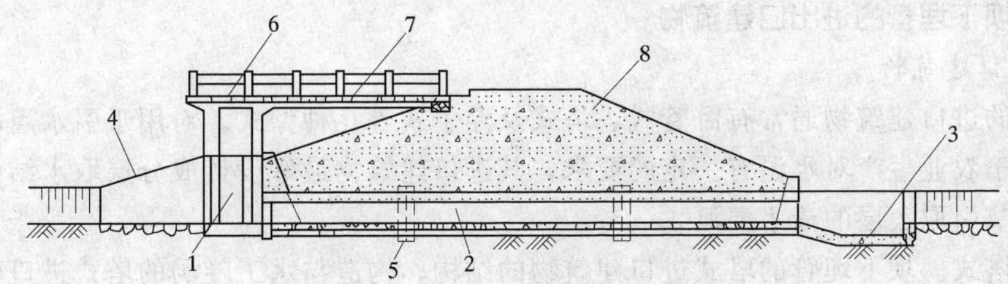

图 6-28 坝下涵管示意图

1—进口；2—洞身；3—出口消能段；4—八字墙；5—截渗环；6—自闭台；7—工作桥；8—土石坝

与隧洞相比，坝下埋管施工方便，构造简单，通常工期短、造价也低，但施工时与土石坝相互干扰大。因此，在我国中小型土坝或堆石坝枢纽工程中，使用比较普遍。与水工隧洞类似，坝下埋管也属深式泄水或放水建筑物，其进口通常在水下较深处，其工作特点、工程布置、进出口建筑物的形式、构造等许多方面与水工隧洞有相同之处。

由于坝下埋管置于坝下，穿坝而过，它的破坏直接威胁着大坝的安全，所以在高水头、大流量、基础差的情况下，其安全性低。据国内外土石坝失事的调查资料分析，坝下埋管的缺陷是引起土石坝失事的重要原因之一。

因此，在坝下埋管设计、施工中必须采取适当的措施，加强管身的防渗、管身与坝体的结合，以保证埋管和坝体的安全。

坝下埋管也属于深埋式的地下建筑物，管道上有较大的填土压力和外水压力，而且维修、扩建都十分困难。因此，在设计中必须认真考虑各种可能的运用情况，合理确定结构的型式和断面尺寸。

一、坝下埋管的线路选择及工程布置

坝下埋管的线路选择与工程布置的原则：经济合理，安全可靠，运行方便。

在进行埋管线路选择及布置时，应综合考虑埋管的用途与作用、工程地质、地形条件、水力条件等因素，进行多方案经济技术分析比较后确定。

在具体线路选择及工程布置时，主要应从以下几方面进行考虑：

(1) 地形、地质条件。在平面上埋管的轴线应尽可能地与坝轴线垂直，而且直线布置，这样管道水流条件较好。但有时为了适应地形条件和利用岩石基础，也可稍有弯曲。但弯曲段应以光滑曲线连接，其曲率半径不得小于 5 倍的洞径。为了减少沿埋管轴线不均匀沉陷，埋管应尽可能地建在岩石地基或均匀土基上。一定要避免将管身一部分放在岩基上而另一部分放在软基上，切忌从坝体填土中通过。

(2) 运行管理灵活方便。如坝下灌溉埋管，多放在坝的两端，并布置在灌区同一侧，以免再建过河建筑物。埋管尽可能地离溢洪道远些，避免相互干扰；泄洪排沙或放空水库的坝下埋管，尽量布置在主河槽部位，其轴线与河流的主流方向一致，以获得良好的水流条件；为了避免管身漏水影响土石坝安全，坝下埋管最好设计成无压的。在运用中，必须严格按设计规定的水流状态进行工作，不能任意将无压管变成有压管。

(3) 经济合理。坝下埋管应尽可能地选择较短的轴线，节省工程量，降低工程造价，而且减少了管道的水头损失，提高其过水能力。

二、坝下埋管的进出口建筑物

1. 进口建筑物

埋管的进口建筑物通常有卧管式、塔式及浮子式等几种型式。对用于引水灌溉的坝下埋管，由于农业生产对水温有一定的要求，其进口建筑物最好设计成分层取水结构，以使在灌溉季节引取表层的清水灌溉。

(1) 塔式。坝下埋管的塔式进口建筑物的结构、构造与水工隧洞的塔式进口建筑物相同，如图 6-5 所示。对灌溉用的埋管，其塔式进口结构大多采用分层取水的封闭塔。

塔式进口的布置一般有三种方式：第一种进水塔布置在坝身内靠近坝顶处，其优点是塔身不受风浪、冰冻压力的作用，周围侧向土压力大致相同，稳定性较好，产生不均匀沉降和断裂的可能性较小，对地基的要求较低。不足之处是：塔前输水管常浸在水中，检修不便；塔身位于坝体中部，若塔身与管道结合处漏水，则会抬高坝体浸润线，引起坝体的渗透变形，甚至导致滑坡。第二种是将进水塔布置在上游坝脚处，其优、缺点正好与第一种布置相反。第三种是将进水塔布置在前述两种位置之间，此时塔身受坝体变形的影响大，承受的土压力也不平衡，对于斜墙坝更不宜采用这种布置形式。

(2) 浮子式。浮子式进口建筑物是一种活动的取水装置，它是由浮子、取水盘、伸缩套筒式水管以及竖塔所组成，如图 6-29 所示。竖塔为钢架或钢筋混凝土框架，用作浮子升降时的导向和安装拦污栅。控制水量的工作闸门设在塔底后部或其他适当位置。浮子式进口取表层水效果很好。

2. 出口建筑物

坝下埋管的出口建筑物的型式及构造与水工隧洞相似，它包括出口渐变段及消能设施。坝下埋管出口处的消能大多采用底流式消能方式。

三、坝下埋管的管身型式及构造

坝下埋管的管身应具有足够的断面以满足过流能力，要有一定的强度以承担外部荷载，并能抵抗水流的冲刷。管身断面型式、建筑材料及管身结构尺寸确定，应根据其用途、水力条件及材料特性等，经水力、结构计算并进行经济技术比较后确定。

1. 坝下埋管的管身横断面形状

埋管的管身横断面形状通常有圆形、矩形及圆拱直墙形等几种。

(1) 圆形。圆形断面是坝下埋管使用较多的一种型式，如图 6-30 (a) 所示。其特点是水流条件好，同样的条件下，过水流量大。受力条件也较好，它可以承受较大的内、外水压力及填土压力。近年来，在小型工程中常采用预制钢筋混凝土管。预制管道施工快，工期短，但其接头处理难度大，止水较困难。

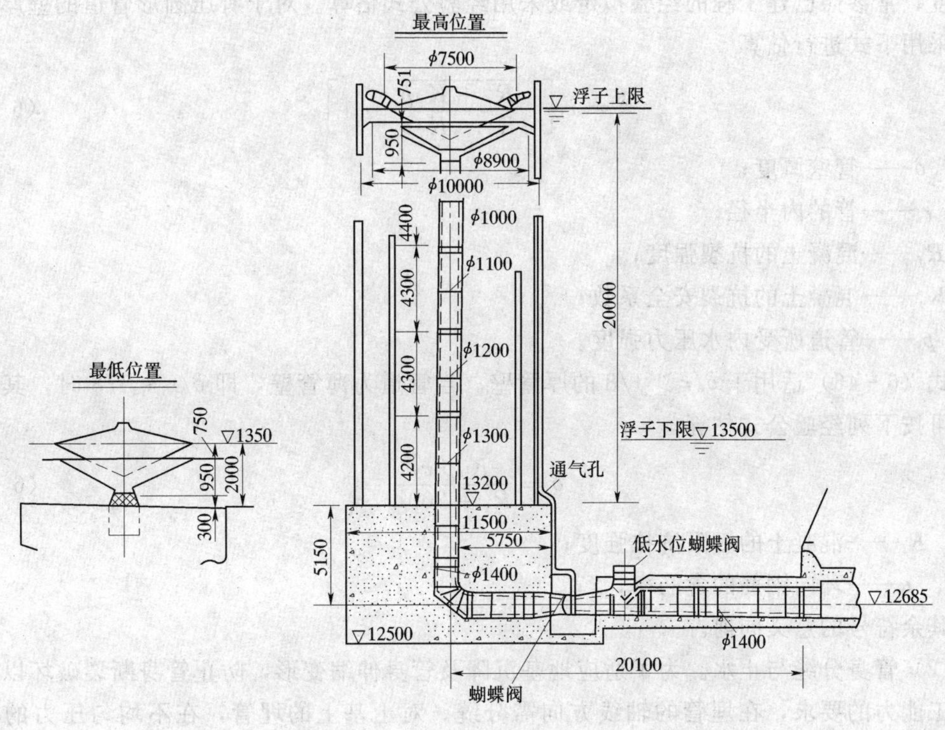

图 6-29 浮子竖塔型取水结构（高程：m；尺寸：cm）

(2) 矩形。矩形过水断面在大型埋管中使用较多，如图 6-30（b）所示。它具有结构简单、施工方便、整体性好等特点。其通常是现浇的钢筋混凝土箱式结构，因此也叫箱涵。当过水断面尺寸较大时，为了提高管身的刚度，可以做成双箱甚至多箱的结构型式。

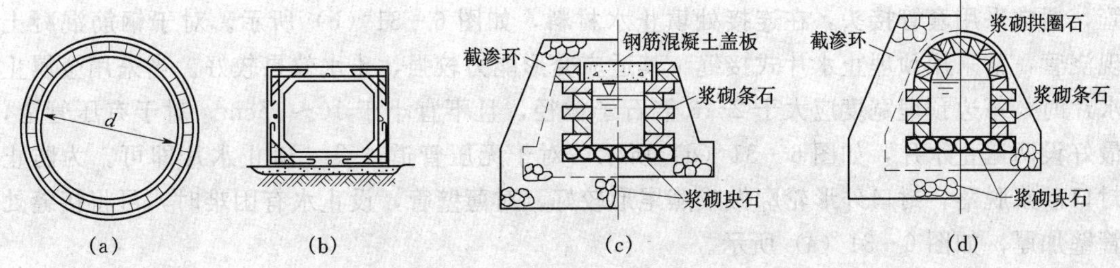

图 6-30 坝下埋管管身断面型式

(3) 圆拱直墙形。对小型的无压埋管，管道承受的主要荷载是外水压力和填土压力，管壁受压，为节省钢筋、水泥，并充分发挥浆砌石结构的抗压性能，常用浆砌石的半圆拱直墙式结构或钢筋混凝土做盖板的盖板式矩形断面，如图 6-30（c）、(d) 所示。

需要指出的是，由于浆砌石的防渗性能较差，结构的安全性能低，对于较重要及较大的埋管，以采用现浇钢筋混凝土管为妥。

2. 坝下埋管的构造

(1) 管壁厚度。埋管管壁厚度应根据管身的受力情况，通过结构计算确定。目前，管

壁厚度，常参照已建工程的经验拟定或采用经验公式估算。对于有压圆形管道的壁厚，可近似采用下式进行估算

$$\delta = r_i\left[\sqrt{\frac{R_f + K_f p_i}{R_f - K_f p_i}} - 1\right] \tag{6-46}$$

式中　δ——管壁厚度；

r_i——管的内半径；

R_f——混凝土的抗裂强度；

K_f——混凝土的抗裂安全系数；

p_i——管道所受内水压力强度。

式（6-46）适用于 $\delta/r_i > 1/8$ 的厚管壁。当管道为薄管壁，即 $\delta/r_i \leqslant 1/8$ 时，其管壁厚度可按下列经验公式估算

$$\delta = \frac{K_f p_i r_i}{R_l + 200\mu} \tag{6-47}$$

式中　R_l——混凝土的极限抗拉强度；

μ——环向钢筋的含筋率；

其余符号的意义同前。

（2）管身分缝与止水。为了适应地基沉降及管身伸缩变形，防止管身断裂破坏以及满足施工能力的要求，在埋管的轴线方向需分缝。对土基上的埋管，在不均匀压力的作用下，将产生不均匀沉降。为适应这种沉陷而设置的缝称为沉降缝。在岩基上，不均匀沉降较小，但其对管身的约束作用较大，阻止管道因温度变化等产生自由变形。故每隔一定距离设置温度伸缩缝。常将伸缩缝与沉降缝结合布置，称温度沉降缝。缝距10～15m，缝宽为1～3cm，缝中必须设金属或塑料止水。

（3）坝下埋管的接头。埋管接缝处理直接关系到坝体的安全。对于钢筋混凝土预制管，通常采用套管接头，在连接处填止水材料，如图6-31（b）所示。对于钢筋混凝土现浇管，常采用预埋止水片式接缝。其适应变形能力较强，止水效果较好。当采用金属止水片时，每边预埋宽度应大于2～3倍石子粒径，且不宜小于10～15cm。对于有压管道，最好设两道止水片，如图6-31（d）所示。对于无压管道，设一道止水片即可。为防止封口砂浆脱落，封口外形轮廓做成燕尾形较好。对薄壁管，设止水有困难时，可将接缝处管壁加厚，如图6-31（a）所示。

（4）防渗措施。坝下埋管与坝体填土的接触面结合不好时，可能出现集中渗流，易引起坝体渗透变形，严重时将威胁坝体安全。因此，坝下埋管与坝体的接触面是防渗的薄弱环节。为加强埋管与坝体的连接，防止出现集中渗流，通常在埋管周围铺设一层1～2m厚的黏性土作为防渗层。防渗层与砂性坝壳之间设过渡带。防渗层应分层填筑，人工夯实，保证施工质量。不宜用机械碾压，以防损坏管道。

（5）埋管基础。埋管的管身应坐落在较为坚实稳定的基础上，由于基础条件和管身的结构型式不同，管身所受荷载不一，则管身的安置方式也就不同。

当管径小，基础土质良好时，可采用平基铺管。当管外填土不高，管径不大，竖向荷载较小，基础土质良好时，可采用弧形土基，将管道直接铺设在天然地基的圆弧形槽内或

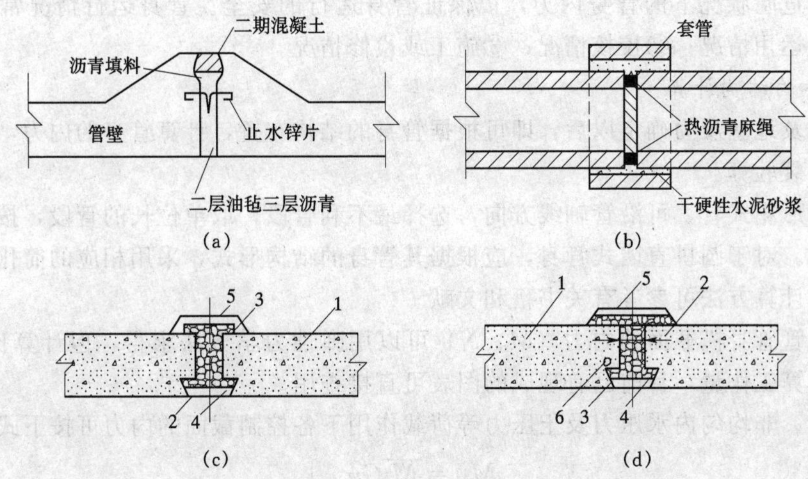

图 6-31 埋管接头构造

1—管壁；2—止水片；3—柔性填料；4—封口砂浆；5—两毡油；6—预埋螺栓

置于三合土或分层夯实的碎石坐垫上，如图 6-32（a）所示。当管径及竖向荷载都比较大时，宜将管身置于浆砌石或混凝土制成的刚性坐垫上［图 6-32（b）］。坐垫的包角一般为 90°～135°，竖向荷载大时，坐垫包角可采用 180°。圆管设置坐垫后，由于管身底部与坐垫间有一定的接触弧长，坐垫与地面接触面较大，所以改善了管身受力，减小了地基的压应力。刚性坐垫的厚度 t_1 可取 1.5～2.0 倍的管壁厚度，且不小于 30cm。坐垫肩宽 t_2 可取 1.0～1.5 倍的管壁厚度。管壁与坐垫接触面上涂抹沥青或铺沥青油毛毡垫层，以减小管身受坐垫的约束，适应管身的收缩变形。

圆形埋管若铺设在岩基下，可不设坐垫，而在岩石中挖槽，槽中浇筑半圆形混凝土管垫，铺上油毡垫层后即可浇筑管身，如图 6-32（c）所示。

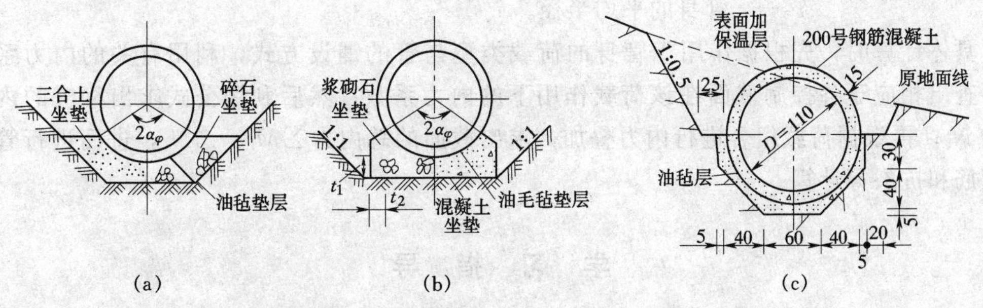

图 6-32 坝下埋管的基础（单位：cm）

四、管身的结构计算

1. 管身上的荷载及其组合

作用在管身上的荷载主要有管身自重、内水压力、外水压力、填土压力及地基反力等。各种荷载的计算方法详见前面各章。

进行管身结构计算时，应根据管身运行的状况，计算出相应的荷载，并合理地进行组合，求出最危险状况下的管身内力，以保证管身运行的安全。管身运行情况常为以下几种：①正常运用情况；②校核情况；③施工或检修情况。

2. 管身的结构计算

当荷载及地基反力确定以后，即可根据管身的结构布置，计算管身的内力，并进行配筋计算和抗裂验算。

对于矩形箱式管，可沿管轴线方向，选择最不利管段，取单位长的管段，按封闭的框架结构计算。对于圆拱直墙式管身，应根据其管身的结构形式，采用相应的简化方法进行计算。具体计算方法可参考有关书籍和文献。

圆形埋管管身横截面的内力（M、N）可以用弹性力学方法求得，但计算比较复杂。为了节省计算工作量，目前已有现成的图表可直接查用。

在自重、非均匀内水压力及土压力等荷载作用下各控制截面的内力可按下式计算

$$\left.\begin{aligned} M_A &= \overline{M_A} G_i r_c \\ M_B &= \overline{M_B} G_i r_c \\ M_C &= \overline{M_C} G_i r_c \\ N_A &= \overline{N_A} G_i \\ N_B &= \overline{N_B} G_i \\ N_C &= \overline{N_C} G_i \end{aligned}\right\} \tag{6-48}$$

式中　M_A、M_B、M_C——各种荷载作用下控制截面 A、B、C 处的弯矩（内壁受拉为正）；

N_A、N_B、N_C——各种荷载作用下控制截面 A，B，C 处的轴向力；

$\overline{M_A}$、$\overline{M_B}$、$\overline{M_C}$——相应各种荷载下控制截面的弯矩计算系数（可查相关表）；

$\overline{N_A}$、$\overline{N_B}$、$\overline{N_C}$——相应各种荷载下控制截面处的轴向力计算系数（可查相关表）；

G_i——每米管身上的计算荷载；

r_c——管身的平均半径。

具体计算时，先根据作用于管身的荷载类型与管的铺设方式，利用有关的内力系数表，查出相应于各控制截面在该荷载作用下的内力系数；然后利用公式求出相应的内力 M_i、N_i；再根据荷载组合进行内力叠加，求出截面的总内力 $\sum M_i$、$\sum N_i$，进而进行管身的配筋和抗裂等计算。

学　习　指　导

本章学习重点是水工隧洞的基本概念和设计方法，难点是进口布置及结构计算和圆形断面衬砌结构计算。

第一节主要掌握隧洞类型，特点及布置对其工作条件要有一定的了解。

第二节主要掌握隧洞进水口的主要形式和特点。对各种进水口的组成及构造需有足够的认识。

第三节主要掌握隧洞中圆形和圆拱直墙式的断面形式、尺寸拟定和构造。对于断面衬

砌及喷锚衬砌，主要掌握衬砌类型、特点及适用条件。

第四节主要掌握围岩压力、弹性抗力和地层反力的基本概念和它们的相互关系。在圆形有压洞衬砌结构计算中，主要了解圆形断面的计算原理、方法和步骤。

第五节主要掌握圆形涵管的特点、工程布置和安装方式对管身的影响，注意管壁集中渗流问题。

小　　结

本章包括水工隧洞及坝下涵管两部分内容，以水工隧洞为主。隧洞处于岩体之中，而涵管位于土石坝底部。两者所处的位置不同，有许多共同之处。本章重点介绍隧洞，在学习涵管时要注意与隧洞有关内容对比分析。

进口结构物分为深层取水式和表层取水式两大类。本章主要介绍隧洞进口的类型特点和适用条件。

隧洞是在岩层中开凿出来的，所以洞身的形式、构造及结构计算，均与围岩有密切关系。在衬砌荷载中要理解围岩压力、弹性抗力和地层反力这三者的基本概念和相互关系，该三种荷载在同一衬砌结构上可能会同时存在，但注意作用的位置和分布。

对隧洞衬砌的结构计算方法，以圆形有压洞衬砌为主，学习其设计思路、设计方法和步骤。主要根据围岩性质分别采用结构力学、弹性理论法或有限元法等，计算时要首先判别弹性抗力是否参加计算。

坝下涵管常用圆形结构，一般用在中小型水库中。其受力情况与涵管的安装方式有很大关系，要根据管径、外荷载、地基及经济等情况选定安装方式。涵管外围容易产生集中渗流，必须予以高度重视，常用的措施是在管壁设置截渗环。因为涵管较薄，在管壁周围（尤其在截渗环附近）不易夯实，而且施工效率低，如不精心施工会造成人为的集中渗流通道。所以，工程界对截渗环周边施工一定要仔细认真，确保填土夯实质量和防渗效果。

思　考　题

6-1　水工隧洞的类型有哪些？

6-2　水工隧洞有哪些工作条件？

6-3　在进行水工隧洞洞线选择时应考虑哪些因素？

6-4　水工隧洞进口建筑物有哪几种型式？各有什么特点？适用于什么条件？

6-5　无压隧洞的洞身断面形状有哪几种？其断面尺寸如何确定？

6-6　水工隧洞衬砌有哪几种型式？各适用于什么条件？

6-7　什么是围岩压力？什么是弹性抗力？它们对衬砌各有什么影响？

6-8　内水压力如何计算？

6-9　圆形有压隧洞的设计和配筋计算时应考虑哪些问题？

6-10　喷锚衬砌的工作原理是什么？

6-11　喷锚衬砌的种类有哪些？各适用于什么条件？

6-12　坝下埋管的线路选择和工程布置应考虑哪些因素？

6-13　坝下埋管的基础有哪几种？各适用于什么条件？

6-14　坝下埋管的埋设方式有哪几种？其填土压力的计算有何不同？

第七章　水　闸

第一节　概　述

水闸是一种具有挡水和泄水双重作用的低水头水工建筑物。它通过闸门的启闭来控制水位和调节流量，在防洪、灌溉、排水、航运和发电等水利工程中应用十分广泛。

一、水闸的类型

1. 按照所承担的任务分类

水闸可分为进水闸、节制闸、分洪闸、排水闸、冲沙闸等，如图 7－1 所示。

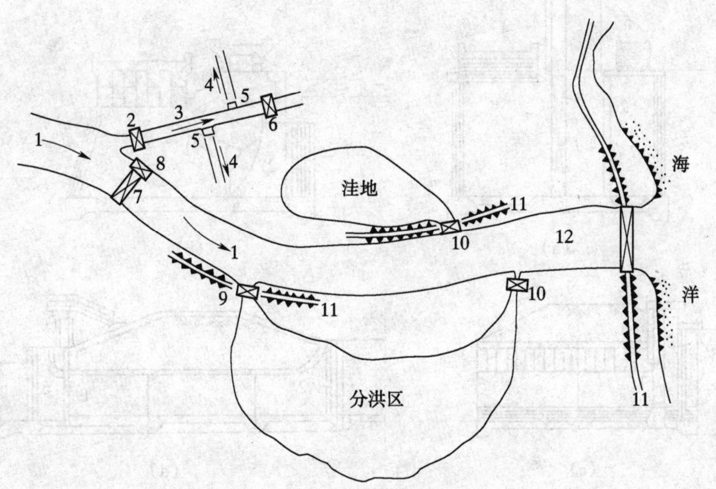

图 7－1　水闸分类示意图

1—河道；2—进水闸；3—干渠；4—支渠；5—分水闸；6—节制闸；7—拦河闸；8—冲沙闸；9—分洪闸；10—排水闸；11—堤防：12—挡潮闸

(1) 进水闸（分水闸）。进水闸是用来从河道、湖泊、水库引取水流，一般建于引水渠道的首部。位于干渠首部的进水闸又称渠首闸或引水闸。位于支、斗渠首部的进水闸通常称为分水闸、斗门。

(2) 节制闸。节制闸一般横跨干、支渠，且位于下一级渠道分水口附近的下游，用以控制水位、流量，满足下一级渠道引水时对水位、流量的要求。修建在河道上的节制闸又称拦河闸。枯水时期利用闸门拦蓄水量，抬高闸上水位，调节流量；洪水时期则打开闸门，宣泄洪水。

(3) 分洪闸。分洪闸设在分洪道的进口，当河道下游段过水能力不足，或下游有重要

区域或建筑物需要重点保护时，常开辟分洪道宣泄部分或全部洪水，以确保下游河（渠）段的安全。

(4) 排水闸。排水闸一般修在江河沿岸排水沟或河道末端，用以排除江、河两岸低洼地区的渍水以及防止江、河洪水倒灌，有时还要发挥蓄水和引水的作用。故排水闸闸底高程常较低而闸身较高且具有双向承受水头的作用。

(5) 挡潮闸。挡潮闸修建在沿海感潮河段上，由于受潮水的顶托，夏秋雨季排水易受阻；且河中淡水保持困难。为了挡潮、排水和蓄淡的目的，与排水闸一样挡潮闸也具有双向承受水头的作用。

(6) 冲沙闸。冲沙闸是用来排除进水闸或拦河（节制）闸前淤积的泥沙，减少泥沙入渠，是引水枢纽中的一个重要组成部分。

2. 按照闸室结构型式分类

按照闸室结构型式水闸可分为开敞式和封闭（涵洞）式，如图 7-2 所示。

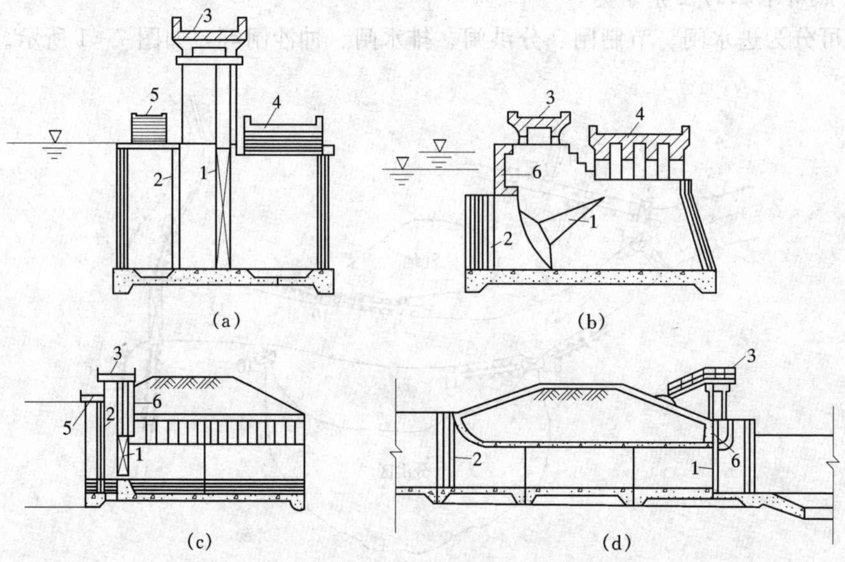

图 7-2 水闸结构型式

(a) 开敞式；(b) 带胸墙开敞式；(c) 无压封闭（涵洞）式；(d) 有压封闭（涵洞）式

1—闸门；2—检修闸门；3—工作桥；4—交通桥，5—便桥；6—胸墙

(1) 开敞式水闸。水闸闸室是露天的，上面没有填土。这种水闸又分为有胸墙和无胸墙两种，如图 7-2 (a)、(b) 所示。前者用于泄水和挡水时闸前水位相差不大，或有特殊要求，如通航、排冰等。后者用于挡水水位高于泄水运用水位，或闸上水位变幅较大，且有限制过闸单宽流量要求，高水位时利用胸墙和闸门关闭共同挡水，而低水位时开闸泄水。

(2) 封闭（涵洞）式水闸。封闭式水闸主要修建在深挖式渠道上或在较高的河堤之下，它与开敞式水闸的主要区别是闸室后有洞身段。洞身上面填土作为路基，两岸连接建筑物较开敞式简单，往往也较经济。封闭式水闸根据水力条件的不同，可分为无压式和有

压式两种，如图 7-2（c）、（d）所示。

二、水闸的组成部分及其作用

水闸一般由上游连接段、闸室段和下游连接段三部分组成，如图 7-3 所示。

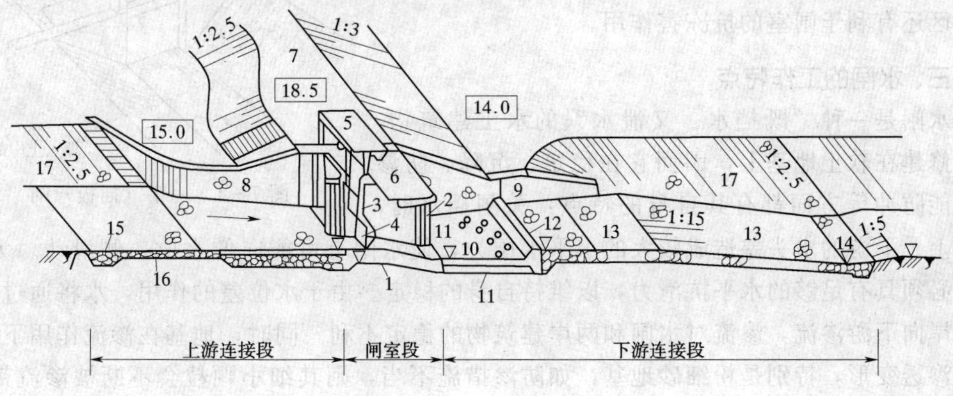

图 7-3 水闸组成

1—闸室底板；2—闸墩；3—胸墙；4—闸门；5—工作桥；6—交通桥；7—堤顶；8—上游翼墙；9—下游翼墙；10—护坦；11—排水孔；12—消力坎；13—海漫；14—下游防冲槽；15—上游防冲槽；16—上游护底；17—上、下游护坡

1. 闸室

闸室是水闸挡水和泄水的主体部分。通常包括闸底板、闸墩、闸门、胸墙、工作桥及交通桥等。闸底板是闸室的基础，承受闸室全部荷载，并将其均匀地传给地基，此外，还具有防冲、防渗等的作用。闸墩是用来分隔闸孔，同时起支承闸门、工作桥及交通桥等上部结构的作用。边孔靠岸侧的闸墩称为边墩，若边墩直接挡土，则还有挡土及侧向防渗的作用。闸门的作用是挡水和控制下泄水流。胸墙用来挡水以减小闸门高度。工作桥供安置启闭机和工作人员操作之用。交通桥是为连接两岸交通而设置的。

2. 上游连接段

上游连接段的主要作用是引导水流平顺地进入闸室，保护上游河床及河岸免遭冲刷并具有防渗作用。一般有上游护底、防冲槽（小型水闸常以防冲齿墙代替）、铺盖、上游翼墙及两岸护坡等部分组成。上游翼墙的作用是引导水流平顺地进入闸孔并起侧向防渗作用。铺盖紧靠闸室底板，其作用主要是防渗，但应满足抗冲要求。护坡、护底和上游防冲槽（齿墙）用来防止进闸水流冲刷、保护河床和铺盖。

3. 下游连接段

下游连接段具有消能和扩散水流的功能。首先使出闸水流形成水跃消能，然后再使水流平顺地扩散，以防止闸后发生有害的冲刷。下游连接段通常包括护坦、海漫、下游防冲槽（齿墙）以及下游翼墙与护坡等。下游翼墙导引水流均匀扩散兼有防冲及侧向防渗作用。下游护坡作用与上游护坡相同。护坦紧接闸室，是消减水流动能的主要措施并兼有防冲作用。海漫的作用是继续消除护坦出流的剩余动能，扩散水流，并调整流速分布，防止河床遭冲刷。下游防冲槽（齿墙）是海漫末端的防护设施，防止下游河床冲刷坑向上游发展。

灌排渠系田闸小闸，由于水头很低，也可做成护坡一字闸式，如图 7-4 所示。闸室不改变渠道断面，上、下游可以不做进出口连接段。闸室后作防冲消能工，闸室深埋一字墙主要起防渗和稳定作用，北方冻胀地区还有利于闸室的抗冻害作用。

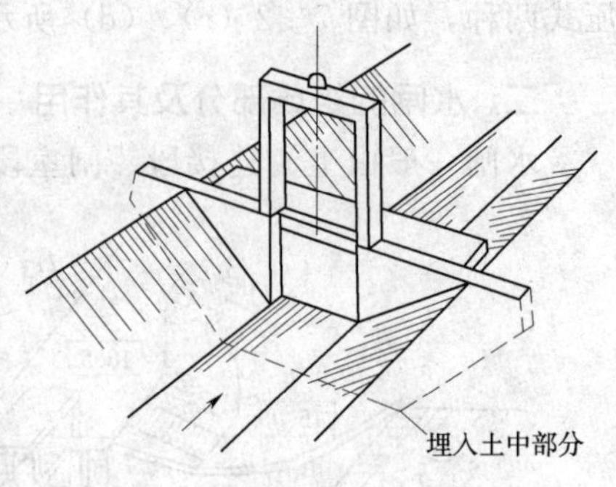

图 7-4 一字（插板）闸

三、水闸的工作特点

水闸是一种“既挡水、又泄水”的水工建筑物，且多修建在软土地基上，因而它在稳定、沉降、防渗及消能防冲等方面都有其自身的特点：关闸挡水时，水闸上、下游的水头差造成较大的水平水压力，使水闸有可能向低水位一侧滑动。为此，水闸必须具有足够的水平抗滑力，以维持自身的稳定。由于水位差的作用，水将通过地基及两岸向下游渗流，渗流对水闸和两岸建筑物的稳定不利。同时，地基在渗流作用下，易产生渗透变形，特别是粉细砂地基，如防渗措施不当，则其细小颗粒会不断被渗流带走，严重时闸基和两岸的土体会被掏空，危及水闸安全。因此，应妥善设计防渗设施，并在渗流逸出处设反滤层等设施以保证不发生渗透变形。

开闸泄水时，在上、下游水位差的作用下，过闸水流往往具有较大的流速，流态也较复杂，而河床上的土体抗冲能力通常较差，可能引起冲刷，严重时会扩大到闸室地基，致使水闸失事。因此，设计水闸除应保证足够的过水能力外，还必须采取有效的消能防冲措施，以防止闸下游产生有害的冲刷。

土基上建闸，由于土基的抗剪强度比较低，压缩性比较大，在水闸的重力和外部荷载作用下，可能产生较大的沉降，影响正常使用，尤其是不均匀沉降会导致水闸倾斜，甚至断裂。在水闸设计中，必须通过选择合理的水闸闸型和构造、组织恰当的施工程序和采取必要的地基处理等措施，以减少过大的地基沉降和沉降差。

第二节 闸 孔 设 计

1. 水闸闸孔设计的任务

根据给定的设计流量和水闸上、下游水位，确定闸孔型式，底板顶高程和闸孔尺寸，以满足泄水或引水的要求。

2. 水闸闸孔设计的主要步骤

首先选择闸孔型式，进而参考单宽流量的数值，确定底板顶高程，最后进行闸孔尺寸计算，验算过流能力。

一、闸孔型式

前已说明闸孔型式可分为开敞式（含胸墙式）和封闭（涵洞）式两种。在挖深较大的情况下，往往采用涵洞式水闸。

对于带胸墙的开敞式水闸，胸墙底高程应高于闸前泄水水位，避免出现闸孔出流。如果有通航要求，还要满足通航净空要求。胸墙代替部分闸门，可以减小闸门高度和启门

力，从而降低工作桥高和工程造价。

二、底板型式

闸孔型式有宽顶堰型和低实用堰型两种，如图 7-5 所示。

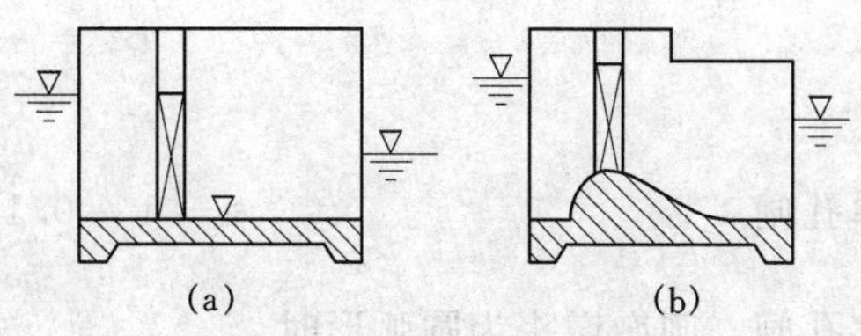

图 7-5 闸底板结构型式

(a) 宽顶堰；(b) 低实用堰

宽顶堰型是水闸中最常用的底板结构型式。其主要优点是结构简单，施工方便，泄流能力比较稳定，有利于泄洪、冲沙、排淤、排冰、通航等；其缺点是自由泄流时流量系数较小。低实用堰型有梯形堰、驼峰堰和 WES 低堰等形式。其主要优点是自由泄流时流量系数较大。当上下游河底高差较大，必须限制单宽流量；或由于地基表层松软需要降低闸底面高程；或有拦沙要求时宜选用。

三、闸底板顶面高程

闸底板顶面（闸槛）高程的确定，关系闸孔型式和尺寸的确定，也直接影响整个水闸的工程量和造价。如将槛高定得低些，闸前水深和过闸单宽流量要大些，从而使闸孔总宽度缩短，减少闸室段工程投资。但同时将增大两岸连接建筑物的高度，并增加基坑开挖和闸下消能防冲布置上的难度，增加两岸连接建筑物工程投资。由此可见，闸底板顶面高程的确定是由多方面因素决定的。一般情况下，闸槛高程可根据水闸的不同用途确定。节制闸的闸槛高程可与河底高程相平；进水闸或分洪闸在满足引用或分洪设计流量条件下，可比河底略高一些，以防止大量推移质泥沙被挟带入渠或进入分洪区；排水闸应布置得低一些，以满足排涝要求。对运行条件复杂、规模较大的大中型水闸的槛高应根据河道水文条件、闸址的地形和地质条件，选择几种方案，经技术经济比较确定。

选择闸底板顶面高程以前，首先要确定合适的最大过闸单宽流量，它取决于闸下游河渠的允许最大单宽流量，即下游河渠的最大水深与河床土体的抗冲流速的乘积。最大过闸单宽流量可根据我国修建水闸的经验，参考闸址地质及水闸出流条件来选取，在细砂、粉砂、粉土及淤泥河床上，单宽流量取 5～10m^3/（s·m），在砂壤土河床上取 10～15m^3/（s·m），在壤土河床上取 15～20m^3/（s·m），在黏土河床上取 15～25m^3/（s·m）。下游水深较深、上下游水位差较小和闸后出流扩散条件较好时，可选用较大值。

四、闸孔总宽度及孔数的确定

根据规划的过闸设计流量和上、下游水位，按照选定的闸孔型式，闸槛高程以及分析判断过闸水流流态，用下列有关水力学公式，初步算出闸孔总净宽度 B_0。

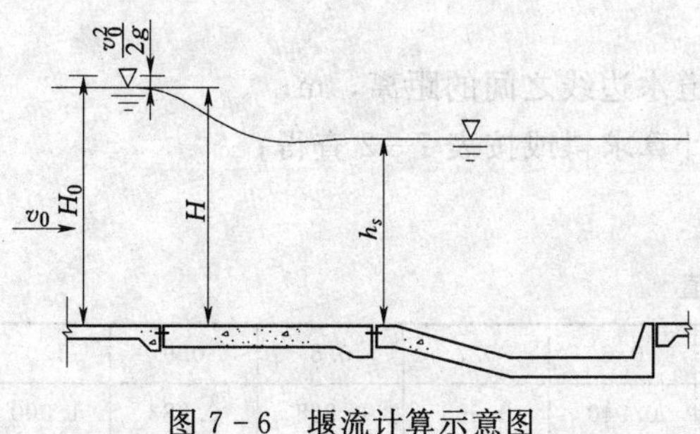

图 7-6 堰流计算示意图

1. 堰流

不设胸墙的开敞式水闸或设胸墙水闸，当闸门全开泄水时，过闸水流具有自由水面，保持堰流特性，闸孔总净宽 B_0。按下式计算（计算示意见图 7-6）：

$$B_0=\frac{Q}{\sigma\varepsilon m\ \sqrt{2g}H_0^{\frac{3}{2}}}\tag{7-1}$$

单孔闸

$$\varepsilon=1-0.171\left(1-\frac{b_0}{b_s}\right)\sqrt[4]{\frac{b_0}{b_s}}\tag{7-2}$$

多孔闸，闸墩墩头为圆弧形时

$$\varepsilon=\frac{\varepsilon_z(N-1)+\varepsilon_b}{N}\tag{7-3}$$

$$\varepsilon_z=1-0.171\left(1-\frac{b_0}{b_0+d_z}\right)\sqrt[4]{\frac{b_0}{b_0+d_z}}\tag{7-4}$$

$$\varepsilon_b=1-0.171\left[1-\frac{b_0}{b_0+\frac{d_z}{2}+b_b}\right]\sqrt[4]{\frac{b_0}{b_0+\frac{d_z}{2}+b_b}}\tag{7-5}$$

$$\sigma=2.31\frac{h_s}{H_0}\left(1-\frac{h_s}{H_0}\right)^{0.4}\tag{7-6}$$

式中　B_0——闸孔总净宽，m；

Q——过闸流量，m^3/s；

H_0——计入行近流速水头的堰上水深，m；

g——重力加速度，可采用 9.81，m/s^2；

m——堰流流量系数，可采用 0.385；

ε——堰流侧收缩系数，对于单孔闸可按式（7-1）计算求得或由表 7-1 查得；对于多孔闸可按式（7-3）计算求得；

b_0——闸孔净宽，m；

b_s——上游河道一半水深的宽度，m；

N——闸孔数；

ε_z——中闸孔侧收缩系数，可按式（7-4）计算求得或由表 7-1 查得，但表中 b_s 为 b_0+d_z；

d_z——中闸墩厚度，m；

ε_b——边闸孔侧收缩系数，可按式（7-5）计算求得或由表 7-1 查得，但表中 b_s 为 $b_0+\frac{b_z}{2}+b_b$；

b_b——边闸墩顺水流向边缘线至上游河道水边线之间的距离，m；

σ——堰流淹没系数，可按式（7-6）计算求得或按表 7-2 查得；

h_s——由堰顶算起的下游水深，m。

表 7-1　　ε 值

b_0/b_s	≤0.2	0.3	0.4	0.5	0.6	0.7	0.8	0.9	1.0
ε	0.909	0.911	0.918	0.928	0.940	0.953	0.968	0.983	1.000

表 7-2　　宽顶堰 σ 值

h_s/H_0	≤0.72	0.75	0.78	0.80	0.82	0.84	0.86	0.88	0.90	0.91
σ	1.00	0.99	0.98	0.97	0.95	0.93	0.90	0.87	0.83	0.80
h_sH_0	0.92	0.93	0.94	0.95	0.96	0.97	0.98	0.99	0.995	0.998
σ	0.77	0.74	0.70	0.66	0.61	0.55	0.47	0.36	0.28	0.19

对于平底闸，当堰流处于高淹没度（$h_s/H_0 \geqslant 0.9$）时，闸孔总净宽也可按式（7-7）和式（7-8）计算（计算示意图见图 7-8）

$$B_0 = \frac{Q}{\mu_0 h_s \sqrt{2g(H_0 - h_s)}} \tag{7-7}$$

$$\mu_0 = 0.877 + \left(\frac{h_s}{H_0} - 0.65\right)^2 \tag{7-8}$$

式中　μ_0——淹没堰流的综合流量系数，可按式（7-8）计算求得或按表 7-3 查得。

表 7-3　　淹没堰流综合系数表 μ_0

h_s/H_0	0.90	0.91	0.92	0.93	0.94	0.95	0.96	0.97	0.98	0.99	0.995	0.998
μ_0	0.940	0.945	0.950	0.955	0.961	0.967	0.973	0.979	0.986	0.993	0.996	0.998

2. 孔流

不同堰型水闸，当闸门开度 h_e 和堰上水头比值 $h_e/H \leqslant 0.65$ 时，即为闸孔出流。闸孔总净宽 B_0 按下式计算（计算示意图见图 7-7）

$$B_0 = \frac{Q}{\sigma' \mu_0 h_e \sqrt{2gH_0}} \tag{7-9}$$

$$\mu = \varphi \varepsilon' \sqrt{1 - \frac{\varepsilon' h_e}{H}} \tag{7-10}$$

$$\varepsilon' = \frac{1}{1 + \sqrt{\lambda\left[1 - \left(\frac{h_e}{H}\right)^2\right]}} \tag{7-11}$$

$$\lambda = \frac{0.4}{2.718^{16\frac{r}{h_e}}} \tag{7-12}$$

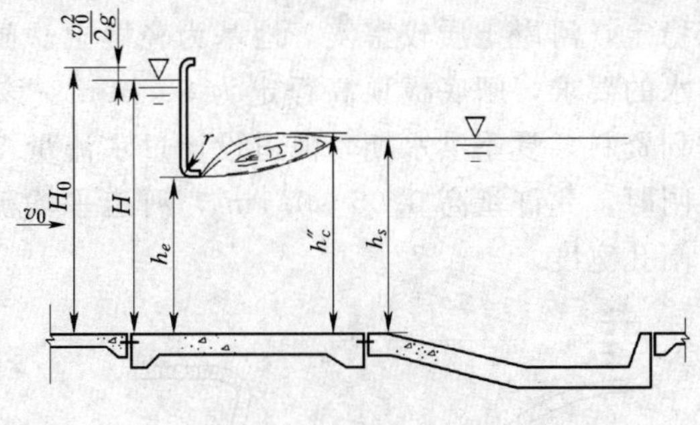

图 7-7　孔流计算示意图

式中　h_e——孔口高度，m；

μ——孔流流量系数，可按式（7-10）计算求得或由表 7-4 查得；

φ——孔流流速系数，可采用 0.95～1.0；

ε'——孔流垂直收缩系数，可按式（7-11）计算求得；

λ——计算系数，可按式（7-12）计算求得，适用于 $0 < \frac{r}{h_e} < 0.25$ 的范围；

r——胸墙底圆弧半径，m；

σ'——孔流淹没系数，可由表 7-5 查得，表中 h''_c 为跃后水深，m。

表 7-4　μ 值

r/h_e \ h_e/H	0	0.05	0.10	0.15	0.20	0.25	0.30	0.35	0.40	0.45	0.50	0.55	0.60	0.65
0	0.582	0.573	0.565	0.557	0.549	0.542	0.534	0.527	0.520	0.512	0.505	0.497	0.489	0.481
0.05	0.667	0.656	0.644	0.633	0.622	0.611	0.600	0.589	0.577	0.566	0.553	0.541	0.527	0.512
0.10	0.740	0.725	0.711	0.697	0.682	0.668	0.653	0.638	0.623	0.607	0.590	0.572	0.553	0.533
0.15	0.798	0.781	0.764	0.747	0.730	0.712	0.694	0.676	0.657	0.637	0.616	0.594	0.571	0.546
0.20	0.842	0.824	0.805	0.785	0.766	0.745	0.725	0.703	0.681	0.658	0.634	0.609	0.582	0.553
0.25	0.875	0.855	0.834	0.813	0.791	0.769	0.747	0.723	0.699	0.673	0.647	0.619	0.589	0.557

表 7-5　σ' 值

$\frac{h_s-h''_c}{H-h''_c}$	≤0	0.1	0.2	0.3	0.4	0.5	0.6	0.7	0.8	0.9	0.92	0.94	0.96	0.98	0.99	0.995
σ'	1.00	0.86	0.78	0.71	0.66	0.59	0.52	0.45	0.36	0.23	0.19	0.16	0.12	0.07	0.04	0.02

闸孔总净宽算出后，可进行分孔，每孔净宽 b 选定时，应考虑水闸的任务、闸门型式和启闭设备等条件，一般不宜太大。弧形钢闸门为 8～12m；钢丝网水泥闸门为 6～8 m；小型水闸每孔为 2～4m。选定孔宽 b 后，则闸孔数目 $n=B_0/b$，n 值应取整数，当孔数较少（例如少于 6～8 孔）时，宜采用单孔数以便对称开启，有利于消能防冲。当孔数超过 6～8 孔时采用单、双孔数均可。

【例 7-1】 拟在某河道上修建节制水闸，其平面布置如图 7-8 所示。该闸趾处河床稳定，河岸土质较密实，地基为轻壤土。闸址处河底高程为 50.0m。考虑河道蓄水、排水的要求，闸底板顶高程定为 50.00m。该段河道底宽 27.0m，边坡 1∶2.5。根据规划资料，夏季洪水期，河道设计过水流量 72m^3/s，闸下相应的水位为 53.15m。水流过闸时，允许壅高 0.05～0.1m，河道平均流速约为 0.8m/s。试确定过设计水量时水闸闸孔宽度。

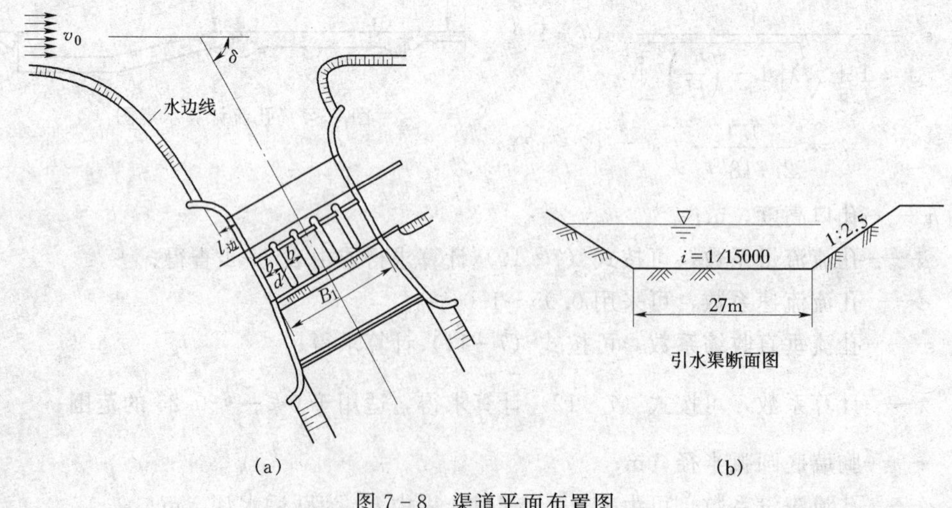

图 7-8　渠道平面布置图

解：

根据闸基土质及河道底高程等条件，选用宽顶堰型平底板，并设闸底板顶高程于 50.00m。

(1) 先判别宽顶堰堰流流态。

$$h_s/H=\frac{3.15}{3.200}=0.98>0.72$$

故过闸水流流态均为淹没宽顶堰堰流。

(2) 初拟闸孔总净宽为 17.50m，共分为 5 孔，每孔宽度 3.5m。中墩厚 0.8m，半圆形墩头。

其次用淹没式宽顶堰流对上述孔宽进行验算。

过设计流量时：上游水深 $H_1=3.2$m，外河流速 $v_1=0.8$m/s，故

$$H_{10}=H_1+\frac{\alpha v_1^2}{2g}$$

$$=3.2+\frac{1.0\times0.8^2}{19.6}=3.232(\text{m})$$

则

$$\frac{h_s}{H_{10}}=\frac{3.15}{3.232}=0.974$$

查表 7-2 得 $\sigma=0.52$，由于堰顶高程与渠底高程相同，故称无坎宽顶堰，流量系数 $m=0.385$。并先假设 $\varepsilon=0.96$。

将 σ、m 等值代入式 (7-1)，可求出闸孔总净宽 B 为

$$B=\frac{Q}{\sigma m\varepsilon\ \sqrt{2g}H_0^{3/2}}$$

$$=\frac{72.0}{0.52\times0.96\times0.385\times4.43\times3.232^{3/2}}=16.0(\text{m})$$

小于初拟的闸孔宽度，故可以采用 $B=17.5$m，并验算水闸实际过流量应大于洪水流量。

第三节 水闸的消能防冲

一、水闸的泄流特点及消能要求

河渠上修建水闸后，由于闸孔过水断面缩小，水流过闸时形成上下游水位差，使过闸水流具有较大的动能，产生较强的冲刷能力，而土质河床一般抗冲能力较低。因此，为了保证水闸的安全运行，必须采取适当的消能防冲措施。

(1) 平原水闸的上、下游水位多变，出闸水流形式多变。因此，消能设施应在各种水流条件下，均能满足消能的要求并与下游水流很好地衔接。

(2) 当水闸的上下游水位差较小时，会在下游形成波状水跃，消能效果差，水流保持急流流态，不易向两侧扩散，致使两侧产生回流，缩小河槽有效过水宽度，局部单宽流量增大，严重冲刷下游河道。水闸设计时应采取适当的消除波状水跃措施。如在水闸出流平台末端设置一道小槛，使水流越槛入池，促成底流消能。

(3) 一般水闸的宽度较上下游河道窄，水流过闸先收缩而后扩散。如工程布置或管理不当，容易使主流集中，蜿蜒冲击，形成折冲水流，冲毁消能防冲设施和下游河道。因此，在水闸设计布置时，应做好总体布置，闸上游渠（河）段要顺直，使水流平顺；闸下游翼墙扩散角不宜太大，使出闸水流逐渐扩散，两侧不产生回流；闸门启闭应制定并严格遵循合理的闸门操作规程。

二、水闸的消能防冲设施

平原水闸由于水头低、河床土体抗冲能力差，下游水位变幅又较大，故不能采用挑流式和面流式消能，通常采用底流式消能。底流式消能防冲设施一般由消力池、海漫和防冲槽等部分组成。

（一）消力池

消力池的作用是促使水流形成水跃，并保护地基免遭冲刷。其形式有挖深式、消力槛式和综合式三种。挖深式消力池，如图 7-9（a）所示，是最常用的，其优点是消能效果好，但要增加开挖量，对闸室稳定也不利；消力槛式消力池，如图 7-9（b）所示，施工简单，工程量也省，但容易引起二次水跃，对下游防冲不利；结合上述两种型式的消力池即为综合式消力池，如图 7-9（c）所示，就是既挖深又筑有低槛的消力池。

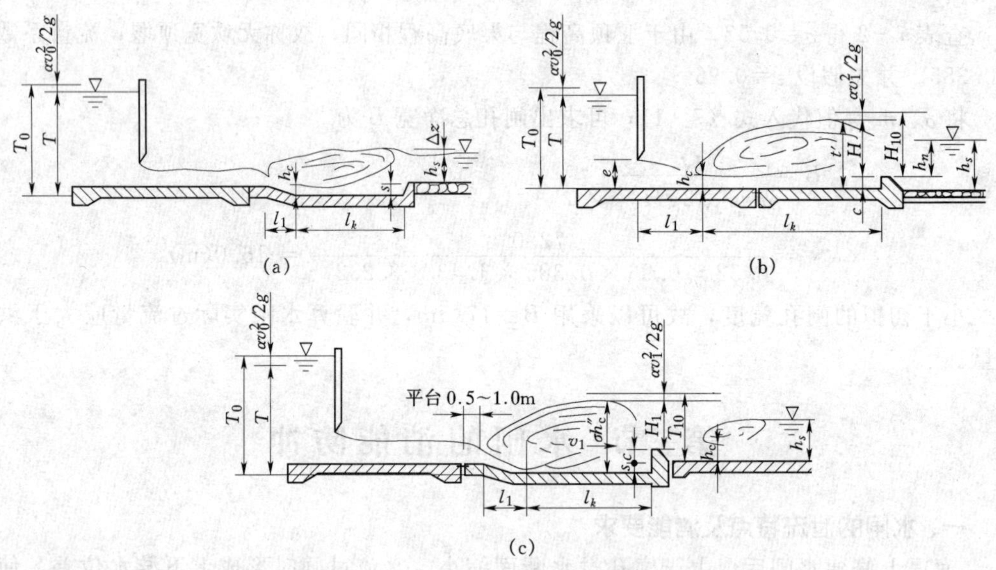

图 7-9 消力池型式

1. 消力池计算

消力池计算的主要内容是确定池深和池长，以保证消力池中能产生淹没式水跃，且使水跃不致从池中跃出。计算步骤为：首先分析下游水流的衔接形式，判断是否需要消力池，再选定消力池型式，经过水力试算，最终确定池深和池长。

(1) 消力池深 d 应满足

$$d=\sigma h''_c-(h_s+\Delta z) \tag{7-13}$$

式中 σ——水跃淹没系数，可采用 1.05~1.10；

h''_c——消力池中跃后水深，m；

h_s——下游河道水深，m；

Δz——出池水位落差，m。

（2）消力池长度 L。应容纳下水跃的长度，由于池的末端布置有尾槛，对水流具有限制作用，故池中水跃长度小于自由水跃长度 L_j，根据试验约减小 20%～30%。考虑一般消力池与闸室底板常用 1∶3～1∶4 的斜坡连接，计入斜坡的长度，则消力池长度为

$$L = l_s + l_k = l_s + (0.8 \sim 0.7)L_j \tag{7-14}$$

式中　l_s——消力池斜坡段水平投影长度，m；

L_j——平底渠的自由水跃长度，m，矩形断面非扩散二元水跃，$L_j = 6.9\ (h''_c - h_c)$，对扩散型或梯形水跃长度，按有关水力学公式计算。

（3）尾槛。设在消力池末端，用以壅高消力池内水深，稳定水跃，调整槛后水流流速分布，如图 7-10 所示，并加强水流平面扩散，以减小下游河床的冲刷。

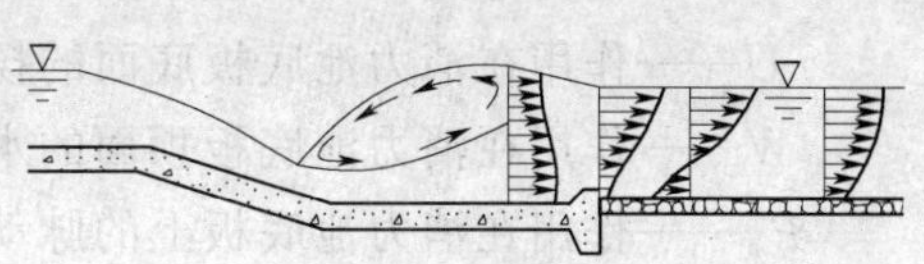

图 7-10　槛后水流流速分布示意图

尾槛的型式可分为连续式的实体槛［图 7-11（a）］和差动式的齿槛［图 7-11（b）］两大类。实体槛壅高池中水位的作用比齿槛好，也便于施工，一般采用较多。齿槛对调整槛后水流流速分布和扩散作用均优于实体槛，但其结构型式较复杂，当水头较高、单宽流量较大时易空蚀破坏，一般多用于低水头的中、小型工程。

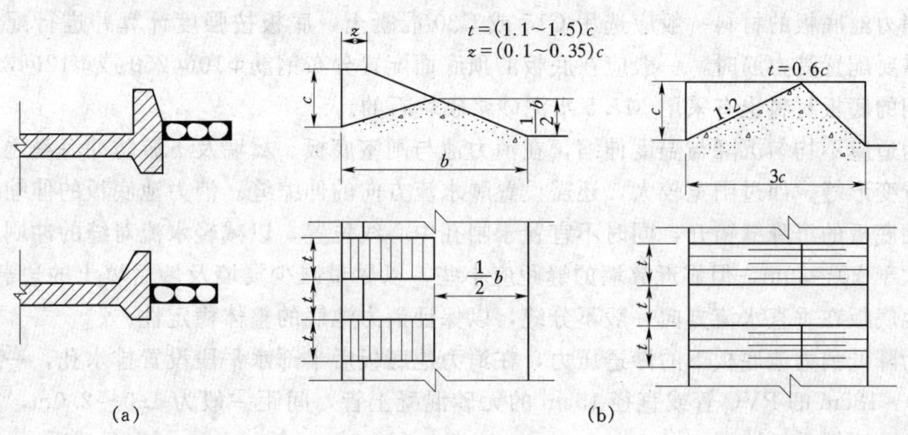

图 7-11　尾槛型式

（4）辅助消能工。为了提高消力池的消能效果，除尾槛外，还可设置消力墩、消力齿等辅助消能工，以加强紊动扩散，减小跃后水深，缩短水跃长度，稳定水跃和达到提高水跃消能效果的目的。消力墩最常用的是两排间错布置的消力墩。

2. 消力池构造

水闸泄流时，池内水流非常紊乱，池底作用有自身重力、水的重力、扬压力、脉动水压力及水流的冲击力，受力比较复杂，消力池结构必须具有足够的抗冲性、整体性

和稳定性。如果消力池底板不承受渗透压力，消力池底板厚度 t 根据抗冲要求，可用下式估算

$$t = k_1 q^{0.5} \Delta H'^{0.25} \tag{7-15}$$

式中　q——消力池单宽流量，$m^3/(s \cdot m)$；

$\Delta H'$——上下游水位差，m；

k_1——经验系数，常用 0.15～0.20（中小型小闸取用小值）。

当消力池底板承受渗透压力时，消力池底板应有足够的重力克服渗透压力，以免顶托浮起。消力池底板厚度 t 可用下式估算

$$t = k_2 \frac{U - W \pm P_m}{\gamma_b} \tag{7-16}$$

式中　k_2——消力池底板的安全系数，可采用 1.1～1.3；

U——作用在消力池底板底面的扬压力，kPa；

W——作用在消力池底板顶面的水重（水压力），kPa；

P_m——作用在消力池底板上的脉动压力，kPa，其值可取跃前收缩断面流速水头值的 5%，通常计算消力池底板前半部的脉动压力时取"+"号，计算消力池底板后半部的脉动压力时取"－"号；

γ_b——消力池底板材料的饱和容重，kN/m^3。

消力池底板厚度应采用式（7-15）、式（7-16）计算的大值。消力池底板厚度可以是等厚的，也可以在闸室端较厚，向下游逐渐减小厚度，消力池底板末端厚度可采用 $t/2$，但不应小于 0.5m。

消力池底板的材料一般应选用 C15 或 C20 混凝土，底板按强度计算并进行配筋，如果不需要配置受力筋时，一般应在底板的顶底面配置分布钢筋Φ10@250 或Φ12@250。小型水闸的底板材料也有采用 M7.5 水泥砂浆砌块石的。

为适应不均匀沉降与温度伸缩，在消力池与闸室底板、翼墙及下游防冲海漫之间，均应设置变形缝。如过闸宽较大，还需设置顺水流方向的伸缩缝。消力池底板的伸缩缝位置宜与闸底板的沉降缝错开，同时不宜置于闸孔中心线位置，以减轻水流对缝的冲刷。缝距应不大于 20～30m，但靠近翼墙的缝距应小些，以尽量减少翼墙及墙后填土的边载影响。消力池底板在垂直水流方向一般不分缝，以保证消力池底的整体稳定性。

为降低消力池底板下的渗透压力，在消力池底板后半部水平段设置排水孔，一般采用直径 8～12cm 的 PVC 管或直径 15cm 的无砂混凝土管，间距一般为 1.0～2.0m，梅花形布置，孔下铺设反滤层。

（二）海漫

水流经过消力池消能后，仍有较大的余能，水流紊动仍很剧烈，流速分布也未恢复到河渠正常状态，底部流速仍较大，具有一定的冲刷能力；故在消力池后面仍需采取防冲措施，海漫即是措施之一。海漫的作用是消减水流剩余水能，使水流均匀扩散，调整流速分布，如图 7-12 所示，并保护河床免遭冲刷。

1. 海漫长度

海漫长度取决于消力池出口的单宽流量、上下游水位差、地质条件、尾水深度及水流

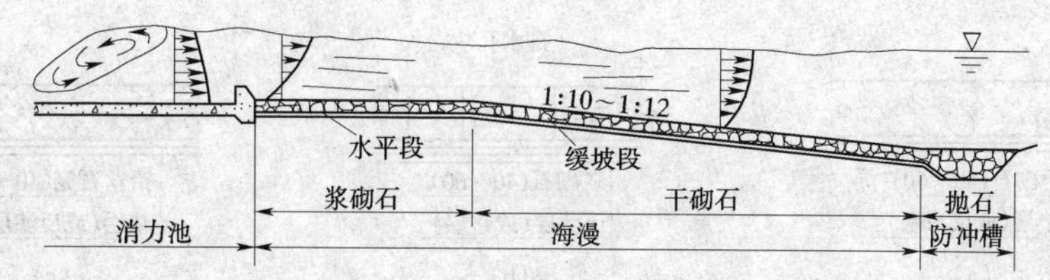

图 7-12 海漫布置示意图

扩散情况以及海漫本身的粗糙程度等因素。根据可能出现的最不利水位流量组合情况，可用下面的经验公式计算

$$L_p = K_s \sqrt{q_s \sqrt{\Delta H'}} \qquad (7-17)$$

（公式适用范围为$\sqrt{q_s \sqrt{\Delta H'}}=1\sim9$，在实际的水闸中一般均不会大于 9）

式中 L_p——海漫长度，m；

q_s——消力池末端单宽流量，$m^3/(s\cdot m)$；

K_s——海漫长度计算系数。当河床土质为粉砂、细砂时取 13～14，中砂、细砂及粉质壤土时取 11～12，粉质黏土时取 9～10，坚硬黏土时取 7～8。

2. 海漫的布置和构造

海漫的布置沿水流方向除在平面上向两侧扩散外，在剖面上可布置成水平的或前 1/3 段是水平的，后面 2/3 段是倾斜的，如图 7-12 所示。水平海漫适用于下游河床抗冲能力较强的情况，反之则采用倾斜海漫。倾斜段坡度以 1∶12～1∶10 为宜。

海漫的材料，主要是块石和混凝土。在构造上要求材料具有粗糙、抗冲、透水和柔韧等性能。粗糙的目的是有效消耗水流的余能；抗冲为的是保护河床；透水为的是消除底面的渗透压力；而柔韧的目的是使海漫能适应河床的变形。

由于海漫上水流的紊动余能向下游逐渐衰减，故海漫结构的强度也应前强后弱，通常在前段 1/3 左右海漫长度范围内多采用浆砌石或混凝土结构，后段多用干砌石结构。

（1）混凝土海漫。一般厚度为 10～20cm 的方形钢筋混凝土板，边长 200～500cm，如图 7-13（d）所示。为增强其稳定性，常用钢筋联系起来，抗冲流速可达 6～10m/s。为增加表面糙率，可采用斜面或垛式混凝土块结构型式，如图 7-13（e）、（g）所示。混凝土海漫的缺点是柔韧性较差，造价较高。

（2）浆砌块石海漫。块石直径大于 30cm，砌筑厚度一般为 40～60cm，如图 7-13（b）所示。浆砌块石海漫的抗冲流速 3～6m/s。浆砌块石海漫的缺点是透水和柔韧性较差。

（3）干砌块石海漫。块石的尺寸和砌筑厚度要求同浆砌块石，如图 7-13（a）所示。其最大优点是能适应河床变形，抗冲刷流速为 2.5～3.0m/s。干砌块石海漫的缺点是抗冲能力较差。

除了上述三种形式外，也有因地制宜的采用铅丝或铝合金丝石笼，如图 7-13（c）所示。这种形式施工方便，粗糙、抗冲、透水和柔韧等性能能较协调地发挥。

海漫下应设砂砾、碎石等垫层，以防止渗透水流带走基土。垫层层厚为 10～15cm，

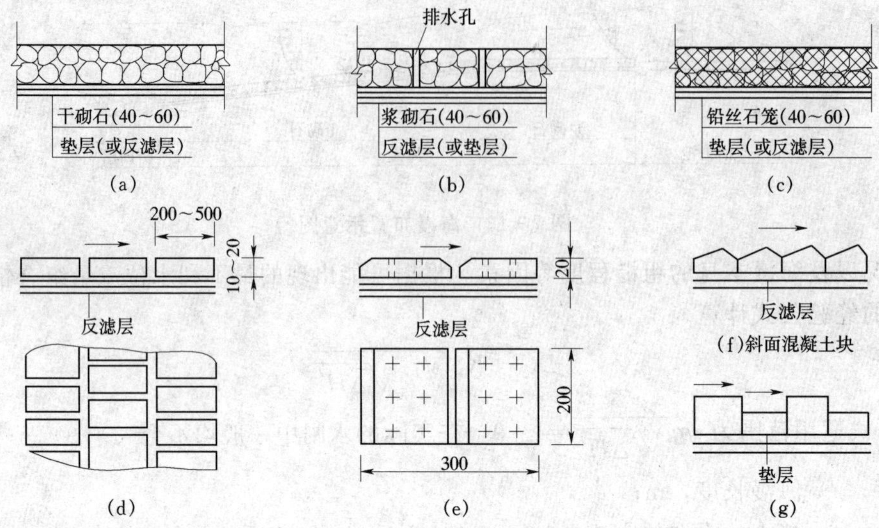

图 7-13 海漫构造图（单位：cm）

下铺 200～350g/m³的土工布 1～2 层；同时在海漫上设置排水通道。

（三）防冲槽

水流经过海漫后，能量得到进一步消除，但仍具有一定的冲刷能力，下游河床仍难免遭受冲刷，为了防护海漫，常在海漫末端挖槽抛石加固，形成防冲槽，旨在下游河床冲刷到最大深度（d_m）时，海漫仍不遭破坏，如图 7-15 所示。

防冲槽尺寸，可根据冲刷深度确定，冲刷深度（h_p）的计算公式如下：

$$h_p = 1.1 \frac{q_m}{[v_0]} \tag{7-18}$$

式中 q_m——海漫末端单宽流量，m³/（s·m）；

$[v_0]$——河渠土体允许不冲流速，m/s。

防冲槽顶面以下的冲刷深度 $d_m = h_p - h$，如图 7-14（a）所示。槽顶与海漫末端顶面齐平，槽底高程决定于开挖施工和堆（抛）石数量等条件。工程上多采用宽浅式梯形断面，槽顶与槽底的高差一般取 1.5～2.0m。

槽中堆石数量应能安全盖护冲刷坑上游坡。防冲槽的堆石断面（W）可按经验公式估算

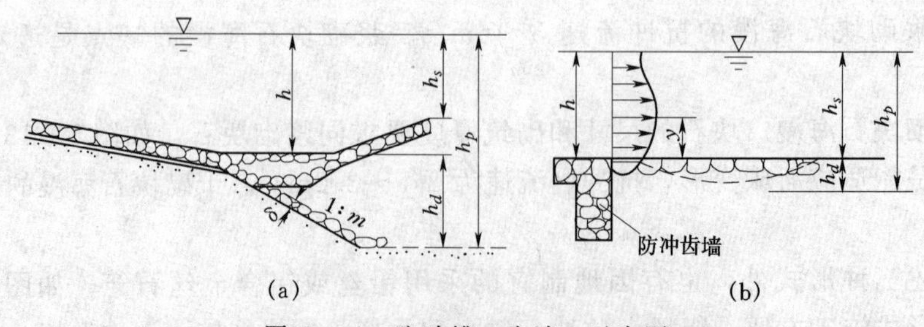

图 7-14 防冲槽（齿墙）示意图

（a）防冲槽；（b）防冲齿墙

$$W=\delta h_d\sqrt{1+m^2}\tag{7-19}$$

式中　h_d——海漫顶面以下的冲刷深度，m；

δ——堆石护面厚度，m，应按 $\delta \geqslant 0.5$m 选取；

m——坍落的堆石形成的边坡系数，可取 $m=2\sim4$。

对于冲刷深度较小的水闸，可采用 1～2m 深的防冲齿墙（渠系小型水闸可更小些，大于冻层深度即可），以代替防冲槽，如图 7-14（b）所示。

对于冲刷深度很大的水闸，建议采用板桩或地下连续墙，如图 7-15 来阻止冲刷坑向消力池方向推进，板桩或地下连续墙的深度不应小于 3 倍的（d_m）。

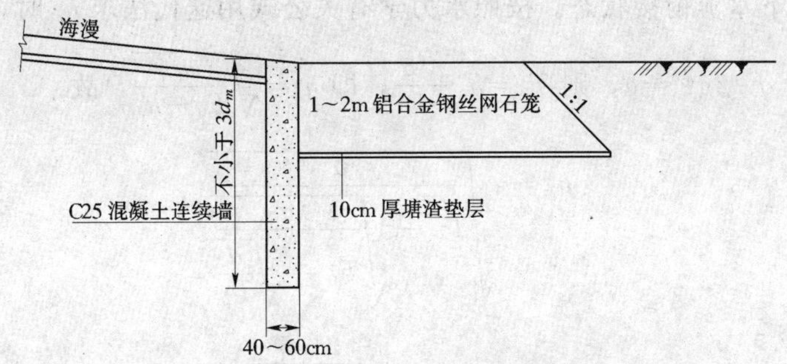

图 7-15　地下连续墙示意图

（四）上下游护坡及上游河床防护

上游水流流向闸室，流速逐渐加大，为了保证河床和河岸不受冲刷，闸室上游的河床和岸坡应采取相应的防护措施。与闸室底板连接的铺盖，主要是为防渗而设的，但因处于冲刷地段，其表层必须是防冲材料，如黏土铺盖必须加混凝土或浆砌块石等作护面，长度为 2～4 倍的设计水深。上游翼墙通常设于铺盖段，紧邻铺盖段河床和岸坡常用浆砌块石作护面，护面式样应与整条河道的护岸（坡）相协调，护砌长度常为 2～3 倍的设计水深。

水闸下游河床和岸坡防冲，除护坡、海漫、防冲槽和下游翼墙外，防冲槽以上两岸需护坡，其结构与海漫相协调，在防冲槽下游两岸还应护砌 4～6（小型水闸 2.5～4.0）倍设计水深的长度。护砌材料一般用干砌块石，护坡的式样也应与整条河道的护岸（坡）相协调。

三、消能防冲设计条件的选择

消能防冲的设计，应根据不同的控制运用情况，选用最不利的水位和流量组合。通常以过闸水流具有最大单宽能量 E（$E=\gamma\Delta Hq$，其中 γ 为水的容重，ΔH 为上下游水位差，q 为闸孔单宽流量）作为控制条件。闸门全开泄放最大流量时，上下游水位差较小，并不一定是控制条件。可能是上游高水位，闸门部分开启，泄放某一流量时，单宽能量最大，是控制条件。因此，设计时应结合安全运用、闸门操作管理和工程投资等因素，选择不同水位和不同闸门开度的组合，进行计算并分析比较确定控制条件。

合理的闸门操作管理，可以减轻水流对下游河床的冲刷。一般要求闸门尽可能均匀、分档、间歇地开启。如由于启闭设备或其他条件限制不能均匀开启时，则可分成 2～3 次

匀称地开启，每次开0.5～1.0m，但闸门初始开度，要控制在0.3～0.5m。闸门的启闭次序应按如下顺序进行：先中孔开0.3～0.5m，待下游水位升高后，再开启中孔两侧的闸孔0.3～0.5m，逐次开启，直至闸门全部开启。闸门关闭次序与闸门开启次序相反。

选取消能防冲设计条件时，应考虑水闸建成后上、下游河道可能发生淤积或冲刷等情况（使上、下游水位变动）对消能防冲措施产生的不利影响。

【例7-2】 利用［例7-1］的资料，并补充以下资料：水闸的最高挡水位53.75m，相应下游水位为51.0m；在此水位时，最大过闸流量控制为21.5m^3/s，并假定2孔发生故障，全部引水流量由其余3孔泄放。试计算该状态下的挖深式消力池池深。

(1) 检查闸下水流衔接状态。按照水力学有关公式用迭代法求 h_c 时，将式 $T_0=h_c+\frac{q^2}{2g\phi^2h_c^2}$ 转换。令 $q^2/2g\phi^2=\alpha$，则 $T_0=h_c+\frac{\alpha}{h_c^2}$，即 $h_c=\sqrt{\frac{\alpha}{T_0-h_c}}$，故

$$h_c=\sqrt{\frac{\alpha}{T_0-\sqrt{\frac{\alpha}{T_0-\sqrt{\frac{\alpha}{T_0}}}}}}$$

结合本例，取 $\phi=0.95$，则 $\alpha=\frac{q^2}{2g\phi^2}=\frac{\left(\frac{21.5}{24\times3/5}\right)^2}{19.6\times0.95^2}=0.126$ 代入上式，可得

$$h_c=\sqrt{\frac{0.126}{4.75-\sqrt{\frac{0.126}{4.75-\sqrt{\frac{0.126}{4.75}}}}}}=0.166$$

因 $Fr^2=\frac{q_c^2}{gh_c^3}=\frac{1.49^2}{9.8\times0.166^3}=49.50$，故得

$$h''_c=\eta_1h_c=9.45\times0.166=1.57(\text{m})>h_s=1.0(\text{m})$$

故需设消力池。

(2) 试求池深。试算时，令 $d=\sigma_0h''_c-h_s=1.05\times1.57-1.0=0.65$ (m)，取池深0.7m。此时 $T=4.75+0.7=5.45$ (m)，通过迭代法计算和查表，得 $h''_c=1.62$m。计算消力池深度为0.7m。同时，按消力池出口实际宽度 $B_1=27$m 计算行近流速为 $v_{10}=\frac{21.5}{1.05\times1.62\times27}=0.47(\text{m/s})<0.5(\text{m/s})$，行近流速水头甚小，可不予考虑。取 $\phi=0.95$，由前面的 ΔZ 式得出出池水流的水面降落值为 $\Delta Z=0.05$m（忽略流速水头项）。

由 $d=\sigma_0h''_c-h_s-\Delta Z=0.7$m，计算消力池深度为0.7m。并验算，满足 $\sigma_0=1.05\sim1.10$ 的要求。开启三孔泄放时，以隔孔开启为最好。如只开中间3孔，下游两侧回流会压缩主流，使单宽流量加大，对消能不利。不对称开启闸门，下游流态更加恶劣，应予避免。

以上计算是按闸孔出流在消力池内未扩散至全部池宽考虑的。如果5孔齐开，所需要的池深自然要小一些。

第四节　水闸的防渗排水设计

水闸的防渗排水设计任务是经济合理地拟定水闸的地下轮廓线的型式和尺寸，采取必要和可靠的防渗排水措施，以消除和减小渗流对水闸所产生的不利影响，保证闸基和两岸不产生渗透变形。

水闸防渗排水设计的步骤一般是：根据水闸作用水头的大小、地基地质条件和闸下游排水设施等因素，初步拟定地下轮廓线和防渗排水设施的布置；通过渗流计算，验算地基土的抗渗稳定性并确定闸底所受的渗透压力；如果满足水闸抗滑稳定的要求，又不致产生渗透变形破坏，初步拟定的地下轮廓线即可采用。否则，需进一步修改设计，直至满足要求为止。

一、闸基防渗长度的确定

如图 7-16 所示，水闸水流在上下游水位差 ΔH 的作用下，经地基向下游渗流，并从消力池底板的排水孔等处排出。上游铺盖、板桩、水闸底板及部分消力池底板等不透水部分与地基的接触线，即图中折线（0-1-2…14-15-16）是闸基渗流的第一根流线，称为地下轮廓线，其长度称为闸基防渗长度。

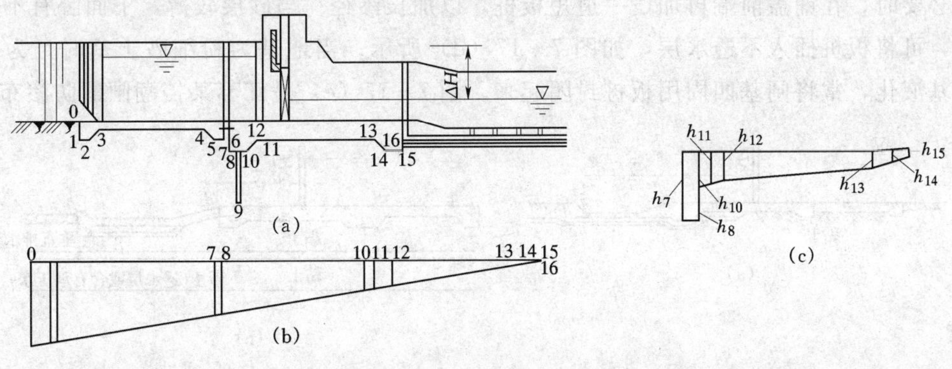

图 7-16　防渗长度示意图

根据实践经验，为防止闸基渗流破坏，防渗长度 L 与闸上下游水头差 ΔH 至少应保持一定的比例，即

$$L \geqslant C\Delta H \tag{7-20}$$

式中　C——允许渗径系数，见表 7-6。当闸基设板桩时，可采用表 7-6 中所列规定的小值。

表 7-6　　渗径系数 C 的取值

排水条件 \ 地基类别	粉砂	细砂	中砂	粗砂	中、细砾	粗砾夹卵石	轻粉质砂壤土	轻砂壤土	壤土	黏土
有反滤层	13～9	9～7	7～5	5～4	4～3	3～2.5	11～7	9～5	5～3	3～2
无反滤层	—	—	—	—	—	—	—	—	7～4	4～3

二、闸基地下轮廓线的布置

闸基防渗长度初步确定后，可根据地基特性，参考已建工程的经验进行闸基地下轮廓线的布置。

同其他水工建筑物一样，闸基防渗设计也遵循“高防低排”的原则，即在高水位侧采用铺盖、板桩、齿墙等防渗设施，用以延长渗径减小渗透比降和闸底板下的渗透压力；在低水位侧设置排水设施如排水孔、减压井等与低水位侧沟通，使地基渗水尽快地排出，减少底板下渗透压力，增加闸室水平抗滑稳定性，并防止渗流逸出处产生渗透变形。

地下轮廓布置与地基土质有密切关系，现分述如下：

(1) 黏性土地基。黏性土具有黏聚力，不易产生管涌，但摩擦系数较小。因此，布置地下轮廓时，主要考虑降低闸底渗透压力，以提高闸室稳定性。防渗措施常采用水平铺盖。排水设施可前移到闸底板下，以降低底板上的渗透压力并有利于黏土加速固结，如图7-17 (a) 所示。当黏性土地基内夹有承压透水层时，应考虑设置垂直排水，如图7-17 (b) 所示，以便将承压水引出，以提高闸基的稳定性。

(2) 砂性土地基。砂性土粒间无黏结力，易产生管涌，防止渗透变形是其考虑的主要因素；砂性土摩擦系数较大，对减小渗透压力要求相对较小。当砂层很厚时，可采用铺盖与板桩相结合的型式，排水设施布置在消力池底板的末端，如图7-17 (c) 所示。

必要时，在铺盖前端再加设一道短板桩，以加长渗径；当砂层较薄，下面卧有不透水层时，可将板桩插入不透水层，如图7-17 (d) 所示；当地基为粉细砂土基时，为了防止地基液化，常将闸基四周用板桩封闭起来。图7-17 (e) 是江苏某挡潮闸的防渗布置。

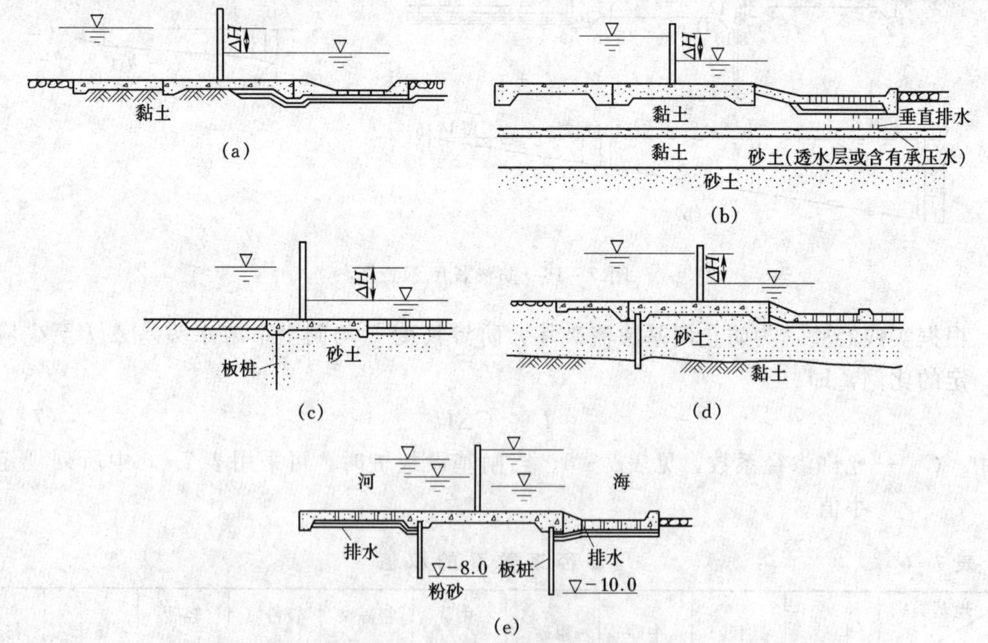

图7-17 闸基地下轮廓线地布置

(a) 黏性土闸基；(b) 黏性土闸基下含有承压透水层；(c) 砂层厚度较深时；(d) 砂层厚度较浅时；(e) 易液化粉细砂土地基

三、闸基渗流计算

闸基渗流计算的目的，在于求解渗透压力、渗透坡降，并验证地基土在初步拟定的地下轮廓线和排水布置是否满足要求。常用的渗流计算方法有流网法、直线法及改进阻力系数法。

1. 流网法

对于边界条件复杂的渗流场，很难求得精确的渗流理论解，工程上往往利用流网法确定任一点的渗流要素。流网绘制的基本原理及绘制方法，如图 7-18（a）所示，参阅水力学有关章节。

2. 直线比例法

直线比例法是假定渗流沿地下轮廓流动时，水头损失沿程按直线变化。

直线比例法有勃莱法和莱因法两种。

（1）勃莱法。将地下轮廓线予以展开，按比例绘一直线，在渗流开始点 1 作一长度为 ΔH 的垂线，并由垂线顶点用直线和渗流逸出点 8 相连，即得地下轮廓展开成直线后的渗透压力分布图。任一点的渗透压力 h_x，如图 7-18（c）所示，可按比例得出

$$h_x = \frac{\Delta H}{L}x$$

（2）莱因法。根据工程实践，莱因法认为水流在水平方向流动和垂直方向流动，消能的效果是不一样的，后者为前者的 3 倍。在防渗长度展开为一直线时，应将水平渗径除以 3，再与垂直渗径相加，即得折算后的防渗长度。然后按直线比例法求得各点渗透压力，如图 7-18（d）所示。

从图 7-18（*b*）中可以看出，由流网法求得的渗透压力呈曲线分布，与直线法求得的结果相比较，在底板的上游部分偏小，而在下游部分则偏大。莱因法考虑垂直渗径的消

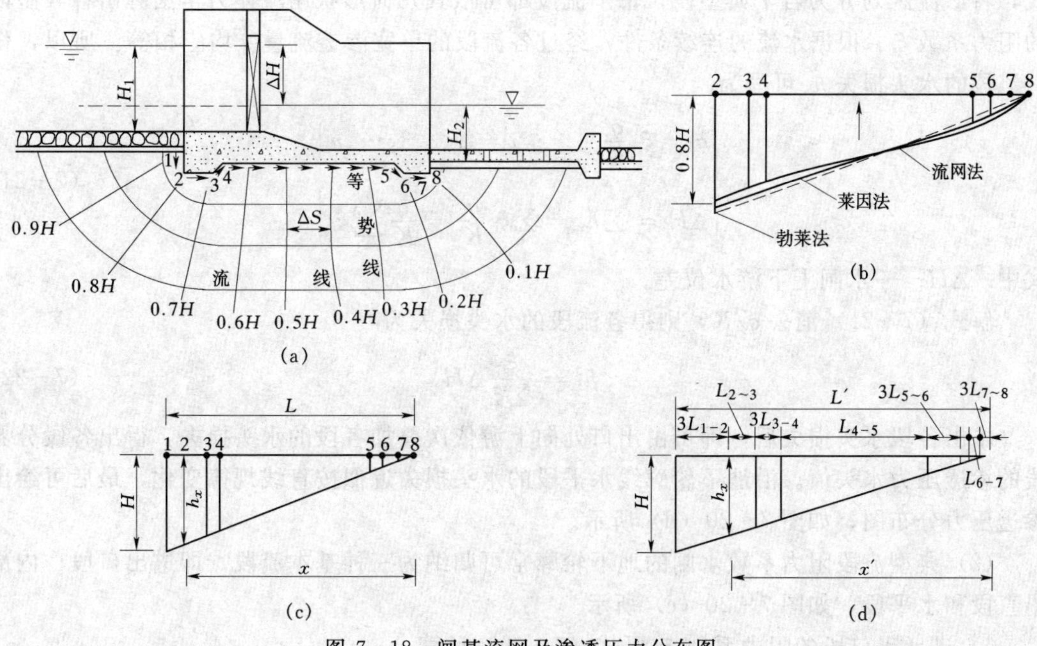

图 7-18　闸基流网及渗透压力分布图

能效果为水平渗径的 3 倍，仅是经验概略数值，确切的倍数应随板桩长度及其位置不同而异。但该法毕竟考虑了两种渗径的不同消能效果，较勃莱法前进了一步。

从图 7-18 (*b*) 也可看出更接近流网法。直线比例法计算结果与实际情况有一定出入，但因计算简便，故可在地下轮廓布置简单、地基又不复杂的低水头的小型水闸设计中，用来计算底板的渗透压力和平均渗透坡降。

3. *改进阻力系数法*

改进阻力系数法是在独立函数法、分段法和阻力系数法等方法的基础上综合发展起来的一种精度较高的近似计算方法。

(1) 基本原理。如图 7-19 所示，有一简单的矩形渗流区。渗流段长度为 L，透水层厚度为 T，两断面间的水头差为 h。根据达西定律，渗流区的单宽渗流量 q 为

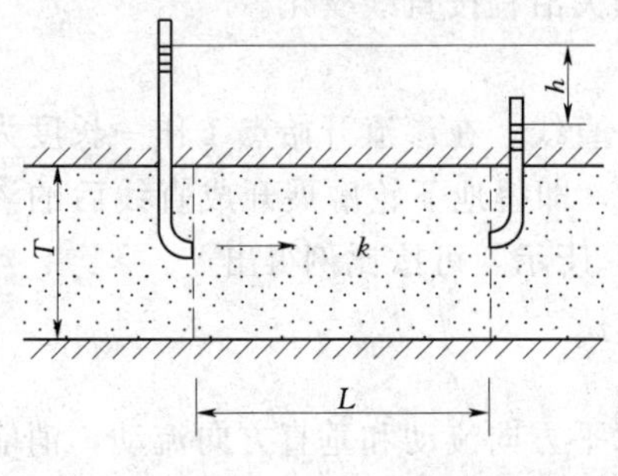

图 7-19　基本原理示意图

$$q = K\frac{h}{L}T \quad 或 \quad h = \frac{Lq}{TK}$$

$$令\ \frac{L}{T} = \xi，则得\ h = \xi\frac{q}{K}$$

式中，ξ 为渗透区域的阻力系数。

显然，ξ 只与渗透区域的几何形状有关，是渗流边界条件的函数，ξ 的大小表示各分段相对防渗效果的大小。

对于比较复杂的地下轮廓，先将实际的地下轮廓进行适当简化，使之成为铅直和水平的两个主要部分，如图 7-20 (a)、(b) 所示。简化时出口处的齿墙或短板桩的入土深度应予保留，以便得出实际的出口坡降。根据简化了的地下轮廓线各角点及板桩尖端的等势线，将渗流区划分为若干典型段，每个流段都可依其几何形状用流体力学法算出各典型段的阻力系数 ξ_i。根据水流的连续条件，经过各流段的单宽渗透流量 q 均应相等。所以，任一流段的水头损失 h_i 可写为

$$\begin{cases} h = \xi_i\dfrac{q}{K} & i = 1、2、3、\cdots、n \\ \Delta H = \sum h_i = \sum \xi_i \dfrac{q}{K} = \dfrac{q}{K}\sum\limits_{i=1}^{n}\xi_i \end{cases} \tag{7-21}$$

式中　ΔH——水闸上下游水位差。

解式 (7-21) 消去 q/K，则得各流段的水头损失为

$$h_i = \frac{\xi_i}{\sum \xi_i}\Delta H \tag{7-22}$$

求出各段水头损失后，即可由出口处向上游依次叠加各段的水头损失，得出各段分界线的渗透压力水头值。沿地下轮廓线水平段的水头损失近似按直线规律变化，最后可绘出渗透压力分布图，如图 7-20 (d) 所示。

(2) 典型流段阻力系数水闸的地下轮廓常可归纳为三种基本流段，即进出口段、内部铅直段和水平段，如图 7-20 (c) 所示。

1) 进、出口段的阻力系数 ξ_0 可式 (7-29) 计算

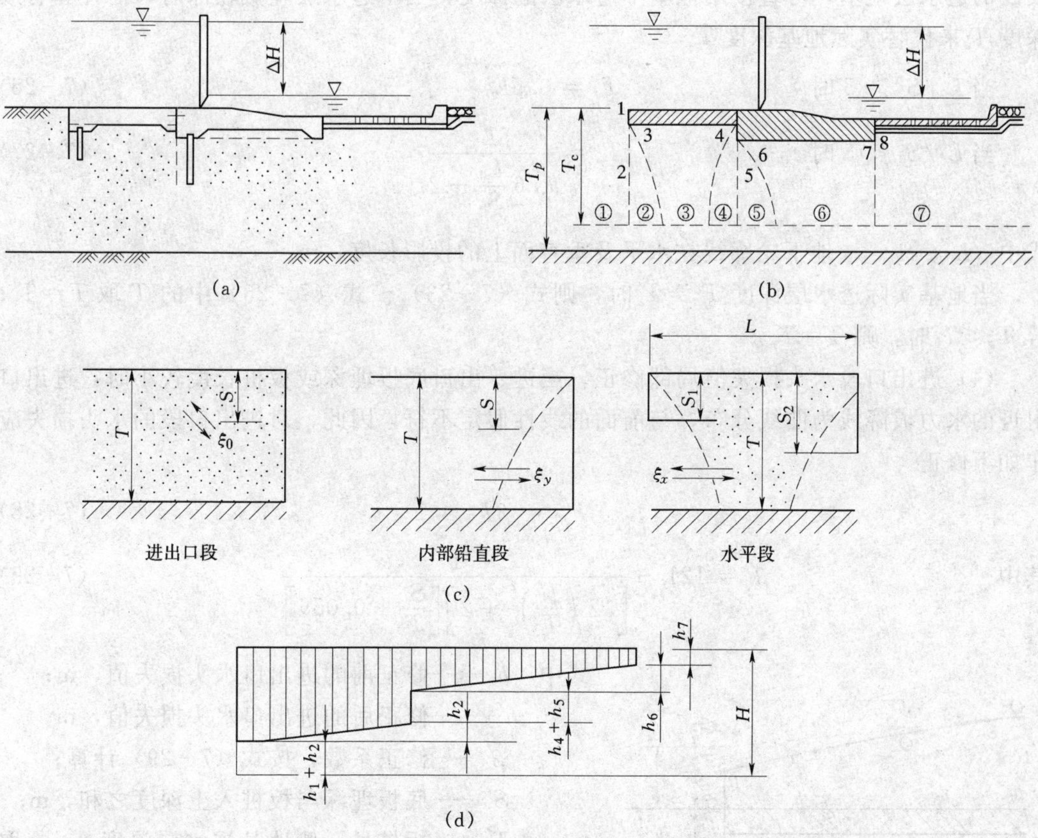

(a)　　(b)

进出口段　　内部铅直段　　水平段

(c)

(d)

图 7-20　改进阻力系数法计算图

$$\xi_0 = 1.5\left(\frac{S}{T}\right)^{1.5} + 0.441 \tag{7-23}$$

式中　S——板桩或齿墙的入土深度，m；

T——地基透水层深度，m。

2）内部垂直段的阻力系数 ξ_y 按下式计算

$$\xi_y = \frac{2}{\pi}\ln\cot\left[\frac{\pi}{4}\left(1-\frac{S}{T}\right)\right] \tag{7-24}$$

3）水平段的阻力系数 ξ_x 按下式计算

$$\xi_x = \frac{L - 0.7(S_1 + S_2)}{T} \geqslant 0 \tag{7-25}$$

式中　L——水平段长度，m；

S_1、S_2——两端板桩或齿墙的入土深度，m，如图 7-20（c）所示。

按上式求得 $\xi_x<0$ 时，表明水平段长已小于两端板桩长度的影响长度，水平段已不具有渗流阻力，可取 $\xi_x=0$。

（3）地基有效深度的计算。计算各典型流段阻力系数时的透水层深度 T 的取值，对

较浅的透水层地基，可直接用地基不透水层的深度；当不透水层埋藏较深时，需计算有效深度 T_e 来代替实际地基深度 T_p。

当 $L_0/S_0 \geqslant 5$ 时
$$T_e = 0.5L_0 \tag{7-26}$$

当 $L_0/S_0 < 5$ 时
$$T_e = \frac{5L_0}{1.6\frac{L_0}{S_0}+2} \tag{7-27}$$

式中　L_0、S_0——地下轮廓线在水平及垂直面上的投影长度，m。

当地基实际透水层深度 $T_p > T_e$ 时，则式（7-23）～式（7-25）中的 T 取 $T=T_e$；若 $T_p < T_e$ 时，则 $T=T_p$。

（4）进出口段水头损失值局部修正。当进、出口底板埋深或板桩长度较小时，进出口附近的水力坡降线为曲线分布，与前面的线性假定不符，因此，对进出口段的水头损失应作如下修正

$$h'_0 = \beta' h_0 \tag{7-28}$$

其中
$$\beta' = 121 - \frac{1}{\left[12\left(\frac{T'}{T}\right)^2+2\right]\left[\frac{S'}{T}+0.059\right]} \tag{7-29}$$

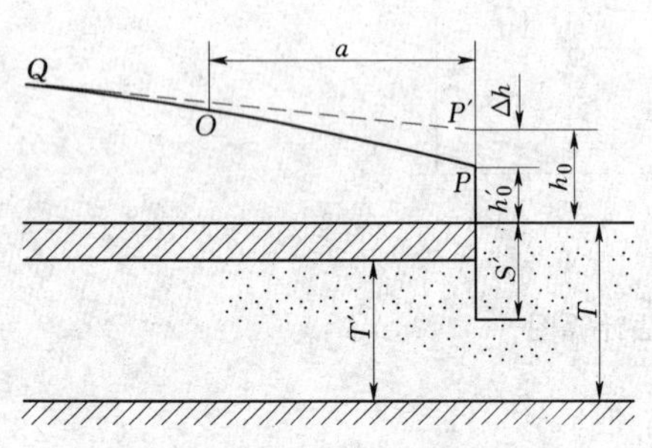

图 7-21　进出口段水头损失值和渗透坡降的局部修正

式中　h_0——修正前的进出口水头损失值，m；

h'_0——修正后的进出口水头损失值，m；

β'——修正系数，按式（7-29）计算；

S'——底板埋深与板桩入土深度之和，m；

T'——板桩另一侧地基透水层深度，m，取值同有效深度的计算方法，如图 7-21 所示。

经式（7-28）修正后，水头损失的减小值 Δh，按下式计算

$$\Delta h = (1-\beta')h_0 = h_0 - h'_0 \tag{7-30}$$

水力坡降的影响范围 a 可用下式进行计算

$$a = \frac{\Delta h}{\Delta H/\sum \xi_i}T \tag{7-31}$$

渗流坡降线的修正可按图 7-21 进行，图中 QP' 为原来的渗流坡降线，QOP 曲线为修正后的渗流坡降线。

对于进、出口段齿墙不规则部位的水头损失修正方法可参见《水闸设计规范》（SL 265—2001）。

（5）渗透坡降 J 的验算。水平段渗透坡降为 $J_x = h_i/L$，其数值应小于表 7-7 中的规定值。出口渗透坡降按下式计算，数值也应小于表 7-7 中的规定值。

$$J_0 = \frac{h'_0}{S'} \tag{7-32}$$

表 7-7　　水平段和出口段允许渗流坡降值

地基类别	容许坡降值		地基类别	容许坡降值	
	水平段 $[J_x]$	出口段 (J_0)		水平段 $[J_x]$	出口段 (J_0)
粉砂	0.05～0.07	0.25～0.30	砂壤土	0.15～0.25	0.40～0.50
细砂	0.07～0.10	0.30～0.35	壤土	0.25～0.35	0.50～0.60
中砂	0.10～0.13	0.35～0.40	软黏土	0.30～0.40	0.60～0.70
粗砂	0.13～0.17	0.40～0.45	坚硬黏土	0.40～0.50	0.70～0.80
中砾、细砾	0.17～0.22	0.45～0.50	极坚硬黏土	0.50～0.60	0.80～0.90
粗砾夹卵石	0.22～0.28	0.50～0.55			

注　当渗流出口处设反滤层时，表列数值可加大 30%。

【例 7-3】　用改进阻力系数法进行闸基的渗流计算。

用［例 7-2］的有关资料：挡水时，假设水闸最大水头差 $\Delta H=5.0$m，及闸底板顶高程 50.0m；根据地基钻探报告：闸基土质在高程 50.00～40.5m 之间为砂壤土，渗透系数 $K_1=2.4\times10^{-4}$cm/s；高程 40.50m 以下为黏壤土，渗透系数 $K_2=2.5\times10^{-6}$cm/s。因 $K_2/K_1=2.5\times10^{-6}/2.4\times10^{-4}=1.04\times10^{-2}$，故认为高程 40.5m 以下的黏壤土是不透水的。

地基为砂壤土，闸底板顺水流方向长度可取（2.0～3.5）×5.0m，现取底板长度为 2.5×5.0=12.5（m）。底板上、下游端均设齿墙、齿墙底宽分别为 1.5m 及 1.0m。

铺盖：选用混凝土铺盖。长度参考现有工程实践资料，采用 10.0m；厚度为 0.4m。铺盖上、下游端设齿墙，齿墙底宽 0.6m，齿深 0.5m。

板桩：采用钢筋混凝土板桩、黏壤土表层距底板齿墙底为 48.4－40.5=7.90（m），采用“悬挂式”位于上游齿墙底中部，距齿墙上、下游端各 0.75m，入土深度为 4.4m（未计入桩顶伸进齿墙内的长度 0.2m 和桩尖部分的长度 0.4m）。

排水设施：为减小作用于闸底板上的渗透压力，将排水尽量靠上游布置，将其置于底板之后的护坦下面，而首部紧接底板下游齿墙。

按上述布置，可绘出用改进阻力系数法计算各渗流要素的计算简图（图 7-22）。

解：1. 阻力系数的计算

(1) 有效深度的确定。由于 $L_0=10+12.5=22.5$（m），$S_0=50-44.00=6.0$（m），

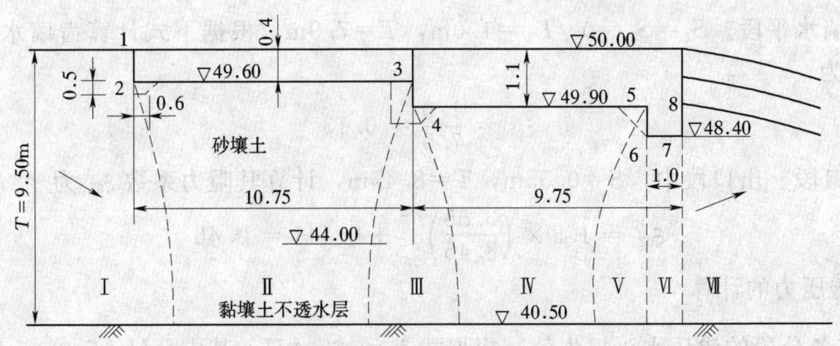

图 7-22　改进阻力系数法计算图（单位：m）

故 $\frac{L_0}{S_0}=\frac{22.5}{6.0}=3.75<5$，按下式计算 T_e

$$T_e=\frac{5L_0}{1.6\frac{L_0}{S_0}+2}=\frac{5\times 22.5}{1.6\times 3.75+2}=14.1(\mathrm{m})>T=50.00-40.5=9.5(\mathrm{m})$$

故按实际透水层深度 $T=9.5\mathrm{m}$ 进行计算。

(2) 简化地下轮廓。将地下轮廓划分成7个渗流区段，如图7-22所示。

(3) 计算阻力系数。

1) 进口段。将齿墙简化为短板桩，板桩入土深度为0.5m，铺盖厚度为0.4m。故 $S_1=0.5+0.4=0.9$ (m)，$T_1=9.5\mathrm{m}$；而另一侧的 $S_2=0.5\mathrm{m}$，$T_2=9.1\mathrm{m}$。按下式计算进口段阻力系数 ξ_{01} 为

$$\xi_{01}=\left[1.5\times\left(\frac{S_1}{T_1}\right)^{3/2}+0.441\right]+\left[\frac{2}{\pi}\ln\cot\frac{\pi}{4}\left(1-\frac{S_2}{T_2}\right)\right]$$

$$=\left[1.5\times\left(\frac{0.9}{9.5}\right)^{3/2}+0.441\right]+\left[\frac{2}{\pi}\ln\cot\frac{\pi}{4}\left(1-\frac{0.5}{9.1}\right)\right]=0.58$$

2) 铺盖水平段。$S_1=0.5\mathrm{m}$，$S_2=5.6\mathrm{m}$，$L_1=10.0\mathrm{m}$，按下式计算铺盖水平段阻力系数 ξ_{x1} 为

$$\xi_{x1}=\frac{L_1-0.7(S_1+S_2)}{T}=\frac{10.0-0.7(0.5+5.6)}{9.1}=0.63$$

3) 板桩垂直段。$S_1=5.6\mathrm{m}$，$T_1=9.1\mathrm{m}$，$S_2=4.9\mathrm{m}$，$T_2=8.4\mathrm{m}$，根据下式计算板桩垂直段阻力系数 ξ_{y1} 为

$$\xi_{y1}=\frac{2}{\pi}\left[\ln\cot\frac{\pi}{4}\left(1-\frac{S_1}{T_1}\right)+\ln\cot\frac{\pi}{4}\left(1-\frac{S_2}{T_2}\right)\right]$$

$$=\frac{2}{\pi}\left[\ln\cot\frac{\pi}{4}\left(1-\frac{5.6}{9.1}\right)+\ln\cot\frac{\pi}{4}\left(1-\frac{4.9}{8.4}\right)\right]=1.43$$

4) 底板水平段。$S_1=4.9\mathrm{m}$，$S_2=0.5\mathrm{m}$，$L_2=12.0-1.0=11.0\mathrm{m}$，$T=8.4\mathrm{m}$，故底板水平段阻力系数 ξ_{x2} 为

$$\xi_{x2}=\frac{11.0-0.7(4.9+0.5)}{8.4}=0.86$$

5) 齿墙垂直段。$S=0.5\mathrm{m}$，$T=8.4\mathrm{m}$。根据下式计算齿墙垂直段的阻力系数 ξ_{y2} 为

$$\xi_{y2}=\frac{2}{\pi}\left[\ln\cot\frac{\pi}{4}\left(1-\frac{0.5}{8.4}\right)\right]=0.06$$

6) 齿墙水平段。$S_1=S_2=0$，$L_3=1.0\mathrm{m}$，$T=7.9\mathrm{m}$，根据下式计算齿墙水平段的阻力系数 ξ_{x3} 为

$$\xi_{x3}=\frac{1.0}{7.9}=0.13$$

7) 出口段。出口段中，$S=0.55\mathrm{m}$，$T=8.45\mathrm{m}$，计算其阻力系数 ξ_{02} 为

$$\xi_{02}=1.5\times\left(\frac{0.55}{8.45}\right)^{3/2}+0.441=0.46$$

2. 渗透压力的计算

(1) 求各分段的渗压水头损失值。根据式 $h_i=\frac{\xi_i}{\sum\xi_i}\Delta H$，其中 $\Delta H=5.0\mathrm{m}$，且

$$\sum_{i=1}^{7}\xi_i = 0.58 + 0.63 + 1.43 + 0.86 + 0.06 + 0.13 + 0.46 = 4.15$$

1）进口段：$h_1 = \frac{\xi_1}{\sum\xi_i}\Delta H = \frac{5.0}{4.15}\times 0.58$

$= 1.205\times 0.58 = 0.70$（m）

2）铺盖水平段：$h_2 = 1.205\times 0.63 = 0.76$（m）

3）板桩垂直段：$h_3 = 1.205\times 1.43 = 1.72$（m）

4）底板水平段：$h_4 = 1.205\times 0.86 = 1.04$（m）

5）齿墙垂直段：$h_5 = 1.205\times 0.06 = 0.07$（m）

6）齿墙水平段：$h_6 = 1.205\times 0.13 = 0.16$（m）

7）出口段：$h_7 = 1.205\times 0.46 = 0.55$（m）

（2）进、出口水头损失值的修正。

1）进口处修正系数 β_1 按式（7-29）计算。

$$\beta_1 = 1.21 - \frac{1}{\left[12\left(\frac{T'}{T}\right)^2 + 2\right]\left[\frac{S}{T} + 0.059\right]}$$

$$= 1.21 - \frac{1}{\left[12\left(\frac{9.1}{9.5}\right)^2 + 2\right]\left[\frac{0.9}{9.5} + 0.059\right]} = 0.71$$

$\beta_1 = 0.71 < 1.0$，应予修正。进口段水头损失值应修正为

$$h'_1 = \beta_1 h_1 = 0.71\times 0.70 = 0.50\ (\text{m})$$

进口段水头损失减小值为

$$\Delta h_1 = 0.70 - 0.50 = 0.20\ (\text{m}) < h_2 = 0.85\ (\text{m})$$

故铺盖水平段水头损失值应修正为

$$h'_2 = h_2 + \Delta h_1 = 0.85 + 0.20 = 1.05\ (\text{m})$$

2）出口处修正系数 β_2 为

$$\beta_2 = 1.21 - \frac{1}{\left[12\left(\frac{7.9}{8.45}\right)^2 + 2\right]\left[\frac{0.55}{8.45} + 0.059\right]} = 0.56 < 1$$

出口段水头损失应修正为

$$h'_7 = \beta_2 h_7 = 0.56\times 0.55 = 0.31(\text{m})$$

$$\Delta h_7 = 0.55 - 0.31 = 0.24(\text{m}) > h_6 + h_5 = 0.23(\text{m})$$

按相应公式修正各该段的水头损失值为

$$h'_6 = 2h_6 = 2\times 0.16 = 0.32(\text{m})$$

$$h'_5 = 2h_5 = 2\times 0.07 = 0.14(\text{m})$$

$$h'_4 = h_4 + \Delta h_7 - (h_6 + h_5)$$

$$= 1.04 + 0.24 - (0.16 + 0.07) = 0.72(\text{m})$$

验算　$\Delta H = \sum h' = 0.50 + 0.96 + 1.72 + 1.05 + 0.14 + 0.32 + 0.31 = 5.0$（m）

计算无误。

(3) 计算各角隅点的渗压水头。由上游进口段开始，逐次向下游从作用水头值相继减去各分段水头损失值（也可由下游出口段从零开始向上游逐段累加各分段水头损失值），即可求得各角隅点的渗压水头值：

$H_1=5.0$ (m)；$H_2=5.0-0.50=4.5$ (m)；

$H_3=4.5-0.96=3.54$ (m)；$H_4=3.54-1.72=1.82$ (m)；

$H_5=1.82-1.05=0.77$ (m)；$H_6=0.77-0.14=0.63$ (m)；

$H_7=0.63-0.32=0.31$ (m)；$H_8=0.31$ (m)。

3. 闸底板水平段渗透坡降和渗流出口处坡降的计算

(1) 渗流出口处平均坡降按式 (7-32) 计算为

$$J_0=\frac{h'_0}{S'}=\frac{0.31}{0.55}=0.56$$

满足相关要求。

(2) 底板水平段平均渗透坡降为

$$J_x=\frac{h'_4}{L_2}=\frac{0.72}{8.75}=0.082$$

满足相关要求。

4. 绘制渗压水头分布图

根据以上算得的渗压水头值，并认为沿水平段的水头损失呈线性变化，即可绘出如图 7-23 所示的渗压水头分布图。

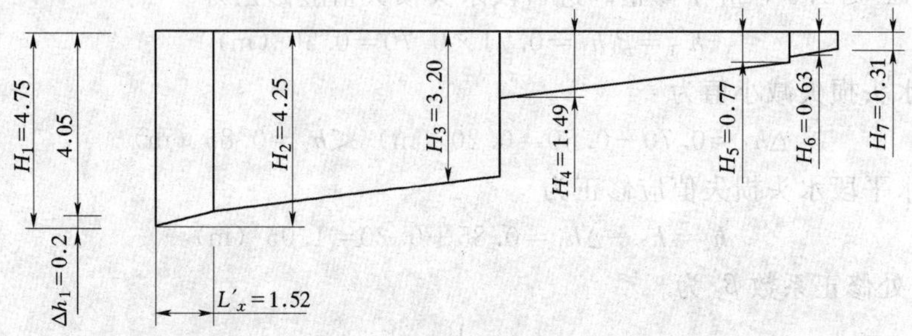

图 7-23　渗压水头分布图（单位：m）

图中进口处渗压水头修正范围按式 (7-31) 计算

$$L'_x=\frac{\Delta h}{\frac{\Delta H}{\sum\xi_i}}T=\frac{0.20}{\frac{5.0}{4.15}}\times 9.1=1.51(\text{m})$$

四、防渗排水设施

(一) 防渗设施

防渗设施主要有两类，即水平防渗和竖向防渗，水平防渗以铺盖为主，竖向防渗有板桩、地下连续墙和齿墙等。

1. 铺盖

铺盖设在闸底板上游侧，主要用以延长渗径，以降低渗透压力和渗透坡降；同时具有

防冲作用。铺盖应具有不透水性、柔性和抗冲性。铺盖的长度根据闸基防渗需要确定，一般采用上、下游最大水位差的3～5倍。常用的材料有黏土、壤土、黏土混合土、沥青、混凝土、钢筋混凝土和防渗土工膜等。

(1) 黏土及壤土铺盖。通常采用渗透系数 $K=10^{-7}\sim10^{-9}$m/s 的黏性土，且要求其渗透系数小于地基渗透系数的1/100。铺盖厚度上游端小，一般要求不小于0.60m，靠近闸底板处应适当加厚，同时任一断面的厚度 δ 必须满足渗流要求，计算方法见第四章第七节。

铺盖与闸底板连接处，底板应作向上游的倾斜面，以利铺盖与之很好贴紧，并在其两者闸铺设油毡，以防产生接触冲刷，如图7-24所示。为了防止铺盖发生干裂、冻胀及施工时遭破坏，在铺盖表面铺设0.15～0.2m砂砾石垫层，其上铺设0.3～0.5m厚的干砌块石护面，以防水流的冲刷。

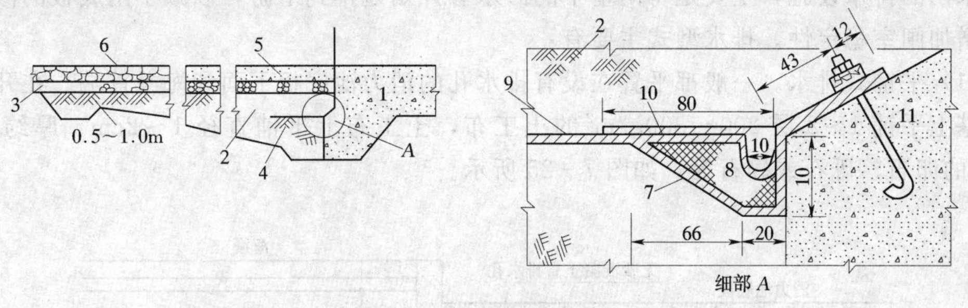

图7-24　黏土铺盖细部构造（单位：cm）

1—闸底板；2—黏土；3—垫层；4—沥青油毡；5—混凝土板保护；6—砌石保护；7—二层沥青油毡，每层0.5cm；8—沥青填料；9—六层沥青油毡，每层0.5cm；10—木盖板；11—钢筋Φ6@75（$l=50$）

(2) 混凝土、钢筋混凝土铺盖。当缺乏作铺盖的土料，或水头较高的水闸，多用混凝土铺盖，是目前广泛运用的一种形式。混凝土强度等级一般用C15或C20，当然，要符合混凝土设计规范，板厚约为0.30～0.60m。在黏性土地基上，混凝土的渗透系数值要求为 $10^{-7}\sim10^{-11}$m/s，允许渗透坡降大致为［J］<20～30。铺盖与底板接触的一端应适当加厚，并用沉降缝分开，顺水流向也应设沉降缝，缝距一般为15～20m，缝中均设止水。

2. 板桩

一般设在闸底板的高水位端，用以延长渗径，减少闸底板下的渗透压力。设在闸底板下游端的短板桩主要是用以减小逸出渗透坡降。板桩入土最大深度一般为闸上水头的0.6～1.0倍。当透水层较浅时，板桩可插入相对不透水层0.5～1.0m。

板桩按材料的不同，有木板桩、钢筋混凝土板桩及钢板桩等几种。木板桩过去应用较广，常用长3～5m，板厚8～12cm的松木板，适宜于砂土地基。钢筋混凝土板桩是应用较为广泛的一种，地基的适应性较强，一般现场预制，厚10～15cm，宽50～60cm，长5～7m，如图7-28所示。钢板桩在我国目前使用较少，随着经济的发展，建筑物标准的提高，钢板桩的应用将会越来越广泛。

为避免闸室沉降引起板桩开裂，板桩与底板的连接要求采用柔性连接，主要方式有两种：一种是把板桩紧靠底板的前缘，顶部嵌入黏土铺盖一定的深度，适用于闸室沉降较大

而板桩尖已插入坚实地层的情况；另一种是软接头，将板桩顶部嵌入底板中特设的凹槽内，并在桩顶填沥青，以适应闸室的沉降并保证其不透水性。

3．塑性混凝土地下连续墙

塑性混凝土具有低弹性模量的特点，能较好地适应闸室沉降引起的地基变形。作为防渗墙用的塑性混凝土弹性模量要求小于10MPa，厚度一般为40～60cm，深度根据防渗要求确定。施工方法可采用明挖开槽、开槽机或钻孔法等。

4．齿墙

闸底板上、下游端一般均设有浅齿墙，如图7－17所示，用作延长渗径，并有增加闸身抗滑稳定性和防止地基被冲刷的作用，齿深0.50～1.5m。若进一步加深就形成了深齿墙。

5．排水设施

水闸的排水设施，主要是将闸基中的渗水有计划地排到下游，以减小闸底板的渗透压力，增加闸室稳定性。排水型式主要有：

(1) 平铺式排水。一般都平置在设有排水孔的消力池底板下面和海漫首端。在开挖好的地基上平铺1～2层200～300g/m²的土工布，土工布上平铺直径1～2cm、厚约15～30cm的卵石、砾石或碎石等，如图7－25所示。

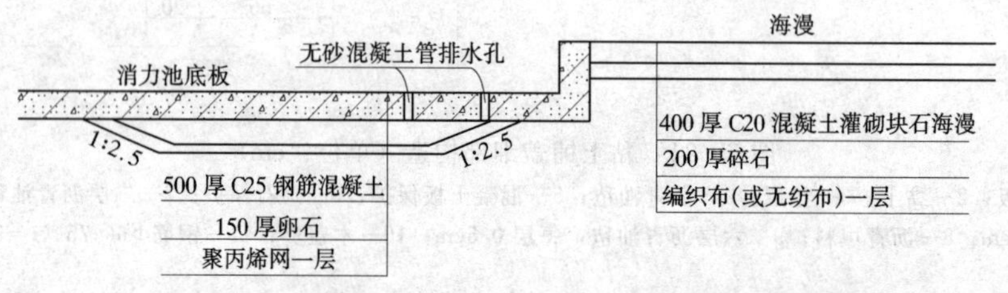

图7－25 平铺式排水示意图（单位：mm）

(2) 铅直排水。常用于地基下面有承压透水层处。将排水井伸入到该层内0.3～0.5m，引出承压水，达到降压的目的。排水井的井径一般为0.3m左右，间距约为3m或更大，并内填滤料。

(3) 水平带状排水。多用于岩基上。

第五节 闸室的布置与构造

一、底板

常用的闸室底板有水平底板和低实用堰底板两种类型，前者用的较多。当上游水位较高，而过闸单宽流量又受到限制时，可将堰顶抬高，做成低实用堰底板。

对多孔水闸，为适应地基不均匀沉降和减小底板内的温度应力，需要沿水流方向用横缝（温度沉降缝）将闸室分成若干段，每个闸段可为单孔、两孔或三孔，如图7－26（a）所示。横缝设在闸墩中间，闸墩与底板连在一起的，称为整体式底板。整体式底板闸孔两侧闸墩之间不会出现过大的不均匀沉降，对闸门启闭有利，用得较多。整体式底板常用实心结构；当地基承载力较差，如只有 30～40kPa 时，则需考虑采用刚度大、重量轻的箱式底板。

整体式底板顺水流方向长度应根据闸室上部结构布置、抗滑稳定和地基应力分布要求而定，上下游水位差越大，地基条件越差，则底板越长。初步拟定时，对砂砾土和砾石地基可取（1.5～2.0）ΔH，砂土和砂壤土可取（2.0～2.5）ΔH；黏壤土可取（2.0～3.0）ΔH；黏土可取（2.5～3.5）ΔH。底板厚度必须满足强度和刚度的要求。大中型闸可取闸孔净宽的 1/5～1/8，一般为 1～2m，最薄不小于 0.6m，渠系小型水闸可薄至 0.3m。混凝土除满足强度和限裂要求外，还应根据所在场合的工作条件、地区气候和环境等情况，分别满足抗渗、抗冻、抗侵蚀、抗冲刷等耐久性的要求。

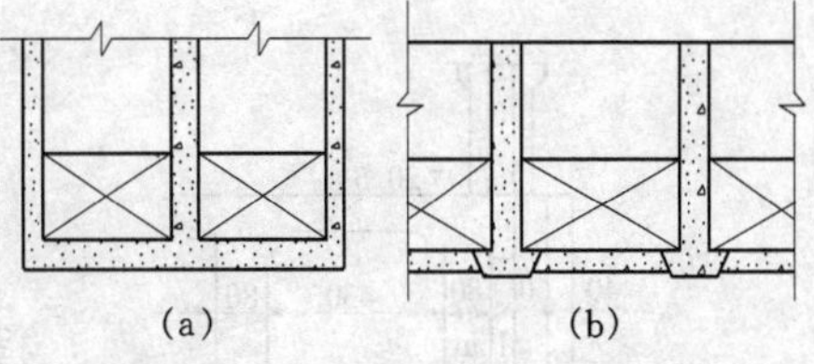

图 7-26　闸底板的型式

分离式底板，如图 7-26（b）所示，一般适用于土质较好的砂土及砂壤土地基。在软土地基或地震区建造水闸时，可在闸墩下设桩基，则分离式底板不承受闸室结构重量，但有防冲、防渗及稳定的要求，底板厚度应满足底板在渗透压力作用下，自身重力能保持稳定。分离式底板可用混凝土或浆砌块石建造。若用浆砌块石时，应在块石上再浇一层 15cm 的 C20 混凝土，使底板表层平整，并有利于抗冲和抗渗。施工时，应先浇注闸墩和砌筑浆砌块石底板，待闸室沉降接近稳定时，再浇表层混凝土。

二、闸墩

闸墩材料常用混凝土、少筋混凝土或浆砌块石。闸墩端部形状，常采用半圆形、流线形和尖角形，小型水闸墩尾也有做成矩形的。闸墩的长度应满足结构布置要求，一般与底板等长或稍短于底板，如上、下游均短于底板 0.2～0.5m，这样有利于闸墩的施工。闸墩高程应保证最高水位以上有足够的超高，以防水流漫溢闸顶。超高值等于波浪中心线超过静水位的高度、波浪高度以及安全超高下限值的总和。顶高程确定时，还应考虑闸室沉降、闸前河渠淤积、潮水位壅高等影响，在防洪堤上的水闸闸顶高程应不低于两侧堤顶高程。下游部分的闸顶高程可适当降低，但应保证下游的交通桥梁底高出最高泄洪水位 0.5m 及桥面能与闸室两岸道路衔接。为节省闸的工程量和造价，也可采用框架的结构型式，如图 7-27 所示。

闸墩厚度必须满足稳定和强度要求，并与闸门型式及闸门跨度等有关。初选时可参考表 7-8 拟定。

表 7-8　　闸墩厚度 d 参考表

闸孔净宽 b_0 (m)	闸墩厚度 d (m)		备　注
	中　墩	缝　墩	
小跨度（3～6）	0.5～1.0	2×0.4～2×0.6	
中跨度（6～12）	0.8～1.4	2×0.6～2×0.8	
大跨度（>12）	1.2～2.5	2×0.8～2×1.5	

平面闸门门墩厚度决定于工作门槽颈部的厚度和门槽深度。门槽颈部厚度的最小值为

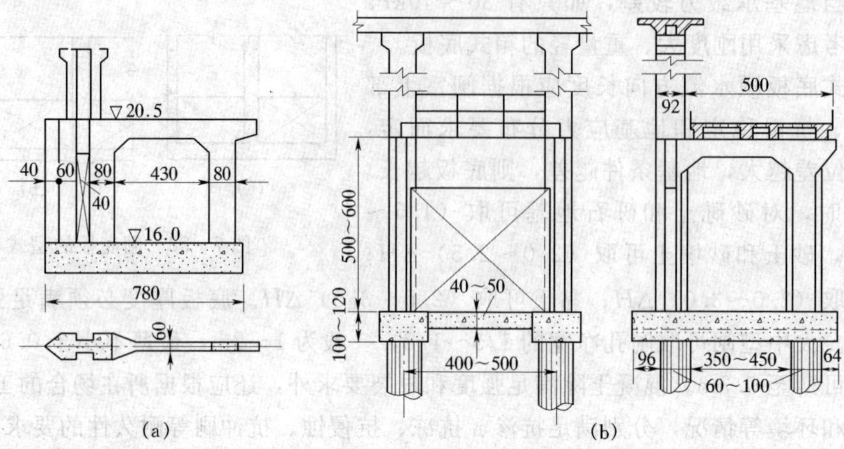

图 7-27　框架结构型式的桥墩（单位：cm）

0.4m（渠系水闸可取 0.2m）。工作门槽尺寸根据闸门的尺寸决定，一般工作门槽深度为 0.2～0.3m，门槽宽度为 0.5～1.0m（视闸门支承方式决定）；检修门槽深约 0.15～0.20m，宽约 0.15～0.30m。检修门槽至工作门槽的净距离为 1.5～2.0m，以便于检修操作。

门槽位置一般在闸墩中部偏高水位一侧，有时为了利用水重增加闸室稳定，也可把门槽设在闸墩中部偏低水位一侧。

三、胸墙

布置在闸门上方，和闸门一起挡水的板式结构称胸墙。胸墙顶部高程与闸墩顶齐平，胸墙底缘高程的确定，应以不影响泄水为原则，一般高于泄流水面 0.1～0.2m，如果有通航、过木及排冰的要求，还要满足相应的净空要求。

胸墙相对于闸门的位置，取决于闸门的型式。对于弧形闸门，胸墙位于门的上游侧；对于平面闸门，可设在闸门上游侧或下游侧。前者止水结构较复杂，顶止水容易漏水，且易磨损，但有利于闸门启闭，钢丝绳也不易锈蚀。

胸墙一般为钢筋混凝土结构。当跨度较小时，可采用等厚或上小下大的楔形板，最小板厚不小于 0.15～0.20m，如图 7-28（a）所示。大跨度闸孔可采用梁板式结构，如图 7-28（b）所示。板厚不小于 12cm，上梁高度（水平向）约为闸孔净宽的 1/12～1/15；梁宽常取 40～80cm；底梁高度约为孔净宽的 1/6～1/9，梁宽 60～120cm，以保证有足够的刚度。当胸墙高、跨度均较大时，可增设横梁及竖梁形成助形结构；也可采用拱形或钢丝网水泥波形、折板形结构等，如图 7-28（c）所示。

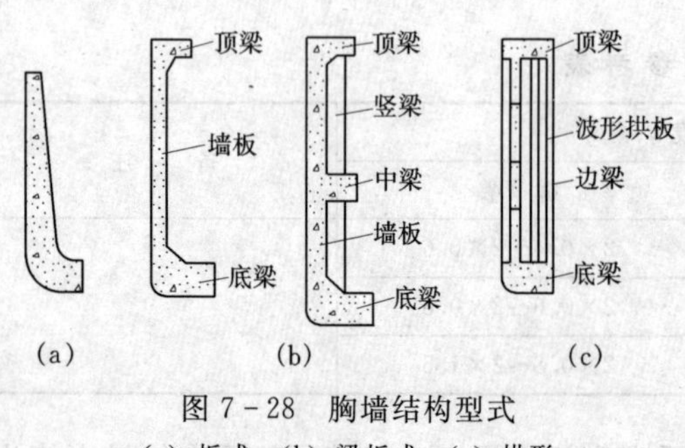

图 7-28　胸墙结构型式
（a）板式；（b）梁板式；（c）拱形

胸墙的支承方式有简支和固结两种。简支胸墙与闸墩分开浇筑，缝闸设止水，简支胸墙断面尺寸较大。固结式胸墙与闸墩整浇在一起，以增加闸室的整体性，但易在连接处的迎水面产生裂缝。

四、工作桥

工作桥供安设启闭机和操作启闭设备之用，常设置在闸墩上。若工作桥较高时，宜在闸墩上另建支墩或排架支承工作桥。桥的高程必须在水闸下泄最大流量时，能使闸门脱离水面。工作桥的梁底至堰顶的净空高度 h 由下式估算

$$h = h_1 + h_2 + e \tag{7-33}$$

式中　h_1——相应于最大泄流量的堰顶水深，如有胸墙则为孔口高度；

h_2——直升平面门的高度（包括附件高度如门顶的滑轮等），如是弧形门或升卧门，则为闸门旋转时所需要的净空高度；

e——安全加高，可取 0.5～1.0m。

初步确定桥高时，平面门可取门高的两倍再加 1.0～1.5m 的超高值，并满足闸门能从闸门中取出检修的要求。若用活动式启闭机，桥高可低些，但亦应大于 1.7 倍门高。升卧闸门的桥高为平面直升门高的 70%。弧形门则视闸门吊点位置等情况而定，一般要比平面门的工作桥低得多。

工作桥面宽度应满足安置启闭机所需宽度外，还应在两侧各留 0.6～1.2m 以上的通道，以供操作及设置栏杆之用。采用卷扬式启闭机时，宽度采用 3～5m；螺杆式启闭机（30～100kN）时，宽度 1.5～2.5m。

工作桥结构型式视水闸规模而定。大中型水闸一般采用现浇钢筋混凝土结构，为改善工作桥的工作条件，往往在工作桥上修建启闭机房，高度不小于 3.50m，如图 7-29 所示。

五、交通桥

建造水闸时，应考虑交通桥的设置以供汽车、拖拉机、行人等通过。交通桥的位置应根据闸室稳定及两岸交通连接等条件确定，一般布置在低水位侧。桥面宽度按交通要求确定，公路桥单车道净宽 4.5m，双车道净宽 7m；拖拉机桥 3.5～4.0m，生产桥 2.0～2.5m，如图 7-29 所示。

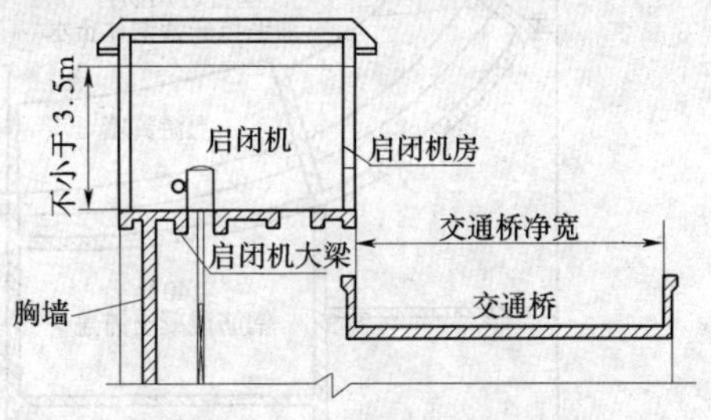

图 7-29　工作桥和交通桥

六、分缝和止水

1. 分缝

水闸沿垂直水流方向每隔一定距离，必须设置沉降缝予以分开，以免闸室因地基不均匀沉降及伸缩变形而产生裂缝。缝的间距岩基上不宜超过 20m，土基上不宜超过 35m，缝宽 2～3cm。

整体式底板的沉降缝，一般设在闸墩中间，将水闸分为若干个独立部分，例如一跨、二跨或三跨为一联，任一独立部分有不均匀沉降时，仍能正常工作。在靠近岸墙处，为了减轻岸墙及墙后填土对闸室的不利影响，最好采用一跨或二跨一联，然后再接以三跨一联，如图 7-30（a）所示。若地基条件较好，也可将缝设在底板上，如图 7-30（b）所示，这样可以减少缝墩工程量，且还减小底板的跨中弯矩。

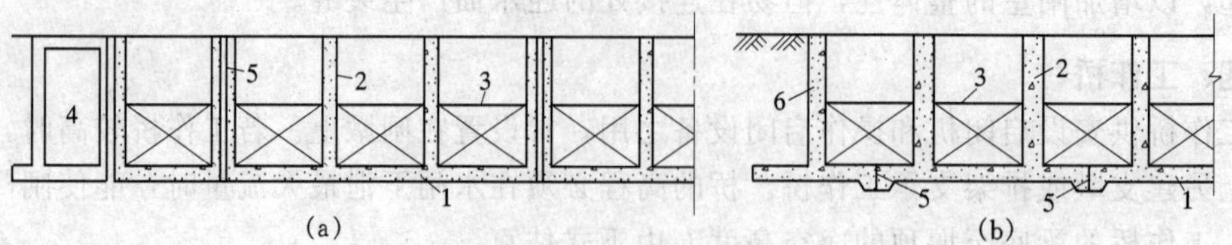

图 7-30　闸室分缝布置图

(a) 闸域分缝；(b) 底板分缝

1— 底板；2 —闸墩；3—闸门；4— 岸墙；5—沉降缝；6—边墩

分离式底板中，闸墩与底板设缝分开。

除了上述闸室分缝外，凡相邻结构荷重相差悬殊或结构较长、面积较大的地方，都需设缝分开。如在铺盖与水闸底板连接处、翼墙与边墩及铺盖连接处、消力池底板与闸底板、翼墙连接处都要设沉降缝，当混凝土铺盖及消力池底板面积较大时，也要设沉降缝。

2. 止水

凡具有防渗要求的缝，都应设止水。按照止水设备的方向，有铅直止水和水平止水两种。前者设在缝墩中、边墩与翼墙之间以及各段翼墙之间等。后者设在铺盖、消力池底板与闸底板、翼墙之间，闸底板与铺盖、消力池底板间的分缝处等，如图 7-31 所示。

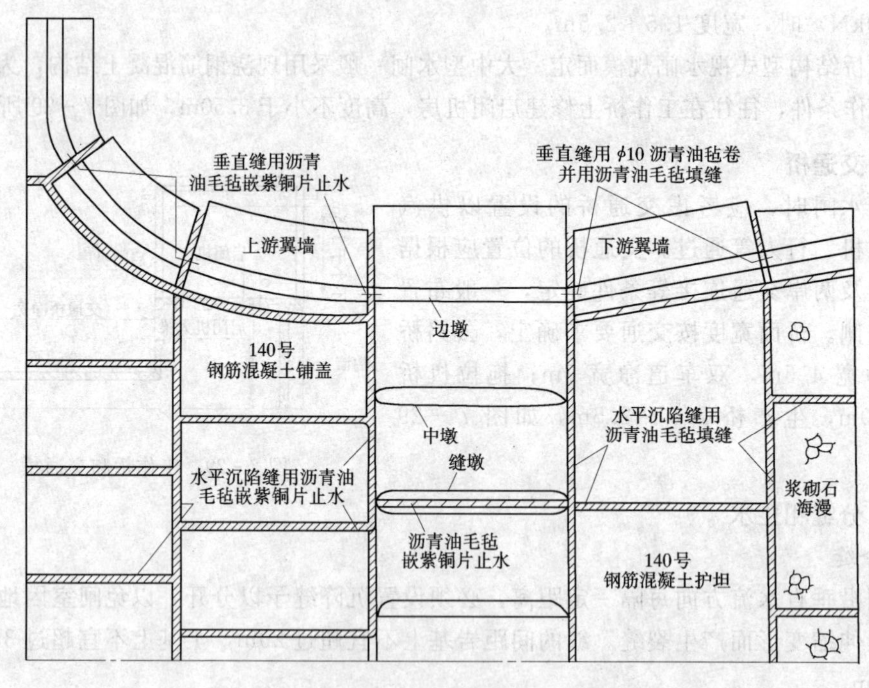

图 7-31　分缝与止水平面位置示意图

铅直止水多采图 7-32 的构造型式。图 7-32 (a) 型止水构造简单，适用不均沉降较小或防渗要求较低的接缝（如翼墙之间）；图 7-32 (b)、(c)、(d) 型止水能较好地适应地基不均匀沉降，多用在防渗要求较高的接缝。图 7-32 (d) 型设有沥青止水井，其中埋有加热管，可熔化沥青，保证止水效果，在沥青井上下游两端设有角铁或镀锌铁片，以

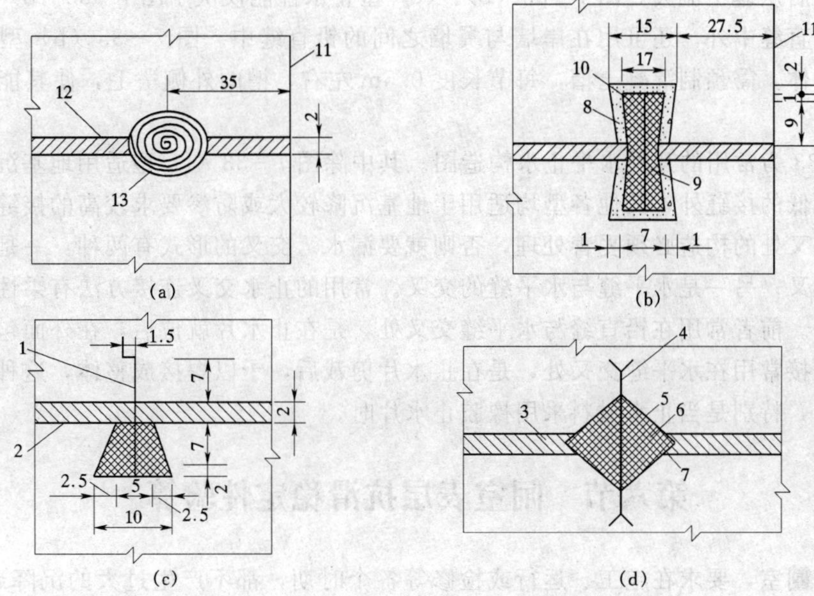

图 7-32　铅直止水构造图

1—紫钢片或镀锌铁片厚 1mm，宽 18cm；2—两侧各 2.5mm 沥青油毛毡，其余为 1.2mm 沥青席；3—沥青油毛毡及沥青杉板；4—金属止水片；5—沥青填料；6—加热设备；7—角铁（或镀锌铁片）；8—预制混凝土板；9—垂直止水宽 180m；10—灌沥青；11—临水面；12—沥青油毛毡伸缩缝；13—ϕ10mm 沥青油毛毡

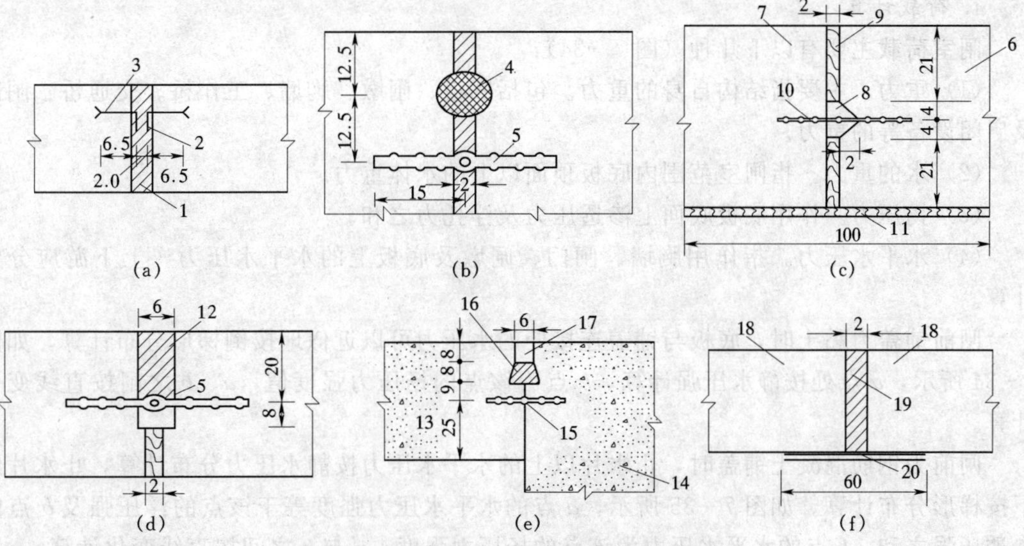

图 7-33　水平止水布置示意图

1—沥青油毛毡伸缩缝；2—灌 3 号松香沥青；3—紫铜片厚 1mm（或镀锌铁片厚 1.2mm）；4—ϕ7 沥青麻绳；5—塑料止水片；6—先浇铺盖；7—后浇铺盖；8—沉陷槽；9—沥青杉木板厚 1.5cm；10—橡胶止水片；11—三层麻袋涂沥青；12—沥青砂嵌缝；13—小底板；14—大底板；15—止水橡皮；16—沥青；17—二期混凝土；18—消力池底板；19—沥青油毛毡；20—三层麻袋两层油毡浸沥青

防沥青熔化后从缝中流失。图 7－33（b）、(c）型止水性能仅次于图 7－33（d）型，除可用在闸墩铅直缝中外，还可用在岸墙与翼墙之间的铅直缝中。图 7－33（b）型止水适于浆砌块石墙体，需预制混凝土槽，每节长度 0.5m 左右，槽的外侧凿毛，使其能与砂浆结合良好。

图 7－33 为常用的几种水平止水构造图。其中除图 7－33（f）型适用地基沉降较小或防渗要求较低的接缝外，其他各型均适用于地基沉降较大或防渗要求较高的接缝处。

止水交叉处的构造必须妥善处理，否则就要漏水。交叉的形式有两种：一是铅直缝与水平缝的交叉；另一是水平缝与水平缝的交叉。常用的止水交叉连接方法有柔性连接和刚性连接两种。前者常用在铅直缝与水平缝交叉处，是在止水片就位后，在外面包以沥青块体。刚性连接常用在水平缝交叉处，是在止水片剪裁后，予以焊接成整体，这种方法目前被普遍采用，特别是当止水材料采用橡胶止水片时。

第六节　闸室表层抗滑稳定性验算

水闸的闸室，要求在施工、运行或检修等各个时期，都不产生过大的沉降或沉降差；不致沿地基表面发生水平滑动；不致因基底压力的作用使地基发生剪切破坏而失稳。因此，必须验算闸室在各种荷载条件下的稳定性，以确保水闸能安全、可靠地运行。验算时，对于未分缝的小型水闸，一般取整个闸室（包括边墩）作为计算单元。对于设置了沉降缝的水闸，可取两沉降缝闸的独立工作闸段进行验算。

一、荷载及其组合

1. 荷载计算

闸室荷载主要有以下几种（图 7－34）：

(1）重力。主要指结构自身的重力。包括底板、闸墩、胸墙、工作桥、交通桥、闸门及启闭设备等的重力。

(2）水的重力。指闸室范围内底板顶面以上的水体重力。

(3）扬压力。作用底板底面上渗透压力及浮托力之和。

(4）水平水压力。指作用胸墙、闸门、闸墩及底板上的水平水压力。上下游应分别计算。

闸前铺盖为黏土时，底板与铺盖连接处的水压力可以近似地按倒梯形分布计算。如图 7－34 所示，a 点处按静水压强计算，b 点为该点的扬压力强度值，a、b 之闸按直线变化计算。

闸前为钢筋混凝土铺盖时，止水片以上的水平水压力按静水压力分布计算，止水片以下按梯形分布计算。如图 7－35 所示，a 点的水平水压力强度等于该点的浮压强及 b 点的渗透压强之和。b 点的水平水压力为该点的扬压力强度。a 与 b 之间按直线变化计算。

底板上下游齿墙内侧面上也有水平压力，两侧方向相反且数值相差较小，可以略去不计。

(5）波浪压力。波浪压力计算中的波浪高度 h 和长度 λ 的确定，根据《水闸设计规范》(SL 265—2001)，平原水闸应按莆田试验站的公式进行。

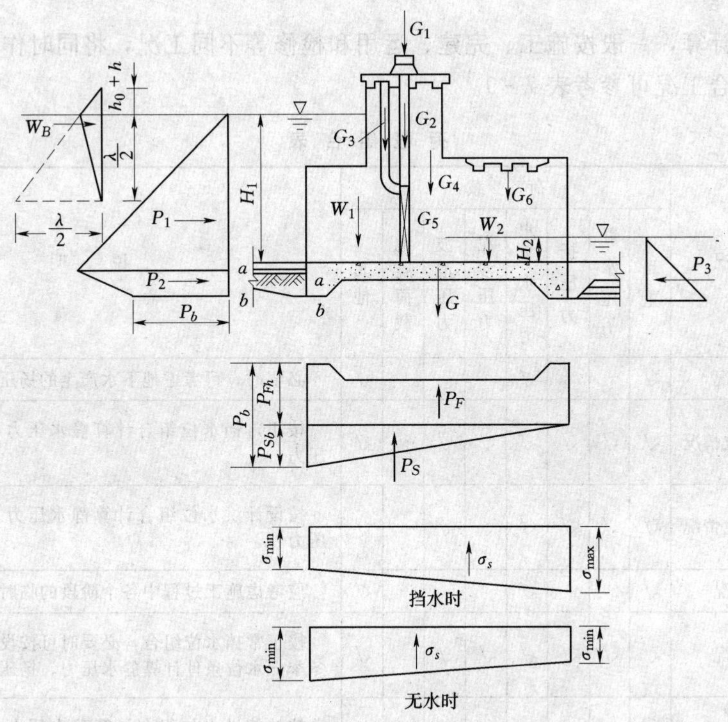

图 7-34　闸室的作用力

P_1、P_2、P_3—水压力；W_B—波浪压力；G—底板重；G_1—启闭机重；G_2—工作桥重；G_3—胸墙重；G_4—闸室重；G_5—闸门重；G_6—交通桥重；W_1、W_2—水重；P_F—浮托力；P_S—渗透压力；σ_s—地基反力；h—波浪高度

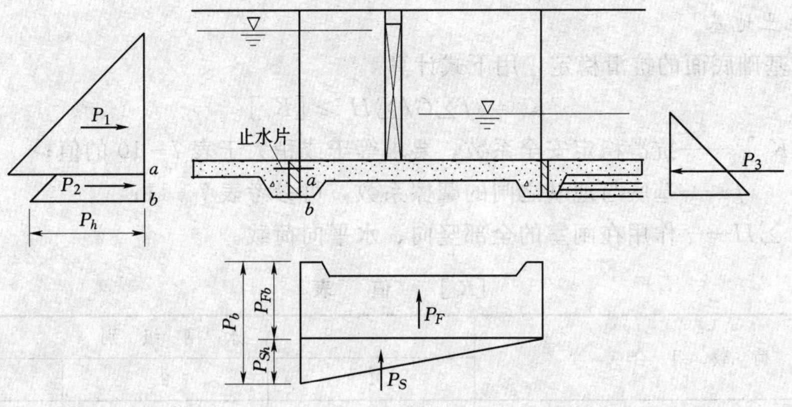

图 7-35　水平水压力

(6) 地震力。地震区修建水闸，当设计烈度为Ⅶ度或大于Ⅶ度时，需考虑地震影响。有关地震问题，重力坝有关章节中已讲述，不再赘述。

(7) 泥沙压力。闸前有泥沙淤积时，应计算泥沙压力。

2. 荷载组合

闸室稳定计算，一般按施工、完建、运用和检修等不同工况，将同时作用的各种荷载进行组合，组合工况可参考表7-9。

表7-9　荷载组合表

荷载组合	计算情况	荷载								说明
		自重	静水压力	扬压力	水平水压力	泥沙压力	波浪压力	地震荷载	其他	
基本组合	完建情况	√			√				√	必要时，可考虑地下水产生的扬压力
	正常挡水位情况	√	√	√	√	√	√		√	按正常挡水位组合计算静水压力、扬压力及波浪压力
	设计洪水位情况	√	√	√	√	√	√		√	按设计洪水位组合计算静水压力、扬压力及波浪压力
特殊组合	施工情况	√			√				√	应考虑施工过程中各个阶段的临时荷载
	检修情况	√	√	√	√	√	√		√	按正常挡水位组合，必要时可按设计洪水位组合或冬季低水位条件计算静水压力、扬压力及波浪压力
	校核洪水位情况	√	√	√	√	√	√			按校核洪水位组合计算静水压力、扬压力及波浪压力
	地震情况	√	√	√	√	√	√	√		按正常挡水位组合计算静水压力、扬压力及波浪压力。有论证时可另作规定

二、闸室表层抗滑稳定性验算

土基上的闸室沿基础底面的抗滑稳定，应按下列两式之一计算。

1. 砂性土地基

闸室沿基础底面的抗滑稳定，用下式计算

$$K_c = f\sum G/\sum H \geqslant [K_c] \tag{7-34}$$

式中　$[K_c]$——抗滑稳定安全系数，要求等于或稍大于表7-10的值；

f——基底与地基之间的摩擦系数，可参考表7-11；

$\sum G$、$\sum H$——作用在闸室的全部竖向、水平向荷载。

表7-10　$[K_c]$ 值表

荷载组合		水闸级别		
		1	2	3
基本组合		1.35	1.30	1.25
特殊组合	Ⅰ	1.20	1.15	1.10
	Ⅱ	1.10	1.05	1.05

注　1. 特殊组合Ⅰ适用于施工情况、检修情况及校核洪水位情况。
2. 特殊组合Ⅱ适用于地震情况。

表 7-11 f 值 表

地基类别		f 值	地基类别	f 值
黏土	软弱	0.20～0.25	砂壤土、粉破土	0.35～0.40
	中等坚硬	0.25～0.35	细砂、极细砂	0.40～0.45
	坚硬	0.35～0.45	中砂、粗砂	0.45～0.50
壤土、粉质壤土		0.25～0.40	砂石、卵石	0.50～0.55

2. 黏性土地基

抗滑稳定安全系数可用下式计算

$$K_c = \frac{\tan\phi_0 \sum G + c_0 A}{\sum H} \tag{7-35}$$

式中 ϕ_0——基础底面与地基土的摩擦角；

c_0——基础底面与地基土之间的黏结力；

A——闸室底板的底面积；

其余符号意义同前。

关于闸室基础底面与地基土的摩擦角 ϕ_0 及黏结力 c_0 取值。对于砂性土地基 ϕ_0 值可采用室内饱和固结快剪试验内摩擦角中的 85%～90%，不计 c_0 值，如 $\tan\phi_0$ 值大于 0.50，采用时应有论证。对于黏性土 ϕ_0 值可采用 90%，c_0 值可采用室内饱和固结快剪试验黏聚力 c 值的 20%～30%，如折算的综合摩擦系数

$$f = \frac{\sum G \tan\phi_0 + c_0 A}{\sum G} \tag{7-36}$$

其值大于 0.45，采用时应有论证。

当闸室沿基面抗滑稳定安全系数值小于容许值时，常采取下列提高抗滑稳定的措施：

(1) 调整上部结构布置：将闸门位置向低水位侧移动，或将底板向高水位一侧加长，以增加水的重力。

(2) 适当增加铺盖长度，或在不影响防渗安全的条件下将排水设施向闸室靠近，以减少闸底板上的渗透压力。

(3) 在闸室底板上游端或在铺盖上游端设置防渗板桩或适当加深齿墙。

(4) 利用钢筋混凝土铺盖作为阻滑板，增加闸室的抗滑稳定性。

三、闸室基底压力

闸室基底压力根据结构布置和受力情况，分别按下列公式计算。

1. 单向偏心受压公式

对于结构布置和受力情况对称的闸孔（指相邻两沉降缝之闸的闸段）基底压力，认为沿水流方向呈线性分布，故按偏心受压公式计算

$$P_{\substack{\max \\ \min}} = \frac{\sum G}{A} \pm \frac{\sum M}{W} \tag{7-37}$$

式中 $P_{\substack{\max \\ \min}}$——闸室基底压力的最大值与最小值，kPa；

$\sum G$——作用在闸室上的全部竖向荷载（包括闸室基底面上的扬压力），kN；

$\sum M$——作用闸室上的全部荷载对基础底面垂直水流方向的形心轴的力矩，kN·m；

W——闸室基础底面对于该底面垂直水流方向的形心轴的截面矩，m^3。

2. 双向偏心受压公式

对于结构布置及受力情况不对称的闸孔，如多孔闸的边孔，或左右不对称的单孔，应按双向偏心受压公式计算

$$P_{\min}^{\max}=\frac{\sum G}{A}\pm\frac{\sum M_x}{W_x}\pm\frac{\sum M_y}{W_y} \tag{7-38}$$

式中　$\sum M_x$、$\sum M_y$——作用在闸室上的全部荷载分别对基底面垂直水流方向形心轴 x、顺水流方向 y 的力矩，kN·m；

W_x、W_y——闸室基底面对垂直水流方向形心轴 x、顺水流方向 y 的截面矩，m^3；

其余符号意义同前。

一般情况下，按式（7-37）计算均能满足工程需要，按式（7-38）计算出的基底压力是偏于安全的。

按上式计算，各种情况下的平均基底压力 $\overline{P}$ 不得大于地基允许承载力。地基允许承载力根据地质资料确定，也可按《水闸设计规范》（SL 265—2001）有关方法计算。基底压力的最大值与最小值之比，即基底压力分布不均匀系数 η 不得大于表 7-12 规定的允许值，以免产生过大的不均匀沉降，导致闸室严重倾斜，甚至断裂破坏等。

表 7-12　土基上允许值 [η] 表

地基土质	荷载组合	
	基本组合	特殊组合
松软	1.50	2.00
中等坚实	2.00	2.50
坚实	2.50	3.00

注　1. 对于特别重要的大型水闸，采用值可按表列数值适当减小。
2. 对于地震区的水闸，采用值可按表列数值适当增大。
3. 对于地基特别坚实或可压缩层甚薄的水闸，采用值不受本表限制，但要求闸基不出现拉应力。

四、闸室的沉降

如闸室总沉降过大，则闸顶高程下降过多，达不到设计挡水要求。如闸室沉降差过大则会引起闸室倾斜、断裂，影响其正常运用。因此，土基上的水闸在研究地基稳定的同时，还必须考虑地基的沉降，通过计算，分析地基的变形情况，以便选择合理的结构型式和尺寸，安排好施工进度和先后次序，或进行适当的地基处理。

水闸地基最终沉降量计算，可选用正常情况下的荷载组合，并根据地基土质条件和设计需要，选择有代表性的计算点。例如，在闸身部分一般选中心闸室底板与岸墙相邻的底板，选有代表性断面 2～3 个，每个断面选 3～5 点（至少 3 点，包括两端点和中心点）。计算点确定后，一般采用分层总和法计算各点的最终沉降量，各点间最终沉降量的差值即为沉降差。

土基允许最大沉降量和最大沉降差，应以保证水闸安全和正常使用为原则，根据具体情况研究确定。天然土质地基上水闸地基最大沉降量不宜超过 15cm，相邻部位的最大沉降差不宜超过 5cm。

为了减少不均匀沉降和最终沉降量，可从闸室和地基两个方面采取措施：

(1) 采用轻型结构和加长底板长度，或增加埋置深度以减小基地压力。

(2) 调整结构布置，尽量使基地压力均匀分布。

(3) 尽量减少相邻建筑物的重力差，并将重的建筑物先施工，使其提前沉降。

(4) 增强闸室刚度以减小不均匀沉降差。如浙江省慈溪市某一挡潮排涝闸，闸室分缝距离为 36.40m，采用双胸墙增强闸室刚度后，最大沉降差仅为 4.2cm，效果明显，如图 7－36 所示。

(5) 进行地基处理，以提高地基承载力。

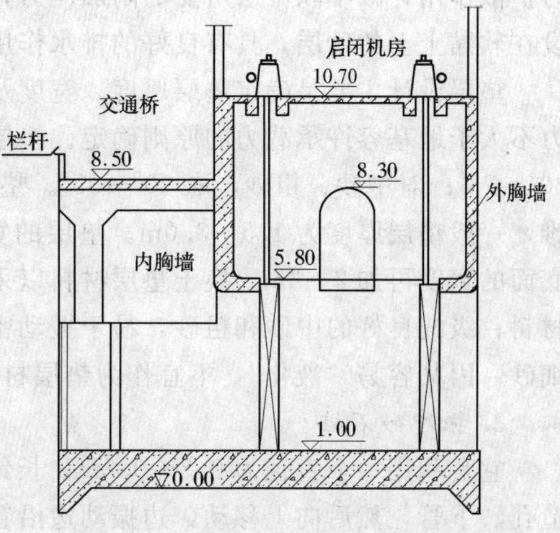

图 7－36　双胸墙结构（单位：m）

五、水闸的地基处理

对建在土基上的水闸，为了保证其安全、正常地运行，有时需要对地基进行必要的处理，以满足上部结构的要求；或从上部结构及地基处理两个方面采取措施，使其相互适应，以满足稳定和沉降的要求。

(一) 地基处理

根据工程实践，当黏性土地基的贯入击数大于 5，砂性土地基的击数大于 8 时，可直接在天然地基上建闸，不需进行处理。如天然地基不能满足抗滑稳定和沉降方面的要求，则需进行适当的处理。常用的处理方法有以下几种。

1. 预压加固

在修建水闸之前，先在建闸范围内的软土地基表面加荷（如堆土、堆石），对地基进行预压，等沉降基本稳定后，将荷载挖去，再正式修建水闸。预压堆石高度，应使预压荷重约为 1.5～2.0 倍水闸荷载，但不能超过地基的承载能力，否则会造成天然地基的破坏。

堆土预压时，施工进度不能过快，以免地基发生滑动或将基土挤出地面。根据经验，堆土（石）施工需分层堆筑，每层高约 1～2m，填筑后间歇 10～15 天，待地基沉降稳定后，再进行下一次堆筑。根据水闸的规模，预压施工时间约为半年至一年。对含水量较大的黏性土地基，为了缩短预压施工时间，可在地基中设置塑料排水板，以改善软土地基的排水条件，加快地基固结。塑料排水板间距一般为 1～3m，深度应穿过预压层。

2. 换土垫层

换土垫层是工程上广为采用的一种地基处理方法，适用于软弱黏性土，包括淤泥质土。当软土层位于基面附近，且厚度较薄时，可全部挖除；如软土层较厚不宜全部挖除，可采用换土垫层法处理，将基础下的表层软土挖除，换以强度较高的砂性上或其他土，水闸即建在新换的土基上，如图 7－37 所示。

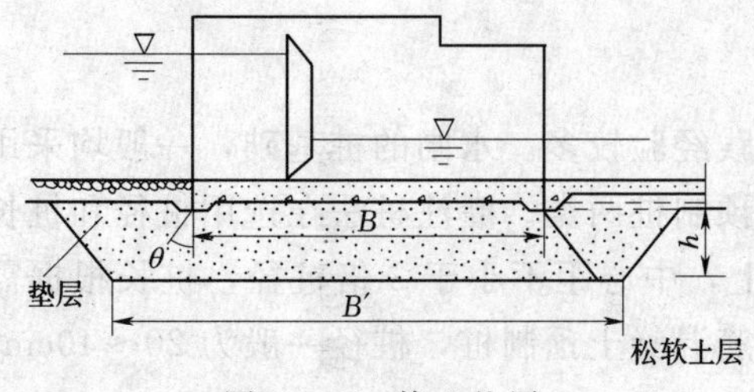

图 7－37　换土垫层

换土垫层的主要作用是：①通过垫层的应

力扩散作用，减小软土层所受的附加应力，提高地基的稳定性；②减小地基沉降量；③铺设在软黏土上的砂层，具有良好的排水作用，有利于软土地基加速固结。

垫层设计主要是确定垫层厚度、宽度及所用材料。垫层厚度 h 应由垫层底面的平均压力不大于地基容许承载力的原则确定。垫层的传力扩散角 θ，对中壤土及含砾黏土，可取 20°～25°；对中砂、粗砂，取 30°～35°。垫层厚度过小，作用不明显；过大，基坑开挖困难，一般垫层厚度为 1.5～3.0m。垫层的宽度 B'，通常选用建筑物基底压力扩散至垫层底面的宽度再加 2～3m。换土垫层材料以采用中壤土最为适宜；含砾黏土也是较好的垫层材料；级配良好的中砂和粗砂，易于振动密实，用作垫层材料，也是适宜的；至于粉砂和细砂，因其容易“液化”，不宜作为垫层材料。

3. 振冲砂石桩

它是利用一个直径为 0.3～0.8m，长约 2m，下端设有喷水口的振冲器，先在土基内造孔、下管，然后向上移动，边振动边沿管向下填注砂石料形成砂石桩。桩径一般为 0.6～0.8m，间距 1.5～2.5m，呈梅花形或正方形布置。桩的深度根据设计要求和施工条件确定，一般为 8～10m。振冲桩的砂石料宜有良好的级配，碎石最大粒径不宜大于 5cm。振冲砂石桩适用于松砂或软弱的壤土地基。

4. 强夯法

它是由重锤夯实法发展起来的。用 100～400kN 重锤从 6～25m 高处自由落下，撞击土层，每分钟 2～3 次。该法适用于细砂、中砂和砂壤土等强透水的土层。在透水性差的黏性土地基上，如设置砂井（或排水板），也可收到较好的效果。

5. 爆炸法

在松砂层厚度较大的地基上建闸，可采用爆炸振密法。先在地基内钻孔，孔距约 5～6m，沿孔深每隔一定距离放置适量的炸药，利用爆炸力使松砂密实。该法对粗砂、中砂地基比较有效，而对细砂，尤其是粉砂地基，效果较差。爆炸振密深度一般不超过 10m。

6. 高压旋喷法

旋喷法是用钻机以射水法钻进至设计高程，然后由安装在钻杆下端的特殊喷嘴把高压水、压缩空气和水泥浆或其他化学浆液高速喷出，搅动土体，同时钻杆边旋转边提升，使土体与浆液混合，形成桩柱，以达到加固地基的目的。

旋喷法可用来加固黏性土及砂性土地基，也可用作砂卵石层的防渗帷幕，适用范围较广。

（二）深基础

当地基处理不能满足抗滑稳定和沉降方面的要求或不经济时，可采用深基础。常用的深基础有桩基和沉井。

1. 桩基础

桩基础是一种较早使用的地基处理方法，实践经验较多。水闸的桩基础，一般均采用钢筋混凝土桩。按其施工方法又可分为灌注桩和预制桩两类。灌注桩法在选用桩径和桩长时比较灵活，用的较多，桩径一般均在 60cm 以上，中心距不小于 3 倍桩径，桩长根据需要确定；对桩径和桩长较小的桩基础，可采用钢筋混凝土预制桩，桩径一般为 20～40cm，中心距为桩径的 3 倍。

桩基础适用于：①在松软地基上，有排放大块漂浮物或冰凌的要求，必须采用较大的闸孔跨度，利用桩基承受上部的主要荷载，以改善底板的受力条件；②水头高，水平推力大，一般地基处理方法难以满足抗滑稳定要求；③根据运用要求，需要严格控制沉降等情况。

水闸桩基一般采用摩擦桩，由桩周摩阻力和桩端支承力共同承担上部荷载；对于桩基础的水平承载能力，可参阅桩基设计规范及相关手册。对需要进入承压水层的桩基础，不宜采用灌注桩。

2. 沉井基础

沉井基础与桩基础同属深基础，也是工程上常采用的一种地基处理方法。沉井可作为闸墩或岸墙的基础，如图 7-38 所示，用以解决地基承载力不足和沉降或沉降差过大；也可与防冲加固结合考虑，在闸室下或消力池末端设置较浅的沉井，也有在海漫末端设置小沉井的，以减少其后防冲设施的工程量。

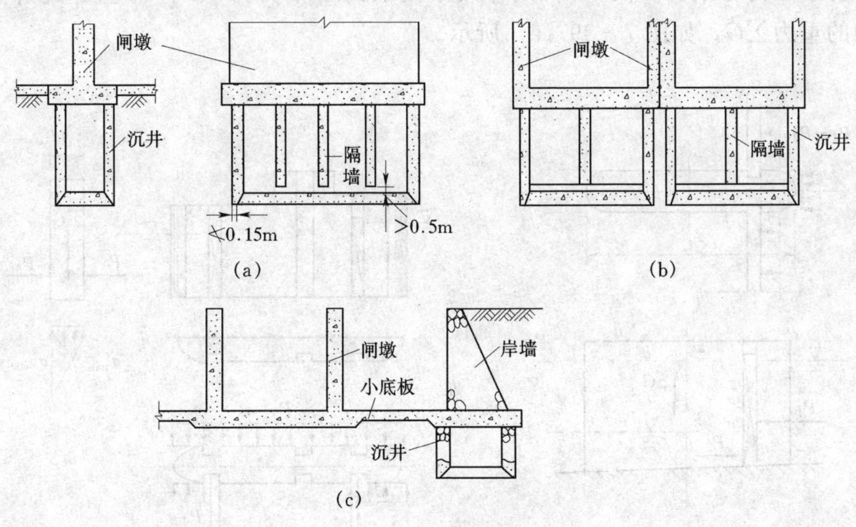

图 7-38　沉井布置图

沉井一般均用钢筋混凝土，也有采用少筋混凝土或浆砌石建造的。在平面上多呈矩形，长边不宜大于 30m，长宽比不宜大于 3，以便于均匀下沉。沉井分节浇筑高度，应根据地基条件、控制下沉速度及沉井的强度要求等因素确定。沉井深度取决于地基下卧坚实土层的埋置深度和相邻闸孔或岸墙的沉降计算；如兼作防冲设施还需考虑闸下可能的冲坑深度。为了保证沉井顺利下沉到设计标高，需要验算自重是否满足下沉要求，其下沉系数（沉井自重与井壁摩阻力之比）可采用 1.15～1.25。沉井是否需要封底，取决于沉井下卧土层的允许承载力。若允许承载力能满足要求，应尽量采用不封底沉井，因为沉井开挖较深，地下水影响较大，施工比较困难。不封底沉井内的回填土，应选用与井底土层渗透系数相近的土料，并且必须分层夯实，以防止渗透变形和过大的沉降，使闸底与回填土脱开。

当地基内存在承压水层且影响地基抗渗稳定性时，不宜采用沉井基础。

第七节　闸 室 结 构 计 算

闸室为一受力比较复杂的空间结构。可以将它分解为若干部件（如墩、胸墙、底板、工作桥及交通桥）分别进行结构计算，计算时考虑它们之间的相互作用。本教材仅对平面闸门的闸墩应力计算进行分析。

一、闸墩的结构计算

1. 闸墩底板正应力计算

闸墩可视为固结于闸底板上的悬臂结构，应力计算应考虑以下两种情况，分别按偏心受压公式验算它们的强度。

(1) 运用情况。闸墩所受荷载按闸门关闭承受最大水压力的情况考虑。如闸门所受上、下游的水压力分别为 P_1、P_2，则作用于闸墩的水平力为（P_1-P_2），此外有闸墩及上部结构的重力 $\sum G$，如图 7-39（a）所示。

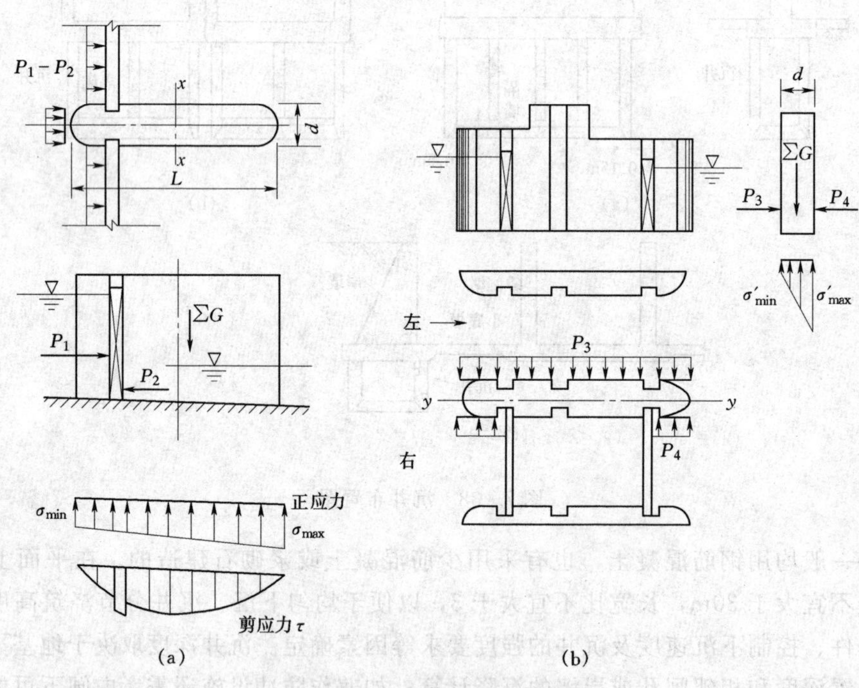

图 7-39　闸墩结构计算示意图

(a) 纵向应力计算图；(b) 横向应力计算图

闸墩底部正应力 σ 可按下式进行计算

$$\sigma=\frac{\sum G}{A}\pm\frac{\sum M_x}{I_x}\frac{L}{2} \tag{7-39}$$

其中

$$I_x\approx\frac{d(0.98L^3)}{12} \tag{7-40}$$

式中　$\sum G$——竖向作用力总和，kN；

$\sum M_x$——各力对墩底截面形心轴 $x-x$（与闸墩长边方向垂直）的力矩和，kN·m；

A——闸墩底截面面积，m^2；

I_x——墩底截面对 $x-x$ 轴的惯性矩，m^4；

L——闸墩长度，m；

d——闸墩厚度，m。

(2) 检修情况。考虑一孔检修而邻孔过水的情况，闸墩所受荷载有侧向水压力、闸墩及上部结构的重力、交通桥上车辆刹车制动力等，墩底部横向应力 σ' 仍按偏心受压公式计算，如图 7-39 (b) 所示。

$$\sigma' = \frac{\sum G}{A} \pm \frac{\sum M_y}{I_y}\frac{d}{2} \tag{7-41}$$

式中　$\sum M_y$——各力对底部截面形心轴 $y-y$，（与闸墩长边方向平行）的力矩和，kN·m；

I_y——墩底截面对 $y-y$ 轴的惯性矩，m^4；

其余符号意义同前。

2. 墩底水平截面的剪应力计算

剪应力 τ 按下式计算

$$\tau = \frac{QS}{Ib} \tag{7-42}$$

式中　Q——作用在墩底水平截面上的剪力，kN（应注意：在运行情况下和检修情况下，Q 的大小和方向均不同）；

S——截面上需要确定剪应力处以外的面积对截面形心轴（方向与 Q 垂直）的面积矩，m^3；

b——剪应力计算处纤维层的宽度（方向与 Q 垂直），m；

I——截面对其形心轴的惯性矩，m^4。

3. 边墩（包括缝墩）墩底主拉应力计算

闸门关闭时，由于受力不对称，如图 7-40所示，墩底受纵向剪力和扭矩的共同作用，可能产生较大的主拉应力。由于扭矩 M_n 作用，在 A 点产生的剪应力近似值为

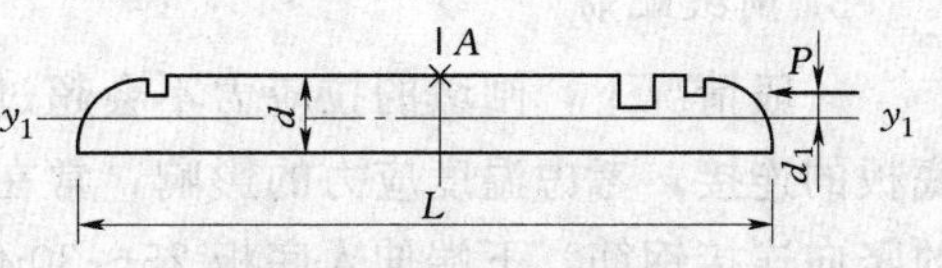

图 7-40　边墩墩底主拉应力计算图

$$\tau_1 = \frac{M_n}{0.4d^2L} \tag{7-43}$$

$$M_n = Pd_1$$

式中　P——半扇闸门传来的水压力，kPa；

d_1——P 至形心轴的距离，m；

d、L——墩宽与墩长，m。

纵向剪应力的近似值为

$$\tau_2 = \frac{3P}{2dL} \tag{7-44}$$

A 点的主拉应力为

$$\sigma_{zl} = \frac{\sigma}{2} \pm \frac{1}{2}\sqrt{\sigma^2 + 4(\tau_1 + \tau_2)^2} \tag{7-45}$$

其中 $$\sigma = \frac{\sum G}{dL}$$

式中 σ——边墩（缝墩）的正应力。

当 σ_{zl} 值超过混凝土的允许拉应力时，应配置受力钢筋。

4. 门槽应力计算

门槽颈部因受闸门传来的水压力而产生拉力。门槽应力的计算一般选在门槽取下（或上）游段部分闸墩为脱离体，视为支承于门槽上的悬臂梁，如图 7-41 所示，将闸墩及其上部结构的重力、水压力以及墩底水平截面上的竖向正应力和剪应力等作为荷载，用偏心受拉公式，求出门槽面上的应力

$$\sigma = \frac{T_0}{A} \pm \frac{M_0}{I}\frac{h}{2} \quad (7-46)$$

$$I = \frac{b'h^3}{12}$$

其中 $$A = b'h$$

式中 T_0——作用于脱离体上水平作用力的总和，kN；

A——门槽截面 BE 的面积；

b'——门槽颈部厚度，m²；

M_0——全部荷载对门槽截面中心 O' 的力矩和，kN·m；

I——门槽截面对中心轴的惯性矩，m⁴；

h——门槽截面高度，m。

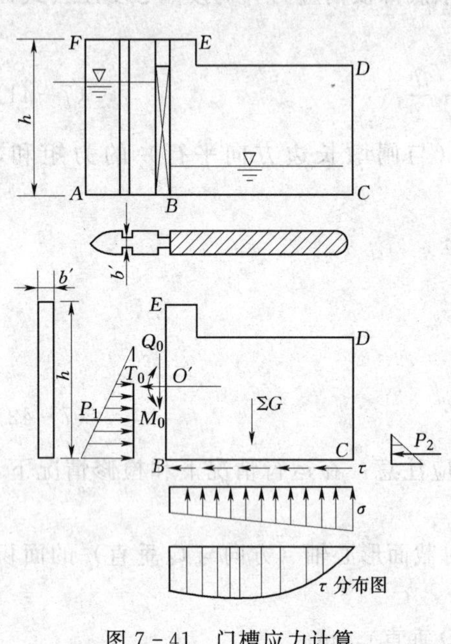

图 7-41 门槽应力计算

5. 闸墩配筋

一般情况下，闸墩的拉应力不会超过混凝土的容许拉应力，实际工程中为加强闸墩与底板的连接，考虑温度应力的影响，常在底板与闸墩间布置 $\phi10 \sim \phi14$、间距 250～300mm 的竖向连接钢筋，下端伸入底板 25～30 倍钢筋直径长，另一端伸入闸墩 2～3m 长或至墩顶。水平方向采用 $\phi8 \sim \phi12$、间距 250～300mm 的分布钢筋。

门槽配筋根据计算，一般门槽上部为压应力，下部为拉应力，拉应力若大于混凝土允许值，根据需要在颈部两侧配置钢筋，直径大小应满足计算需要。拉应力若小于混凝土允许值，可按构造配筋采用与闸墩水平向钢筋相同的闸距，钢筋直径应适当加大。门槽配筋如图 7-42 所示。

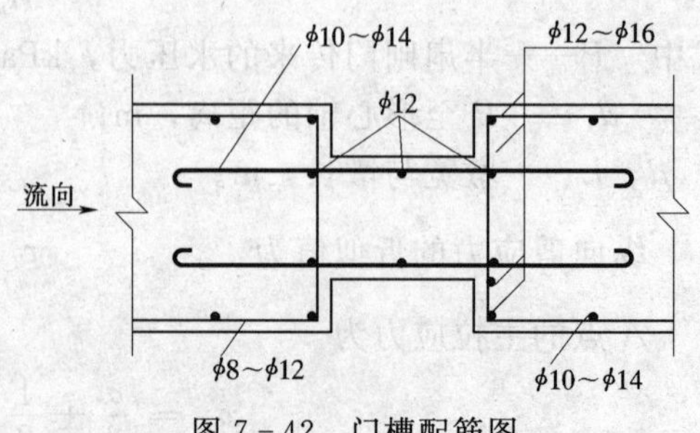

图 7-42 门槽配筋图

二、整体式平底板内力计算

整体式平底板的平面尺寸远较厚度大，是地基上的一块板，受力情况比较复杂。目前工程实际仍用近似简化计算方法进行强度分析。

一般认为闸墩刚度较大，底板顺水流方向弯曲变形远较垂直水流向小，故常在垂直水流方向截取单宽板条进行内力计算。常用的计算方法如下。

1. 倒置梁法

该法假定地基反力顺水流方向呈直线分布，垂直水流方向也为均匀分布。计算时，先按偏心受压公式计算纵向地基反力，然后在垂直水流方向截取若干单宽板条，作为支承在闸墩上的倒置梁，接连续梁计算其内力并布置钢筋。作用在梁上的均布荷载 q 为

$$q = q_{反} + q_{扬} - q_{自} - q_{水} \tag{7-47}$$

式中 $q_{反}$、$q_{扬}$——地基反力及扬压力，kPa/m；

$q_{自}$、$q_{水}$——底板及作用底板上水的重力，kPa/m。

倒置梁法的优点是计算简便，多应用于小型水闸。其缺点是没有考虑底板与地基变形的协调条件，假定底板垂直水流方向，地基反力均匀分布是不符合实际的；支座反力与竖向荷载也不相等。单孔闸底板计算时，考虑墩、墙对底板的约束为弹性固结，故跨中负弯矩可近似按 $M_{max}=1/10\ (qL^2)$ 计算，如图 7-43 所示。

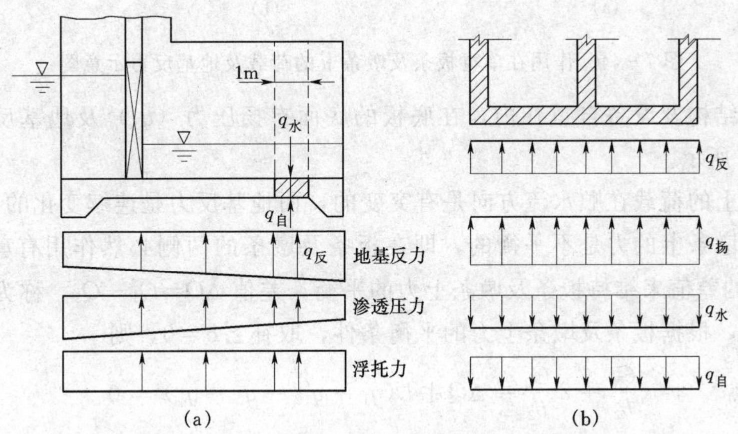

图 7-43 倒置梁法计算板条荷载示意图

2. 弹性地基梁法

《水闸设计规范》(SL 265—2001) 规定：用弹性地基梁法分析闸底板内力时，需要考虑可压缩土层厚度的影响。当压缩土层厚度 T 与计算闸段长度一半 $L/2$ 之比 $2T/L<0.25$ 时，可按基床系数法（假定为文克尔地基）计算；当 $2T/L>2.0$ 时，可按半无限深的弹性地基梁法计算；当 $2T/L$ 在 0.25～2.0 之间时，可按有限深的弹性地基梁法计算。

底板连同闸墩在顺水流方向的刚度很大，可以忽略底板沿该方向的弯曲变形，假定地基反力呈直线分布。在垂直水流方向截取单宽板条及墩条，按弹性地基梁计算地基反力和底板内力。其计算步骤如下：

(1) 用偏心受压公式计算闸底纵向（顺水流方向）的地基反力。

(2) 计算板条及墩条上的不平衡剪力。以闸门为界，将底板分为上、下两段，分别在两段的中央截取单宽板条及墩条进行分析，如图 7-44 (a) 所示。作用在板条及墩条上的力有：底板自重 (q_1)、水重 (q_2)、中墩重 (G_1/b_i) 及缝墩重 (G_2/b_i)，中墩及缝墩重

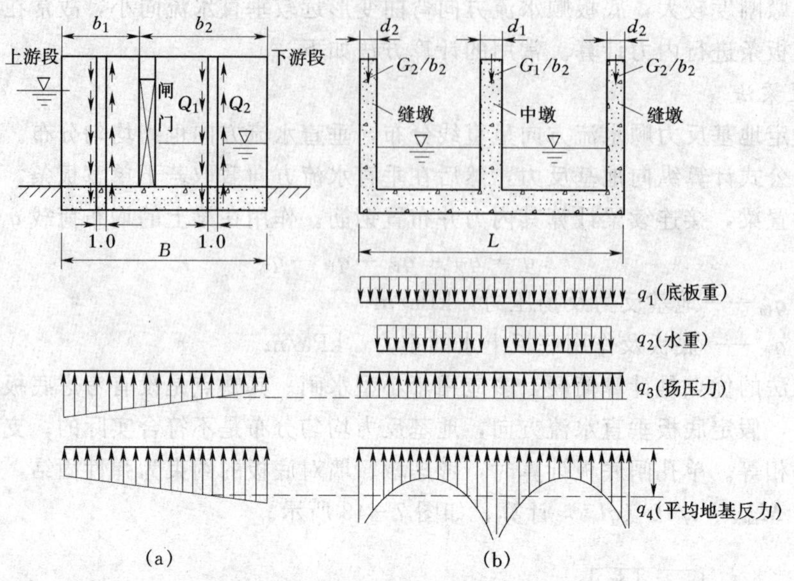

图 7-44 作用在单宽板条及墩条上的荷载及地基反力示意图

中包括其上部结构及设备自重在内，在底板的底面有扬压力（q_3）及地基反力（q_4），如图 7-44（b）所示。

由于底板上的荷载在顺水流方向是有突变的，而地基反力是连续变化的，所以，作用在单宽板条及墩条上的力是不平衡的，即在板条及墩条的两侧必然作用有剪力 Q_1 及 Q_2，并由 Q_1 及 Q_2 的差值来维持板条及墩条上力的平衡，差值 $\Delta Q=Q_1-Q_2$，称为不平衡剪力。以下游段为例，根据板条及墩条上力的平衡条件，取补 $\sum F=0$，则

$$\frac{G_1}{b_2}+2\frac{G_2}{b_2}+\Delta Q+L(q_1+q'_2-q_3-q_4)=0 \tag{7-48}$$

由式（7-48）可求出 ΔQ。式中假定 ΔQ 的方向向下为正，如算得结果为负值，则 ΔQ 的实际作用方向应向上，$q'_2=q_2(L-2d_2-d_1)/L$。

（3）确定不平衡剪力在闸墩和底板上的分配。不平衡剪力 ΔQ 应由闸墩及底板共同承担，各自承担的数值，可根据剪应力分布图面积按比例确定。为此，需要绘制计算板条及墩条截面上的剪应力分布图。对于简单的板条和墩条截面，可直接应用积分法求得，如图 7-45 所示。

由材料力学得知，截面上的剪应力 τ_y 为

$$\tau_y=\frac{S\Delta Q}{bI} \quad 或 \quad b\tau_y=\frac{S\Delta Q}{I} \tag{7-49}$$

式中 ΔQ——不平衡剪力，kN；

I——截面惯性矩，m^4；

S——计算截面以下的面积对全截面形心轴的面积矩，m^3；

b——截面在 y 处的宽度，底板部分 $b=L$，闸墩部分 $b=d_1+2d_2$，m。

显然，底板截面上的不平衡剪力 $\Delta Q_{板}$ 应为

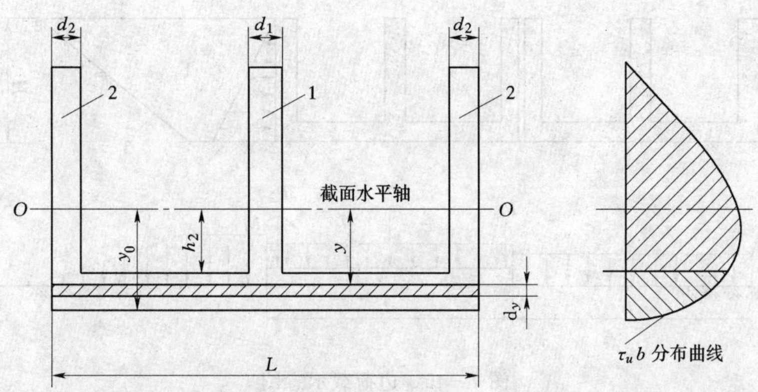

图 7-45 不平衡剪力 ΔQ 分配计算简图

1—中墩；2—缝墩

$$\Delta Q_{板}=\int_{h_2}^{y_0} b\tau_y \mathrm{d}y=\int_{h_2}^{y_0}\frac{S\Delta Q}{I}\mathrm{d}y=\frac{\Delta Q}{I}\int_{h_2}^{y_0}L(y_0-y)\left(y+\frac{y_0-y}{2}\right)\mathrm{d}y$$

$$=\frac{L\Delta Q}{I}\left(\frac{2}{3}y_0^3-y_0^2h_2+\frac{1}{3}h_2^3\right) \tag{7-50}$$

$$\Delta Q_{墩}=\Delta Q-\Delta Q_{板}$$

不平衡剪力的分配，一般闸墩约占 85%～90%，底板约占 10%～15%。对于小型水闸，即可按此比例分配。

(4) 计算基础梁上的荷载。

1）将分配给闸墩上的不平衡剪力与闸墩及其上部结构的重量作为梁的集中力，则有

$$\left.\begin{aligned}&\text{中墩集中力} \qquad P_1=\frac{G_1}{b_2}+\Delta Q_{墩}\left(\frac{d_1}{2d_2+d_1}\right)\\&\text{缝墩集中力} \qquad P_2=\frac{G_2}{b_2}+\Delta Q_{墩}\left(\frac{d_2}{2d_2+d_1}\right)\end{aligned}\right\} \tag{7-51}$$

2）将分配给底板上的不平衡剪力转化为均布荷载，并与底板自重、水重及扬压力等合并，作为地基梁的均布荷载。

$$q=q_1+q'_2-q_3+\frac{\Delta Q_{板}}{L} \tag{7-52}$$

底板自重 q_1 的取值，因地基性质而异：由于黏性土地基固结缓慢，计算中可采用底板自重的 50%～100%；而对砂性土地基，因其在底板混凝土达到一定刚度以前，地基变形几乎全部完成，底板自重对地基变形影响不大，在计算中可以不计。

(5) 边荷载的影响。边荷载是指计算闸段底板两侧的闸室或边墩背后回填土及岸墙等作用于计算闸段上的荷载，如图 7-46 所示，计算闸段左侧的边荷载为其相邻闸孔的基底压力，右侧的边荷载为回填土的重力及水平土压力所产生的力矩。

边荷载对底板内力的影响，与地基性质和施工程序有关，在实际工程中，一般可按下述原则考虑：

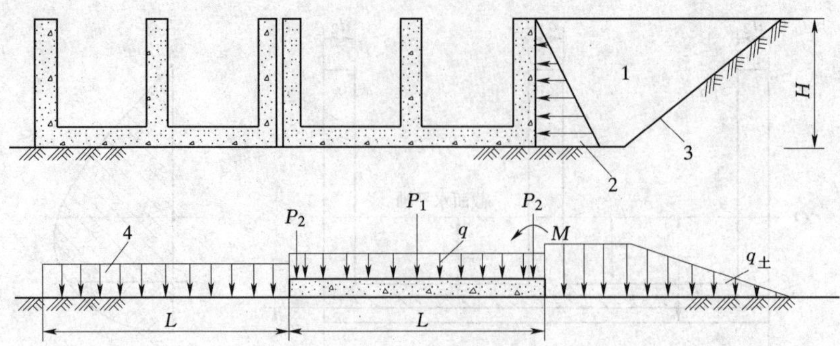

图 7-46　边荷载示意图

1—回填土；2—侧向土压力；3—开挖线；4—相邻闸孔的基底压

1）对于在计算闸段修建之前，两侧相邻闸孔已经完建的情况，如果由于边荷载的作用减小了底板内力，则边荷载的影响不予考虑。如果由于边荷载的作用增加了底板内力，此时，对砂性土基可考虑50%的影响，对黏性土地基则应按100%考虑。

2）对于计算间段先建，相邻闸孔后建的情况，由于边荷载使底板内力增加时，必须考虑100%的影响。如果由于边荷载作用使底板内力减小，在砂性土地基中只考虑50%；在黏性土地基中则不计其影响。

必须指出，要准确考虑边荷载的影响是十分困难的，上述设计原则是从偏于安全一面考虑的。在有些地区或某些工程设计中，对边荷载的考虑，可另作不同的规定。

(6) 计算地基反力及梁的内力。根据 $2T/L$ 判别所需采用的计算方法，然后利用已编制好的数表、现有的商用或共享软件计算地基反力和梁的内力，进而验算强度并进行配筋，在底板配筋时要特别注意钢筋和止水的关系。

表 7-13　　边荷载计算百分数表　　%

地基类别	边荷载施加程序	边荷载对弹性地基梁的影响	
		使计算闸段底板内力减少	使计算闸段底板内力增加
砂性土	计算闸段底板浇筑之前施加边荷载	0	50
	计算闸段底板浇筑之后施加边荷载	50	100
黏性土	计算闸段底板浇筑之前施加边荷载	0	100
	计算闸段底板浇筑之后施加边荷载	0	100

注　1. 对于黏性土地基上的老闸加固，边荷载的影响可按本表规定适当减小。
　　2. 计算采用的边荷载作用范围可根据基坑实际开挖及墙后回填土实际回填的情况研究确定；在一般情况下，边荷载作用范围可采用与弹性地基梁计算长度相同的尺度。

三、胸墙计算要点

胸墙承受的荷载，主要是静水压力和浪压力。根据其结构型式及与闸墩的连接方式确定胸墙的计算图形。

1. 板式胸墙

计算时选取1.0m高的水平板条，作为简支或固支梁计算其内力及配筋。板条的均匀

荷载 q 为该条中心处静水压强和浪压力之和，如图 7－47 所示。

由于胸墙的荷载呈三角形分布，板厚理应做成上薄下厚，但为施工方便，常做成等厚的。板的最小厚度不小于 20cm。

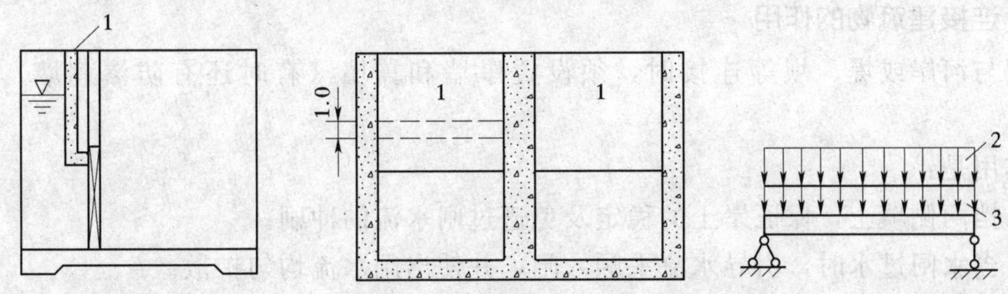

图 7－47　板式胸墙计算图

1—胸墙；2—水压力；3—浪压力

2. 板梁式胸墙

对于挡水高度及闸孔宽度较大的水闸，胸墙常做成板梁式结构，如图 7－48 所示。板梁式胸墙一般由板、上梁及下梁三部分组成。板的上下两端支承在梁上，两侧支承在闸墩上。胸墙高度大于 5～6m 时，可在上下梁闸增加一根中梁，以减小板的跨度。

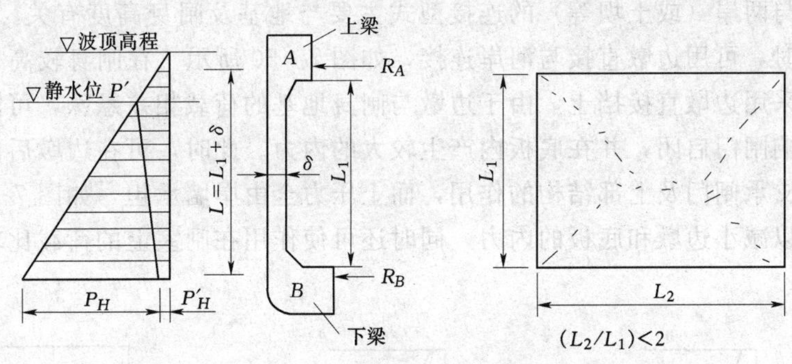

图 7－48　板梁式胸墙计算图

当板的长边与短边的比值不大于 2 时，为双向板，可按承受三角形荷载或梯形荷载的四边支承板计算其内力。当板的长边与短边之比大于 2.0 时，为单向板，可以沿长边方向截取 1.0m 板条，按承受三角形或梯形荷载进行内力计算与配筋。

顶梁与底梁可视为简支或固支在闸墩上的梁，梁上所受荷载为墙板传来的水平力 q，对于顶梁和底梁分别等于梁对板的支承反力 R_1 和 R_2，如图 7－49 所示。梁底还应考虑重力所产生的内力。

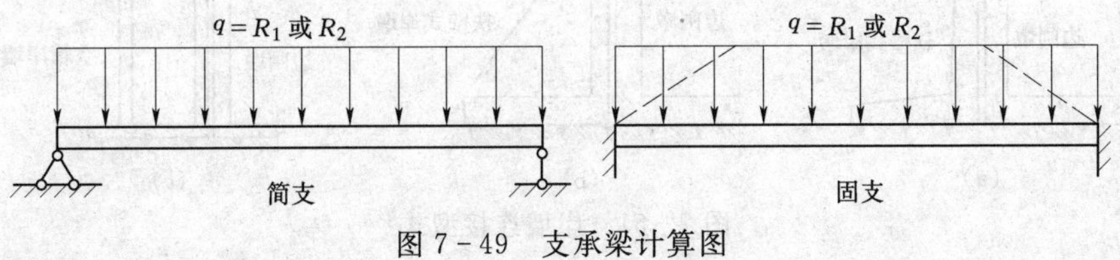

图 7－49　支承梁计算图

第八节 水闸的两岸连接建筑物

一、连接建筑物的作用

水闸与河岸或堤、坝等连接时，须设置岸墙和翼墙（有时还有防渗刺墙）等连接建筑。

其作用是：

(1) 挡两侧填土，保证岸土的稳定及免遭过闸水流的冲刷。

(2) 当水闸过水时，引导水流平顺入闸，并使出闸水流均匀扩散。

(3) 控制闸身两侧的渗流，防止土壤产生渗透变形。

(4) 在软弱地基上设岸墙以减少两岸地基沉降对闸室结构的不利影响。

两岸连接建筑物约占水闸工程量的15%～40%，闸孔数愈少，所占的比例愈大。因此，水闸设计中，对两岸连接建筑物的型式选择与布置，应予重视。

二、两岸建筑物的布置

1. 闸室与河岸的连接型式

水闸闸室与两岸（或土坝等）的连接型式主要与地基及闸身高度有关。当地基较好，闸身高度不大时，可用边墩直接与河岸连接，如图7-50所示。在闸身较高、地基软弱的条件下，如仍采用边墩直接挡土，由于边墩与闸身地基的荷载相差悬殊，可能产生严重不均匀沉降，影响闸门启闭，并在底板内产生较大的内力。此时，可在边墩后面设置轻型岸墙，边墩只起支承闸门及上部结构的作用，而土压力全由岸墙承担，如图7-51所示。这种连接型式可以减小边墩和底板的内力，同时还可使作用在闸室上的荷载比较均衡，以减少不均匀沉降。

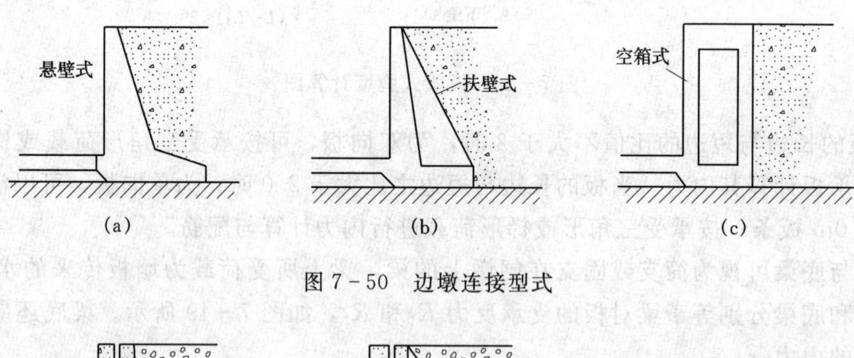

图7-50 边墩连接型式

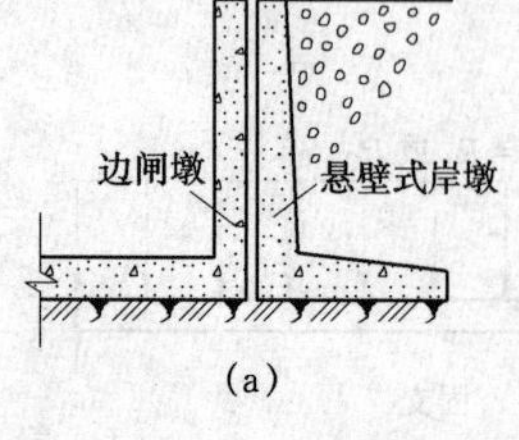

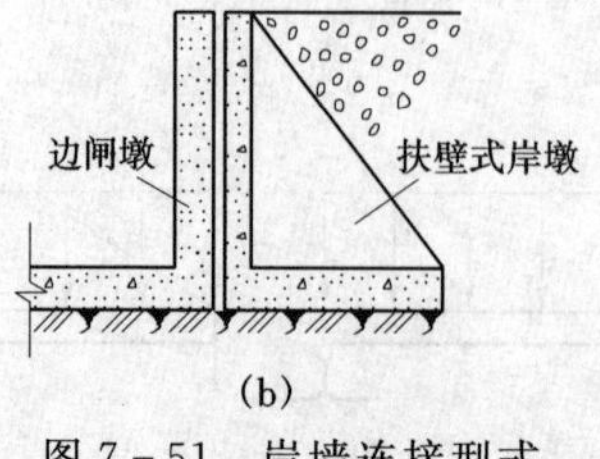

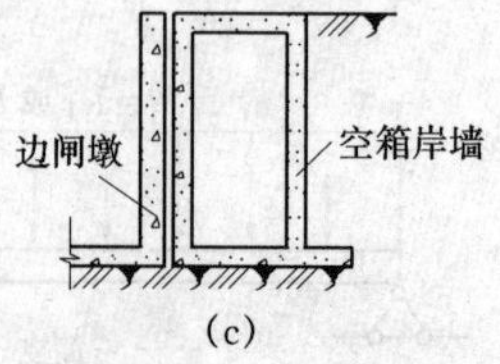

图7-51 岸墙连接型式

2. 上下游翼墙的结构型式和布置

翼墙平面布置通常有下列几种型式：

(1) 反翼墙。如图 7-52 (a) 所示，翼墙由两段墙体组成。顺水流方向翼墙长度，上游为水闸水头的 3～5 倍，或与铺盖同长，下游伸至消力池末端，然后分别垂直插入堤岸内，插入长度 0.3～0.5m。两段墙体相连的转角处，常用半径 $R=2\sim3\text{m}$ 的圆弧段连接。为改善水流条件，上游翼墙的收缩角 θ 不宜大于 12°～18°，下游扩散角 β 不大于 7°～12°。这种布置型式水流和防渗效果好，但工程量较大，一般适用于大中型工程。对于渠系小型水闸，为节省工程量可采用一字形布置形式，即翼墙自闸室边墩上下游端垂直插入堤岸，如图 7-52 (b) 所示。这种布置形式虽工程量省，但进出水流条件较差。为了改善水流条件，在进口角墙，截 30°小切角，如图 7-52 (c) 所示，流量系数可提高 8%左右。

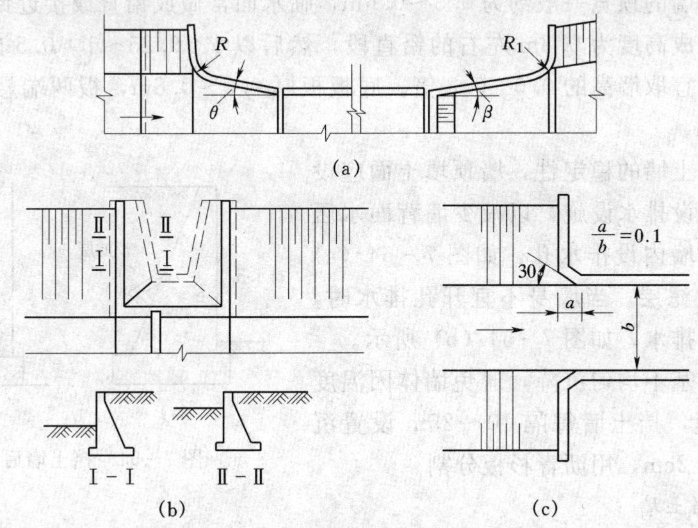

图 7-52　反翼墙型式

(a) 反翼墙；(b) 一字墙；(c) 截 30°切角

(2) 圆弧翼墙。这种布置从边墩两端开始，用圆弧形直墙与河岸相连，上游圆弧半径约 15～20m，下游圆弧半径约 30～40m。其优点是水流条件好，但施工复杂，模板用量大，适用于水位差及单宽流量大、闸身高、地基承载力较低的大中型水闸。

(3) 扭曲面翼墙。翼墙由边墩处的竖立面，逐渐随着向上、下游延伸变为与河（渠）坡度相同的斜坡面。这种翼墙水流条件较好，在渠系工程中广泛采用。扭曲面翼墙在施工中应保证墙后回填土的夯实质量，否则容易断裂。

(4) 斜降翼墙。斜降翼墙在平面上呈八字形，墙顶随岸坡逐渐下降至东端与河底相平。这种型式的翼墙施工方便、工程量省，但水流易在闸孔附近产生立轴漩涡，冲刷岸坡，而且岸墙后渗径较短，有时需设刺墙，一般适用于小型水闸。

三、两岸连接建筑物的结构形式

两岸连接建筑物从结构观点分析，是挡土墙。常用的形式有重力式、悬臂式、扶壁

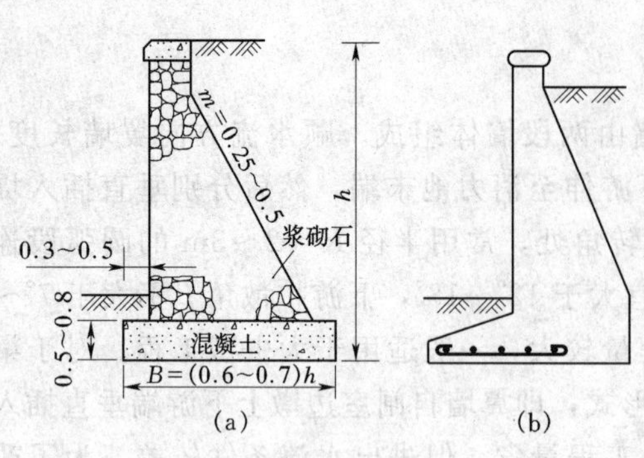

图 7-53　重力式挡土墙

式、空箱式及连拱空箱式等。

1. 重力式挡土墙

重力式挡土墙主要依靠自身的重力维持稳定，如图 7-53 所示。它比较适用于中、小型水闸工程。由于重力式挡土墙自重大，限制了它在松软地基上的建筑高度，一般墙高均为 5～6m。挡土墙的墙身多用 M5～M10 水泥砂浆砌块石或 C15～C20 细骨料混凝土砌块石砌筑。为了改善地基压力分布和增强墙的耐久性，挡土墙的底板和墙身压顶多用混凝土或钢筋混凝土浇筑。

重力式挡土墙的顶宽一般约为 0.3～0.6m，临水面常做成铅直或接近铅直的；背水面自墙顶向下可做成高度为 0.8m 左右的铅直段，然后以 1∶0.25～1∶0.5 的斜坡至底板。混凝土底板宽度宜取墙高的 0.6～0.8 倍。底板板厚 0.5～0.8m，板两端悬臂部分长度一般为 0.3～0.5m。

为了提高挡土墙的稳定性，墙顶填土面应设防渗措施；墙内设排水设施，以减少墙背面水压力。排水设施为墙内设排水孔，如图 7-54（a）所示，孔后作反滤层。当墙身不宜开孔排水时，可采用墙后暗管排水，如图 7-54（b）所示。

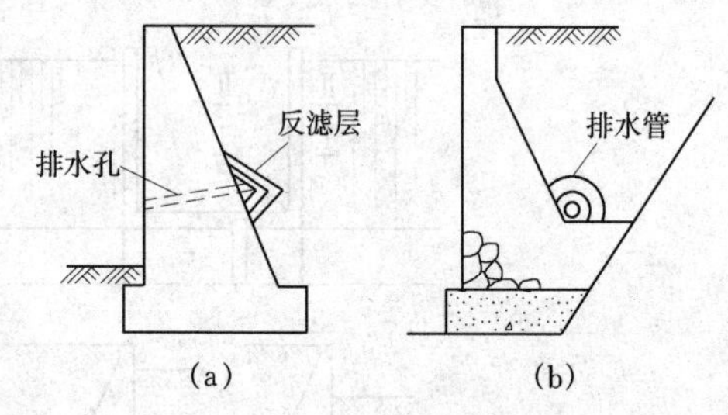

图 7-54　挡土墙后的排水

为了适应地基不均匀沉降，避免墙体因温度变化而引起裂缝，挡土墙每隔 10～25m 设置沉降缝一道，缝宽 2cm，用沥青杉板分割。

2. 悬臂式挡土墙

悬臂式挡土墙一般为钢筋混凝土结构，由直墙和底板组成，如图 7-55 所示。其适宜高度为 6～10m。悬臂式挡土墙具有厚度小、自重轻等优点。底板宽度由挡土墙稳定条件和基底压力分布条件确定。调整后踵长度，可以改善稳定条件；调整前趾长度，可以改善基底压力分布条件。直墙和底板近似按悬臂板计算。

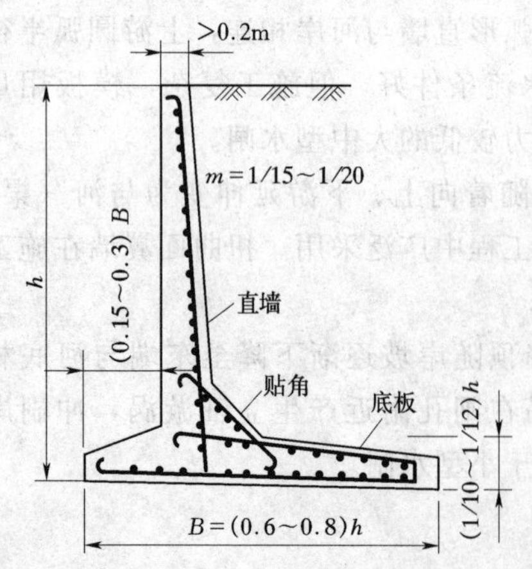

图 7-55　悬臂式挡土墙剖面（单位：m）

3. 扶壁式挡土墙

当墙的高度超过 9～10m 以后，采用钢筋混凝土扶壁式挡土墙较为经济。扶壁式挡土墙由直墙、底板及扶壁三部分组成，如图 7-56 所示。

直墙的计算，分上下两部分，在离底板顶面 $1.5L_0$（扶壁净距）处的高程以下，按三边固定、一边自由的双向板计算；上部以扶壁为支座，按单向连续板计算。

底板的计算，分前趾和后踵两部分。前趾计算

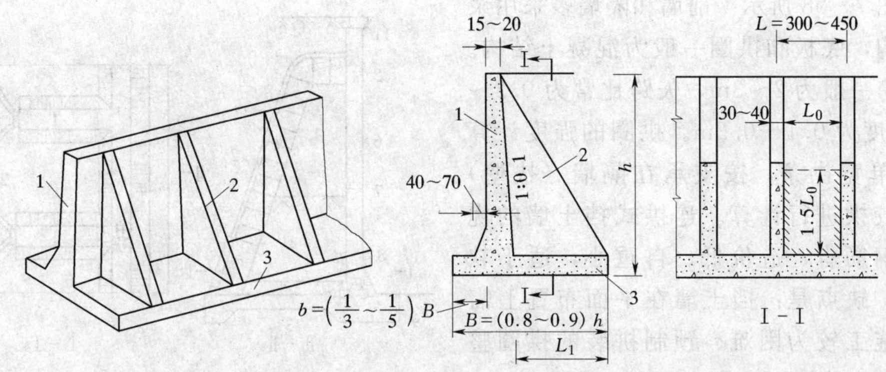

图 7-56　扶壁式挡土墙（单位：cm）

1—立墙；2—扶壁；3—底板

与悬臂梁相同。后踵分两种情况：当 $L_1/L_0 \leqslant 1.5$ 时，按三边固定一边自由的双向板计算；当 $L_1/L_0 > 1.5$，则自直墙起至离直墙 $1.5L_0$ 为止的部分，按三面支承的双向板计算，在此以外按单向连续板计算。

扶壁计算，可把扶壁与直墙作为整体结构，取墙身与底板交界处的 T 形截面按悬臂梁分析。为了加强扶壁与主墙的连接，可在连接处适当加宽。

4. 空箱式挡土墙

空箱式挡土墙由底板、前墙、后墙、扶壁、顶板和隔墙等组成，如图 7-57 所示。利用前后墙之间形成的空箱充水或填土可以调整地基应力。因此，它具有重力小和地基应力分布均匀的优点，但其结构复杂，需用较多的钢筋和木材，施工麻烦，造价也高。因此，仅在某些地基较差的大型水闸中使用。

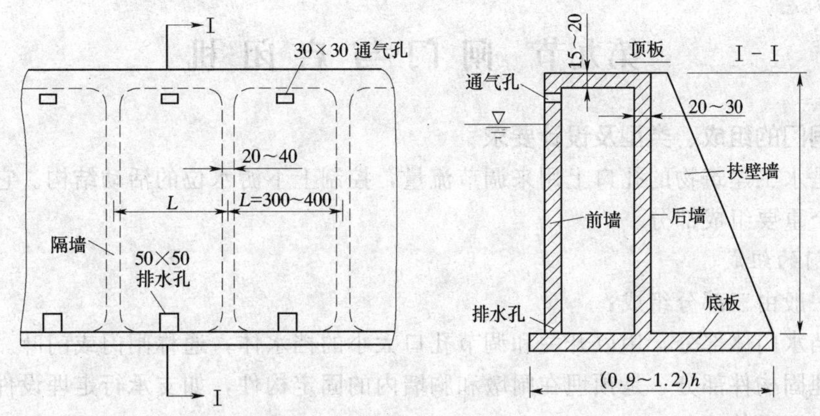

图 7-57　空箱式挡土墙（单位：cm）

顶板和底板均按双向板或单向板计算，原则上与扶壁式底板计算相同。前墙、后墙与扶壁式挡土墙的直墙一样，按以隔墙支承的连续板计算。

5. 连拱式挡土墙

连拱空箱式挡土墙也是空箱式挡土墙的一种形式，它由底板、前墙、隔墙和拱圈组

成，如图 7－58 所示。前墙和隔墙多采用浆砌石结构，底板和拱圈一般为混凝土结构。拱圈净跨一般为 2～3m，矢跨比常为 0.2～0.3，厚度为 0.1～0.2m。拱圈的强度计算可选取单宽拱条，按支承在隔墙（扶壁）上的两铰拱进行计算。连拱式挡土墙的优点是：钢筋省、造价低、自重小，适于软土地基。缺点是：挡土墙在平面布置上需转弯时施工较为困难、预制拼装的拱圈整体性差。这种结构目前已经较少采用。

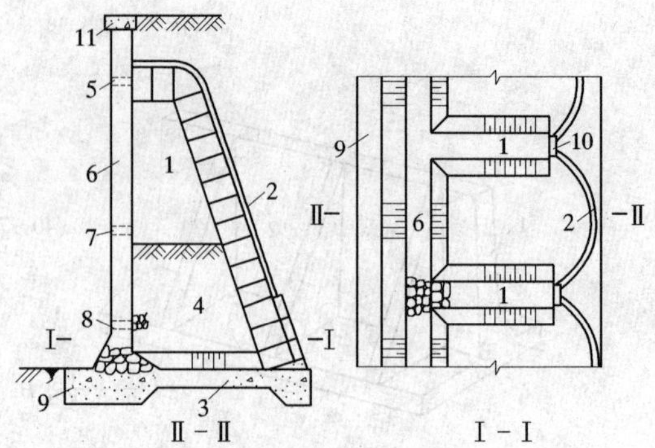

图 7－58 连拱式挡土墙

1—隔墙；2—预制混凝土拱圈；3—底板；4—填土；5—通气孔；6—前墙；7—进水孔；8—排水孔；9—前趾；10—C15 混凝土；11—压顶

四、侧向绕渗和防渗措施

水闸建成挡水后，除闸基有渗流外，水流还从上游经水闸两岸渗向下游，这就是侧向渗流（绕渗）。绕渗对岸墙、翼墙产生渗透压力，有可能使两岸填土产生危害性的渗透变形；绕渗加大了墙底扬压力和墙身的水平水压力，影响其稳定性。

侧向绕流有自由水面，属于三维无压渗流，计算方法很多，但计算多属近似且较繁杂。对于墙后土层的渗透系数小于或等于地基土的渗透系数时，粗略计算，墙后侧向渗透压力近似地采用相应部位的闸基渗透压力数值，这样计算既简便，又有一定的安全度。

两岸建筑物的防渗布置，必须与闸基的防渗布置相协调。上游翼墙与铺盖的连接，不仅其连接部位要确保防渗，还要注意翼墙插入河岸的防渗深度与闸基一致，以保证在空间上形成防渗的整体。两岸各个可能渗径长度都不得小于闸基防渗长度。当墙后土层土质与地基土不同时，应考虑其不同的渗径系数，取其较大者。

第九节 闸门与启闭机

一、闸门的组成、类型及设计要求

闸门是水工建筑物的孔口上用来调节流量，控制上下游水位的活动结构。它是水工建筑物的一个重要组成部分。

1. 闸门的组成

闸门一般由三部分组成：

（1）挡水门体部分，用以开关和调节孔口大小的档水体，通称闸门或门叶。

（2）埋固构件部分，是预埋在闸墩和胸墙内的固定构件，如支承行走埋设件、止水埋设件和护砌埋设件等。

（3）启闭设备部分，包括连接闸门和启闭机的螺杆或钢丝绳索和启闭机等。

闸门是水工建筑物的活动机构，设计中应满足：

（1）建筑物在各种情况下运用自如，工作可靠。

（2）闸门的水流条件好，即泄水能力大，出流平顺，避免引起门底、门槽空蚀及闸门振动现象。

(3) 封水严密、漏水量小。

(4) 启门力小，操作简便、灵活。

(5) 闸门各部件符合制造、安装、检修及维护等方面要求。

2. 闸门的类型

闸门按其工作性质的不同，可分为工作闸门、事故闸门和检修闸门等。工作闸门又称主闸门或控制闸门，是水工建筑物正常运行情况下使用的闸门。事故闸门是在水工建筑物或机械设备出现事故时，在动水中快速关闭孔口的闸门，又称快速闸门。事故排除后充水平压，在静水中开启。检修闸门用以临时挡水，以便检修建筑物、工作闸门或机械设备等，一般在静水中启闭。

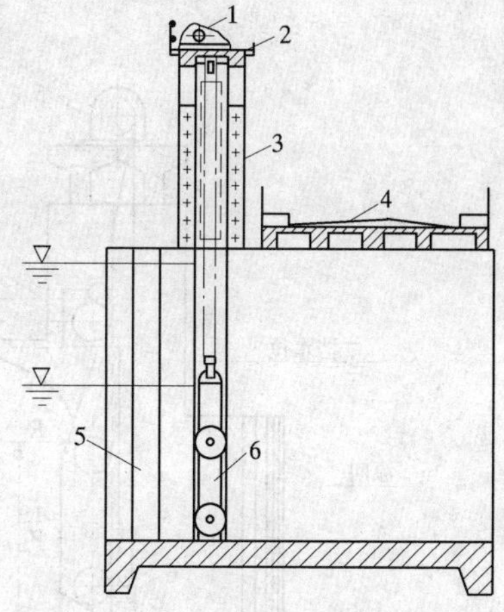

图 7-59 直升式平面闸门示意图

1—启闭机；2—工作桥；3—排架；4—公路桥；5—检修门槽；6—平面闸门

闸门按门体的材料可分为钢闸门、钢筋混凝土或钢丝网水泥闸门、木闸门及铸铁闸门等。钢闸门门体较轻，但除锈、防蚀维护工作量较大，一般适用于大中型水闸。钢筋混凝土或钢丝网水泥闸门可以节省钢材，不需除锈，但前者较笨重，启闭设备投资大；后者容易剥蚀，耐久性较差，一般常用于渠系小型水闸。铸铁门抗锈蚀，抗磨性能好，止水效果也好，但由于材料抗弯强度较低，性能又脆，故仅在低水头、小孔径小闸中使用。木闸门由于耐久性差及我国木材资源紧缺，已日趋不用。

闸门按其结构型式可分为平面闸门（图 7-59）、弧形闸门和其他型式闸门等。前两种是应用最广的型式。

本节主要介绍平面闸门和弧形闸门。

二、闸门的布置与构造

（一）门体结构与布置

1. 平面闸门

平面闸门按其提升方式可以分为直升式平面闸门和升卧式平面闸门。

直升式平面闸门的挡水面板一般做成平面的，门体两侧支承在闸墩的门槽内，平面上的水压力通过门槽传给闸墩，如图 7-59 所示。它可用于开敞式水闸，也可用于孔口尺寸和水头不大的潜孔以内，我国最大的钢闸门跨度已达到 30m。

中小型水闸多用钢筋混凝土或钢丝网水泥平面闸门，跨度可达 6～8m。直升平面闸门与弧形闸门相比较，其优点是：①门体结构较为简单，便于制造加工、安装和运输；②闸墩长度较短；③闸门可吊出孔口，便于检修维护和在各孔间互换，并可兼作检修闸门。其缺点为：①启门时门体底部需提出最高泄水位，故工作桥的排架较高；②启门力较大，从而使启门设备的造价也较高。

升卧式平面闸门是平面闸门的一种。它综合了直升平面门和弧形门的优点，闸墩既短薄，工作桥又可降低约 0.7 倍闸门的高度，既节省了投资，又提高了抗地震性能，如图 7-60所示。升卧式闸门结构虽与直升平面闸门类似，但也有其特点：承受水压的门槽主

轨道自下而上不完全是直的，而是分成直轨、弧轨和斜轨三段。而对侧反轨则随闸门倾倒的方向而定，向下游倾倒的升卧门，反轨自下而上均为直轨；向上游倾倒的升卧门，反轨下段为直段，从一定高度后以与主轨同圆心不同半径的圆弧轨向上游旋转，而后转成平轨或 0.15～1.0 左右的斜轨。闸门吊点于门底（靠近下主梁）面板下游面上。当闸门开启时，向上提升到一定高程后，上主轮进入弧轨段，下主轮将倒向反轨侧沿之滚动，闸门后倾；继续提升闸门，高出水面后，闸门处于平卧状态。

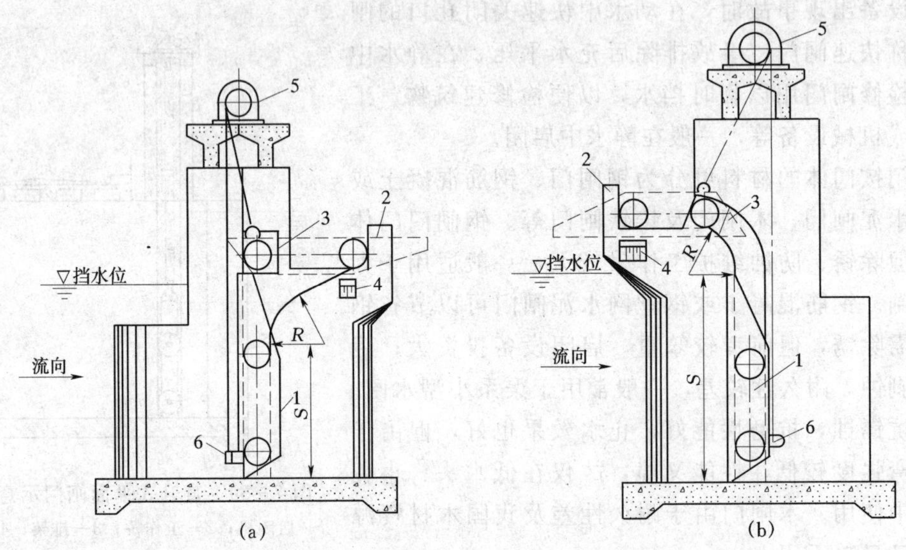

图 7-60　升卧式平面闸门布置图

平面钢闸门门叶主要由面板、梁格系统、支承行走部件、止水装置和吊具等组成，如图 7-61 所示。主横梁是闸门的主要受力构件，在跨度大而门高较小的露顶闸门多布置成

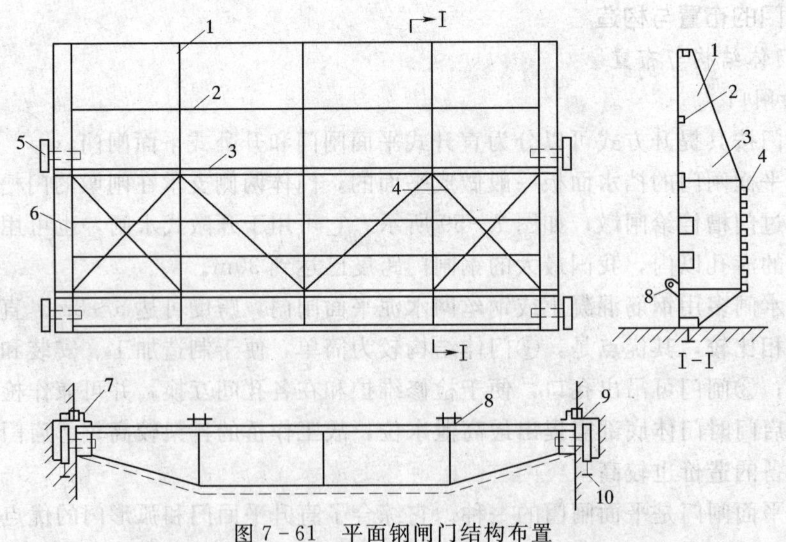

图 7-61　平面钢闸门结构布置

1—竖向隔板；2—水平次梁；3—主梁；4—纵向联结系；5—主轮；6—支承边梁；7—侧止水；8—吊耳；9—反轨；10—主轨

双主梁式，反之采用多主梁式，深水潜孔闸门也常布置成多梁式。平面钢门的基本尺寸，应根据孔口尺寸优先采用钢闸门设计规范推荐的系列尺寸确定。

钢筋混凝土平面闸门的结构型式与平面钢闸门有许多类似之处。有的为减轻闸门自量，将面板材料和型式加以改进，如面板材料改用钢丝网水泥，面板形式改为拱形、波形及双曲薄壳形等。

平面闸门通常是做成单扉的。当有些水闸要求排泄漂浮物、冰凌而不多泄水，或为了降低工作桥高度，可采用双扉闸门。双扉门的上扉门高一般为孔口高度的 0.25～0.40。双扉门控制运用时，要避免下扉闸门门顶溢流而发生负压振动。

2. 弧形闸门

弧形闸门由弧形面板、梁系和支臂组成，如图7-62所示。支臂末端支承在闸墩的铰座上。一般情况下闸门的旋转中心与弧形面板的圆心重合，作用在面板上水压力的合力通过旋转中心，因而减少了启门力（约为平面门的 1/2～1/3），节省了启闭设备投资。所以弧形闸门在大跨度孔口和较大工作水头的情况下尤为适用。弧形闸门常采用钢材、钢筋混凝土等材料制成；孔口宽度一般在 10～20m 以上。

弧形闸门的主梁应根据孔口宽高比布置成横梁式或纵梁式结构。前者适用于较大的宽高比，后者适用于较小的宽高比。弧形门的宽高比一般采用 1.2～3.0。对露顶式弧形门常用较大的比值，潜孔式弧形门常用较小的比值。弧形闸门面板的曲率半径 R 与闸门高度 H 的比值，对露顶式闸门可取 1.1～1.5；对潜孔式可取 1.2～2.0。

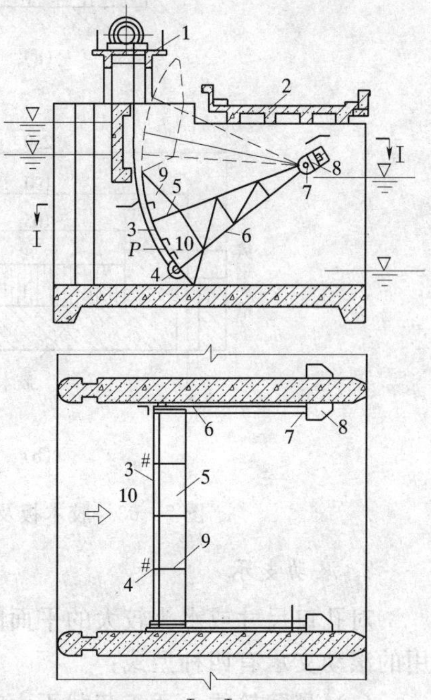

I-I

图 7-62　弧形闸门布置

1—工作桥；2—公路桥；3—面板；4—吊耳；5—主梁；6—支臂；7—支铰；8—牛腿；9—竖向隔板；10—水平次梁

三、闸门的支承行走装置

支承行走装置的作用是：①把作用在闸门上的全部荷载安全地传给闸墩；②启闭闸门时，保证门体移动平稳、灵活。支承行走装置的构造型式应根据工作条件、荷载和跨度决定。平面工作闸门一般采用滚动或滑动支承，弧形门采用铰接式支承装置。

1. 滑动支承

滑动支承是平面闸门上用的很多的支承型式。常用的滑道材料有磨石子（或水泥砂浆面）、花岗岩、钢板、胶木等材料。由于前三种材料摩擦系数较大，所以只能用于小型闸门。压合胶木或油尼龙是一种承载能力高、摩擦系数小、构造简单、安装制造容易且重量轻的材料，由于该材料的出现，使滑动式支承得到了推广。但其性能不太稳定，尤其在深水或干湿交替的环境中，摩擦系数会增加很多，运行可靠性有待提高。胶木滑道或滑块（闸门高度方向通长布设的叫滑

道，分段布设的叫滑块）的工作面一般由三条压合胶木组成，其总宽度为100～150mm，加工时应使受力面为颜色较深的顺纹端面，为此，切割与装置时，应予注意，如图7-63所示。为提高其承载力，应使其受到足够的侧向挤压力。装置时，先将左右两块放入夹槽，然后将中间一块以机械压入。大型闸门的夹槽，多数是整体铸造，简单可靠；而中小型闸门，则以可拆卸的装配式居多。支承方钢的顶部作成圆弧形，有的是不锈钢的，也有的可在表层堆焊一层不锈钢或焊一条弧面不锈钢条，加工磨光至6～7光洁度，且保留厚度不小于2～3mm。

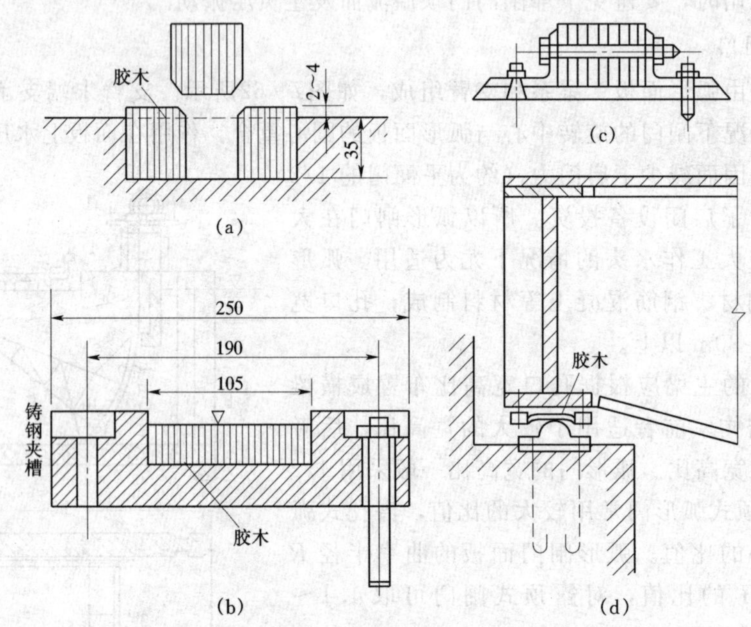

图7-63 胶木板及滑块的正确切割和装置方向（单位：mm）

2. 滚动支承

对孔口尺寸或水头较大的平面闸门，为了减少水压力的摩擦力，常采用滚动支承。常用的滚动支承有四种型式：

(1) 悬臂轮式。适于荷载不大时，一般每个轮压不超过500～1000kN。

(2) 简支轮式。滚轮以简支轴装在双腹式边梁的腹板之间，每个轮压可达1000～1500kN，适用于孔口或水头较大的闸门。

(3) 轮座式。装置滚轮的轮座对准主梁，直接传力，边梁受力小，构造简单但闸门槽需要加宽，轮子直径受限一般用于小型闸门。

(4) 台车式。当轮压较大时，可使台车式支承将滚轮由4个增加到8个，而门体的支承点仍将保持4个。

3. 铰接式支承

一般在弧形闸门、扇形闸门和翻板闸门等使用。铰接式支承由铰轴、铰链和铰座三部分组成。铰链与支臂连接，铰座与闸墩牛腿连接，铰轴为联系铰链和铰座。铰接式支承的结构形式有圆柱铰、圆锥铰及球铰等。圆锥铰、球铰适用于大型斜支臂弧形闸门，以传递

斜向推力，后者能确保闸门主框架支点具有铰接特性。两者由于构造复杂、重量大、造价高，应用较少。圆柱铰不仅适用弧形闸门，也适用于扇形闸门、翻板闸门，应用较为广泛。

四、闸门的止水装置

闸门止水装置的作用是将门体与闸孔周界的间隙密封，防止漏水，也叫水封。止水按其装置位置分有顶止水、侧止水、底止水和中间止水。各部位的止水装置，均应具有连续性和严密性。对大跨度潜孔闸门，其顶止水应考虑顶梁弯曲变形的影响，并应防止其止水橡皮在启闭过程中的翻卷现象。

止水材料除小型平面闸门有时将磨石子面、水泥砂浆面或镶砌花岗岩的滑道和轨道兼作止水之用外，一般采用橡皮，底止水也有用方木的。止水橡皮定型产品规格繁多，一般闸门的顶、侧止水可用P形或板条形断面的橡皮，底止水宜采用方木或条形橡皮。闸门不同部位止水结构形式很多，如图7-64所示。

闸门止水橡皮应预留压缩量，侧止水橡皮预留压缩量一般为2～4mm；止水压板厚度不宜小于10mm（小闸可适当减薄）；固定止水的螺栓间距宜小于200mm。

五、导向装置、吊耳和埋固件

1. 导向装置

为了使闸门在启闭时能顺利地、安全地运行，常在门体两侧安装侧轮和上游安装反向导轮。

侧轮是在弧形闸门或孔口尺寸较大的平面闸门门体侧向四角安装的滚轮或滑块。其作用是防止闸门在启闭过程中因偏斜而发生卡阻。小型钢筋混凝土平面闸门可用侧滑钢筋或混凝土滑块来代替。

反向导轮是平面闸门在门上游面四角设置的滚轮或滑块，其作用是防止闸门在启闭中因前后歪斜而卡阻和缓冲碰撞时闸门的振动。

2. 吊耳

吊耳位于闸门的吊点处，是门体和启闭机相连接的部件。

平面闸门的吊耳一般都安设在门顶（升卧门的吊耳安设在门底以上附近），并尽量布置在闸门的重心线上。当门宽在5m以内时，多采用单吊耳。门宽大于5m则宜采用双吊耳。

露顶式弧形闸门的吊耳，一般布置在闸门下主梁与下支臂交点的面板前面，而潜孔式弧形门的吊耳多设在面部顶部。

3. 闸门埋件

为了使闸门的支承、止水等部件有效地工作，在与之相接触的混凝土构件表面设置轨道、连接座、侧导板和止水座等铁件。铁件需牢固、准确地预埋在接触构件表面，一般采用二期混凝土予以安装。

对于安装、调整、定位和固定埋件的锚栓，其直径一般不小于16mm，其伸出一期混凝土的长度不小于150mm。低水头、小孔径闸门上述要求可适当减小。

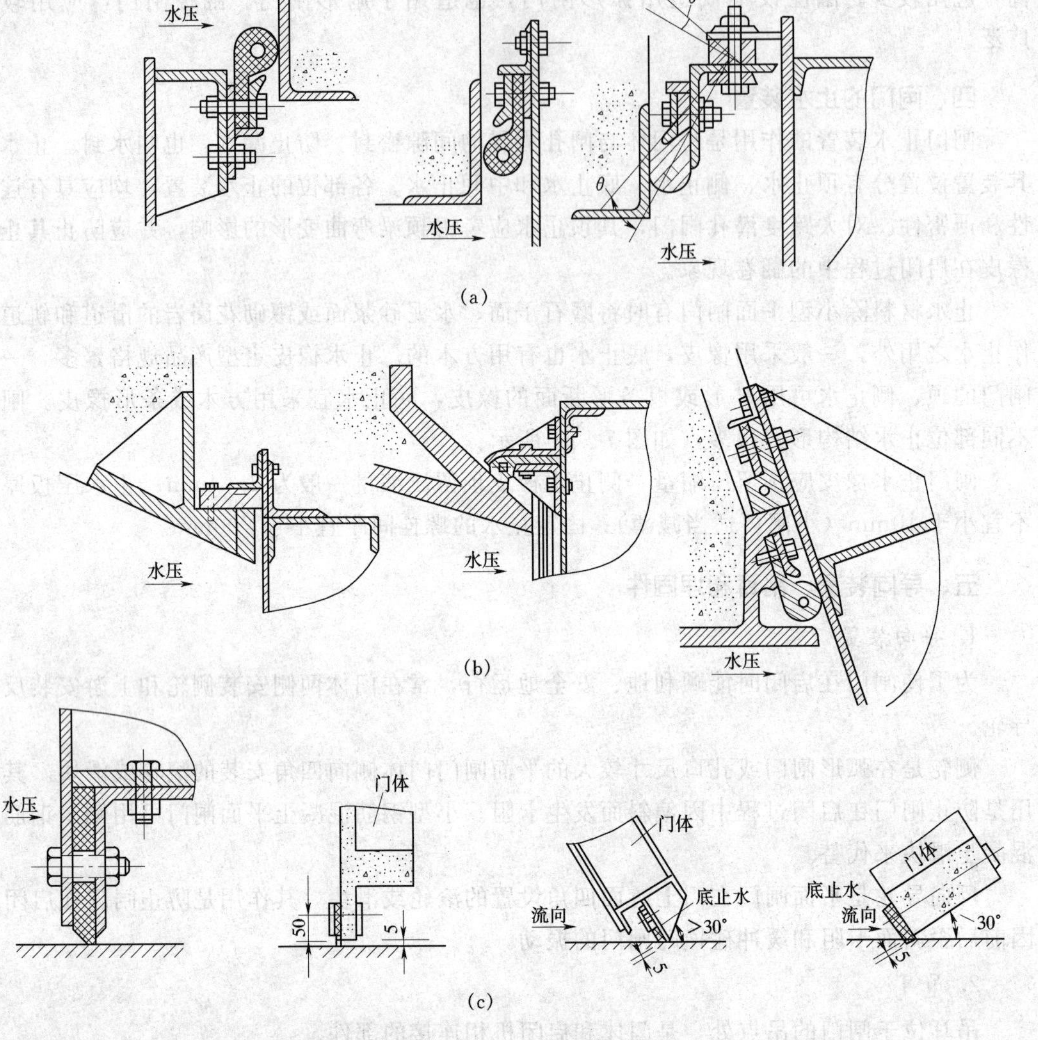

图 7-64　闸门止水示意图

(a) 潜孔式平面闸门顶止水；(b) 潜孔式弧形闸门顶止水；(c) 底止水

六、启闭力

影响启闭力的主要因素，有门体自重、各种摩阻力、动水作用力等。中小型闸门的启闭力计算，一般也可以不考虑闸门底缘的动水上托力和下吸力。

1. 平面闸门的启闭力计算

(1) 在动水中平面闸门闭门力计算公式为

$$F_w = n_T(T_{zd} + T_{zs}) - n_G G + P_t \tag{7-53}$$

计算结果，若 F_w 为负值，表明闸门能靠自重关闭；若 F_w 为正值，需要加压力闭门。如用油压启闭机或螺杆启闭机加压，如为卷扬式启闭机，则需改变闸门布置，利用水柱重（W_s）加压，或加设配重（G_j）。

(2) 在动水中平面闸门启门力计算公式为

$$F_Q = n(T_{zd} + T_{zs}) + P_x + n'_G G + G_j + W_s \tag{7-54}$$

以上式中 n_T——摩阻力的安全系数，一般取 1.2；

n_G——计算闭门力时的门重修正系数，取 0.9～1.0；

T_{zd}——支承摩阻力；

T_{zs}——止水摩阻力；

G——闸门自重；

P_t——上托力，与闸门底缘的形状有关；

n'_G——计算启门力时的门重修正系数，一般取 1.0～1.1；

P_x——下吸力。

对于滑动支承摩阻力，计算公式为

$$T_{zd} = f_2 P \tag{7-55}$$

对于滚动支承摩阻力，计算公式为

$$T_{zd} = \frac{P}{R}(f_1 r + f) \tag{7-56}$$

式中 P——闸门上的总水压力；

R——滚轮半径；

r——轴的半径；

f_1——轴与轴套的滑动摩擦系数（钢合金轴套对钢轴为 0.3；胶木轴套对钢轴为 0.2）；

f_2——滑动支承的摩擦系数（钢板 0.60，铸铁 0.35，磨石子 0.65，木材 0.70，MC 尼龙 0.16，橡皮 1.60）；

f——滚轮的滚动摩擦系数，为 0.1cm。

对于止水摩擦阻力，其计算公式为

$$T_{zs} = f_3 P_{zs} \tag{7-57}$$

式中 f_3——止水与止水座的滑动摩擦系数（橡皮对钢板为 0.65，对磨石子面等 0.70）；

P_{zs}——作用在止水的水压力，可从侧止水和顶上水的总长度乘以止水橡皮作用的宽度，再乘以平均水压力得出。

静水中启闭的闸门（如检修门）启闭力计算，除计入门体自重外，为安全计，也可计入由一定的水位差所引起的摩阻力。对露顶式闸门，可采取 1～5m 的水位差。

2. 弧形闸门的启闭力计算

(1) 闭门力可用式（7-58）计算

$$F_w = \frac{1}{R_1}[n_T(T_{zd} r_0 + T_{zs} r_1) + P_t r_3 - n_G G_{r2}] \tag{7-58}$$

计算结果 F_w 为正值时，需要加压力闭门；如为负值，则表示依靠门体自重就可关闭。

(2) 启门力可用式（7-59）计算

$$F_Q = \frac{1}{R_1}[n_T(T_{zd} r_0 + T_{zs} r_1) + n'_G G_{r2} + G_j R_2 + P_x r_4] \tag{7-59}$$

以上两式中 r_0、r_1、r_2、r_3、r_4——转动铰摩阻力、上水摩阻力、门体重力、上托力和

下吸力对转动中心的力臂；

R_1、R_2——启门力和配重（或机械下压力）对转动中心的力臂；

其他符号意义同平面闸门。

弧形闸门在启闭过程中，力的大小、作用点、方向和力臂随闸门开度而变，应根据启闭力变化过程线决定其最大值。

七、启闭机

1. 启闭机类型

水工闸门常用的启闭机有螺杆式、卷扬机式和液压式三种。

（1）螺杆式启闭机。是中小型平面闸门普遍采用的启闭机。它由摇柄、主机和螺杆组成。螺杆的下端与闸门的吊耳连接，上端利用螺纹与承重螺母相扣合。当承重螺母通过与其相连的齿轮被外力（电动机或手摇）驱动而旋转时，它驱动螺杆作垂直升降运动，从而启闭闸门。该型启闭机结构简单、机身小、造价低、操作简便，闭门时可施加压力，且易于制造，但是启闭速度慢、启闭力小。

（2）卷杨式启闭机。也是用得很广泛的一种启闭机。它由电动机、减速箱、传动轴和绳鼓所组成。卷扬式启闭机是由电力或人力（机电发生故障时）驱动减速齿轮，从而驱动缠绕钢丝绳的绳鼓，借助绳鼓的转动，收放钢丝绳使闸门升降。卷扬式启闭机启门力大、操作方便、启闭速度快，但造价较高，适用于弧形闸门及启门力大而不需闭门力的平面闸门。

（3）液压启闭机。这种启闭机利用较小的动力便能获得较大的起重能力，它耗钢材少、操作简便、造价较低、启闭速度也较快，还便于集中控制和自动操作，因此，液压启闭机适用于启闭力大而孔数较多的闸门。油泵通过电动机或柴油机带动，从油箱中吸入并加压油液后，通过输油管将油液传递到启门的油缸，使油缸中的活塞在液压的作用下，沿缸壁作轴向往复运动，从而带动活塞杆，以升降闸门。

2. 启闭机速度、电动机功率及启闭机重量

⑴ 启闭机速度。为防止运转时速度过快产生事故，一般对启闭机速度有一定的限制：人力启闭为 0.01～0.03m/min；电动为 1～2m/min；油压操作的闸门全开时间不超过 8min。

（2）电动机功率。电动机操作闸门所需功率为

$$N = FV/(102 \times 60\eta) \tag{7-60}$$

式中 F——启闭力；

V——启闭速度；

η——总的机械效率，初估时采用 0.6。

3. 启闭机选择

启闭机型式的选择，应根据工作条件、设计启闭力及工程规模等因素确定。对于工作闸门、快速事故闸门，由于经常处于工作状态或要求快速关闭，故以采用固定式启闭机为宜；对于多孔口检修闸门、尾水闸门，一般不需同时启用，则以采用移动式启闭机较为经济。卷扬式启闭机多用于不需施加外力，闸门能依靠自重关闭的情况，一般大中型闸门采用较多；螺杆式和液压式启闭机多用于闸门不能依靠自重关门的情况。螺杆式启闭机常用于中小型闸门。当启门力小于 100kN 时，采用手摇式；当大于 100kN 时可采用手摇和电动两用的螺杆

式启闭机；液压式启闭机多用于大中型潜孔高压闸门和要求快速关闭的闸门上。

选择启闭机时，应根据启门力和闭门力确定合适的容量；启闭机的扬程可根据运行条件决定，并满足：露顶式工作闸门起门高度提出水面1～2m；快速事故闸门提到孔口以上0.5～1.0m。

第十节　橡　胶　坝

一、概述

（一）橡胶坝的特点

橡胶坝出现于20世纪50年代末，由高强度的合成纤维织物受力骨架与橡胶构成，锚固在基础底板上，形成密封袋形，充入水或气，形成水坝。与传统的土石、钢、木相比，橡胶坝具有以下特点：

(1) 造价低。橡胶坝的造价与同规模的常规水闸相比，一般可以减少投资30%～70%。

(2) 节省三材。橡胶坝袋是以合成纤维织物和橡胶制成的薄柔性结构，代替钢木及钢筋混凝土结构，由于不需要修建中间闸墩、工作桥和安装启闭机等钢筋混凝土的上部结构，并简化水下结构，因此三材用量显著减少，一般可节省钢材30%～50%，节省水泥50%左右以上。

(3) 施工期短。橡胶坝袋是先在工厂生产然后到现场安装，施工速度快，一般3～15天即可安装完毕，整个工程施工工艺简单，工期一般为3～6个月，多数橡胶坝工程是当年施工当年受益。

(4) 抗震性能好。橡胶坝的坝体为柔性薄壳结构，延伸率达600%，具有以柔克刚的性能，故能抵抗强大地震波和特大洪水的波浪冲击。

(5) 不阻水，止水效果好。坝袋锚固于底板和岸墙上，基本能达到不漏水。坝袋内水泄空后，紧贴在底板上，不缩小原有河床断面，无需建中间闸墩、启闭机架等结构，故不阻水。

（二）橡胶坝的适用场合

橡胶坝适用于低水头、大跨度的闸坝工程，橡胶坝的高度一般不高于6.0m，单跨长度一般为50～100m。主要用于灌溉、防洪和改善环境，如：

(1) 用于水库溢洪道上的闸门或活动溢流堰，以增加库容及发电水头，工程效益十分显著。从水力学和运用条件分析，建在溢洪道或溢流堰上的橡胶坝，坝后紧接陡坡段，无下游回流顶托现象，袋体不易产生颤动。在洪水季节，大量推移质已在水库沉积，过流时不致磨损坝袋，即使有漂浮物流过坝体，因为有过坝水层保护堰顶急流，也不易发生磨损。

(2) 用于河道上的低水头溢流坝或活动溢流堰，特别是平原河道水流比较平稳，河道断面较宽，宜建橡胶坝，它能充分发挥橡胶坝跨度大的优点。

(3) 用于渠系上的进水闸、分水闸、节制闸等工程建在渠系的橡胶坝，由于水流比较平稳，袋体柔性、止水性能好，能保持水位和控制坝高来调节水位和流量。

(4) 用于沿海岸作防浪堤或挡潮闸。由于橡胶制品有抗海水侵蚀和海生生物影响的性

能，不会像钢、铁那样因生锈引起性能降低。

(5) 用于船闸的上、下游闸门。实践表明：闸门适用于跨度较小的孔口，而坝袋则适用跨度较大的孔口。

(6) 用于施工围堰或活动围堰。橡胶活动围堰有其特殊优越之处，如高度可升可降，并且可从堰顶溢流，解决在城市取土的困难，不需取土筑堰可保持河道清洁，节省劳力和缩短工期。

(7) 用于城区园林工程。橡胶水坝造型优美，线条流畅。尤其是彩色橡胶水坝更为园林建设增添一幅优美的风景。

(三) 橡胶坝的型式

橡胶坝按充胀介质可分为充水式、充气式。充水橡胶坝在坝顶溢流时袋形比较稳定，过水均匀，对下游冲刷较小；由于气体具有较大的压缩性，充气橡胶坝在坝顶溢流时，出现凹口现象，水流集中，对下游河道冲刷较强。在有冰冻的地区，充气橡胶坝内的介质没有冰冻问题；充水橡胶坝不具备这一优点。充气橡胶坝气密性要求高；充水橡胶坝这方面的要求相对低些。因此，本书重点介绍充水橡胶坝。

橡胶坝按岸墙的结构型式可分为直墙式和斜坡式。直墙式橡胶坝的所有锚固均在底板上，橡胶坝坝袋采用堵头式，这种型式结构简单，适应面广，但充坝时在坝袋和岸墙结合部位出现坍肩现象，引起局部溢流，这就要求坝袋和岸墙结合部位尽可能光滑。斜坡式橡胶坝的端锚固设在岸坡上，这种型式的坝袋在岸墙和底板的连接处易形成褶皱，在护坡式的河道中，与上下游的连接容易处理，如图 7-65 所示。

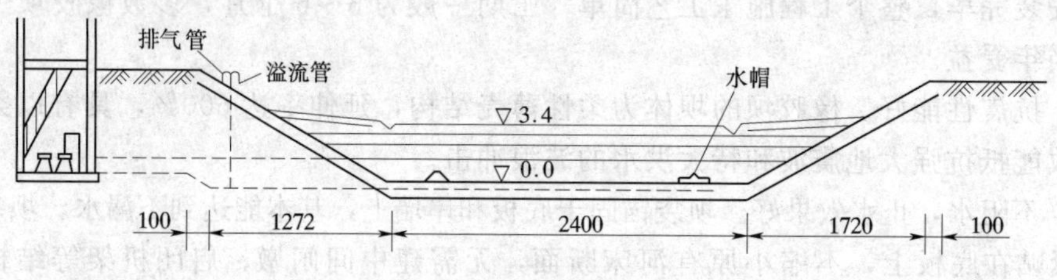

图 7-65 斜坡式橡胶坝

(四) 橡胶坝的组成

橡胶坝由上游连接段、橡胶坝段、下游连接段和橡胶坝控制系统等四部分组成，其中的上、下游连接段的作用和设计方法同水闸的上、下游连接段；橡胶坝段有橡胶坝袋、底垫片、锚固系统、充排水管和坝基等组成，其主要作用是控制水位和下泄流量；控制系统由水泵（鼓风机或空压机）、机电设备、传感器、管道和阀门等组成，水泵（鼓风机或空压机）、机电设备和阀门一般都布置在专门的水泵房内，主要作用是控制橡胶坝的高度。

二、坝袋设计

橡胶坝袋是橡胶坝的核心，坝袋设计的合理性直接影响工程的效益和安全。

(一) 坝袋参数的拟定

橡胶坝袋的设计参数包括坝高（H_1）、内压水头（H_0）、内压比（α）、上游坝面曲线段长度（S_1）、下游坝面曲线段长度（S）、上游贴地段长度（n）、下游贴地段长度（X_0）、坝袋有效周长（L_0）、坝袋单宽容积（V），如图7-66所示。

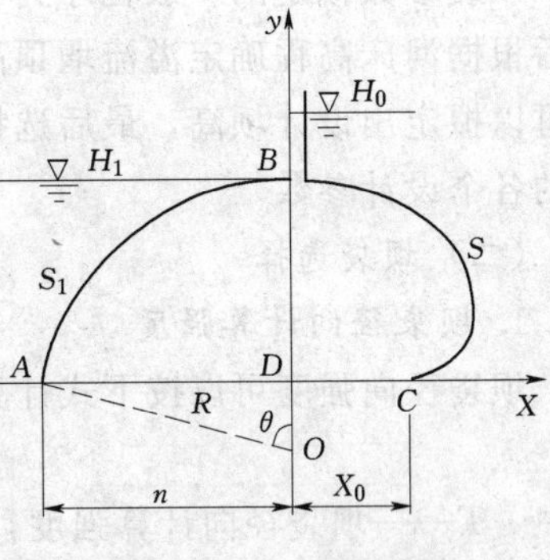

图7-66 坝袋参数

1. 设计坝高 H_1

设计坝高（H_1）为坝顶高程与堰顶高程之差，坝顶高程宜高于上游正常水位0.1～0.2m。

2. 内压水头 H_0

内压水头 H_0 为橡胶坝坝内的压力水头，水头越高，坝袋的周长越短，径向拉力越大。

3. 设计内压比 α

$$\alpha = H_0/H_1 \tag{7-61}$$

设计内压比 α 值的选用应经技术经济比较后确定，充水橡胶坝内外压比值宜选用1.25～1.60；充气橡胶坝内外压比值宜选用0.75～1.10。

4. 上游贴地段长度 n

$$n = \frac{1}{\sqrt{2(\alpha - 1)}} H_1 \tag{7-62}$$

5. 下游贴地段长度 X_0

X_0 的计算公式比较复杂，可以参照《橡胶坝技术规范》（SL 227—98）附录B，一般的可以查表7-14进行计算确定。

6. 上游坝面曲线段长度 S_1、下游坝面曲线段长度 S 和坝袋有效周长 L_0

上游坝面曲线段长度 S_1 和下游坝面曲线段长度 S 可以查表7-14进行计算确定，坝袋有效周长 L_0（不包括锚固长度）与锚固类型有关。

对于单锚固：$L_0 = S_1 + S + n + X_0$

对于双锚固：$L_0 = S_1 + S$

双锚固的底垫片有效长度（不包括锚固长度）：$L_0 = n + X_0$

7. 坝袋单宽容积 V（m^2）

坝袋单宽容积查表7-14进行计算确定。

表7-14 充水式橡胶坝坝袋设计参数表

α	T/H_1^2	S_1/H_1	S/H_1	X_0/H_1	n/H_1	R/H_1	V/H_1^2
1.1	0.3	2.5232	2.0673	0.9867	2.2361	3	2.6342
1.11	0.305	2.4321	2.0359	0.9488	2.132	2.7727	2.5352
1.12	0.31	2.3536	2.0081	0.9146	2.0412	2.5833	2.4484
1.13	0.315	2.2851	1.9832	0.8838	1.9612	2.4231	2.3715
1.14	0.32	2.2249	1.9609	0.8552	1.8898	2.2857	2.3028
1.15	0.325	2.1714	1.9407	0.8292	1.8257	2.1667	2.2409
1.16	0.33	2.1236	1.9223	0.8051	1.7678	2.0625	2.1847
1.17	0.335	2.0805	1.9056	0.7828	1.715	1.9706	2.1335
1.18	0.34	2.0416	1.8901	0.762	1.6667	1.8889	2.0865
1.19	0.345	2.0062	1.8759	0.7425	1.6222	1.8158	2.0433

注 表中 T 的单位为t，V 的单位为 m^2，其余单位均为m。

坝袋参数拟定的一般程序为：先根据规划或水文、水利的分析成果确定正常蓄水位，然后根据河床高程确定溢流堰顶高程，一般的，溢流堰顶高程高出河床0.2～0.3m，这样就可以拟定出设计坝高，最后选择合理的设计内压比，根据前述的方法就可以拟定出橡胶坝的各个设计参数。

（二）坝袋选择

1. 坝袋径向计算强度

坝袋径向强度可以按下式计算，也可以查表7-14进行计算，但要注意单位。

$$T=\gamma(\alpha-0.5)H_1^2/2 \tag{7-63}$$

式中　T——坝袋径向计算强度，kN/m；

γ——水的容重，kN/m³；

α——设计内压比；

H_1——设计坝高，m。

2. 坝袋径向设计强度

根据《橡胶坝技术规范》（SL 227—98）："坝袋强度设计安全系数充水坝应不小于6.0，充气坝应不小于8.0"的规定，对于充水坝坝袋径向设计强度应满足

$$T_{设}\geqslant(6\sim8)T \tag{7-64}$$

3. 坝袋纬向设计强度

从理论上讲，坝袋纬向是不受力的，但由于实际运行中坝袋的摆动，施工的误差，在坝袋的纬向肯定会产生一定的作用力，但目前还没有一种比较准确的计算方法，只能用一种经验的和近似的方法。根据试验结果分析，堵头式橡胶坝纬向设计强度可按径向设计强度的0.5倍选取。橡胶坝坝体纵断面采用梯形或矩形布置，在边墙、边坡采用压板锚固时，纬向设计强度取用径向设计强度的0.8～1.0倍。

4. 坝袋选择

橡胶坝主要依靠坝袋内的胶布来承受拉力的，橡胶保护胶布免受外力的损害，根据坝的高度不同，可以选择一布二胶、二布三胶和三布四胶，采用最多的是二布三胶；一般的，橡胶的厚度是有要求的，《橡胶坝技术规范》（SL 227—98）推荐厚度见表7-15。

表7-15　胶层厚度推荐表　单位：mm

外覆盖胶	夹层胶	内覆盖胶
大于2.5	0.3～0.5	大于2.0

坝袋用的胶布必须满足如下性能：

(1) 有足够的抗拉强度和抗撕裂性能，径向抗拉强度必须大于坝袋径向设计强度，纬向抗拉强度必须大于坝袋纬向设计强度。

(2) 柔曲性、耐疲劳性、耐水浸泡及耐久性好。

(3) 与橡胶具有良好的粘合性能。

(4) 重量轻、加工工艺成熟。

目前国内坝袋胶布采用锦纶帆布，若采用其他材料的坝袋帆布应经过试验研究加以论证。

坝袋用的胶料必须满足下列基本要求：

(1) 耐大气老化、耐腐蚀、耐磨损、耐水性好。

（2）有足够的强度。

（3）在寒冷地区要有抗冻性等。

（4）坝袋使用的胶料达到或超过表 7－16 的规定。

表 7－16　　坝袋胶料物理机械性能要求

项　目		单位	外层胶	夹层胶 内层胶	底垫片胶
扯断强度≥		MPa	14	12	6
扯断伸长率≥		%	400	400	250
扯断永久变形≤		%	30	30	35
硬度（邵尔 A）		(°)	55～65	50～60	55～65
脆性温度≤		℃	－30	－30	－30
热空气老化 （100℃×96h）	扯断强度≥	MPa	12	10	5
	扯断伸长率≥	%	300	300	200
热淡水老化 （70℃×96h）	扯断强度≥	MPa	12	10	5
	扯断伸长率≥	%	300	300	200
	体积膨胀率≤	%	15	15	15
臭氧老化：10000pphm，温度 40℃，拉伸 20%，不龟裂		min	120	120	100
磨耗量（阿克隆）≤		$cm^3/1.61km$	0.8	1	1.2
屈挠性、不裂		万次	20	20	20

坝袋选择的步骤：首先计算出坝袋的设计强度，然后根据设计强度的要求选择胶布的型号和层数，最后确定各层橡胶的厚度和坝袋的总厚度。

（三）过流能力的验算

同水闸一样，橡胶坝既是挡水建筑物，又是泄水建筑物；但水位超过橡胶坝顶时，就会泄流，其过流能力的计算公式还是采用堰流公式，只是流量系数 m 的确定方法不同而已。

橡胶坝泄流有三种流态：

（1）橡胶坝全部坍落，袋面行洪，水流比较平稳，流速与原河床流速相近。

（2）橡胶坝全部充起，顶部类似实用堰。当坝顶开始溢流时，下游水深很浅甚至无水，水流连接条件不利，随着溢流量的增加，下游水深逐渐提高，形成水跃。水跃有一定程度的淹没，对消能有利；但当坝下游护坦与底板高程齐平时，下游坝脚处易产生局部负压区，使坝袋振动。

（3）橡胶坝未充到设计高度，或在坍落过程中，坝型类似于宽顶堰，坝顶溢流时，水流具有两个自由表面的跌差：一个在上游面的顶端，一个在下游面的顶尾。

堰流基本公式

$$Q = \varepsilon \sigma m B \sqrt{2g} h_0^{\frac{3}{2}} \tag{7-65}$$

式中　Q——过坝流量，m^3/s；

B——溢流断面的平均宽度，m；

h_0——计入行近流速水头的堰顶水头，m；

m——流量系数；

σ——淹没系数，可取宽顶堰的试验数据；

ε——堰流侧收缩系数，与边界条件有关，取值同水闸。

橡胶坝的流量系数介于宽顶堰与曲线型实用堰之间，坝袋完全坍平时，可视作宽顶堰，流量系数 $m=0.33\sim0.36$；坝袋充胀时，可视为曲线型实用堰，流量系数 $m=0.36\sim0.45$。

橡胶坝在运用中，流量系数可按如下公式计算。

单锚固充水橡胶坝流量系数

$$m = 0.138 + 0.018h_1/H + 0.152H_0/H + 0.032h_2/H \tag{7-66}$$

式中 H_0——坝袋内压水头，m；

h_1——坝上游水深，m；

h_2——坝下游水深，m；

H——运行时坝袋充胀的实际坝高，m。

以上各值均以坝底为基准面。溢流时的坝高可量测或用下式计算

$$H/H_1 = 0.5138 - 0.7673h_1/H_1 + 0.8742H_0/H_1 + 0.1452h_2/H_1$$

双锚固充水橡胶坝流量系数

$$m = 0.1630 + 0.0913h_1/H + 0.0951H_0/H + 0.0037h_2/H \tag{7-67}$$

溢流时的坝高可量测或用下式计算

$$H/H_1 = 0.2127 - 0.2533h_1/H_1 + 0.7053H_0/H_1 + 0.1088h_2/H_1$$

在设计水位下，如果能通过设计流量，则说明坝袋设计能满足功能要求，否则应调整坝袋的设计。

(四) 消能防冲设计要点

橡胶坝下游连接及消能方式有如下几种：

建在溢洪道上的橡胶坝，无需另设消能设施。建在河渠上的橡胶坝，基本采用底流式水跃消能。消力池与底板之间采用陡坡段连接，坡度为1∶3～1∶4。如基坑开挖有困难时，坝下游护坦与底板高程齐平，护坦的设置范围，应根据计算综合分析决定，如图7-67所示。

橡胶坝的消能防冲设计应综合考虑消能防冲及坝袋振动、磨损等因素。一般分以下几个步骤进行。

1. 水流衔接状态的判断

坍坝时应根据溢流水深、流量、水位差、下游水深、流速等因素，计算收缩断面水深 h_c 的共轭水深 h''_c，将其与下游水深 h_t 进行比较。当 $h_t>h''_c$ 时，产生淹没水跃，无须设消力池；当 $h_t=h''_c$ 时，产生临界水跃；当 $h_t<h''_c$ 时，产生远驱式水跃，须设消力池。

根据橡胶坝运行时的外形变化、水流衔接状态，经与同类水闸消能防冲计算比较，在泄量相同的条件下，橡胶坝一般可不设消力池，可在同一高程采用底板和护坦的消能形式。为检修安装的方便，习惯上将底板抬高0.3m左右，在底板与护坦间采用1∶2～1∶4

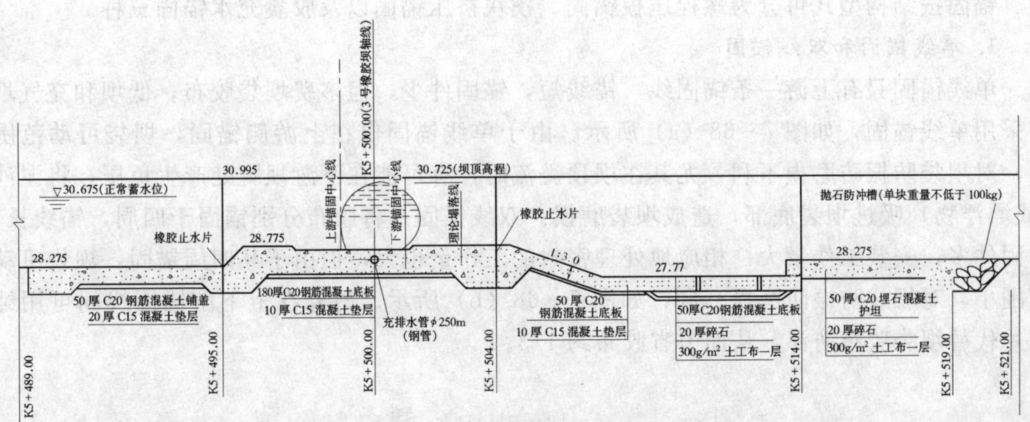

图 7-67 橡胶坝剖面图（单位：cm）

斜坡连接，以便砂石等顺利排到下游，这种布置型式有利于减小坝袋振动及磨损，较多使用。当下游水深 h_t 小于共轭水深 h_c 时，应设消力池。

2. 消能防冲设施

消能防冲设计包括护坦（消力池）、海漫。护坦、海漫的计算可参照第七章进行。

护坦一般采用混凝土结构，其厚度一般为0.3～0.5m。海漫一般采用浆砌石、干砌石或铅丝石笼，其厚度一般为0.3～0.5m。

3. 铺盖

铺盖的作用一方面是增加防渗长度，减小底板扬压力，同时也可以防止上游河底冲刷。铺盖常采用混凝土或黏土结构，铺盖的长度应满足防渗长度要求，铺盖的厚度视不同材料而定，一般混凝土铺盖厚0.3m，黏土铺盖厚不小于0.5m。

4. 排水设施

减少底板扬压力的另一种措施是设置排水，由防渗设计综合考虑后确定排水的位置。排水的起始点便是防渗段的终点。

排水设施一般用直径1～2cm的卵石、砾石、碎石等做成，平铺在地基上，厚度0.2～0.6m，其上铺设土工布1～2层。排水设施和地基土壤接触处容易发生破坏，应予注意。

三、坝基设计

橡胶坝袋必需锚固在坝基上，坝袋才能发挥作用。坝基除了锚固坝袋的作用外，同水闸底板一样，还要承担橡胶坝自重和挡水后的水平水压力，同时还具有防渗、抗冲、拦沙等作用。下文仅介绍坝基的锚固设计。

（一）锚固结构设计

橡胶坝锚固的作用，是用锚固构件将坝袋胶布固定在承载底板和端墙（或边坡）上，形成一个封闭袋囊。因此，锚固是橡胶坝能否稳定起到挡水作用的关键部位，其构件必须满足设计的强度和耐久性，达到牢固可靠和严密不透水的要求。

锚固按锚固线布置分单锚固线和双锚固线两种。

锚固按结构型式可分为螺栓压板锚固、楔块挤压锚固以及胶囊充水锚固三种。

1. 单线锚固和双线锚固

单线锚固只有上游一条锚固线，锚线短，锚固件少，但多费坝袋胶布，低坝和充气坝多采用单线锚固，如图 7-68（a）所示。由于单线锚固仅在上游侧锚固，坝袋可动范围大，对坝袋防振防磨损不利，尤其在坝顶溢流时，有可能在下游坝脚处产生负压，将泥沙（或漂浮物）吸进坝袋底部，造成坝袋磨损。双线锚固是将胶布分别锚固于四周，锚线长，锚固件多，安装工作量大，相应地处理密封的工作量也大，但由于其四周锚固，坝袋可动范围小，对坝袋防振防磨损有利，如图 7-68（b）所示。另外在上下游锚固线间可用纯胶片代替坝袋胶布防渗，从而节省胶布约 1/3。

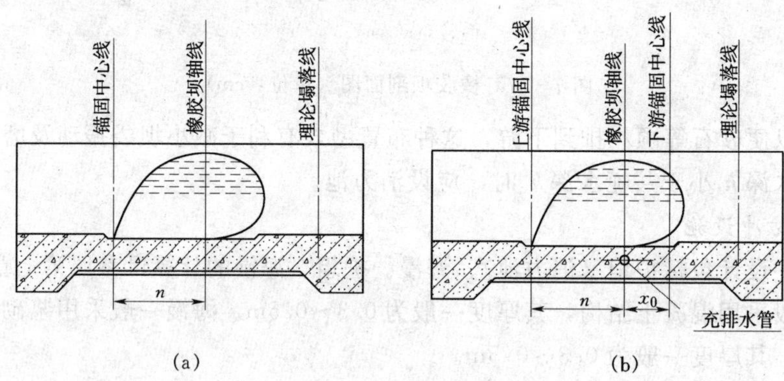

图 7-68　单线锚固和双线锚固布置示意图

在感潮河段区，由于河水位和海水位经常变动，可采用对称双线布置。对有双向挡水任务的橡胶坝，也宜双线锚固布置。双线布置时，两条锚固线在底板上的距离为设计条件下计算的上下游坝袋贴地长度，最好锚固在底板的同一高程上。

2. 螺栓压板式锚固

锚固构件由螺栓和压板组成。

按锚紧坝袋的方式可分为穿孔锚固和不穿孔锚固。穿孔锚固是在锚固部位将坝袋穿孔套进预埋的地脚螺栓，用压板锚紧，如图 7-69（a）所示。穿孔锚固的优点是胶布和锚件所需长度较短，约为不穿孔锚固长度的一半，施工安装和拆卸检修方便；缺点是锚固部位要穿孔，在孔的周边要补强，以防应力集中将坝袋撕裂。另外，穿孔锚固是靠螺栓和钢压板锚紧，其构件在污水河道中使用，容易锈蚀而失效。不穿孔锚固是将锚固部位的胶布用一根压轴卷起或塞入锚固槽内，用压板压紧，如图 7-69（b）所示。锚固部位的压轴材料可用圆木或钢管。优点是不需在坝袋上打孔和补强，锚固长度相对较长，施工安装费工。

螺栓间距应根据采用的压板刚度和螺栓直径进行计算确定；螺栓间距宜取为 0.2～0.3m。每根螺栓承受的荷载可按下式计算

$$Q_0 = T_0/n/k_1 \tag{7-68}$$

式中　Q_0——每根螺栓承受的荷载，kN；

T_0——单位长度螺栓计算荷载，kN/m，可根据坝袋计算强度来确定；

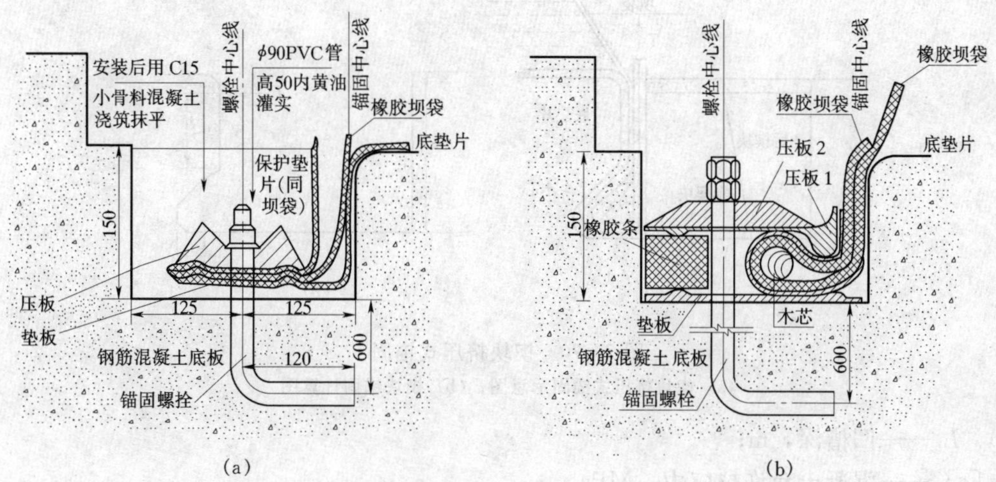

图 7-69　螺栓压板式锚固布置示意图（单位：mm）

k_1——栓紧力及扭转力的影响系数，一般取 $k_1=1.75$；

n——1m 长度内螺栓的根数。

根据每根螺栓承受的荷载，按照强度理论就可以计算出螺栓的直径。

压板的强度按照钢结构进行计算，但建议安全系数取为 3.0。

按使用的压板材料分为不锈钢、普通钢、铸铁和钢筋混凝土压板等。为防止锈蚀，螺栓应用不锈钢材料，若用普通钢应经过防锈蚀处理，如镀锌等。因精制螺栓在运用中易于滑扣，应采用粗制螺栓较好。

螺栓的埋置深度宜根据螺栓材料的承载力设计值，由混凝土抗拔锥状破坏计算确定，并应不小于表 7-17 的规定值。当螺栓埋置深度受到限制时，应在螺栓底部弯勾或开叉，或与基础底板中的预埋钢筋牢固地焊接在一起。

表 7-17　螺栓锚固最小长度表

分　类	螺纹钢筋	光面钢筋
$d\leqslant$16mm 或混凝土强度等级≥C20	20d	15d 加弯钩
$d>$16mm 或混凝土强度等级＜C20	25d	20d 加弯钩

注　在任何情况下，锚固长度应不小于 25mm。

3. 楔块挤压式锚固

楔块挤压式锚固系由前楔块、后楔块和压轴组成，如图 7-70（a）所示。锚固槽有靴形和梯形两种，施工时用压轴将坝袋胶布卷塞入槽中，用楔块挤紧。由于锚固槽内受力比较复杂，坝袋安装时，锚固槽受楔块挤压，这个挤压力很难估算。坝袋充胀后，锚固槽受到坝袋拉力作用带动前楔块上升，槽前壁受到摩擦力，同时带动压轴挤压前楔块，其作用结果是挤压后楔块向上位移。总之，楔块挤压式锚固计算比较复杂，重要工程应由锚固结构试验确定。

锚固槽可参照图 7-70（b）设计，并按下式核算凹槽弯曲应力及槽内壁挤压强度

$$\sigma = M/W < [\sigma] \tag{7-69}$$

$$M = TL_1$$

式中　M——槽壁弯矩，kN·m；

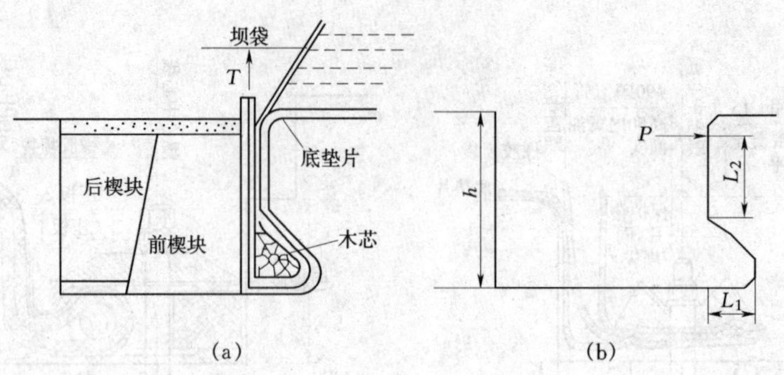

图 7-70　楔块挤压式锚固
(a) 楔块挤压式锚固示意图；(b) 楔块锚固计算图

L_1——凹槽深，m；

$[\sigma]$——混凝土允许拉应力，MPa。

锚固槽挤压强度可按下式验算

$$\sigma = P/F < [\sigma] \tag{7-70}$$

其中 $$P = k_d T/f,\quad F = 1 \times L_2$$

式中 P——由袋壁径向拉力产生的挤压力，kN；

f——楔块与混凝土槽壁间的摩擦系数，取 $f=0.5$；

k_d——动荷载系数，$k_d=2$；

$[\sigma]$——混凝土允许压应力，MPa；

F——锚固槽内胶布与槽壁接触的最小面积，m^2。

楔块断面宜设计为梯形，在楔块中应适当配置钢筋。前楔块长度可取为 50～60cm，后楔块 20～30cm。楔块混凝土强度应大于 C30。压轴宜采用松木、钢管等材料。

4. 胶囊充水锚固

胶囊充水锚固是用胶布做成胶囊，胶囊内充水或充气将坝袋挤紧，充水胶囊制造全部由厂家完成，拆装方便，止水性好。锚固槽尺寸可参照图 7-71 设计，槽形宜为椭圆，长半轴 b 和短半轴 α 的比值宜为 $b/\alpha=1.22$，并且槽口下沿宽度不小于 7cm，上沿宽度不小于 9cm，胶囊粘接缝宽度 10cm。

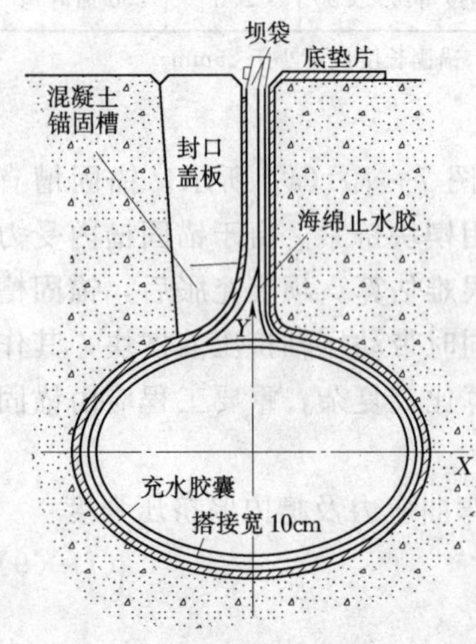

图 7-71　胶囊充水锚固

施工时，将底垫片、海绵止水胶条和橡胶坝袋放入锚固槽后，随之将胶囊置于坝袋胶布之间，整理平顺后即向胶囊内充水，边充水边用钝头棍振捣胶囊，使橡胶坝袋胶布与锚固槽壁紧贴密实，待胶囊水压达到设计压力时，即可向坝袋内充水，进行试验。

（二）锚固线布置设计

直墙式和斜坡式的锚固线布置是不同的，采用堵头式橡胶坝袋的直墙式橡胶坝的所有锚固线均布置在底板上；而斜坡式橡胶坝的底板和侧墙均布置有锚固线。

1. 直墙式橡胶坝的锚固线布置设计

锚固线可以分为三类，即上游锚固线、下游锚固线和侧锚固线。

上、下游锚固线的距离为橡胶坝的贴地长度，上、下游锚固中心线间的距离一般均大于或等于橡胶坝的贴地长度，如图 7-72 所示。侧锚固线尽可能地靠近侧墙，有的干脆做到侧墙内。

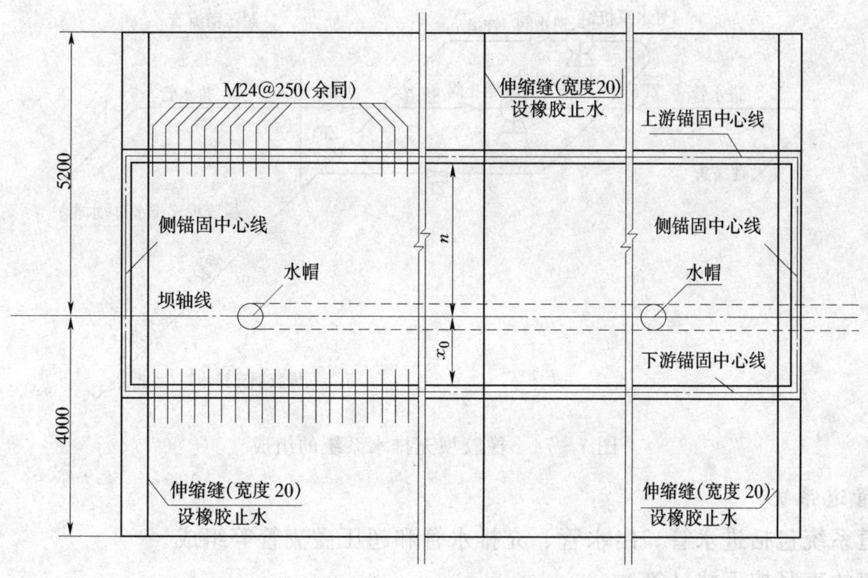

图 7-72　直墙式橡胶坝的锚固线布置

2. 斜坡式橡胶坝的锚固线布置设计

斜坡式橡胶坝在底板的锚固线同直墙式橡胶坝，但斜坡部分有特殊要求。斜坡部分的锚固，其锚线最好按坝袋设计充涨断面在斜坡上的空间投影形成的空间曲线形状布置，但这样坝袋须加工成曲线形，锚固件也应做成曲线形，加工安装困难，故上游侧多采用相切于坝袋设计外形的折线布置，下游侧成直线布置。上游锚线在边坡上要延长一段，以便在坝袋充涨时减少纬向应力，经过试验并根据工程实践经验，坝端坝高一般可取 1.1～1.2 倍设计坝高，如图 7-73 所示。

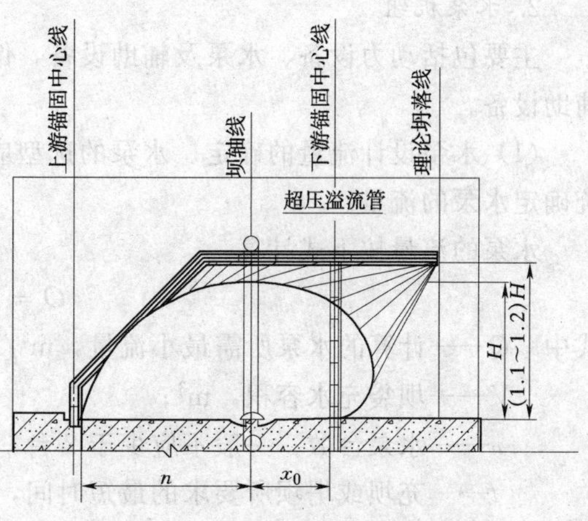

图 7-73　斜坡部分的锚固线布置

四、橡胶坝充排水设施设计

（一）橡胶坝充排水方式

坝袋的充排水方式有两种，即动力式、混合式。所谓动力式，即坝袋的充、坍完全利用水泵进行；混合式即坝袋的充、坍部分利用水泵来完成，部分利用现有工程条件自充或自排。

充排方式的选择应根据工程的现场条件和使用要求等经技术经济比较后选定，

一般采用动力式。有条件的地方，当充水量不大时也可以利用自来水充坝；对建于水库溢洪道上或下游水位不影响自流坍坝的橡胶坝工程，亦可采用自流坍坝。

（二）橡胶坝充排水系统的组成

橡胶坝充排水系统由管道系统、水泵机组、水帽、闸阀和辅助设备等组成，如图7－74所示。

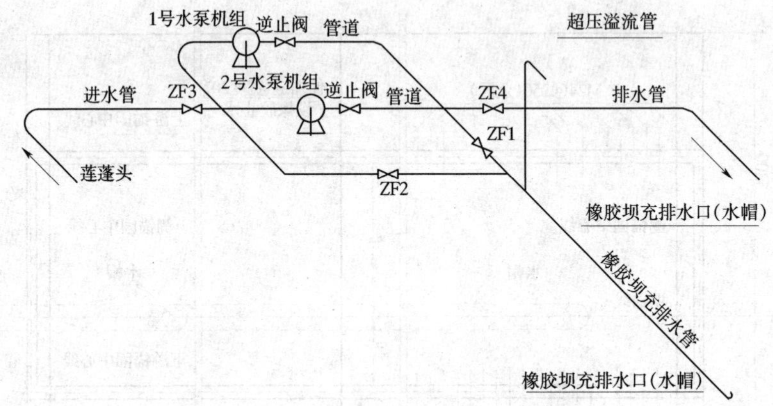

图7－74 橡胶坝充排水系统的组成

1. 管道系统

管道系统包括进水管、出水管、充排水管和超压溢流管等组成。

管道的直径按下式计算

$$D=\sqrt{\frac{4Q}{\pi v}} \tag{7-71}$$

式中 Q——管段内最大计算流量，m^3/s；

v——管道采用的计算流速，m/s。

管道中的流速按下述原则选取：进水管中的流速宜取1.2～2m/s；充排水管、出水管中的流速宜取2～5m/s；超压溢流管的管道直径应与充排水管的管道直径相同。

2. 水泵机组

主要包括动力设备、水泵及辅助设备，像真空泵、压力表、真空表及电气设备均属于辅助设备。

(1) 水泵设计流量的确定。水泵的选型应根据坝的规模、充（坍）坝时间及拟定的系统确定水泵的流量。

水泵的流量按下式计算

$$Q=V/nt$$

式中 Q——计算的水泵所需最小流量，m^3/h；

V——坝袋充水容积，m^3；

n——水泵台数；一般不应少于2台；

t——充坝或坍坝所要求的最短时间，h。

橡胶坝充、坍坝时间的选用应根据工程的具体运用条件确定。根据国内已建橡胶坝工

程的统计，其充坝时间为 2～3h，坍坝时间为 1～2h。另外，对建在行洪河道或溢洪道上的橡胶坝，由于有突发洪水的情况出现，如因排水时间过长，不能及时坍坝，可能造成洪水漫滩或漫坝，由此带来严重后果，其充、坍坝时间或运用方式应作专门研究。

(2) 水泵设计扬程的确定。水泵的扬程应根据管道的布置分别计算充坝或坍坝时所需的水压力

$$H_B=(\nabla_1-\nabla_2)+\Delta H \tag{7-72}$$

当出水管直接向坝袋充水时 $\nabla_1=\alpha H_1+\nabla_3$

式中 H_B——水泵所需的扬程，m；

∇_1——水泵出水管管口高程，m；

α——坝袋内压比；

H_1——坝高；

∇_3——坝底板高程；

∇_2——水泵进水管最低水位，m；

ΔH——水泵进水管、充排水管和出水管等管道系统的水头损失总和，m。

根据上述确定的水泵流量和扬程，参照水泵的样本即可选用合适的水泵。

橡胶坝在中国应用 30 多年的实践表明，橡胶坝不论在发达国家，还是在发展中国家都具有很强的实用价值和广泛的适用性。与水闸相比橡胶坝结构简单，利用自然，又不破坏自然，这一特点也利于生态环境的保护，符合生态水利的发展趋势。

学 习 指 导

本章学习重点是水闸的结构构造及各部尺寸的布置；孔口尺寸的确定、消能防冲、闸基渗流、闸室稳定以及闸室结构计算的方法、步骤。

本章学习难点是孔口尺寸的确定、闸室稳定计算中的水平水压力及扬压力计算、水闸渗流计算、水闸底板结构计算。以下提出各节主要掌握的内容。

第一节：不同类型水闸之间的区别、水闸的组成部分及其作用。

第二节：堰顶高程的确定、闸孔不同形式的适用条件、闸孔总宽度及孔数的确定。

第三节：消能防冲的设计条件、下降式消力池设计（各部分的形式、计算及构造）、海漫及防冲槽的设计。

第四节：防渗长度的定义，地下轮廓布置的原则及具体布置。对改进阻力系数法，仅了解其基本原理。

第五节：闸室各组成部分形式之间的区别及选用条件，各组成部分尺寸的确定，各组成部分相互之间位置的布置原则，以及对缝的具体要求。

第六节：闸室稳定应满足具体要求。闸室上游水平水压力的计算方法，闸室抗滑稳定计算公式的意义及使用条件。

第七节：整体式平底板结构计算中的荷载组合法。对弹性地基梁法，了解其基本原理及计算方法和步骤。

第八节：两岸连接结构物的形式和布置，以及具体的结构形式。对于绕流计算部分，

不作要求。

第九节：平面闸门、弧形闸门及自动翻倒闸门的结构形式和适用条件。掌握几种启闭机的特点、性能和适用场合。

第十节：了解橡胶坝的工作原理和设计要求。掌握结构和构造及施工注意问题等。

小　　结

水闸的内容，主要从孔口设计、消能防冲、防渗设计、稳定验算及结构计算等五个部分进行分析。

孔口设计时既要学会初估水闸总净宽的方法，更重要的是如何验算过闸流量，特别要掌握侧收缩系数计算中的基本假定及计算原理。

水闸常见的消能形式是底流消能，主要是确定消力池的深度和护坦厚度。在设计不同结构物尺寸时要采用不同的单宽流量，如设计消力池时采用孔口中的单宽流量，而不是采用消力池始端的平均单宽流量，这是为了安全的原因；设计海漫时采用消力池末端的平均单宽流量；设计防冲槽时则采用海漫末端的平均单宽流量。

防渗设计时采用 $L=C\Delta H$ 计算，仅是对防渗长度加以初步拟定，但要确定其最终值还须计算渗透坡降及渗透压力，以满足闸室稳定的要求，同时又要满足整个水闸工程最经济的要求。水闸中的反滤层设计和土坝相同。防渗设计考虑闸基（有压流）和绕渗（无压流）两部分。

对于闸室结构的计算方法有反力直线分布法和弹性地基梁法。对于黏性土地基和相对密度 $D_r>0.5$ 的砂土地基，应采用弹性地基梁法；对 $D_r\leqslant 0.5$ 砂性地基，则采用反力直线分布法。

思　考　题

7-1　水闸的作用、类型有哪些？

7-2　水闸的工作特点是什么？

7-3　水闸的组成及各自的作用是什么？

7-4　如何选用水闸的闸孔型式及底板顶高程？

7-5　增加净宽与降低底板高程的关系如何？什么情况宜增加净宽？什么情况宜降低底板高程？

7-6　过闸水流的不利形态有几种？如何防止不利流态？

7-7　海漫的作用是什么？对其有哪些要求？

7-8　渗流分析计算的目的是什么？常用计算方法有几种？

7-9　改进阻力系数法原理是什么？

7-10　水闸地下轮廓有几种布置方式？各使用什么条件？

7-11　说明水闸防渗设施的设计要求，铺盖长度是如何确定的？

7-12　水闸抗滑稳定分析的原理是什么？如何提高水闸抗滑稳定性？

7－13　平面闸门在闸室中的位置取决于哪些因素？为什么？

7－14　水闸的哪些部位应设缝？其作用是什么？哪些缝要设置止水？

7－15　何为不平衡剪力？计算和分配的原则是什么？

7－16　整体闸底板结构计算方法有哪些？说明弹性地基梁法的原理和计算步骤。

7－17　什么叫边荷载？如何考虑其作用？

7－18　水闸翼墙的型式有哪些？挡土墙的结构型式有几种？适用条件是什么？

7－19　说明闸门的组成、类型及适应条件。

7－20　启闭机的类型、特点及适用条件有哪些？

7－21　橡胶坝的特点及适用条件是什么？

7－22　说明橡胶坝的类型、组成部分及坝袋锚固型式。

第八章 水 利 枢 纽

第一节 概 述

一、水利枢纽的建设阶段

为了兴水利、除水害而修建水利工程（枢纽）。水利工程具有投资大、建设时间长、关系国计民生等特点，因此必须严格按科学的自然规律进行建设。水利工程建设的全过程可分为：项目建议书、可行性研究报告、初步设计、施工准备（包括招标设计）、建设实施、生产准备、竣工验收、后评价等阶段。

1. 项目建议书阶段

根据国民经济和社会发展长远规划、流域综合规划和国家产业政策和有关投资建设方针，对拟进行建设项目初步说明。对准备建设的项目做出轮廓性设想和建议。主要是从宏观上衡量分析该项目建设的必要性和可能性，即分析其建设条件是否具备，是否值得投入资金和人力。项目建议书是进行可行性研究的依据。

项目建议书编制一般由政府委托有相应资格的设计单位承担，并按国家现行规定权限向主管部门申报审批。项目建议书被批准后，由政府向社会公布，若有投资建设意向，应及时组建项目法人筹备机构，开展下一建设程序工作。

2. 可行性研究报告阶段

通过对项目进行方案比较，在技术上是否可行和经济上是否合理进行科学的分析和论证，经过批准的可行性研究报告，是项目决策和进行初步设计的依据。可行性研究报告，由项目法人（或筹备机构）组织编制。

可行性研究报告应按照《水利水电工程可行性研究报告编制规程》编制。可行性研究报告，按国家现行规定的审批权限报批。经批准后，不得随意修改和变更，在主要内容上有重要变动，应经原批准机关复审同意。项目可行性报告批准后，应正式成立项目法人，并按项目法人责任制实行项目管理。

可行性研究的主要任务是：

(1) 论证工程建设的必要性，确定本工程建设任务和综合利用的主次顺序。

(2) 确定主要水文参数和成果，查明影响工程的主地质条件和存在的主要地质问题。

(3) 基本选定工程规模。

(4) 选定基本坝型和主要建筑物的基本型式，初选工程总体布置。

(5) 初选水利工程管理方案。

(6) 初步确定施工组织设计中的主要问题，提出控制性工期和分期实施意见。

(7) 评价工程建设对环境和水土保持设施的影响。

(8) 提出主要工程量和建材需用量，估算工程投资。

(9) 明确工程效益，分析主要经济指标，评价工程的经济合理性和财务可行性。

3. 初步设计阶段

初步设计是根据批准的可行性研究报告和必要而准确的设计资料，对设计对象进行通盘研究，阐明拟建工程在技术上的可行性和经济上的合理性，规定项目的各项基本技术参数，编制项目的总概算。初步设计任务应择优选择有项目相应资格的设计单位承担，依照有关初步设计编制规定进行编制。

初步设计文件报批前，一般须由项目法人委托有相应资格的工程咨询机构或组织行业各方面（包括管理、设计、施工、咨询等方面）的专家，对初步设计中的重大问题，进行咨询论证。设计单位根据咨询论证意见，对初步设计文件进行补充、修改、优化。初步设计由项目法人组织审查后，按国家现行规定权限向主管部门申报审批。

初步设计文件经批准后，主要内容不得随意修改、变更，并作为项目建设实施的技术文件基础。如有重要修改、变更，须经原审批机关复审同意。

初步设计的主要任务是：

(1) 复核工程任务及具体要求，确定工程规模，选定水位、流量、扬程等特征值，明确运行要求。

(2) 复核区域构造稳定，查明工程地质条件、水文地质条件和设计标准，提出相应的评价和结论。

(3) 复核工程的等级和设计标准，确定工程总体布置以及主要建筑物的轴线、结构型式与布置、控制尺寸、高程和工程数量。

(4) 选定对外交通方案、施工导流方式、施工总布置和总进度、主要建筑物施工方法及主要施工设备，提出天然（人工）建筑材料、劳动力、供水和供电的需要量及其来源。

(5) 提出环境保护措施设计，编制水土保持方案。

(6) 拟定水利工程的管理机构，提出工程管理范围、保护范围以及主要管理措施。

(7) 编制初步设计概算，利用外资的工程应编制外资概算。

(8) 复核经济评价。

4. 施工准备阶段（包括招标设计）

施工准备工作开始前，项目法人或其代理机构，须依照《水利工程建设项目管理规定（试行）》明确的分级管理权限，向水行政主管部门办理报建登记手续后，方可组织施工准备工作。工程建设项目施工，除某些不适应招标的特殊工程项目外（须经批准），均须按《水利工程建设项目施工招标投标管理规定》实行招标投标。

施工准备的主要内容为：施工现场的征地、拆迁；施工用水、电、通信、路和场地平整等工程；必须的生产、生活临时建筑工程；组织招标设计、咨询、设备和物资采购等服务；组织建设监理和主体工程招标投标，并择优选定建设监理单位和施工承包队伍。

施工准备开始必须满足如下条件：初步设计已经批准；项目法人已经建立；项目已列入国家或地方水利建设投资计划，筹资方案已经确定；有关土地使用权已经批准；已办理报建手续。

5. 建设实施阶段

指主体工程的建设实施，项目法人按照批准的建设文件，组织工程建设，保证项目建

设目标的实现；项目法人或其代理机构必须按审批权限，向主管部门提出主体工程开工申请报告，经批准后，主体工程方能正式开工。主体工程开工须具备的条件为：

(1) 前期工程各阶段文件已按规定批准，施工详图设计可以满足初期主体工程施工需要。

(2) 建设项目已列入国家或地方水利建设投资年度计划，年度建设资金已落实。

(3) 主体工程招标已经决标，工程承包合同已经签订，并得到主管部门同意。

(4) 现场施工准备和征地移民等建设外部条件能够满足主体工程开工需要。

(5) 建设管理模式已经确定，投资主体与项目主体的管理关系已经理顺。

(6) 项目建设所需全部投资来源已经明确，且投资结构合理。

要按照“政府监督、项目法人负责、社会监理、企业保证”的要求，保障工程建设质量。在施工过程中，项目法人应根据工程进度，进行生产组织、员工培训、生产技术、生产物资等准备工作，为竣工投产创造条件。

6. 生产准备阶段

生产准备是项目投产前所要进行的一项重要工作，是建设阶段转入生产经营的必要条件。项目法人应按照建管结合和项目法人责任制的要求，适时做好有关生产准备工作。生产准备一般应包括如下主要内容：

(1) 生产组织准备。建立生产经营的管理机构及相应管理制度。

(2) 招收和培训人员。按照生产运营的要求，配备生产管理人员，并培训、提高人员素质，使之能满足运营要求。生产管理人员要尽早介入工程的施工建设，参加设备的安装调试，熟悉情况，掌握好生产技术和工艺流程，为顺利衔接基本建设和生产经营阶段做好准备。

(3) 生产技术准备。主要包括技术资料的汇总、运行技术方案的制定、岗位操作规程制定等。

(4) 生产的物资准备。主要是落实投产运营所需的原材料、协作产品、工器具、备品备件和其他协作配合条件的准备。

(5) 正常的生活福利设施准备。

7. 竣工验收阶段

竣工验收是全面考核基本建设成果、检验设计和工程质量的重要步骤。竣工验收合格的项目即从基本建设转入生产或使用。

当建设项目的建设内容全部完成，并经过单位工程验收，符合设计要求并按水利基本建设项目档案管理的有关规定，完成了档案资料的整理工作，在完成竣工报告、竣工决算等必需文件的编制后，项目法人按照有关规定，向验收主管部门提出申请，根据国家和部颁验收规程，组织验收。

竣工决算编制完成后，须由审计机关组织竣工审计，其审计报告作为竣工验收的基本资料。

8. 建设项目后评价

后评价是工程项目交付使用一段时间内，对项目立项决策、设计、施工、竣工验收、生产运行等全过程进行系统评估。

其主要内容包括：

(1) 影响评价。项目投产后对各方面的影响进行评价。

(2) 经济效益评价。对项目投资、国民经济效益、财务效益、技术进步和规模效益、可行性研究深度等进行评价。

(3) 过程评价。对项目的立项、设计施工、建设管理、竣工投产、生产运营等全过程进行评价。

项目后评价一般按三个层次组织实施，即项目法人的自我评价、项目行业的评价、计划部门（或主要投资方）的评价。建设项目后评价工作必须遵循客观、公正、科学的原则，做到分析合理、评价公正。通过建设项目的后评价以达到肯定成绩、总结经验、研究问题、吸取教训、提出建议、改进工作，不断提高项目决策水平和投资效果的目的。

二、水利水电枢纽设计的任务和内容

工程设计是在设计任务书的基础上，根据任务要求和工作深度，开展工作。在我国，一般水利工程设计可分为初步设计和施工详图设计两个阶段。对较重要的大型工程，因技术条件复杂，常增加技术设计阶段。有时为了尽早开工，提前发挥工程效益，可将技术设计和施工详图设计合并在一个阶段进行，称技施设计。

一般情况下，各设计阶段的设计任务和内容如下：

(1) 初步设计。其主要任务是：在可行性研究报告和设计任务书的基础上，论证本工程及主要建筑物的等级；选定合理的坝址、枢纽总体布置、主要建筑物型式和控制性尺寸；选择水库的各种特征水位；选择电站的装机容量、电气主接线方式及主要机电设备；提出水库移民安置规划；选择施工导流方案和进行施工组织设计；提出工程总概算；进行技术经济分析和阐明工程效益。该阶段的工作内容和深度可参阅《水利水电工程初步设计报告编制规程》。

(2) 技术设计。对重要的或技术条件复杂的大型工程，在初步设计后，需增加技术设计。其主要任务是：在更深入细致地调查、勘测和试验研究的基础上，加深初步设计的工作，解决初步设计尚未解决或未完善的具体问题，确定或改进技术方案，编制修正概算。技术设计的项目内容同初步设计，只是更为深入详尽。审批后的技术设计文件和修正概算是建设工程拨款和施工详图设计的依据。

(3) 施工详图设计。其主要任务是：以经过批准的初步设计或技术设计为依据，确定地基处理方案，进行处理措施设计；对各建筑物进行结构及细部构造设计，并绘制施工详图；进行施工总体布置及确定施工方法，编制施工进度计划和施工图预算等。施工详图是施工的依据；施工图预算是工程承包或工程结算的依据。

水利工程的兴建必须遵循先勘测、再设计、后施工的建设程序。在规划、设计工作之前应进行必需的调查和勘测，以便为设计提供准确、可靠的依据，确保设计和施工的顺利进行。勘测调查工作的内容、范围和精度与工程规模、自然条件的复杂程度以及设计阶段相对应，随着设计阶段的深入，勘测工作也应逐步深入，以勘测资料的精度及范围能满足不同设计阶段的要求为准则。

第二节　蓄　水　枢　组

蓄水枢组设计的主要内容有坝址、坝型选择和枢纽布置等。坝址、坝型选择和枢纽布置共同受所在河流（区域）的社会经济和自然条件的制约。

一、坝址与坝型选择

坝址和坝型的选择工作贯穿在各设计阶段之中，并且是逐步深入的。在可行性研究阶段，一般是根据开发任务的要求和地形、地质及施工等条件，初选几个可能筑坝的地段和若干条有代表性的坝轴线，通过枢纽布置进行综合比较，选择其中最有利的地段和相应较好的坝轴线，提出推荐坝址。并在推荐坝址上进行枢纽布置，通过方案比较，初选基本坝型（重力坝、拱坝、土石坝）和初选枢纽布置方式。在初步设计阶段，根据掌握的地质资料，通过技术经济比较，选定最合理的坝轴线，确定坝型及其他建筑物的型式和主要尺寸，进行枢纽布置。在施工详图阶段，随着地质资料和试验资料的进一步深入和完善，对已确定的坝轴线、坝型和枢纽布置做最后的修改和定案。

坝址、坝型选择和枢纽布置关系密切，不同的坝轴线可选用不同的坝型和枢纽布置；对同一条坝轴线，也可采用几种坝型和枢纽布置方案。在优选坝址、坝型时，一般应考虑以下几个因素：

1. 地质条件

地质条件是建库建坝的基础，是衡量坝址优劣的重要条件之一，在某种程度上决定着枢纽工程的结构和投资。在选择坝址、坝型阶段，应摸清各比较方案的区域、库区和建筑物区的地质情况。坚硬完整、无构造缺陷的岩基是最理想的坝基。但天然地基总会存在地质缺陷，可通过妥善的地基处理措施使其达到筑坝的要求。在该阶段作为宏观决策，关键是：不能疏漏重大地质问题；对重大地质问题要有正确的定性判断，以便决定坝址的取舍或定出防护处理的措施，或在坝型选择和枢纽布置上设法适应坝址的地质条件。

一般情况下，拱坝对两岸坝基地质条件要求较高，重力坝或支墩坝次之，土石坝要求最低；高坝要求较严格，低坝要求较低。坝址选择还必须对区域地质稳定性及库区的渗漏、库岸塌滑、岸坡及山体稳定等地质条件做出评价。

2. 地形条件

坝址地形条件必须满足开发任务对枢纽布置的要求。一般说，坝址河谷狭窄，坝轴线短，坝体工程量较小，但河谷太窄则不利于泄水建筑物、发电建筑物、施工导流及施工场地的布置，是否经济应根据枢纽总造价来衡量；通常，河谷两岸有适宜的高度和必需的挡水前缘宽度时，则对枢纽布置有利；对于多泥沙河流及有漂木要求的河道，应注意坝址位置对取水、防沙及漂木是否有利；对于通航河道，还应考虑通航建筑的布置；对坝址上游，希望河谷开阔，争取在淹没损失较小的情况下获得较大库容。

坝址地形条件还应与坝型相互适应，拱坝要求河谷狭窄；土石坝要求河谷宽阔、岸坡平缓、坝址附近或库区内有高程合适的天然山垭口，可供布置河岸式溢洪道，以及坝址附近有开阔的地形，便于布置施工场地。

3. 建筑材料

坝址附近应有数量足够、质量符合要求的建筑材料，应便于开采、运输，且施工期间料场不会被淹没。

4. 施工条件

坝址和坝型选择要考虑易于施工导流、施工交通运输、能源供应及便于布置施工场地。

5. 综合效益及环境影响

对不同坝址要综合考虑防洪、灌溉、发电、通航、过木、城市和工业用水、渔业以及旅游等各部门的经济效益，并考虑兴建水库后，原来的陆相地表和河流型水域变为湖泊型水域，改变了地区自然景观，对自然生态和社会经济产生多方面的环境影响。其有利的是发展了水电、灌溉、供水、养殖、旅游等水利事业和消除了洪水灾害、改善气候条件等。但是，也会带来淹没损失、浸没损失、土壤沼泽化、水库淤积、诱发地震、生态平衡受到破坏，以及造成下游冲刷、河床演变等。虽然水库对环境的不利影响与其社会、经济效益相比是次要的，但处理不当也能造成严重的后果，故在进行水利规则和坝址选择时，必须进行认真研究。

二、枢纽布置

拦河筑坝以形成水库是蓄水枢纽的主要特征。其枢纽组成除拦河坝和泄水建筑物外，还包括输水建筑物、水电站建筑物和过坝建筑物等。枢纽布置主要是研究和确定枢纽中各水工建筑物的相互位置，其涉及泄洪、发电、通航、导流等各项任务，并与坝址、坝型密切相关，应统筹兼顾，认真分析，全面安排，最后通过综合比较，从若干个比较方案中选优。枢纽布置的一般原则如下：

(1) 枢纽布置应满足各建筑物在布置上的要求，并应避免运行时相互干扰，确保各建筑物在任何工作条件下都能正常工作。

(2) 枢纽布置应同时考虑合理选择施工导流的方式、施工程序和标准，合理选择主要建筑物的施工方法。工程实践证明，在某种情况下，配合得当不仅能方便施工，还能使部分建筑物提前发挥效益（提前蓄水、发电等）。

(3) 枢纽布置应做到在满足安全和运用管理要求的前提下，尽量降低枢纽总造价和年运行费用；如有可能，应考虑使一个建筑物能发挥多种作用；应对枢纽建筑物进行优化设计或采用先进的技术、工艺和材料。例如，结合实际条件尽量选用双曲拱坝、堆石面板坝、碾压混凝土坝等新坝型。

(4) 枢纽布置应与周围自然环境相协调，因地制宜地将人工环境和自然环境有机地结合起来，创造出一个完美的、多功能的宜人环境。

三、枢纽布置方案的选定

水利枢纽设计最后需通过论证比较，从若干个枢纽布置方案中选出一个最优方案。最优方案应该是技术上先进且可能、经济上合理、施工期短、运行安全可靠以及管理维修方便的方案。方案选择时主要论证比较的内容有以下几个方面：

(1) 主要工程量。如土石方、混凝土和钢筋混凝土、砌石、金属结构、机电安装、帷

幕和固结灌浆等工程量。

(2) 主要建筑材料用量。如木材、水泥、钢筋、钢材、砂石和炸药等用量。

(3) 施工条件。如施工工期、发电日期、施工难易程度、所需劳动力和施工机械化水平等。

(4) 运行管理条件。如泄洪、发电、通航是否相互干扰，建筑物及设备的运用操作和检修是否方便，对外交通是否便利等。

(5) 经济指标。指总投资、总造价、年运行费用、电站单位千瓦投资、发电成本、灌溉单位面积投资、通航能力、防洪以及供水等综合利用效益等。

(6) 其他。根据枢纽具体情况，需专门进行比较的项目。

上述项目有些可以定量计算，有些则难以量化，这就给枢纽布置方案的选定增加了复杂性。因而，必须以国家的技术政策为指导，在充分掌握基本资料的基础上，以科学的态度，实事求是地全面论证，通过综合分析和技术经济比较，确定最优方案。

四、蓄水枢纽布置实例

1. 中、低水头水利枢纽

修建在河流中、下游的丘陵或平原地区的水利枢纽一般是位于河床坡度平缓、河谷宽阔的河段上，其主要建筑物是拦河闸（坝），由于其上下游水头差不大，称作中、低水头水利枢纽。此时，挡水建筑物可建在岩基或软基上，由于地形开阔，通常是将挡水建筑物、过坝建筑物、泄水建筑物和电站厂房一字摆开。枢纽布置的关键问题是妥善处理好泄洪消能及防淤排沙问题。

图 8-1 为长江葛洲坝水利枢纽布置图。它是我国在长江干流上修建的第一座大坝，位于三峡出口南津关下游 2.3km 处，下距宜昌市约 6km。枢纽的主要任务是对三峡电站进行反调节，解决未来三峡电站日调节不稳定流对下游航道及宜昌港的不利影响以及发电问题。主体建筑物有泄水闸、船闸、电站厂房、冲沙闸及挡水坝段等。枢纽总库容 15.8 亿 m^3，最大闸坝高 47m，大坝全长 2595m。电站总装机容量 271.5 万 kW。1、2 号大型船闸可通过万吨级货驳船及客轮，是世界上最大的船闸之一。

葛洲坝工程坝址处河宽 2200m。江中有葛洲坝和西坝两座小岛自右向左将长江分为大江、二江和三江。

大江是主河槽，二、三江在枯水期断流。其坝址地形和水文条件的主要问题是，长江出南津关后自东转向南流，南津关以上峡谷河宽约 300m，到坝址处急剧扩展至 2200m，水流流速减缓，向下至宜昌市江面又缩至 800m。坝址又位于河流弯道，泥沙较多，如枢纽布置不当，将淤塞航道和影响发电。因而，在枢纽布置时，首先应适应长江河势，妥善安排好主流位置，以利于通航、发电、排沙和泄洪。经过多种方案比较和水工、泥沙模型试验，最后确定枢纽布置如下：挖掉江中葛洲坝，将枢纽中的关键建筑物即 27 孔泄水闸居中布置在正对主流的深槽位置，以利于泄洪、排沙和满足河势要求。在上游，左右各设置一道防淤堤，既可束窄主流河道，有利于拉沙、稳定主槽和消除回流淤积，又能在两侧形成与主流分开的三江和大江两条独立的人工航道（大江下游并设导航墙）。在大江航道中设有 1 号大型船闸；三江航道中设有 2 号和 3 号大、中型船闸各 1 座。为防止上游航道淤积，在大江航道 1 号船闸右侧布置 9 孔泄洪冲

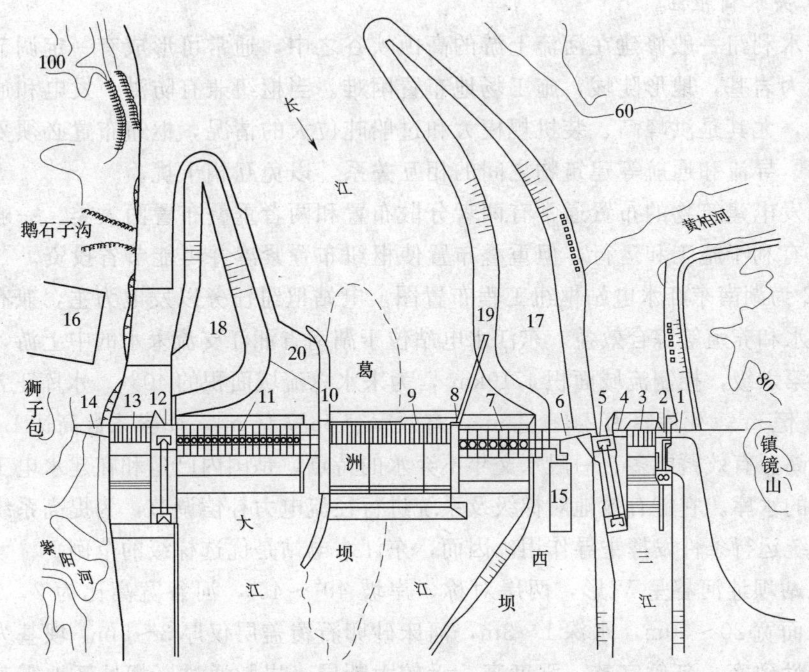

图 8-1　长江葛洲坝水利枢纽工程布置图（单位：m）

1—土石坝；2—3 号船闸；3—三江冲沙闸；4—三江混凝土坝；5—2 号船闸；6—混凝土坝；7—二江电站；8—左导墙；9—泄水闸；10—右导墙（纵堰）；11—大江电站；12—1 号船闸；13—大江冲沙闸；14—右岸土石坝；15、16—开关站；17、18—防淤堤；19、20—导沙坎

沙闸；在三江航道 2、3 号船闸之间布置 6 孔泄洪冲沙闸一座，在需要时可开闸拉沙、冲沙。为提前发挥发电效益，将枢纽电站分设在大江、二江两处，二江电站装机容量 2×17 万 kW+5×12.5 万 kW，大江电站装机为 14×12.5 万 kW。第一期工程建二江电站，使其提前投产发电。为防止厂前泥沙淤积和减少粗砂通过水轮机，在两座厂房进水口上游均布置了导沙坎，进水口下部设置排沙底孔。在西坝和大江右岸，分别布置 220kV 和 500kV 开关站。

该工程坝址的主要工程地质问题是坝基存在着黏土岩类软弱夹层，其抗剪强度低，且产状和倾角对抗滑和抗渗透均不利。因而，沿夹层的深层滑动是闸室抗滑稳定的控制条件。此外，地层中还存在着规模较大的缓倾角断层所构成的强透水带，亦需处理。对抗滑稳定的加固措施，曾研究过多种方案，并对泥化夹层进行了野外大型抗力体试验，经分析比较，最后采用防渗板、混凝土齿墙、尾岩抗力（部分抗力体还加设钢筋混凝土加固桩）和加强防渗排水等综合性阻滑措施。

对于溯河洄游性鱼类中珍稀的中华鲟鱼的保护问题，经长期的调查、研究和试验，证明中华鲟鱼已适应了环境的变化，在坝下进行了有效的自然繁殖，同时，辅以人工繁殖放流后，可取得良好效果。

实践证明，虽然葛洲坝工程坝址的地形、水文和地质条件比较复杂，并有重大地质缺陷，但采用了合理的优化设计方案和地基处理措施，枢纽布置非常成功。

2. 高水头水利枢纽

高水头水利组一般修建在河流上游的高山峡谷之中，通常可形成有一定调节能力的水库，坝基多为岩基，地形陡峻，施工场地布置困难。当枢纽兼有防洪、发电和通航等多项综合任务时，尤其是洪峰高、装机规模大和过船吨位大的情况，枢纽布置必须妥善处理好泄洪、发电、导流和通航等建筑物之间的相互关系，以免互相干扰。

泄洪和发电建筑物的布置通常有两者分散布置和两者重叠布置两大类。一般说，分散布置可能更有利于施工和运行，但重叠布置使枢纽布置紧凑并可能节省投资。

图 8-2 为湖南东江水电站枢纽工程布置图。电站枢纽任务以发电为主，兼有防洪、航运、工业用水和养殖等综合效益。东江水电站位于湖南省湘江支流耒水的中上游，为耒水流域梯级开发第六级，控制流域面积 4719km^2，为耒水总流域面积的 40%。水库正常蓄水位以下库容 81.2 亿 m^3，死库容为 24.5 亿 m^3，有效库容 56.7 亿 m^3，库容系数高达 1.3。具有库容大、水头高、有效蓄能多、一般水文年不弃水的特点，是国内已建和在建水电工程中调节性能最优越的水库。它能有效地对梯级及系统进行径流电力补偿调节，为提高系统的保证出力和改善系统运行条件发挥主导作用。因而，东江水电站是优选梯级的范例。

东江电站坝址河谷呈 V 形，两岸对称，岸坡 40°～45°，河谷宽高比为 2，基岩裸露，常水位时水面宽 20～40m，水深 1～3m，河床砂卵石覆盖层仅厚 3～5m。坝基为单一块状花岗岩，岩性致密，新鲜完整，强度高，无较大断层、岩脉通过，坝址区地震基本烈度为Ⅵ度是一处难得的、得天独厚的优良坝址。

东江坝型采用变圆心、变半径、混凝土双曲拱坝，最大坝高 157m，底厚 35m，顶厚 7m；坝顶中心弧长 438m，最大中心角 95°7′18″，中心半径 305.8m，倒悬度控制在 0.25∶1 以内。在坝型方案比较时，不少专家考虑到东江工程的重要性及顾虑当时的技术和管理水平，曾主张采用重力坝或重力拱坝，以求稳妥。而后通过综合分析、全面论证，并对设计施工条件进行了充分的估量，最后审定为较薄的混凝土双曲高拱坝。经过精心设计、施工，东江双曲拱坝已耸立在湘江耒水之上，工程质量达到了优良水平。东江拱坝的建设经验为我国双曲高拱坝的大发展开拓了光明的前景。

初设阶段，东江拱坝枢纽的布置方案主要有两种：

（1）厂、坝集中布置的坝后式厂房方案。

（2）厂、坝分散布置的左岸地下式或左岸长隧洞引水的河岸式厂房方案。

两种枢纽布置方案各有利弊，经综合分析，全面比较，由于坝后式厂房方案比地下式厂房方案可减少 55%～70%的洞挖量；比河岸式厂房方案减少 40%～60%的洞挖量，考虑到施工开挖的实际条件和其他因素，最后审定为第一方案。

东江水电枢纽的建筑物有：混凝土双曲拱坝；坝后式厂房（装机容量 4×12.5 万 kW）、滑雪道式溢洪道等。发电引水管道采用单管引水式，它由斜面式进水口、坝内埋管、坝后背管和坝后平管段四部分组成；其中坝后背管是新技术，具有减少厂坝施工干扰，加快拱坝施工进度的优点，东江电站是率先采用；泄洪布置经多种方案试验、分析比较，采用左、右岸滑雪道式溢洪道，其消能工选用左岸为扭曲式挑坎和右岸为窄缝式挑坎的挑流形式，窄缝式消能工也是东江电站在国内率先采用。两岸还分别布置有放空隧洞，右岸二级放空隧洞，除用于水库二级放空任务外，兼作导流和向下游供水；左岸一级放空

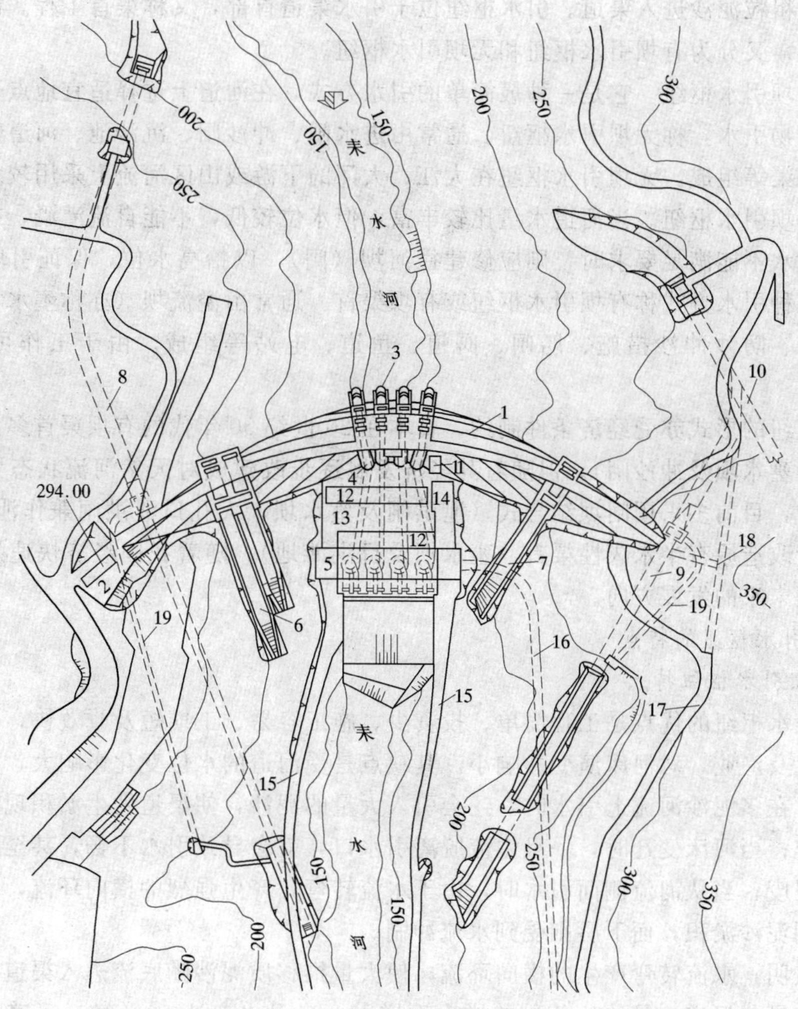

图 8-2 东江水电站枢纽工程布置图

1—混凝土双曲拱坝；2—重力墩；3—电站进口；4—坝后背管；5—主厂房；
6—右岸滑雪道式溢洪道（窄缝式）；7—左岸溢洪道（扭曲式挑坎）；
8—二级放空洞（兼导流及供水）；9—一级放空洞（兼泄洪）；
10—扩机引水洞；11—电梯井；12—开关站；13—变压器场；
14—副厂房；15、17—公路；16、18、19—交通洞

隧洞除用于一级放空任务外，兼作辅助泄洪和扩大装机容量时地下厂房的引水隧洞。另外，考虑上游木材外运，在库区内专门设有木材转运设施。

第三节 引 水 枢 组

一、概述

（一）引水枢纽的作用及类型

引水枢纽的作用是把河流中的水引入渠道，以满足灌溉、发电、工业及生活用水等需

要，并防止粗粒泥沙进入渠道。引水枢纽位于引水渠道首部，又称渠首工程。根据是否有拦河闸（坝）又分为有坝引水枢纽和无坝引水枢纽。

(1) 无坝引水枢纽。它是一种最简单的引水方式，在河道上选择适宜地点开渠并修建必要的建筑物引水，称无坝引水枢纽。通常由进水闸、冲沙闸、沉沙池、河道整治建筑物及泄水排沙渠等组成。无坝引水枢纽在大江、大河的下游或山区河流上采用较多。

(2) 有坝引水枢纽。当河道水量比较丰富，但水位较低，不能自流灌溉，或引水量较大，无坝引水不能满足要求时，则应修建拦河坝（闸），以抬高水位，保证引取灌溉所需的流量。这种引水方式称有坝引水枢纽或有坝渠首。通常由溢流坝（亦称壅水坝）或拦河闸、进水闸、防沙冲沙措施、船闸、阀道、鱼道、电站等组成。由于工作可靠被广泛使用。

引水枢纽的形式亦受经济条件制约。日本在20世纪50年代的有坝渠首多为闸坝结合式渠首（即壅水坝及冲沙闸），但随着其经济发展逐步改建成对天然河流状态无影响的拦河闸式渠首，目前多采用闸坝结合式（泄洪闸及壅水坝，大孔口泄洪闸兼作泄洪、排沙、排冰）进行改造原有半永久性渠首（壅水坝及行洪滩地）。随着我国经济快速发展其拦河闸式渠首是未来的发展方向。

(二) 引水枢纽的特点

1. 无坝引水枢纽特点

无坝引水枢纽的优点是工程简单、投资少、施工容易、工期短及收效快，而且不影响航运、发电及渔业，对河床演变影响小。其缺点是受河道的水位变化影响大，枯水期引水保证率低；在多泥沙河流上引水时，还会引入大量的泥沙，使渠道发生淤积现象，影响渠道正常工作；当河床变迁时，一旦主流脱离引水口，就会导致引水不畅，甚至引水口被泥沙淤塞而报废；当从河流侧面引水时，由于水流转弯，产生强烈的横向环流，以致引水口的上唇受到泥沙淤积，而下唇则受到水流冲刷。

实验表明，水流转弯产生的横向环流，使大量推移质泥沙随底流进入渠道，并随引水率（引水流量与河道流量的比值）的增大而增大。当引水率达50%时，河道中的底沙几乎全部进入渠道。我国河套地区的经验认为，引水率不宜大于20%～30%。

2. 有坝引水枢纽的特点

其优点是引水保证率高，而且不受引水率限制。缺点是工程量大、造价高，且破坏了天然河道的自然状态，改变了水流、泥沙运动的规律，尤其是在多泥沙河流上，会引起渠首附近上下游河道的变形，影响渠首的正常运行。

(1) 对上游河道坝区的影响。建坝后，上游水位抬高，流速减小，挟沙能力减低，故河流中的推移质泥沙淤积在上游，使河床逐渐抬高。这种淤积发展很快，有的工程在短期内将坝前淤平。坝前淤平后，失去对主流的控制作用，进水闸处于无坝引水的工作状态，而且由于主流的摆动，加剧了上游河岸的冲刷变形，甚至使主流改道，招致工程报废。坝前淤平也使泄流能力降低，回水水位亦增高。

(2) 对下游河道的影响。溢流坝运行初期，上游河床的淤积，下泄的水流含沙量减小，具有很大的冲刷力，使坝下游河床发生冲刷现象。当坝前泥沙淤平后，泥沙被挟带到下游，由于上游大量引水，下游河道流量相应减小，而含沙量增大，水流挟沙能力降低，使下游河

床淤积。如果下游河道坡度较缓，这种淤积将使河床抬高，严重时会产生埋坝现象。

根据以上特点，在进行引水枢纽设计时，合理布置枢纽建筑物，充分考虑泥沙对天然河道的影响，确保渠首正常工作。

二、弯道环流原理

天然河道都是弯曲的，对于土质河床，由于流量的随机性、地形及地质的千差万别，只有10%～20%的直线段河道能保证其在不冲、不淤的稳定状态，而弯道均处于冲淤演变、摆动状态。其弯曲演变如图8-3所示。

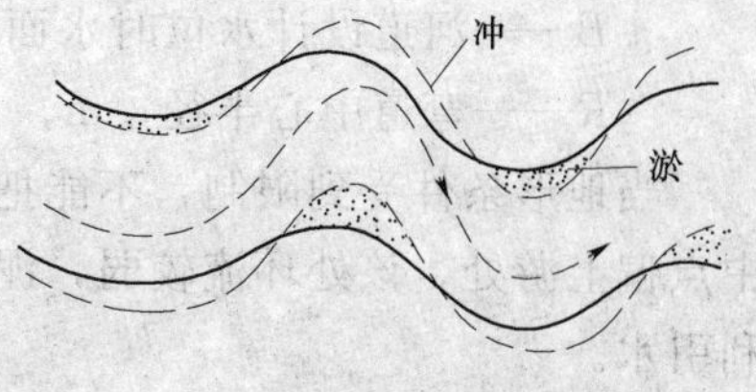

图8-3 河流弯道冲淤图

河流在直线段上的水深、流速及含沙量的分布是比较均匀的。弯道则不然，在弯道受离心力的作用，使表层的水流向凹岸水面壅高，凸岸水面降低，形成横向比降，如图8-4（b）所示，因水流所受离心力的大小是和水流流速的二次方成正比，而河道水流流速的分布是表层大、底层小，故表层水流所受离心力较大，并沿水深逐渐减小。因离心力的方向与横向水位差所引起的水压力的方向相反，这两种作用力的合力方向如图8-4（c）所示。在其合力作用下，表层的水流向凹岸，底层的水流向凸岸，从而形成横向环流，横向环流与纵向流合成为螺旋状前进水流，如图8-4（a）所示。

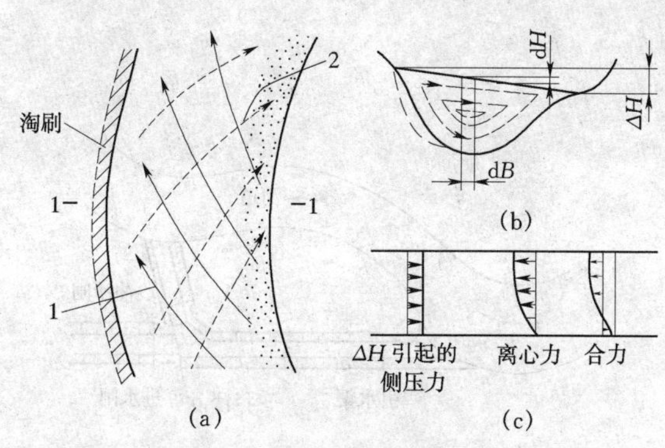

图8-4 弯道环流原理示意图

当横向环流由上向下流动时，流速增大、含沙量较小，当流速大于凹岸的抗冲流速时，凹岸就产生冲刷。而底流流向凸岸时，含沙量大增，在岸坡处，底流转而向上流动，因重力作用，流速减小而使泥沙淤积。当水流到达表层后，改变方向再流向凹岸，周而复始。这样发展的结果，凹岸便成为水深流急的主流深槽，而凸岸则成为水浅流缓的浅滩。如凹岸不够坚固，则会使弯道逐渐向下游移动，如图8-3所示。

根据弯道环流的特性，引水枢纽应布置在凹岸，引取表层较清水流，有效地防止泥沙入渠，并可防止引水口被淤积，保证引水量要求。

三、无坝引水枢纽布置

（一）无坝引水枢纽位置选择

合理确定无坝渠首位置，对于保证正常引水减少泥沙入渠起着决定性的作用，在确定位置时，必须详细了解河岸的地质、地形情况、河道洪水特性、含沙量及河床变迁规律。位置选择时可按如下原则确定：

（1）根据弯道环流分沙原理，无坝渠首应设在河道坚固、河流弯道的凹岸，以引取表层较清水流，防止泥沙入渠。设在弯道顶点以下水深最深、单宽流量最大、环流作用最强

的地方。这个地点距弯道起点的距离（L）可按下式初步拟定（图 8-5）

$$L = mB\sqrt{4\frac{R}{B}+1} \tag{8-1}$$

式中 m——系数，一般取 $m=0.8\sim1.0$；

B——河道设计水位时水面宽度，m；

R——弯道中心半径，m。

当地形条件受到限制，不能把渠首布置在凹岸而必须设在凸岸时，应将渠首设在凸岸中点偏上游处，该处环流较弱，泥沙较少。必要时可在对岸设置丁坝将主流逼向凸岸，以利引水。

(2) 在分汊河段上，一般不宜设置引水口，因其主流摆动不定，常常发生交替变化，导致汊道淤塞，引水困难。如引水口必须设在汊道上时，并对河道进行整治，将主流控制在汊道上。

(3) 无坝渠首设在河道的直段也是不理想，因在直段侧向引水时，引水口会产生漩涡，不仅进水量小而且也不均匀。必须从河道的直段引水时，应把引水口设在主流靠近岸边、河床稳定、水位较高、流速较大的地段。

(4) 渠首位置应选在干渠路线比较短，而且经过的地方没有陡坡、深谷及坍方的地段，以减少土方工程量。

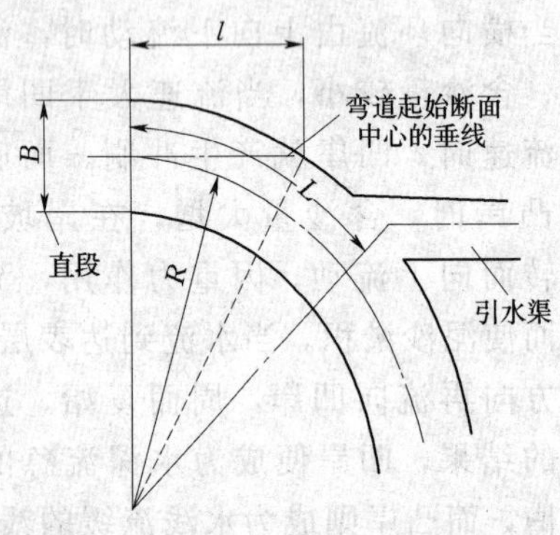

图 8-5 引水口位置

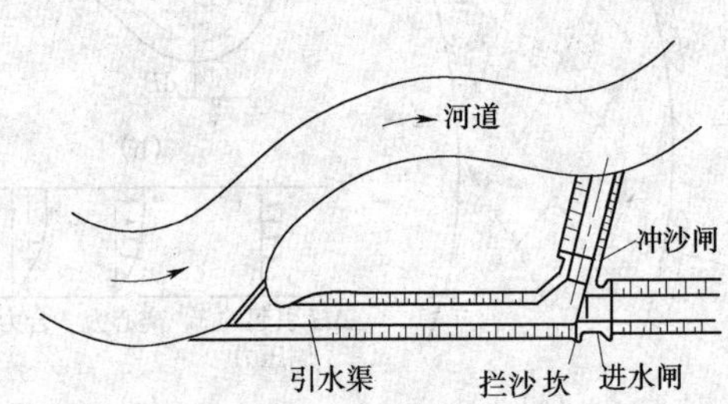

图 8-6 无坝引水枢组

（二）无坝引水枢纽的布置形式

1. 弯道凹岸渠首

它适用于河床稳定、河岸土质坚固的凹岸。由进水闸、拦沙坎及沉沙设施等建筑物组成，如图 8-6 所示。

(1) 进水闸。其作用是控制入渠水流，一般布置在引水口处，应尽量减少引渠的长度，以减小水头损失和减轻清淤工程量。引水口两侧的土堤应为喇叭口的形状，以使入渠水流平顺，避免出现漩涡，减少水头损失。进水闸的中心线与河道水流所成的夹角，叫引水角。一般应为锐角，通常为了使水流平顺，增大引水量，常采用 30°～45°。进水闸堰顶高程应高于河床 1.0～1.5m，与干渠渠底齐平或略高。

(2) 拦沙坎。其作用是用来加强天然河道环流，使底沙顺利排走，一般布置在引水口的岸

边。坎的形状通常采用“Γ”形。坎顶高出渠底的高度约0.5～1.0m，如图8－7所示。

（3）冲沙闸。在洪水期打开冲沙闸，冲洗进水闸前、引渠内沉积的泥沙，如图8－8所示，其底板高程比进水闸低0.5～1.0m。

（4）沉沙设施。一般布置在进水闸后面适当的地方。通常将总干渠加宽加深而成沉沙池；也可建成厢形的；或利用天然洼地布置成条渠沉沙。

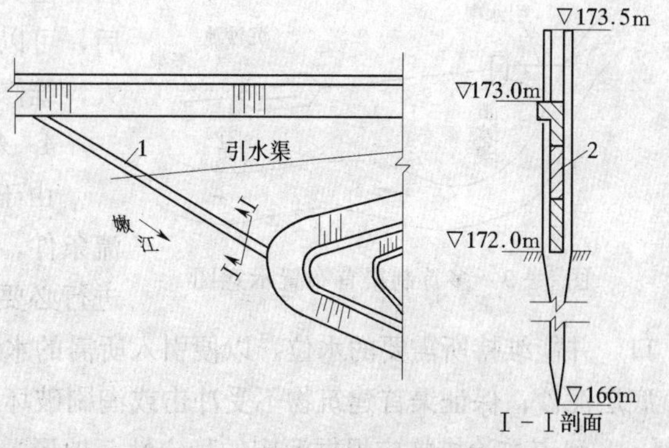

图8－7 引嫩渠首拦沙坎布置图

1—拦沙坎；2—叠梁

2. 导流堤式渠首

在不稳定的河流上及山区河流坡降较陡、引水量较大的情况下，采用导流堤式渠首来控制河道流量，保证引水。导流堤式渠首由导流堤、进水闸及泄水冲沙闸等建筑物组成。导流堤的作用是束窄水流，抬高水位，保证进水闸能引取所需要的水量。导流堤轴线与主流方向夹角成10°～20°，向上游延长，接近主流。

进水闸与泄水排沙闸的位置一般按正面引水排沙的形式布置，如图8－8（a）所示，进水闸轴线与河流主流方向一致，冲沙闸轴线多与水流方向成接近90°的夹角，以加强环流，有利排沙。当河流来水量较大，含沙量较小时，也可按侧面引水、正面排沙的形式布置，如图8－8（b）所示，泄水排沙闸方向与水流方向一致，进水闸的中心线与主流方向以30°～40°为宜。

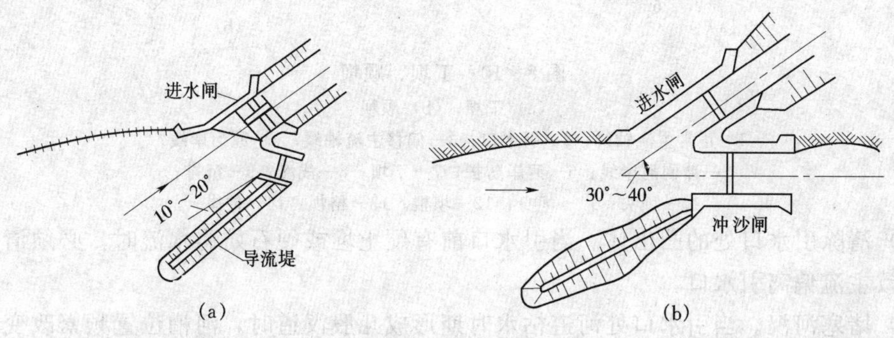

图8－8 导流堤式渠首

（a）正面引水，侧面排沙示意图；（b）正面排沙，侧面引水示意图

3. 多首制渠首

在不稳定的多泥沙河流上，采用一个引水口时，常常由于泥沙的淤塞而不能引足所需的水量，严重时甚至使渠首废弃。这时应采用多首制渠首。

多首制渠首一般设有2～3条引水渠，各渠相距1～2km，甚至更远些。洪水期仅从一引水口引水，其余引水口关闭。枯水期，由于水位较低，则由几个引水口同时引水，以保证引取所需水量。在图8－9所示的布置中有两条引水渠与进水闸相连。其优点是：某一个引水口淤塞

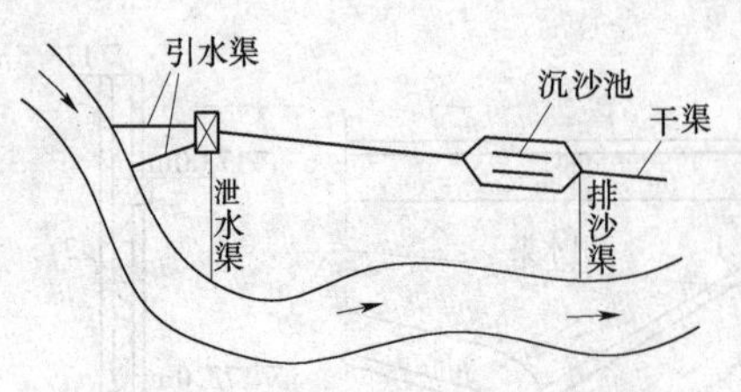

图 8-9　多首制渠首布置示意图

后可由其他引水口进水，不致停止供水；引水渠淤积后，可以轮流清淤、引水。其主要缺点是清淤工作量大，维修费用大。

4. 无坝引水枢纽上下游河道整治

由于修建了无坝引水枢纽后，改变了原来河道的水流条件，加剧了河道变迁。因此，对引水枢纽上下游应进行必要的整治。整治的目的是：使河道主流靠近引水口，并能维持所需要的水位，以便引入所需的水量；调整水沙分布结构，引取表层清水，排走底层泥沙；保证渠首建筑物不受冲击或淘刷破坏，平顺水流以增加引水量。

河道整治措施应根据河床的稳定性、地形、地质条件、水力特性，进行全面规划、综合治理。通常采取的措施有：

(1) 修建丁坝、顺坝。丁坝、顺坝是用来控制和束窄水流，防止河床淤积变形，调整河宽，并保护河岸不受水流冲刷的河道整治建筑物，如图 8-10 所示。用于引水口的上游河岸受水流冲刷而坍塌变形，河道主流轴线改变，偏离引水口，恶化引水条件等情况。

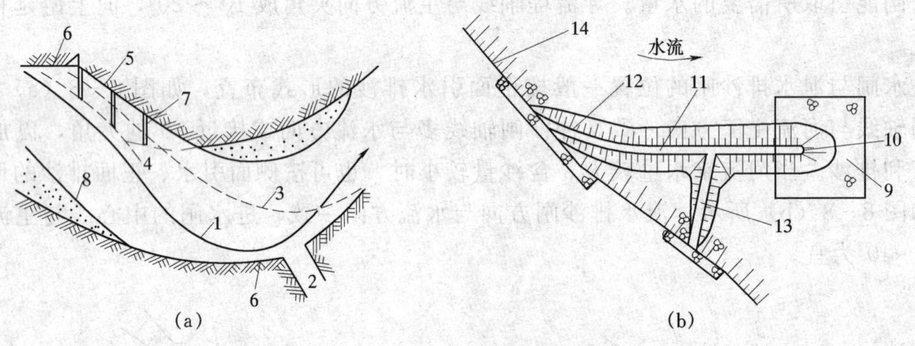

图 8-10　丁坝、顺坝

(a) 丁坝；(b) 顺坝

1—正常主流轴线；2—引水口；3—偏移主流轴线；4—原河岸线；
5—冲刷河岸线；6—河岸防护；7—丁坝；8—浅滩；9—沉排；
10—坝头；11—坝身；12—坝根；13—格坝；14—护岸

(2) 清除引水口处的凸出体。当引水口前有硬土堆或硬石妨碍水流时，必须清除，以避免导致主流偏离引水口。

(3) 堵塞河汊。当引水口处河道枯水时期形成几股汊道时，河槽位置频繁改变，使枯水期引水困难，可用筑潜坝截断汊道，将水流导向引水口。

以上各项措施可单独采用，亦可与护岸工程综合在一起使用。

必须注意的是丁坝及顺坝属于进攻性工程措施，在边界、边境河道治理中应慎重采用，避免引起双方争端。

四、有坝引水枢纽布置

(一) 有坝引水枢纽位置选择

首先应根据河道特性，在弯曲河道上应选择弯道凹岸；在顺直河段，引水口应选在位于主流靠近河岸的地方；在多泥沙河流上应选在河床稳定的地段；兼顾干渠底高程应

选择河岸坚固、高度适宜的地段，避免增加渠首土石方开挖量；当河流有支流流入时，应选择支流汇入处的上游，如为了引更多水量，亦可选在其下游，但应充分考虑相互影响。

其次考虑地质条件。其优劣顺序为岩石地基、砂卵石和坚实黏土、砂砾石及沙基。淤泥和流沙不宜作为坝址。

再次应考虑施工条件及抗冻条件：从施工条件考虑应选取河道宽窄适宜，既满足施工又不使溢流坝过大。从严寒地区抗冻角度考虑应把引水口设在向阳的一侧。

渠首位置选择应按上述原则拟定几个不同方案进行技术经济比较，择优选取。

（二）在多泥沙河流上有坝引水枢纽的布置

在多泥沙河流上有坝引水枢纽的布置，其核心问题就是根据河流含量情况，选取合理的泥沙处理措施。对于大、中型渠首，应通过水工模型试验确定泥沙处理措施。根据泥沙处理措施的不同，渠首的布置形式有如下几种。

1. 沉沙槽（冲沙槽）式渠首

正面排沙、侧面引水的布置型式。渠首由溢流坝、冲沙闸、泄洪闸、沉沙槽、导水墙、进水闸及防洪堤等建筑物组成，如图 8－11 所示。

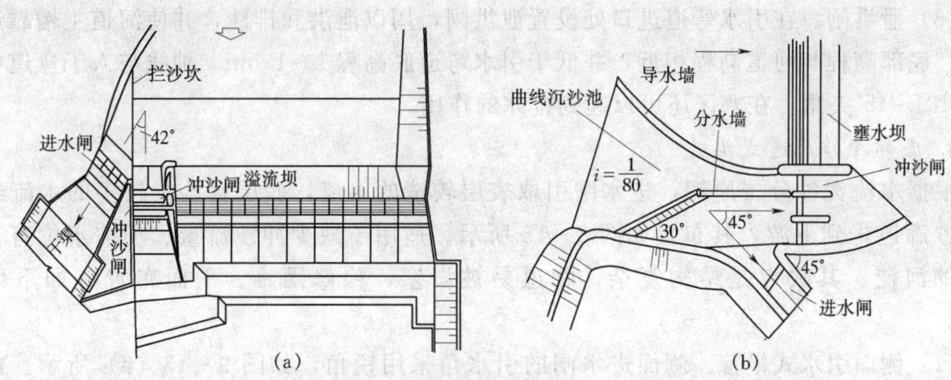

图 8－11 沉沙槽式渠首工程布置图

（a）河南鲇鱼山灌区渠首工程布置图；（b）陕西千惠渠渠首工程布置图

（1）溢流坝。抬高水位，以便引水灌溉；宣泄河道多余的洪水。根据河宽及上游允许壅高可建成带闸门的溢流坝或拦河闸。

（2）进水闸。控制入渠流量，位于坝端河岸上。多泥沙河道上，进水闸的引水角多为70°～75°的锐角，以减少水头损失和减弱横向环流，使入渠泥沙减少。

（3）冲沙闸。既可以定期冲洗水闸前的泥沙，又可以宣泄河道部分洪水，使河道主流趋向进水闸，保证进水闸能引取所需的水量。

（4）泄洪闸。在寒区把冲沙闸尺寸加大，起到泄洪、冲沙、排冰作用，避免冰排从坝顶宣泄，防止冰排破坏坝体。在文开河的河道上，当泄洪闸能够宣泄凌汛流量时，坝前的冰凌可以慢慢融化，也是一种防止冰排的方法。

（5）导水墙与沉沙槽。导水墙位于冲沙闸与溢流坝连接处，并与进水闸的上游翼墙共同组成沉沙槽。当冲沙闸冲沙时，槽内水流应有较高流速，以便冲走沉沙槽内的泥沙。此

外，导水墙还可拦阻坝前的泥沙，以免经沉沙槽进入渠道。

(6) 拦沙坎与导沙坎。为防止泥沙进入干渠，在进水闸引水口前设拦沙坎，如图 8-11 (a) 所示。也可在沉沙槽入口处设导沙坎，一般与水流方向成 30°～40°夹角，其高度约为沉沙槽内水深的 1/4。

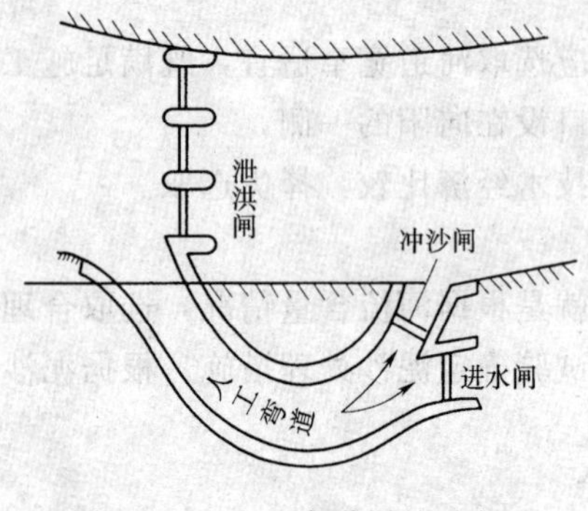

图 8-12　人工弯道渠首示意图

2. 人工弯道式渠首

在不稳的河床上，修建人工弯道，根据弯道环流分沙的原理，就可以正面引水、侧面排沙，如图8-12 所示。

(1) 人工弯道。要求其在汛期能形成较强烈而稳定的横向环流，以利于引水防沙。一般情况下，弯道半径 $R \geqslant 3B$，弧中心线长度 $L=(1.0\sim1.4)R$，渠底坡降 i 等于或略缓于天然河道的纵向比降，底宽 B 按进水闸流量的 2～2.2 倍设计。

(2) 冲沙闸。设在进水闸旁靠凸岸的一侧，用以冲洗引水弯道淤积的泥沙，与进水闸的夹角为 36°～45°为宜。

(3) 泄洪闸。在引水弯道进口处设置泄洪闸，用以泄洪和排沙，并使河道主槽靠近引水口。底部高程与河道高程相近，并低于引水弯道底高程 1～1.5m。轴线与人工弯道中心线成 40°～45°夹角。在寒区还可以起到排冰的作用。

3. 底部冲沙廊道式渠首

根据水流泥沙分层原理，进水闸引取表层较清的水流，底层含沙量较多的水流经底部冲沙廊道排到下游，其布置如图 8-13 所示。适用于缺少冲沙流量、坝前水位有一定壅高的河流。其缺点是结构复杂，廊道易被淤塞，检修困难。平面布置有如下两种型式。

(1) 侧面引水式渠首。侧面进水闸的引水角采用锐角，如图 9-13 (a) 所示。由于

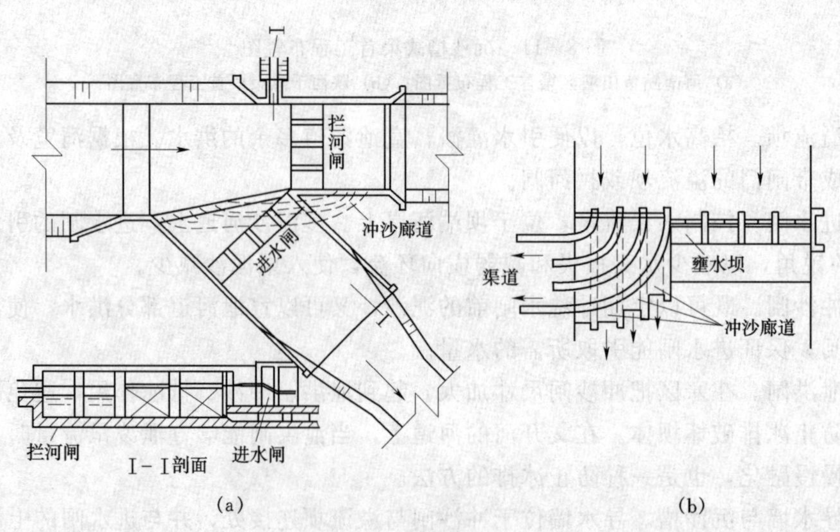

图 8-13　底部冲沙廊道式渠首

引水口引水时水流的弯曲，产生横向环流，使泥沙淤积在引水口上唇附近，为更有效地排沙，在靠近引水口上唇部分，廊道应布置较密，而靠近坝端部分则较稀。

（2）正面引水、正面排沙式渠首。渠首进水闸与壅水坝位于同一轴线上，如图 8-13（b）所示，闸底板下设尺寸较大的冲沙廊道。进水闸引水时，进口水流无弯曲现象，可以减少泥沙入渠。同时廊道尺寸较大，亦可用来宣泄部分洪水，即便在上下游水位差较小时，也能保证通过冲沙流量。

4. 底栏栅式渠首

引水廊道设在坝内，廊道顶盖有栏栅，当河水从坝顶溢流时，一部分水流经过栏栅流入廊道，然后由廊道的一端流入渠道，河流中的推移质由坝顶栏栅滑到坝的下游，而随水流进入廊道的细沙则经过设在干渠的冲沙道排泄到河道下游。其适用于含有较多大颗粒推移质和比降低、较陡的山溪性河道上。如图 8-14 所示，枢纽由底栏栅坝、泄洪排沙闸、导沙坎及导流堤等建筑物组成。它的优点是布置容易、结构简单、施工方便、造价低廉及便于管理；缺点是拦栅空隙易被推移质或漂浮物堵塞，需经常清理；在寒区如果流量小、水深浅，栏栅易被冰块堵塞或结冰冻死。

（1）栏栅坝。在平面布置上水流正交，使水流平顺而均匀地流入。当河道洪水流量较大，需要另建溢流堰泄洪时，溢流堰与其不一定布置在同一轴线上。栏栅坝顶比枯水河床高 1.5m。坝内布置矩形无压廊道 1～2 排，每个廊道宽 1.5～2.0m，廊道内的水面至栏栅应在 0.3m 以上，流速不应小于 4.0m/s，以防止泥沙淤泥。廊道顶安装坡度为 0.1～0.2、栅隙 1～1.5cm 的钢栅条，目前廊道引水流量多为 6～10m^3/s，最大达到 30m^3/s。

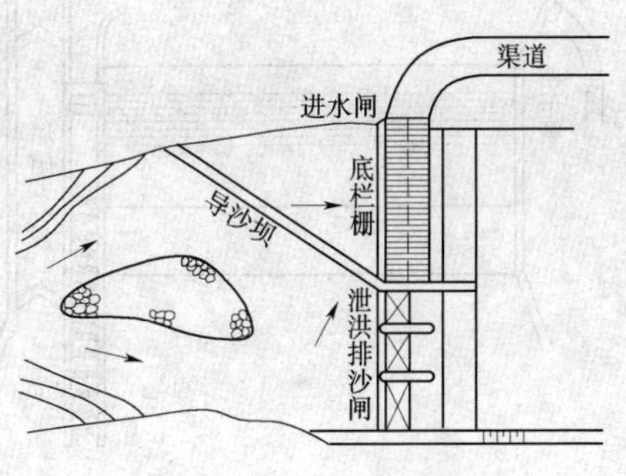

图 8-14 底栏栅式渠首

（2）泄洪闸与拦沙坎。泄洪闸位于拦栅坝靠河心的一侧，以便宣泄洪水，保持主槽位置不变，并有利于排沙。拦沙坎位于坝前，倾斜布置，将底流导向冲沙闸；也可做成曲线拦沙坎，利用环流原理把泥沙导向冲沙闸。

5. 两岸引水式渠首

当两岸均有灌溉要求时，应考虑两岸引水式渠首布置。有如下三种布置形式。

（1）溢流坝两侧沉沙槽式渠首。溢流坝两岸分别建造沉沙槽，如图 8-15（a）所示，其优点是渠首布置简单，造价较低。缺点是当多泥沙河流主流摆动时，总有一岸引水条件恶化，以致引水不畅。适用条件是河道稳定；或河水满槽、水量丰富、有足够的冲沙流量，使两岸引水口前的河床均能借冲沙闸形成深槽，保证两岸引水。

（2）拦河闸式渠首。拦河闸具有较大排沙能力，能保持天然河道自然稳定状态，有利于两岸引水防沙，缺点是造价较高。如图 8-15（b）所示。

（三）少泥沙河流上综合利用的有坝引水枢纽布置

少泥沙河流上建造的渠首工程，通常都是综合利用的。除了引水外，还有航运、发电、养鱼及筏运等要求。渠首建筑物除进水闸、溢流坝外，还根据具体运用要求，建造相应的专门建筑物，如船闸、电站、鱼道、筏道等。

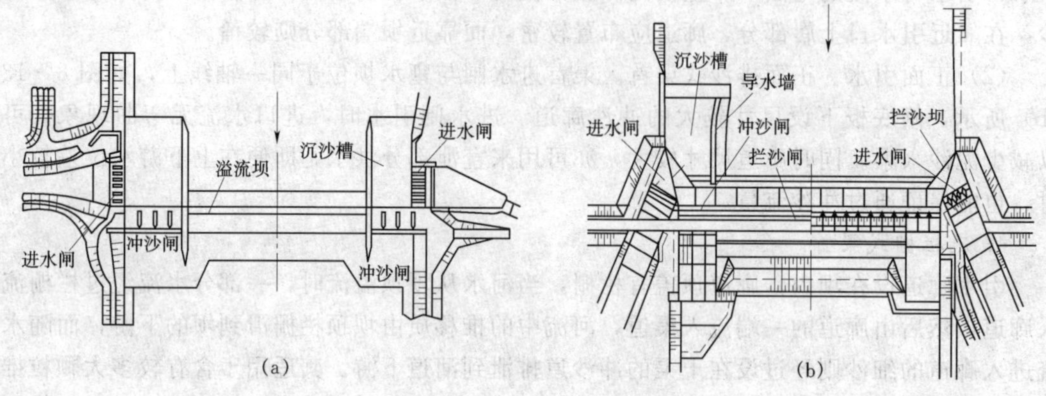

图 8-15　两岸引水式渠首

(a) 溢流坝两侧沉沙槽式渠首；(b) 拦河闸式渠首

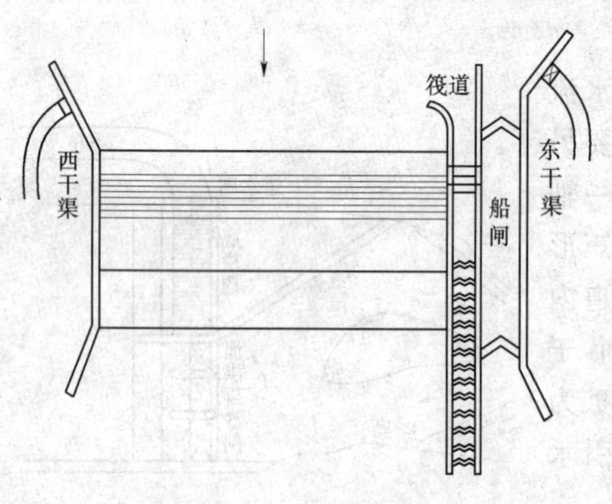

图 8-16　综合利用渠首

进水闸应位于有引水要求的一岸，保证能引取所需流量，如果是单侧引水，进水闸与船闸应分别布置在两岸，以免引水时影响船只的通航。船闸应靠岸布置，以利操作；如果总干渠有通航要求，进水闸与船闸必须位于同一岸时，船闸应靠岸布置，以利于交通和装卸货物。电站与船闸应分设于不同的河岸上，以免运行时互相干扰。筏道、鱼道的布置也要既满足运用要求，又便于运行管理等。

渠首的建筑物较多，渠首布置要统筹考虑各建筑物的运用、施工、管理等因素。一般按相似工程经验拟定几个方案，经技术、经济比较后加以确定。大、中型渠首宜通过水工模型试验确定。图 8-16 是引水、航运综合利用渠首布置图。

第四节　水利枢纽中的过坝建筑物

在河道上修建水利枢纽后，截断了水流，影响航运、木筏运送及鱼类洄游。为此，必须根据需要修建通航、过木和过鱼建筑物等。在布置时，应尽可能使各建筑物互不干扰，并发挥整个枢纽最大的综合效益。

一、船闸

（一）概述

船闸是通过充泄闸室内水体克服水位落差来实现船只过坝的建筑物。它具有安全经济、方便可靠的特点，因此得到广泛应用。

船闸通常由闸首、闸室和引航道三部分组成，如图 8-17 所示。船闸可以分为多级与单级。只用一个闸室克服枢纽全部落差的船闸，称单级船闸；具有一个以上中间闸首的称

为多级船闸。单级船闸适用于水头不大于 20m 的情况。

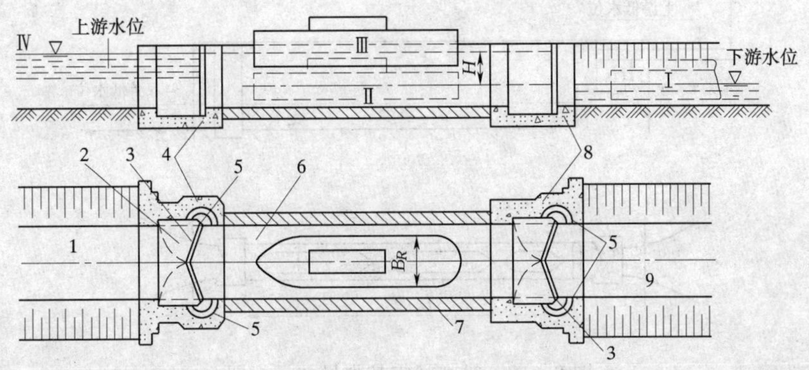

图 8-17　单级船闸示意图

Ⅰ～Ⅳ—船的位置；1—上游引航道；2—壁龛布分；3—闸门；4—上闸首；5—输水廊道；6—闸室；7—闸墙；8—下闸首；9—下游引航道

根据上下游船只能否同时过闸，船闸又可以分为双线（复线）和单线。对于双线船闸，视上下游水位差的大小，每条线可以是单级的，也可以是多级的。长江三峡大坝的船闸，为双线五级船闸，可使 10000t 的船及船队同时过坝。

船闸的布置既要满足枢纽总体布置的要求，同时又要注意到船闸的特点，满足对其地形、地质、泥沙淤积及水流条件的要求。

船闸布置时，应尽量避开深挖方、高填方地区；闸首上下游一定距离内，不宜有支流汇入，一般应布置在靠近深泓线的一岸；在地质上，船闸布置应避开边坡不稳定的塌方区、浅层泥化夹层、断层破碎带和深淤区等。为了保证船闸运行可靠，船闸应距水电站或其他取水、泄水建筑物远些。引航道口门段的轴线与水流方向的夹角一般不宜大于 25°，且其位置应尽量避开淤积区。另外，还应考虑交通道路、冲沙、拦沙等影响。

（二）闸室设计

闸室位于两闸首之间，是船只临时停泊处。

1. 闸室的主要尺寸

闸室的主要尺寸包括闸室的有效长度、有效宽度及闸槛上的有效水深和交通要求等，如图 8-18 所示。

(1) 闸室有效长度 L_k。L_k 是指船队（舶）过闸时，闸室内可供船队（舶）安全停泊的长度，可按下式计算。

$$L_k = L_c + L_f \tag{8-2}$$

式中　L_c——船队（舶）的计算长度，m；

L_f——富裕长度，m，对于顶推船队 $L_f \geqslant 2\text{m} + 0.06L_c$，对于拖带船队 $L_f \geqslant 2\text{m} + 0.03L_c$，对于非机动船 $L_f \geqslant 2\text{m}$。

设计采用的闸室有效长度应不小于式（8-2）计算的长度，并应满足全国内河通航标准的有关规定。

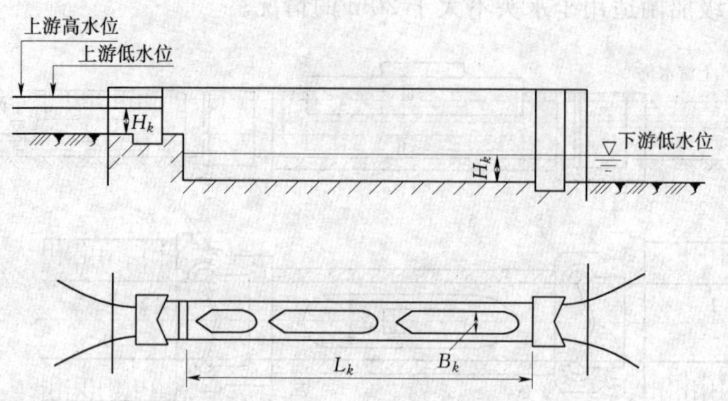

图 8-18 船闸闸室基本尺寸示意图

当上闸首向闸室灌水时，闸室内靠近上闸首的一段波动激烈，不能停泊，此段称为镇静段，闸室全长应等于有效长度与镇静段长度之和。镇静段长一般采用 6～12m。

(2) 闸室有效宽度 B_k 。B_k 是指闸室内两侧墙表面突出部分（如护木等）之间的距离，可按下式计算

$$B_k = \sum b_c + b_f \tag{8-3}$$

式中 $\sum b_c$ ——并列过闸船只总宽度，m；

b_f ——富裕宽度，m，$\sum b_c \leqslant 10\text{m}$ 时，$b_f \geqslant 1.0\text{m}$ ；$\sum b_c > 10\text{m}$ 时，$b_f \geqslant 0.5\text{m} + 0.04\sum b_c$ 。

(3) 门槛上水深 h_k 。h_k 是指设计最低通航水位时门槛最高处的水深。按规定

$$h_k \geqslant 1.5T_c \tag{8-4}$$

式中 T_c ——设计最大过闸船队（舶）满载时的吃水深度，m。

2. 闸室结构形式

按闸底板与两侧侧墙连接方式的不同，闸室结构形式可以分为整体式与分离式两大类。

若地基土质较好，且水头不大于 5m，通常采用闸底板为透水的分离式闸室，如图 8-19所示。闸墙为挡土墙，有圬工重力式、扶壁式、连拱式、拉杆镇定式、板墙式及板桩式等，如图 8-20 所示。透水闸底板底部需设反滤层。

当地基土质较差，且水头较大时，闸室宜采用整体结构。整体闸室的闸墙与底板刚性地连接，通常有钢筋混凝土船坞式与悬臂式两种，如图 8-21 (a) 为船坞式结构，刚度大，整体性好，地基受力较均匀，多用于粉砂土等较差的地基，但底板内力较大。图 8-21 (b) 为悬臂式，闸室沿闸室中心线在底板上分缝，形成两个悬臂。这种形式的闸室底板，较能适应地基的不均匀沉陷，且可以减小底板内力。

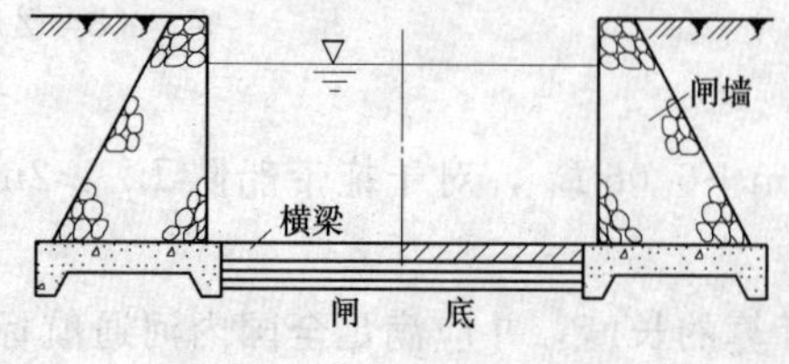

图 8-19 分离式船闸闸室

3. 闸室的防渗布置

对于分离式透水底板的闸室，应考虑防渗布置，进行渗透稳定验算。闸室的渗流是空间问题，在一般工程中，可将其简化为平面问题，近似地采用流网法、直线比例法或改进阻力系数法等进行计算。一般检修期为渗透压力计算的控制情况。

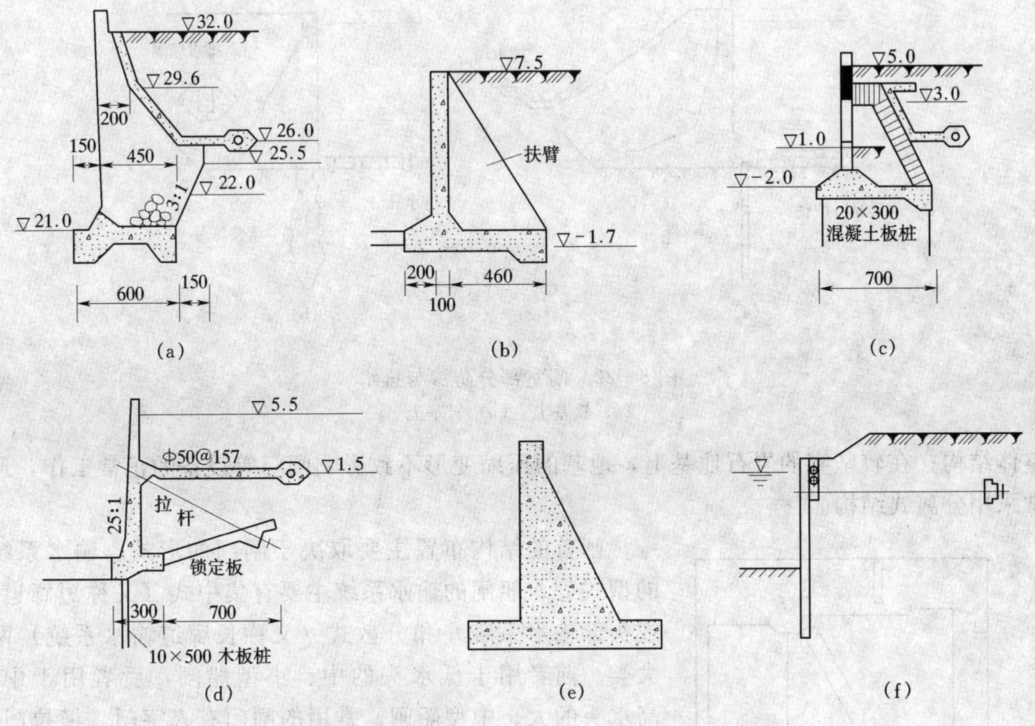

图 8-20　闸墙结构图（单位：高程 m；尺寸 cm）

(a) 衡重式；(b) 扶壁式；(c) 连拱式；(d) 拉杆镇定式；(e) 重力式；(f) 板桩式

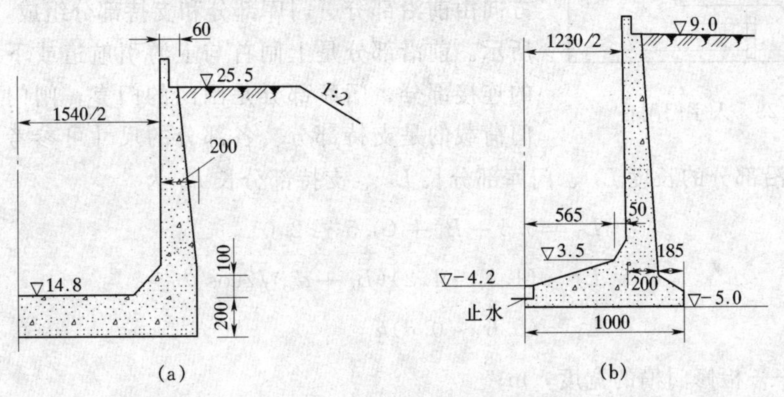

图 8-21　整体式闸室结构（单位：高程 m；尺寸 cm）

当闸墙底板不能满足防渗要求时，需采取必要的防渗措施，对黏土、亚黏土地基，可加设齿墙；对砂性土地基，可打防渗板桩（图 8-22）。为了降低墙后水位，可在闸墙后回填土内设排水砂层或排水暗管。

（三）闸首

闸首是船闸的主要组成部分之一，其作用是设置闸门和输水廊道。

闸首由边墩和底板两部分组成，一般为混凝土或钢筋混凝土结构。闸首的结构形式，主要取决于地质条件。在非岩石地基和较软的岩石地基上，一般采用边墩与底板相连接的

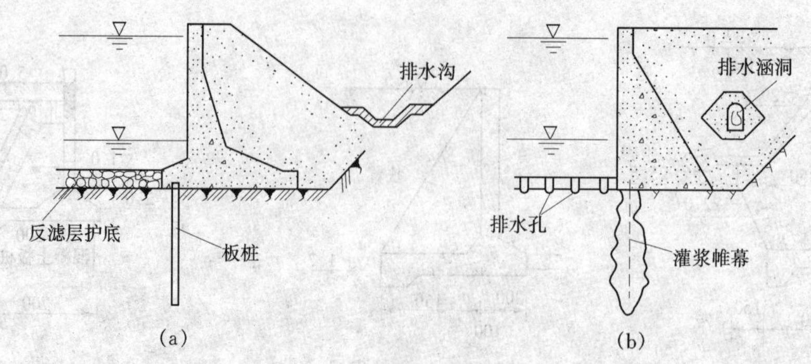

图 8-22　闸室部分防渗与排水

(a) 软基上；(b) 岩基上

整体结构；在较坚实的岩石地基上，地基的压缩变形不致影响闸门等设备的正常工作，通常采用分离式结构。

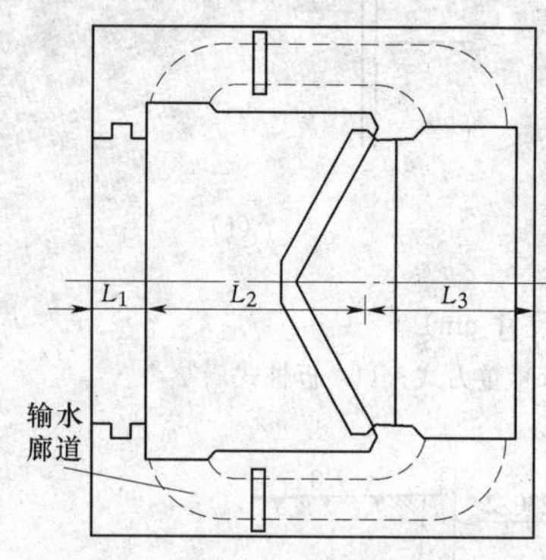

图 8-23　人字门闸首

闸首的结构布置主要取决于闸门的形式、输水系统的型式等。船闸的输水系统主要有集中式（又称短廊道，或头部输水系统）和分散式（又称长廊道输水系统）两大类。前者用于低水头的中、小型船闸，后者用于中、高水头的大、中型船闸。常用的闸门有人字门、横拉门、三角门等。

对于采用人字闸门和短廊道输水的闸首，在顺水流方向由前沿部分、门库部分和支持部分组成，如图 8-23 所示。前沿部分是上闸首与上游引航道或下闸首与闸室的连接部分；门库部分是闸门的门龛；闸门后面承受闸门荷载的是支持部分。各部分的尺寸可参考以下经验公式拟定。前沿部分的长度 L_1 、门库部分长 L_2 、支持部分长 L_3 为

$$L_1 = 0.5 + B_1 + (0.5 \sim 2.0) \tag{8-5}$$

$$L_2 = (1.1 \sim 1.2)(B_k + d_1)/2\cos\theta \tag{8-6}$$

$$L_3 = (0.6 \sim 0.8)h_1 \tag{8-7}$$

式中　B_1 ——检修门槽的宽度，m；

B_k ——闸室的有效宽度，m；

d_1 ——门库深度，m，一般采用 $d_1 = 0.7\text{m} \sim 1.0\text{m}$ 或 $d_1 = 1B_k$；

θ ——人字门的布置角度，一般采用 $\theta = 18° \sim 22°$；

h_1 ——支持墙在闸底板以上的自由高度，m。

短廊道输水是将廊道设在闸首两侧的边墩内，用阀门控制水流，利用出口水流对冲，消减水流的能量，如图 8-23 所示。闸首边墩的下部宽度，按结构受力条件和输水廊道的布置确定。有输水廊道时，应不大于输水廊道宽度的 3 倍，在门槽段等最薄断面处也不应小于 2.5 倍廊道宽。

（四）上下游引航道

引航道的作用是保证船舶（队）安全通行和停靠。上下游均设引航道，如图 8-24 所示。

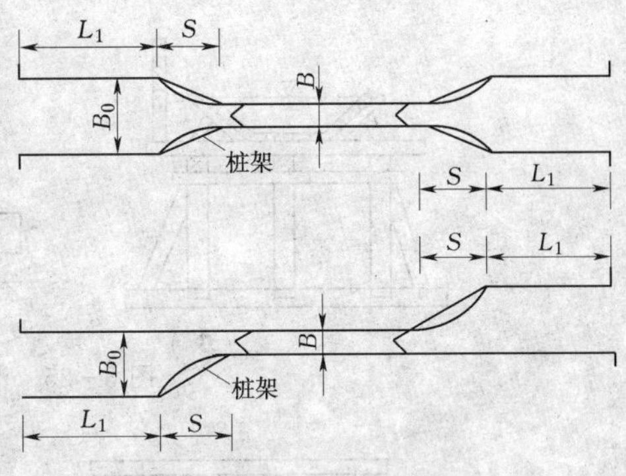

图 8-24 引航道平面图

单线船闸引航道的平面形状可分为对称式和非对称式两类。对称式引航道的轴线与闸室轴线相重合，多用于小型船闸。非对称性引航道，对提高船闸的通航能力较为有利。通常采用上下游向不同岸侧扩大的非对称布置。

引航道一般按直线布置，与河道的连接处不得有浅滩、回流、横流等。引航道内不应布置排水、取水设施，如难以避免时，其设施不得占用引航道。引航道内流速不得大于 2m/s，横向流速要小于 0.3m/s，并保证有足够的通航水深。

引航道的直线段总长度 L 一般约为过闸船队计算长度的 3.5～4.0 倍。

引航道的宽度 B_0

$$B_0 = 3b_c + 4s \tag{8-8}$$

式中 b_c——最大船队宽度，m；

s——船队之间的距离，或船队与边坡之间的距离，一船可取 2～3m。

引航道的最小水深应满足

$$H_0 \geqslant h_k \tag{8-9}$$

式中 H_0——在设计通航最低水位时，引航道内的最小水深，m。

二、过木建筑物

木材的水力过坝建筑物有过木道和筏道两类。筏道是类似船闸的过筏建筑物；水力过木道主要有通过零散木材的泄水槽和通过木排的筏道两种。过木建筑物的选型，主要应考虑年过坝木材量、木排的型式规格或原木的径级及长度、上下游水位差和水位变幅、地形和地质条件、坝型及流量等因素。这里主要对泄木槽和筏道作简单介绍。

泄木槽和筏道（图 8-25）在枢纽中的平面位置应根据地形、地质及枢纽总体布置的要求确定。最好将泄水槽、筏道布在靠近河岸的一侧。其优点是施工条件好，造价较低，过木道靠近河岸，上游的木筏（原木）可以在岸边停留、改编，运行管理也比较方便。其缺点是与枢纽中其他建筑物相邻，易互相干扰。如河床比较宽，也可以将泄木槽或筏道设在溢流坝的中段。其优点是进出口比较通畅，但管理不大方便，造价较高。当河道较窄时，也可以将泄木槽或筏道布置于河床外的岸边。这种布置避免了枢纽中其他建筑物的互相干扰，但线路较长，工程量较大，造价较高，管理不便。

1. 泄木槽

泄木槽是断面为三角形或梯形的木槽（图 8-25），由木排架支承。泄木槽的进口通常都设有闸门，并为能适应上游水位变化的活动结构，如图 8-26 所示。在平面上最好布置成直线，需要转弯时其弯曲半径应大于所运木材长度的 10 倍。

进入槽中水量的多少，泄木槽分浮运式、半浮运式及滑运式三种。浮运式是使木料浮在水中，顺水流泻向下游。通常泄槽纵坡较缓，为 0.001～0.01，槽中流速不宜超过 0.5

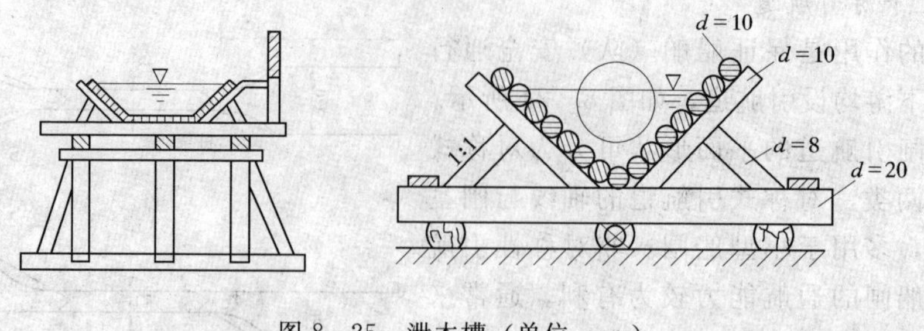

图 8-25 泄木槽（单位：cm）

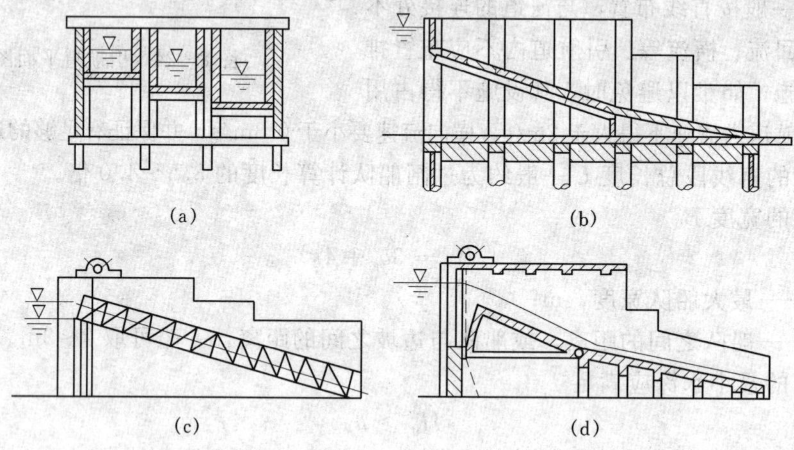

图 8-26 泄木槽进口

(a) 不同高程的进口；(b) 斜叠梁底板的进口

(c) 升降式桁架槽进口；(d) 升降弧形闸门进口

～0.6m/s。滑运式的槽中水深仅为圆木直径的 0.1～0.15 倍，槽底纵坡较陡，为 0.1～0.7。半浮式介于浮运式和滑运式之间。这三种型式的泄水槽中，浮运式用水量最多，但木料损失较少，而滑运式用水最少，但木料损失较多。

2. 筏道

筏道为一过水的陡槽，用于浮运编成的木排（木筏）。筏道由进口、槽身、出口三部分组成，如图 8-27 所示。筏道的进口必须保证木筏能顺利地进入槽身，通常有活动式与固定式两种。若上游水位变幅不大，可采用固定式进口，这种进口由上闸门、闸室和下闸门等组成，其运行程序与船闸相似。若上游水位经常变动并变幅较大，可采用活动式进口，且按照上游水位及木筏吃水深度来调节进口高程，以便木筏浮运进槽。

筏道槽身是一个宽而浅的槽，槽身宽度应稍大于木筏的宽度，槽身纵坡不宜采用单一坡度，为了使槽内各段水深和流速都能满足安全运行的要求，可采用由陡变缓的变坡槽底。一般排速为 5m/s 左右，排速约为断面平均流速的 1.5～3.0 倍。

出口段应布置在河道顺直、水深较大的地方，与下游的衔接方式最好能形成自由面流或波状水跃，以保证在下游水位的变幅内顺利流放木排，使之既不致搁浅，又不易出现木排钻水等现象。

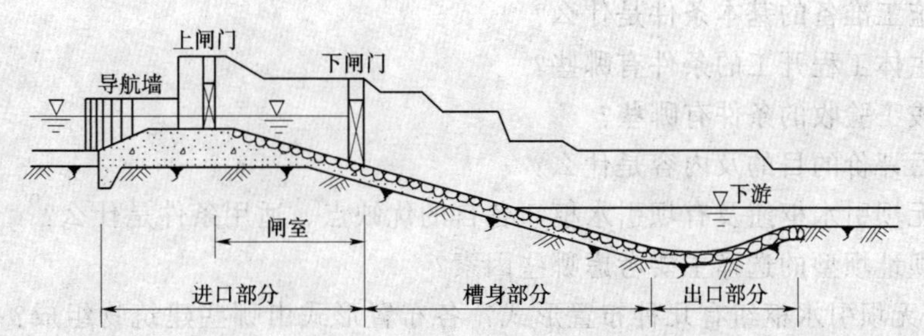

图 8-27 筏道纵剖面图

学 习 指 导

本章学习重点是掌握水利枢纽的建设程序和相应内容，蓄水枢纽和取水枢纽的类型、组成及布置，船闸的工作原理和结构。

本章学习难点是枢纽的组成及作用、弯道环流原理、枢纽布置、船闸布置及水力结构构造。以下提出各节主要掌握的内容。

第一节　掌握水利枢纽的建设程序及各阶段的任务要求等。

第二节　掌握蓄水枢纽的类型、特点和布置要求。

第三节　掌握取水枢纽的类型、特点、布置及适用条件。

第四节　掌握船闸的工作原理和结构构造。了解过木、过鱼建筑物的原理和型式。

小　　结

本章主要介绍水利枢纽的建设阶段、蓄水枢纽、取水枢纽、通航（船闸、升船机）、过木建筑物等内容，主要介绍了建设阶段、枢纽类型及构成以及船闸等建筑物的工作原理与设计方法。学习时应根据各种专门建筑物的工作特点和特殊要求，弄清各种建筑物组成部分、工作原理、结构类型及其优缺点、设计原则和在枢纽中的布置等方面的问题。

对水利枢纽（工程）建设阶段及蓄水和取水枢纽类型、特点、构成、结构构造以及通航建筑物在水利水电枢纽中应用较广，是本章的重点内容。因生态保护等原因，过木建筑物今后必将受到一定限制；鱼道的实际应用效果往往不尽人意，现在趋向于采用其他鱼类过坝设施。可对这两部分内容作为一般性了解。

思　考　题

8-1　名词解释：

可行性研究；初步设计；引水枢纽；弯道环流原理；丁坝；顺坝；船闸。

8-2　水利工程建设分几个阶段?

8-3　可行性研究的主要任务是什么?

8-4　施工准备的基本条件是什么？

8-5　主体工程开工的条件有哪些？

8-6　竣工验收的条件有哪些？

8-7　后评价的目的及内容是什么？

8-8　无坝引水枢纽及有坝引水枢纽各自的优缺点、适用条件是什么？

8-9　坝址坝型的选择主要考虑哪些因素？

8-10　无坝引水枢纽有几种布置形式？各布置形式由哪些建筑物组成？各建筑物的作用是什么？

8-11　枢纽布置方案选定的主要依据是什么？

8-12　边境河道整治是否可以采用丁坝及顺坝？为什么？

8-13　有坝引水枢纽有几种布置形式？各布置形式的优缺点、适用条件是什么？

8-14　试说明船闸的类型及组成。

第九章　渠系建筑物

在利用渠道输水以满足灌溉、发电、给水、排水等需要的过程中，为有效控制水流、合理分配水量、顺利通过障碍物、保障渠道安全运用，需在渠道上修建一系列各种类型的建筑物，统称为渠系建筑物。

渠系建筑物的类型较多，按其功用来分，主要有：控制水位和调节流量的节制闸、分水闸等配水建筑物；测定流量的量水设施，如量水堰、量水槽等量水建筑物；渠道与河渠、道路、沟谷相交时所修建的渡槽、倒虹吸管、涵洞等交叉建筑物；渠道通过坡度较陡或有集中落差的地段所需的跌水、陡坡等落差建筑物；保证渠道安全的泄水闸或退水闸，沉积和排除泥沙的沉沙池、排沙闸等防洪冲沙建筑物；穿过山岗而建的输水隧洞；方便群众生产以及与原有交通道路衔接，需修建的农桥等便民建筑物。

各类渠系建筑物的作用虽然迥异，但其仍具有面广量大、总投资多，同一类型建筑物工作条件较为相近的共同特点。因此，对其体型结构的合理设计具有十分重要的经济意义，且可以广泛采用定型设计和预制装配式结构，以期达到简化设计、加快施工进度、保证工程质量、降低造价的目的。

第一节　渡　　槽

一、概述

渡槽是输送渠道水流跨越河渠、道路、沟谷等的架空输水建筑物。它一般由进出口连接段、槽身、支承结构及基础组成（图 9－1）。

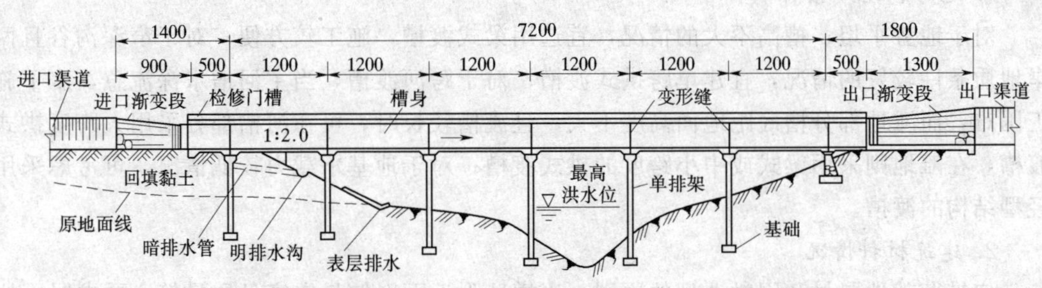

图 9－1　梁式渡槽（单位：cm）

渡槽的类型，一般指输水槽身及其支承结构的类型。槽身及其支承结构的类型较多，且材料有所不同，施工方法各异，因而其分类方式也较多，而一般按支承结构型式分类，其能反映渡槽的结构特点、受力状态、荷载传递方式和结构计算方法的区别。按支承结构型式分，有梁式、拱式、桁架式、组合式及悬吊或斜拉式等。而其中梁式和拱式是两种最

基本也是应用最广的渡槽型式。因此本节主要讨论梁式和拱式渡槽的相关问题和设计方法。

(一) 槽址位置的选择

选择槽址关键是确定渡槽的轴线及槽身的起止点位置。一般对于地形、地质条件较复杂，长度较大的大中型渡槽，应找2～3个较好的位置通过方案比较，从中选出较优方案。

选择槽址位置的基本原则是：力求渠线及渡槽长度较短，地质良好，工程量最少；进、出口水流顺畅，运用管理方便；槽身起、止点落在挖方上，并有利于进、出口及槽跨结构的布置，施工方便。

具体选择时，一般应考虑以下几个方面。

1. 地质良好

尽量选择具有承载能力的地段，以减少基础工程量。跨河（沟）渡槽，应选在岸坡及河床稳定的位置，以减少削坡及护岸工程量。

2. 地形有利

尽量选在渡槽长度短，进出口落在挖方上，墩架高度低的位置。跨河渡槽，应选在水流顺直河段，尽量避开河弯处，以免凹岸及基础受冲。

3. 便于施工

槽址附近尽可能有较宽阔的施工场地，料源近，交通运输方便，并尽量少占耕地，减少移民。

4. 运用管理方便

交通便利，运用管理方便。

(二) 槽型选择

长度不大的中小型渡槽，一般可选用一种类型的单跨或等跨渡槽。对于地形、地质条件复杂且长度大的大中型渡槽，视其情况，可选1～2种类型和2～3种跨度的布置方案。

具体选择时，应主要从以下几方面考虑。

1. 地形、地质条件

对于地势平坦、槽高不大的情况，宜选用梁式渡槽，施工较方便；对于窄深沟谷且两岸地质条件较好的情况，宜建单跨拱式渡槽；对于跨河渡槽，当主河槽水深流急，水下施工困难，而滩地部分槽底距地面高度不大，且渡槽较长时，可在河槽部分采用大跨度拱式渡槽，在滩地则采用梁式或中小跨度的拱式渡槽；对于地基承载力较低情况，可考虑采用轻型结构的渡槽。

2. 建筑材料情况

应贯彻就地取材和因材选型的原则。当槽址附近石料储量丰富且质量符合要求时，应优先考虑采用砌石拱式渡槽，但也应进行综合比较研究，选用经济合理的结构形式。

3. 施工条件

若具备必要的吊装设备和施工技术，则应尽量采用预制装配式结构，以期加快施工进度，节省劳力。对同一渠系上有几个条件相近的渡槽时，应尽量采用同一种结构型式，便于实现设计施工定型化。

(三)渡槽的水力设计

通过水力设计确定槽底纵坡、槽身过水断面形状及尺寸、进出口高程,并验算水头损失是否满足渠系规划的要求。

1. 槽底纵坡的确定

合理选定纵坡 i 是渡槽水力设计的关键一步,槽底纵坡 i 对槽身过水断面和槽中流速大小的影响是决定性的因素。当条件许可时,宜选择较陡的纵坡。初拟时,一般取 $i=1/500\sim1/1500$ 或槽内流速 $v=1\sim2\text{m/s}$(最大可达 3~4m/s);对于长渡槽,可按渠系规划允许水头损失 $[\Delta Z]$ 减去 0.2m 后,再除以槽身总长度,做为槽底纵坡 i 的初拟值;对于有通航要求的渡槽,$v\leqslant1.5\text{m/s}$,$i\leqslant1/2000$。

2. 槽身过水断面形状及尺寸的确定

槽身过水断面常采用矩形和 U 形两种,矩形断面可适用于大、中、小流量的渡槽,U 形适用于中小流量的渡槽。

槽身过水断面的尺寸,一般按渠道最大流量来拟定净宽 b 和净深 h,按通过设计流量计算水流通过渡槽的总水头损失值 ΔZ,若 ΔZ 等于或略小于渠系规划允许水头损失值 $[\Delta Z]$,则可确定 i、b 和 h 值,进而确定相关高程。

槽身过水断面按水力学有关公式计算,当槽身长度 $L\geqslant(15\sim20)h$(h 为槽内设计水深)时,则按明渠均匀流公式计算;当 $L<(15\sim20)h$ 时,则按淹没宽顶堰公式计算。

初拟 b、h 时,一般按 h/b 比值来拟定,h/b 不同,槽身的工程量也不同,故应选定适宜的 h/b 值。梁式渡槽的槽身侧墙在纵向起梁的作用,加高侧墙可以提高槽身的纵向承载力,故从水力和受力条件综合考虑,工程上对梁式渡槽的矩形槽身一般取 $h/b=0.6\sim0.8$,U 形槽身 $h/b=0.7\sim0.9$;拱式渡槽一般按水力最优要求确定 h/b。

为了保证渡槽有足够的过水能力,防止因风浪或其他原因造成侧墙顶溢流,故侧墙应有一定的超高。其超高与其断面形状和尺寸有关,对无通航要求的渡槽,一般可按下列经验公式确定

矩形槽身
$$\Delta h=\frac{h}{12}+5 \tag{9-1}$$

U 形槽身
$$\Delta h=\frac{D}{12} \tag{9-2}$$

式中 Δh——超高,即通过最大流量时,水面至槽顶或拉杆底面(有拉杆时)的距离,cm;

h——槽内水深,cm;

D——U 形槽过水断面直径,cm。

对于有通航要求的渡槽,超高应根据通航要求来定。

3. 总水头损失 ΔZ 的校核

对于长渡槽,水流通过渡槽时水面变化如图 9-2 所示。

(1) 通过渡槽总水头损失 ΔZ。

$$\Delta Z=Z+Z_1-Z_2 \tag{9-3}$$

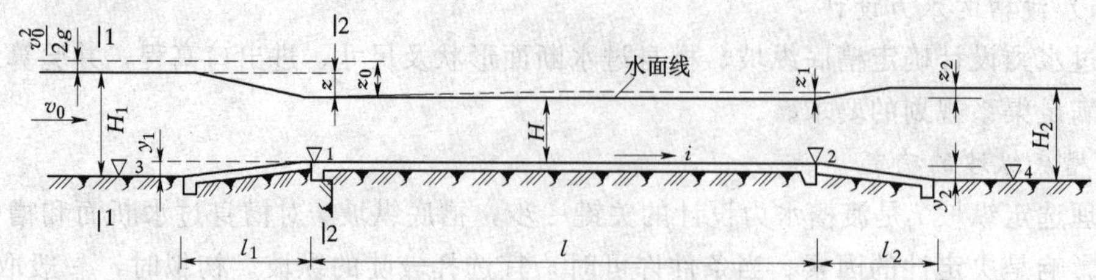

图 9-2 水力计算示意图

ΔZ 应等于或略小于规划中允许的水头损失值。

(2) 进口段水面降落值 Z。常近似采用下列淹没宽顶堰流公式计算

$$Z = \frac{Q^2}{(\varepsilon\varphi A\sqrt{2g})^2} - \frac{v_0^2}{2g} \tag{9-4}$$

式中 Q——渠道设计流量，m^3/s；

ε、φ——侧收缩系数和流速系数；

A——通过设计流量时槽身过水断面积，m^2；

g——重力加速度，$g=9.81m/s^2$；

v_0——上游渠道通过设计流量时断面平均流速。

(3) 槽身沿程水面降落值 Z_1。

$$Z_1 = iL \tag{9-5}$$

式中 i——槽身纵坡；

L——槽身总长度，m。

(4) 出口段水面回升值 Z_2。根据实际观测和模型试验，当进出口采用相同的布置形式时，Z_2值与 Z 值有关，一般近似取

$$Z_2 \approx \frac{1}{3}Z \tag{9-6}$$

4. 进出口高程的确定

为确保渠道通过设计流量时为明渠均匀流，进出口底板高程按下列方法确定（符号见图 9-2）：

进口槽底抬高值 $y_1 = H_1 - Z - H$ (9-7)

进口槽底高程 $\nabla_1 = \nabla_3 + y_1$ (9-8)

出口槽底高程 $\nabla_2 = \nabla_1 - Z_1$ (9-9)

出口渠底降低值 $y_2 = H_2 - Z_2 - H$ (9-10)

出口渠底高程 $\nabla_4 = \nabla_2 - y_2$ (9-11)

(四) 渡槽结构上的作用（荷载）及其效应组合

1. 作用的分类

(1) 永久作用。一般包括结构自重、土压力、预应力。

(2) 可变作用。一般包括静水压力、动水压力、风荷载、人群荷载、温度作用、槽内水重、车辆荷载。

(3) 偶然作用。一般包括地震作用、漂浮物的撞击力。

2. 作用效应组合

(1) 基本组合。按承载力极限状态设计时，对持久状况或短暂状况下，永久作用与可变作用的效应组合。

(2) 偶然组合。按承载力极限状态设计时，对偶然状况下，永久作用、可变作用与一种偶然作用的组合。

(3) 短期组合。按正常使用极限状态设计时，可变作用的短期效应与永久作用的效应组合。

(4) 长期组合。按正常使用极限状态设计时，可变作用的长期效应与永久作用的效应组合。

3. 作用（荷载）的计算

对于中、小型渡槽一般可不考虑地震力。自重、水压力、温度作用及土压力的计算方法已在第二章讲述，下面仅介绍其余几种作用（荷载）的计算方法。

(1) 风荷载。垂直作用于建筑物表面上的风荷载标准值，应按式（9-12）计算

$$P_k = \beta_z \mu_z \mu_s P_0 \tag{9-12}$$

式中 P_k——风荷载标准值，kN/m²；

β_z——Z 高度处的风振系数，其计算方法可参照《建筑结构荷载规范》（GBJ 9—87）和《高耸结构设计规范》（GBJ 135—90）等设计规范的有关规定，或经专门研究确定；

μ_z——风压高度变化系数，应根据地面粗糙度类别按表 9-1 确定，其中地面粗糙度类别可分为 A、B 两类，A 类为海岛、海岸、湖岸及沙漠地区；B 类为田野、山村、丛林、丘陵及房屋比较稀疏的中小城镇和大城市郊区；

μ_s——风荷载体形系数，其可按《建筑结构荷载规范》（GBJ 9—87）和《高耸结构设计规范》（GBJ 135—90）等有关规定采用；

P_0——基本风压，kN/m²。

基本风压应按《建筑结构荷载规范》（GBJ 9—87）中全国基本风压分布图采用，但不得小于 0.25kN/m²。对于水工高耸结构，其基本风压可按全国基本风压图中的基本风压值乘以 1.1 后采用；对于特别重要和有特殊使用要求的则乘以 1.2 后采用。

表 9-1 风压高度变化系数 μ_z

距地面高度 (m)	地面粗糙度类别	
	A	B
5	1.17	0.80
10	1.38	1.00
15	1.52	1.14
20	1.63	1.25
30	1.80	1.42
40	1.92	1.56
50	2.03	1.67

山区的基本风压应通过实际调查和对比观测，经分析后确定。一般情况下，可按相邻地区的基本风压值乘以以下调整系数后采用：①山间盆地、谷地等闭塞地形，0.75～0.85；②与大风方向一致的谷口、山口，1.2～1.5。

沿海海岛基本风压，当缺乏实测资料时，可按陆地上的基本风压值乘以表 9-2 所列

的调整系数后采用。

表 9-2　海岛基本风压调整系数

距海岸距离（km）	调整系数
＜40	1.0
40～60	1.0～1.1
60～100	1.1～1.2

(2) 人群作用。当槽顶设有人行便道时，一般设计值选用 2～3kN/m²。

(3) 动水压力。作用于河流水中槽墩（架）单位阻水面积上的动水压力代表值，可按式（9-13）计算

$$P_w = KA\frac{r_w v^2}{2g} \tag{9-13}$$

式中　r_w——水的重度，一般取 9.81kN/m³；

v——河流的设计平均流速，m/s；

g——重力加速度，9.81m/s²；

A——槽墩（架）阻水面积，m²，通常算至一般冲刷线处；

K——槽墩（架）形状系数，与阻水面形状有关，可按表 9-3 选用。

(4) 船只或漂浮物的撞击力。通航河道中的槽墩（架）所受的船只撞击力，如无实测资料时，可按表 9-4 选用。有漂浮物的河流中的槽墩（架）所受的漂浮物撞击力按式（9-14）估算

$$P = \frac{Gv}{gt} \tag{9-14}$$

式中　G——漂浮物重力，kN，应按实际调查来定；

v——水流速度，m/s；

t——撞击时间，s，应根据实际资料估算；无实际资料时，一般选用 $t=1$s；

g——重力加速度，9.81m/s²。

船只撞击力和漂浮物撞击力不能同时考虑。

表 9-3　墩（架）形状系数

槽墩（架）形状	K
方　形	1.5
矩形（长边与水流平行）	1.3
圆形	0.8
尖圆形	0.7
圆端形	0.6

表 9-4　船只撞击力

内河航道等级	船只撞击力（kN）	
	顺槽轴方向，通航槽跨侧	横槽轴方向，槽墩上游端
一	700	900
二	550	750
三	400	550
四	300	400
五	200	300
六	90～120	110～160

注　1. 船只撞击力假定作用在墩台计算通航水位线上的宽度或长度中点。
2. 当设有与墩台分开的防撞击的防护结构时，可不计船只撞击力。
3. 四、五、六级航道内的钢筋混凝土槽墩，顺槽向撞击力按表中所列数据的 50%考虑。

（五）渡槽设计的一般步骤

（1）收集整理基本资料，确定渡槽的级别和有关设计标准。

（2）选择槽址和槽型，并进行纵剖面的初略布置。

（3）进行水力设计，确定槽底纵坡和槽身的过水断面形状、尺寸及进出口高程。

（4）进行纵剖面布置，其主要内容是选定各组成部分的结构型式和材料、分跨，拟定各组成部分的布置尺寸及高程，将成果绘制在纵剖面布置草图上，并绘制若干必要的横剖面图，必要时还需绘制平面布置图，以决定开挖和填筑工程量。

（5）通过方案比较，选出较优的总体布置方案。

（6）进行结构计算及有关构造设计，绘制设计图，并计算各项工程量和各种材料用量，进而提出工程概算和总投资。

二、梁式渡槽

梁式渡槽的槽身支承于墩台或排架之上，槽身侧墙在纵向起梁的作用。

（一）槽身结构纵向支承形式与跨度

根据支点位置的不同，梁式渡槽可分为简支梁式（图 9-1）、悬臂梁式（图 9-3）及连续梁式三种。悬臂梁式渡槽一般为双悬臂式，也有单悬臂式。

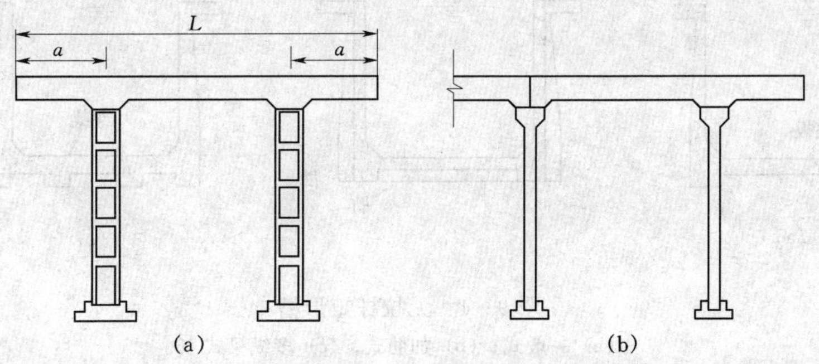

图 9-3　悬臂梁式渡槽

(a) 双悬臂梁式；(b) 单悬臂梁式

简支梁的优点在于结构简单，吊装施工方便，接缝止水易解决。但其跨中弯矩较大，底板全部受拉，对抗裂防渗不利。其常用跨度为 8～15m，其经济跨度大约为墩架高度的 0.8～1.2 倍。

双悬臂梁又分为等跨双悬臂和等弯矩双悬臂两种型式。设每节槽身长度为 L，悬臂长度为 a，则等跨双悬臂 $a=0.25L$；等弯矩双悬臂 $a=0.207L$。在匀布作用（荷载）情况下，等弯矩双悬臂虽然其跨中与支座处弯矩绝对值相等，且比等跨双悬臂支座处负弯矩数值小，但由于纵向上下层均需配置受力筋和一定数量的构造筋，总配筋量可能比等跨双悬臂式多，且由于墩架间距不等，故应用较少；等跨双悬臂的跨中弯矩为零，支座处负弯矩较大，底部全部位于受压区，对抗裂有利。另外，悬臂的作用，跨度可达简支梁的两倍左右，故每节槽身长度最大可达 30～40m，但其重量大，施工吊装困难，且接缝止水因悬臂端变形大，故容易被拉裂。

单悬臂梁式一般只在双悬臂式向简支梁过渡或与进出口建筑物连接时采用。一般要求悬臂长度不宜过大，以保证槽身在另一支座处有一定的压力。

梁式渡槽的跨度不宜过大，跨度一般在20m以下较经济。

(二) 槽身横断面型式的主要尺寸

最常用的断面形式是矩形和U形。矩形槽身常用钢筋混凝土或预应力钢筋混凝土结构，U形槽身还可采用钢丝网水泥或预应力钢丝网水泥结构。

1. 矩形槽身

矩形槽身按其结构形式和受力条件不同，可分为以下几种情况：

(1) 无拉杆矩形槽（图9-4）。该种形式结构简单，施工方便，主要用于有通航要求的中小型渡槽。侧墙做成变厚的［图9-4 (a)］，顶厚按构造要求一般不小于8cm，底厚应按计算确定，而一般不小于15cm。有通航要求的大中型渡槽，为了改善侧墙和底板的受力条件，减小其厚度，沿槽长每隔一定距离加一道肋而成为加肋矩形槽［图9-4 (b)］，肋的间距通常取侧墙高度的0.7～1.0倍，肋的宽度一般不小于侧墙的厚度，厚度一般为2.0～2.5倍墙厚。当流量较大或有通航要求槽身宽浅时，为改善底板受力条件，减小其厚度，可采用多纵梁式结构［图9-4 (c)］，侧墙仍兼纵梁用，中间纵梁间距1.5～3m。

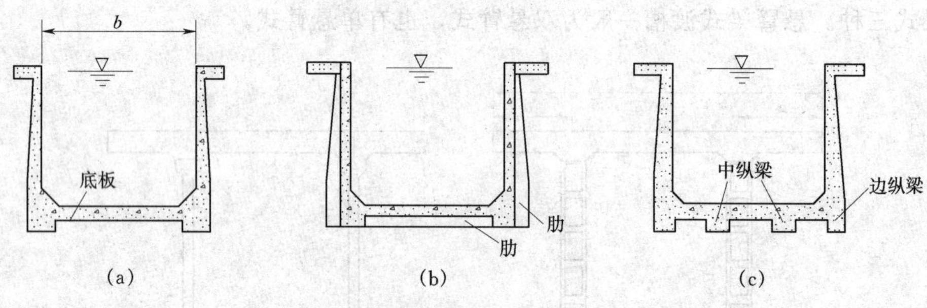

图9-4 无拉杆矩形槽

(a) 一般式；(b) 加肋式；(c) 多纵梁式

(2) 有拉杆矩形槽。对于无通航要求的中小型渡槽，一般在墙顶设置拉杆，可以改善侧墙的受力条件，减少侧墙横向钢筋用量。拉杆间距一般2m左右。侧墙常采用等厚，其厚度约为墙高的1/12～1/16，一般为10～20cm。在拉杆上还可铺板，兼作人行便道（图9-5）。

(3) 箱式结构（图9-6）。该种形式既可以满足输水，顶板又可作交通桥，其用于中小流量双悬臂梁式槽身较为经济。箱中按无压流设计，净空高度一般为0.2～0.6m，深宽比常用0.6～0.8或更大些。

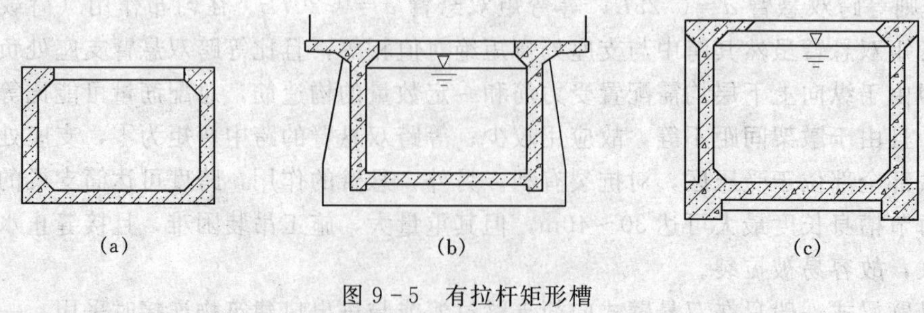

图9-5 有拉杆矩形槽

矩形槽的底板底面可与侧墙底缘齐平［图 9－7（a）］，或底板底面高于侧墙底缘［图 9－7（b）］。后者用于简支梁式槽身时，可以减小底板的拉应力，对底板抗裂有利；前者适用于等跨双悬臂梁式槽身，构造简单，施工方便。为了避免转角处的应力集中，通常在侧墙和底板连接处设贴角，角度 $\alpha=30°\sim60°$，边长一般为 15～25cm。

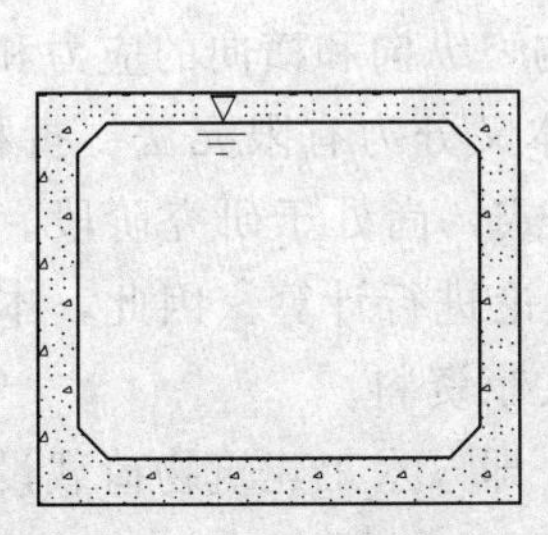

图 9－6 箱式结构

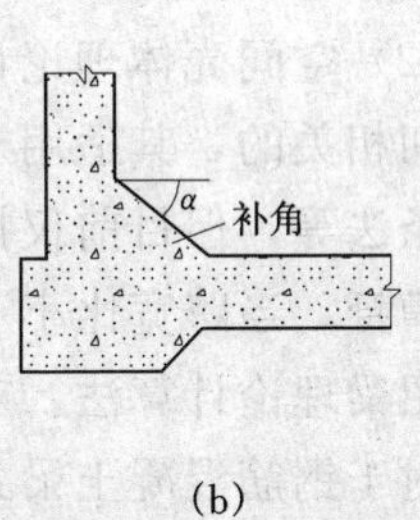

图 9－7 矩形槽补角大样图

2. U 形槽身

U 形槽身横断面由半圆加直段构成（图 9－8），槽顶一般设顶梁和拉杆，支座处设端肋。与矩形槽相比，其具有水力条件好、纵向刚度大等优点。

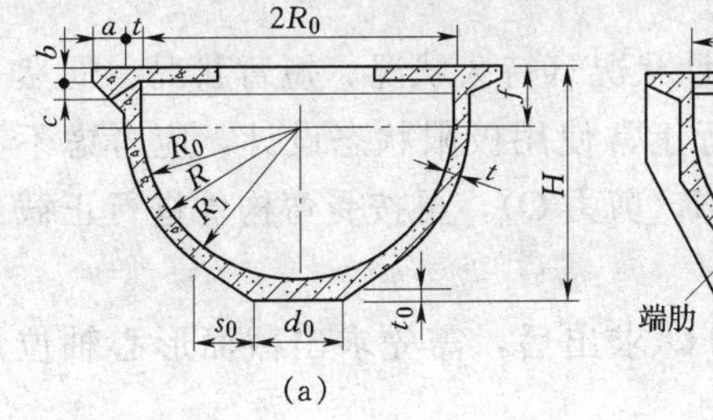

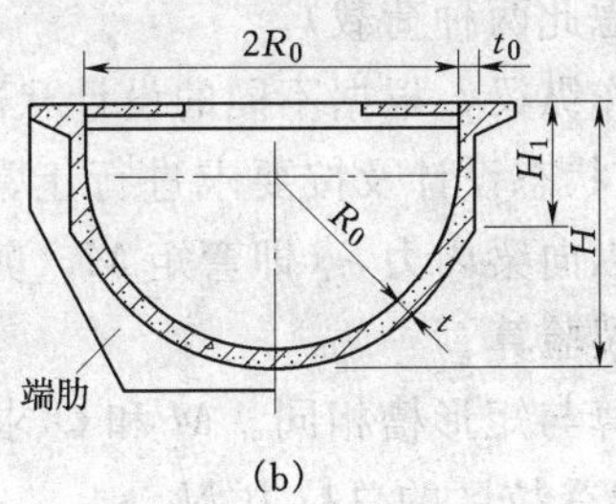

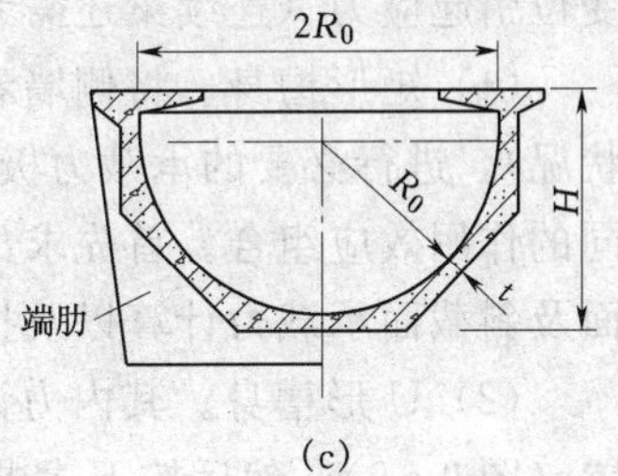

图 9－8 U 形槽身横断面图

在初拟钢筋混凝土 U 形槽断面尺寸时，可参考以下经验数据［图 9－8（a）］：

壁厚　　$t=(1/10\sim1/15)R_0$　　常用 8～15cm

直段高　　$f=(0.4\sim0.6)R_0$

顶梁　　$a=(1.5\sim2.5)t, b=(1\sim2)t, c=(1\sim2)t$

对于跨宽比大于 4 的梁式槽身，为增加槽身纵向刚度，利于满足横向抗裂要求，通常槽底弧段加厚［图 9－8（a）］。

$$t_0=(1\sim1.5)t$$

$$d_0=(0.5\sim0.6)R_0$$

图中 S_0 是从 d_0 的两端分别向槽壳外壁所作切线的水平投影长度，可由作图求出，一般 $S_0\approx(0.35\sim0.4)R_0$。

端肋的外侧轮廓可做成梯形［图 9－8（b）］或折线形［图 9－8（c）］。

钢丝网水泥 U 形槽，壁厚一般为 2～4cm，其优点是弹性好、自重轻、预制吊装方便、造价低，但耐久性差，易出现锈蚀、剥落、漏水等现象，故一般适用于小型渡槽。

(三) 槽身结构计算

槽身属空间壳体结构，受力较复杂，纵向为梁，横向为刚架，属双向受力结构。目前国内采用的结构计算方法有两种：

(1) 梁理论计算法。该法认为结构内力可分别按纵向和横向的平面问题进行计算，其主要适用于跨宽比（L/B）大于3～4（即长壳）的情况。

(2) 空间壳体理论计算法。该法认为槽身为空间壳体结构，纵向和横向的应力和变形是密切相关的，其适用于跨宽比小于3～4的情况。该法具体又分为有限元法、折板法、有限条法等，但目前仅推出简支U形槽身的壳体理论计算公式，尚处于研究阶段。故对矩形槽身，当跨宽比小于3～4时，工程设计中仍近似按梁理论进行计算。因此，本书重点介绍梁理论计算法。对于空间壳体理论计算法可参考有关文献资料。

对于钢筋混凝土梁式渡槽结构设计，应按现行规范进行，即《水工建筑物荷载设计规范》(DL 5077—1997) 及《水工混凝土设计规范》(SL/T 191—96) 进行。

1. 纵向计算

通常取一个槽段进行，按支承情况不同，可能是简支梁或悬臂梁或连续梁。

纵向荷载的计算（作用）一般简化为作用在整个槽段上的荷载，主要包括槽身自重（人行便桥、拉杆等自重也视其为匀布的荷载）、槽中水重及人群荷载等，温度荷载及地基变位引起应力（连续梁还需考虑此两种荷载）。

(1) 矩形槽身。将侧墙看作纵梁，根据不同的设计状况（持久状况、短暂状况、偶然状况），进行必要的承载力极限状态设计及按要求进行正常使用极限状态设计，应考虑不同的作用效应组合。首先求出纵向梁内力，(即弯矩 M，剪力 Q)，再按受弯构件进行正截面及斜截面承载力计算以及抗裂验算。

(2) U形槽身。其内力计算与矩形槽相同。M 和 Q 求出后，需先求出截面形心轴位置（图9-9），然后按下式求出受拉区的总拉力 N_l

$$N_l = \int \sigma \mathrm{d}A = \frac{M}{I}\int y \mathrm{d}A = \frac{M}{I}S \tag{9-15}$$

式中 N_l——形心轴以下的总拉力，kN；

M——计算截面弯矩设计值，kN·m；

I——截面对形心轴的惯性矩；

S——形心轴以下的静面积矩。

U形槽身的纵向钢筋一般按总拉力法计算，则

$$A_s \geqslant \frac{N_l \gamma_d}{f_y} \tag{9-16}$$

式中 A_s——受拉钢筋总截面积，mm；

f_y——钢筋抗拉强度设计值，N/mm²；

γ_d——钢筋混凝土结构系数，γ_d=1.2。

其他符号意义同前。

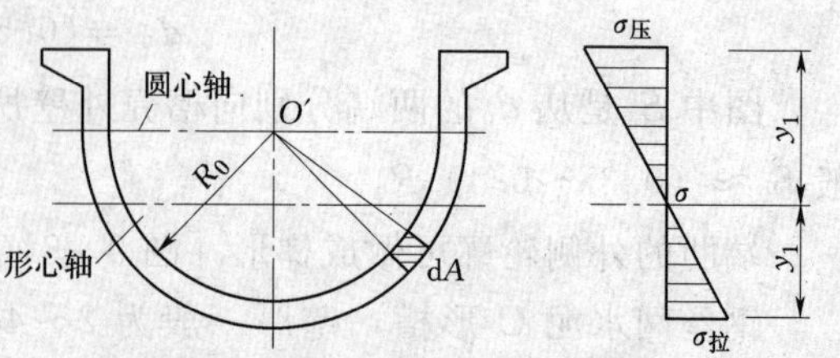

图9-9 形心轴位置示意图

根据受拉钢筋总面积配置纵向受力钢筋，并进行斜截面承载力计算，然后进行抗裂验算，并配适量的构造筋。

2. 横向计算

在进行横向计算时，沿槽身纵向取 1m 按平面问题进行分析，单位长脱离体上的作用（荷载）由两侧的剪力差维持平衡。

（1）无拉杆矩形槽。其计算简图如图 9-10（a）、（b）所示，图中 P_0 为槽顶上的作用，M_0 为槽顶上的作用对侧墙中心线所产生的力矩，q_2 为槽内水重与底板自重之和。

由图示条件，并结合现行规范，可求得内力计算式如下

$$M_a = M_b = \gamma_0 \psi \left[\gamma_Q \frac{1}{6} \gamma_w h^3 - M_0 \right] \tag{9-17}$$

$$N_a = N_b = \gamma_0 \psi \frac{1}{2} \gamma_w h^2 \tag{9-18}$$

$$M_c = \gamma_0 \psi \left[\frac{1}{8} (\gamma_Q \gamma_w h + \gamma_G \gamma_h t) L^2 - \gamma_Q \frac{1}{6} \gamma_w h^3 + M_0 \right] \tag{9-19}$$

式中 γ_0——结构重要性系数，对于结构安全级别为Ⅰ级、Ⅱ级、和Ⅲ级的结构或构件，可分别采用 1.1、1.0、0.9；

ψ——设计状况系数，对应于持久状况、短暂状况、偶然状况，可分别取 1.0、0.95、0.85；

γ_G——永久作用（荷载）分项系数；

γ_Q——可变作用（荷载）分项分数；

γ_w——水的重度，一般采用 9.81kN/m³；

γ_h——钢筋混凝土的重度，一般取 25kN/m³；

L——底板的计算跨度，m；

t——底板厚度，m；

h——槽内水深，m。

由式（9-19）可以看出，底板跨中弯矩 M_c 随槽内水深 h 而变化，故对式（9-19），令 $\frac{dM_c}{dh}=0$，即可求得：当 $h=L/2$ 时，M_c 最大，而此时底板的轴向拉力 N_a 较小，故应按水深 $h=L/2$ 及设计水深、加大水深分别计算底板跨中内力，按偏心受拉构件对底板进行配筋计算，取其大者作为底板跨中的配筋依据。显然若槽身高度小于底板宽度的一半，则不必计算 $h=L/2$ 情况。

侧墙可视为固结于底板上的悬臂梁板，竖向轴力很小，可忽略其影响，近似按受弯构件进行计算。

（2）有拉杆矩形槽。近似认为设拉杆处槽身的横向内力与不设拉杆处相近，因此可以将拉杆均匀化，然后沿槽长方向取 1m 槽身按平面问题计算。拉杆刚度远比侧墙的小，故杆端视为铰接。其计算简图如图 9-11 所示，其为一次超静定结构。

可按力法先求解出均匀化拉杆的拉力，再求出槽身横向内力，然后进行配筋计算及抗裂验算。

（3）U 形槽。对于有拉杆 U 形槽，1m 槽长上的作用（荷载）与有拉杆矩形槽身类

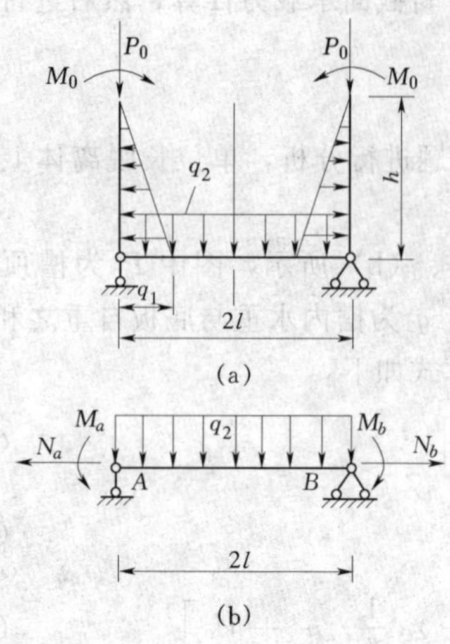

图 9-10 无拉杆矩形槽计算简图

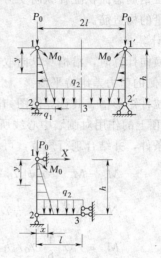

图 9-11 有拉杆矩形槽计算简图

似，其断面剪应力呈抛物线分布规律，其方向为沿槽壳厚度中心线的切线方向，如图 9-12（a）所示，该力对槽壳产生的弯矩和轴力与其他作用（荷载）对槽壳产生的弯矩和轴力方向相反，起抵消作用，因此槽壳厚度可以减薄。因槽身横向结构及作用（荷载）均为对称，故可取一半进行计算，如图 9-12（b）所示。

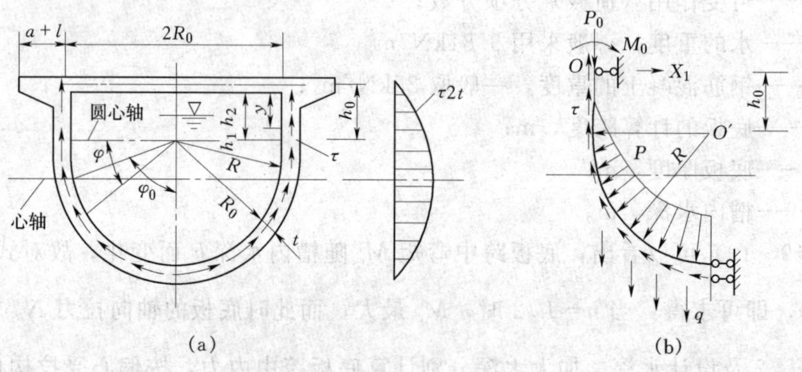

图 9-12 有拉杆 U 形槽计算简图

P—作用于槽壁上的静水压强；q—槽壁单位长度的自重；τ—剪应力；R—圆弧半径；h_0—圆心轴至拉杆中心的距离；M_0—槽顶作用（荷载）对槽壁顶端中心的力矩；P_0—槽顶作用（荷载）产生的集中力；X_1—均匀化拉杆的拉力，按一次超静定结构求解 X_1，再分别计算槽壳直段和圆弧段的弯矩和轴力，绘出槽身横断面的弯矩和轴力图，按偏心受拉或偏心受压构件进行配筋计算和抗裂验算

大量工程表明，U 形槽槽壁的上半部一般为外侧受拉；下半部为内侧受拉。横向钢筋布置，通常采用双层布置（即按内外侧控制截面求得的配筋量分别布置于内外层），也可采用单层布筋（即按弯矩图形将钢筋布置在受拉的一侧）。前者用于流量大，槽壁厚在 10cm 以上的渡槽；后者多用于壁厚在 10cm 以下的渡槽，其节省钢筋，且混凝土易浇捣密实，但钢筋弯扎较困难。

(4) 支承肋。为使槽身便于支承在槽墩（架）上，常设支承肋（对于简支梁式槽身则为端肋），如图 9-13 (a)、(b) 所示。支承肋上力的传递复杂，支承肋底横梁的荷载是中间小，两端大，同时还有顶部拉杆的作用。建议按下述比较安全经济的近似方法（针对以往按简支梁上作用均布荷载进行计算的方法浪费而言）计算内力，确定截面尺寸和钢筋用量。

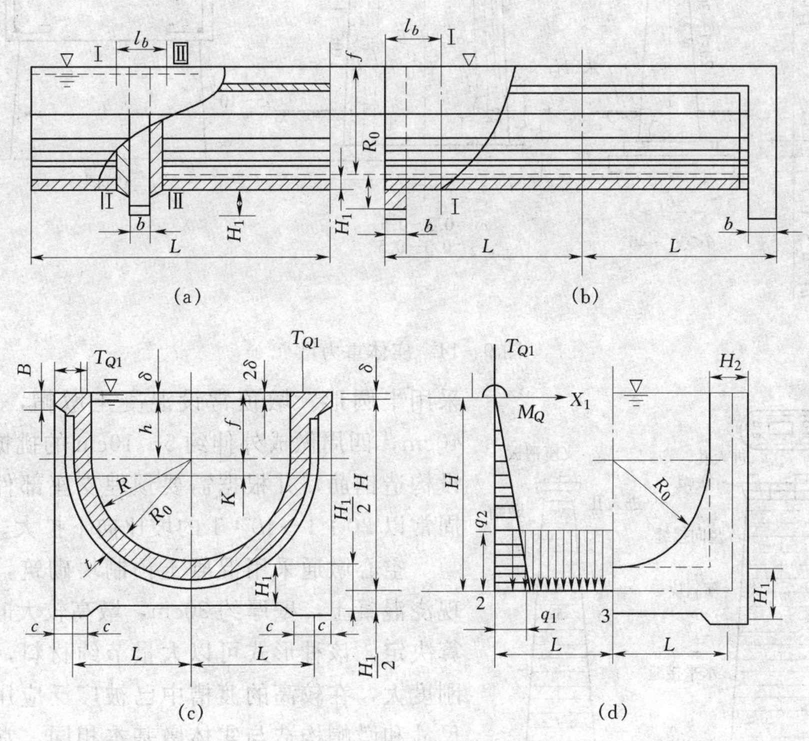

图 9-13 U形槽支承肋

计算图如图 9-13 所示，图中用 l_b分隔槽身作为支承肋荷载计算的隔离体，l_b范围内的荷载由支承肋及顶部拉杆所构成的框架直接承担；$(L-l_b)$ 范围内的荷载以截面剪力的方式作用于隔离体上，再由肋框架承担；肋框架的底横梁按等截面 $b\times H_1$计算，竖杆按等截面 $b\times H_2$计算 $(H_2=a+t)$；顶部拉杆与竖杆之间按铰接考虑，因结构与荷载均对称，故取图 9-13 (d) 所示基本结构，按一次超静定结构求解出支承肋横梁跨中截面的轴力和弯矩，进行承载力极限状态设计，确定配筋。

(四) 支承结构

1. 支承结构的形式及尺寸拟定

梁式渡槽的支承结构型式有重力墩式、排架式、组合式墩架和桩柱式槽架等。

(1) 重力墩。可分为实体墩（图 9-14）和空心墩（图 9-15）两种型式。

实体墩的墩身通常用砖石、混凝土等材料建造而成，墩体的承载力和稳定易满足要求，但其用料多、自重大，故不宜用于槽高较大和地基承载力较低的情况。一般适宜高度为 8～15m。构造尺寸一般为：墩顶长度略大于槽身的宽度，每边外伸约 20cm；墩头一般

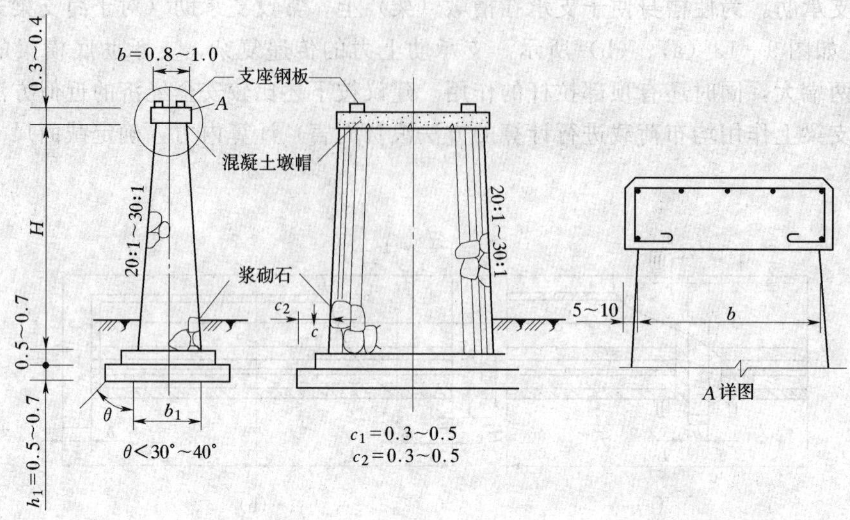

图 9-14　实体重力墩

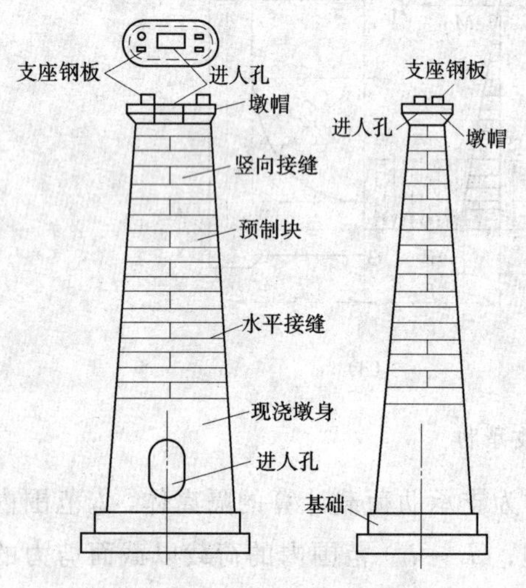

图 9-15　空心重力墩

采用半圆形。墩顶常设混凝土墩帽，厚约 30～40cm，四周做成外伸约 5～10cm 的挑檐，帽内布设构造钢筋，并根据需要预埋支座部件，墩身四周常以 20∶1～40∶1 的坡比向下扩大。

空心墩通采用混凝土预制块砌筑，也可采用现浇混凝土，壁厚约 20cm，墩高较大时由强度验算决定。该种形式可以大量节约材料，自重小而刚度大，在较高的渡槽中已被广泛应用。其外形尺寸和墩帽构造与实体墩基本相同，常用的横断面形状有圆矩形、矩形、双工字形及圆形等四种（图 9-16）。墩内沿高每隔 2.5～4m 设置两根横梁，并在墩身下部和墩帽中央设进人孔。

（2）排架。一般采用钢筋混凝土建造，可现浇或预制吊装。常用的形式有单排架、双排架及

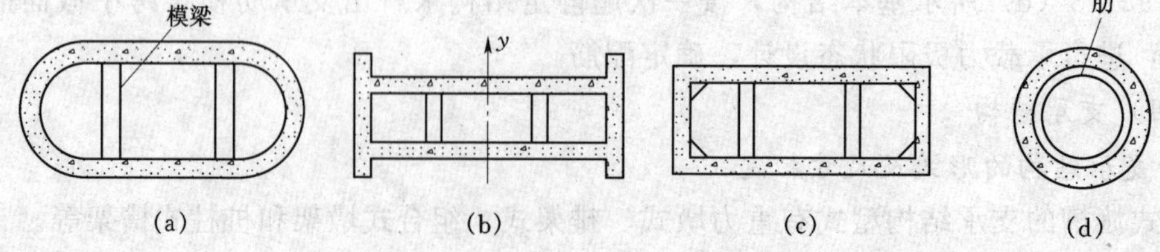

图 9-16　空心墩横断面形状

A 字形排架等几种型式（图 9-17）。

单排架由两根铅直立柱和横梁组成的多层刚架结构，在工程中应用广泛，其适用高度

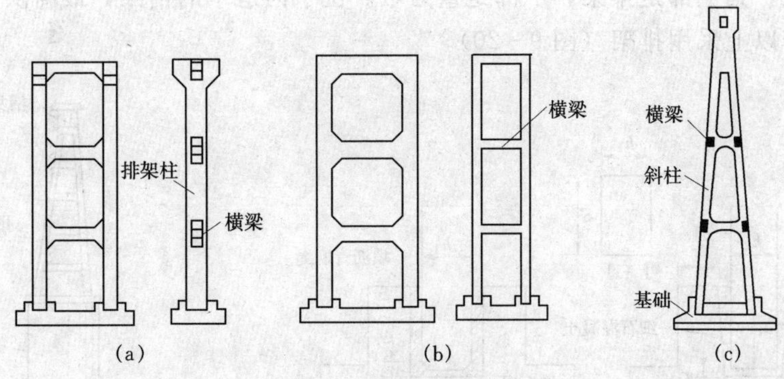

图 9-17　排架形式

(a) 单排架；(b) 双排架；(c) A 字形

一般在 20m 以内。双排架由两个单排架通过水平横梁连接而成，属空间结构。其结构承载力、稳定性及地基承载力均比单排架易满足要求，其适用高度一般为 15～25m。

当排架高度较大时，为满足结构承载力和地基承载力要求，可采用 A 字形排架，其适用高度一般为 20～30m，但施工复杂，造价较高。

现以单排架为例说明结构尺寸的初步拟定。立柱中心距取决于渡槽宽度，一般应使槽身传来的作用（荷载）P 的作用线与立柱的中心线重合，使立柱为轴心受压构件，如图 9-18所示。立柱的截面尺寸：长边（顺槽向）$b_1=(\frac{1}{20}\sim\frac{1}{30})H$，常取 $b_1=0.4\sim0.7$m；短边 $h_1=(\frac{1}{1.5}\sim\frac{1}{2})b_1$，常取 $h_1=0.3\sim0.5$m。为了改善排架顶部的受力状况，通常排架顶部伸出短悬臂梁（牛腿），悬臂长度 $C\geqslant b_1/2$，高度 $h\geqslant b_1$，倾角 $\theta=30°\sim45°$。横梁间距 l 一般等于或小于立柱间距，常采用 2.5～4.0m，梁高 $h_2=(1/6\sim1/8)l$，梁宽 $b_2=(1/1.5\sim1/2)h_2$，横梁一般按等间距布置，但最下一层的间距可以灵活，横梁与立柱连接处常设 20cm×20cm 的贴角，以期改善交角处的应力状况。

双排架和 A 字形排架都是由单排架构成的，其尺寸可参照单排架拟定。

排架与基础（常采用整体板式基础）的连接形式，视情况不同，可采用固接或铰接。现浇排架与基础采用整体结合，排架竖筋直接伸入基础内部，按固结计算。而预制装配式排架，可随接头处理方式而定。对于固结端，立柱与杯形基础连接时，应在基础混凝土终凝前拆除杯口内模板并凿毛，立柱安装前应将杯口清洗干净，并在杯口底浇灌不小于 C20的细石混凝土，然后将立柱插入杯口内，在其四周再浇灌细石混凝土［图 9-19 (a)］；对于铰接，只在立柱底部填 5cm 厚的 C20细石混凝土抹平，将立柱插入后，在其周围再填 5cm 厚的 C20细石混凝土，再填沥青麻绳即可，如图 9-19 (b) 所示。

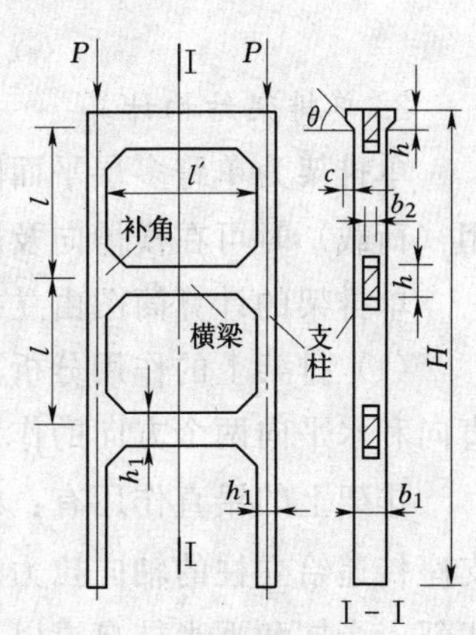

图 9-18　单排架结构尺寸

(3) 组合式墩架。当渡槽高度超过 30m 或槽高较大，若采用加大柱截面尺寸以满足稳定要求不经济时，则应考虑采

用组合式墩架，其上部是排架，下部是重力墩。位于河道中的槽架，最高洪水位以下常采用重力墩，其以上采用排架（图 9-20）。

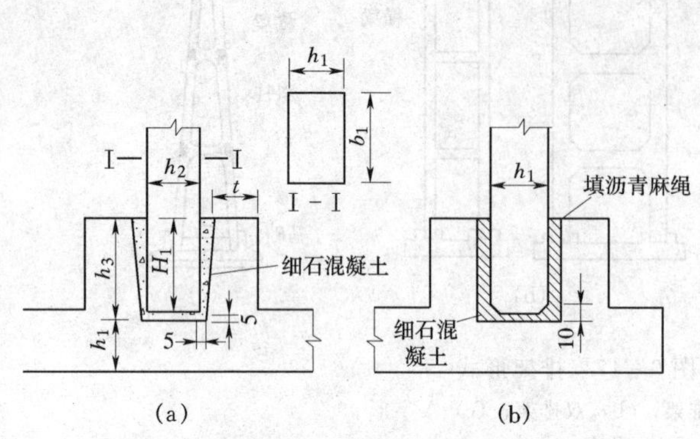

图 9-19　排架与基础连接（单位：cm）　　图 9-20　组合式墩架

(4) 柱桩式槽架（图 9-21）。其支承柱是桩基础向上延伸而成的，当地基条件差而采用桩基础时，采用此种槽架较为经济。双柱式又可分为等截面和变截面两种形式。

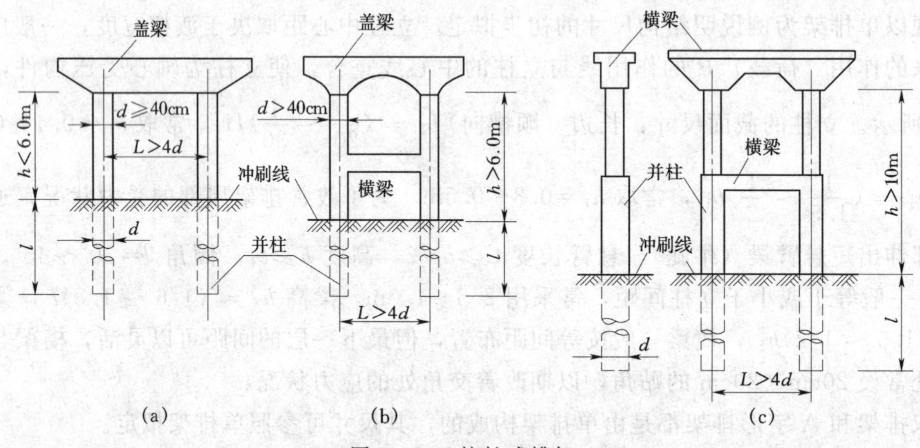

图 9-21　柱桩式槽架

(a) 等截面；(b) 等截面有横梁；(c) 变截面有横梁

2. 单排架结构计算

单排架为单跨多层平面刚架，刚架平面置于横槽向。而双排架承受横槽向及顺槽向作用（荷载）时可在横槽向及顺槽向分解为单排架来计算，故仅介绍单排架的结构计算。

单排架的计算简图由立柱和横梁的轴线所组成，如图 9-22 (a) 所示。

(1) 排架上的作用分析。通常将排架上的作用均简化为节点作用（荷载），可分为铅直向和水平向两个方向的作用。其排架上的作用如图 9-22 所示。

排架上的铅直作用有：槽身自重及槽内水重 G；槽身在槽向风压力 $\gamma_Q W_k$ 作用下通过支座传递给立柱的轴向拉力和压力 G' ($G' = \gamma_Q W_k h / l_0$)；排架自重，每一节点荷载等于相邻上半柱和下半柱自重以及横梁自重一半的总和。

排架上的水平作用有：槽身承受横向风荷载通过支座摩擦作用传给排架的水平力

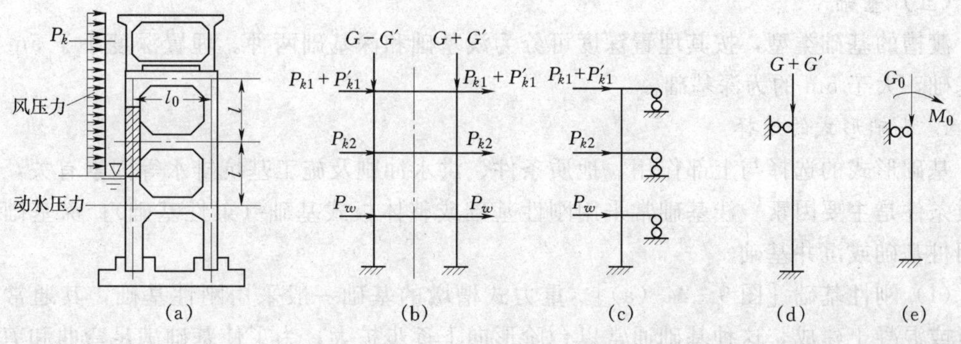

图 9-22 排架的计算简图

P_{k1}'，按两柱各分担 1/2 计算，即 $P_{k1}'=\gamma_Q W_k/2$；作用于排架立柱上横向风荷载简化为节点荷载（$P_{k1}, P_{k2}, P_{k3}, \cdots$），通常忽略迎风面立柱对背风面立柱的挡风作用，近似取两立柱的风荷载相等。

其他作用如动水压力（P_w）、漂浮物的撞击力及地震作用是否考虑，应根据具体情况而定。

（2）排架的横向计算。应根据不同的设计状况进行必要的承载能力极限状态设计。铅直向节点作用仅使主柱产生轴力；水平向节点作用是反对称的［图 9-22（b）］，而结构对称，故可取 1/2，如图 9-22（c）所示，用“无剪力分配法”求解排架的内力，也可用杆系有限元法计算。考虑到风荷载的方向是可能改变的，两个立柱的配筋应相同。

（3）排架的纵向计算。排架纵向通常按单柱并视具体情况考虑挠曲影响进行正截面承载能力的验算。对于等间距布置的排架，其立柱按轴心受压构件进行承载能力的验算，计算简图如图 9-22（d）所示；对于排架间距不等或一跨槽身吊装完毕而另一跨尚未吊装等情况，应按偏心受压构件进行验算，计算简图如图 9-22（e）所示。柱的计算长度 L_0 可视具体情况取 $0.7L$ 或 $1.0L$，L 为排架的实际高度。若按持久状况配置的钢筋不能满足短期状况（施工）的要求时，应采取措施，如改变吊装方案等，以免因施工原因而增加配筋量。

（4）排架的吊装验算。排架是平放在地上预制的，吊装时，可采用两点吊或四点吊。当排架总高度 $H<12\sim15$m 时，可用两点吊，如图 9-23 所示；当 $H>15$m 时，宜用四点吊。当排架总高度较大时，宜分成 2～3 段预制，然后吊装拼接，否则排架太长，因吊装所需配筋反会超过正常运用所需要的钢筋数量。

吊点位置一般设在立柱与横梁相交处附近，并使立柱承受的正负弯矩接近相等。

两点吊时，排架一端刚离开地面时，排架受力最不利，此时吊点为一个支点，贴地的一端亦为一个支点，其弯矩图如图 9-23 所示。图中均布荷载 q 为立柱的重力，集中荷载 p 为横梁的重力，在计算中还应考虑 1.1～1.3 的动力系统。

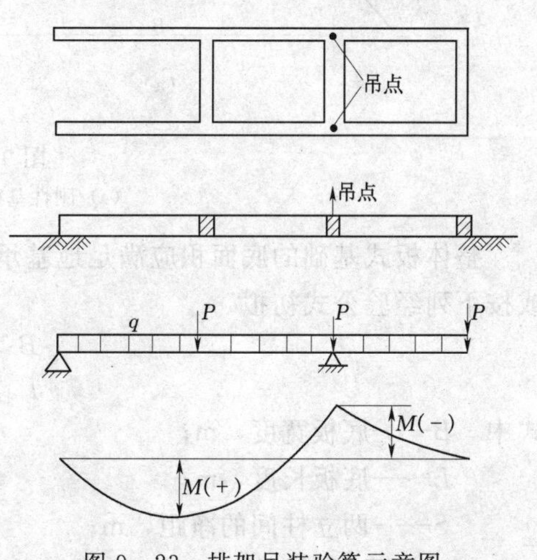

图 9-23 排架吊装验算示意图

（五）基础

渡槽的基础类型，按其埋置深度可分为浅基础和深基础两种。埋置深度小于5m的为浅基础，大于5m的为深基础。

1. 基础形式的选择

基础形式的选择与上部作用、地质条件、洪水冲刷及施工基坑排水等因素有关，其中地质条件是主要因素。浅基础常采用刚性基础或整体板式基础（柔性基础）；深基础一般采用桩基础或沉井基础。

（1）刚性基础［图9-24（a）］。重力式槽墩的基础一般采用刚性基础，其通常用浆砌石或混凝土建成，这种基础通常以台阶形向下逐步扩大，为了使基础满足弯曲和剪切验算要求，通常用刚性角θ来控制，即：$\theta=\arctan\dfrac{c}{h}$。

图9-24（a）中，c为每级悬臂长度，h为级高。对浆砌石基础，$\theta\leqslant35°$；混凝土基础，$\theta\leqslant40°$。台阶的阶数，以扩大后的基底面积满足地基承载力的要求而定。

（2）整体板式基础［图9-24（b）］。排架结构一般采用此种基础。由于这种基础设计时需考虑弯曲变形，故又称柔性基础。一般采用钢筋混凝土结构。其能在较小的埋深下获得较大的基底面积，故适应不均匀沉陷的能力强，节省工程量，但需用一定数量的钢筋。其主要用于地基承载力较低的情况。

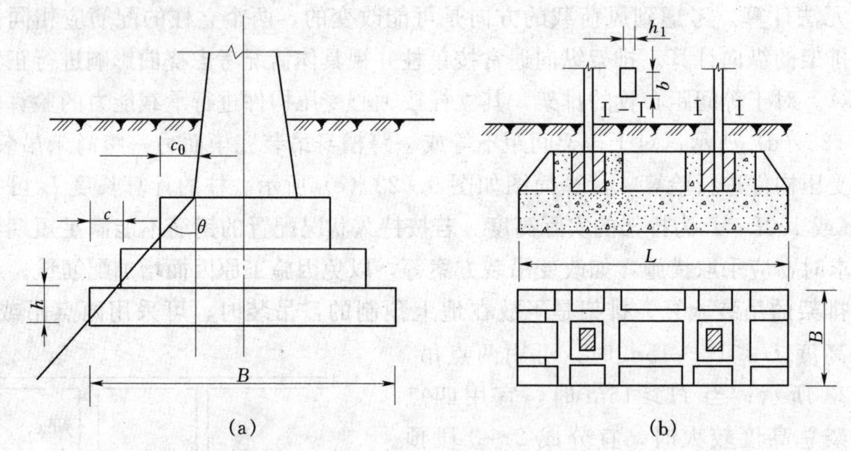

图9-24　浅基础

（a）刚性基础；（b）整体板式基础

整体板式基础的底面积应满足地基承载力要求，一般可参考类似已建工程初拟尺寸，或按下列经验公式初拟

$$\left.\begin{aligned}B&\geqslant 3b_1\\L&\geqslant S+5h_1\end{aligned}\right\}\qquad(9-20)$$

式中　B——底板宽度，m；

L——底板长度，m；

S——两立柱间的净距，m；

b_1、h_1——立柱横截面的长边与短边边长，m。

(3) 桩基础。桩基础是一种比较古老的地基处理方法，已积累较多的实践经验。渡槽桩基础通常采用钻孔桩基础，特别适用于不宜断流水下施工的河道，地下水位高，明挖基坑有困难，或无法施工以及软土地基沉陷量过大或承载力不足等情况。一般采用钻井工具造孔，再在孔内放置钢筋并浇灌混凝土而成，其具有施工简单、速度快、造价低等优点。

钻孔桩顶部应设承台［图 9-25 (a)］，将各桩连成整体，承台上再建槽架、槽墩等结构。

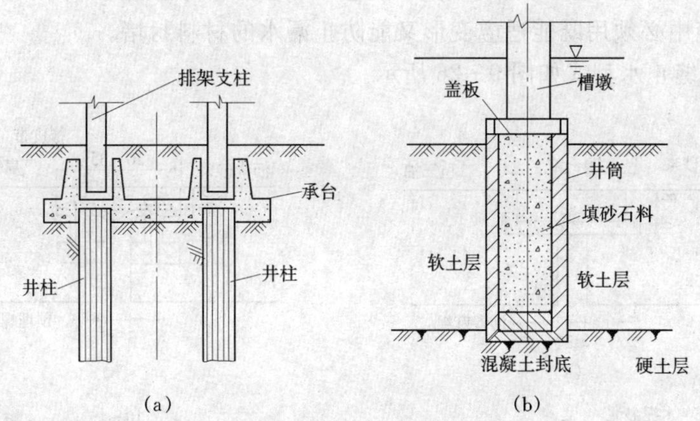

图 9-25 深基础

(a) 钻孔桩基础；(b) 沉井基础

除钻孔桩以外，在工程中还采用打入桩、挖孔桩、管柱等桩基础。

(4) 沉井基础［图 9-25 (b)］。沉井基础也是一种应用比较广泛的地基处理方法。当软弱土层下有持力好的土基或岩层，且其埋藏深度不大，或河床冲刷严重，基础要有较大埋深，即水深、流速较大，水下施工有困难时，宜采用沉井基础。但当覆盖层内有较大漂石、孤石或树木等阻碍沉井下沉的障碍物或持力层岩层表面倾斜度较大时，不宜采用。

2. 浅基础的埋置深度

浅基础的底面应埋置于地面以下一定的深度，其值应按地基承载力、耕作要求、抗冰冻要求及河床冲刷等情况，并结合基础型式及尺寸而定。在满足要求的情况下，应尽量浅埋。具体应满足以下几个方面的要求。

(1) 地基承载力要求。在满足地基承载力和沉陷要求的前提下，应尽量浅埋，但不得小于 0.5m，一般埋于地面以下 1.5～2.0m，且基底面以下持力层厚度应大于或等于 1.0m。

(2) 耕作要求。耕作地内的基础，基础顶面以上至少要留 0.5～0.8m 的覆盖层。

(3) 抗冰冻要求。严寒地区基础顶面在冰冻层以下的深度应通过专门计算确定。

(4) 抗冲刷要求。对于位于河道中受水流冲刷的基础，其底面应埋入最大冲刷线以下，最大冲刷线是各个槽墩处最大冲刷深度的连线。可参考有关专著计算最大冲刷深度。

(六) 渡槽的整体稳定验算

渡槽及其地基的稳定性验算是确定总体布置方案是否可行必不可少的一环。

槽身一般是搁置于支承结构顶上的，当槽中无水时，在侧向风荷载作用下，槽身有可能产生滑动或倾覆，特别是位于大风地区的轻型壳体槽身，此项验算尤为必要。

渡槽整体稳定性验算，主要是验算地基稳定性、承载力和沉陷量是否满足要求。

对于斜坡土基上的大中型槽墩，还应验算深层滑动的可能性。

（七）渡槽的细部构造

1. 槽身伸缩缝及止水

梁式渡槽每节槽身的接头处以及槽身与进出口建筑物的连接处，均须设伸缩缝，缝宽3～5cm，伸缩缝中必须用既能适应变形又能防止漏水的材料封堵。

常见的伸缩缝止水型式如图 9-26 所示。

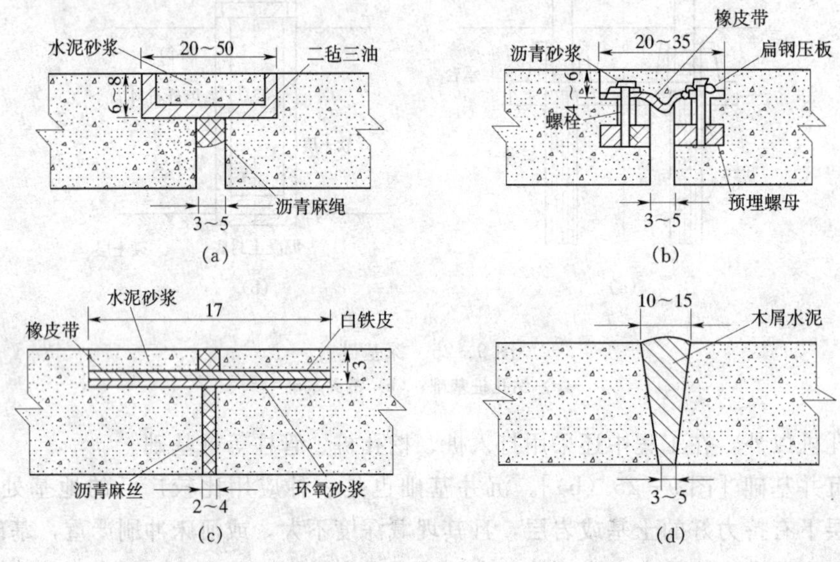

图 9-26　止水型式（单位：m）

（a）沥青止水；（b）橡皮压板止水；（c）粘合式止水；（d）木屑水泥止水

2. 槽身的支座（图 9-27）

（1）平面钢板支座。支座的上、下座板，采用 8～25mm 的钢板制作，其活动端上、下座板的接触面，需刨光并涂以石墨粉，以减小摩阻力和除锈。一般用于跨径在 20m 以下的槽身支座。

（2）切线式支座。支座的上座板底面为平面，下座板顶面为弧面，用 40～50mm 钢板精制加工而成。

（3）摆柱式支座。支座的固定端仍采用切线式支座，活动端为摆柱支座。摆柱可用钢筋混凝土或工字钢作柱身，柱顶、底部配以弧形钢板。其适用于大型渡槽，但抗震性能较差。

多跨简支式渡槽，对于各跨的活动支座与固定支座一般按“定”、“动”支座相间排列，使槽身所受的水平外力均匀分配给各个排架。但末跨槽身的固定支座，宜布置在岸墩上。

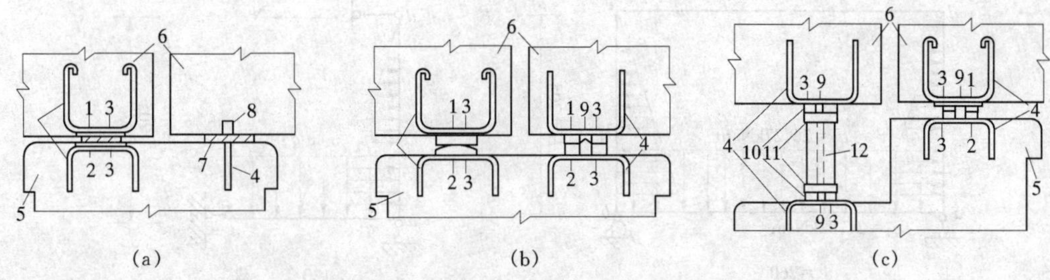

图 9-27　渡槽支座的型式

(a) 平面钢板支座；(b) 切线钢板支座；(c) 摆柱支座

1—上座板；2—下座板；3—垫板；4—锚栓；5—墩台帽；6—渡槽；7—钢板；8—套管；9—齿板；10—平面钢板；11—弧形钢板；12—摆柱

【例 9-1】　某钢筋混凝土矩形槽身的结构设计

某渡槽根据槽址处的地形、地质条件及施工能力，选用简支梁式渡槽，其槽身采用矩形钢筋混凝土结构，跨长 10m，总长 150m。

1. 基本资料

$Q_{设计}=7.17\text{m}^3/\text{s}$，$Q_{加大}=8.25\text{m}^3/\text{s}$，槽底纵坡 $i=1/1000$，底宽 $B=2.4\text{m}$，糙率 $n=0.014$，通过水力计算可知槽内设计水深为 1.68m，加大水深 1.88m，槽壁内侧高度取为 2.0m。拉杆断面取 10cm×10cm，间距为 1.0m。

建筑物级别为 4 级，结构安全级别为 3 级，结构重要性系数 $\gamma_0=0.9$，持久状况的设计状况系数为 1.0，短暂状况的设计状况系数为 0.95，作用分项系数 $\gamma_G=1.05$，$\gamma_Q=1.10$，槽身属二类环境条件，结构系数 $\gamma_d=1.20$，槽身采用 C_{25} 混凝土，Ⅱ级钢筋，材料强度设计值 $f_c=12.5\text{N/mm}^2$，$f_y=310\text{N/mm}^2$，钢筋混凝土的重度取 25kN/m^3。

2. 槽身的槽向结构计算

(1) 横断面结构尺寸的拟定（图 9-28）。

(2) 设计状况及其作用效应组合。选取加大流量情况，其为短暂状况。按承载力极限状态设计，其作用效应组合为基本组合（永久作用＋可变作用）；按正常使用极限状况设计时，其作用效应组合为短期组合和长期组合。

(3) 计算简图。沿槽长取 1m 为脱离体进行计算。按满槽水考虑，计算至拉杆的中心线，其为短暂状况。计算简图如图 10-29 所示。图中 $L=2.40+0.2=2.6$ (m)，$H=\frac{1}{2}\times0.2+1.90+\frac{1}{2}\times0.1=2.05$ (m)，$q_1=\gamma_Q\gamma_w H=1.1\times9.8\times2.05=21.02$ (kN/m)，$q_2=q_1+\gamma_G\gamma_h t=21.02+1.05\times25\times0.2=26.27$ (kN/m)。

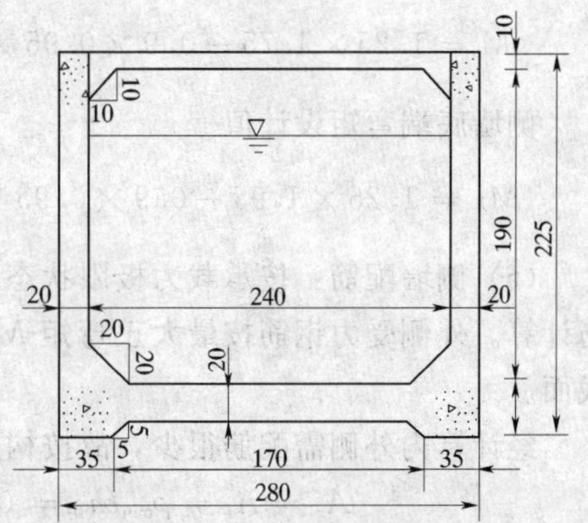

图 9-28　渡槽横断面简图

(4) 拉杆的轴向拉力设计值。

$$N=\gamma_0\psi\frac{0.2q_1H^2I_{ab}+0.5q_1HLI_{ad}-0.25q_2L^3I_{ad}/H}{3LI_{ad}+2HI_{ab}}$$

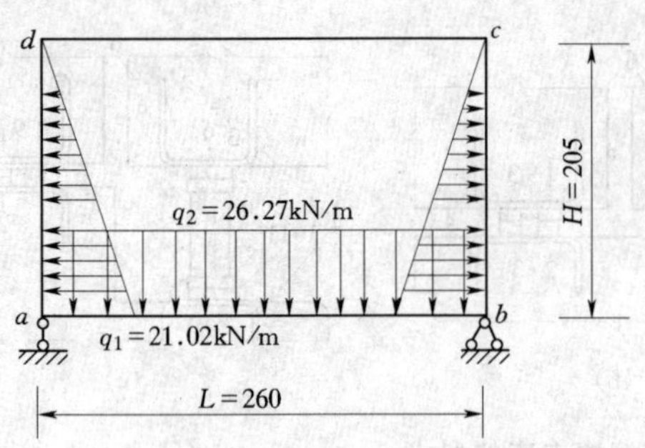

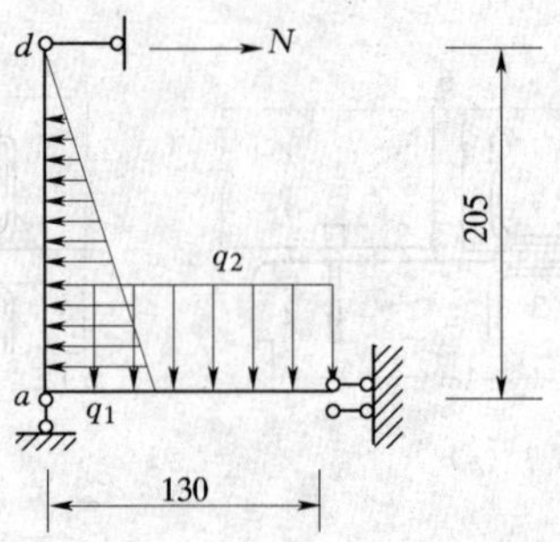

图 9-29　内力计算简图（尺寸单位：cm）

因 $I_{ab}=I_{ad}$，则

$$N=0.9\times0.95\times\frac{0.2\times21.02\times2.05^2+0.5\times21.02\times2.05\times2.6-0.25\times26.27\times2.6^3/2.05}{3\times2.6+2\times2.05}$$

$=1.25(\text{kN})$

(5) 侧墙内力计算。拉杆内力求得后，侧墙可按底端固定的悬臂板计算内力，距墙顶 y 处的弯矩设计值为

$$M_y=N_y-\gamma_0\psi\gamma_Q\frac{1}{6}\gamma_w y^3$$

最大正弯矩（外侧受拉）位置在 $Q=N-\gamma_0\psi\gamma_Q\frac{1}{2}\gamma_w y^2=0$ 处，即

$$y=\sqrt{\frac{2N}{\gamma_0\phi_0\gamma_Q\gamma_w}}=\sqrt{\frac{2\times1.25}{0.9\times0.95\times1.1\times9.8}}=0.521(\text{m})$$

$$M_{\max}=N_y-\gamma_0\psi\gamma_Q\frac{1}{6}\gamma_w y^3$$

$$=1.25\times0.521-0.9\times0.95\times1.1\times\frac{1}{6}\times9.8\times0.521^3=0.434(\text{kN}\cdot\text{m})$$

补角处（$y=1.75$m）弯矩设计值

$$M=1.25\times1.75-0.9\times0.95\times1.1\times\frac{1}{6}\times9.8\times1.75^3=-6.05(\text{kN}\cdot\text{m})$$

侧墙底端弯矩设计值

$$M_A=1.25\times1.95-0.9\times0.95\times1.1\times\frac{1}{6}\times9.8\times1.95^3=-8.95(\text{kN}\cdot\text{m})$$

(6) 侧墙配筋：按承载力极限状态设计。由于侧墙竖向轴力很小，按受弯构件进行配筋计算。外侧受力钢筋按最大正弯矩 $M_{\max}$ 进行计算，内侧钢筋取侧墙底端截面作为计算截面。

经计算内外侧需配筋很少，故按构造要求，内外侧均配筋，

$$A_s=A_s'=\rho_{\min}bh_0=0.15\%\times1000\times170=255(\text{mm}^2)$$

选用Φ8@200，（$A_s'=A_s=251\text{mm}^2$）。

水平分布筋采用Φ6@250 经验算满足抗裂要求。

(7) 底板内力计算。计算简图如图9-30所示，图中的轴向拉力等于侧墙底端的剪力设计值，即

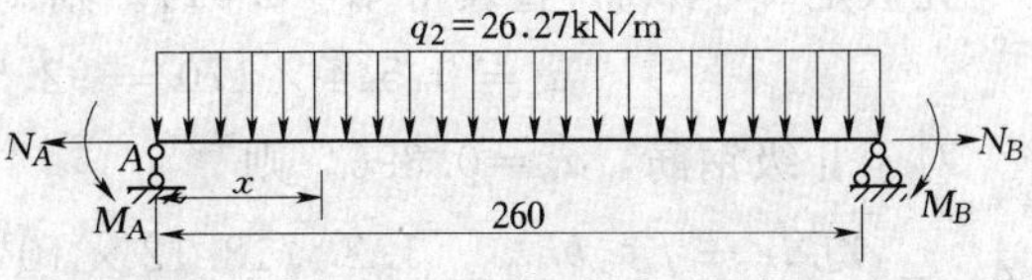

图9-30 底板内力计算图（尺寸单位：cm）

$$N_A = N_B = \gamma_0 \psi \gamma_Q \frac{1}{2} \gamma_w H^2 - N$$

$$= 0.9 \times 0.95 \times 1.1 \times \frac{1}{2} \times 9.8 \times 2.05^2 - 1.25 = 18.12(\text{kN})$$

端弯矩设计值 $M_A = M_B = 8.95\text{kN} \cdot \text{m}$，作用方向如图9-30所示。

跨中弯矩设计值

$$M_{中} = \gamma_0 \psi \frac{1}{8} q_2 L^2 - M_A = 0.9 \times 0.95 \times \frac{1}{8} \times 26.27 \times 2.6^2 - 8.95 = 10.03(\text{kN} \cdot \text{m})$$

补角处（距支座 $x=0.3$m 处）弯矩设计值

$$M_x = \gamma_0 \psi \left(R_A x - \frac{1}{2} q_2 x^2 \right) - M_A$$

$$= 0.9 \times 0.95 \times \left(\frac{1}{2} \times 26.27 \times 2.6 \times 0.3 - \frac{1}{2} \times 26.27 \times 0.3^2 \right) - 8.95$$

$$= -1.20(\text{kN} \cdot \text{m})(上部受拉)$$

(8) 底板配筋。

1) 支座处：考虑补角的作用，端弯矩按补角内缘处的弯矩计算，$b \times h = 1000\text{mm} \times 200\text{mm}$；取 $a_s = a_s' = 30\text{mm}$，则 $h_0 = 170\text{mm}$。

$$e_0 = \frac{M}{N} = \frac{1.20 \times 10^6}{18.12 \times 10^3} = 66(\text{mm}) < \left[\frac{h}{2} - a_s = \frac{200}{2} - 30 = 70(\text{mm}) \right]$$

属小偏心受拉构件。

$$e' = \frac{h}{2} - a'_s + e_0 = \frac{200}{2} - 30 + 66 = 136(\text{mm})$$

$$e = \frac{h}{2} - a_s - e_0 = \frac{200}{2} - 30 - 66 = 4(\text{mm})$$

$$A_s = \frac{\gamma_d N e'}{f_y (h_0 - a'_s)} = \frac{1.2 \times 18.12 \times 10^3 \times 136}{310 \times (170 - 30)} = 68.14(\text{mm})^2$$

$$A'_s = \frac{\gamma_d N e}{f_y (h_0 - a'_s)} = \frac{1.2 \times 18.12 \times 10^3 \times 4}{310 \times (170 - 30)} = 2(\text{mm})^2$$

计算出 A_s 及 A'_s 均小于最小配筋率需要配筋面积 $[\rho_{\min} b h_0 = 0.15\% \times 1000 \times 170 = 255(\text{mm}^2)]$。

故按构造配筋，选用Φ8@200（$A_s = A'_s = 251\text{mm}^2$）。

2) 跨中截面，已知 $M = 10.03\text{kN} \cdot \text{m}$，$N = 18.12\text{kN}$

取 $a_s = a'_s = 30\text{mm}$，则 $h_0 = 200 - 30 = 170$（mm）

$$e_0 = \frac{M}{N} = \frac{10.03 \times 10^6}{18.12 \times 10^3} = 554(\text{mm}) > \left[\frac{h}{2} - a_s = \frac{200}{2} - 30 = 70(\text{mm}) \right]$$

按大偏心受拉构件计算。

$$e = e_0 - \frac{h}{2} + a_s = 554 - \frac{200}{2} + 30 = 484(\text{mm})$$

先假定 $x=\xi_b h_0$，查表得 $\xi_b=0.544$。则

$$x=0.544\times170=92.5(\text{mm})>2a'=60\text{mm}$$

对于Ⅱ级钢筋，$\alpha_{sb}=0.396$，则

$$A'_s=\frac{\gamma_d Ne-f_c\alpha_{sb}bh_0^2}{f'_y(h_0-a'_s)}=\frac{1.2\times18.12\times10^3\times484-12.5\times0.396\times1000\times170^2}{310\times(170-30)}<0$$

故按构造配筋，选用Φ8@200（$A'_s=251\text{mm}^2$）。

求 x，由 $Ne=\dfrac{1}{\gamma_d}\left[f'_yA'_s(h_0-a'_s)+f_cbx(h_0-\dfrac{x}{2})\right]$得

$$f_cbx^2/2-f_cbh_0x+\gamma_d Ne-f'_yA'_s(h_0-a'_s)=0$$

代入数据得

$$12.5\times1000\times\frac{x^2}{2}-12.5\times1000\times170x+1.2\times18120\times484-310\times251\times(170-30)=0$$

即
$$6250x^2-2125000x-369304=0$$

故
$$x=\frac{2125000-\sqrt{2125000^2+4\times6250\times369304}}{2\times6250}$$

$$=\frac{2125000-2127171}{25000}=-0.09(\text{mm})$$

$x=-0.09\text{mm}<2a'_s=60\text{mm}$，取 $x=2a'_s$ 并对 A'_s 合力点取矩可求得

$$A_s=\frac{\gamma_d Ne'}{f_y(h_0-a'_s)}=\frac{1.2\times18120\times(\dfrac{200}{2}-30+554)}{310\times(170-30)}=313(\text{mm}^2)$$

选用Φ8/10@200（$A_s=322\text{mm}^2>\rho_{\min}bh_0=255\text{mm}^2$）。

经比较取跨中截面配筋量作为底板配筋的依据。

(9) 底板抗裂验算。取跨中截面进行验算，应按短期组合和长期组合分别计算。限于篇幅，本例题只计算短期组合情况。

$$N_s=\gamma_0\frac{1}{2}\gamma_w H^2-N$$

$$=0.9\times0.5\times9.8\times2.05^2$$

$$-\frac{0.2\times19.11\times2.05^2+0.5\times19.11\times2.05\times2.6-0.25\times24.11\times2.6^3/2.05}{3\times2.6+2\times2.05}$$

$$=1.585(\text{kN})$$

$$\alpha_E=\frac{E_s}{E_c}=\frac{2.0\times10^5}{2.80\times10^4}=7.14$$

$$A_0=A_c+\alpha_EA_s+\alpha_EA'_s=1000\times200+7.14\times322+7.14\times251=204091(\text{mm}^2)$$

$$Y_0=\frac{A_cy'_c+\alpha_EA_sh_0+\alpha_EA'_s\alpha'_s}{A_c+\alpha_EA_s+\alpha_EA'_s}$$

$$=\frac{1000\times200\times\dfrac{200}{2}+7.14\times322\times170+7.14\times251\times30}{1000\times200+7.14\times322+7.14\times251}=100(\text{mm})$$

$$I_0=I_c+A_c(y_0-y'_c)^2+\alpha_EA_s(h_0-y_0)^2+\alpha_EA'_s(y_0-\alpha'_s)^2$$

$$=\frac{1000\times200^3}{6}+1000\times200\times(100-\frac{200}{2})^2+7.14$$
$$\times322\times(170-100)^2+7.14\times251\times(100-30)^2$$
$$=1.35\times10^9(\text{mm}^4)$$

$$W_0=\frac{I_0}{h-y_0}=\frac{1.35\times10^9}{200-100}=1.35\times10^7(\text{mm}^3)$$

取 $f_{tk}=1.75\text{N/mm}^2$，$\gamma_m=\left(0.7+\frac{300}{200}\right)\times1.55=3.41$，

$$\frac{\gamma_m\alpha_{ct}f_{tk}A_0W_0}{e_0A_0+\gamma_m w_0}=\frac{3.41\times0.85\times1.75\times204091\times1.35\times10^7}{554\times204091+3.41\times1.35\times10^7}=87841(\text{N})>N_s=1585\text{N}$$

短期效应组合下满足抗裂要求。

3. 槽身纵向结构计算

槽身纵向为一简支梁，按通过加大流量进行计算（设计情况略）。

(1) 内力计算。设槽身每边支座宽度为 50cm，故槽身净跨为 $L_0=10-1=9$ (m)，计算跨度取 L_0+a 和 $1.05L_0$ 中较小者。

$$L=L_0+a=9+0.5=9.5(\text{m})$$
$$L=1.05L_0=1.05\times9=9.45(\text{取用值})$$

作用（荷载）计算参数见前（图 9-28)。

拉杆自重(设计值)：$q_1=1.05\times25\times0.1^2\times2.4\times1.0=0.63(\text{kN/m})$

侧墙自重(设计值)：$q_2=1.05\times25\times(0.15\times2.25+\frac{1}{2}\times0.2^2+\frac{1}{2}\times0.1^2+0.05\times0.225)\times2=19.62(\text{kN/m})$

底板自重(设计值)：$q_3=1.05\times25\times0.2\times2.4\times1.0=12.6(\text{kN/m})$

槽内水重设计值：$q_4=1.1\times9.8\times1.88\times2.4=48.64(\text{kN/m})$

则 $q=q_1+q_2=q_3=q_4=81.49(\text{kN/m})$

计算简图如图 9-31 所示。

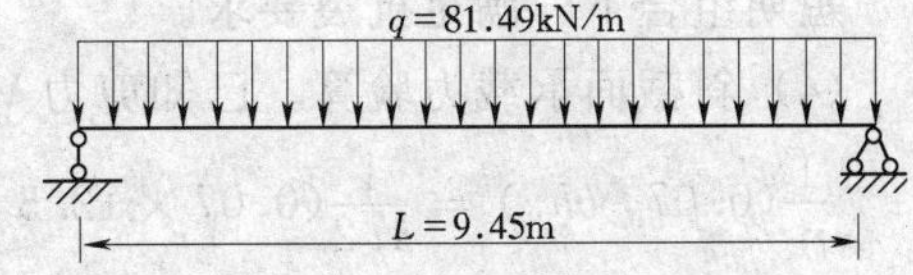

图 9-31 槽身纵向计算

跨中最大弯矩设计值

$$M_{\max}=r_0\psi\frac{1}{8}qL^2$$
$$=0.9\times0.95\times\frac{1}{8}\times81.49\times9.45^2=777.76(\text{kN}\cdot\text{m})$$

最大剪力：$V_{\max}=\gamma_0\psi\frac{1}{2}qL_0=0.9\times0.95\times\frac{1}{2}\times81.49\times9.0=313.53$ (kN)

(2) 纵向配筋计算。因槽身底板在受拉区，故槽身在纵向按 $h=2250$mm，$b=400$mm 的矩形梁进行配筋计算。估计排两排钢筋，$a_s=70$mm，则 $h_0=2250-70=2180$ (mm)。

$$\alpha_s=\frac{\gamma_d M}{f_c bh_0^2}=\frac{1.2\times777.76\times10^6}{12.5\times400\times2180^2}=0.0393$$

$$\xi=1-\sqrt{1-2\alpha_s}=1-\sqrt{1-2\times0.0393}=0.0401<\xi_b=0.544$$

$$A_s=\frac{f_c\xi bh_0}{f_y}=\frac{12.5\times0.0401\times400\times2180}{310}=1410(\text{mm}^2)$$

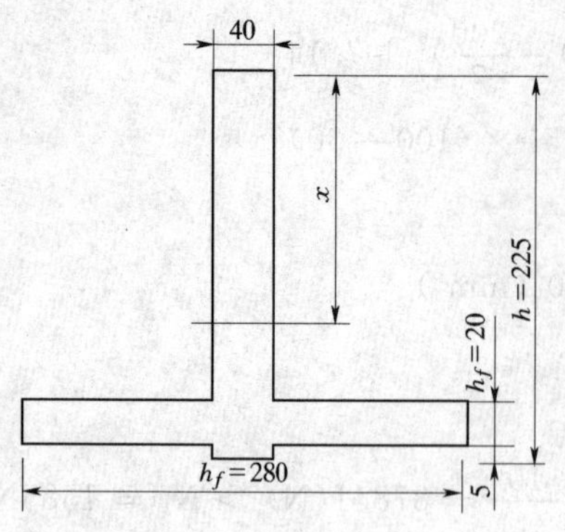

图 9-32　抗裂验算断面简化

选用 4 Φ 16 + 8 Φ 10（$A_s = 1432\text{mm}^2 > \rho_{\min} bh_0 = 131\text{mm}^2$）。

(3) 抗裂验算。忽略贴角的作用，将槽身横断面简化为图 9-32。

截面面积：$A_0 = 400 \times 2250 + 20 \times 2400 = 9.48 \times 10^5$（$\text{mm}^2$）

$$\rho = \frac{A_s}{bh_0} = \frac{1432}{400 \times 2180} = 0.00164 > \rho_{\min} = 0.15\%$$

对中性轴的惯性矩：

$$I_0 = (0.0833 + 0.19\alpha_E\rho)bh^3 = (0.0833 + 0.19 \times 7.14 \times 0.00164) \times 400 \times 2250^3 = 3.9 \times 10^{11}(\text{mm}^4)$$

$$y_0 = (0.5 + 0.425\alpha_E\rho)h = (0.5 + 0.425 \times 7.14 \times 0.00164) \times 2250 = 1136(\text{mm})$$

$$W_0 = \frac{I_0}{h - y_0} = \frac{3.9 \times 10^{11}}{2250 - 1136} = 3.5 \times 10^9(\text{mm}^3)$$

由 $b_f/b > 2$，$h_f/h < 0.2$，得 $\gamma_m = 1.40$。

考虑截面高度的影响，对 r_m 值进行修正，得

$$\gamma_m = (0.7 + \frac{300}{h}) \times 1.4 = (0.7 + \frac{300}{2250}) \times 1.4 = 1.17$$

对荷载效应短期组合，有 $M_s = 0.9 \times \frac{1}{8} \times 75.5 \times 9.45^2 = 758.5(\text{kN} \cdot \text{m})$，取 $\alpha_{ct} = 0.85$。

$$\gamma_m \alpha_{ct} f_{tk} w_0 = 1.17 \times 0.85 \times 1.75 \times 3.5 \times 10^9 = 6.09 \times 10^9(\text{N} \cdot \text{mm}) = 6090\text{kN} \cdot \text{m} > M_s$$

短期组合下，满足抗裂要求。

(4) 斜截面承载力验算。已知剪力 $V = 313.53\text{kN}$，因

$$\frac{1}{r_d}(0.07 f_c bh_0) = \frac{1}{1.2}(0.07 \times 12.5 \times 400 \times 2180) = 635833(\text{N}) \approx 636\text{kN} > V$$

则不需进行斜截面配筋计算，仅按构造要求配置腹筋即可。

选用双肢箍筋Φ 8@250，$S = 250\text{mm} < S_{\max} = 500\text{mm}$。

三、拱式渡槽

拱式渡槽与梁式渡槽的主要区别在于槽身与墩台之间增设了主拱圈和拱上结构（图 9-33），主拱圈主要承重结构，槽身两端支承在槽墩或槽台上，拱上结构将上部作用传递给主拱圈，主拱圈对墩台产生较大的水平推力。拱圈的受力特点是以承受轴向压力为主，因此可采用抗压强度较高而抗拉强度低的石料或混凝土建造，且跨度可达百米以上。对于跨度较大的拱式渡槽应建在较坚固的岩基上。我国广西玉林市 1976 年所建的万龙渡槽为空腹双曲拱，跨度达 126m。

按照主拱圈的结构型式可分为板拱、肋拱和双曲拱；按主拱圈设铰数目可分为无铰拱、双铰拱和三铰拱；按使用材料分为砌石、混凝土等拱式渡槽；根据拱上结构型式的不同，拱式渡

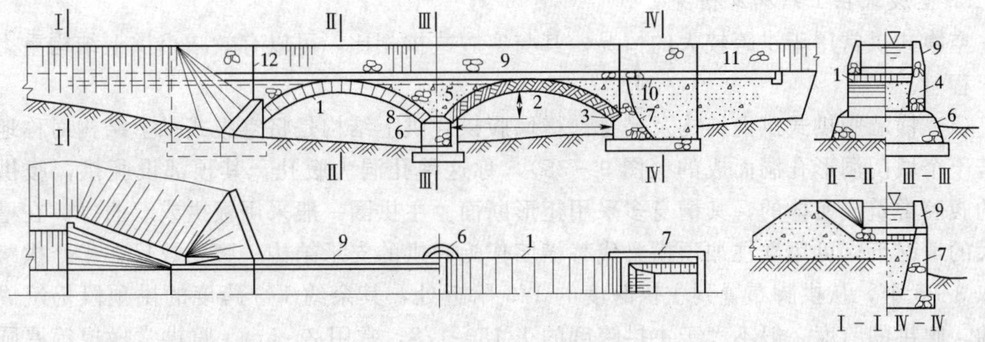

图 9－33 拱式渡槽

1—主拱圈；2—拱顶；3—拱脚；4—边墙；5—拱上填料；6—槽墩；
7—槽台；8—排水管；9—槽身；10—垫层；11—渐变段；12—变形缝

槽可分为实腹式和空腹式两类，而空腹式拱上结构中，有横墙腹拱式和排架式等型式。不同的拱上结构，不但对槽身的受力条件、型式和构造有一定影响，而且对主拱圈的影响颇深。

（一）槽身及拱上结构

1. 实腹式拱上结构及槽身

实腹式拱上结构一般用于中小跨度的拱式渡槽，其用材多、自重大，槽身常采用矩形断面，主拱圈大多采用板拱（图 9－33），也可采用双曲拱（图 9－34）。

实腹拱式渡槽的各个组成部分均可采用砖、石和混凝土等材料建造。实腹拱结构，按构造不同可分为砌背式和填背式两种。砌背式拱上结构是在主拱圈和槽身之间用浆砌石或埋石混凝土等筑成的实体结构，其主要用于槽宽不大的情况。而填背式拱上结构是在拱背两侧砌筑挡土边墙，在墙内填砂石料或土料，其主要用于槽宽较大的情况。

拱上结构之上是槽身，对于浆砌石侧墙，一般顶厚不小于 0.3m，向下以 1：0.3～1：0.4的坡度放宽，其具体尺寸由计算确定。槽底板最好用沥青混凝土等材料铺筑，一般厚 10cm 左右，必要时，可在底板内布置适量横向受拉钢筋，以满足挡水侧墙和挡土边墙的稳定要求，并减小工程量。挡土边墙的顶厚与挡水侧墙的底厚一般相等，向下也以 1：0.3～1：0.4 的坡度放宽。

对于浆砌石槽身，一般在迎水面抹 1～2cm 厚的水泥砂浆或浇 5～10cm 厚的混凝土，其目的是为了减小糙率和防止漏水对主拱圈产生侵蚀作用。对于填背式拱式结构，还应在拱背及边墙的内坡用水泥砂浆或石灰三合土等做好防渗，并将槽身渗水排出。排水管设在靠近拱脚的最低处，其进口设反滤层。另外，一般在槽墩顶部设拱上结构和槽身变形缝。若跨度较大时，一般在拱顶处再设一道变形缝，槽身缝内须设置止水，下部边墙缝，对于填背式拱上结构，可在内侧铺设反滤层，将渗水由缝排出或填止水材料将渗漏水集中由排水管排出。

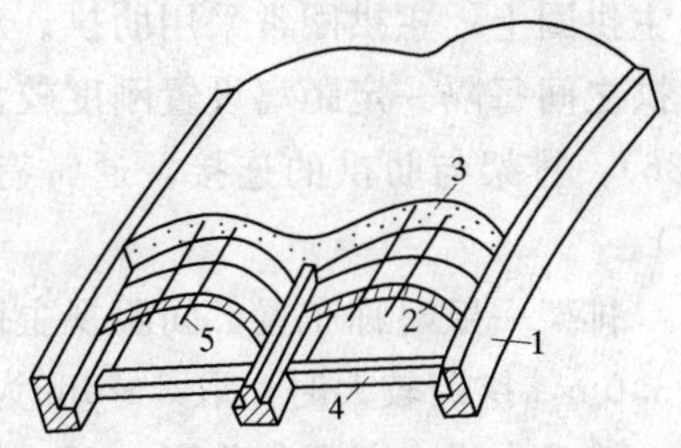

图 9－34 双曲拱图

1—拱肋；2—预制拱波；3—现浇拱板；
4—横系梁；5—纵向钢筋

2. 空腹式拱上结构及槽身

空腹式拱常用于拱跨较大的情况，其与实腹式拱相比，可以有效减小拱上结构重力及其工程量。

(1) 横墙腹拱式拱上结构及槽身。横墙腹拱式拱上结构是将空腹式拱上结构对称地留出若干个城门洞形孔洞而成的（图 9-35），称这种孔洞为腹孔，其顶部设腹拱，腹拱背上的腹腔常筑成实体的，其槽身多采用矩形断面。主拱圈一般采用板拱或双曲拱。在槽跨较大的情况下，可用立柱加顶横梁代替横墙作为腹拱的支承结构。腹孔数目在半个拱跨内常取 3～5 个，从拱脚布置到主拱跨度的 1/3 附近处，其余约 1/3 跨度的拱顶段仍筑成实腹的。腹拱的跨度一般不大于主拱跨度的 1/15～1/8，常用 2～5m。腹拱常做成等厚圆弧板拱或半圆板拱，浆砌石拱厚不小于 30cm，混凝土拱厚不宜小于 15cm。跨径较大的腹拱也可选用双曲拱。一般横墙厚约为腹拱厚度的两倍。

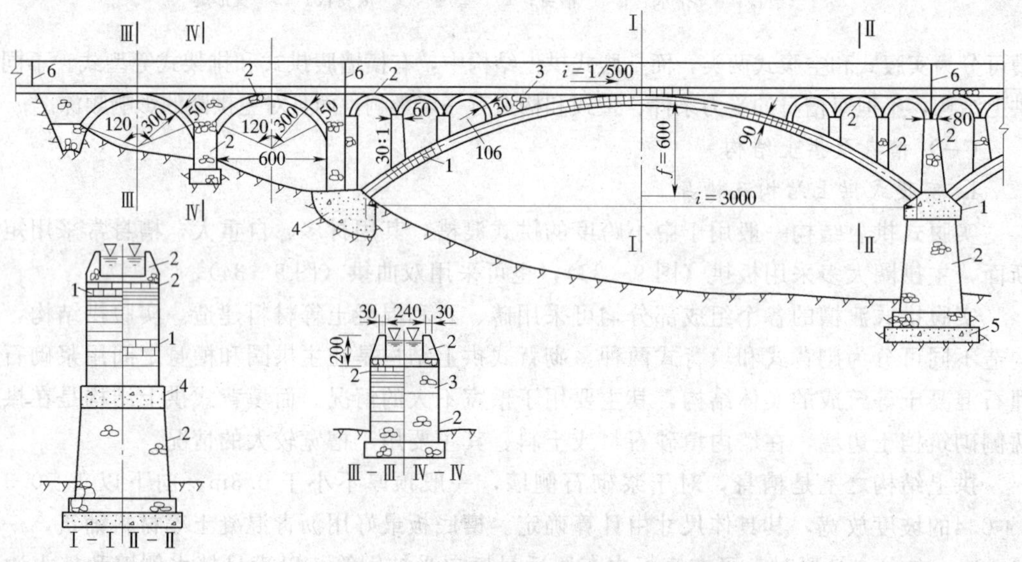

图 9-35 腹拱式渡槽（单位：cm）

1—水泥砂浆砌条石；2、3—水泥砂浆砌块石；4—C20 混凝土；5—C10 混凝土；6—变形缝

(2) 排架式拱上结构及槽身。排架式拱上结构，通常槽身搁置于排架之上，排架固接于主拱圈上，主拱圈常采用肋拱。对于中小流量的渡槽多采用双肋，大流量时采用多肋。肋拱之间每隔一定距离设置刚度较大的横系梁，以加强拱圈的整体性和横向稳定性（图 9-36）。排架与肋拱的连接，通常有杯口式连接或预留插筋、型钢及钢板等连接（图 9-37）。

排架一般对称布置，间距视主拱跨度大小而定，一般当主拱跨度较小时，间距取 1.5～3.0m，拱跨较大时，取 3～6m 为宜。

槽身在纵向起梁的作用，而一般用变形缝将一个拱跨上的槽身分成若干段，每槽段支承于两个排架之上。其纵向支承形式常采用简支式或等跨双悬臂式。因其跨度小，故常可采用少筋或无筋混凝土建造，其横断面通常为 U 形或矩形。

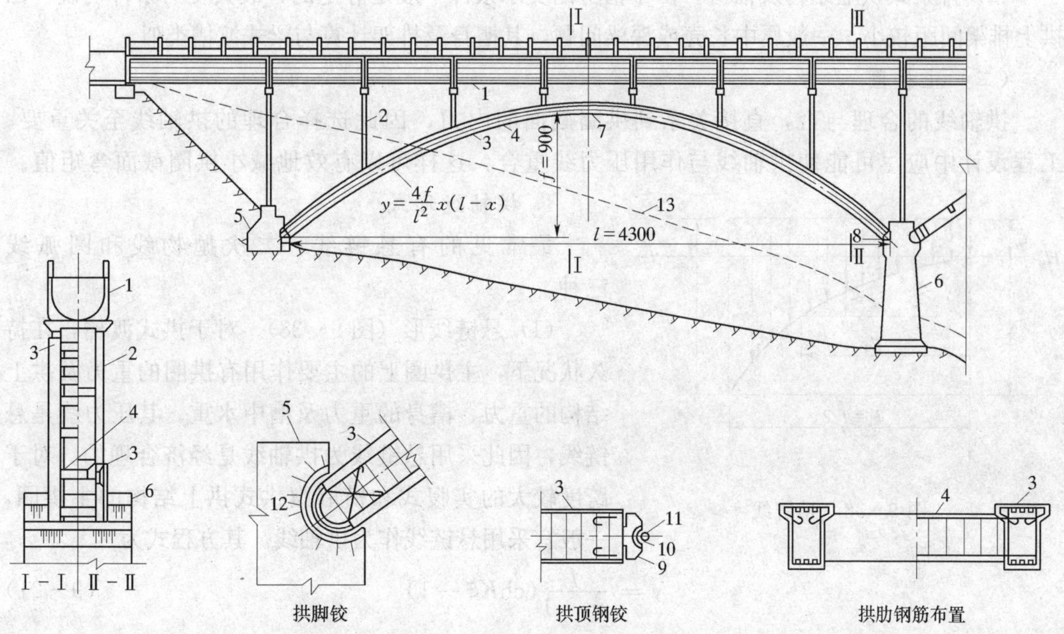

图 9-36 肋拱渡槽（单位：cm）

1—C20 钢筋混凝土 U 形槽；2—C20 钢筋混凝土排架；3—C25 钢筋混凝土肋拱；4—C25 钢筋混凝土横系梁；5—C15 混凝土 15%块石拱座；6—C15 混凝土 15%块石槽墩；7—拱顶钢铰；8—拱脚铰；9—铰座；10—铰套；11—铰轴；12—钢板镶护；13—原地面线

3. 槽身及拱上结构的结构计算分析

(1) 拱上结构为实腹及横墙（或立柱加顶横梁）腹拱式的拱式渡槽。槽身、拱上结构及主拱圈三者之间具有一定的整体作用。可根据三者之间的变形协调求解其应力，但由于结构型式与结构构造较复杂，特别是三者之间的结合条件和传力关系常不明确。所以在渡槽工程设计中在采用计算拱上结构时不考虑主拱圈变形影响，计算槽身时不考虑主拱圈及拱上结构变形的影响，而在构造上采取分缝、设腹拱铰和局部采用柔性结构等措施来适应拱上结构和主拱圈的变形，这样使得结构计算大大简化，且能满足工程精度要求。

对于实腹式拱上结构及槽身，只需在槽墩顶部沿渡槽水流方向取 1.0m 进行横向计算，主要验算侧墙和拱上结构边墙的承载力和稳定性。若侧墙与底板用缝（紧贴缝）分开时，则通常还需验算侧墙的抗倾及抗滑稳定性，若不满足要求时，可在底板内布设横向拉筋。填背式拱上结构的边墙按挡土墙计算。

对于实腹拱渡槽的槽身底板，宜采用柔性结构，其下的填料须填筑密实，此时，可以不进行内力计算，只按构造配筋。

横墙腹拱式渡槽，腹拱以上部分的结构计算与实腹拱基本相同。腹拱的计算，可参考后边主拱圈的计算。横墙的计算与拱墩类似。

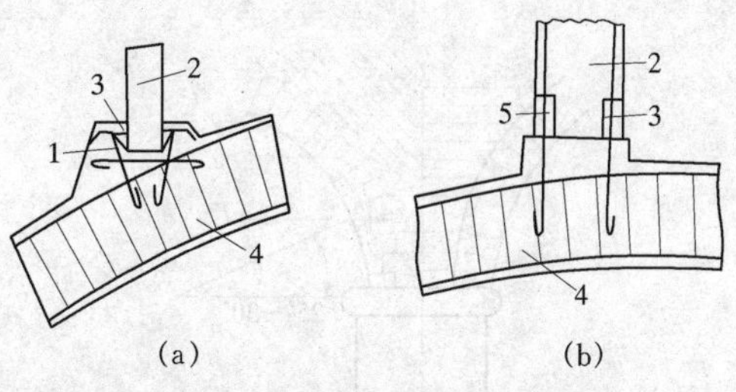

图 9-37 排架与拱圈连接图

1—杯口；2—排架立柱；3—二期混凝土；4—拱肋；5—钢筋焊接焊头

(2) 排架式拱上结构及槽身。由于槽身的支承条件一般是静定的，故其受力条件明确，因拱上排架间距较小，一般属中长壳或深梁问题，其槽身及排架计算与梁式渡槽类似。

(二) 主拱圈

拱轴线的合理与否，直接关系到拱圈截面的内力，因此选择合理的拱轴线至关重要。工程设计中应尽可能使拱轴线与作用压力线重合，这样可以有效地减小拱圈截面弯矩值。

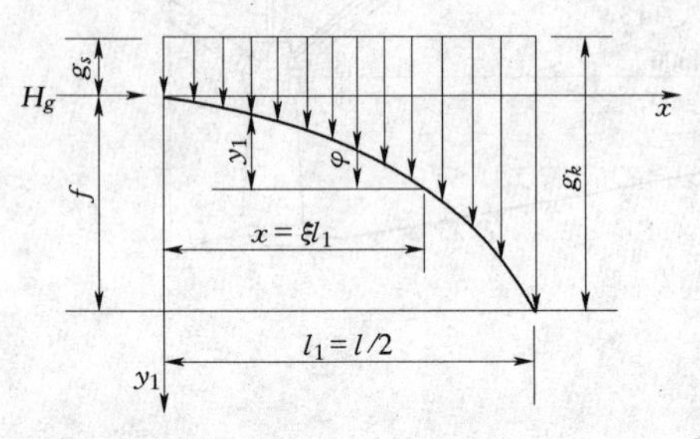

图 9-38 悬链线

1. 拱轴线形式

最常见的有悬链线、二次抛物线和圆弧线三种。

(1) 悬链线形（图 9-38）。对于拱式渡槽，在持久状况下，主拱圈上的主要作用有拱圈的重力及拱上结构的重力、槽身的重力及槽中水重，其压力线是悬链线，因此采用悬链线为拱轴线是经济合理的。对于跨度较大的实腹式和横墙腹拱式拱上结构的主拱圈，一般宜采用悬链线作为拱轴线。其方程式为

$$y=\frac{f}{m-1}(\mathrm{ch}K\xi-1) \tag{9-21}$$

其中

$$K=\ln(m+\sqrt{m^2-1})$$
$$\xi=x/l_1$$
$$m=g_k/g_s$$

式中 f——拱矢高，m；

m——拱轴系数；

g_k、g_s——拱脚和拱顶的作用强度。

(2) 二次抛物线。对于空腹拱，其荷载近似为均匀分布时，主拱圈轴线宜采用二次抛物线，即

$$y=f\xi^2 \tag{9-22}$$

式中，f，ξ 的意义同式（9-21）。

(3) 圆弧形。具有构造简单、施工方便等优点，多用于跨度较小（20m 以内）的渡槽，其中心角在 120°～130°之间。有时也有采用半圆形的，而半圆形拱圈在 1/4 拱跨至拱脚区间常产生较大的拉应力，为避免这段拱圈被拉裂，通常采用带有肩出拱座的墩台（图 9-39），使实际拱圈的中心角仍在 120°～130°之间。

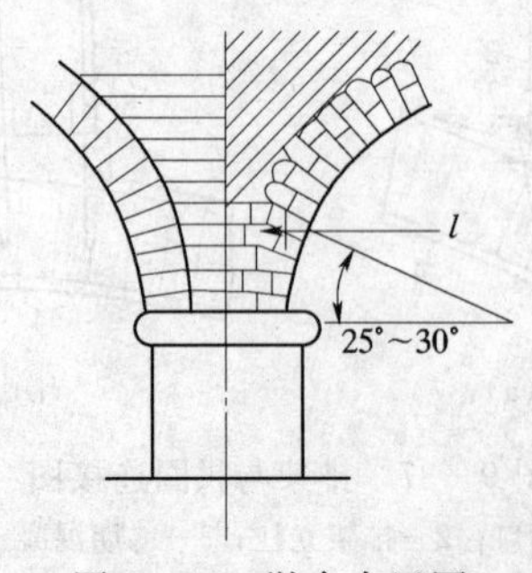

图 9-39 墩台布置图

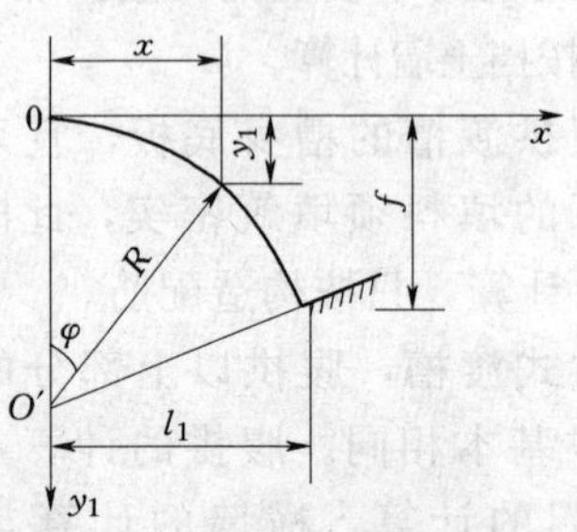

图 9-40 圆弧拱轴线示意图

圆弧拱的轴线，按图 9-40 所示坐标表示，其方程为

$$x^2+y^2-2Ry=0 \tag{9-23}$$

$$\left.\begin{aligned}x&=R\sin\phi\\y&=R(1-\cos\phi)\end{aligned}\right\} \tag{9-24}$$

其中 $$R=l_1\left(\frac{l_1}{2f}+\frac{f}{2l_1}\right)$$

式中 R——圆弧拱半径，m。

2. 基本参数的选择

主拱圈的基本参数包括拱跨 l、矢高 f、拱宽 b、拱脚高程，这些参数一旦选定，则整个渡槽的布置、主拱圈内力与稳定性、工程量等就基本定局。

(1) 拱跨 l 的选定。跨度 l 小于 15m 者为小跨度；15～60m 者为中跨度；大于 60m 者为大跨度。在一般情况下，若无特殊要求，则以采用 40m 左右的中等跨度较为经济合理，但必须保持适宜的矢跨比 f/l。

(2) 矢跨比 f/l 的选择。主拱圈的拱顶常与槽底面相接触，或仅留一小段距离，所以，拱脚高程一经选定，矢高也就基本确定了。对于槽高不大的拱式渡槽，拱脚高程一般选在最高洪水位附近，故矢高 f 的选择余地不大。对于槽高较大的拱式渡槽，拱脚高程和矢高 f，可以在较大范围内选择，确定时，应从两个方面考虑：①将边拱脚的拱座落在较好的地基上；②与跨度 l 的选择一并考虑，以便获取合适的矢跨比。

矢跨比也叫拱度，表示拱的隆起程度。一般当 $f/l\leqslant1/5$ 时为坦拱，$f/l>1/5$ 时为陡拱。从拱的力学特点来看，f/l 越小，拱端推力愈大，对墩台受力不利；过于平坦的拱圈，由于拱圈的混凝土收缩、弹性压缩、温度变化及地基变位等因素产生的附加应力也越大，导致拱圈受力恶化。但是，平坦的拱便于施工，且拱上结构的工程量较省。过缓或过陡对拱圈的稳定均不利。因此，选择矢跨比时应综合考虑多种因素分析确定。根据工程经验，对于石拱渡槽，一般 $f/l=1/5\sim1/3$；肋拱渡槽，$f/l=1/6\sim1/3$；双曲拱渡槽，$f/l=1/8\sim1/5$。对于槽高很大的拱式渡槽，f/l 可适当增大，对于多跨拱式渡槽，各跨的 f、l 和 f/l 应采用相同的数值，以达到改善拱墩及基底应力条件。

(3) 宽跨比 b/l 的选定。拱宽常与槽身宽度相等，而 b/l 值对主拱圈的横向稳定性影响很大，一般 b/l 越小则横向稳定性越差，一般要求 $b/l>1/20$，对于大跨度、小流量的渡槽，b/l 较小，但不宜小于 1/30。为了满足 b/l 要求，常采用槽身的深宽比小些，以便适当加大槽宽，从而加大拱宽 b 及 b/l 值。

3. 主拱圈截面尺寸的拟定

主拱圈截面尺寸是确定拱圈任意截面的面积 A、厚度 d、形心轴位置及惯性矩 I 的基础数据，因此，必须首先拟定主拱圈的截面尺寸。

(1) 板拱（图 9-33）。板拱常用于石拱渡槽，其跨度不大时，一般采用等截面圆弧拱，当跨度大于 20m 时，宜采用变截面悬链线形拱。砌石拱渡槽拱顶厚度可参照类似工程或参考表 9-5 所列数值选用，f/l 较小时宜采用表中较大值。变截面的拱脚厚度可采用 1.2～1.6 倍拱顶厚度；当拱圈采用混凝土时，表中所列数值可减小 10%～20%。

表 9-5　　砌石拱渡槽拱顶厚度选用表

拱圈净跨 (m)	6	8	10	15	20	30	40	50	60
拱顶厚度 (m)	0.30	0.30～0.35	0.35～0.40	0.40～0.45	0.45～0.55	0.55～0.65	0.70～0.80	0.90～0.95	1.00～1.10

(2) 肋拱（图 9-36）。槽宽较小时常采用双拱肋，肋拱间设等间距横系梁，肋式拱的拱圈一般采用钢筋混凝土结构，小跨度的也可采用无筋或少筋混凝土结构。横系梁与拱肋连接处需加设承托。肋拱渡槽的拱肋，常采用矩形截面，其厚宽比约为 1.5～2.5，拱肋的厚度约为跨径的 1/60～1/40，且不小于 20cm。横系梁常用矩形断面，宽度不小于长度的 1/15。

对于跨度较大的主拱圈，常采用从拱顶到拱脚逐渐加大的变截面拱圈。一般采用等宽变厚的拱圈，其截面变化规律，应满足拱圈受力情况最好，又便于计算的要求。通常用下列经验公式来规定截面变化规律

$$I=\frac{I_s}{[1-(1-n)\xi]\cos\phi} \tag{9-25}$$

对于拱脚截面 $\xi=1.0$，则有

$$n=\frac{I_s}{I_k\cos\phi_k} \tag{9-26}$$

式中　I_s、I_k、I——拱顶、拱脚和任意截面的惯性矩；

ϕ_k，ϕ——拱脚、任意截面处，拱轴切线的水平倾角；

n——拱圈厚度变化系数。

其他符号意义同前。

对于等宽变厚的矩形截面拱圈，由式（9-25）及式（9-26）可简化得

$$d=\frac{d_s}{\sqrt[3]{[1-(1-n)\xi]\cos\phi}} \tag{9-27}$$

或

$$\frac{A_s}{A}=\sqrt[3]{[1-(1-n)\xi]\cos\phi} \tag{9-28}$$

$$n=\frac{d_s^3}{d_k^3\cos\phi_k} \tag{9-29}$$

式中　d_s、d_k——拱顶、拱脚截面的厚度；

A_s、A——拱顶、任意截面的面积。

根据工程经验，一般 $n=0.2\sim0.6$，对于钢筋混凝土拱 $n=0.5\sim0.8$，当主拱圈跨度及其上作用（荷载）较大时，n 值取小值。拱脚厚度 d_k 一般为 d_s 的 1.2～1.8 倍。

(3) 双曲拱（图 9-34）。双曲拱主要由拱肋、拱波和横向联系组成的纵横两个方向均呈拱形的结构，中小跨度的双曲拱一般用砌石、无筋或少筋混凝土建造；大跨度的双曲拱常采用钢筋混凝土结构。拱肋既是主拱圈的主要承重结构，又是无支架施工中起安装拱波脚手架的作用。拱肋截面常采用凸形（边肋为 L 形）、槽形或工字形。常用连接方式有横系梁和横隔板，横梁间距一般为 3～5m，横隔板间距一般不超过 10m。其通常在拱顶、1/4 拱跨、空腹拱的主柱（墙）下面及分段预制拱肋的接头处设置。肋高 h_1 的确定，对于

有支架施工，$h_1=(0.3\sim0.5)h$，h 为主拱圈高度（图 9-41）；对于无支架施工，$h_1=(0.009\sim0.012)l_0$。肋底宽 $b_1=(0.6\sim1.0)h_1$，肋顶宽 $b_2=(0.5\sim0.6)b_1$；波谷填平层顶面到肋底的距离 $h_2=(0.6\sim0.7)h$，$h=\left(\dfrac{l_0}{100}+35\right)k$（cm），$k$ 为作用系数，一般取 1.2～1.3，波与板的总厚度 $R=\dfrac{l_0}{800}+8\text{cm}$。

4. 主拱圈结构计算

主拱圈的结构计算，应根据不同的设计状况，进行承载力极限状态设计，并按要求进行正常使用极限状态设计。

主拱圈的结构计算关键在于求解不同作用效应组合下拱圈的内力，其内力计算视具体情况采用不同的计算方法。对于圆弧形拱圈的内力计算可参考有关书籍中的图表进行；对于两铰拱和三铰拱的内力计算，已在工程力学课程中述及。因此，仅介绍悬链线无铰拱主拱圈在铅直荷载作用下的内力计算方法。

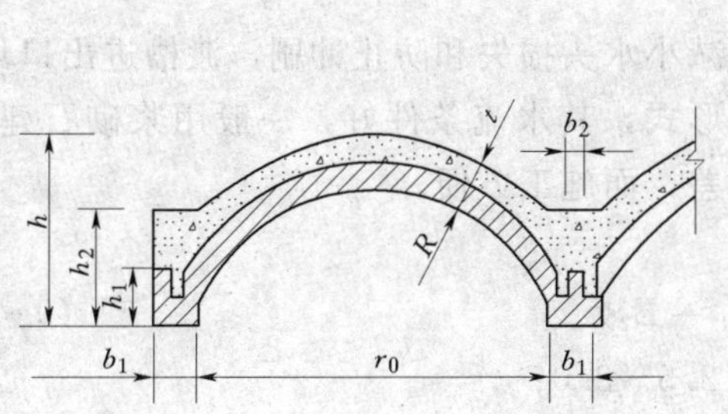

图 9-41　双曲拱拱波尺寸示意图

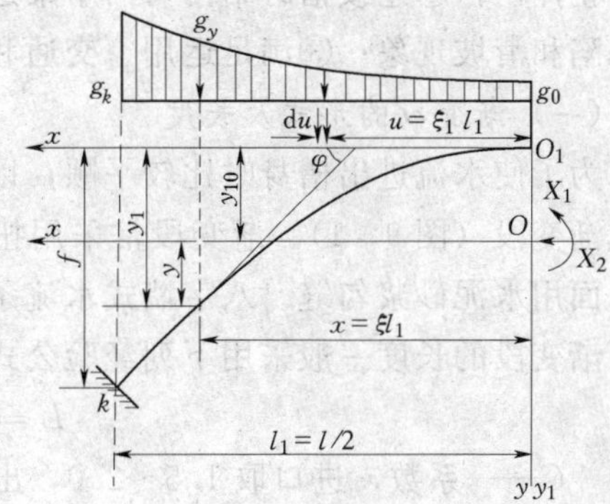

图 9-42　悬链线拱轴线计算图

对于拱式渡槽的主拱圈，因结构与荷载一般均对称，故可取一半按（图 9-42）所示条件求解其内力。因对称关系，故弹性中心只有正对称的超静定未知力 X_1 和 X_2。图中的荷载仅是实腹拱的设计荷载，计算时无论是实腹拱还是空腹拱，根据实际情况决定计算荷载均可。对于无铰拱，拱圈内的剪力及拱轴的曲率对弹性中心变位的影响很小，可忽略不计，只计算由内力弯矩 M 产生的弯曲变形和由轴力 N 产生的弹性压缩而引起的弹性中心的变位。在拱荷载作用下，基本结构任意截面的弯矩、轴力和剪力分别以 M_p、N_p、Q_p 表示，由上述条件用力法求解可得

$$\left.\begin{aligned}X_1&=-\frac{\displaystyle\int_0^1\frac{M_p}{EI\cos\phi}\mathrm{d}\xi}{\displaystyle\int_0^1\frac{1}{EI\cos\phi}\mathrm{d}\xi}\\X_2&=-\frac{\displaystyle\int_0^1\frac{M_p y}{EI\cos\phi}\mathrm{d}\xi+\int_0^1\frac{N_p}{EA}\mathrm{d}\xi}{\displaystyle\int_0^1\frac{y^2}{EI\cos\phi}\mathrm{d}\xi+\int_0^1\frac{\cos\phi}{EA}\mathrm{d}\xi}\end{aligned}\right\}\tag{9-30}$$

拱圈任意截面的内力为

$$\left.\begin{aligned} M &= M_p + X_1 + X_2 Y \\ N &= N_p + X_2 \cos\phi \\ Q &= Q_p + X_2 \sin\phi \end{aligned}\right\} \tag{9-31}$$

式（9-30）和式（9-31）是无铰拱在对称铅直荷载作用下内力计算的普遍公式。对于各种结构形式与拱轴线的无铰拱，在拱圈、拱上结构、槽身、槽中水体等的重力以及施工过程中的加载力等对称铅直荷载作用下，式（9-30）右边各积分值均可直接用数值积分法计算以求得 X_1 和 X_2，然后由式（9-31）计算内力。但应注意，拱圈在自身重力作用下的内力，是否按无铰拱计算，应按施工方法而定。

四、进出口建筑物

渡槽进出口建筑物一般包括进出口渐变段、槽跨结构与两岸的连接建筑物（槽台、挡土墙等）以及满足运用、交通和泄水要求而设置的节制闸、交通桥及泄水闸等建筑物。

进出口建筑物的主要作用是：①使槽内水流与渠道水流衔接平顺，并可减小水头损失和防止冲刷；②连接槽跨结构与两岸渠道，可以避免产生漏水、岸坡或填方渠道产生过大的沉陷和滑坡现象；③满足运用、交通和泄水等要求。

（一）渐变段的形式及长度

为了使水流进出槽身时比较平顺，以利于减小水头损失和防止冲刷，渡槽进出口均需设置渐变段（图 9-1）。渐变段常采用扭曲面形式，其水流条件好，一般用浆砌石建造，迎水面用水泥砂浆勾缝。八字墙式水流条件较差，而施工方便。

渐变段的长度一般采用下列经验公式确定

$$L = C(B_1 - B_2) \tag{9-32}$$

式中　C——系数，进口取 1.5～2.0，出口取 2.5～3.0；

B_1——渠道水面宽度，m；

B_2——渡槽水面宽度，m。

对于中小型渡槽，通常进口 $L \geqslant 4h_1$，出口 $L \geqslant 6h_2$。h_1，h_2 分别为上、下游渠道水深。渐变段与槽身之间常因各种需要设置连接段，连接段的长度视具体情况由布置确定。

（二）槽身结构与两岸的连接

槽身结构与两岸渠道的连接方式，对于梁式、拱式渡槽，基本是相同的。其连接应保证安全可靠，连接段的长度应满足防渗要求，一般槽底渗径（包括渐变段）长度不小于 6～8 倍渠道水深；应设置护坡和排水设施，保证岸坡稳定；填方渠道还应防止产生过大的沉陷。

1. 槽身与填方渠道的连接

通常采用斜坡式和挡土墙式两种形式。

斜坡式连接是将连接段（或渐变段）伸入填方渠道末端的锥形土坡内，根据连接段的支承方式不同，又可分为刚性连接和柔性连接两种。

刚性连接［图 9-43（a）］是将连接段支承在埋于锥形土坡内的支承墩上，支承墩建于老土或基岩上。对于小型渡槽，也可不设连接段，而将渐变段直接与槽身相连，并按变形缝构造要求设止水。

柔性连接［图 9-43（b）］是将连接段（或渐变段）直接置于填土上，靠近槽身的一

端仍支承在墩架上。要求回填土夯实，并根据估算的沉陷量，对连接段预留沉陷高度，保证进出口建筑物的设计高程。

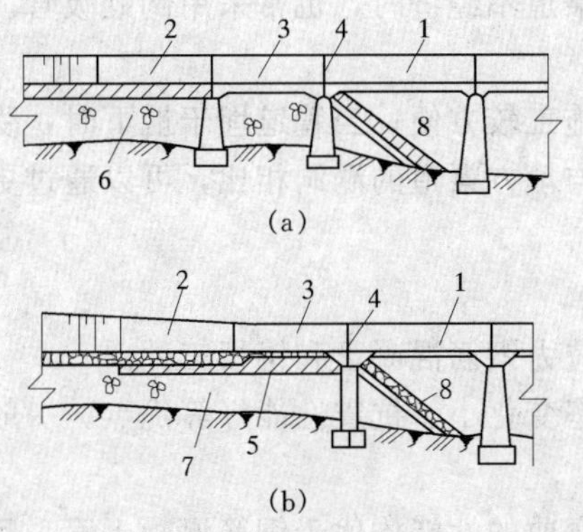

图 9-43 斜坡式连接

(a) 刚性连接；(b) 柔性连接

1—槽身；2—渐变段；3—连接段；4—伸缩缝；5—黏土铺盖；6—黏性土回填；7—砂性土回填；8—砌石护坡

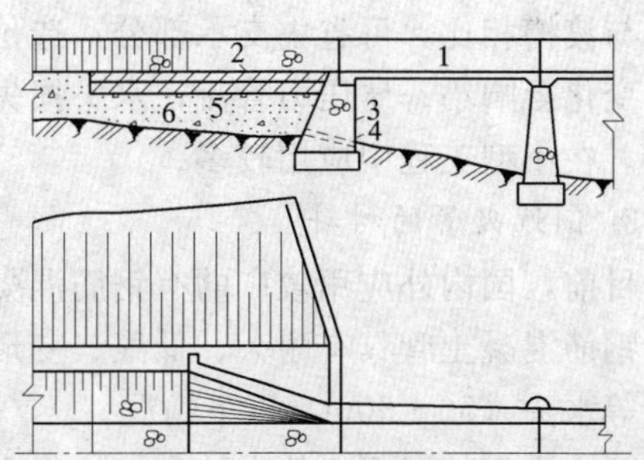

图 9-44 挡土墙式连接

1—槽身；2—渐变段或连接段；3—挡土墙；4—排水孔；5—铺盖；6—回填砂性土

挡土墙式连接（图 9-44）是将边跨槽身的一端支承在重力挡土墙式边墩上，并与渐变段或连接段连接。挡土墙建在老土或基岩上，保证其稳定并减小沉陷量。为了降低挡土墙背后的地下水压力，在墙身和墙背面应设排水。渐变段与连接段之下的回填土，多采用砂性土，并应分层夯实，上部铺 0.5～1.0m 厚的黏性土作防渗铺盖。该种形式一般用于填方高度不大的情况。

2. 槽身与挖方渠道的连接（图 9-45）

由于连接段直接建造在老土或基岩上，沉陷量小，故其底板和侧墙可采用浆砌石或混凝土建造。有时为缩短槽身长度，可将连接段向槽身方向延长，并建在浆砌石底座上。

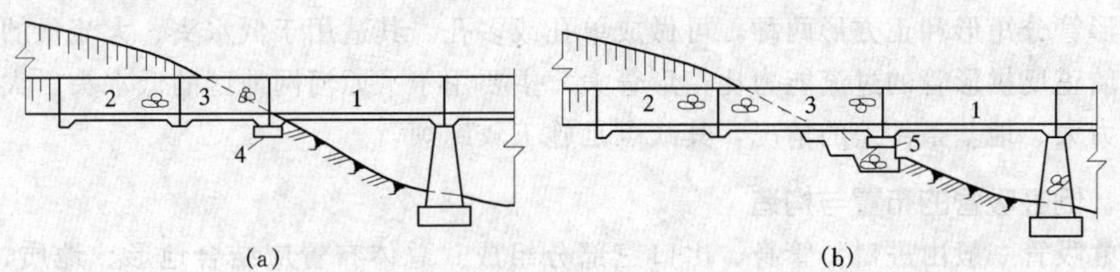

图 9-45 槽身与挖方渠道的连接

1—槽身；2—渐变段；3—连接段；4—地梁；5—浆砌石底座

第二节 倒虹吸管

一、概述

倒虹吸管是输送渠水通过河渠、山谷、道路等障碍物的压力管道式输水建筑物。其形状类似倒置的虹吸管，但并无虹吸作用。

1. 倒虹吸管的适用条件

当渠道与障碍物间相对高差较小，不宜修建渡槽或涵洞时，可采用倒虹吸管。

当渠道穿越的河谷宽而深，采用渡槽或填方渠道不经济时，也常采用倒虹吸管。

2. 倒虹吸管的特点

与渡槽相比，可省去支承部分，造价低廉，施工较方便；当管道埋于地下时，受外界温度变化影响小；属压力管流，水头损失较大；与填方渠道的涵洞相比，可以通过更大的山洪。在小型工程中应用较多。

3. 倒虹吸管的材料

目前，国内外应用较广的有钢筋混凝土、预应力钢筋混凝土和钢板三种。

钢筋混凝土管具有耐久、低廉、变形小、糙率变化小、抗震性能好等优点。一般适用于中等水头（50～60m）以下情况。

预应力钢筋混凝土管在抗裂、抗渗和抗纵向弯曲的性能均优于钢筋混凝土管，且节约钢材，又能承受高压水头作用。在同管径、同水头压力条件下，预应力钢筋混凝土管的钢筋用量仅为钢管的20%～40%，比钢筋混凝土管可节约20%～30%的钢筋，且可节省劳力约20%。故一般对于高水头倒虹吸管。

钢管具有很高的承载力和抗渗性，而造价较高，可用于任何水头和较大的管径。如陕西韦水倒虹吸管，钢管直径达2.9m。

带钢衬钢筋混凝土管，能充分发挥钢板与混凝土两者的优点，主要适用于高水头、大直径的压力管道工程。

4. 倒虹吸管的类型

按管身断面形状可分为圆形、箱形、拱形；按使用材料可分为砌石、陶瓷、素混凝土、钢筋混凝土、预应力钢筋混凝土、铸铁和钢板等。

圆形管具有水流条件好、受力条件好的优点，在工程实际中应用较广，其主要用于高水头、小流量的情况。

箱形管分矩形和正方形两种，可做成单孔或多孔。其适用于低水头、大流量的情况。

直墙正反拱形管的过流能力比箱形管大，主要用于平原河网地区的低水头、大流量和外水压力大、地基条件差的情况，其缺点是施工较麻烦。

二、倒虹吸管的布置与构造

倒虹吸管一般由进口、管身、出口三部分组成。总体布置应结合地形、地质、施工、水流条件、交通情况及洪水影响等因素综合分析而定。力求做到与河谷轴线正交、管路最短、岸坡稳定、水流平顺、管基密实。按流量大小、运用要求及经济效益等，可采用单管、双管或多管方案。

（一）管路布置

按管路埋设情况及高差大小不同，常采用以下几种布置型式。

1. 竖井式（图9-46）

一般常用于压力水头小（小于3～5m）及流量较小的过路倒虹吸管，其优点是构造简单、管路短、占地少、施工较易，而水流条件较差、水头损失大。井底一般设0.5m深的集沙坑，以便清除泥沙及维修水平段时排水之用。

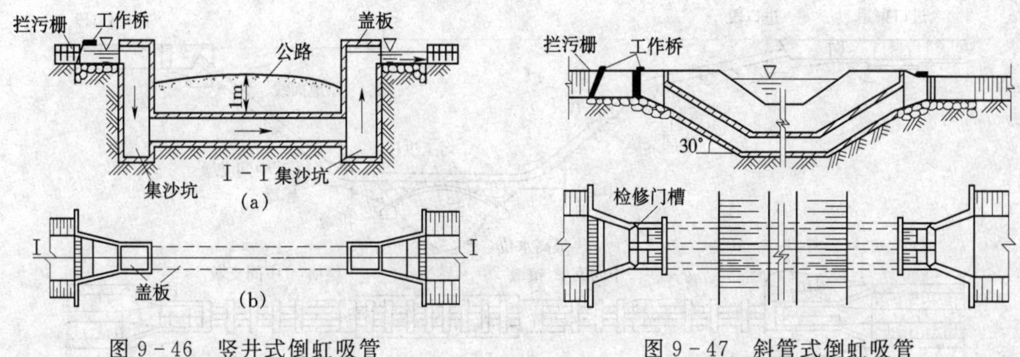

图 9－46 竖井式倒虹吸管　　图 9－47 斜管式倒虹吸管

2. 斜管式（图 9－47）

中间水平，两端倾斜的倒虹吸管，该种形式水流条件比竖井式好，工程中应用较多。其主要适用于穿越渠道或河流而两者高差较小，且岸坡较缓的情况。

3. 折线形（图 9－48）

当管道穿越河沟深谷，若岸坡较缓（土坡 $m\geqslant1.5\sim2.0$，岩坡 $m\geqslant1.0$），且起伏较大时，管路常沿坡度起伏铺设，成为折线形倒虹吸管。其常将管身随地形坡度变化浅埋于地表之下。埋设深度应视具体条件而异。该种形式开挖量小，但镇墩数量多，主要适用于地形高差较大的山区或丘陵区。

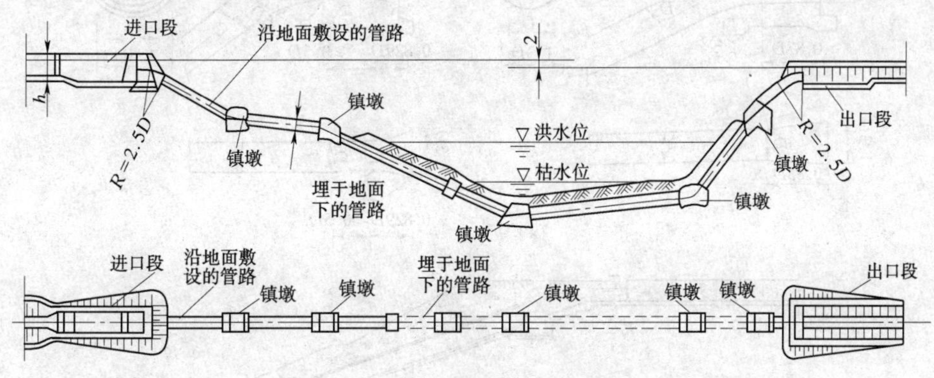

图 9－48 折线形倒虹吸管

4. 桥式（图 9－49）

当管道穿越深切河谷及山沟时，为减少施工困难，降低管中压力水头，缩短管道长度，降低沿程水头损失，可在折线形铺设的基础上，在深槽部分建桥，在桥上铺设管道过河，称之为桥式倒虹吸管，桥下应留一定的净空高度，以满足泄洪要求。

（二）进口段布置

进口段一般包括渐变段、进水口、拦污栅、闸门及沉沙池等，应视具体情况按需设置。

1. 渐变段

一般采用扭曲面，长度约为 3～4 倍渠道水深，所用材料及对防渗、排水设施的要求与渡槽进口段相同。

2. 进水口

常做成喇叭形，进水口与胸墙的连按通常有三种形式，即当两岸坡度较陡时，对于管

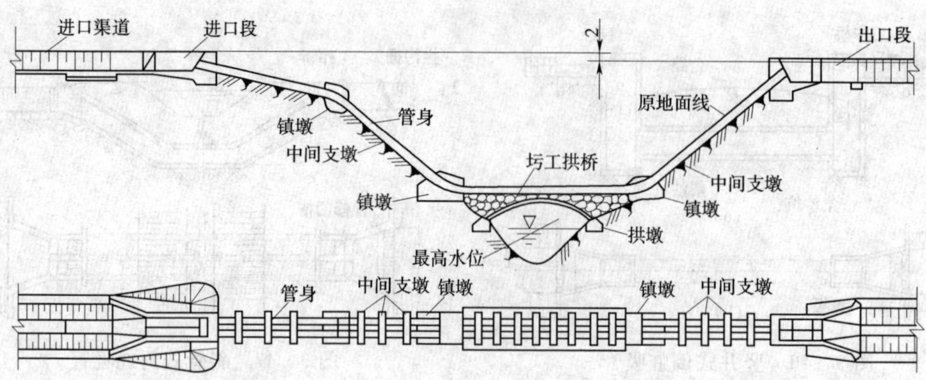

图 9-49　桥式倒虹吸管

径较大的钢筋混凝土管与胸墙的连接［图 9-50（a)］。喇叭形进口与管身常用弯道连接，其弯道半径一般采用 2.5～4.0 倍管的内径；当岸坡较缓时，可不设竖向弯道而将管身直接伸入胸墙内 0.5～1.0m 与喇叭口连接［图 9-50（b)］。对于小型倒虹吸管，常不设喇叭口，一般将管身直接伸入胸墙［图 9-50（c)］，其水流条件较差。

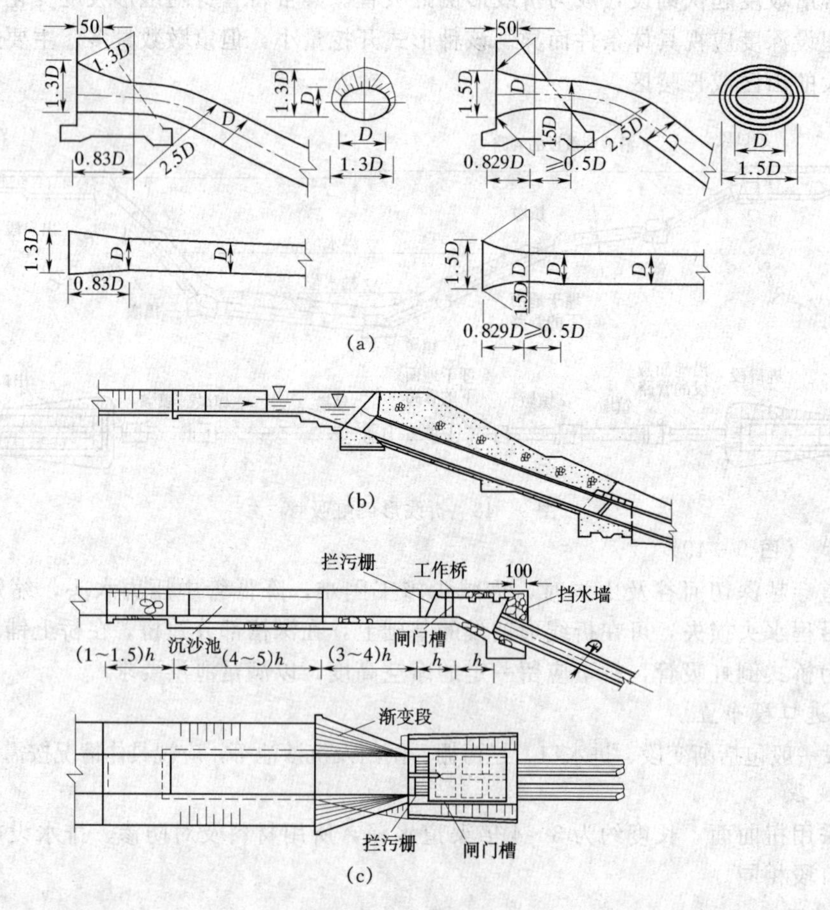

图 9-50　进口段布置

3. 拦污栅

其常布设在闸门之前，以防漂浮物进入管内。栅条与水平面夹角以 70°～80°为宜，栅条间距一般为 5～15 cm。其形式有固定式和活动式两种。

4. 闸门

单管输水一般不设闸门，常在进口处预留门槽，需要时用迭梁或插板挡水；双管或多管输水，为满足运用和检修要求则进口前需设闸门。

5. 沉沙池

若渠道水流中挟带大量粗粒泥沙，为防止管内淤积及管壁磨损，可考虑在进水口前设沉沙池（图 9-51）。按池内沉沙量及对清淤周期的要求，可在停水期间采用人工清淤，也可结合设置冲沙闸进行定期冲沙。若渠道泥沙资料已知时，沉沙池尺寸按泥沙沉降理论计算而定，无泥沙资料时，可按下列经验公式确定

$$\left.\begin{aligned} &\text{池长} \quad L \geqslant (4\sim5)h \\ &\text{池宽} \quad B \geqslant (1\sim2)b \\ &\text{池深} \quad S \geqslant 0.5D+\delta+20(\text{cm}) \end{aligned}\right\} \tag{9-33}$$

式中 b——渠道底宽，m；

h——渠道设计水深，m；

D——管道内径，cm；

δ——管道壁厚，cm。

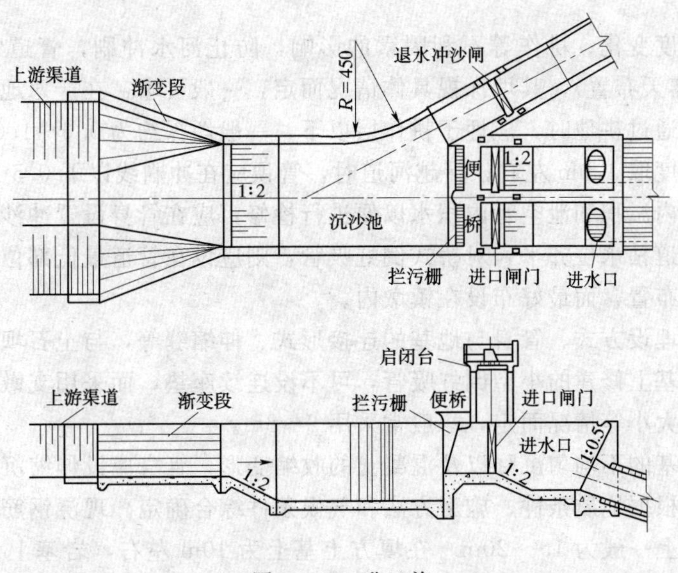

图 9-51 进口前

(三) 出口段布置

出口段一般包括出水口、闸门、消力池、渐变段等，其布置形式与进口段类似（图 9-52）。为满足运用管理要求，通常在双管或多管倒虹吸管出口设闸门或预留闸门槽。

出口设消力池的主要作用是调整流速分布，使水流均匀地流入下游渠道，以避免冲刷。消力池的长度一般取渠道设计水深的 3～4 倍，池深可按下式估算

$$S \geqslant 0.5D + \delta + 30(\text{cm}) \tag{9-34}$$

式中，D、δ与沉沙池经验公式中的意义相同。

出口渐变段形式一般与进口段相同，其长度通常取渠道设计水深的5～6倍。对于小型倒虹吸管，常用复式断面消力池与下游渠道按同边坡相连［图9-52 (a)］。

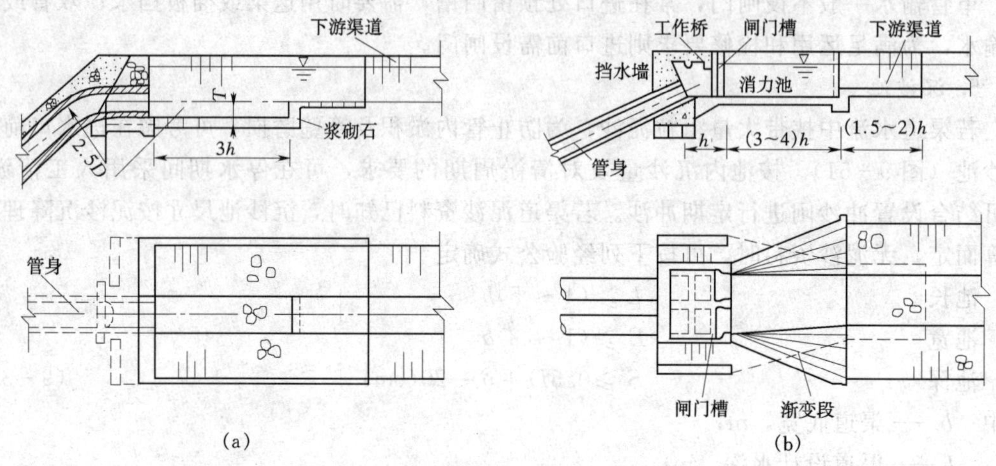

图9-52 出口段

（四）倒虹吸管的构造

1. 管身构造

为了防止温度变化、耕作等不利因素的影响，防止河水冲刷，管道常埋于地表之下（钢管一般采用露天布置），其埋深视具体情况而定，一般要求：在严寒地区，需将管身埋于冰冻层以下；通过耕地时，应埋于耕作层以下，一般埋深约为0.6～1.0m；当穿过公路时，管顶埋土厚度取1.0m左右；穿越河道时，管顶应在冲刷线以下0.5～0.7m。

为了清除管内淤积和泄空管内积水以便进行检修，应在管身设置冲沙泄水孔，孔的底部高程一般与河道枯水位齐平，对桥式倒虹吸管，则应设在管道最低部位。进人孔与泄水孔可单独或结合布置，而最好布设在镇墩内。

倒虹吸管的埋设方式、管身与地基的连接形式、伸缩缝等，与土石坝坝下埋管基本相同。对于较好土基上修建的小型倒虹吸管，可不设连续座垫，而采用支墩支承，支墩的间距视地基及管径大小等情况而定，一般常采用2～8m。

为了适应地基的不均匀沉降以及混凝土的收缩变形，管身应设伸缩沉降缝，缝中设止水，缝的间距可根据地质条件、施工方法和气候条件综合确定。现浇钢筋混凝土管缝的间距，在挖方土基上一般为15～20m，在填方土基上为10m左右，岩基上为10～15m。缝宽一般1～2cm，常用接缝的构造，如图9-53所示。其中图9-53 (a)、(b)、(c) 为平接式，图9-53 (d)、(e)、(f) 为套管式，图9-53 (g) 为企口式，图9-53 (h) 为承插式。

现浇管多采用平接和套接，缝间止水片现多采用塑料止水接头或环氧基液贴橡胶板，其止水效果好。预制管在低水头时用企口接，高水头时用套接，缝宽多为2cm。各种接缝形式中，应注意塑料（或橡胶）不能直接和沥青类材料接触，否则会加速老化。

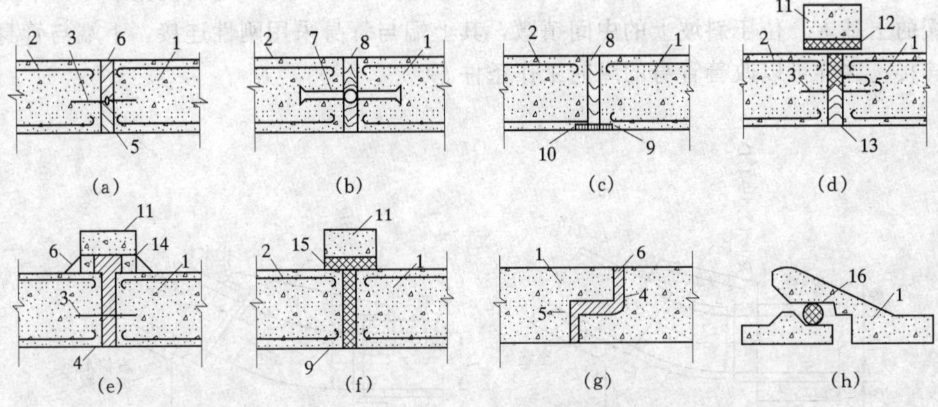

图 9-53 管身的接缝止水构造

1—管壁；2—钢筋；3—金属止汁水片；4—沥青麻绒；5—沥青麻绳；6—水泥砂浆；7—塑料止水带；8—防腐软木圈；9—还氧基液贴橡胶板；10—橡胶板保护层；11—套管；12—沥青油毡；13—柏油杉板；14—石棉水泥；15—沥青玛瑞脂；16—橡胶圈

预制钢筋混凝土管及预应力钢筋混凝土管，管节接头处即为伸缩沉降缝，其管节长度可达5～8m，接头型式可分为平接式和承插式，承插式接头施工简易，密封性好，具有较好的柔性，目前被广泛采用［图 9-53（h）］。

2. 支承结构及构造

（1）管座（图 9-54）。对于小型钢筋混凝土管或预应力钢筋混凝土管，常采用弧形土基或三合土、碎石垫层。其中碎石垫层多用于箱形管，弧形土基、三合土多用于圆管。对于大中型倒虹吸管常采用浆砌石或混凝土刚性管座。

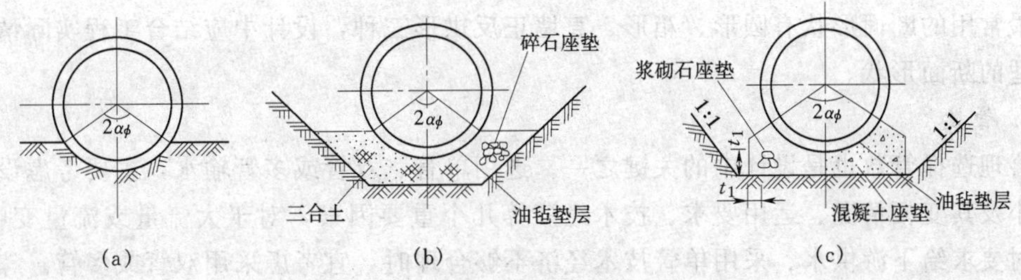

图 9-54 管座构造图

（2）支墩。在承载能力超过 100kPa 的地基上修建中小型倒虹吸管时，可不用连续管座而采用混凝土支墩。其常采用滚动式、摆柱式及滑动式。而对于管径小于 1m 的，也可采用鞍座式支墩，其包角一般为 120°，支墩间距取 5～8m 为宜。预制管支墩一般设于管身按头处，现浇管支墩间距一般为 5～18m。

（3）镇墩（图 9-55）。在倒虹吸管的变坡处、转弯处、管身分缝处、管坡较陡的斜管中部，均应设置镇墩，用以连接和固定管道，承受作用。镇墩一般采用混凝土或钢筋混凝土重力式结构。其与管道的连接形式有刚性连接和柔性连接两种。刚性连接是将管端与镇墩浇筑成一个整体［图 9-55（a）］，适用于陡坡且承载力大的地基。柔性连接是将管身插入镇墩内30～50cm与镇墩用伸缩缝分开［图9-55（b）］，缝内设止水片，常用于斜坡较缓的土基上。位于斜坡上的中间镇墩，其上端与管身采用刚性连接，下端与管身采用柔性连接，这样可以改善管身的纵向工作条件。

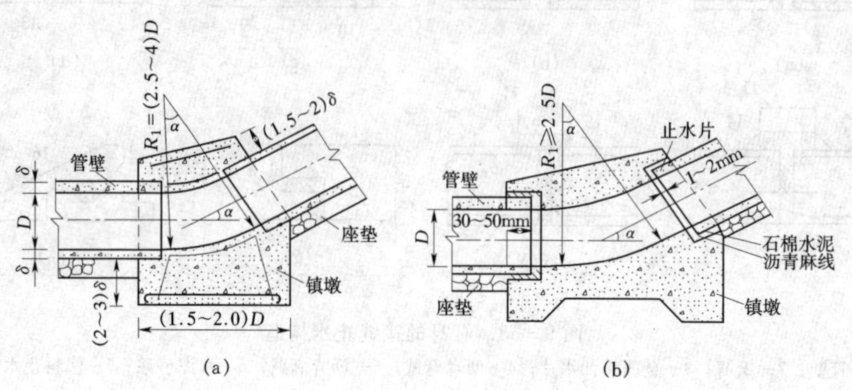

图9-55 镇墩

(*a*) 刚性连接；(*b*) 柔性连接

三、倒虹吸管的水力计算

倒虹吸管为压力流，其流量按有压管流公式进行计算。倒虹吸管水力计算是在渠系规划和总体布置的基础上进行的，其上下游渠道的水力要素、上游渠底高程及允许水头损失均为已知。水力计算的主要任务是确定管道的横断面尺寸与管数、水头损失、下游渠底高程及进行进出口的水面衔接计算。

（一）确定横断面形状及管数

1. 断面形状

最常用的断面形状有圆形、箱形、直墙正反拱形三种，设计中应结合工程实际情况选择合适的断面形状。

2. 管数

合理选择管数也是设计中的关键之一。选用单管、双管或多管输水，主要考虑设计流量大小及其变幅情况、运用要求、技术经济等几个重要因素，对于大流量或流量变幅大、检修时要求给下游供水、采用单管技术经济不够合理时，宜考虑采用双管或多管。

（二）横断面尺寸

倒虹吸管横断面尺寸主要取决于管内流速的大小，管内流速应根据技术经济比较和管内不淤条件确定，管内的最大流速由允许水头损失控制，最小流速则按挟沙流速确定。工程实践表明，倒虹吸管通过设计流量时，管内流速一般为1.5～3.0m/s。有压管流的挟沙流速可按式（9-35）进行计算

$$V_{np}=\left[w_0\sqrt[6]{\rho}\sqrt[4]{\frac{4Q_{np}}{\pi d_{75}^2}}\right] \qquad (9-35)$$

式中 V_{np}——挟沙流速，m/s；

w_0——泥沙沉速或动水水力粗度，cm/s；

ρ——挟沙水流含沙率，以质量比计；

Q_{np}——通过管内的相应流量，m^3/s；

d_{75}——挟沙粒径，mm，以质量计小于该粒径的沙占75%。

初选流速后，可按设计流量由公式 $A=\dfrac{Q}{V}$ 计算所需过水断面积 A。

对于圆形管，则管径

$$D=\sqrt{\frac{4A}{\pi}} \tag{9-36}$$

对于箱形管，则

$$h=\frac{A}{b} \tag{9-37}$$

式中 b——管身过水断面的宽度，m；

h——管身过水断面的高度，m。

（三）水头损失计算及过流能力校核

倒虹吸管的水头损失包括沿程水头损失和局部水头损失两种，即总水头损失为

$$Z=h_f+h_j \tag{9-38}$$

式中 Z——总水头损失，m；

h_f——沿程水头损失，m；

h_j——局部水头损失之和，m。

由于一般情况下局部水头损失在总水头损失中所占比例很小，故除大型管道外，为简化计算，也可采用管内平均流速代替不同部位的流速值。

按通过设计流量计算水头损失 Z 后，与允许的［Z］值进行比较，若 Z 等于或略小于［Z］时，则说明初拟的 V 合适；否则，另选 V，重新计算，直到 $Z\approx$［Z］。

过流能力按有压管流公式进行计算。

（四）下游渠底高程的确定

一般根据规划阶段对该工程水头损失的允许值，并分析运行期间可能出现的各种情况，参照类似工程的运行经验，选定一个合适的水头损失 Z，据此确定下游渠底设计高程。确定的下游渠底高程应尽量满足：①通过设计流量时，进口处于淹没状态，且基本不产生壅水或降水现象；②通过加大流量时，进口允许产生一定的壅水，但一般不宜超过30～50cm；③通过最小流量时（按最小不利情况输水），管内流速满足不淤流速要求，且进口不产生跌落水跃。

（五）进口水面衔接计算

(1) 验算通过加大流量时，进口的壅水高度是否超过挡水墙顶和上游堤顶。

(2) 验算通过最小流量时，进口的水面跌落值是否会在管道内产生不利的水跃情况。为了避免在管内产生水跃，可根据倒虹吸管总水头损失的大小，采用不同的进口结构形式（图9-50）。

当 Z_1-Z_2 差值较大时（图9-56），可适当降低进口高程，在进口前设消力池，池中水跃应被进口处水面淹没［图9-57 (a)］；当 Z_1-

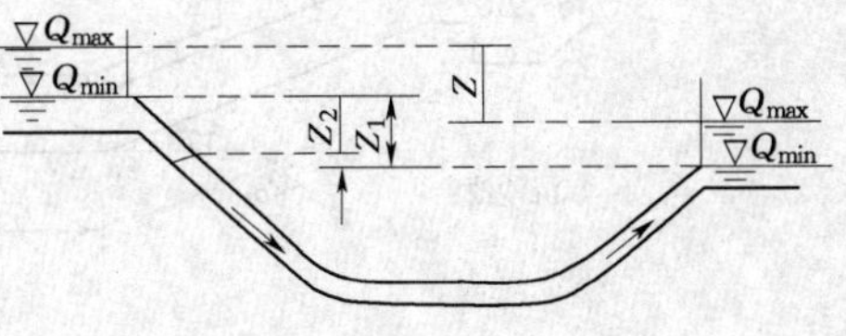

图9-56 倒虹吸管水力计算图

Z_2 差值不大时，可降低进口高程，在进口设斜坡段［图 9-57（b）］；当 $Z_1 - Z_2$ 很大时，在进口设消力池布置困难或不够经济时，可采用在出口设闸门。

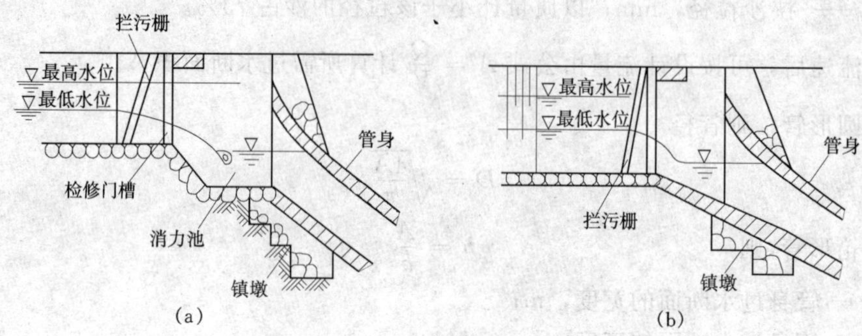

图 9-57 倒虹吸管进口水面衔接

【例 9-2】 倒虹吸管水力计算

某水库灌区干渠工程在桩号 3+662 至 3+875 处与某河谷相交。经方案比较采用倒虹吸管将水输过河流对岸，灌溉下游的 93000 亩农田，并补充部分村镇人畜饮水。

1. 基本资料

（1）地形、地质情况。干渠与河谷交叉处上游进口一侧为山谷，下游为开阔漫滩，中间河段河床比较稳定，两岸自然坡度较缓。从河谷横断面图得知，河谷呈宽浅式梯形断面，交叉建筑物进口一侧岸坡平均坡度约为 1∶4（且有部分基岩外露风化），出口一侧岸坡平均坡度约为 1∶3，河漫滩宽度约为 160m，河床最低高程约为 459.000m。

（2）上下游渠道资料。

$Q_{正常}=7.17\text{m}^3/\text{s}$，相应水深，流速为：$h_0=2.1\text{m}$，$V_0=0.62\text{m/s}$。

$Q_{加大}=8.25\text{m}^3/\text{s}$，相应水深，流速为：$h_{加大}=2.24\text{m}$，$V_{加大}=0.66\text{m/s}$。

渠底宽 $b=2.4\text{m}$，$m=1.5$，$i=1/5000$，$n=0.025$。

渠水含沙量 $\rho=1\text{kg/m}^3$，进口渠底控制高程为 463.970m，相应渠堤高程为 467.500m。

（3）水文气象资料。该地区最大冰冻深度为 0.4m。河谷最高洪水位为 467.029m。洪水期河床最大冲刷深度为 0.45m。

（4）纵剖面布置如图 9-58 所示。

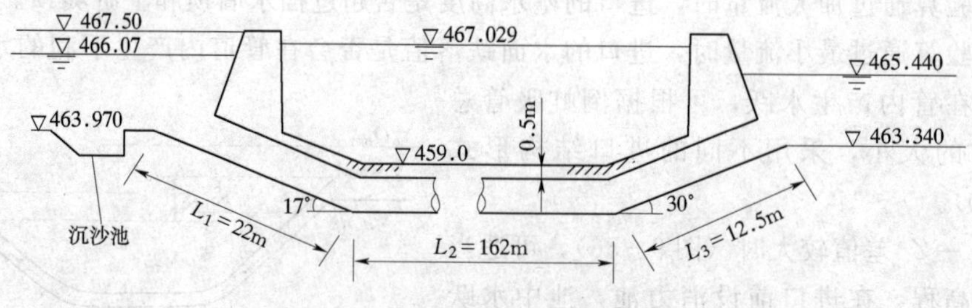

图 9-58 纵剖面布置图

2. 管径的确定

(1) 管内适宜流速的确定。原则上从水头损失控制值、管内不淤、灌溉面积、经济造价、施工水平等方面综合考虑。根据经验，适宜流速控制在1.5～3.0m/s。先初步选适宜流速为1.5m/s。

(2) 管径D的确定。

$$\omega=\frac{\pi D^2}{4}=\frac{Q_{设}}{V_{适}}$$

采用双管 $$Q_{单设}=\frac{7.17}{2}=3.585(\mathrm{m^3/s})$$

则 $$D=2\sqrt{\frac{Q_{单设}}{V_{适}\pi}}=2\times\sqrt{\frac{3.585}{1.5\times3.14}}=1.74(\mathrm{m})$$

(3) 取 $D_{实}=1.7\mathrm{m}$，反推 $V_{管实}=\dfrac{4Q_{单设}}{\pi D^2}=\dfrac{4\times3.585}{3.14\times1.7^2}=1.58(\mathrm{m/s})$

$V_{管实}$在1.5～3.0m/s范围内，所以管径取 $D_{实}=1.7\mathrm{m}$。

3. 水头损失及过水能力校核

(1) 确定算式及计算的内容。根据压力管流公式

$Q=\mu\omega\sqrt{2gZ}$ 计算，其中

$$\mu=\frac{1}{\sqrt{\lambda\dfrac{L}{D}+\sum\xi_j}};\ h_j=\xi\frac{v^2}{2g};\ h_f=\lambda\frac{l}{D}\frac{v^2}{2g}$$

计算 $Q_{设计}$ 时的水头损失 $Z_{设}$。

1) 拦污栅的水头损失计算：

$$过栅流速\ V=\frac{V_{渠}+V_{管}}{2}\times80\%=\frac{0.62+1.58}{2}\times80\%=0.88(\mathrm{m/s})$$

由水力学书中可查得，选用圆钢筋栅条，$\beta=1.79$。倾角取80°，$S=1\mathrm{cm}$，$b=10\mathrm{cm}$。

$$\zeta_{栅}=\beta\left(\frac{s}{b}\right)^{\frac{4}{3}}\sin\alpha=1.79\times\left(\frac{1}{10}\right)^{\frac{4}{3}}\sin80^\circ=0.082$$

$$h_{j栅}=\zeta_{栅}\frac{V_{栅}^2}{2g}=0.082\times\frac{0.88^2}{19.6}=0.003(\mathrm{m})$$

2) 闸门水头损失：$\xi=0.15$，$V_{设}=0.62\mathrm{m/s}$，

$$h_{j闸}=0.15\times\frac{0.62^2}{19.6}=0.003(\mathrm{m})$$

3) 进口水头损失：$\xi=0.5$，$V_{管}=1.58\mathrm{m/s}$

$$h_{j进}=0.5\times\frac{1.58^2}{19.6}=0.064(\mathrm{m})$$

4) 弯管的水头损失：$\alpha_{上弯}=17^\circ$，$\xi_{上弯}=0.113$，$\alpha_{下弯}=30^\circ$，$\xi_{下弯}=0.20$，$V_{管}=1.58\mathrm{m/s}$

$$H_{j弯}=(0.113+0.2)\times\frac{1.58^2}{19.6}=0.040(\mathrm{m})$$

5）出口水头损失：$\xi_{出}=0.74$，$V=1.58\text{m/s}$

$$H_{j出}=0.74\times\frac{1.58^2}{19.6}=0.094(\text{m})$$

$\sum h_j=0.003+0.003+0.064+0.040+0.094=0.204(\text{m})$。

沿程水头损失 h_f 的计算：

$$L=196.5\text{m},v=1.58\text{m/s},n=0.014,R=\frac{D}{4}=\frac{1.7}{4}=0.425(\text{m})$$

$$C=\frac{1}{n}R^{1/6}=\frac{1}{0.014}\times 0.425^{1/6}=61.94(\text{m}^{1/2}/\text{s})$$

$$\lambda=\frac{8g}{C^2}=\frac{8\times 9.8}{61.94^2}=0.0204$$

$$h_f=\lambda\frac{L}{D}\frac{v^2}{2g}=0.0204\times\frac{196.5}{1.7}\times\frac{1.58^2}{19.6}=0.300(\text{m})$$

总水头损失 $Z_{设计}=\sum h_j+h_f=0.204+0.300=0.504(\text{m})$

同理可求得 $Q_{加大}$，$Q_{\min}$时的水头损失值，见计算表中 9-6。

（2）仅校核设计流量。

$$\mu=\frac{1}{\sqrt{1.785+0.0204\times\dfrac{196.5}{1.7}}}=0.491$$

$$Q=\mu\omega\sqrt{2gz}=0.491\times\frac{3.14\times 1.7^2}{4}\times\sqrt{2\times 9.8\times 0.504}=3.50(\text{m}^3/\text{s})$$

与 $Q_{设}=3.585\text{m}^3/\text{s}$ 相差很小，故不需重新设计断面尺寸。

4. 通过各种特征流量时，上、下游渠道水位差计算

（1）通过 $Q_{\min}$时渠道水深 $h_{\min}$。

$Q_{设}=7.17\text{m}^3/\text{s}$，$H_{设}=2.1\text{m}$，$Q_{加大}=8.25\text{m}^3/\text{s}$，$H_{加大}=2.24\text{m}$，$Q_{\min}=70\%\times Q_{设}=5.019\text{m}^3/\text{s}$，渠底宽 $b=2.4\text{m}$，$m=1.5$，$i=1/5000$，$n=0.025$。

查水力学书中相应表格

1）$K_0=\dfrac{Q}{\sqrt{i}}=\dfrac{5.019}{\sqrt{1/5000}}=354.9(\text{m}^3/\text{s})$

2）$\dfrac{b^{2.67}}{nk_0}=\dfrac{2.4^{2.67}}{0.025\times 354.9}=1.167$

3）根据 $\dfrac{b^{2.67}}{nk_0}=1.167$ 及 $m=1.5$，求得 $\dfrac{h}{b}=0.73$。

4）$h_{\min}=0.73\times 2.4=1.752$（m）

$w=(b+mh)h=(2.4+1.5\times 1.752)\times 1.752=8.81(\text{m}^2)$

$V_{\min}=\dfrac{Q_{\min}}{w}=\dfrac{5.019}{8.81}=0.57(\text{m/s})$

（2）各种特征流量上、下游渠道水位计算结果见表 9-6。

表 9-6　　各种特征流量上、下游渠道水位计算表

1	2	3	4	5	6	7	8
特征流量 (m^3/s)	水深 (m)	水头损失 Z (m)	下游渠水位 (m)	上游渠道需水位 (m)	上游渠道真水位 (m)	壅（+）、降（-）值 (m)	备　注
$Q_{设计}$	2.1	0.504	465.45	465.954	466.07	-0.116	正常运用
$Q_{加大}$	2.24	0.614	465.59	466.204	466.21	-0.06	非常运用
Q_{min}	1.752	0.901	465.102	466.003	465.722	+0.281	单管输水
Q_{min}	1.752	0.23	465.102	465.332	465.722	-0.39	双管输水

水头损失 $\bar{Z}=0.552$m，控制水头损失值为 0.65m，加大流量水头损失值为 0.614m，经过综合考虑，取上、下游渠道水位差为 0.62m。则出口渠底高程为 463.35m（463.97-0.62）。从表 9-6 中可知，最大壅高值为 0.281m，而最大降水值为 0.39m，在 0.3～0.5m 之间，因而在出口留有叠梁门槽，抬高上游水位，防止有害降水现象。门槽宽取 30cm，深 15～20cm。

5. 进、出口连接段

采用扭曲面，并取 $L_{进}=4\times2.1=8.4(\text{m})$，$L_{出}=6\times2.1=12.6(\text{m})$。

四、倒虹吸管的结构计算

倒虹吸管的结构包括进出口建筑物、管身、镇墩及支墩等，进出口建筑物的结构型式常见为挡土墙、板、柱等结构，其结构计算可参考有关书籍及规范。镇墩、支墩设计可参考《水电站》等有关书籍。此处仅介绍管身的结构计算，而钢筋混凝土倒虹吸管在工程实际中应用较广，故重点介绍钢筋混凝土倒虹吸管的结构计算。

（一）作用及作用效应组合

管身上的永久作用一般包括管身重力、土压力、地面恒载等；可变作用一般包括内、外水压力、人群荷载、车辆荷载、温度作用、地基反力等；偶然作用一般包括校核洪水时外水压力、地震力等。

管身结构的作用效应组合一般包括基本组合和偶然组合，短期组合和长期组合，设计时应根据不同情况按《水工混凝土设计规范》（SL/T 191—96）选择其作用效应组合。

管身重力、土压力、地基反力及内水压力的计算与坝下埋管基本相同，其内水压力可以近似按管身进出口处的水面连线计算，外水压力可按管身所在河道位置泄洪时洪水位计算。这里重点介绍土压力、车辆荷载的计算。

1. 土压力

倒虹吸管的埋设方式有上埋式和沟埋式两种。土压力的大小主要与埋设方式、填土高度、管径、填土性质、管的刚度、管座形式等诸多因素有关，难以精确计算，下面重点介绍倒虹吸管设计中常用的计算方法。

(1) 上埋式管土压力的计算。作用于单位长度埋管上的垂直土压力标准值可按式（9-39）计算

$$F_{sk}=K_s\gamma_s H_d D_1 \tag{9-39}$$

式中 F_{sk}——埋管垂直土压力标准值，kN/m；

H_d——管顶以上填土高度，m；

D_1——埋管外直径，矩形管为外形宽度，m；

K_s——埋管垂直土压力系数，与地基刚度有关，可根据地基类别按图 9-59 查取；

γ_s——埋土的重度，kN/m^3。

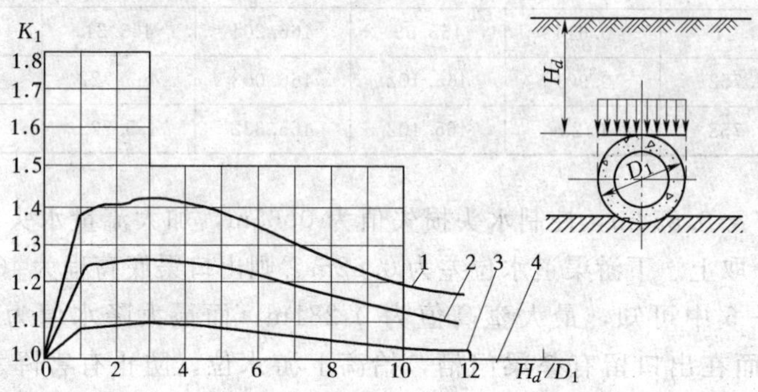

图 9-59 上埋管垂直土压力计算图

1—岩基；2—密度砂类土，坚硬或硬塑黏性土；3—中密砂类土，可塑黏性土；4—松散砂类土，流塑或软塑黏性土

作用于单位长度埋管的侧向土压力标准值可按式（9-40）计算（图 9-60）

$$F_{tk}=K_t\gamma_s H_0 D_d \tag{9-40}$$

其中

$$K_t=\tan^2\left(45°-\frac{\phi}{2}\right)$$

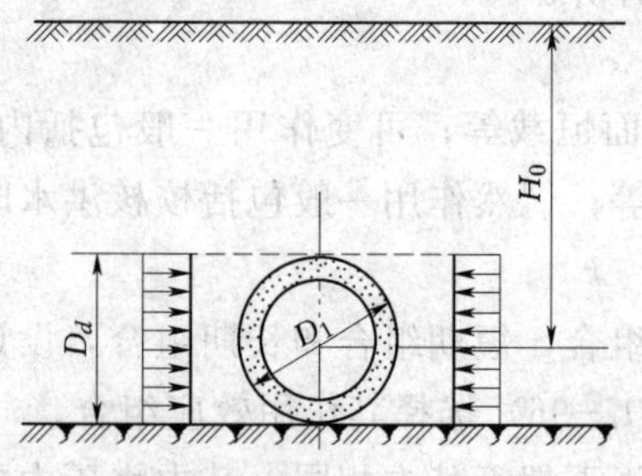

图 9-60 上埋管侧向土压力计算图

式中 F_{tk}——埋管侧向土压力标准值，kN/m；

H_0——埋管中心线以上填土高度，m；

D_d——埋管凸出地基的高度，m；

K_t——侧向土压力系数；

ϕ——填土内摩擦角。

（2）沟埋式管土压力的计算。沟埋式管顶回填土的沉陷受到两侧沟壁的约束作用，故管顶土压力将小于沟内回填土柱的重力。当沟内回填土未夯实，$B-D_1<2$m 时，每米管长承受的垂直土压力标准值可按下式计算

$$G_B=K_T\gamma_s BH \tag{9-41}$$

式中 K_T——埋管垂直土压力系数，由［图 9-61（b）］曲线查取；

B——沟槽宽度［图 9-61（a）］；

γ_s、H 意义同上。

K_T值查曲线时注意：干砂土及干的植物土查 1 号曲线；湿的及含水饱和的砂土及植物土，硬性黏土查 2 号曲线；塑性黏土查 3 号曲线；流性黏土查 4 号曲线；其他土质按接近的曲线决定查取。

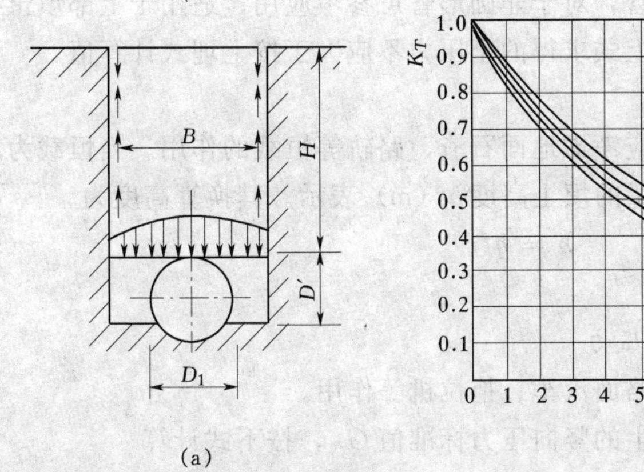

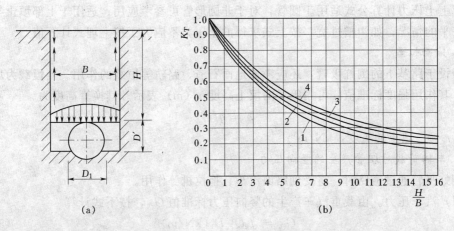

图 9-61　沟埋式垂直土压力计算图

当回填土夯实良好，$B-D_1>2\text{m}$ 时，管顶每米长上的土压力标准值，可按下式计算

$$G_B = K_T \gamma_s H\left(\frac{B+D_1}{2}\right) \tag{9-42}$$

对于直径 $D_1>1\text{m}$，而埋深 $H<D_1$ 的管道，还应计入管肩上的土压力，即图 9-62（b）中阴影部分的土重，其值见坝下埋管部分。

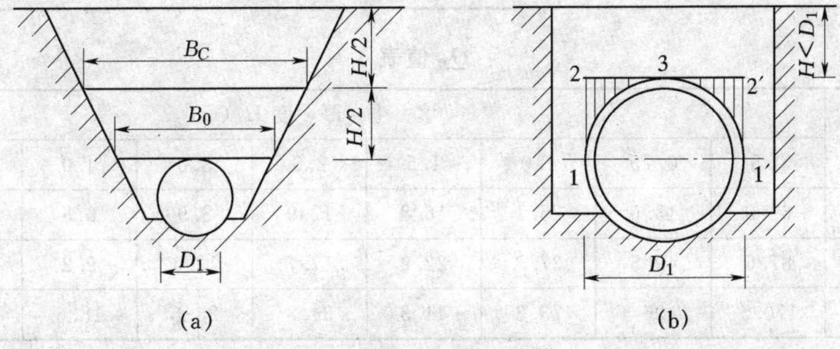

图 9-62　沟埋式管土压力计算示意图

（a）梯形断面沟槽；（b）管顶与管腹间回填土重力

当沟槽断面为梯形时［图 9-62（a）］，则公式中的 B 应为管顶处沟槽宽度 B_0，而查曲线确定 K_T 值所用的沟槽宽度应为 $H/2$ 深度处的宽度 B_c。

水平土压力的计算公式与上填式管相同，但当 $B_0-D_1\leqslant 2\text{m}$ 时，考虑到管壁与沟壁之间的土不易夯实，水平土压力较小，其侧向土压力强度标准值可按下式计算

$$e = \zeta(r_1 H_x + r_2 H_2) k_n \tag{9-43}$$

其中
$$k_n = (B_0 - D_1)/2$$

式中　ζ——系数，对于一般砂性土和较干的黏性土可采用 0.35～0.45，当填土夯实密度较大，含水量较高时，可取 0.5～0.55；

r_1、r_2——土的浮重度和湿重度；

H_x、H_2——计算点至地下水位线的垂直距离和地下水位线以上的填土厚度；

k_n——局部作用系数。

以上土压力计算公式适用于圆管，对于非圆形管可参考应用；适用于上部填土与沟侧地面齐平的情况；如沟槽过宽，按上式求得的土压力不应大于按上埋式计算值。

2. 地面恒载

埋设于路基下的倒虹吸管，还应考虑地面石渣、路轨等恒载的作用。当恒载为均匀分布时，其作用强度标准值 q 可用等量的填土高度 h（m）表示。其换算高度为

$$h = q/r_s \tag{9-44}$$

式中　r_s——填土的重度，kN/m^3。

3. 车辆荷载对埋管产生的竖向压力

倒虹吸管通过道路时，将受到路面汽车、拖拉机等作用。

(1) 汽车压力。由载重汽车产生的竖向压力标准值 $G_{汽}$，按下式计算

$$G_{汽} = f_k Q_{汽} D_1 (kN/m) \tag{9-45}$$

式中　f_k——动力系数，由表 9-7 查取；

$Q_{汽}$——加重汽车作用于管道上的竖向荷载，由表 9-8 查取；

D_1——管道外径，m。

表 9-7　动力系数 f_k 表

填土深度（m）	0.3	0.4	0.5	0.6	≥0.7
f_k	1.25	1.20	1.15	1.05	1.0

表 9-8　$Q_{汽}$ 值表　　单位：kN/m^2

汽车荷载	填土厚度 H（m）								
	0.5	0.75	1.0	1.5	2.0	3.0	4.0	5.0	8.0
汽车—10 级	69.0	13.5	25.1	16.8	12.9	8.9	6.8	4.6	3.4
汽车—13 级	87.6	49.5	37.7	22.9	17.7	12.1	9.2	6.2	4.7
汽车—18 级	170.5	96	73.3	44.3	34.3	23.5	18.6	12.1	9.6

(2) 拖拉机压力。拖拉机产生的竖向压力标准值 $G_{拖}$ 按式（9-46）计算

$$G_{拖} = f_k Q_{拖} D_1 (kN/m) \tag{9-46}$$

式中　$Q_{拖}$——履带式拖拉机作用于管道的竖向压力，kN/m^2，由表 9-9 查取。

表 9-9　$Q_{拖}$ 值表　　单位：kN/m^2

拖拉机吨位	填土厚度 H（m）								
	0.5	0.75	1.0	1.5	2.0	3.0	4.0	6.0	8.0
60t	47	38.3	32.3	24.7	21.2	17.8	15.0	11.7	9.6
80t	88.4	63.2	53.9	41.6	36.3	30.3	25.9	20.2	16.5

（二）计算分段

为了降低工程造价，对于管身较长、水头较高的倒虹吸管，应按不同的工作水头分段进行结构计算。一般按地形条件将倒虹吸管按高程差取 5m 或 10m 沿管长划分为若干计算段，每段取最大水头处的断面为代表进行结构计算，以确定该段管壁厚度及配筋量。对于

中小型倒虹吸管，若斜管不长、内水压力及其他作用（荷载）变化不大时，计算时可不分段，而以受力最大的水平段为计算依据。

（三）管壁厚度的拟定

一般根据管径及工作水头大小，参照类似工程经验初拟。也可参照图 9-63 的曲线初拟。

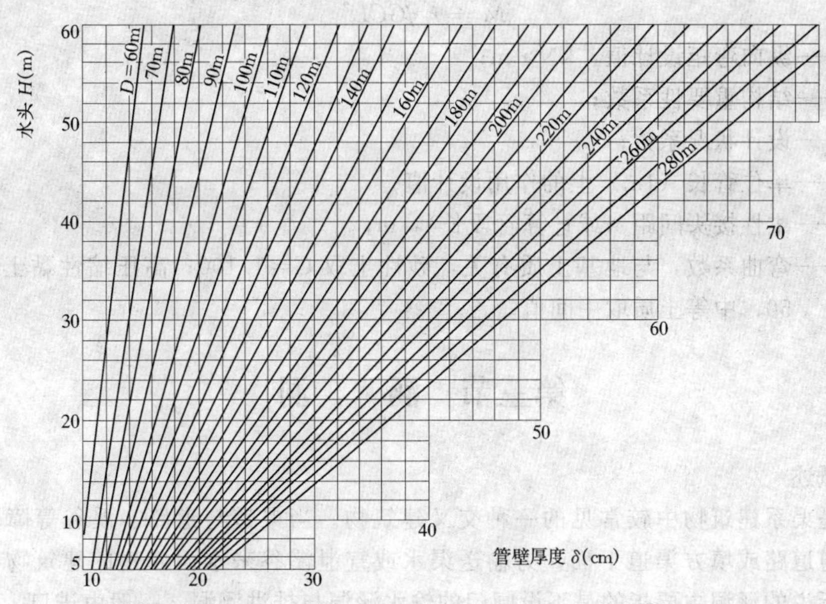

图 9-63　钢筋混凝土倒虹吸管管壁厚度计算

（四）管身横向结构计算

一般取 1m 管长按平面问题计算。对持久状况、短暂状况、偶然状况均应进行承载能力极限状态设计，对持久状况尚应进行正常使用极限状态设计，对短暂状况可根据需要进行正常使用极限状态设计，对偶然状况不需进行正常使用极限状态设计，具体应按规范采用不同作用效应组合。管身横向在各种作用单独作用下产生的内力（M_i、N_i），可采用结构力学法或图表法进行计算，然后根据作用效应组合中各作用产生的效应叠加求得截面总内力（M、N），其中 M 以内侧受拉为正，N 以受压力正。按承载能力极限状态设计主要确定结构配筋量，按正常使用极限状态设计重在验算倒虹吸管是否满足抗裂要求。

（五）管身纵向结构计算

管身纵向结构计算较为复杂，一般对于中小型倒虹吸管不作纵向结构计算，只是采取一些必要措施并布设一些构造筋，如设置伸缩沉陷缝和柔性接头；对地基进行必要处理；选择低温施工；在刚性座垫与管身间涂柏油或铺油毛毡等。

对大中型倒虹吸管一般要进行纵向结构计算，其一般在完成管道横向结构计算之后进行。纵向计算关键在于确定纵向拉力和纵向弯矩。现简要介绍工程设计中常采用的纵向结构计算方法。

1. 管身纵向拉力

管身在温降、混凝土收缩及内水压力作用等引起的纵向收缩，若受到管道突出部位及

四周回填土与管座等约束时，则管壁必产生纵向拉力。具体计算可参阅有关书籍。

2. 管身的纵向弯矩

管身在重力、土压力、管内水重及地基不均匀沉陷等作用下将产生纵向挠曲变形，结构计算时可将管道沿纵向看作一环形截面的弹性地基梁来计算，具体可参考有关书籍，但其计算量很大。一般对于中小型工程，可采用下列近似公式进行估算

$$M = r_0 \psi GCL^2 \tag{9-47}$$

式中 M——纵向弯矩设计值，kN·m；

r_0——结构重要性系数；

ψ——设计状况系数；

G——单位管长（1m）上的作用设计值；

L——柔性接头间距（或计算管段长），m；

C——弯曲系数，与地基土质有关，砂性土取 $C=1/100$；高压缩性黏土取 $C=1/50$；中等土质取中间值。

第三节 涵 洞

一、概述

涵洞是渠系建筑物中较常见的一种交叉建筑物。当渠道与道路、溪谷等障碍物相交时，在交通道路或填方渠道下面，为输送渠水或宣泄溪谷来水而修建的建筑物称之为涵洞。通常所说的涵洞主要指的是不设闸门的输水涵洞与排洪涵洞，一般由进口、洞身、出口三部分组成（图 9-64）。

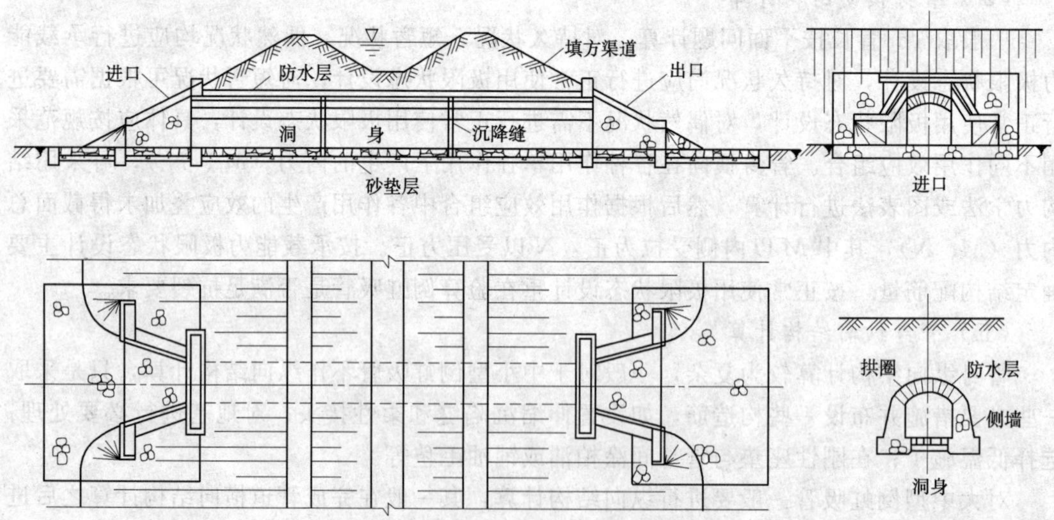

图 9-64 填方渠道下的石拱涵洞

涵洞顶部一般有填土，其建筑材料最常用的有砖石、混凝土、钢筋混凝土。而干砌卵石拱形涵洞（图 9-65）在新疆、四川等地已有悠久的历史，并积累了较为丰富的经验。

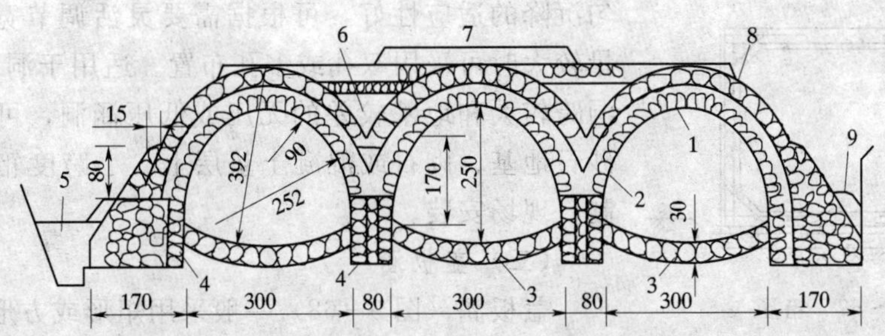

图 9-65 干砌卵石拱形涵洞断面图（单位：cm）

1—干砌卵石拱；2—灰浆填缝及水泥石灰砂浆勾缝；3—砌卵石、水泥砂浆填缝及抹面；4—砌卵石；5—回填黄土；6—干砌卵石；7—石灰三合土砌卵石；8—四合土砌护拱；9—反滤层

二、涵洞的工作特点和类型

涵洞因其作用、过涵水流状态及结构形式等的差异而具有不同的工作特点及类型。

渠道上的输水涵洞，为减小水头损失，常设计成无压的，其过涵流速一般不大，上下游水位差也较小，其过涵水流形态和无压隧洞或渡槽类似，流速常在 2m/s 左右，故一般可不考虑专门的防渗、排水和消能问题。

排洪涵洞可以设计成有压的、无压的或半有压的。当不会因涵洞壅水而淹没农田和村庄时，可选用有压或半有压的。而布置半有压涵洞时需采取必要措施，保证过涵水流仅在进口一小段为有压流，其后的洞身直至出口均为稳定的无压明流。设计此种型式涵洞时，应根据流速的大小及洪水持续时间的长短，考虑消能防冲、防渗及排水问题。

涵洞的洞身结构，常采用圆形、箱形、盖板形及拱形等几种。

(一) 圆涵

圆涵的水力条件及受力条件均较好，能承受较大的填土和内水压力作用，一般多用钢筋混凝土或混凝土建造，采用预制管安装，是最常采用的一种形式。其优点是结构简单，工程量小，便于施工。当泄量大时，可采用双管或多管涵洞，其单管直径一般在 0.5～6m。钢筋混凝土圆涵可根据有无基础分为有基圆涵、无基圆涵及四铰圆涵（图 9-66）。

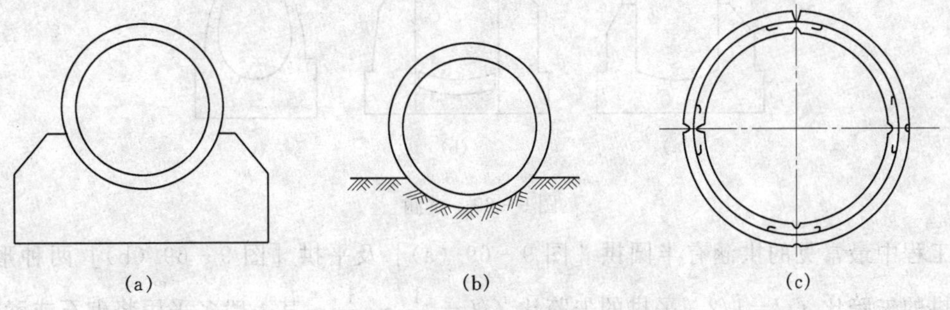

图 9-66 圆涵

(a) 有基圆涵；(b) 无基圆涵；(c) 四铰圆涵

(二) 箱涵

箱涵（图 9-67）多为矩形钢筋混凝土结构，具有较好的静力工作条件，对地基不均

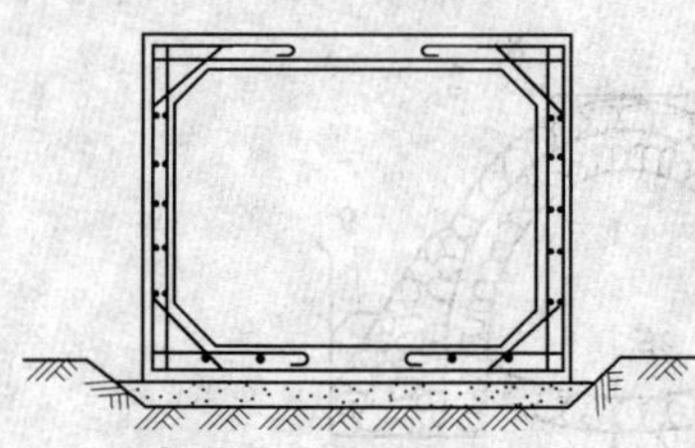

图 9-67　箱涵

匀沉降的适应性好，可根据需要灵活调节宽高比，泄流量较大时可采用双孔或多孔布置。适用于洞顶埋土较厚，洞跨较大和地基较差的无压或低压涵洞，可直接敷设于砂石地基、砌石或混凝土垫层上。小跨度箱涵可分段预制，现场安装。

（三）盖板涵

盖板涵（图 9-68）一般采用矩形或方形断面，它由边墙、底板和盖板组成。侧墙和底板多用浆砌石或混凝土建造。盖板一般采用预制钢筋混凝土板，跨度小时，可采用条石作盖板，盖板一般简支于侧墙上。

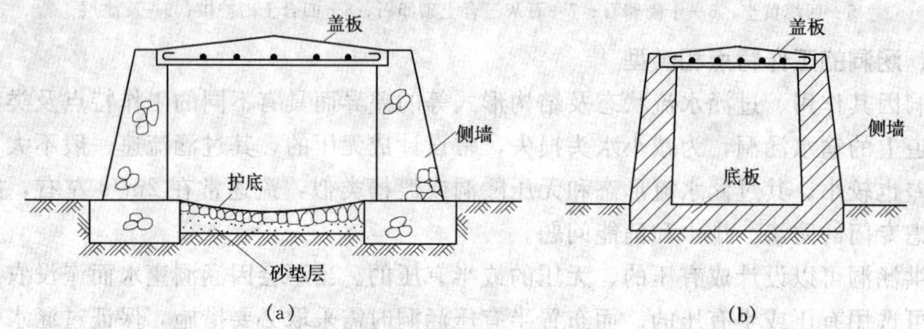

图 9-68　盖板涵

(a) 分离式底板；(b) 整体式底板

当地基较好、孔径不大（小于 2～3m）时，底板可做成分离式，底部用混凝土或砌石保护，下垫砂石以利排水。盖板涵主要用于填土较薄或跨度较小的无压涵洞。

（四）拱涵

拱形涵洞由拱圈、侧墙（拱座）及底板组成（图 9-69）。

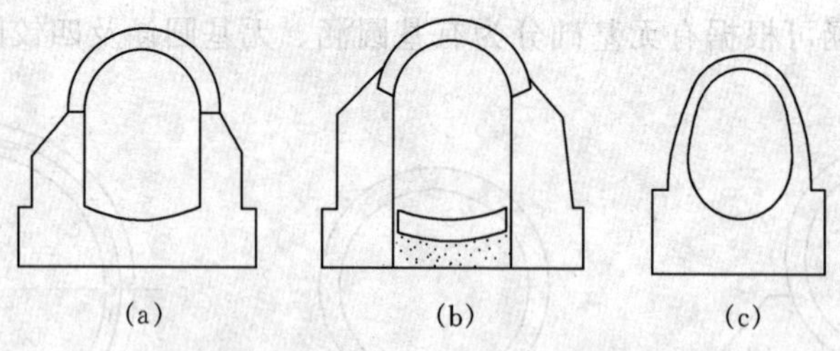

图 9-69　拱涵

工程中最常见的拱涵有半圆拱［图 9-69（a）］及平拱［图 9-69（b）］两种形式。半圆拱的矢跨比 $f/l=1/2$，平拱的矢跨比 $f/l=\frac{1}{8}\sim\frac{1}{3}$，其一般多采用浆砌石或素混凝土建造而成。

拱圈可做成等厚或变厚的，混凝土拱厚一般不小于 20cm，砌石拱厚一般不小于 30cm。

拱涵的底板，根据跨度大小及地基情况，可采用整体式［图 9-69（a）、（c）］和分离

式［图 9－69（b）］两种形式。为改善整体式底板的受力条件，工程上通常采用反拱底板（图 9－70）。

拱涵多用于地基条件较好、填土较高、跨度较大、泄量较大的无压涵洞。

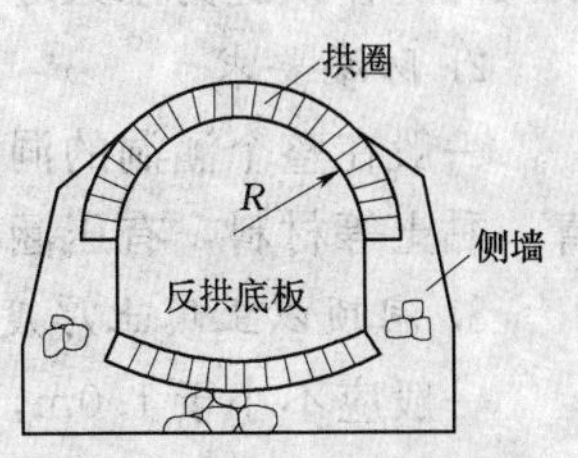

图 9－70 反拱底板

三、涵洞的构造

（一）进出口的构造

涵洞进出口的作用是平顺水流以降低水头损失和防止冲刷。最常见的进出口型式如图 9－71 所示。一字墙式构造简单，节省材料但水力条件较差，一般用于中小型涵洞或出口处；斜降墙式在平面上呈八字形，扩散角为 20°～40°，其与一字墙相比，进流条件有所改善，但仍易使上游产生壅水封住洞顶；走廊式是指涵洞进口两侧翼墙高度不变而形成廊道，水面在该段跌落后进入洞身，可降低洞身高度，而工程量较大，采用较少；八字墙式是将翼墙伸出填土边坡之外，其作用与走廊式相似；进口抬高式是将斜降墙式进口段洞身在 1.2 倍洞高的长度范围内抬高，使进口水面跌落处于此范围内，以免水流封住洞口，该种型式构造简单，应用较广。

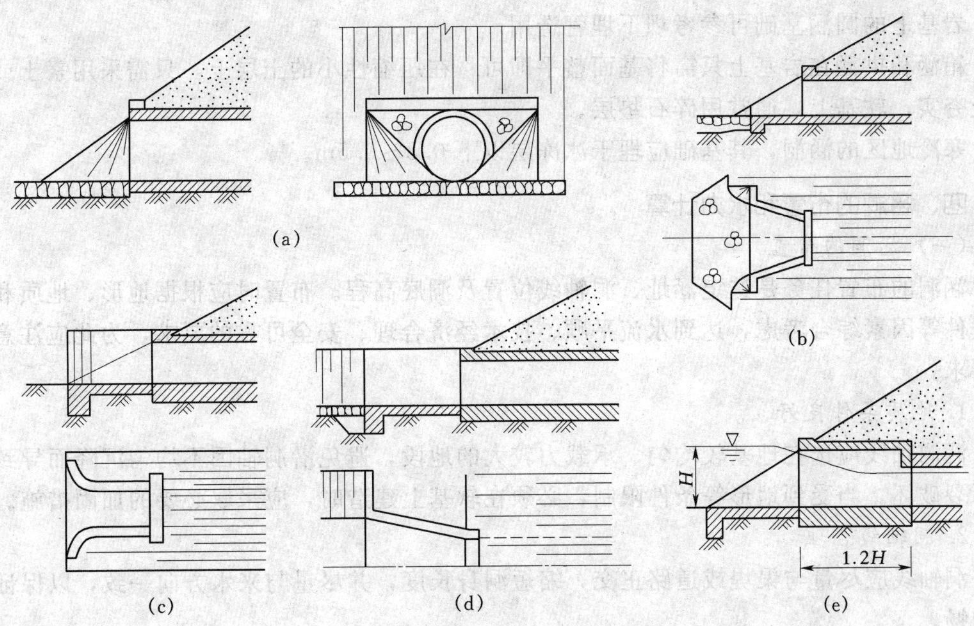

图 9－71 涵洞进出口型式

进出口附近需用干砌石或浆砌石护坡和护底，以防止产生冲刷，一般砌护长度不小于 3～5m。

（二）洞身构造

1. 分缝与止水

为了适应温度变化引起的伸缩变形和地基的不均匀沉降，涵洞应分段设置沉降缝。对于砌石、混凝土、钢筋混凝土涵洞，分缝间距一般不大于 10m，且不小于 2～3 倍洞高；对于预制安装管涵，按管节长度设缝。常在进出口与洞身连接处及洞身上作用变化较大处

设沉降缝，该缝为永久缝，缝中需设止水，其构造要求可参考倒虹吸管。

2. 防渗要求

一般在整个涵洞的洞身上设置防渗层，防渗层一般可采用石灰三合土、水泥砂浆、沥青、黏土等材料，有压涵洞还应沿洞身外设截水环，其与坝下埋管类似。

3. 洞顶以上填土厚度要求

一般应不小于1.0m，对于有衬砌的渠道，也不应小于0.5m，以保证洞身具有良好的工作条件。

4. 无压涵洞洞内净空高度、面积要求

一般对于圆涵和拱涵，净空高度应大于或等于洞高的1/4倍；对于箱涵和盖板涵，应大于或等于洞高的1/6倍。

净空面积应不小于涵洞断面的10%～30%为宜。

（三）涵洞的基础

圆涵基础一般采用混凝土或浆砌石管座，管座顶部的弧形部分与管体底部形状吻合，其包角 $2\alpha_\phi$ 一般为90°～135°。对于良好地基上的小直径圆涵，可直接采用素土平基或弧形土基铺管。

岩基上的圆涵基础可参考坝下埋管选用。

箱涵和拱涵在岩基上只需将基面整平即可；在压缩性小的土层上，只需采用素土或三合土夯实；软基上，通常用碎石垫层。

寒冷地区的涵洞，其基础应埋于冰冻层以下0.3～0.5m。

四、涵洞的布置和水力计算

（一）涵洞的布置

涵洞的布置任务是选定涵址、洞轴线位置及洞底高程。布置时应根据地形、地质和水流条件等因素综合考虑，达到水流平顺、技术经济合理、安全可靠的要求，为此应注意几点要求。

1. 地质条件良好

涵洞轴线应选在地基较均匀、承载力较大的地段，避免沿洞轴因不均匀沉降而导致洞身断裂破坏。当受到地形等条件限制，必须在软基上建造时，应采取必要的加固措施。

2. 洞轴线合理

洞轴线应尽量与渠堤或道路正交，缩短洞身长度，并尽量与来水方向一致，以保证水流顺畅。

3. 洞底高程及纵坡

洞底高程可等于或接近原水道底部高程，纵坡应等于或略大于原水道底坡，一般采用1%～3%。

4. 洞顶填土厚度

渠下涵洞，对于有衬砌的渠底，洞顶应至少低于衬砌底10cm；路下涵洞，洞顶以上填土厚至少100cm。

（二）涵洞的水力计算

涵洞水力计算的任务是选择洞身断面型式、尺寸及出口水流衔接计算。合理确定涵洞

的设计流量，是水力计算的前提。而判断洞内水流流态是进行过水能力计算的关键。

涵洞的水流流态可能为无压流、半有压流或有压流。在工程实际中，多数情况下采用无压流，无压涵洞水头损失较小，上游水位壅高较低；出口流速较低，下游消能防冲简单；洞内有自由水面，防渗要求较低等优点。只有在特殊情况下，才采用有压流，其工作条件与倒虹吸管相似。半有压流易产生不稳定流态，应尽量避免使用。

无压涵洞根据底坡大小，可分为陡坡（$i>i_k$）涵洞与缓坡（$i<i_k$）涵洞两种。无压涵洞的水流现象较复杂，洞内水面曲线及流态变化各异，试验研究表明，对于进出口型式、洞长、纵坡、洞身断面型式与材料及孔径尺寸已确定的涵洞，洞中的水流现象主要取决于上下游水位。这里仅重点讨论工程中常见的两种典型情况。

1. 自由出流的陡坡涵洞

当 $i>i_k$，且下游水位低于涵洞出口临界水深水面时，水流保持急流状态出洞，下游水位不影响泄流能力时，为自由出流情况。多数排水涵洞采用之。

2. 淹没出流的缓坡涵洞

大多数渠道输水涵洞 $i<i_k$，且下游水位高于涵洞出口临界水深水面，洞内水流为缓流，下游水位影响泄流能力时，为淹没出流情况。

渠系上的输水涵洞，一般均设计成无压涵洞。涵洞设计流量及加大流量采用渠道设计流量、加大流量。当洞身较长时可按明渠均匀流计算通过设计流量时所需的尺寸，并验算加大流量时涵内净空高度是否满足要求，具体计算方法可参考渡槽的水力计算。当洞身较短（小于渠道设计水深的10倍）时，洞内难以形成均匀流，可根据拟定的洞身断面尺寸和纵坡，计算洞内水面线和进口段水面降落值，进而确定洞身和进出口渐变段的高度，并验算通过加大流量时洞内净空高度是否满足要求。

对于填方渠道或公路下的排洪涵洞，可以设计成无压的、半有压的或有压的，设计流量和下游水位是已知的，其上游水位若无控制要求，则是未知的。洞身断面选得大，上游水位就低些，断面选得小，上游水位就高些。应通过技术经济比较来确定。

五、涵洞的结构计算

（一）涵洞上的作用（荷载）

1. 永久作用

一般包括涵洞自重，填土压力（垂直土压力和水平土压力）等。

2. 可变作用

一般包括洞内外水压力、人群荷载、车辆荷载等。

3. 偶然作用

一般指地震力，对于中小型工程一般不考虑此项作用。

（二）作用（荷载）的计算

其荷载计算可参考倒虹吸管与坝下埋管的有关内容。

（三）作用（荷载）效应组合

应根据结构不同的设计状况进行承载力极限状态设计，其作用效应组合即基本组合和偶然组合；并根据需要进行正常使用极限状态设计，其作用效应组合即短期组合和长期组合。

（四）结构计算

涵洞的进出口结构计算与其型式及构造有关，一般按挡土墙计算。

涵洞洞身的结构计算，应与其结构形式、工作条件、构造等相适应，圆形管涵、箱形涵洞及拱形涵洞等的受力分析、计算简图及内力计算等的具体计算方法，可参考土坝坝下埋管和倒虹吸管，或渠系建筑物丛书《涵洞》分册。

第四节　渠道上的桥梁

桥梁也是灌排渠道上为满足生产和交通需要而修建的交叉建筑物。各级渠道上的桥梁具有量大、面广、形式类似、跨径小、标准低等共同特点，因此，适宜采用定型设计和装配式结构。

桥梁与渡槽有诸多相似之处，其主要区别在于：在构造上，除桥面构造外，其余部分两者基本相同；在荷载上，桥梁增加了车辆荷载作用；在基础处理上，因渠道上的桥墩台基础一般无冲刷问题，故一般不需进行专门处理。

一、渠道上桥梁的类型

桥梁的分类方法颇多，而渠道上的桥梁通常按结构特点可分为梁式和拱式两种类型。

（一）梁式桥

梁式桥是一种在竖向荷载作用下，无水平反力的结构（图9-72），通常采用钢筋混凝土建造。目前应用最广的是预制装配式钢筋混凝土简支梁桥。这种梁桥的结构简单，施工方便，对地基承载能力的要求也不高。梁式桥桥面建筑高度较低，宜用于填方渠道以减缓桥头引道坡度，单跨径的适用范围常在8～13m，桥下净空应高出设计高水位0.5m。

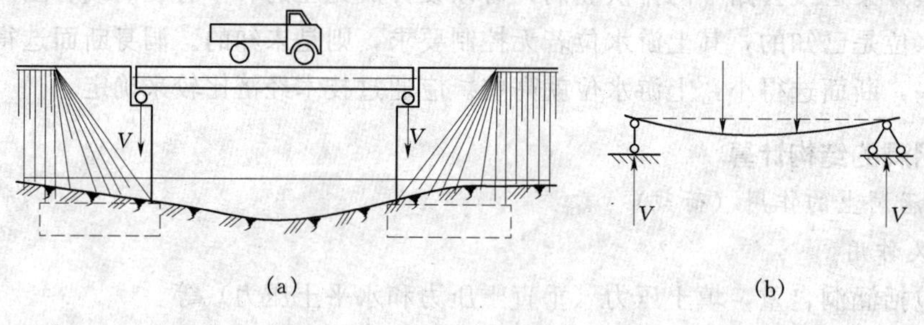

图9-72　梁式桥

（二）拱式桥

拱式桥的主要承重结构是拱圈或拱肋，这种结构在竖向荷载作用下，桥墩或桥台将承受水平推力（图9-73）。拱桥的承重结构以受压为主，通常采用圬工材料（如砖、石、混凝土）和钢筋混凝土来建造。因其桥面建筑高度较高，故适用于挖方渠段，桥下净空应高出设计高水位1.0m。

按荷载等级可分为农村交通桥及低标准公路桥两种类型。农村交通桥是供行人及牛马车、小四轮拖拉机或机耕拖拉机行驶的桥梁。低标准公路桥，一般为县与县或县与乡镇之间的公路桥梁。

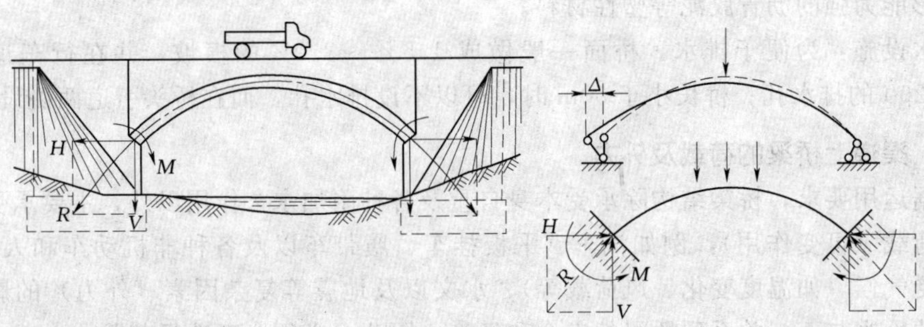

图 9-73 拱式桥

二、桥面净宽与桥面构造

桥面是直接承受各种荷载的部分。

（一）桥面净宽

应根据使用要求而定，主要取决于行车和行人的需要。

1. 生产桥

桥面净宽一般为 2.0～2.5m，满足人群、牛群、小四轮拖拉机、牛马车等。

2. 拖拉机桥

桥面净宽 3.5～4.5m，满足通行红旗-80 型拖拉机及东方红-54 型拖拉机，或轻型农用汽车。

3. 公路桥

单车道桥面净宽 4.5m，双车道取 7m。

在我国正式公路线以外的农村道路上，修建的简易公路桥桥面净宽 4.5m，不设人行道，两侧设路缘石和栏杆，其设计标准（包括荷载标准）常低于正规公路桥。

（二）桥面构造

一般包括桥面铺装层、人行道（安全带）、栏杆、扶手、接缝和排水设施等，如图 9-74 所示。

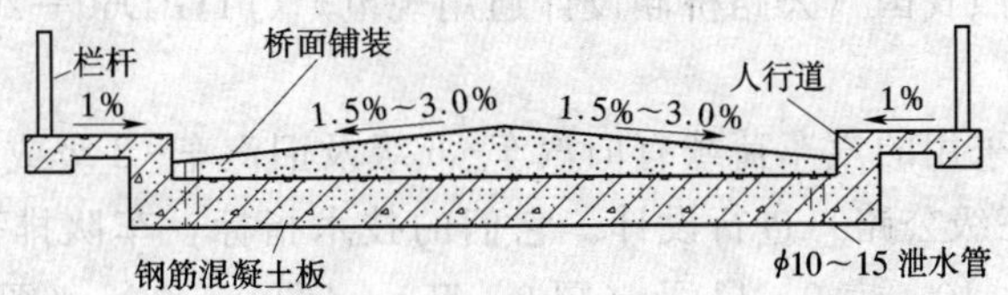

图 9-74 桥面构造

桥面铺装：常用厚 5～8cm 的混凝土（磨耗层 2cm），或厚 15～20cm 的泥结碎石，必要时另加厚 2cm 的沥青表面处理。

人行道（安全带）：人行道或路缘石应高出桥面 20～25cm，人行道宽 0.75m 或 1m，1%横坡倾向桥内侧，不设人行道时，需设安全带宽 0.25m，低栏杆安全带可适当减小。

栏杆扶手：栏杆高 0.8m 或 1m，栏杆间距 1.5～2.5m。

伸缩缝或变形缝：缝间距一般小于 20～30m，缝宽一般为 20mm，缝内填充不透水且

适应变形能力强的沥青胶泥等塑性材料。

排水设施：为便于排水，桥面一般做成 1.5%～3.0%的横坡，并在行车道两侧设 ϕ150～ϕ200 的排水孔；桥长小于 50m 时，可以不设排水孔，而在桥头引道两侧设排水沟。

三、渠道上桥梁的荷载及外力

根据运用要求，桥梁结构除承受本身自重及各种附加永久作用以外，主要承受桥上各种交通荷载（可变作用），例如汽车、平板挂车、履带车以及各种非机动车和人群荷载。并且还受气候（如温度变化、风荷载等）、水文以及地震等复杂因素（外力）的影响。荷载选择的恰当与否，关系到桥梁的安全和经济，因此，必须合理选择荷载。

作用在渠道上桥梁的荷载和外力常可归纳为三类：①永久荷载；②可变荷载；③偶然荷载。为了减少计算量，常引用等代荷载。为使设计经济合理，必须考虑荷载的效应组合。

（一）永久荷载（作用）

永久荷载包括结构自重、桥面铺装及附属设备的自重、作用于结构上的土重及土侧压力、地基变位的影响力、预加应力、混凝土收缩和徐变的影响力。其具体计算可参考有关文献。

对于公路桥，结构自重往往占全部设计荷载的比例很大。因此，宜采用轻质、高强材料来减轻桥梁自重。

（二）可变荷载（作用）

按其对桥梁结构的影响程度，可分为基本可变荷载和其他可变荷载。桥梁设计中考虑的基本可变荷载有汽车、平板挂车、马车、拖拉机、履带车等车辆荷载和人群荷载。同时对于汽车荷载应计及其冲击力和离心力。对于所有车辆荷载尚应计算其所引起的侧向土压力。

其他可变荷载主要包括汽车制动力、支座摩阻力、温度影响力、风力、流水压力和冰压力等。

以下重点介绍桥梁设计中常用的车辆荷载及其影响力和人群荷载，有关其他可变荷载的详细计算法，可参照我国《公路桥涵设计通用规范》（JTG D60—2004）进行。

1. 汽车荷载

渠系上桥梁一般采用的汽车荷载有旧汽车-6 级及旧汽车-8 级或汽车-10 级（四级公路），汽车-15 级（三级公路）进行设计。它们的技术指标，车队排列规定及汽车平面尺寸和横向布置见表 9-10、表 9-11 及（图 9-75）、（图 9-76）、（图 9-77）。

表 9-10　　旧汽车-6 级、旧汽车-8 级主要技术指标

主要指标	单位	旧汽车-8		旧汽车-6	
		加重车	标准车	加重车	标准车
一辆汽车的总重力	kN	104	80	78	60
汽车行列中车辆数目	辆	1	不限	1	不限
后轴重力	kN	76	56	57	42
前轴重力	kN	28	24	21	18

续表

主要指标	单位	旧汽车-8		旧汽车-6	
		加重车	标准车	加重车	标准车
车身宽度	m	2.7	2.7	2.7	2.7
轴距	m	4.0	4.0	4.0	4.0
轮距	m	1.7	1.7	1.7	1.7
前轮胎宽度 b_2	m	0.15	0.15	0.15	0.10
后轮胎宽度 b_2	m	0.30	0.30	0.30	0.30
沿行车方向轮胎着地长 a_2	m	0.20	0.20	0.20	0.20

表 9-11　各级汽车荷载主要技术指标

主要指标	单位	汽车-10级		汽车-15级		汽车-20级	
		重车	主车	重车	主车	重车	主车
一车汽车总重力	kN	150	100	200	150	300	200
一行汽车车队中车辆数目	辆	1	不限	1	不限	1	不限
后轴重力	kN	100	70	130	100	2×120	130
前轴重力	kN	50	30	70	50	60	70
轴距	m	4.0	4.0	4.0	4.0	4.0+1.4	4.0
轮距	m	1.8	1.8	1.8	1.8	1.8	1.8
后（中）轮着地宽度和长度（$b_2 \times a_2$）	m	0.5×0.2	0.5×0.2	0.6×0.2	0.5×0.2	0.6×0.2	0.6×0.2
前轮着地宽度和长度（$b_2 \times a_2$）	m	0.25×0.2	0.25×0.2	0.3×0.2	0.25×0.2	0.3×0.2	0.3×0.2
车辆外形尺寸（长×宽）	m	7×2.5	7×2.5	7×2.5	7×2.5	8×2.5	7×2.5

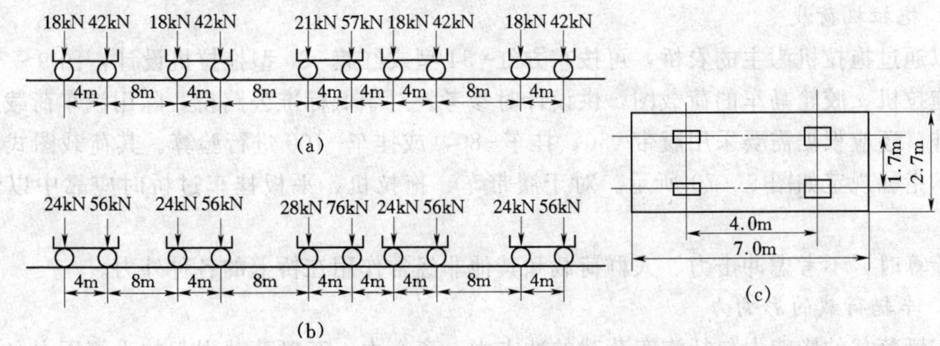

图 9-75　旧汽车-6级、旧汽车-8级车队纵向排列和横向布置

(a) 旧汽车-6级；(b) 旧汽车-8级；

(c) 旧汽车-6级、旧汽车-8级平面尺寸

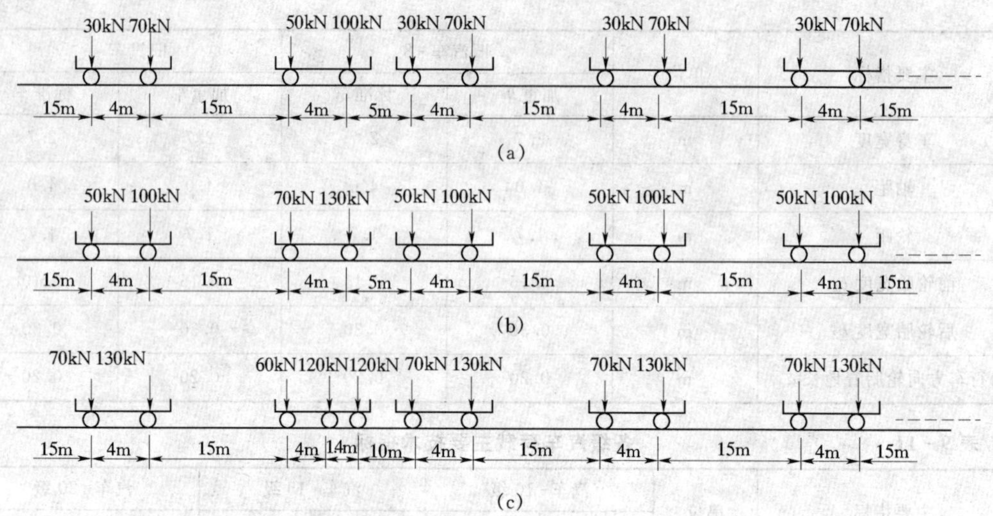

图 9-76　各级汽车车队的纵向排列

(a) 汽车-10 级；(b) 汽车-15 级；(c) 汽车-20 级

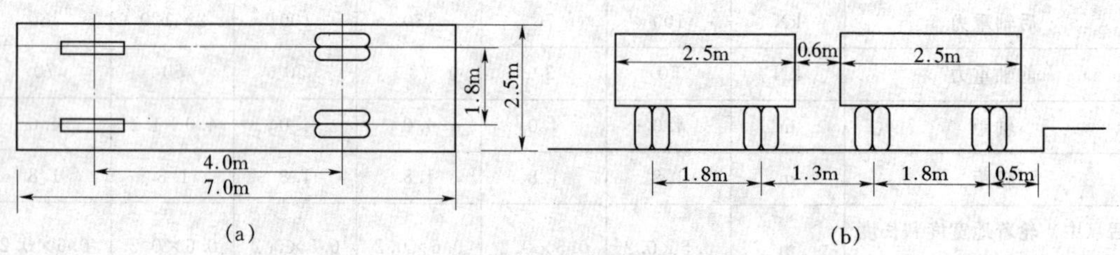

图 9-77　汽车尺寸及横向布置图

(a) 100kN、150kN、200kN 汽车平面尺寸；(b) 汽车横向布置

仅供各类机耕车辆行驶的农桥及路面宽度小于 4.5m 的四级公路桥，均按一行车队考虑。车队在桥上的纵向布置均按最不利位置计算危险截面的最大内力。

2. 拖拉机荷载

以通过拖拉机为主的农桥，可按东方红-54 型或红旗-80 型拖拉机设计，图 9-78 绘出了拖拉机、胶轮马车的荷载图，供设计时参考。对于低标准公路桥，除用汽车荷载进行设计外，还应根据需要采用履带-50，挂车-80，或挂车-100 进行验算。其荷载图式及主要技术指标规定如图 9-79 所示。对于履带车、拖拉机、平板挂车过桥时应靠中以慢速行驶。

验算时，不考虑冲击力、人群荷载和其他非经常作用在桥上的各种外力。

3. 车辆荷载的影响力

车辆荷载的影响力包括汽车荷载的冲击力、离心力、车辆荷载引起的土侧压力（以上属基本可变荷载）和汽车的制动力（属其他可变荷载）。

(1) 汽车荷载的冲击力。汽车以较高速驶过桥梁时，由于桥面不平整、车轮不圆以及发动机抖动等原因，会使桥梁结构引起振动，这种动力效应通常称为冲击作用。目前对冲击作用还

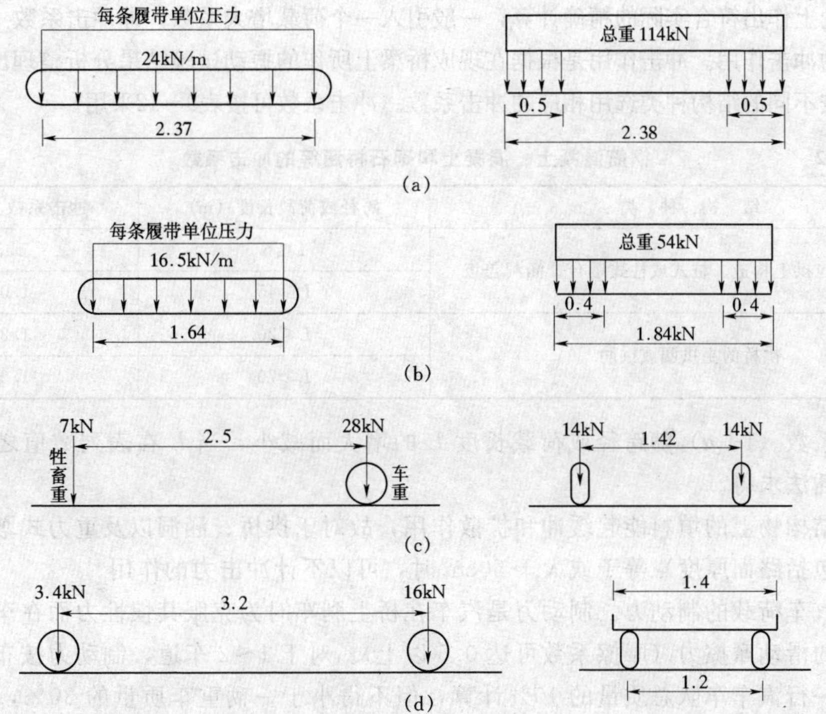

图 9-78　拖拉机、马车荷载图

(a) 红旗 80 型拖拉机；(b) 东方红 54 型拖拉机；(c) 35kN 马车；(d) 东风-12 手扶拖拉机

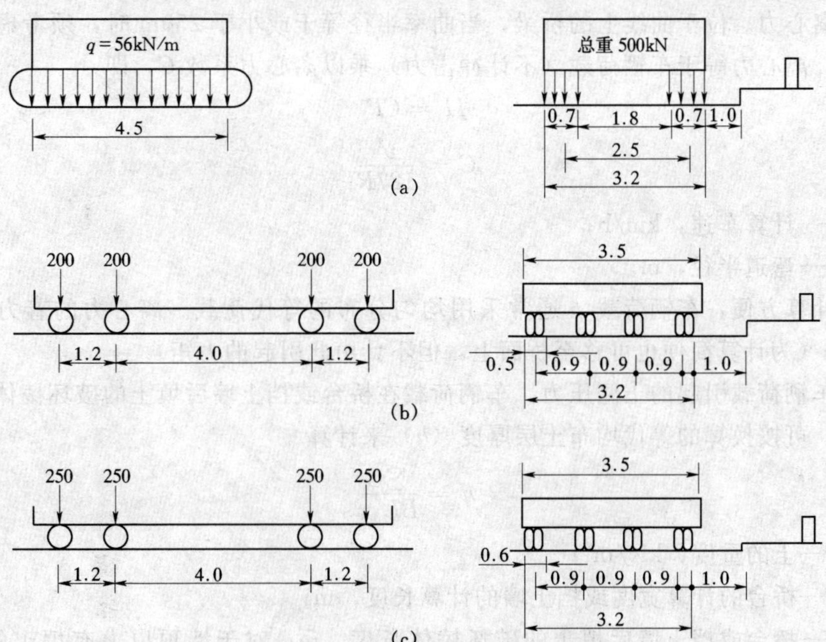

图 9-79　各级验算车辆的纵向排列和横向布置（重力单位：kN；尺寸单位：m）

(a) 履带-50；(b) 挂车-80；(c) 挂车-80

不能从理论上作出符合实际的精确计算，一般引入一个荷载增大系数，即冲击系数（$1+u$）来计算荷载的冲击作用。冲击作用是根据在现成桥梁上所作的振动试验结果分析整理出来的，在设计中可按不同的结构种类选用相应的冲击系数。冲击系数可按表9-12采用。

表 9-12　　钢筋混凝土、混凝土和砌石桥涵等的冲击系数

结构种类	跨径或荷载长度（m）	冲击系数（$1+u$）
梁、钢构、拱上构造、桩式或柱式墩台、涵洞盖板	$L\leqslant5$	1.3
	$L\geqslant45$	1.00
拱桥的主拱圈或拱肋	$L\leqslant20$	1.20
	$L\geqslant70$	1.00

冲击系数（$1+u$）随跨径或荷载长度 L 的增大而减小，当 L 在表列数值之间时，可用直线内插法求得。

鉴于结构物上的填料能起缓冲和扩散作用，故对于拱桥、涵洞以及重力式墩台，当填料厚度（包括路面厚度）等于或大于 50cm 时，可以不计冲击力的作用。

（2）汽车荷载的制动力。制动力是汽车在桥上刹车时为克服其惯性力而在车轮与路面之间产生的滑动摩擦力（摩擦系数可达 0.5 以上）。对于 1～2 车道，制动力按布置在荷载长度内的一行汽车车队总质量的 10%计算，但不得小于一辆重车质量的 30%，也不得大于一辆重车的 90%。履带车和平板挂车不计制动力。

制动力的方向与行车方向一致，其着力点在桥面以上 1.2m 处。在计算墩台时，可移至支座中心，计算钢架板、拱桥和木桥时，可移至桥面上，但不计因此而产生的力矩。

（3）离心力。位于曲线上的桥梁，当曲率半径等于或小于 250m 时，须考虑车辆离心力的作用。离心力等于车辆荷载（不计冲击力）乘以离心力系数 C，即

$$H = CP \tag{9-48}$$

其中

$$C = \frac{v^2}{127R}$$

式中　v——计算车速，km/h；

R——弯道半径，m。

为了计算方便，车辆荷载 p 通常采用均匀分布的等代荷载。离心力的着力点在桥面以上 1.2m（为计算简便也可移至桥面上，但不计由此引起的力矩）。

（4）车辆荷载引起的土侧压力。车辆荷载在桥台或挡土墙后填土的破坏棱体上引起的土侧压力，可按换算的等代均布土层厚度（h）来计算

$$h = \frac{\sum G}{BL_0 r} \tag{9-49}$$

式中　r——土的重度，kN/m^3；

B——桥台的计算宽度或挡土墙的计算长度，m；

L_0——桥台或挡土墙后填土的破坏棱体长度，m；对于墙顶以上有填土的挡土墙，L_0 为破坏棱体范围内的路基宽度部分；

$\sum G$——布置在 BL_0 面积内的车轮的总重力，kN。

有关桥台的计算宽度或挡土墙的计算长度可按《公路桥涵设计通用规范》（JTG D60—2004）的相应规定来确定。

4. 人群荷载

在桥梁设计中，当用汽车或其他车辆计算时，一般不计行车路面上的人群荷载。人行道或人行便桥上的人群荷载一般按 $3kN/m^2$。设计栏杆时，人群作用于栏杆扶手上的水平推力按 0.75kN/m 计，作用于扶手的竖向力按 1kN/m 计，但两者一般不同时考虑。

（三）偶然荷载

偶然荷载包括地震力和船只或漂浮物的撞击力。渠道上桥梁一般不考虑地震力、公路桥梁的抗震设计，一般以设计烈度Ⅷ度为起点，位于通航渠道中或有漂浮物的输水河中的桥梁墩台，设计中应考虑船只或漂浮物的撞击力，无实测资料时，可参照《公路桥涵设计规范》的规定计算。

（四）等代荷载

桥梁设计中，常用影响线法来求解梁板在可变荷载作用下的内力。为了减少计算工作量，常用等代荷载的方法。所谓等代荷载，即在同号影响线内布满匀布荷载代替可变荷载，而其在指定截面所产生的弯矩或剪力，与一行车队按最不利位置作用在桥上时对该截面产生的最大弯矩（或剪力）相等，这一假想的匀布荷载 q 即称为等代荷载。

工程上常采用查表法查得 q 值，即可按匀布荷载作用下的有关公式计算桥梁的弯矩和剪力值。

（五）荷载组合

按极限状态方法设计时，应考虑的（作用）效应组合，即按承载力极限状态设计时，应考虑基本组合（永久荷载＋可变荷载）和偶然组合（永久荷载＋可变荷载＋一种偶然荷载）；正常使用极限状态设计时，应考虑短期组合（永久荷载＋可变荷载的短期效应）和长期组合（永久荷载＋可变荷载的长期效应）。

四、钢筋混凝土梁式桥

梁式桥按行车道板横断面的形状可分为板桥和梁桥。一般采用钢筋混凝土结构，可采用现浇或预制装配施工；按支承形式，可分为简支梁、双悬臂梁和连续梁等型式。

板桥适用于小跨径桥梁，按其施工方法可分为现浇整体式板桥和装配式板桥两种。现浇整体式板桥具有整体性好，横向刚度大，而其施工进度慢，模板及临时支架耗费木材较多。装配式板桥采用预制安装，施工快，但需安装设备，接头构造较复杂。预制板可以采用实心板（跨径<6m），也可采用空心板（跨径小于 6～13m），如图 9－80 所示。

当跨径大于 8～10m，由于板桥自重大，钢筋用量多，吊装困难，宜采用 T 形梁或工字形梁组成行车道板，如图 9－81 所示。

（一）简支板桥

主要用于小跨径桥梁。因其桥面的建筑高度低，故多用于填方渠段可减缓道路的坡度。

1. 整体式简支板桥

如图 9－82 所示。采用现浇施工，跨径小于 6m。行车道板厚一般为板跨的1/12～1/18，且不小于 10cm，人行道板厚不小于 8cm。

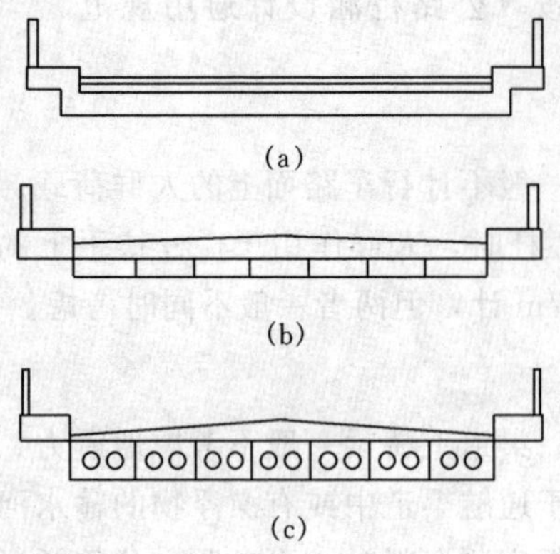

图 9-80　梁式桥的横断面

(a) 现浇整体板；(b) 预制板；(c) 空心板

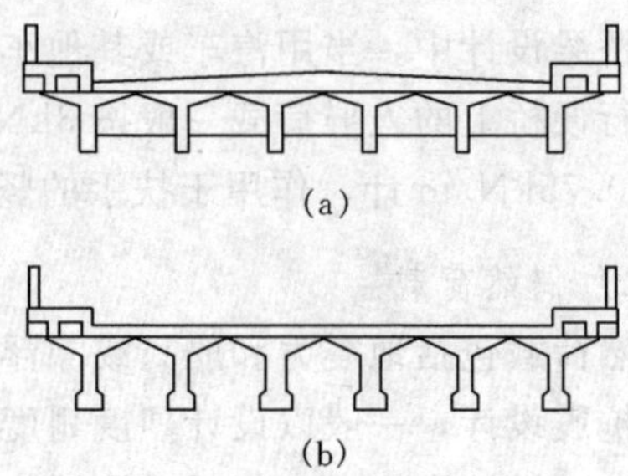

图 9-81　装配式梁式桥横断面图

(a) T形梁；(b) 工字梁

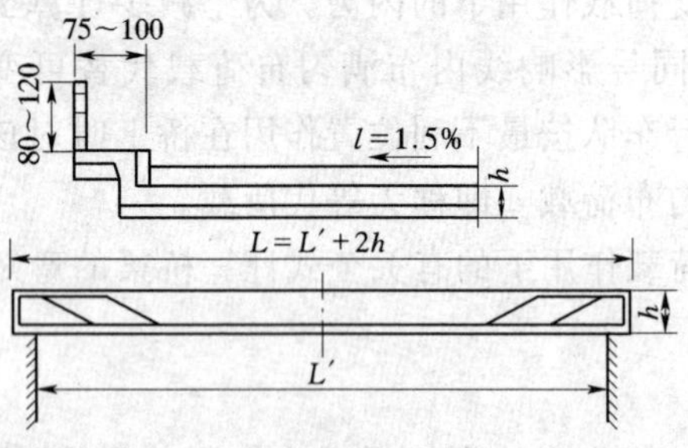

图 9-82　整体简支板桥的纵横剖面（单位：cm）

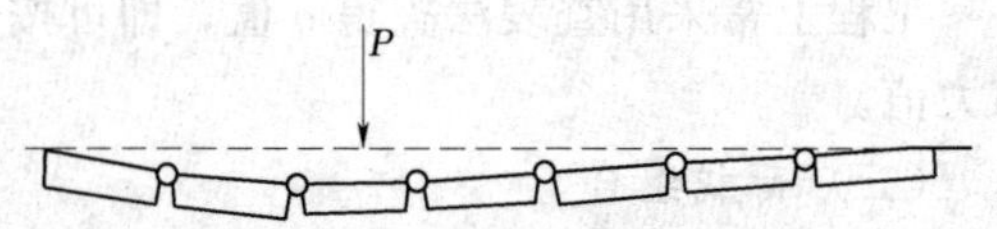

图 9-83　荷载 p 作用下的铰接板

2. 装配式简支板桥

其由若干块预制钢筋混凝土板块铰接而成，如图 9-83 所示。相邻板块间设铰联系，以传递剪力，以期达到整体性好，各块件在外荷作用下能共同承受荷载。预制桥面板的尺寸，宜根据运输起吊安装能力确定，宽度一般取 1m 左右。

（二）简支梁桥

当桥跨径大于 8～10m，板厚超过 40cm，因自重大做板桥不经济时，宜采用肋形结构的简支梁桥。

1. 整体式简支梁桥

其主要承重构件为纵梁。图 9-84（a）为双纵梁结构，适用于桥面净宽 4.5m 左右；图 9-84（b）、(c）为多纵梁结构，适用于桥面净宽较大的情况，其纵梁间距 L_b 一般为 2～4m，联系横梁的间距 L_a 为 4～6m。桥面板一般为单向板（$L_a \geqslant 2L_b$）。纵梁高度一般取跨径的 1/8～1/16，宽度一般为梁高的 1/2.5～1/8。横梁在与纵梁相交处的梁高一般不宜小于纵梁高度的 2/3，横梁宽度一般取 15～30cm。桥面板的厚度，可根据车辆荷载等级来选取，一般为 12～20cm。

2. 装配式简支梁桥

其预制简支梁截面常采用 T 形、Ⅱ形两种（图 9-85）。经济跨径一般为 6～9m。

T 形梁高一般取 30～70cm，梁肋宽度一般取 12～18cm，翼板宽度一般为 30～

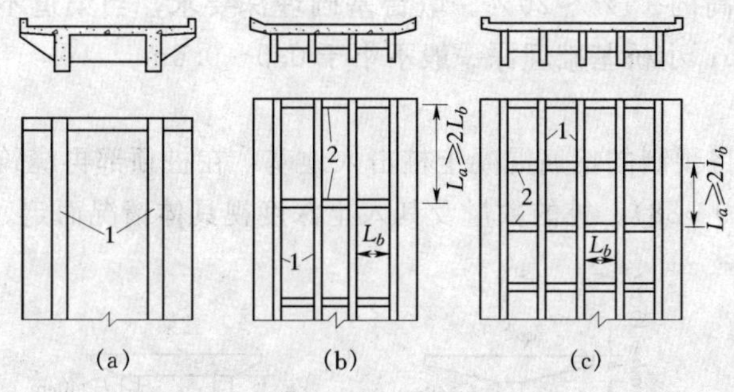

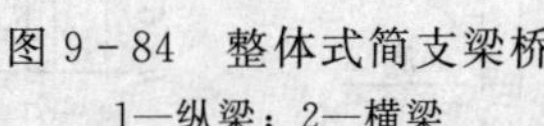

图 9-84　整体式简支梁桥

1—纵梁；2—横梁

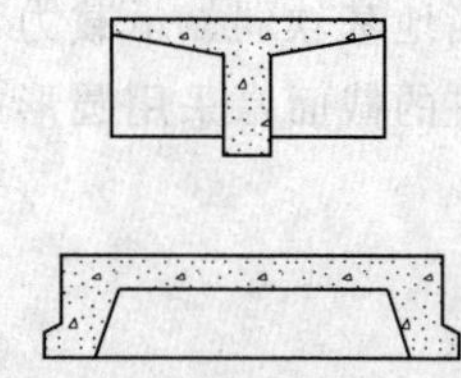

图 9-85　T形梁和Ⅱ形梁截面

140cm，翼板边缘厚度一般不小于 6cm。横隔板的间距为 2～3m，梁端部横隔板的高度与梁高相同，而跨中横隔板可取梁高的 3/4 或等于梁高。

Ⅱ形梁的宽度，一般取 40～100cm，横隔板的间距一般取 2～3m。

(三) 梁式桥的墩台

墩台为桥梁的下部结构，其承受上部结构的竖向压力，还承受台后土压力。墩台的形式有重力式、轻型式、桩柱式等几种。

1. 重力墩台

一般用砌石、混凝土建造，其构造与渡槽的重力式墩台相同。小跨径桥梁的墩身，一般取墩厚为 60～80cm，墩台可用埋置式岸墩（图 9-86）。在有基岩突出的情况下，可采用衡重式墩台，以节省开挖和砌筑的工程量。

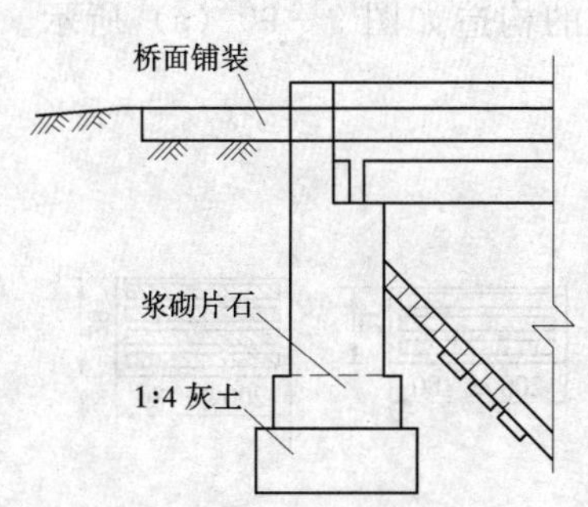

图 9-86　埋置式岸墩型墩台

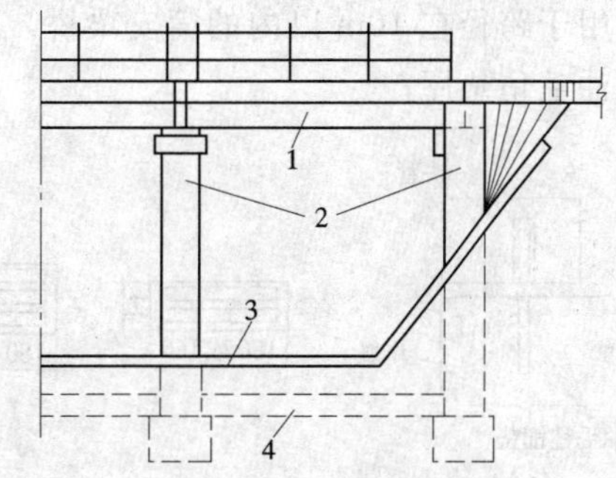

图 9-87　轻型墩台

1—桥跨结构；2—轻型桥台；3—渠道衬砌；4—支撑梁

2. 轻型墩台

由桥梁上部结构与支撑梁构成的四铰刚构系统（图 9-87），墩台不仅承受桥面传来的竖向压力，还作为上下端简支的梁板构件，承受台后的水平土压力。其适用于桥孔在三孔以下，且跨径较小（小于 13m）的小型桥梁。

轻型墩台与桥的上部结构为铰接。墩台底部之间的支撑可以用混凝土或块石砌筑，其截面一般不小于 40cm×40cm，顶面可与渠道衬砌齐平或在渠道冲刷线以下，间距一般为 2～3m。

轻型墩台的水平截面宽度约为台高的15%～20%。墩台基础埋深要求，当渠道不衬砌时，基础底面应在冰冻层以下25cm；小桥基础埋深一般不小于0.5～0.6m。

3. 打入桩墩台

当地基软弱、承载力不足时，可将预制的钢筋混凝土桩击入地基，在桩顶部再浇筑盖梁，桩的截面常采用圆形或矩形（图9-88）。桩的数量及其入土深度视具体情况而定。

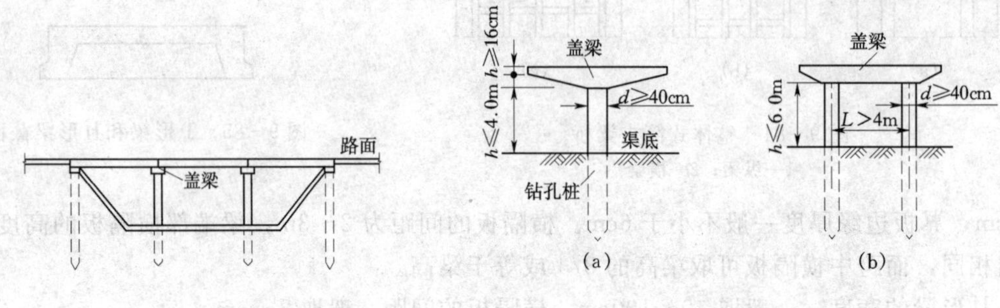

图9-88 打入桩墩台

图9-89 钻孔桩桥墩

(a) 适用于简易公路桥；(b) 适用于公路桥、简易公路桥

4. 钻孔桩墩台

其多用于软土地基上的桥梁，桩的直径一般为0.5～1.5m，桩长一般为5～24m，其形式常有单柱式和双柱式（图9-89）。

（四）梁式桥的支座构造

常用的支座型式有以下几种。

1. 垫层支座

主要用于跨径在10m以内的简支梁桥，其固定端的构造如图9-90（a）所示。其活动端铺垫油毛毡垫屋。

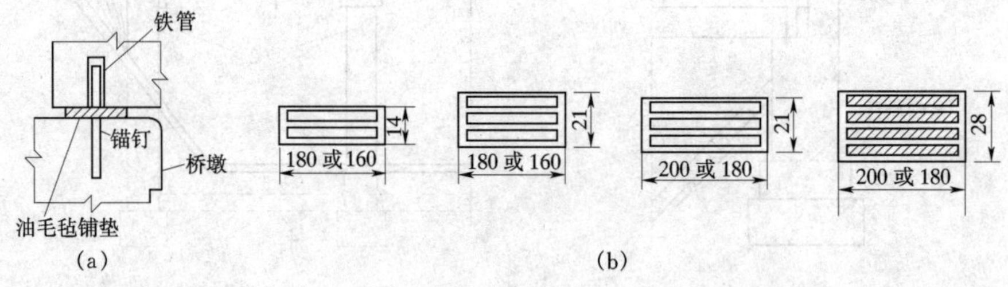

图9-90 梁式桥的支座构造（单位：mm）

(a) 油毛毡垫层座固定端；(b) T形梁桥橡胶支座

2. 橡胶支座

一般采用橡胶内夹数层钢板，其对支座转动和位移适应性较好，可减轻车辆的冲击作用；构造简单，安装方便；容许最大温差为±35℃的上部结构变形，在平均气温下安装效果较好，可用于跨径在20m以内的梁式桥，如图9-90（b）所示。

3. 平面钢板支座

适用于跨径在12～15m的梁式桥，如图9-27（a）所示。

4. 切线式支座

又称弧形钢板支座，适用于跨径在13～20m的梁式桥，如图9-27（b）所示。

五、拱桥简介

近20年来，拱桥在结构型式上有较大的发展，如双曲拱桥、桁架拱桥、三铰拱桥、微弯板坦肋拱桥等。拱式桥适于修建在挖方渠段上，对地基的要求较梁式桥高。

（一）几种常见的拱桥

1. 石拱桥

其具有构造简单，承载潜力大，可就地取材，施工方便、经久耐用、养护费用低等优点，在石料丰富地区应优先采用。

小跨径（小于15m）拱圈通常采用实腹式圆弧拱，矢跨比为1/2～1/6。大中跨径拱圈，可采用空腹式的等截面或变截面悬链线拱，矢跨比为1/4～1/8。主拱圈在坚固的岩基情况下，采用无铰拱；在非岩基或承载力较低的岩基情况下，采用两铰拱。当采用满布式拱架施工时，一般可按拱圈跨径的1/400～1/800预留拱度。初拟拱圈尺寸可用下式估算

$$d = mk\sqrt[3]{L_0} \tag{9-50}$$

式中　d——拱圈厚度，cm；

L_0——拱圈净跨，cm；

m——系数，一般为4.5～6.6，矢跨比越小，m值越大；

k——荷载系数，对于汽车-10级为1.0，汽车-15级为1.1，汽车-20级为1.2。

2. 双曲拱桥

这种桥能发挥混凝土的抗压性能，可以节省钢材和木材，但圬工量较大，对地基要求较高。可用钢筋混凝土建造，也可用混凝土、少筋混凝土、砖石建造。如图9-91所示。

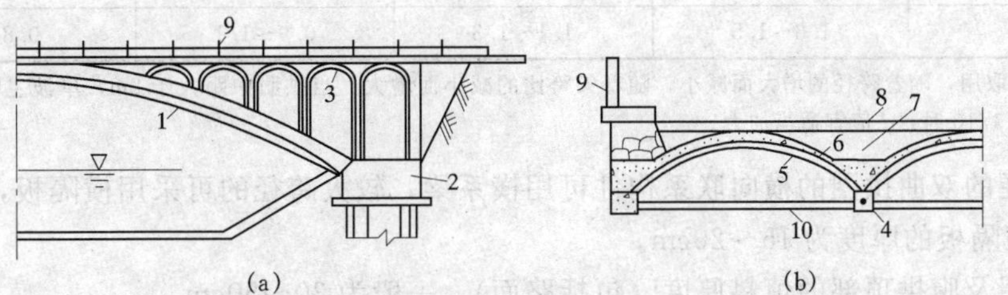

图9-91　双曲拱桥

1—主拱圈；2—井柱桥台；3—两铰腹拱；4—拱肋；5—预制拱波；6—现浇拱板；7—填料；8—路面；9—栏杆；10—横系杆

双曲拱桥主拱圈的截面型式有单波、多波、悬半波和高低肋等（图9-92）。整体式单波双曲拱圈又有三种截面形式，如图9-93所示。

跨径在20m以内的双曲拱多采用实腹式圆弧拱；对于大中跨径的则采用空腹悬链线拱。矢跨比一般采用1/4～1/8。拱轴系数、主拱圈的尺寸、构造可参见渡槽中的有关内容。主拱圈高度d的经验公式为

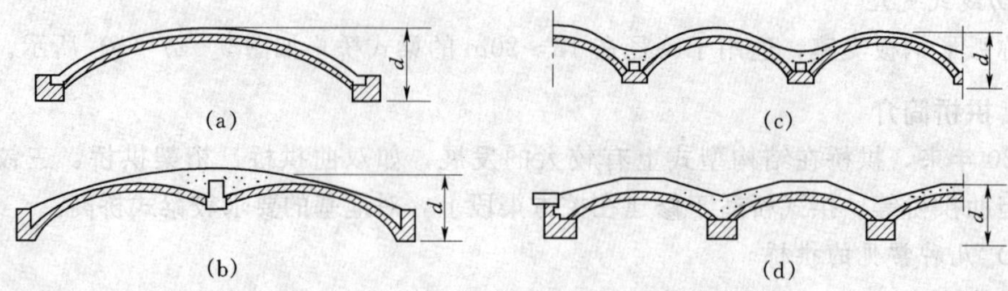

图 9-92 双曲拱桥主拱圈截面形式

(a) 单波；(b) 双波高低肋；(c) 多波浪式半波；(d) 多波折线式

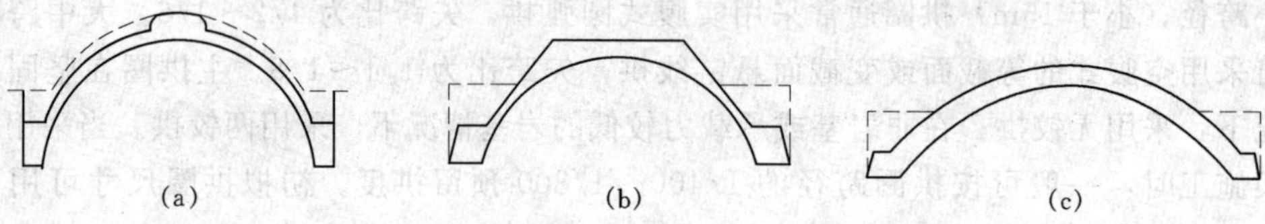

图 9-93 整体波双曲拱的横截面形式

(a) 高拱式；(b) 折线式；(c) 低拱式

$$d=\left(\frac{L_0}{100}+35\right)K \quad (\mathrm{cm}) \tag{9-51}$$

式中 L_0——主拱圈净跨径，cm；

K——系数，根据车辆荷载等级按表 9-13 确定。

表 9-13 荷载系数 *K* 值

荷载	汽车-20 级 挂-100	汽车-15 级 挂-80	汽车-10 级 履带-50	小于汽车-10 级
K	1.3～1.5	1.1～1.3	0.9～1.1	0.8～0.9

注 K 值的取用，随着跨径的增大而减小，随着矢跨比的减小而增大。当拱肋中距大于 2m，单波主拱圈及矢跨比小于 1/10 时，d 值宜适当加大。

小跨径的双曲拱圈的横向联系构件可用横系梁，较大跨径的可采用横隔板，其间距为 3～5m。横隔板的厚度为 15～20cm。

主拱圈及腹拱顶部的填料厚度（包括路面），一般为 30～50cm。

3. 桁架拱桥

桁架桥拱（图 9-94）的受力结构由预制的钢筋混凝土桁架拱片组成。其特点是结构轻巧，整体性强，造价较低，能适应较大跨径或在软土地基上建造。

4. 三铰拱桥

常用于单跨为 6～12m 的渠道上，一般都采用预制装配施工，跨径较大的可采用现浇施工。其具有构件轻、工程量小、节省钢材和水泥、施工简便等优点。拱圈顶设铰，对地基变形的适应性较好。

(1) 装配式三铰拱桥（图 9-95）。跨径小于 3m 时，拱片可用混凝土预制；跨径 3～9m 时，拱片用钢筋混凝土预制。拱圈（片）矢跨比常采用 1/6～1/8。简易公路桥拱片厚

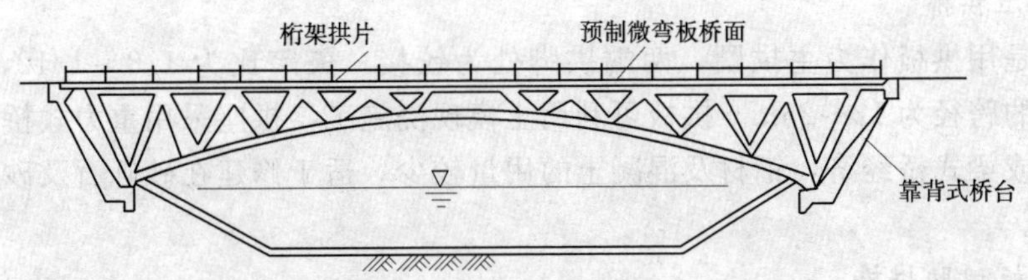

图 9-94 桁架拱桥

度约为 10～15cm；公路桥拱片厚度约为 15～18cm。拱上填土必须夯实，厚度不小于 30cm。当桥为多跨时，要求各跨跨径相等并外形对称。一般单跨跨径不大于 7m，且以不超过三跨为宜。

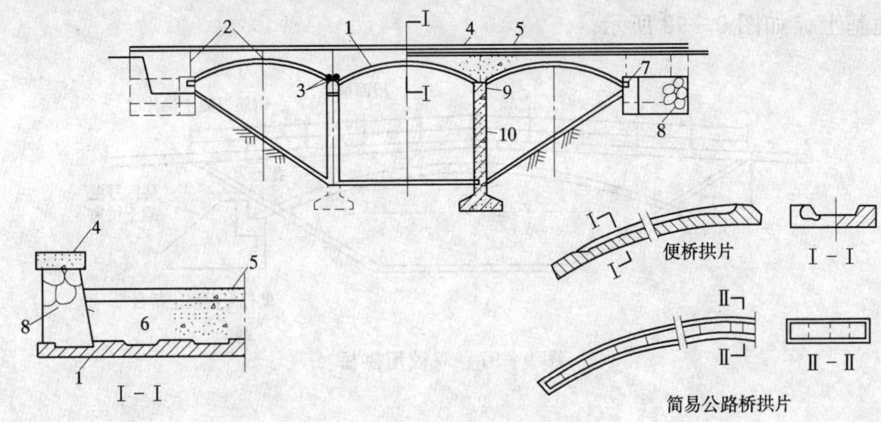

图 9-95 装配式三铰拱桥

1—钢筋混凝土拱片；2—变形缝；3—排水孔；4—混凝土边石；5—桥面铺装；6—素土夯实；7—混凝土拱座；8—水泥砂浆片石；9—带有拱座的排架横梁；10—钢筋混凝土排架

(2) 现浇微弯板三铰拱桥（图 9-96）。当桥跨大于 10m 时，在挖方渠道上利用土模现浇三铰微弯板。拱圈采用悬链线型，矢跨比在 1/5～1/8。拱波的矢跨比较小，常用 1/10～1/15。微弯板净宽为 80～160cm。

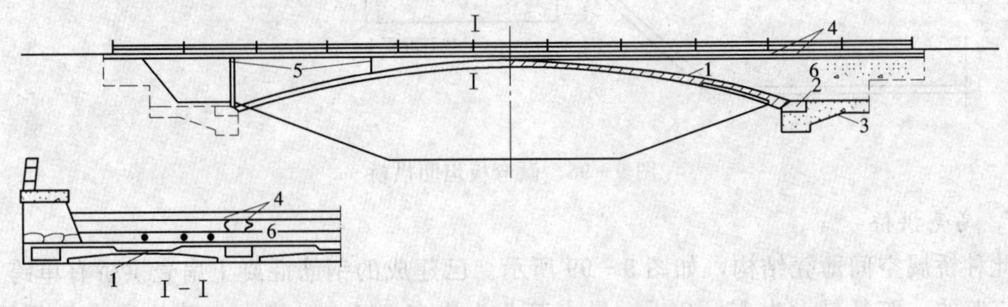

图 9-96 微弯板三铰拱桥

1—现浇微弯板拱；2—混凝土拱座；3—混凝土桥台；4—桥面铺装；5—变形缝；6—素土夯实

5. 双铰坦拱桥

该种桥是用拱板作为主拱圈，两端拱脚处为铰接，矢跨比为1/8～1/12，常采用1/10，其适宜的跨径为12～25m。拱板可利用土模现浇施工，拱座采用重力式桥台，比混凝土双曲拱桥或梁式桥经济，钢材及混凝土的用量较少，适于修建在砂砾石及砂质土等较密实的地基上。

6. 微弯板坦肋拱桥

此种桥是由矢跨比较小的预制矩形断面拱肋和预制少筋微弯板组成的。板与肋之间用预留钢筋连接浇二期混凝土，形成整体的拱圈。因矢跨比小，建筑高度低，适合建在宽浅渠道上。桥的上部结构为预制件，含筋率较大，便于无支架吊装施工。其用钢量介于梁式桥与双曲拱、微弯板三铰拱桥之间，而其上部结构的混凝土用量低于双曲拱桥，与微弯板三铰拱桥接近。其拱圈为无铰拱受力状态，对桥台的安全要求高，故宜建在承载力较高的砂砾土地基上。如图9-98所示。

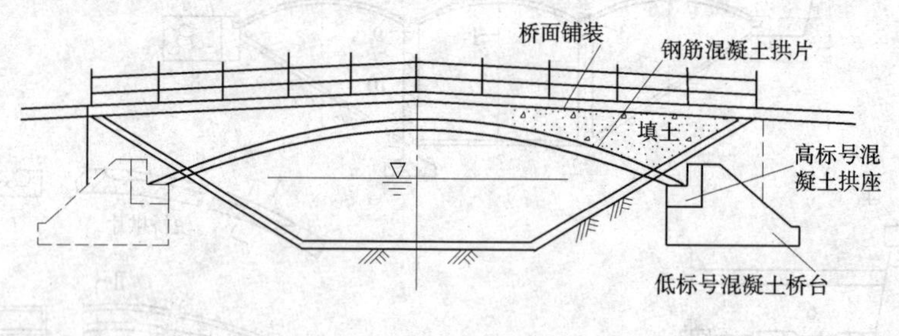

图9-97 双铰坦拱桥

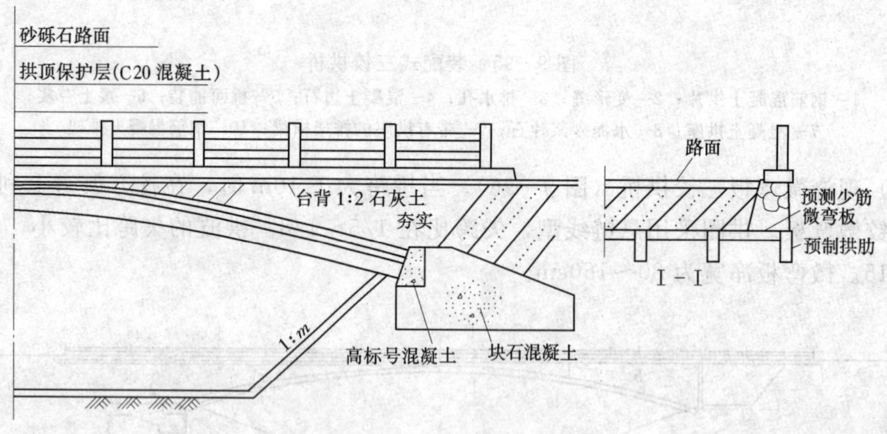

图9-98 微弯板坦肋拱桥

7. 扁壳拱桥

此种桥属空间薄壳结构，如图9-99所示。已建成的钢筋混凝土扁壳拱桥有单跨、双跨、三跨的，跨径最大为15～20m，最大荷载为汽车-15。纵横向矢跨比通常是相等的，约为1/10～1/12。

15m跨径的扁壳拱桥，比同跨径的梁式桥节省钢材显著，并可节省水泥。河南省曾

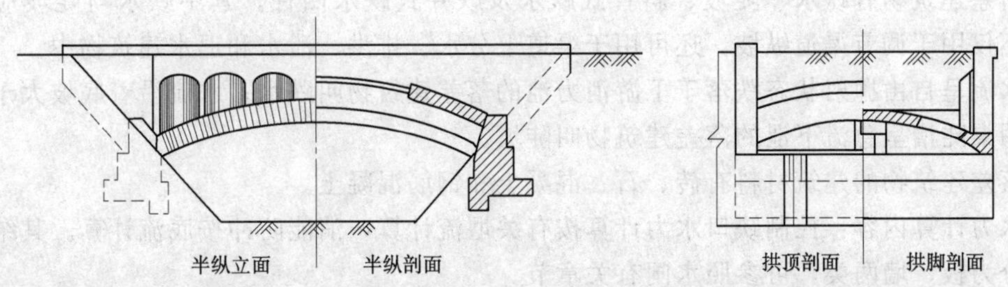

图 9-99 扁壳拱桥

修建了混凝土的和砖砌的扁壳拱桥，跨径为5～8m，荷载按解放牌汽车设计，使用情况良好，而造价仅为同类板拱桥的1/3～1/4。

其利用土模现浇（砌）施工，施工简便、进度快，宜建在宽浅的挖方渠道上。

（二）拱式桥的墩台

1. 重力式墩台

与梁式桥的重力式墩台基本相同。等跨径拱桥的实体墩宽度（永久荷载单向推力墩除外），对于混凝土墩一般取跨径的1/15～1/25；对于砌石墩取跨径的1/10～1/20，且不小于80cm。墩身向下放大的边坡为20∶1～30∶1。

2. 轻型桥台

跨径在16m以下的圬工拱桥，一般可采用轻型桥台（图9-100）。其型式有一字桥台、前倾桥台、Ⅱ形桥台、U形桥台、E形桥台等。

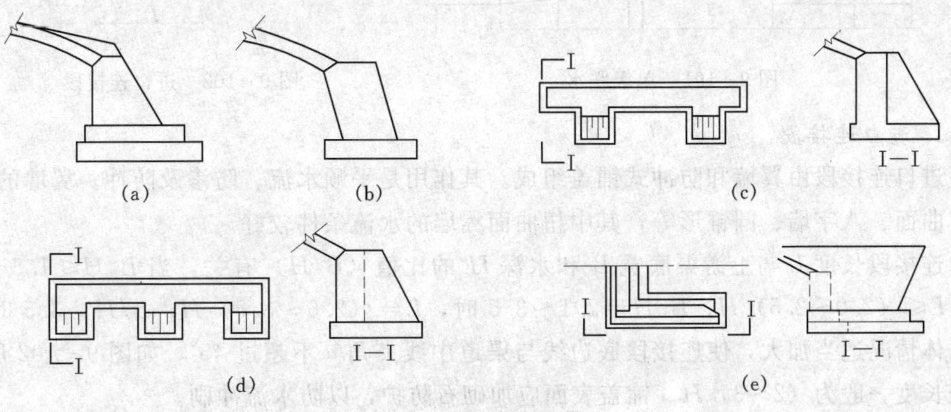

图 9-100 拱桥的轻型桥台

(a) 一字桥台；(b) 前倾桥台；(c) Ⅱ形桥台；(d) U形桥台；(e) E形桥台

第五节 跌水与陡坡

当渠道通过地面坡度过陡的地段或陡坎时，往往将水流的落差集中，并修建建筑物连接上下游渠道，以减少渠道的填方量并有利于下级渠道分水，使总体造价最低，这种建筑物称为落差建筑物。

落差建筑物有跌水、陡坡、斜管式跌水及跌井式跌水四种。其中跌水与陡坡应用最广，不仅用于调节渠道纵坡，还可用于渠道上分水、排洪、泄水和退水建筑物中。

水流呈自由抛射状态跌落于下游消力池的落差建筑物叫跌水；水流沿着底坡大于临界坡的明渠陡槽呈急流下泄的落差建筑物叫陡坡。

落差建筑物的建筑材料有砖、石、混凝土和钢筋混凝土。

水力计算内容：控制缺口水力计算按有关堰流计算，消能防冲按底流计算。其结构设计可分为板、墙两类，可参照水闸有关章节。

一、跌水

跌水的上下游渠底高差称为跌差。跌差小于3～5m时布置成单级跌水，跌差超过5m可布置成多级跌水，每级跌差控制在3～5m。跌差的大小可根据建筑材料及单宽流量选取。

单级跌水由进口连接段、跌水口、消力池和出口连接段组成，如图9-101所示。

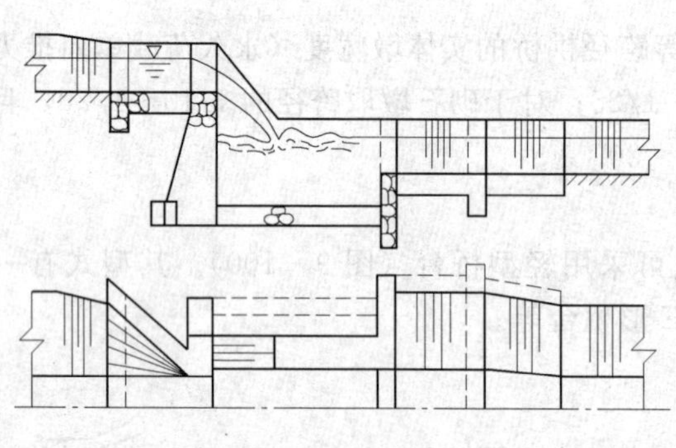

图9-101 单级跌水

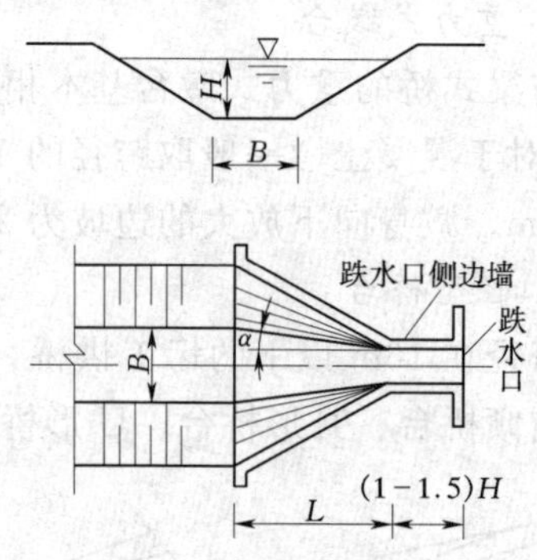

图9-102 进口连接段

1. 进口连接段

进口连接段由翼墙和防冲式铺盖组成。其作用是平顺水流、防渗及防冲。翼墙的型式有扭曲面、八字墙、圆锥形等，其中扭曲面翼墙的水流条件较好。

连接段长度 L 与上游渠底宽 B 和水深 H 的比值（B/H）有关，当 $B/H \leqslant 1.5 \sim 2.0$ 时，$L \leqslant (2.0 \sim 2.5)H$；$B/H = 2.1 \sim 3.5$ 时，$L = (2.6 \sim 3.5)H$；$B/H > 3.5$ 时，L 视具体情况适当加大，使连接段底边线与渠道中线夹角 α 不超过45°，如图9-102所示。铺盖长度一般为（2～3）H。铺盖表面应加砌石防护，以防水流冲刷。

2. 跌水口

跌水口亦称控制缺口，其作用是控制上游渠道水面线在各种流量下不会产生壅高或降低，是设计跌水和陡坡的关键。常将跌水口横断面缩窄成缺口，减小水流的过水断面，以保持上游渠道要求的正常水深。缺口形式有矩形、梯形、抬堰式、带缺口抬堰式，如图9-103所示。

（1）矩形跌水口。跌水口底部高程与上游渠底相同。缺口宽度设计按通过设计流量时，跌水口前的水深与渠道水深相近的条件控制。优点是结构简单，施工方便。缺点是在流量大于或小于设计流量时，上下游水位将产生壅高或降落，单宽流量大水流扩散条件不

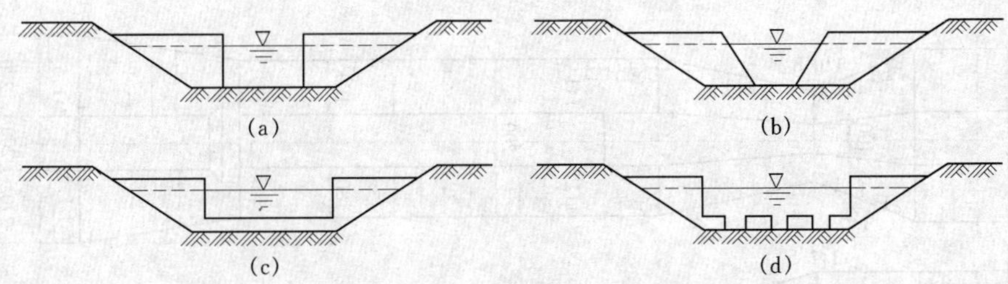

图 9-103 跌水口的断面形式图

好对下游消能不利。适用于渠道流量变化不大的情况，如图 9-103（a）所示。

(2) 梯形跌水口。跌水口底部高程与渠道相同，两侧做成斜坡。按两个特征流量设计缺口断面，使上游渠道不致产生过大壅水和降落现象。其单宽流量较矩形小，减小了对下游渠道的冲刷。适用于流量变化较大或较频繁的情况，如图 9-103（b）所示。

梯形跌水口的单宽流量仍较大，水流较集中，造成下游消能困难。当渠道流量较大时，常用隔墙将缺口分成几部分，减小对下游的冲刷。

(3) 抬堰式跌水口。在跌水口底部作一抬堰，其宽度与渠底相等。常做成无缺口抬堰，如图 9-103（c）所示；或作成带矩形小缺口抬堰，如图 10-103（d）所示。前者能保持通过设计流量时，使跌水口前水深等于渠道正常水深。但通过小流量时，渠道水位将产生壅高或降低，同时抬堰前易造成淤积，适用于含沙量不大的渠道。后者解决了淤积问题。

陡坡的控制缺口单宽流量 q_k 与上游单宽流量 q_0 的比值维持在 $q_k/q_0=1.3\sim1.6$ 范围，可防止因控制缺口单宽流量引起的下游冲刷。

3. 跌水墙

跌水墙有直墙和倾斜墙两种，多采用重力式挡土墙。由于跌水墙插入两岸，其两侧有侧墙支撑，稳定性较好。设计时，常按重力式挡土墙设计，但考虑到侧墙的支撑作用，也可按梁板结构计算。

在可压缩性的地基上，跌水墙与侧墙间常设沉降缝。在沉降量小的地基上，可将两者做成整体结构。

为防止上游渠道渗漏而引起下游的地下水位抬高，减小对消力池底板等的渗透压力，应做好防渗排水设施。设置排水管道时，应与下游渠道相连，如图 9-104 所示。

4. 消力池

跌水墙下设消力池，使下泄水流形成水跃式消能，设计原理同水闸，其长度尚应计入水流跌落到池底的水平距离。

5. 出口连接段

包括海漫、防冲槽、护坡等。其作用是消除余能，调整流速分布，使水流平顺过渡到下游渠道，保护渠道免受冲刷。出口连接段长度大于进口连接段。消力池末端常用 1：2 或 1：3 的反坡与下游渠底相连，水平扩散角度一般采用 30°～48°。

二、陡坡

陡坡由进口连接段、控制缺口（或闸室段）、陡坡段、消力池和出口连接段组成，如

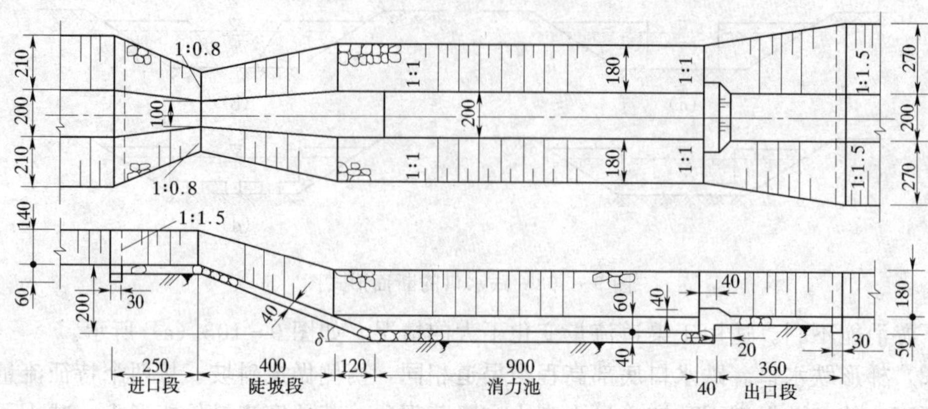

图 9-104 扩散形陡坡（单位：cm）

图 9-104 所示。

根据不同的地形条件和落差大小，陡坡也可建成单级或多级两种形式。后者多建在落差较大且有变坡或有台阶地形的渠段上。至于分多少级及各级的落差和比降，应结合实际地形情况确定。

陡坡的进口连接段和控制缺口的布置形式与跌水相同，但对进口水流平顺和对称的要求较跌水更严格，以使下泄水流平稳、对称且均匀地扩散，为下游消能创造良好条件。由于陡坡段水流速度较高，若其进口及陡坡段布置不当，将产生折冲波致使水流翻墙和气蚀等。

陡坡的控制缺口往往设计成闸利用闸门控制水位及流量，如图 9-105 所示。其优点是既能排沙又能保证下泄水流平稳、对称且均匀地扩散。陡坡与桥相结合时把控制缺口设计成闸往往是比较经济的。

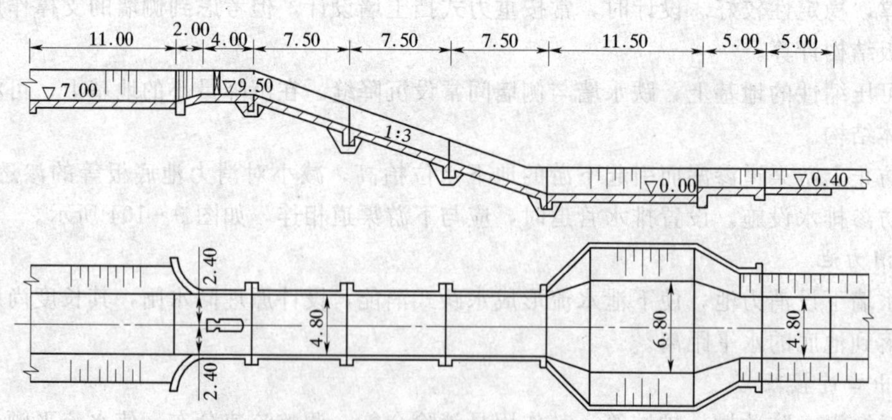

图 9-105 有闸控制的陡坡（单位：m）

1. 陡坡段的布置

在平面上应采用直线布置，陡坡底可做成等宽的、底宽扩散形或菱形三种。等底宽优点是结构简单，其缺点对消能不利，一般适用于落差较小的小型陡坡。就消能而言，扩散式或菱形较为有利。横断面常做成梯形或矩形。

(1) 扩散形陡坡。如图 9-104 所示，扩散形陡坡的布置主要是决定比降和扩散角。当落差一定时，比降（$\tan\delta$）愈大则底坡愈陡，工程量愈小。因此，在现有工程中多采用较大的比降，一般为 1∶3～1∶10。在土基上修建陡坡时，其最大倾角 δ 不能超过饱和土的内摩擦角 Φ（$\tan\delta<\tan\Phi$），以保证工程安全。土基上的陡坡，单宽流量不能太大，当落差不大时，多从控制堰口处起就采用扩散形式。平面扩散角 θ 可按下式估算

$$\tan\theta = 1.02\left[K/\sqrt[9]{P^2/(Q^2\tan^2\delta)}\right] \tag{9-52}$$

式中　P——落差，m；

Q——陡坡设计流量，m^3/s；

K——陡坡扩散系数，$K=0.8\sim0.9$，K 与 $\tan\delta$ 成反比，$\tan\delta$ 大时取小值；反之取大值。

上式适用范围为 $P=0.5\sim10$m，$\tan\delta=1/5\sim1/1.5$。

根据经验，扩散角 θ 值一般在 5°～7°范围内。

(2) 菱形陡坡。菱形陡坡的布置是上部扩散，下部收缩，在平面上呈菱形，如图 9-106 所示，并在收缩段的边坡上设置导流肋。这种布置能使水跃前后的水面宽度一致，两侧不产生立轴漩涡，使出口处流速分布均匀，从而防止或减轻下游的冲刷。一般用于落差在 2～8m（$\tan\delta=1/2\sim1/4$）范围内。

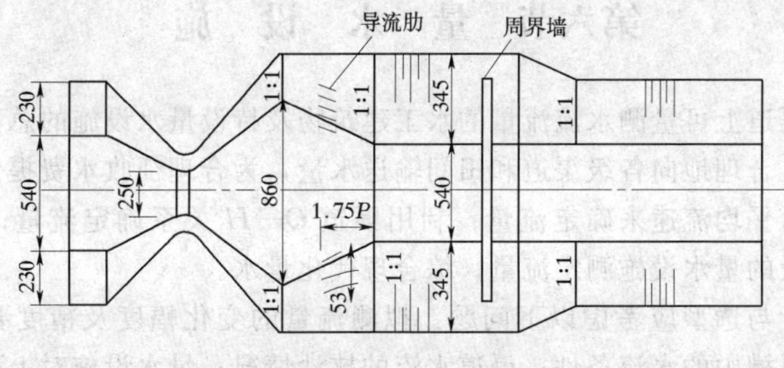

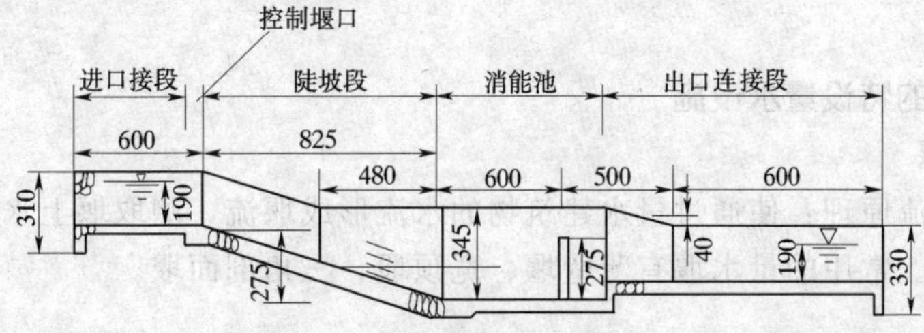

图 9-106　菱形陡坡（单位：cm）

(3) 陡坡段的人工加糙。在陡坡段进行人工加糙，调整了垂线上的流速分布，增加了紊流层，降低流速，增加水头损失，改善下游流态及消能，有明显的作用。其作用大小与人工加糙的布置形式、尺寸等有密切关系，一般大中型陡坡通过模型试验确定。设计时可参考《水工设计手册》等资料。常见的加糙形式有双人字形槛、交错式矩形糙条、单人字形槛、梅花形布置方墩等，如图 9-107 所示。

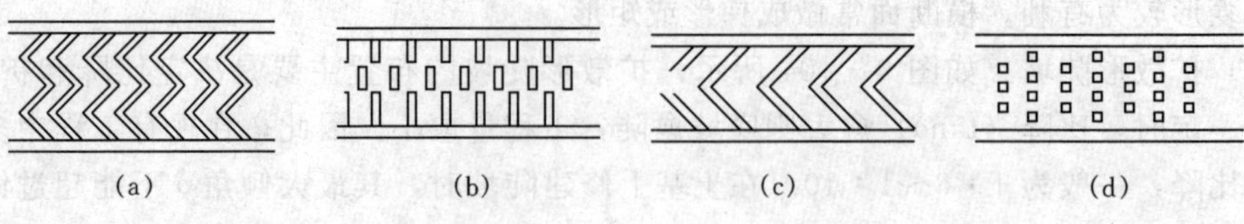

图 9-107　人工加糙

陡坡段加糙后，促使水流混乱，掺入大量空气，故水深加大，因此，陡槽段的侧墙要相应加高。糙条在高速水流作用下易产生气蚀，糙条应采用耐磨和抗气蚀材料做成。高速水流对糙条产生较大冲击力，糙条与应底板连成整体。陡坡段的构造可参考河岸溢洪道泄水槽部分。

2. 消力池及出口连接段

消力池断面常采用梯形，或者低于渠底的部分用矩形，高于渠底部分用梯形。为了提高消能效果，消力池中常设一些辅助消能工，如消力齿、消力墩、消力肋及尾槛等。

出口段采用反坡调整流速分布效果比较好，反坡可用 1∶2～1∶3。若消力池断面大于下游渠道断面，如图 9-105 所示，出口后衔接段在平面上的收缩应不小于 3∶1。护砌段的断面应与下游渠道一致，护砌长度一般约为 $L'=(8\sim15)h''$。在消力池消能良好的情况下，可缩短到 $L'=(3\sim6)h''$。

第六节　量　水　设　施

量水设施是渠道上可量测水流流量的水工建筑物及特设量水设施的总称。其作用是按照用水计划准确、合理地向各级渠道和田间输送水量，为合理征收水费提供依据。其测量方法有：测定渠道平均流速来确定流量；利用渠道 Q—H 关系确定流量；利用水工建筑物量水；利用特设的量水设施测定流量；综合现代化量水。

量水设施设计与选型应考虑以下问题：拟测流量的变化幅度及精度要求；明渠的尺寸、形状及行近渠槽中的水流条件；渠道水流的挟沙情况；量水设施对上下游水位变化幅度的要求。

一、渠道上的特设量水设施

（一）量水堰

量水堰的测流原理：使通过量水建筑物的水流形成堰流，测取堰上水头利用相应的堰流公式计算流量。常用的量水堰有薄壁堰、宽顶堰、三角剖面堰。

1. 薄壁堰

薄壁堰通常是在金属薄板上设置缺口制成。水流由缺口经过时具有锐缘堰流的性质，在距堰板上游一定距离处观测水位，即可按堰流公式或事先绘制好的水位流量图表得到流量。薄壁堰由行近渠道（含观测设施）、堰板、下游渠道三段组成（图 9-108），按堰板缺口形状分为矩形堰、梯形堰及三角形堰三种。

（1）矩形缺口薄壁堰。在竖直薄板上挖一矩形缺口而成，当堰宽等于行近渠槽的宽度时，则为等宽堰（即“无收缩”堰）。为了满足测流要求，堰板必须竖直并垂直于渠槽边

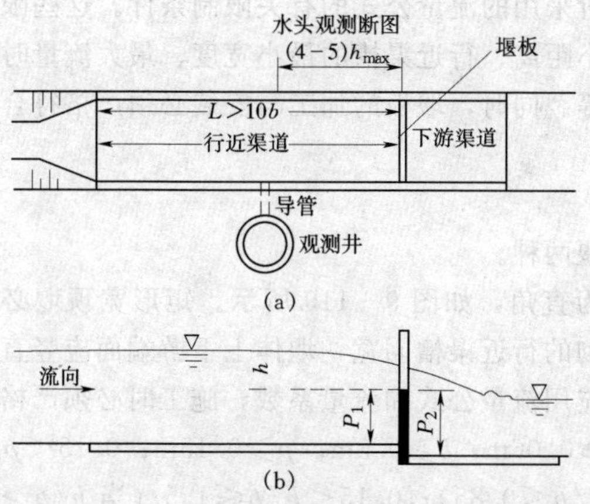

图 9－108 薄壁堰

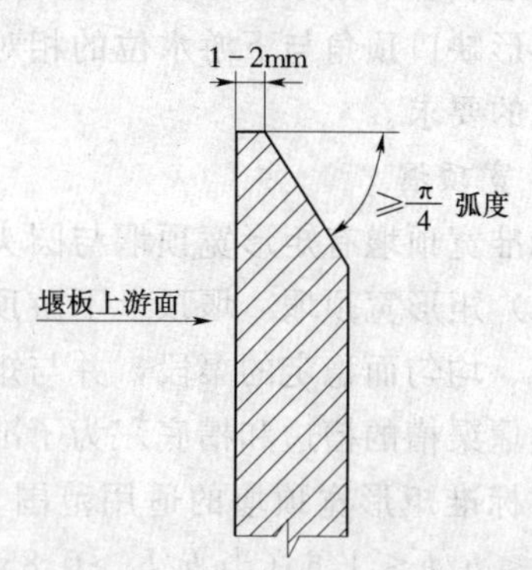

图 9－109 缺口顶部及侧缘细部

墙和槽底，缺口平分线至渠槽两侧边墙距离应相等。堰板上游面应光滑，堰板与渠槽边墙及底板的交接处必须牢固和不漏水，堰口侧缘和堰顶应加工成准确的 90°角，堰口厚度为 1～2mm，当厚度大于最大允许厚度时，则缺口下缘要加工成斜面，并使斜面位于下游。斜面和缺口顶面以及侧面的夹角不能小于 45°（图 9－109）。矩形薄壁堰的特点是可根据所测流量大小选择不同的缺口宽度，可测定的流量较三角形堰大，但堰前易引起泥沙淤积，流量小时精度较差，堰顶水头小于 6cm 形成不稳定贴流，失去测流功能。

当缺口顶面厚 1mm，斜面与缺口顶面夹角为 60°时流量计算可用雷伯克经验公式

$$Q=(1.782+0.24H/P)BH_0^{1.5} \tag{9-53}$$

$$H_0=H+0.0011$$

式中 Q——流量，m^3/s；

H——堰上水头，m；

H_0——修正后水头，m；

P——堰高，m；

B——堰宽，m。

上式适用范围 $H=0.06$～0.75m。

(2) 梯形缺口薄壁堰。缺口为上宽下窄的梯形，侧边通常为 4∶1，其特点与矩形堰相似。流量公式应通过实验率定或采用定型堰及相应公式。

(3) 三角形缺口薄壁堰。缺口为一顶点向下的对称三角形。其特点是，在较小流量时仍有较大水头，故能准确地测定小流量。这种堰的缺口常采用 90°夹角，也可根据所测流量变幅大小采用其他角度。堰板安装的技术要求与矩形薄壁堰相同。

当三角形缺口为 90°，顶面厚 1mm，斜面与缺口顶面夹角为 60°时可采用南京水利科学研究院标准地秤校正后的拟合经验公式为

$$Q=1.33H^{2.465} \tag{9-54}$$

式中 H——堰上水头，m，其适用范围为 $H=0.03$～0.25m。

薄壁堰的测流精度较高，适用于含沙量小、有足够落差且流量较小的渠道。薄壁堰制造简单，装设容易，造价较低，可单独使用，也可与渠系建筑物配合使用，可做成固定的

或活动的。薄壁堰设计的关键是必须遵守所采用的流量公式的有关限制条件。这些限制条件包括堰顶或三角形缺口顶角与池底的最小距离、行近渠槽的最小宽度、最大流量时堰顶或三角形缺口顶角与下游水位的相对高程等。同时，堰板的加工与安装必须严格符合标准所规定的要求。

2. 宽顶堰

标准宽顶堰有矩形宽顶堰与圆头平顶堰两种。

(1) 矩形宽顶堰。堰顶上下游顶角均为直角，如图 9－110 所示。矩形宽顶堰必须设在顺直、均匀而稳定的渠段，并与矩形衬砌的行近渠槽同宽，堰体上下游端面应竖直并垂直于建堰渠槽的槽边和槽底。为了准确地应用流量公式和流量系数，施工时必须严格控制尺寸。标准矩形宽顶堰的适用范围为：$h \geqslant 0.06$m；$b \geqslant 0.3$m；$p \geqslant 0.15$m；$0.15 < p/L \leqslant 4$；$0.1 < h/L \leqslant 1.6$（当 $h/L > 0.85$ 时，$h/p \leqslant 0.85$）；$0.15 < h/p \leqslant 1.5$（当 $h/p > 0.85$ 时，$h/L \leqslant 0.85$）。

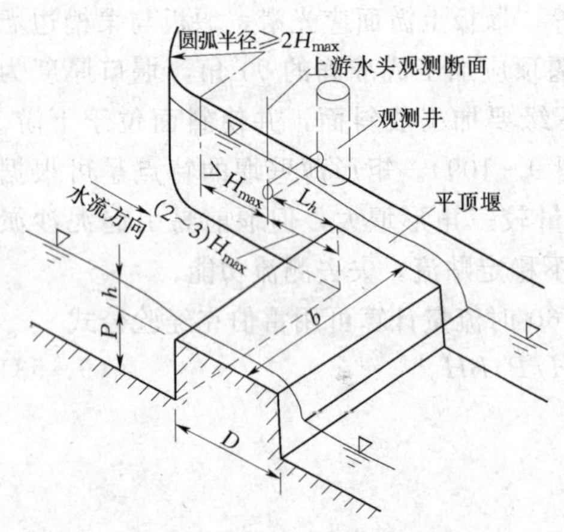

图 9－110　矩形宽顶堰

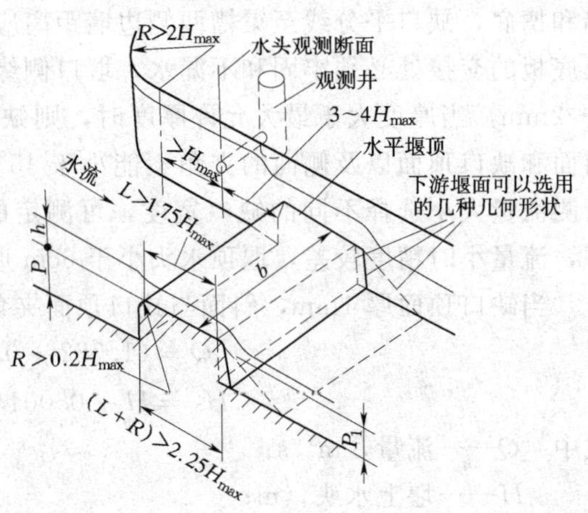

图 9－111　圆头平顶堰

其优点是外形简单，便于修建或装配安装，较经济，可用于较小水位差，适用于中等流量和大流量。其缺点是流量系数不固定，上游顶角容易损坏而影响量测精度。

(2) 圆头平顶堰。该堰是将矩形宽顶堰的上游顶角稍为修圆而成。其下游端可做成圆角或是铅直面或向下的斜坡，如图 10－111 所示。其布置及施工技术要求与矩形宽顶堰相同。圆头平顶堰的优点是：比矩形宽顶堰的流量系数大，提高了堰的耐久性，不易受局部损坏和堰上游淤积的影响。

3. 三角剖面堰

这种堰由 1∶2 的上游坡和 1∶5 的下游坡组成。两坡面相交形成直线堰顶，如图 9－112 所示，堰顶须水平且与行近渠槽水流方向正交。堰体可以截短，但 1∶2 坡段在平面上的投影尺寸不能小于 $1.0h_{max}$，1∶5 坡段的水平投影长度不能小于 $2.0h_{max}$（h_{max} 为上游最大水头）。堰顶必须坚固耐用，精确施工，堰顶角度需符合设计要求。堰体可现场整体浇筑，也可预制装配。这种堰的优点是，施工简单、耐久，当水流夹带杂质使堰体遭到轻微损坏时，对量测精度影响不大，可较其他堰型用于更小的水位差，适用于中等及大流

量，在使用条件限制范围内，是一种可靠的量水建筑物。这种堰型在英国使用广泛。其缺点是测定流量的变化幅度不大。

（二）量水槽

量水槽是一种在明渠内设置一缩窄段（喉道），使之在该段形成临界流，并于上游或上下特定位置量测水深，据以测定流量的量水设施，故又称临界水深槽。该缩窄段可由束窄渠道形成。也可由束窄渠道和拱起的渠底结合而成。这种量水槽有长喉道槽和短喉道槽两大类。

1. 长喉道槽

其特点是喉道较长，缩窄段内的水面线曲率较小。喉道中的水流几乎与槽底平行。通常由上游收缩段、喉道及下游扩散段组成（图 9－113）。喉道横断面型式有矩形、梯形、U形及三角形等。横断面型式的选择取决于拟测流量的变幅、精度要求、可用水头以及水流是否挟带泥沙等。矩形喉道槽较易修建，采用较多，适用于流量变化较小或测流精度要求不高的小流量的渠槽。梯形喉道槽适用于流量变幅较大以及要求精确测定小流量的渠槽。

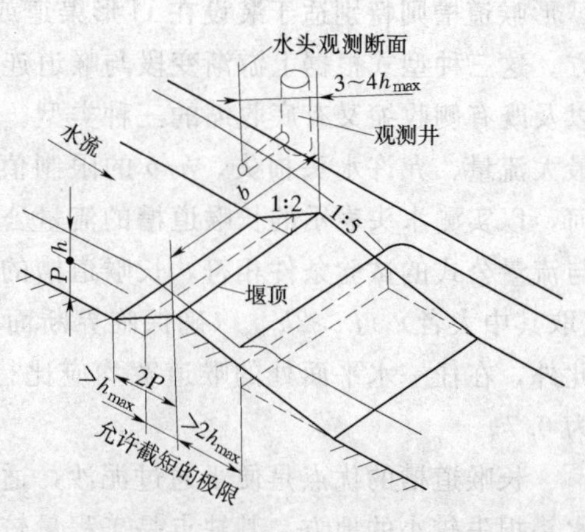

图 9－112 三角剖面堰

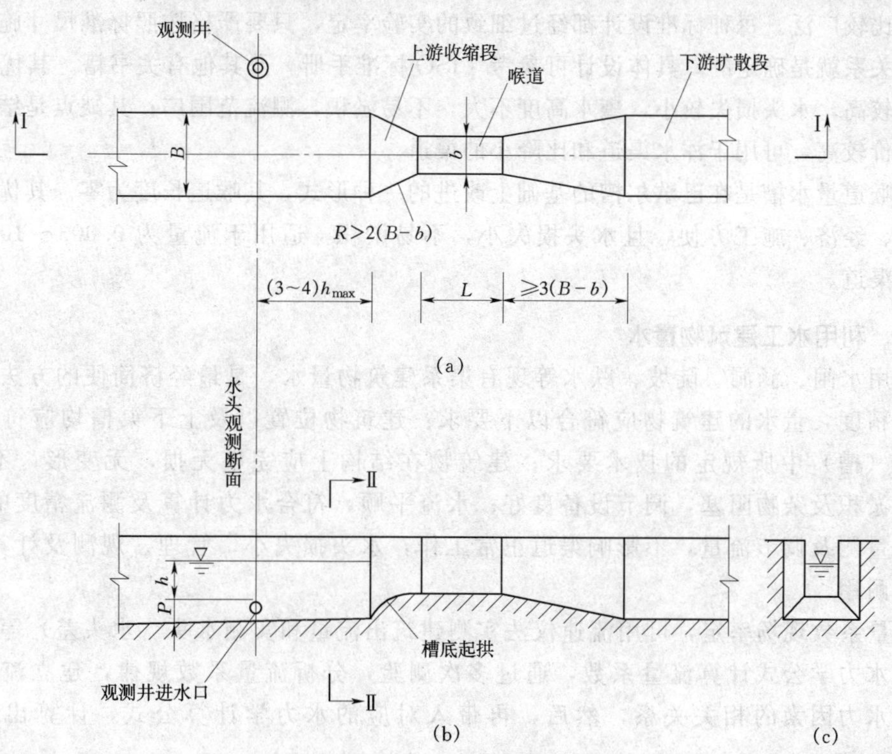

图 9－113 矩形长喉道槽

(a) 平面图；(b) 剖面Ⅰ-Ⅰ；(c) 剖面Ⅱ-Ⅱ

U 形喉道槽则特别适于装设在 U 形渠道或装在需测定 U 形及圆形断面管道下泄流量的地方。这三种型式根据上游渐变段与喉道连接处的收缩情况，又分只有侧收缩、只有底收缩以及既有侧收缩又有底收缩的三种类型。使用何种类型取决于相应各种流量的下游条件、最大流量、允许水头损失、h/b 的限制值以及水流是否挟带泥沙等。不论横断面形状如何，以实测水头表示的长喉道槽的流量公式的推导方法均相同。为确保量水槽的运行条件与流量公式的试验条件相符，长喉道槽的设计须遵循下述一些准则：$h \geqslant 0.05\text{m}$ 或 $0.05L$（取其中大者）；$L > 2h_{\max}$（确保临界断面处行成平行水流）；$b > 0.1\text{m}$；$h < 2\text{m}$；$h/b < 3$。此外，在任一水平面处的喉道宽均应比行近渠槽窄，对矩形喉道槽，其面积比上限规定为 0.7。

长喉道槽的优点是便于通过泥沙，适于挟沙水流；不易受下游水位影响；适用于允许水头损失较小的地方。其缺点是工程量较大。

2. 短喉道槽

长喉道槽的主要缺点是喉道长，工程量大。短喉道槽克服了这一缺点，其运行原理与长喉道槽相同。由于喉道短，水面线曲率较大，喉道内的水流与槽底不相平行，因此就不能从理论上预先计算水位—流量的关系，只能用现场率定或室内率定的方法加以确定。短喉道槽的类型很多，有卡法奇（khafagi）槽、巴歇尔槽、无喉道槽和 H 槽。

巴歇尔槽有 22 个标准设计及相应的流量计算公式，测流范围在 $0.1 \sim 93\text{m}^3/\text{s}$，在我国应用比较广泛。每种标准设计都经过细致的实验率定，只要严格按照标准尺寸施工，水位流量关系就是确定的。具体设计可参考《ISO 标准手册》及其他有关书籍。其优点是量水精度较高，水头损失较小，壅水高度不大，不易淤积，测流范围广；其缺点是结构较复杂，造价较高，可用于浑水渠道和比降小的渠道。

无喉道量水槽是在巴歇尔槽的基础上改进的一种形式，其喉道长度为零。其优点是结构简单、经济、施工方便，且水头损失小，不易淤积，适用于流量为 $0.003 \sim 10.0\text{m}^3/\text{s}$ 的清浑渠道。

二、利用水工建筑物量水

利用水闸、涵洞、陡坡、跌水等现有渠系建筑物量水，是最经济简便的方法。为保证测流精度，量水的建筑物应符合以下要求：建筑物位置以及上下渠槽均应符合上述量水堰（槽）中所规定的技术要求；建筑物在结构上应完整无损，无变形，不漏水，无泥沙淤积及杂物阻塞，调节设备良好；水流平顺，符合水力计算及测流精度的要求；能同时量测及调节流量，不影响渠道正常工作，水头损失小，管理、观测及计算方便，经济、耐用。

流量系数现场率定，可用流速仪法实测建筑出流量和实测水头（水头差）等水力要素，用水力学公式计算流量系数，通过多次测验，分析流量系数规律，建立流量系数与有关水力因素的相关关系，然后，再带入对应的水力学计算公式，计算出实际过流量。

三、综合现代化量水

综合现代化量水是指利用现代化技术设备进行自动化量水和遥测的远程自动化量水。

（1）选择平顺渠道段，利用数据采集系统测量流速，由平均流速可计算出流量。也可以利用实测水位流量关系，利用数据采集系统测得水位确定流量。利用数据采集系统既可以现场量水又可远程自动化量水。

（2）利用水工建筑物量水及渠道上的特设量水设施，可以采用数据采集系统进行自动化量水及自动化控制。

学习指导

（1）要求学习渡槽时主要掌握渡槽的水力计算、槽身横断面的形式和结构计算、横断面纵向支承形式。了解拱式渡槽的拱上结构形式以及主拱圈的结构布置。

（2）对倒虹吸管一节，主要掌握倒虹吸管的水力计算、管道布置型式以及进出口、镇墩等结构及接头等构造。

（3）对涵洞一节，主要掌握涵洞的定义、型式、特点及构造，了解涵洞的水力特点及布置要求。

（4）对渠道上的桥梁、陡坡与跌水、量水设施等节，要求学生进行一般性的概念了解。

小　结

本章主要讲述渡槽、倒虹吸管、涵洞、渠道上的桥梁、跌水与陡坡及量水设施等，它们是渠道上常用的几种水工建筑物。

第一节渡槽，渡槽一般由槽身、支承结构、基础和进、出口结构物等组成。设计渡槽时，不仅要考虑适宜的位置，进行水力设计、结构设计和稳定验算，还应注意设计的合理性和经济性。应多拟定几个方案（总体布置、结构形式及结构尺寸等），进行方案比较，从而得出经济合理的优化方案。

第二节重点掌握对倒虹吸管的水力计算和构造，结合工程实际情况进行了分析。管身断面是根据设计流量通过水力计算而确定的，可是，当通过最小流量时，进口处可能会发生水位跌落的不利现象，这要根据跌落高度分别采用消力池或斜坡段等措施加以解决。

第三节从涵洞的分类、流态、结构形式和工程布置。按流态不同进行分类，与隧洞相比，对流态的要求有所差异。对隧洞要求偏高，对涵洞要求较低，这是由于涵洞属于低水头建筑物，其重要性及破坏的影响往往比隧洞小的缘故。

第四节介绍渠道上的桥梁的类型、特点、组成及各部分的设计要点。

第五节重点介绍单级跌水和陡坡的组成及各部分的设计要点。其中跌水口的设计是关键，要求在各种流量通过时，上游渠道水位不产生过大的壅高和降落。为此，通常采用梯形跌水口较好。

第六节介绍渠道上的量水设施的类型、特点及组成及各部分的设计要点。

思　考　题

9-1　渡槽的适用条件是什么？

9-2　渡槽一般由哪几部分组成？各部分的作用是什么？

9-3　槽址选择和总体布置时应考虑哪些因素？

9-4　梁式与拱式渡槽各有何特点？选择的原则是什么？

9-5　槽底纵坡 i 的大小对过水断面有何影响？如何选择 i？

9-6　渡槽横断面有哪几种形状？各自的优缺点及适用条件是什么？

9-7　为什么槽底进口通常抬高，出口降低？

9-8　梁式渡槽根据支点位置不同，可分为哪几种形式？各自的优缺点是什么？

9-9　如何建立无拉杆矩形槽的计算简图？侧墙和底板配筋计算的控制条件是什么？

9-10　有拉杆矩形槽横向计算的关键是什么？其计算简图如何建立？

9-11　渡槽常用基础的种类、传力特点及适用范围是什么？

9-12　拱式渡槽主拱圈的形式有哪几种？构造上各有何要求？

9-13　槽身止水有哪些常用型式？

9-14　倒虹吸管与渡槽相比，各有何优缺点？

9-15　倒虹吸管一般由哪几部分组成？各部分的作用是什么？

9-16　倒虹吸管管路布置通常有哪几种形式？各自的适用条件是什么？

9-17　倒虹吸管管身断面形状通常有哪几种？各自的适用条件是什么？

9-18　如何确定倒虹吸管的横断面尺寸？

9-19　如何计算倒虹吸管的水头损失？试用公式说明。

9-20　涵洞有哪几种类型？各自的适用条件是什么？洞型选择的主要依据是什么？

9-21　涵洞水流形态有哪几种？如何避免产生不稳定流态？

9-22　涵洞布置时，应注意什么问题？

9-23　涵洞进出口型式通常有哪几种？各自的适用条件是什么？

9-24　涵洞上的作用通常有哪些？其与倒虹吸管有何异同点？

9-25　桥与渡槽有何异同点？

9-26　如何确定桥面净宽？

9-27　桥梁荷载及外力有哪几种？

9-28　渠系上的桥梁有何特点？

9-29　拱桥与板梁桥相比，各自的优缺点是什么？

9-30　梁式桥墩与拱式桥墩的主要区别是什么？各有几种类型？

9-31　陡坡、跌水各由哪几部分组成？各部分作用与水闸有何异同？

9-32　陡坡与跌水进口段布置有何不同？为什么？

9-33　陡坡平面布置有几种形式？其优缺点是什么？

9-34　特设量水设施有哪几种形式？

9-35　量水堰有几种形式？各自的优缺点、适用条件是什么？

第十章　水工建筑物抗冰冻设计

第一节　概　述

在我国北方地区，水工建筑物在冬季运行时常受到冰冻或地基土冻胀作用，使一些工程遭受不同程度的破坏。据1979年对黑龙江省查哈阳灌区的调查，有93座渠系建筑物因冻害作用而破坏，占总数的83%；1981年对吉林省梨树灌区216处工程的调查，有85处因为冻害遭受破坏，占总数的39.4%；新疆北疆地区，干、支渠的混凝土衬砌冻胀破坏占50%。由此可见，在我国东北、西北、华北等地区，水工建筑物受冰冻破坏非常广泛且相当严重。如20世纪30年代在黑龙江省建成的一座高7m的混凝土坝，就曾被厚达1m的冰层推断。

水工建筑物在冰、冻融、地基土冻胀作用下，结构发生破坏统称为冻害，地基土冻胀破坏通常简称为冻胀破坏。

一、建筑物基础冻胀破坏的类型

1. 平板式基础冻胀破坏类型

(1) 基础整体上抬。在基础轮廓比较简单，板基础面积较小，刚度较大，地基土冻胀较均匀的情况下，产生整体上抬位移，当位移超过允许限度，会影响建筑物的正常使用，基础板下沉时，不能完全复位会造成基础下面渗流加大，冲刷地基，危害建筑物的安全，如图10-1 (a) 所示。对某些基础板厚度较大或有冰盖层的基础，有时也会因基础侧面较大的切向冻胀力作用使分离式基础板上抬，造成基础板与地基产生孔隙，形成集中渗流，淘刷地基，造成水闸失事，如图10-1 (b) 所示。

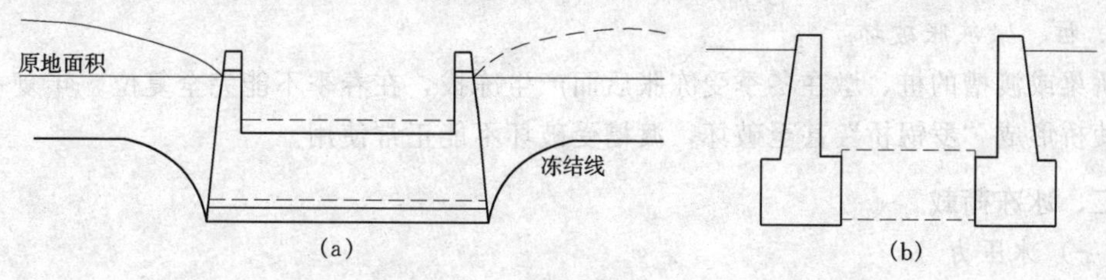

图10-1　基础整体上抬

(2) 基础板裂缝。当基础板边缘受到约束，板的刚度较小或基础边缘具有加筋基础(齿)，中间部分相对薄弱时，基础板中间部分出现裂缝。此种裂缝一般具有明显的规律性，且逐年增加，最后导致底板完全断裂，如图10-2所示。

对于面积较大的混凝土薄板，如水闸的护坦板、衬砌板，其冻胀裂缝分布和走向无一定规律，且随着逐年冻胀融沉作用，裂缝逐渐增多，宽度逐渐加大。

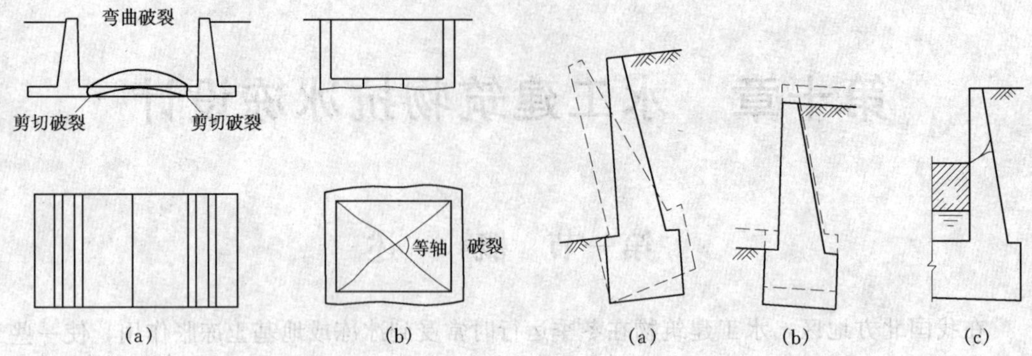

图 10－2　基础板规则破坏　　　图 10－3　挡土墙冻胀破坏类型

(3) 基础板不均匀上抬及隆起。对水闸、渡槽、涵闸等水利工程进出口部位，承受冻胀力不同，会出现不均匀上抬。涵洞基础板在地基不均匀冻胀作用下产生不均匀上抬，基础发生断裂。裂缝中往往被土填充，在基土融化时，由于端部地基融化较快，基础融沉造成反向弯曲裂缝，如此反复变位，最后导致接口部位错动、脱节漏水等问题。

2. 挡土墙冻胀破坏的类型

(1) 挡土墙的倾斜。因墙后回填土的冻胀使墙体前倾，墙体复位时的阻抗作用和土的堵塞而不能恢复原位。回填土体多年的冻融过程会累积增加墙体的前倾变位量，最终可能导致墙体倾倒，如图 10－3 (a) 所示。

(2) 挡土墙上抬。挡土墙的整体向上垂直变位常发生在挡土墙长度不大的独立墙体部位，墙体垂直向上变位超过允许值时，由于土体冻胀的阻抗作用和土的堵塞，常不能使墙基复位，如图 10－3 (b) 所示。

(3) 墙体的断裂。在冻结期间，挡土墙在水平冻胀力的作用下前倾变形受到墙前冰或冻土的约束时，因墙体强度不够而剪断，常常形成水平裂缝。当挡土墙基础位于冻土层内，由于沿长度方向地基土的不均匀冻胀和融沉作用，墙体常产生斜裂缝，如图 10－3 (c) 所示。

3. 桩、墩冻胀破坏

桥梁或渡槽的桩、墩在冬季受冻胀后而产生冻拔，在春季不能完全复位，年复一年的冻拔使桥形成“罗锅桥”甚至破坏，渡槽受破坏不能正常使用。

二、冰冻荷载

(一) 冰压力

在我国北方寒冷地区，由于负气温作用使河流、水库水面结冰。冰体对建筑物的作用称冰压力。冰压力可分为静冰压力和动冰压力。

1. 静冰压力

水库水面结冰后，当气温回升时，冰盖产生膨胀，则对建筑物产生挤压作用，称为静冰压力。

静冰压力的大小与冰厚、升温时的温度及升温速率有关，同时还与冰盖的支承情况有关。闸坝冰面升温时，作用于其表面单位长度上的静冰压力标准值按表 10－1 采用。静冰

压力的作用分项系数应采用1.1。

静冰压力垂直作用于结构物前沿，其作用点在冰面以下1/3冰厚处。

表10-1　　静冰压力标准值

冰层厚度（m）	0.4	0.6	0.8	1.0	1.2
静冰压力标准值（kPa）	85	180	215	245	280

注 1. 冰层厚度取多年平均年最大值。
2. 对小型水库静冰压力值乘以0.87的系数；大型平原水库应乘以1.25的系数。
3. 表中静冰压力标准值适用于结冰期水库水位基本不变的情况。
4. 静冰压力数值可按表列冰厚内插。

2. *动冰压力*

当冰盖融解形成冰块，并随水流运动时，对建筑物的撞击作用称动冰压力。作用于铅直坝面或其他宽长建筑物上的动冰压力标准值可按下式计算（动冰压力作用分项系数采用1.1）

$$F_{bk} = 0.07vd_i\sqrt{Af_{ic}} \tag{10-1}$$

式中　F_{bk}——冰块撞击建筑物时产生的动冰压力，MN；

v——冰块流速，m/s，宜按实测资料确定，当无实测资料时，对于河流可采用水流流速，对水库可采用历年冰块运动期最大风速的3%，但不宜大于0.6m/s，对于过冰建筑物可采用该建筑物前流冰的行近流速；

A——冰块面积，m^2，可由当地或邻近地点的实测或调查资料确定；

d_i——流冰厚度，可采用当地最大冰厚的0.7～0.8倍，流冰初期取大值；

f_{ic}——冰的抗压强度，MPa，宜由实验确定，当无试验资料时，对于水库，可采用0.3MPa，对于河流，可采用0.45～0.3MPa。

作用于前沿铅直的三角形，独立墩柱上的动冰压力，可分别按式（10-2）、式（10-3）计算冰块的切入和撞击两种情况下的冰压力，并取其中的小值

$$F_{P1} = mf_{ib}d_ib \tag{10-2}$$

$$F_{P2} = 0.04vd_i\sqrt{mAf_{ib}\tan\gamma} \tag{10-3}$$

式中　F_{P1}——冰块切入三角形、圆形、矩形等墩柱时产生的动冰压力，MN；

F_{P2}——冰块撞击三角形墩柱时产生的动冰压力，MN；

m——墩柱前沿的平面形状系数，按表10-2采用；

γ——三角形夹角的一半，(°)；

f_{ib}——冰的抗挤压强度，MPa，流冰初期采用0.75MPa，后期为0.45MPa；

b——在冰作用高程处的墩柱前沿宽度。

表10-2　　形状系数 *m* 值

平面形状	夹角为2γ的三角形					矩形	多边形或圆形
	45°	60°	75°	90°	120°		
m	0.54	0.59	0.64	0.69	0.77	1	0.9

（二）冻胀力

在寒冷地区，由于负气温的作用，基础土壤中细颗粒及水分产生冻胀现象。而地基土的冻胀受到建筑物的约束时，则冻胀土对其产生冻胀力。冻胀力与当地的负气温、地基土质、地下水情况、建筑物的埋深、断面形状等有关。根据冻胀力对建筑物的作用方向不同，冻胀力可分为切向冻胀力、水平冻胀力、竖向冻胀力。

1. 切向冻胀力

对表面平整的混凝土桩、墩基础，在无竖向位移的条件下，作用于其侧表面的冻胀力称切向冻胀力。单位切向冻胀力标准值 τ_t（kPa）可按表 10-3 采用；作用在结构侧面的总切向力标准值可按式（10-21）计算。

表 10-3　　单位切面冻胀力标准值

地表土冻胀量 Δh（mm）	20	50	120	220	>220
τ_t（kPa）	20	40	80	110	111～150

注　1. τ_t 值按表列冻胀量内插。
2. 冻胀量宜按建筑物所在地的实测资料确定。无资料时，可按《水工建筑物抗冰冻设计规范》确定。

2. 水平冻胀力

对于挡土墙等结构，在标准冻深大于 0.5m 地区的薄壁挡土墙，当墙前地面至墙后填土顶部的高差小于 5m 时，在无水平位移的条件下，作用于挡土墙后的水平冻胀力为三角形分布(图 10-5)。σ_{ht} 表示单位水平冻胀力标准值（kPa），可按表 10-4 采用。作用在墙体侧面的水平冻胀力的合力标准值可按式（10-19）计算。对于冻深大于 0.5m 的地区，墙前后填土面高差大于 5m 的薄壁挡土墙和其他型式的挡土墙，水平冻胀力的计算应经专门研究确定。

表 10-4　　单位水平冻胀力标准值

墙后计算点冻胀量 Δh_a（mm）	20	50	120	220	>220
σ_{ht}（kPa）	30	50	90	120	121～170

注　1. 表中 Δh_a 为距墙前面 $0.25H$ 高度处墙后土的冻胀量。
2. σ_{ht} 值可按表列冻胀量内插。

3. 竖向冻胀力

在标准冻深大于 0.5m 的地区的水闸、涵洞和其他具有板型基础的建筑物，当基础埋深小于设计冻深时，作用在基础板底部的冻胀力称竖向冻胀力。用 σ_{vt} 表示单位竖向力标准值（kN/m^2），其值可按表 10-5 采用；作用在单块基础板底上的总冻胀力标准值可按式（10-15）计算。

表 10-5　　单位竖向冻胀力标准值　　单位：kPa

单块基础板面积（m^2）		5	10	50
地表冻胀量 Δh（mm）	20	100	60	50
	50	150	100	80
	120	210	150	120
	220	280	210	170
	>220	281～360	211～280	171～230

注　1. 表中 σ_{vt} 值可按表列冻胀量和基础板底面积内插。
2. 本表不适用于单块基础板边长小于 2.0m 和长宽比大于 5 的基础。

第二节　抗冰冻设计基础

一、影响地基土冻胀的因素

季节冻土的冻胀是受冻土中的土颗粒组成、水分、负气温、土体密度、外荷载、建筑物变形主要因素综合作用的结果。其中“水、土、温”是产生地基土冻胀不可缺少的三个自然因素。

1. 土颗粒组成对土体冻胀的影响

土颗粒的大小对土体冻胀性有显著的影响。土颗粒愈小其比表面（表面积/粒径）积愈大，与水相互作用的能量也愈高，影响土体冻结过程水分迁移能力愈强。对于水分、温度及冻结条件相似的情况下各类土的冻胀性由强到弱大致是按下列顺序而递减：粉质土、亚砂土＞亚黏土＞黏土＞砾石土（小于 0.05mm 粒径的含量不超过 12%）＞粗砂＞砂砾石，从中可以看出土颗粒粒径与土体冻胀性的关系。土体密度越大冻胀性越小。

2. 水分对土体冻胀的影响

土中水分的多少是引起土体冻胀的主要因素之一。地表土层中的水分主要来自地表水的渗入和地下水的补给两个方面。土体在冻结过程中，不会导致地下水迁移补给造成较大冻胀的最小距离称地下水不冻距，用土体冻结锋面至地下水位间的最小距离表示，其与土质有关，黏土为 2.0m，壤土为 1.8m，砂壤土为 1.0m，砂土为 0.5m。利用地下水不冻距一般可以判定土体有轻微的冻胀或不冻胀。并非所有含水的土体冻结时都会产生冻胀，只有当土中的水分超过一定界限值之后才产生冻胀。通常将这个界限含水量称之为起始冻胀含水量。当土体冻胀率 $\eta<1\%$ 时，对建筑物的稳定性影响很小，此时土体的含水量称之为安全冻胀含水量。几种典型土的起始冻胀含水量及安全冻胀含水量见表 10-6。土体密度越大含水量越小，其冻胀性越小。

表 10-6　　几种典型土的起始冻胀及安全冻胀含水量

土名	黏土	黏土	亚黏土	亚砂土	亚砂土
塑限含水量 W_p（%）	19.1	15.7	21.0	10.5	10.2
起始冻胀含水量 W_o（%）	13.0	12.0	18.0	10.0	8.0
安全冻胀含水量 W_c（%）	20.0	17.0	22.0	13.0	12.0

3. 温度对土体冻胀的影响

黏性土处于封闭系统条件下，土体的冻胀率与负气温关系可分为以下三个阶段：第一个阶段是自土体冻结开始温度起至－3℃左右，此阶段土体的冻胀剧烈，冻胀量约占最大冻胀量的 70%～80%；第二阶段是土体负气温处于－3～－7℃，土体冻胀增长缓慢，此阶段冻胀量约占最大冻胀量的 15%～20%；第三阶段是土体温度处于－7～－10℃，土体冻胀缓慢，土体冻胀量约占最大冻胀量的 5%左右。对于中粗砂三个阶段的冻胀温度分别为 0～－1℃、－1～－2℃、－2～－3℃。土体的冻结速率（单位时间冻结的厚度）与土体冻胀的强弱关系也极为密切，土体冻结速率大土体冻胀性就弱，冻结速率小冻胀性就强。

4. 荷载对土体冻胀的影响

土体外部附加荷载会对土体冻胀产生显著的抑制作用。其降低了冻土的冰点和引起土体内水分的重分布。当荷载增加到等于土粒中冰水界面所产生的界面能量时，冻结面就不能吸水，土体冻胀停止，这时的荷载被称为“中断压强”。对于粉质土来说，其中断压强约为 300～500kPa。当土的干密度大于 1.6g/cm^3，并有大于 25kPa 的外荷载时，地基土不会产生冻胀。

5. 建筑物变形对地基土冻胀力的影响

土体在冻结过程产生冻胀的内力。在无约束条件时土体的内力所做的功表现为土体的冻胀。当土体冻胀受到约束时土体对约束体产生冻胀力。“冻胀”和“约束”是产生冻胀力的必要与充分条件。有些建筑物允许变形大大削弱冻胀力，甚至使冻胀力削减为零。

二、抗冻设计基本参数

（一）冻结深度

季节冻土区表层土中的水分，在负气温作用下自地表开始冻结，并将土颗粒胶结在一起形成冻土。随着负气温的增加，土的冻结深度逐渐向下加深。当冻土传导的负气温与融土的热交换平衡时，土层的冻结深度不再发展，地表土层的冻结深度达到最大。地表土层的冻结深度简称为冻深。

地表土层的冻结深度与冻结指数有关。冻结指数是按气象台站观测的每年日平均气温计算。自日平均负气温出现的日期开始至日平均气温为正温时止。在此期间负气温的代数和的最大值称为负气温指数或冻结指数（℃·d)。

1. 表土层的标准冻深

气象台站观测地表土层多年的冻深平均值，称之为标准冻深。当修建工程地点附近气象台站观测冻深资料少于 10 年或无资料时，可根据当地的观测数据插补 10 年以上的气温资料，计算出冻结指数多年平均值，再按下式计算工程地点标准冻深

$$Z_k = A\sqrt{I_0} \tag{10-4}$$

式中　Z_k——工程地点标准冻深，cm；

I_0——负气温指数的多年平均值，℃·d；

A——与 I_0 有关的系数，按表 10-6 取值。

表 10-7　A　值　表

I_0	100	300	500	800	1000	1200	1500	1800	2000	2200	2400	2600	2800
A	2.90	3.01	3.13	3.31	3.44	3.58	3.79	4.01	4.17	4.33	4.50	4.68	4.86

注　本表允许内插取值。

2. 设计冻深

设计冻深系指工程地址各计算点冻结深度的设计取用值，可按下式计算

$$Z_d = \phi_f \psi_d \psi_w Z_k \tag{10-5}$$

其中

$$\psi_d = a + b\psi_i \tag{10-6}$$

$$\psi_w = \frac{1+\alpha e^{-Z_{wo}}}{1+\alpha e^{-Z_{wi}}} \tag{10-7}$$

式中 Z_d——设计冻深，m；

ϕ_f——冻深年际变化的频率比系数，根据标准冻深值可由图 10－4 查得，1、2、3 级建筑物按频率为 5%的曲线；4、5 级建筑频率为 10%的曲线；

ψ_d——日照及遮阴程度影响系数，可按式（10－6）确定；a、b 值，详见《水工建筑物抗冻设计规范》（SL 211—98）附录 B；

ψ_i——典型断面（$N-S$，$B/H=1.0$，$m=1.0$）某部位 i 的日照及遮阴程度修正系数，详见《水工建筑物抗冻设计规范》（SL 211—98）附录 B；

ψ_w——计算地下水影响系数，可按式（10－7）确定；

Z_{w0}——邻近气象台（站）的地下水位深度，m，对于黏土、重、中壤土，当 $Z_{w0}>3.0$m 时，可取 $Z_{w0}=3.0$m，对于轻壤土、砂壤土，当 $Z_{w0}>2.5$m 时，可取 $Z_{w0}=2.5$m，对于砂，当 $Z_{w0}>2.0$m 时，可取 $Z_{w0}=2.0$m；

α——系数，可按表 10－8 取值；

Z_{wi}——计算点的地下水位深度，m，可取计算点地面（开挖面）至当地冻结前地下水位的距离（对于挡土墙，计算点取距墙前地面以上 1/4 墙后填土高度处的位置）。

表 10－8　　α 值表

土类	黏土、重、中壤土	轻壤土、砂壤土	砂
α	0.79	0.63	0.42

3. 基础设计冻深

基础设计冻深系指计算点基础外露表面算起的冻深，可按式（10－8）计算

$$Z_f = Z_d + \psi_a d_s - 1.67\delta_i \qquad (10-8)$$

式中 Z_f——基础设计冻深，m；

ψ_a——基础材质修正系数，混凝土、浆砌石基础可取 0.35，干砌石基础可取 0.30；

δ_i——基础上面冰层厚度，m；

d_s——基础板厚度，m。

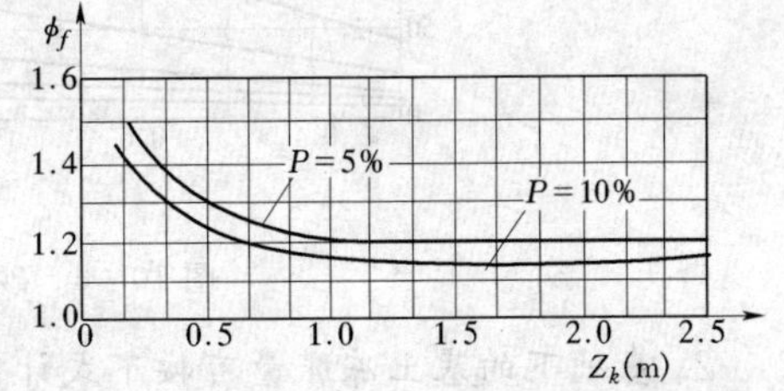

图 10－4　标准冻深与频率模比系数关系曲线

基础下土的冻深可按下式计算

$$Z_b = Z_f - d_s \qquad (10-9)$$

式中 Z_b——基础下土的冻深，m。

（二）土的冻胀量计算

1. 地表冻胀量

年冻结周期内冻结前地表至冻结期内地表在法线方向的最大差值称地表冻胀量。1、2、3 级建筑物的天然地表冻胀量宜通过现场观测确定。当实测有困难时，按下列方法确定地表冻胀量：①黏、壤性土的地表冻胀量可查图 10－5，当计算在冻结期内有承压水或充分的外来水补给时，应取逸出点或补给水表面为冻前地下水位，并按图 10－11 查得冻胀量再增加 10%～15%，当设计冻深大于 1.8m 时，地表冻胀量可按设计冻深 1.8m 取值；②砂性土（砂土、砂壤土）的冻胀量可查图 10－6，当计算点的设计冻深大于 1.6m

时，地表冻胀量可按设计冻深等于 1.6m 取值。

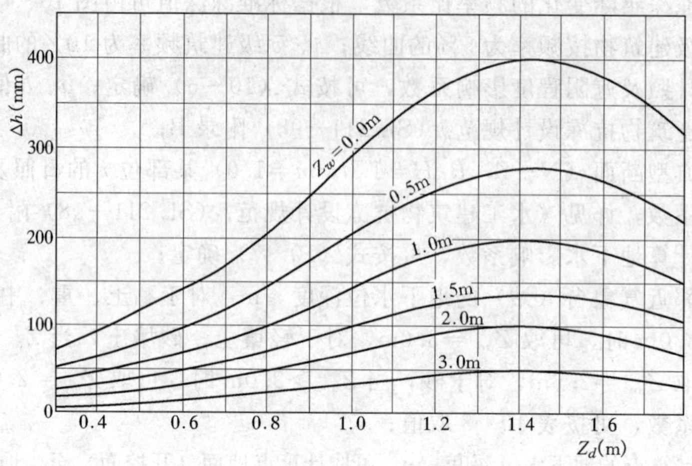

图 10-5　黏性土地表冻胀量取值图

Δh—冻胀量；Z_d—设计冻深；Z_w—冻前地下水位

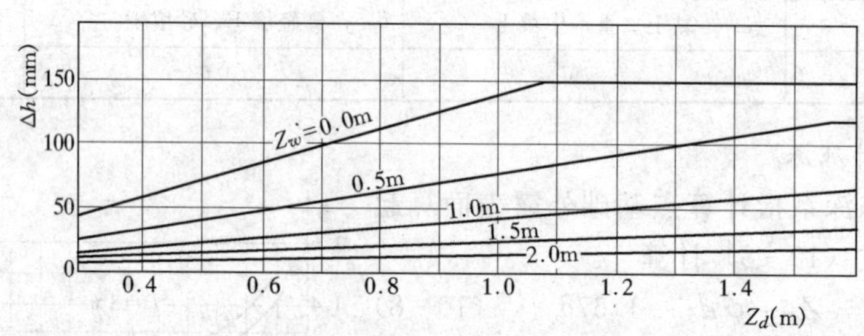

图 10-6　砂性土地表冻胀量取值图

2. 基础下的基土冻胀量可按下式计算

$$\Delta h' = \alpha_p \Delta h Z_b / Z_d \tag{10-10}$$

$$\alpha_p = e^{-\beta p} \tag{10-11}$$

式中　β——与季节冻结层内地基土的干密度 ρ_d 有关的系数，可按表 10-9 取值；

p——计算点地基的荷载强度，kPa；

$\Delta h'$——基土冻胀量，mm；

Δh——地表冻胀量，mm；

α_p——荷载修正系数。

式（10-10）的适用范围为 $\rho_d \geqslant 1350\text{kg/m}^3$。当 $\rho_d < 1350\text{kg/m}^3$ 时，取 $\rho_d = 1350\text{kg/m}^3$。

表 10-9　　β 值 表

ρ_d (kg/m³)	1350	1400	1450	1500	1550	1600	1650	1700	1750
β	0.034	0.025	0.018	0.014	0.010	0.007	0.005	0.004	0.003

（三）土的冻胀性分类

在季节冻融层内，土中粒径小于 0.05mm 的土粒等于或小于总土重 6%的土为“非冻胀性土”。土中粒径小于 0.05mm 的土粒含量大于 6%的土为“冻胀性土”。根据冻胀量的大小，可将土的冻胀性分为Ⅰ～Ⅴ级，$\Delta h \leqslant 20$mm 为Ⅰ级，$20 < \Delta h \leqslant 50$mm 为Ⅱ级，$50 < \Delta h \leqslant 120$mm 为Ⅲ级，$120 < \Delta h \leqslant 220$mm 为Ⅳ级，$\Delta h > 220$mm 为Ⅴ级。

三、抗冰冻设计所需基本资料

（1）气象资料主要为年平均气温、最冷月平均气温、日平均最低气温、负气温指数、冬季风向和风速。应采用条件相似的邻近气象台（站）的资料，其统计年限不得小于10年。

（2）冰情资料主要为封冰（冻）日期、解冰（冻）日期，流冰历时、冰厚、冰块尺寸、冰流量、流冰总量、流冰种类及性质、武开江概率。

（3）地质资料主要为工程地点基土的种类、颗粒成分、密度、天然含水率、冻前地下水位。

第三节 抗冰冻结构设计

抗冰冻结构设计包括抗冰结构设计、抗冻胀结构设计。抗冰结构设计是针对静冰压力、动冰压力及流冰期的冰排对各种水工建筑物的作用，而应采取的结构措施。对寒冷地区，由于结冰厚度薄、冰块小、强度低，对水工建筑物的破坏力弱，采取一些结构构造措施即可满足工程要求。对严寒地区的水工建筑物，应按《水工建筑物抗冰冻设计规范》（SL 211—98）的有关规定进行专门论证、试验后确定。

抗冻结构设计的原则是：对于浅埋的基础，在满足工程使用及结构安全的条件下，尽量采用适应冻胀“变形”的结构形式，以减少冻胀力对建筑物的作用；对于深埋的基础，把基础埋于冻深以下避开冻胀力；优化建筑物布置形式，利用建筑物的“荷载”抵御冻胀力，亦可以充分利用冻胀反力抵御冻胀力。

一、渠道衬砌与暗管

（一）渠道衬砌

渠道衬砌属于“浅埋”式基础，主要受竖向冻胀力，选择的结构形式尽量适应地基变形，适当分缝，削减竖向冻胀力。对标准冻深大于 0.1m 地区的渠道衬砌与暗管均应进行抗冻胀设计。

1. 衬砌稳定性

衬砌渠道的冻害，主要是因渠床冻胀造成衬砌体变位过大所致。衬砌体具有厚度小、自重轻、所受约束力小等特点，其不能抑制冻胀力时，衬砌隆起乃至断裂。因此，利用衬砌的自重、结构型式、材料等特性，使其具有一定的抗冻胀稳定性。衬砌冻胀稳定性应满足下式要求

$$\Delta h' \leqslant [\Delta h'] \tag{10-12}$$

式中 $[\Delta h']$——渠道衬砌结构允许法向位移值，mm，按表 10-10 选取；

$\Delta h'$——渠道基土冻胀量，根据不同的朝向、地质条件进行分段计算，在各分段选择1～2个具有代表性的横断面，通过观测或按式（10-5）和式（10-10）确定断面上各代表性计算点（如渠底、坡脚、坡中、坡顶）的基础设计冻深和基土冻胀量。对于地下水位高出渠底、渠底有积水（冰）或有傍渗水补给的渠道，确定其设计冻深时，在水（冰）面或傍渗水逸出点以上1.0m范围内的边坡，按地下水深度 $Z_w=0$m 计算；确定其冻胀量时，在该点以上0.5m范围内的边坡，按地下水深度 $Z_w=0$m 计算。

表 10-10　渠道衬砌结构允许法向位移值[$\Delta h'$]　　单位：mm

断面形式＼衬砌材料	混凝土	浆砌石	沥青混凝土	备　注
梯形断面	5～10	10～30	30～50	1. 深度大于3.0m的渠道，衬砌板单块尺寸大于5.0m或边坡陡于1：1.5时，取表中小值； 2. 断面深度小于1.5m的渠道，衬砌板单块尺寸小于2.5m或边坡缓于1：1.5时，取表中大值； 3. 1、2、3级工程取小值
弧形断面	10～20	20～40	40～60	
弧形底梯形	10～30	20～50	40～60	
弧形坡脚梯形	10～30	20～50	40～60	
整体式U形槽或矩形槽	20～50	30～60	—	
分离挡墙式矩形断面的底板	40～50	50～60	70～80	

2. 衬砌结构的选择

从表10-10可以看出，梯形断面护砌抗冻性差，整体式U形槽或矩形槽抗冻性好，可以适应基土冻胀量的渠道。

当渠床土的冻胀性为Ⅰ、Ⅱ级时，宜采用弧形断面或弧形底梯形断面。宽浅渠道宜采用弧形坡脚梯形断面、整体式混凝土U形槽衬砌，其圆弧直径应小于2.0m，圆弧上部直线段的坡度应小于1：0.2，斜坡长度不应大于0.5m；梯形混凝土衬砌渠道，可采用架空梁板式（预制Π形板）或预制空心板式结构。

当渠床土冻胀性属Ⅲ、Ⅳ、Ⅴ级时，对于渠深不超过1.5m的宽浅渠道，宜采用矩形断面，渠岸用挡土墙式结构，对于渠底用平板结构，墙与板连接处设冻胀变形缝；对于小型渠道可采用地表式整体混凝土U形槽或矩形槽，槽底应设置非冻胀性土置换层，槽侧回填土高度应小于槽深的1/3；小型渠道还可采用桩、墩等基础支撑输水槽体，使槽体与基土脱离；小型渠道也可采用暗渠或暗管输水。

3. 冻胀变形缝

刚性材料衬砌渠道的分缝应适应冻胀变形，减少"约束"，削弱"冻胀力"。沿渠线方向每隔3～5m设置一横向缝，缝形可用矩形或梯形，缝宽20～30mm。沿渠周方向间隔1～4m设置纵向缝，缝形可采用铰形、梯形或矩形，如图10-7所示，缝宽20～40mm；变形缝内填充黏结力强、变形性能较大的材料。

4. 渠坡稳定要求

(1) 土质渠道或以土石料护面的埋铺式膜料防渗渠道应采用适应冻胀融沉变形的断面形式（弧底梯形或弧形坡脚梯形），宽深比宜大于1.0，边坡系数可根据类似工程经验选定。

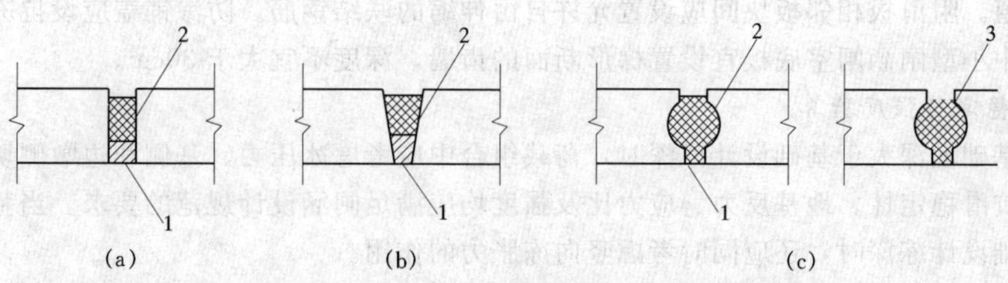

图 10-7 冻胀变形缝形式

(a) 矩形缝；(b) 梯形缝；(c) 铰形缝

1—填充料；2—弹塑性胶泥；2—弹塑性止水带

(2) 渠床土冻胀性为Ⅲ、Ⅳ、Ⅴ级的大、中型渠道，应以融冻层交界面或土工膜交界面为滑动面，验算边坡稳定性。如不满足要求，可采用换填、排水、支挡等综合工程措施。

(3) 为防止边坡冻融滑坍，渠坡可采用土工编织布砂（土）袋分层砌筑或土工带拉锚固定。坡脚埋设土工布砂（土）袋镇脚。渠坡表面也可采用生物护面。

(二) 暗管

对标准冻深大于 0.1m 地区的暗管应进行抗冻胀设计。冬季通水的暗管属于“深基础”，要深埋避开冻胀力。冬季通水的暗管（渠）顶面的埋置深度应等于或大于设计冻深。如埋于冻层内，必须论证其抗冻胀稳定。冬季不通水的暗管应排空管内的积水，其埋深应根据土的冻胀性、冻深、冻胀量分布的实测资料和管道允许变形量确定。在无实测资料的情况下，当土的冻胀性属Ⅰ、Ⅱ级时可根据具体情况比设计冻深小 10%～20%；当属于Ⅲ、Ⅳ、Ⅴ级时应不小于设计冻深。当井管不能满足抗冻拔要求时，应采取削减或消除切向冻胀力的措施。

二、闸涵建筑物

板型基础主要承受竖向冻胀力，根据冻胀性及建筑物形式，合理选择深埋、浅埋及结构形式。标准冻深大于 0.5m 地区的河道和渠系水闸、涵洞和其他具有板型基础的建筑物应进行抗冻胀设计。

1. 基础埋深的确定

当地基土冻胀性属Ⅰ、Ⅱ级时，各级闸涵基础埋深可小于基础设计冻深。当地基土冻胀性属Ⅲ级时：1、2、3 级水闸的基础埋深（不包括反滤排水层）不应小于基础设计冻深；4、5 级闸涵的基础埋深可小于基础设计埋深；当地基土冻胀性属Ⅳ、Ⅴ级时各级闸涵基础埋深均应大于或等于基础设计冻深。

2. 结构与布置

冻胀性地基上的闸涵宜采用整体式闸室结构、锚固梁（板）式基础，加强结构单元的整体刚度。闸涵的布置宜减小建筑物与冻土的接触面积。在满足地基承载力要求时，宜增大地基压强。在满足防渗、防冲和水流衔接条件的同时，宜缩短进出口长度。

严寒地区的河道中水闸结构宜采用直墙式，闸室边墩后部填土属Ⅲ、Ⅳ、Ⅴ级冻胀性时，宜采用边墩与岸墙分离式。冬季暴露的大中型水闸的上游阻滑板（铺盖）、消力池底板和护坡，宜减小分块尺寸。分块的边长约为 8～10m，靠近边墙或厚度较薄的板，边长

宜取小值。阻滑板相邻板块间应设置允许自由伸缩的联结钢筋。防渗铺盖应设抗冻性接缝止水。中小型闸涵闸室底板宜设置梯形断面的齿墙，深度不宜大于30cm。

3. 稳定与强度验算

当基础埋深大于基础设计冻深时，荷载组合中应考虑冰压力、基侧和边墩侧切向冻胀力。其抗滑稳定性、地基反力、应力比及强度均应满足闸涵设计规范的要求。当基础埋深小于基础设计冻深时，还应同时考虑竖向冻胀力的作用。

作用于单块基础板底面积上的竖向冻胀力标准值可按下式计算

$$F_v = m_a \alpha_0 \sigma_v A \tag{10-13}$$

$$m_a = 1 - ([S]/\Delta h)^{1/2} \tag{10-14}$$

基础板上无冰层时 $$\alpha_0 = (1 - d_t/Z_f)^{3/2} \tag{10-15}$$

基础板上有冰层时 $$\alpha_0 = [1 - (d_t + \delta_i)/Z_f]^{3/2} \tag{10-16}$$

式中 F_v——作用在单块基础板底面上的竖向冻胀力标准值，kN；

m_a——竖向位移影响系数；

α_0——基础厚度影响系数；

σ_v——单位竖向冻胀力标准值，kPa，按表10-5取值；

$[S]$——建筑物基础允许产生可复位的垂直位移值，mm，可按表10-11取值；

d_t——计算点的基础厚度，m；

A——单块基础板底面积，m²；

其他符号意义同前。

竖向冻胀力的作用分项系数可取1.1。

表10-11　基础允许冻胀竖向位移值[S]

建筑物类型及结构部位		[S] (mm)		
		1、2级建筑物	3级建筑物	4、5级建筑物
涵闸进出口基础板		0	15	25
闸室段、洞身段钢筋混凝土基础		0	10	15
钢筋混凝土陡坡段底板、消力池底板、护坦板	有侧向约束	0	15	25
	无侧向约束	0	20	30

三、挡土墙

挡土墙主要承受水平冻胀力，当浆砌石挡土墙面不光滑时也可以产生切向冻胀力，当挡土墙小于埋深时还存在竖向冻胀力。根据地基土冻胀特性，合理选择埋深控制或避开竖向冻胀力，合理地控制水平位移以削减水平冻胀力，同时要防止挡土墙水平位移太大导致前倾破坏。

（一）结构型式与布置

（1）建于冻胀性地基土上和墙后回填冻胀性土的挡土墙宜选用适应冻胀变形能力的结构。平面布置宜避免直角，宜采用圆弧形。墙后宜减小填土高度，并应做好排水措施。Ⅳ、Ⅴ级冻胀性地基上的独立式挡土墙基础宜采用扩大式条形基础。

（2）Ⅲ、Ⅳ、Ⅴ级冻胀性地基上的挡土墙基础埋深不应小于基础设计冻深。Ⅰ、Ⅱ级冻胀性地基上的挡土墙基础埋深可小于基础设计冻深，但必须满足挡土墙在冻胀力作用和地基土融化时的稳定和结构强度要求。

(3) 冻胀性地基上的挡土墙宜每隔 8～12m 设置沉陷缝，每段墙体基础宜布置在土质均匀的同一高程上。

(4) 浆砌石挡土墙面应平整光滑，可用水泥砂浆或沥青抹平。

(二) 稳定和强度验算

挡土墙基础埋深等于或大于基础设计冻深且挡土面比较光滑时，可只考虑水平冻胀力的作用。基础埋深小于基础设计冻深时，除水平冻胀力外，还应考虑竖向冻胀力的作用。

标准冻深大于 0.5m 的地区，冻胀性地基上的挡土墙应验算其在冻胀力和冰压力作用下的结构强度、抗滑稳定、抗倾覆稳定、地基应力、合力偏心矩。墙前地面至墙后填土顶面之间的高差 $H_t \leqslant 5$m 的薄壁挡土墙，单位水平冻胀力沿墙高的分布按图 10-8 确定，水平冻胀力的合力标准值可按下式计算

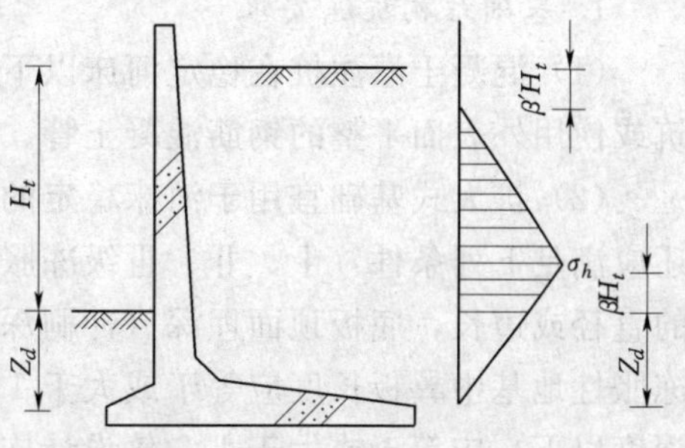

图 10-8 单位水平冻胀力分布图

$$F_h = \frac{m_a C_f \sigma_{ht}}{2}\left[H_t(1-\beta') + \frac{Z_d \beta H_t}{Z_d + \beta H_t}\right] \tag{11-17}$$

$$m_a = 1 - ([S_H]/\Delta h_d)^{0.5} \tag{11-18}$$

式中 F_h——水平冻胀力合力标准值，kN/m；

m_a——墙体变形影响系数；

C_f——挡土墙迎土面边坡修正系数，可按表 10-12 取值；

σ_{ht}——最大单位水平冻胀力标准值，kPa，按表 10-4 取值；

H_t——自墙前地面算起的墙后填土高度，m；

β、β'——最大单位水平冻胀力高度系数、非冻胀区深度系数，按表 10-13 取值；

$[S_H]$——计算点允许水平位移值，mm，悬臂式挡土墙可取 (8～10) βH_t；

Δh_d——挡土墙后计算点土的冻胀量，mm，取墙前地面以上 $H_t/4$ 处为计算点。

水平冻胀力的作用分项系数可采用 1.1。

表 10-12　C_f 值表

迎土面坡比	0.0	0.1	0.2	0.3	0.4
C_f	1.00	0.90	0.85	0.81	0.79

表 10-13　β、β' 值表

墙后土冻胀性级别	Ⅰ、Ⅱ	Ⅲ	Ⅳ	Ⅴ	注
冻胀量 Δh_d (mm)	$\Delta h_d \leqslant 50$	$50 < \Delta h_d \leqslant 120$	$120 < \Delta h_d \leqslant 220$	$\Delta h_d > 220$	当 H_t 小于或等于 2m 时取 β' 等于零
β	0.15	0.30	0.45	0.5	
β'	$\leqslant 0.20$	$\leqslant 0.15$	$\leqslant 0.08$	$\leqslant 0.08$	

四、桥梁和渡槽

桩主要承受切向冻胀力，切向冻胀力形成冻拔力，桩表面光滑可减少冻拔力。在抗冻

结构设计中，采用大跨度桥梁和渡槽，利用自重荷载抵御冻拔力；采用扩大基础，利用冻胀反力抵御冻拔力。标准冻深大于1.0m的地区，当土的冻胀性属于Ⅲ、Ⅳ、Ⅴ级时，桥梁和渡槽的桩（墩）基础应进行抗冻拔稳定和强度验算，如果按非冻胀荷载组合条件设计的桩（墩）基础不满足抗冻拔条件，应以抗冻拔条件控制。

1. *基础结构抗冻要求*

(1) 混凝土灌注桩在稳定河床以下大于1.2倍设计冻深范围内的桩段，应使用模板浇筑或使用外表面平整的钢筋混凝土管、钢管作套管。管的外径与桩径一致。

(2) 扩大式基础宜用于河床稳定的条件，且翼板长度和埋深在满足承载力要求的同时还应满足下列条件：Ⅰ、Ⅱ、Ⅲ级冻胀性地基中，翼板长度可取（0.8～1.0）倍桩（柱）的直径或边长，底板顶面埋深（冲刷深度以下）应等于或大于1.2倍设计冻深；Ⅳ、Ⅴ级冻胀性地基中翼板长度应等于或大于1.5倍桩（柱）直径或边长。底板顶面的埋深（冲刷深度以下）应等于或大于1.2倍设计冻深。

(3) 排架式基础的底梁宽度不宜小于3倍桩（柱）直径或边长，厚度不宜小于0.3m。底梁的埋深应符合以上的规定。

(4) 墩台基础在冻层内宜做成正梯形的斜面。在满足现行《建筑地基基础设计规范》(GB J7—89) 中规定的刚性角的条件下，其坡比不宜陡于7∶1。斜面应平整，可用水泥砂浆抹平。基础底面的埋深宜大于基础设计冻深的1.2倍。

(5) 当采用大头桩基础，其大头上表面的埋置深度应大于设计冻深，大头直径不宜小于2.5倍桩径。同时，应保证冻层范围内桩壁平整。

2. *基础的稳定与强度抗冻验算*

进行Ⅲ、Ⅳ、Ⅴ级冻胀性地基中的桥梁和渡槽基础抗冻拔稳定和强度验算时，应取基础全约束工作状态，即冻拔位移量为零。

(1) 基础所受的总切向冻胀力标准值可按下式计算

$$T_\tau = \psi_e \psi_r \tau_t U Z_d \tag{10-19}$$

式中　T_τ——基础所受的总切向冻胀力标准值，kN；

τ_t——单位切向冻胀力标准值，kPa，按表10-3取值；

U——冻土层内基础横截面周长，m；

Z_d——基侧土的设计冻深，m；

ψ_e——有效冻深系数，可按表10-14确定；

ψ_r——冻层内桩壁糙度系数，表面平整的混凝土基础可取1.0。

表10-14　　有效冻深系数 ψ_e

土类	黏土、粉质黏土			重、中壤土			砂壤土、轻壤土		
冻前地下水位至地面的距离（m）	>2.0	2.0～1.0	<1.0	>1.5	1.5～0.8	<0.8	>1.0	1.0～0.5	<0.5
ψ_e	0.6	0.8	1.0	0.6	0.8	1.0	0.6	0.8	1.0

(2) 桩、墩基础的抗冻拔稳定可按下式验算

$$\psi\gamma_Q\gamma_0 T_\tau \leqslant 1/\gamma_D(\gamma_G P + \gamma_G G + \gamma_F F_s) \tag{10-20}$$

式中 ψ——设计状况系数，可按持久状况取 1.0；

γ_0——结构重要性系数；建筑物为 1 级时取 1.1，2、3 级取 1.0，4、5 级取 0.9；

γ_Q——可变作用分项系数，可取 1.1；

γ_D——结构系数，可取 1.1；

γ_G——永久作用分项系数，可取 1.0；

P——作用于桩（墩）顶的恒载，kN；

G——桩、墩自重及墩台基础边上的土重，kN；

γ_F——可变作用分项系数，可取 0.9；

F_s——冻层以下基础与冻胀土之间的总摩阻力，kN，按式（10-22）计算。

（3）桩、墩基础的结构抗拉强度可按下式验算

$$\gamma_0\gamma_Q T_\tau - \gamma_G P - \gamma_G G_f - \gamma_F F_i \leqslant (l/\gamma_D) f_y A \qquad (10-21)$$

式中 G_f——验算截面以上基础的自重，kN；

F_i——验算截面以上至冻结面暖土的摩阻力，kN；

f_y——对于钢筋混凝土结构，为受力钢筋强度设计值，kN/mm^2；

A——验算截面的横截面面积，对钢筋混凝土结构，A 为纵向受力筋截面积之和，mm^2。

（4）基础侧壁与暖土之间的总摩阻力可按下式计算

$$F_s = 0.4\sum(f_{si}Z_iU_i) \qquad (10-22)$$

式中 F_s——基础侧壁与暖土之间的总摩阻力，kN；

f_{si}——冻结层以下基础侧壁与各层暖土之间的单位极限摩阻力，kPa；

Z_i——冻结层以下基础侧壁与各层暖土之间的接触长度，m；

U_i——冻结层以下各暖土层范围内基础截面的平均周长，m。

桩基础应在全长内配置钢筋。其抗冻拔强度验算应取设计冻深处和所有受力钢筋截面变化处的断面。

扩大式基础、排架式和大头桩基础抗冻拔强度验算应取桩（柱）与底板（底梁、大头）连接根部截面、所有受力钢筋截面变化处和设计冻深处的截面。

第四节 抗冰冻措施

抗冰冻措施包括抗冰措施、抗冻胀措施。

一、抗冻胀措施

抗冻胀措施就是改变产生地基土冻胀的自然因素以削减或消除冻胀的措施。“水、土、温”是地基土产生冻胀不可缺少的三个自然因素，改变任何一个因素均可改变其冻胀性，从而抗冻的目的，采用这样的方法经济效益十分可观。

（一）保温措施

负气温是产生土体冻胀的主要影响因素之一。保温措施是利用保温材料或利用水层改变负气温与土体的热交换条件，减少土的冻结深度或改变基土或回填土温度场的形状，从

而达到削减或消除土体冻胀的方法。

1. 保温层厚度的计算

(1) 一般估算。可按修建工程地点设计冻深的 1/10～1/15 确定聚苯乙烯板的厚度。

(2) 等效厚度法。是根据保温基础总热阻应与天然冻土层总热阻等效的原理计算保温层厚度。按下式计算

$$Z_d = \lambda^* \left(\frac{1}{\alpha} + \frac{\delta}{\lambda} + \frac{s}{\lambda_s}\right) \tag{10-23}$$

其中

$$\alpha = 13\sqrt{V}$$

式中　Z_d——工程地点设计冻深，m；

λ^*——等效导热系数，kJ/（m·h·℃），取地基土平均导热系数的 1/3～1/4；

α——地表放热系数，一般工程上可取 $\alpha=15$；

V——当地平均风速，m/s；

δ——基础或墙体平均厚度，m；

λ——墙体材料的导热系数，kJ/（m·h·℃）；

λ_s——保温层材料的导热系数，kJ/（m·h·℃）；

s——保温层厚度，m。

(3) 采用水层保温时，保温水层的厚度宜大于当地平均最大冰厚，或按下式计算

$$H_s \geqslant 0.6(Z_d - 0.7\delta) \tag{10-24}$$

式中　H_s——保温水层厚，m。

2. 保温材料铺设结构型式

(1) 板式基础。保温基础的结构型式根据基础稳定和强度要求选用，可采用叠层式或夹层式结构，如图 10-9（a）所示；保温基础四周根据基础形式、施工条件等具体情况，可选用水平保温段或竖向保温帷幕两种方法之一，以消除周边影响，如图 10-9（b）所示。水平保温段长度或竖向保温帷幕深度按下式计算

$$L_b = H_b = Z_d - \delta \tag{10-25}$$

式中　L_b——水平保温段长度，m；

H_b——竖向保温帷幕深度，m。

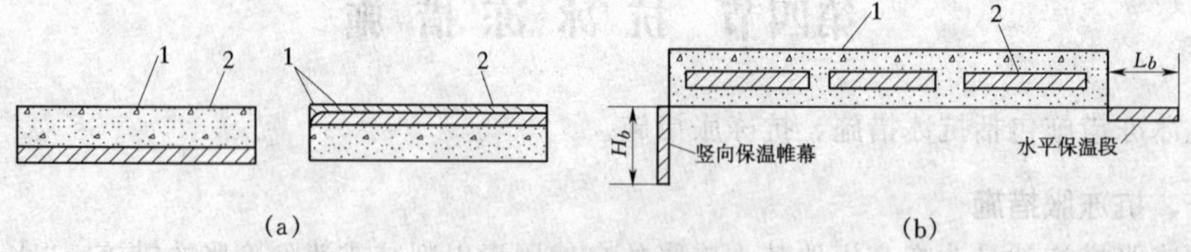

图 10-9　保温基础板构造示意图

(a) 叠层式结构；(b) 夹层式结构

1—混凝土；2—保温材料

(2) 挡土墙。单向保温法，在挡土高度方向铺设保温材料，双向保温法，在挡土墙高度方向及地表水平方向铺设保温材料，如图 10-10 所示。保温板的高度为墙后回填土高度减 20cm，即由墙后回填土地面以下 20cm 至底板顶面全部铺设。水平及侧向保温板的

长度，由地基冻胀性Ⅰ～Ⅴ相应取（1.1～1.5）Z_d。

（二）排水、隔水措施

水是引起冻胀的因素之一。土体处于干燥状态时，在负温作用下地基土不会冻结，而形成“寒土”。当含水量低于起始冻胀含水量时，地基土虽然冻结，但不会发生冻胀，甚至出现冻缩现象。若能设法降低地基土的冻前含水量且能切断冻结过程中的外来补给水源，就能削减乃至消除地基土的冻胀。

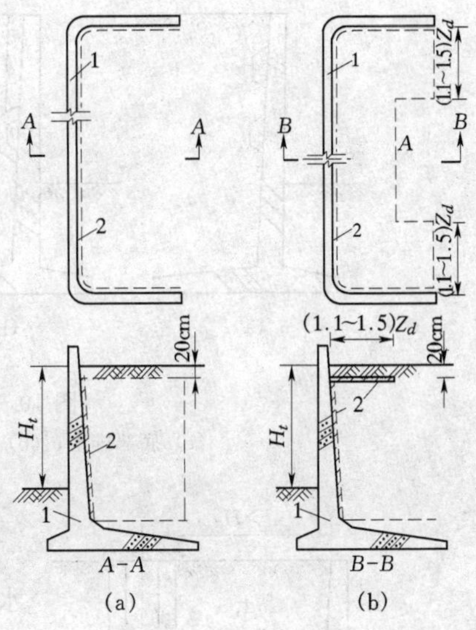

图 10-10 挡土墙保温范围示意图

(a) 单向保温；(b) 双向保温

1—墙体；2—保温材料

1. 衬砌渠道

（1）排水措施。当冻融层或置换层下不透水或弱透水层较薄，深层地下水埋深大于工程设计冻深时，可在渠底每隔 10～20m 设一眼盲井，使冻融层或置换层与地下水联通。当渠床的冻融层有排水出路时，可在工程设计冻深底部设置纵、横向排水暗管，把渠床冻融层中的重力水或渠道傍渗水排出渠外。对冬季输水的衬砌渠道，当渠侧有傍渗水补给渠床时，可在最低运行水位以上设置反滤排水体，排水口设在最低行水位处，将傍渗水排入渠内，避免浸湿渠床。

（2）隔水措施。当地下水深埋且无傍渗水补给时，可在衬砌体下铺设聚乙烯薄膜或土工膜；衬砌体与膜料间可用 25 号水泥砂浆作过渡层。

2. 板型基础

无防渗要求的板型基础排水措施与衬砌渠道相同。隔水措施主要是土工膜封闭法，这是一种消除地基冻胀的有效方法，是将天然地基进行开挖、晾晒、脱水至塑限含水量后回填，回填时利用土工膜进行隔层封闭处理而形成的一种人工地基。土工膜封闭深度按下式计算

$$H_f = Z_d - 0.7\delta \qquad (10-26)$$

式中 H_f——封闭地基深度，m。

封闭平面范围是沿基础平面轮廓线向外加大 0.5m。回填土料每隔层土厚 0.3～0.5m，含水量宜低于 0.8 倍塑限含水量，干密度不低于原基土天然干密度的 1.05 倍。各封闭层必须保证严密、不透水；基础侧面应采取削减切向冻胀力措施。

3. 挡土墙

（1）排水措施。在满足渗径要求的条件下，挡土墙应设置排水孔。一般排水法，排水孔部位应设置反滤层，墙后土为Ⅲ、Ⅳ、Ⅴ级和有地下水时，宜在冻前地下水位以下设置斜卧式或水平式排水体，并与排水孔连通，如图 10-11 所示；特殊排水法，当回填土的冻胀性属Ⅲ类以上时，在自墙体前地面工程设计冻深范围内的墙后回填土中，自墙顶起每隔 50～100cm 厚土层下，设一层 20cm 厚的卵石排水层，排水层宜用土工布作反滤并与集水井管联通，集水井管直径不小于 30cm，如图 10-12 所示。

（2）隔水法。隔水回填要求同板式基础，隔层封闭范围同置换法范围相同。

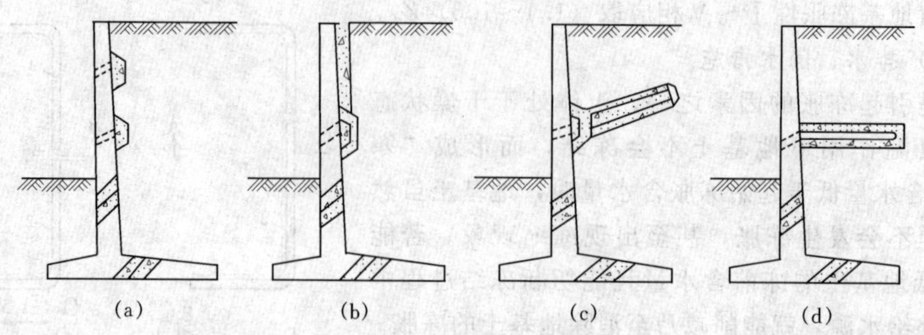

图 10-11　挡土墙的一般排水法

(a) 底部排水；(b) 墙背排水；(c) 倾斜排水；(d) 水平排水

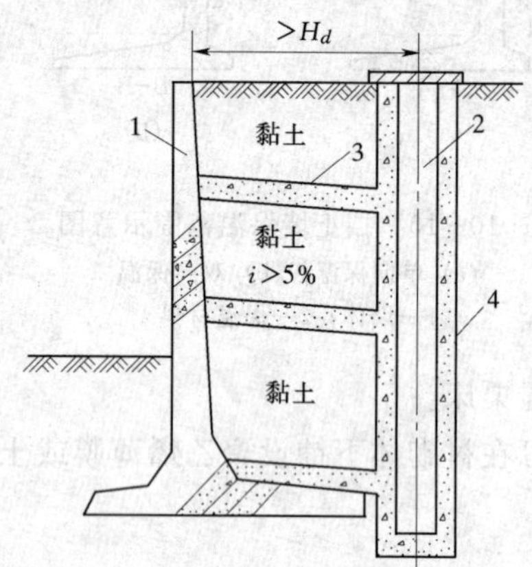

图 10-12　特殊排水

1—墙体；2—集水井管；3、4—卵石层

（三）冻胀性地基改良措施

地基土质是决定地基冻胀敏感性的内部因素；而水分、温度和压力条件则是决定地基冻胀敏感程度的外部因素。影响冻胀敏感性土质条件主要包括地基土的物理、化学成分、土的颗粒组成和土的密度。消除地基土冻胀的措施主要有物理学法、换填法和动力法。

1. 置换法

对衬砌结构、板型基础、挡土墙等结构均可采用置换法削弱或消除地基冻胀。

当地或附近有较丰富和适宜的非冻胀性土时，可采用非冻胀性土置换渠床、基础下及挡土墙后的冻胀性土。当置换层有被淤塞危险时，应设置反滤层；当置换层饱水时，要有通畅的排水出路。渠床置换深度可按下式计算

$$Z_n = \varepsilon Z_d - \delta_0 \tag{10-27}$$

式中　Z_n——渠床置换深度，m；

ε——置换比，%，可按表 10-15 取值；

δ_0——衬砌板厚度，m；

Z_d——置换部位的设计冻深。

表 10-15　　**渠床置换比 ε 值表**

地下水深 Z_w（m）	土　质	置换比 ε（%）	
		坡面上部	坡面下部、渠底
$Z_w > Z_d + 2.5$	黏土，粉质黏土	50～70	70～80
$Z_w > Z_d + 2.0$	重、中壤土		
$Z_w > Z_d + 1.5$	轻壤土，砂壤土	40～50	
Z_w小于上述值	黏土，重、砂壤土	60～80	80～100
	轻壤土，砂壤土	50～60	60～80

板型基础的置换深度按下式计算

$$H_n = \Psi_e Z_d \tag{10-28}$$

式中　H_n——基础的置换深度，m；

Ψ_e——有效冻深系数，按表 10－16 取值；

Z_d——工程设计冻深，m。

置换平面范围应沿基础轮廓线向外加大 50cm。置换的地基在冻结期内必须有通畅有效的排水条件。

对挡土墙在满足渗径要求的条件下，可采用非冻胀性材料作墙后回填土。置换范围宜按图 11－13 所示的图形确定。

2. 动力法改良地基

动力法改良地基是利用强大的动力预先将地基土高度压密，使地基的孔隙率压缩到最低限度，极大地降低土的含水量和渗透系数，并使冻结时的水分迁移几乎不可能发生，从而减小或避免地基冻胀。目前常用的有强夯和压实法。

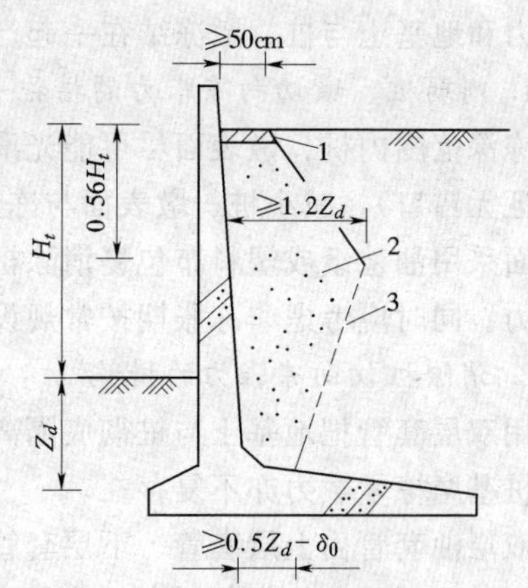

图 10－13　挡土墙非冻胀性回填土范围示意图
δ_0—墙体平均厚度；1—封闭层；
2—非冻胀材料；3—置换线

强夯法是使数十吨的重锤，从几十米的高处自由落下，对土进行强力夯实。一般采用 50～800t・m 的冲击能使土中出现冲击波和很大的应力，造成土中孔隙压缩或土体局部液化，夯击点周围产生裂隙，顺利地逸出孔隙水，使土体迅速固结。经两次夯实加固后的地基承载力可提高 2～5 倍，影响深度在 10m 以上。对各种黏性土、沼泽土，泥炭土都可适用，还可用于水下夯实。

压实法是用碾压机械压实土体，提高地基黏性土的密度。渠道衬砌和板型基础的地基均可用强夯、压实法进行改良。一般压实度不低于 0.98，干密度不低于 1600～1700 kg/m^3，且不小于天然干密度的 1.05 倍。对分层压实的有关要求可参见表 10－16。

表 10－16　回填压实设计参数表

地基土冻胀性级别	Ⅰ、Ⅱ、Ⅲ	Ⅳ、Ⅴ
压实深度（m）	（0.80～0.90）Z_f	（0.95～1.05）Z_f
回填分层厚度（cm）	25～30	≤25
压实干密度 ρ_d（kg/m^3）	＞1600	＞1650

3. 物理化学法改良地基

（1）人工盐渍化改良地基。在地基土中加入适量的可溶性无机盐，提高孔隙水盐分浓度，使土壤盐渍化，从而降低土的冻结温度，抑制水分迁移，把冻胀性土改良为非冻胀性土。常用氯化钠（NaCl）、氯化钙（$CaCl_2$）、氯化钾（KCl）等。

（2）掺入憎水剂改良地基土。在土中加入憎水性物质，使土颗表面活性收敛，冻结时

就可以避免水分迁移，从而减少或消除地基冻胀，达到改良地基冻胀的目的。通常用石油产品或副产品和其他化学表面活性剂掺入土中使土颗粒增水化。

(3) 凝固加固法改良地基土。采用胶凝材料或聚合剂将高度分散状态的地基土胶结成固状态或聚合成大的团粒状态的坚实地基，不仅可以提高地基承载力，而且能从根本上消除地基的冻胀性。目前采用的化学胶混浆液有水泥浆液、以硅酸钠（即水玻璃）为主的浆液、以丙烯酸为主的浆液。加固的施工方法有压力灌注法、施喷法、旋转搅拌法和电渗硅化法等。

(四) 削弱或消除桩、墩切向冻胀力的措施

桩、墩切向冻胀力是由水平冻胀力随地基土冻胀向上位移，冻土地基与桩、墩产生的摩擦力和地基土与桩、墩冻结在一起产生的冻结力两部分组成。

1. 削弱桩、墩切向冻胀力的措施

冻深范围内桩、墩表面尽可能光滑平整（尤其灌注桩在冻深范围一定要采用模板浇筑并保证无错口），减小桩、墩表面与冻土的摩擦系数，以削弱切向冻胀力；冻深范围内桩、墩表面采用油毡纸或塑料布包裹消除桩、墩与冻土的冻结力及减小摩擦系数，以削弱切向冻胀力。同时应考虑非冻胀期按常规设计时桩基摩擦承载力的削弱。

2. 消除桩切向冻胀力的措施

用双层套管把地基土与桩彻底隔离，消除了桩的切向冻胀力。同时在被隔离的桩基段内其桩基摩擦承载力亦不复存在。

双层油套管由上层套管、下层套管、复位盘、法兰盘等组成。上层套管随地基冻胀而上拔，随地基融沉依靠复位盘逐步复位；下层套管位于冻层下，上层套管在下层套管内上下移动；上、中、下三个法兰盘固定住的橡胶圈封住桩与套管之间和上下套管之间空隙中的钙基黄油，如图 10-14 所示。

各主要部件可用厚度不小于 4mm 的钢板制作。上层套管顶部带有法兰盘，中下部带有复位盘，内径与桩壁有 5mm 左右间隙为准，高度等于工程设计冻深加外露高度。下层套管上下两端都焊有法兰盘，内径与上层套管外壁留有 5mm 左右间隙为准，高度等于最大冻胀量加上 200mm。上、中、下法兰盘分别与套管上的上、中、下法兰盘配合，用螺栓固夹橡胶垫圈，内径与相应套管相符，上法兰盘外径较内径大 60～80mm，中、下法兰盘宽为 300mm。

双层油套管适用于已冻拔桩基础的治理，亦可作为新建桩基础的抗冻拔措施之一。

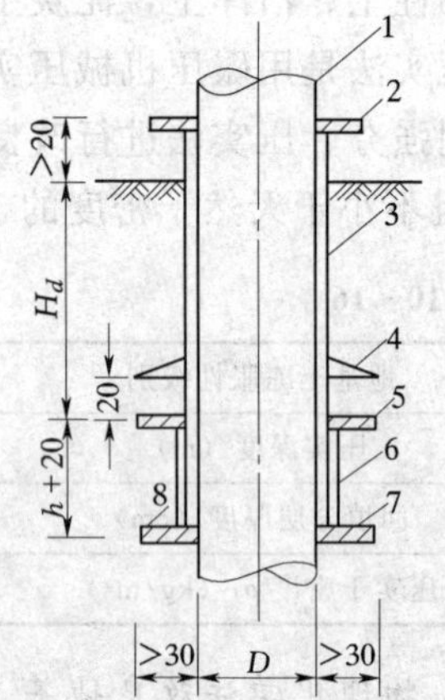

图 10-14　双层油套管（单位：cm）

1—桩基础；2—上法兰盘；3—上层套管；4—复位盘；5—中法兰盘；6—下层套管；7—下法兰盘；8—密封胶板

二、抗冰措施

有些建筑物利用抗冰结构不经济或无法实现时，采取消除、削减冰压力的非结构抗冰措施。可采用人工破冰法、机械破冰法、机械排冰法、塑料布引滑法、加温法、保温法等。

(1) 破冰法。当建筑物前水面结冰达到一定厚度

时，在建筑物前的冰面上开凿一定宽度的水槽，每当水槽内水面上结冰达到一定厚度时就破冰取出冰块，使冰层在水槽内自由伸缩，消除冰层的冰推力对建筑的危害。水槽内水面允许结冰厚度应根据建筑物承受推力大小而定。

（2）塑料布引滑法。在土石坝上游坝坡上铺设塑料布使冰与坝坡不能冻结在一起，当冰体热胀变形时冰体就沿着塑料布上爬，这样就削弱了冰推力对土石坝上游坝坡危害。削弱冰推力程度取决于护坡型式、光滑度、稳定性。

（3）加温、保温法。阻止建筑物与水面结冰，消除冰压力。常用的方法有热空气法、热水法、热油法、压力水射流法、压缩空气吹泡发、聚苯乙烯泡沫塑料板保温法。

综上所述，应根据工程地点的气象、冰情、工程地质和冻土基本资料，并结合建筑物规模、建筑材料以及同类建筑物抗冰冻经验，灵活运用抗冰冻机理，选择一种或几种抗冰冻措施。即保证水工建筑物在冰冻环境下安全运行，又要经济合理。

【例 10－1】　某天然坡水沟典型断面及冬季地下水位，如图 10－15 所示，坡水沟走向为东西（EW）走向，在东经 127.3°、北纬 46.5°的位置，拟在该坡水沟上修建一座桩基础的桥。工程等级为 4 级，该地点地基土土质为高液限黏质土，桩与暖土间的单位极限摩擦力 50.0kPa，多年平均冻结指数 2200℃·d，多年稳定冻结起始日期为 11 月 13 日，邻近气象台站的地下水位深度为 3.5m。已知：图中 B 点地面以上桩长 2.8m，桩顶上部结构重 56kPa，确定 B 点处按抗冻要求最小入土深度。

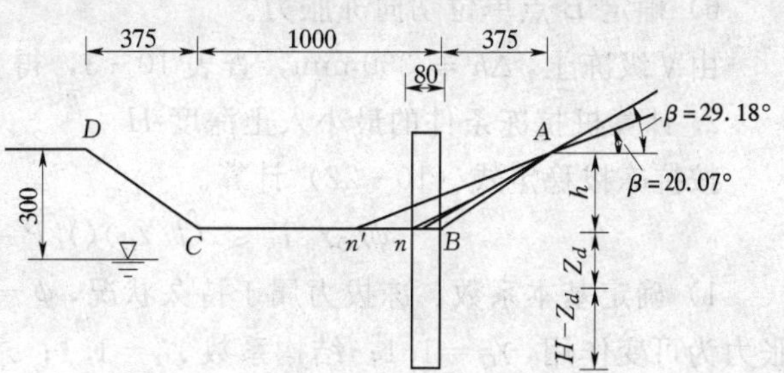

图 10－15　水沟断面及桩布置简图

解：

1. 计算抗冻设计的基本参数

（1）确定遮阴程度分区。计算 β、β'。

$$\beta = 90 - D - 0.2603T = 90 - 46.5 - 0.2603 \times 55 = 29.18°$$

$$\beta' = 66.57 - D = 66.57 - 46.5 = 20.07°$$

式中　T——秋分 9 月 23～24 日至稳定冻结期时间 11 月 13 的日天数，55 天。

把 β、β' 画在相应图上，可知 B 点为阴面。

（2）计算标准冻深 Z_k。Z_k 按式（10－4）计算，由 $I_0 = 2200$℃·d，查表 10－6，得 $A=4.33$。

$$Z_k = A\sqrt{I_0} = 4.33\sqrt{2200} = 203(\text{cm})$$

（3）计算 B 点设计冻深 Z_d。

1）确定冻深年际变化的频率比系数 ϕ_f。由 $Z_k=2.03$m，4 级建筑物按频率 10%，查图 10－7，得 $\phi_f=1.2$。

2）日照及遮阴程度影响系数 ψ_d。由东经 127.3°、北纬 46.5°，查图 10－10 得该工程位于中温带，沟底宽 $B=10$m、沟深 $H=2.5$m，$B/H=10/2.5=4>2$，按 $B/H=2$、$m=1.5$、$E—W$ 走向、阴面查表 10－7，得 $a=-2.22$；查表 10－8，得 $b=2.81$，查图 10－

8，得 $\psi_i=1.05$。

$$\psi_d = a + b\psi_i = -2.22 + 3.23 \times 1.05 = 1.17$$

3）计算地下水影响系数 ψ_w。已知 B 点的地下水位深度 $Z_{wi}=0.5$m；邻近气象台站的地下水位深度为 3.5m，大于 3.0m，取 $Z_{wo}=3.0$m；由黏土查表 10-9，得 $\alpha=0.79$。

$$\psi_w = \frac{1+\alpha e^{-Z_{wo}}}{1+\alpha e^{-Z_{wi}}} = \frac{1+0.79\times e^{-3}}{1+0.79\times e^{-0.5}} = 0.7$$

4）由式（10-5）计算 B 点设计冻深 Z_d。

$$Z_d = \phi_f \psi_d \psi_w Z_k = 1.2\times 1.17\times 0.70\times 2.03 = 2.0(\text{m})$$

5）计算 B 点的冻胀量及冻土级别。

由 $Z_{wi}=0.5$m，$Z_d=2.0$m，查图 10-11，得 $\Delta h=330$ mm，$\Delta h=330$ mm，大于 220mm，为Ⅴ级冻土。

6）确定 B 点单位切向冻胀力。

由Ⅴ级冻土，$\Delta h=330$ mm，查表 10-3，得 $\tau_t=150$kPa。

2. 计算桩抗冻条件的最小入土深度 H

按抗冻拔稳定式（10-22）计算。

$$\psi\gamma_Q\gamma_0 T_\tau \leqslant (l/\gamma_D)(\gamma_G P + \gamma_G G + \gamma_F F_s) \tag{a}$$

1）确定基本系数。冻拔力属于持久状况，$\psi=1.0$；该桥为 4 级建筑物，$\gamma_0=0.9$；冻胀力为可变作用，$\gamma_Q=1.1$；结构系数 $\gamma_D=1.1$；永久作用分项系数 $\gamma_G=1.0$；可变作用分项系数，$\gamma_F=0.9$。

2）计算基础所受的总切向冻胀力 T_τ，按式（10-21）计算。

$$T_\tau = \psi_e\psi_r\tau_t U Z_d = 1.0\times 1.0\times 150\times 3.14\times 0.8\times 2.0 = 753.6(\text{kN})$$

其中：由 B 点黏土地基、冻前地下水位 0.5m，查表 10-16，得 $\psi_e=1.0$；为偏于安全，桩按表面平整的混凝土基础，取 $\psi_r=1.0$。

3）计算桩自重 G。

$$G = (2.8+H)\times\frac{1}{4}\pi D^2\gamma_n = (2.8+H)\times\frac{1}{4}\times 3.14\times 0.8^2\times 24.5 = 34.47+12.31H \tag{b}$$

4）计算桩与暖土之间的总摩阻力，按式（10-24）计算。

$$F_s = 0.4\sum(f_{si}Z_iU_i) = 0.4\times 50\times(H-2.0)\times 3.14\times 0.8 = 50.24H-100.48 \tag{c}$$

5）计算桩最小入土深度 H。将以上系数、T_τ、P 及式（b）、式（c）代入式（a），计算得：$H\geqslant 14.27$m。

3. 计算桩承载力条件的最小入土深度 H

计算桩承载力条件的最小入土深度 H，应考虑非冻结期的活荷载（计算略）。桩的最小入土深度 H，应取抗冻条件、承载力条件最大的值。

学　习　指　导

本章主要讲述水工建筑物抗冻概述、抗冻设计基础、抗冻结构设计、抗冰冻措施及设

计实例等内容。

第一节：要求学习时主要掌握冻害破坏型式等基本概念和冰冻荷载的计算。

第二节：主要掌握影响冻害的因素、冻结深度等概念，掌握冻土深度计算、基础设计冻深计算等。

第三节：主要掌握涵管、闸涵基础、挡土墙、桥渡槽桩基础的抗冻结构的抗冻计算和构造要求。了解结构抗冻特点及布置。

第四节：要求学生掌握抗冰冻的常用措施，了解抗冰冻的材料、特性及其在工程上的适用条件。

思　考　题

10-1　名词解释：

土的冻结深度，标准冻深，设计冻深，基础设计冻深，地表冻胀量，负气温指数。

10-2　什么叫开敞系统、封闭系统？

10-3　何为地下水不冻距？

10-4　何为安全冻胀含水量和起始冻胀含水量？

10-5　建筑物受地基土冻胀破坏的类型有哪几种？

10-6　如何划分土的冻胀性？

10-7　影响地基土冻胀的因素有哪些？产生冻胀的自然因素有哪些？

10-8　桩、板、墙受冻胀力作用分别以哪种力为主？

10-9　简述土体粒径与冻胀力的关系。

10-10　简述位移与冻胀力的关系。

10-11　桩、板、墙的抗冻措施有哪些？各种抗冻措施的抗冻原理是什么？

10-12　简述土体的冻胀机理。

10-13　简述抗冰冻设计原理。

参考文献

[1] 王英华编. 水工建筑物. 北京：中国水利水电出版社，2004.

[2] 胡荣辉，张五禄编. 水工建筑物. 北京：中国水利电力出版社，1992.

[3] 杨邦柱编. 水工建筑物. 北京：中国水利水电出版社，2001.

[4] 任德林，张志军编. 水工建筑物. 南京：河海大学出版社，2001.

[5] 陈良堤编. 水利工程管理. 北京：中国水利水电出版社，2006.

[6] 郭宗闵编. 水工建筑物（第2版）. 北京：中国水利水电出版社，1995.

[7] 麦家煊编. 水工建筑物. 北京：中国水利水电出版社，2005.

[8] 殷宗泽等编. 土工原理与计算. 北京：中国水利水电出版社，1995.

[9] 祁庆和编. 水工建筑物（第3版）. 北京：水利电力出版社，1986.

[10] 孙明权主编. 水工建筑物. 北京：中央广播电视大学出版社，2001.

[11] 王宏硕，翁情达编. 水工建筑物. 北京：水利电力出版社，1991.

[12] 赵文华编. 水工建筑物（第2版）. 北京：水利电力出版社，1987.

[13] 包成纲编著. 堤防工程土工合成材料应用技术. 北京：中国水利水电出版社，1999.

[14] 管枫年等编. 水工挡土墙设计. 北京：中国水利水电出版社，1996.

[15] 中华人民共和国水利部. SL/T 225—98 水利水电工程土工合成材料应用技术规范. 北京：中国水利水电出版社，1998.

[16] 中华人民共和国. GB 50290—98 土工合成材料应用技术规范. 北京：计划出版社，1998.

[17] 中华人民共和国水利部. SL 274—2001 碾压式土石坝设计规范. 北京：中国水利水电出版社，2002.

[18] 中华人民共和国水利部. SL 319—2005 混凝土重力坝设计规范. 北京：中国水利水电出版社，2005.

[19] 中华人民共和国水利部. SL 228—1998 混凝土面板堆石坝设计规范. 北京：中国水利水电出版社，1999.

[20] 中华人民共和国水利部. SL 211—1998 水工建筑物抗冰冻设计规范. 北京：中国水利水电出版社，1998.

[21] 中华人民共和国水利部. SL 203—1997 水工建筑物抗震设计规范. 北京：中国水利水电出版社，1997.

[22] 中华人民共和国水利部. SL 282—2003 混凝土拱坝设计规范. 北京：中国水利水电出版社，2003.

[23] 中华人民共和国电力部. DL/T 5077—1977 水工建筑物荷载设计规范. 北京：中国电力出版社，1997.

[24] 中华人民共和国水利部. SL 265—2001 水闸设计规范. 北京：中国水利水电出版社，2001.

[25] 中华人民共和国水利部. SL 253—2000 溢洪道设计规范. 北京：中国水利水电出版社，2000.

[26] 中华人民共和国水利部. SL 279—2003 水工隧洞设计规范. 北京：中国水利水电出版社，2003.

[27] 中华人民共和国水利部. SL/T 191—6 水工混凝土设计规范. 北京：中国水利水电出版社，1997.

[28] 中华人民共和国国家发展和改革委员会. DL/T 5395—2007 碾压式土坝设计规范. 北京：中国电力出版社，2007.

[29] 沈长松编．水工建筑物．北京：中国水利水电出版社，2008.

[30] 中华人民共和国国家发展和改革委员会．DL/T 5195—2004 水工隧洞设计规范．北京：中国电力出版社，2004.

[31] 中华人民共和国国家发展和改革委员会．DL/T 5346—2006 拱坝设计规范．北京：中国电力出版社，2006.

[32] 中华人民共和国水利部．SL 25—2006 砌石坝设计规范．北京：中国水利水电出版社，2006.

[33] 邹冰编．水利工程概论．北京：中国水利水电出版社，2006.

[34] 竺慧珠，陈德亮等编．渡槽．北京：中国水利水电出版社，2005.

[35] 熊启均编．涵洞．北京：中国水利水电出版社，2006.

[36] 李惠英，田文泽等编．倒虹吸管．北京：中国水利水电出版社，2006.

[37] 刘韩生，花立峰等编．跌水与陡坡．北京：中国水利水电出版社，2004.

[38] 汝乃华，牛运光编著．大坝事故与安全（土石坝）．北京：中国水利水电出版社，2001.